苜蓿根瘤菌

师尚礼 等 著

科学出版社
北京

内 容 简 介

本书系统介绍了著者对苜蓿根瘤菌的最新研究成果及进展，内容包括苜蓿根瘤菌概述、苜蓿内生根瘤菌及其特性、苜蓿内生根瘤菌分布、荧光标记苜蓿根瘤菌的侵染与运移、苜蓿根瘤菌促进生长能力及高效菌株筛选、苜蓿根瘤菌溶磷能力及增效表达、植物源抑菌剂及抑杂菌型苜蓿根瘤菌剂、荒漠灌溉区间歇性干旱对苜蓿根瘤菌固氮的影响、根瘤菌对苜蓿幼苗抗盐能力的影响等，全书既考虑了内容的系统性，又注重前瞻性，兼顾苜蓿根瘤菌基础研究与应用研究的未来发展。

本书适合从事草地农业、草业、畜牧业乃至农业微生物应用的科技人员、管理者、生产者等参考使用。

图书在版编目(CIP)数据

苜蓿根瘤菌 / 师尚礼等著. —北京：科学出版社，2015. 2

ISBN 978-7-03-043257-5

Ⅰ. ①苜… Ⅱ. ①师… Ⅲ. ①苜蓿根瘤菌 Ⅳ. ①Q939.11

中国版本图书馆 CIP 数据核字(2015)第 023118 号

责任编辑：李秀伟 郝晨扬 / 责任校对：李 影

责任印制：张 倩 / 封面设计：北京铭轩堂设计有限公司

科 学 出 版 社 出版

北京东黄城根北街 16 号

邮政编码：100717

http://www.sciencep.com

北京凌奇印刷有限责任公司 印刷

科学出版社发行 各地新华书店经销

*

2015 年 2 月第 一 版 开本：787×1092 1/16

2015 年 2 月第一次印刷 印张：22 3/4 插页：4

字数：520 000

POD定价： 128. 00元

(如有印装质量问题，我社负责调换)

《苜蓿根瘤菌》著者名单

师尚礼	甘肃农业大学
张淑卿	贵州师范学院
李剑峰	贵州师范学院
祁　娟	甘肃农业大学
霍平慧	岭南师范学院
周万海	宜宾学院
陈力玉	甘肃农业大学
姚新春	信阳师范学院
苗阳阳	甘肃农业大学

前　言

苜蓿是豆科植物中最为重要的栽培牧草，随着苜蓿种植规模的不断扩大，种植条件和种植环境也发生着巨大变化，寒、旱、盐、碱、病、虫等胁迫环境越来越复杂。而根瘤菌与苜蓿具有高度的寄主专一性，苜蓿根瘤的大小、颜色和固氮酶活性也明显与生态环境和苜蓿生长发育阶段相关，苜蓿根瘤菌资源、分类与生态多样性，共生固氮效率影响因素，苜蓿根瘤菌寄主专一性与遗传多样性，根瘤菌结瘤与固氮机理，高效固氮根瘤菌筛选等研究正处于快速发展阶段。因此，在根瘤菌与苜蓿共生固氮体系的构建上，应进行更深入的探讨。

随着苜蓿产业的发展，用于改良草地的苜蓿品种不断增加，对根瘤菌资源的品种更新也提出新的要求。因此，不仅要长期有效地保护已有的菌种资源，深入研究各类菌种的特性，筛选各类苜蓿品种与根瘤菌共生固氮的优良组合，而且要从不断变化的自然界分离筛选新的根瘤菌种，以不断满足共生固氮研究和苜蓿根瘤菌接种剂生产对菌种资源的需要。

根瘤菌与苜蓿的结瘤和固氮是一个比较复杂的过程，它不仅涉及根瘤菌和植物自身的遗传背景，而且涉及根瘤菌与环境因子之间的相互调节和相互作用。虽然我们已经初步了解了结瘤固氮过程中结瘤基因的表达调控和环境因子的影响作用，但了解得十分有限，特别是对环境中多个因子协同影响机制的了解更少。因此，深入研究结瘤固氮过程中环境因子的作用机制显得非常必要。

苜蓿植物与根瘤菌共生体系进行的共生固氮是一个需要消耗大量能量的生物学过程，苜蓿植物提供给根瘤菌侵染结瘤和根瘤生长的能量往往受田间水分因子的限制，著者对间歇性干旱概念的提出和研究为提高苜蓿根瘤菌有效性提供了新的思路。

关于具有溶磷和分泌生长素等功能的植物根际促进生长菌(PGPR)的研究已有一段时间，但发展甚慢。对苜蓿根瘤菌溶磷和分泌生长素能力的研究，将会开辟豆科植物根瘤菌促进生长功能研究的新领域。

苜蓿根系，尤其侧根、毛根是根瘤菌侵染形成根瘤的载体，不同种植地龄、土壤环境中的苜蓿根系主根、侧根、毛根比例变化较大，因此，对侧根、毛根形成的诱导因子及其诱导机理的研究应成为提高根瘤菌结瘤的又一重点。

苜蓿茎和种子内存在内生根瘤菌，且种子内的根瘤菌数量在收获后一年内仍不断增殖，当脱去种皮的种子发芽后，其幼根内无根瘤菌存在，表明种子发芽后，胚根首先接触到种皮内存在的内生根瘤菌，然后才接触到土壤根瘤菌，即内生根瘤菌在空间上具有先天的竞争优势。内生根瘤菌的存在，表明根瘤菌与苜蓿不仅仅是简单的共生固氮关系。一方面，苜蓿种子为根瘤菌的生存和传代提供了一个相对稳定而富有营养的环境；另一方面，根瘤菌作为异养固氮菌的一种，生存和繁衍过程需要消耗宿主或环境内相当数量的能量。

综上，苜蓿-根瘤菌共生固氮系统涉及苜蓿植物、根瘤菌和环境间复杂的互作，完全有效的结合取决于根瘤菌和苜蓿相匹配的情况，以及苜蓿和根瘤菌二者的遗传性，也取决于苜蓿植物、根瘤菌与环境间的适应性。根瘤菌固氮研究已从细胞水平提高到分子生物学水平，从单纯的固氮领域扩展到涉及生理、生化和生态的综合领域，根际固氮菌资源调查，菌株筛选和菌株特性研究，根际固氮与农业生产，种子内生根瘤菌筛选、鉴定及分布运移规律等，以及对专用型根瘤菌剂开发与利用方面的探索，期望对苜蓿根瘤菌固氮研究与应用有较大的推动作用。

长期以来，笔者与研究团队的同事们从不同的角度为共同的目标而努力探索，为了更深入地了解与苜蓿高效栽培密切相关的苜蓿根瘤菌，在甘肃农业大学和草业生态系统教育部重点实验室开展了大量的研究工作，部分团队成员博士、硕士毕业后已就业到其他高校继续从事与苜蓿根瘤菌相关的教学与研究工作。本书完成得到了科技部奶业攻关专项“优质饲草生产关键技术研究与集成示范”(2002BA518A03)、甘肃省“苜蓿根瘤菌生态分布特征及高效固氮溶磷菌株的筛选研究”(2005)、国家牧草产业技术体系(CARS-35)、国家自然科学基金“苜蓿植株体内根瘤菌运移及种带根瘤菌携带机理”(31060326)、农业部公益性行业(农业)科研专项“牧区优质高效饲草生产利用技术研究示范”(201003023)、“青藏高原社区特色生态畜牧业关键技术集成与示范”(201203010)和“苜蓿高效种植关键技术研究与集成示范”(201403048)等项目的支持，曹致中、姚拓、赵桂琴、曹文侠、陈秀蓉、陈建刚、满元荣、薛丽、刘建荣、蔡卓山、尹国丽、李玉珠、方强恩、南丽丽、张小甫、史晓霞、杨晶等同志给予了大量的指导或帮助，还有许多实验室、试验站工作的同志和研究生、本科生，他们艰苦而出色的工作为苜蓿根瘤菌的研究铺垫了一块块基石，在本书即将出版之际，笔者谨向他们致以衷心的感谢。

由于笔者学识所限，不足和错误之处难免，恳望业内专家及读者不吝指正。

师尚礼

2014年8月22日于兰州

目　　录

第一章　苜蓿根瘤菌概述

根瘤菌(*Rhizobium*)与豆科植物的共生固氮作用在改善土壤肥力、提高作物产量、改善生态环境方面有着重要的意义和作用。近百年来，国内外学者在根瘤菌的生态学、生理学、遗传学、分子生物学及其农业田间应用方面进行了大量的研究，并获得了一系列的研究成果。20 世纪 70 年代以来，根瘤菌的研究重点在遗传学和分子生物学方面。目前，有关根瘤菌的研究有两大重点。

一是根瘤菌基因组与共生植物基因组之间相互作用，导致根瘤的发生、功能产生与持续、共生植物对根瘤形成调节等分子对话机制问题。从已有的研究来看，根瘤菌参与分子对话这一过程的基因较多，其中许多基因的功能和作用还没有完全被人们所认识，还有许多共生基因有待陆续进行分离和鉴定。

二是高效根瘤菌的筛选与应用(宁国赞等，1999)，这是 20 世纪末以来根瘤菌研究的热点。随着人类环境意识和农业高效栽培关键技术开发应用意识的增强，生物肥料的作用越来越受到各国政府和市场的重视。当代生物技术的发展也为高效根瘤菌的筛选与应用研究提供了良好的理论依据和技术手段。

苜蓿(*Medicago sativa* L.)是豆科植物中最为重要的栽培牧草，苜蓿根瘤菌的研究与豆科植物根瘤菌研究同步。随着苜蓿种植规模的增大，种植条件和种植环境也发生着巨大的变化，种植的垂直分布、水平分布区域不断扩大，寒、旱、盐、碱、病、虫等胁迫环境越来越复杂，王素英(2002a)、王卫卫(2002)等报道苜蓿根瘤菌的分布与采集地点的生态环境相关，苜蓿根瘤的大小、颜色和固氮酶活性也明显与采集地点的生态环境和植物的生长阶段相关。研究筛选适合不同生态环境的苜蓿高效固氮根瘤菌株是解决当前苜蓿高效生产的关键技术之一。

苜蓿根瘤菌的研究主要在以下几个方面。

(1)苜蓿根瘤菌结瘤与固氮机理的研究

根瘤菌与苜蓿结瘤固氮，具有高度的寄主专一性。当固氮调控基因与寄主植物分泌的诱导物类黄酮化合物 luteolin(木犀草素)反应结合后，结瘤基因才能表达，结瘤基因的表达产物能够合成一种称为结瘤因子的物质，它能诱导植物根毛发生一系列的形态和生理方面的变化，最终导致根瘤的形成(靖元孝，1997)。与固氮有关的基因涉及根瘤菌基因和宿主基因，根瘤菌基因有结瘤基因(*nodD*、*nodAB-CIJ* 和 *hsn* 基因)、根瘤菌细胞表面结构基因(*exs*、*lps* 和 *ndv* 基因)和固氮基因(*nif* 和 *fix* 基因)；宿主基因主要是结瘤素基因(*enod* 和 *nod* 基因)。根瘤菌结瘤基因表达后诱导产生结瘤因子。在根瘤发育过程中，这些基因在根瘤菌与植物之间进行着信息交换，并且具有不同的表达水平。结瘤因子和植物激素对它们进行调节(冯瑞华，2000)。

(2) 苜蓿根瘤菌资源调查、分类与生态多样性研究

随着根瘤菌资源调查的深入和分子生物学技术在根瘤菌分类领域的应用，在分类研究方面发展了以“互接种族”为主要依据的传统分类向综合分类，尤其是以遗传信息分析为主要依据的系统发育分类的转变。我国学者自 1980 年以来一直致力于这方面的研究，在广泛调查根瘤菌资源的基础上，对来源于不同宿主、不同生境的菌株进行了生态特性、形态特征、酶反应特性、遗传特性等方面的详细记载，并对其进行了系统的分类(郭先武，1999；谢秋宏等，1997)。

(3) 影响苜蓿-根瘤菌共生固氮效率的主要因素及其作用的研究

苜蓿-根瘤菌共生体系的固氮作用是一个由双方有关基因共同参与、协同作用并自主调节的复杂过程，影响和决定根瘤菌共生固氮效率的因素来自土壤生态环境、宿主植物和根瘤菌 3 个方面，主要有土壤、宿主植物、四碳二羧酸转移酶基因 *dct*、固氮酶正调节基因 *nifA*、吸氢酶基因 *hup*、共生质粒(基因)、缺陷型回复突变等因素。要充分发挥根瘤菌的共生固氮在农业生产实践中的经济价值和生态效益，必须综合考虑土壤肥力、作物特性和气候等环境条件，才能实现高产优质的目标(阚凤玲和陈文新，2002)。

(4) 苜蓿根瘤菌的寄主专一性和遗传多样性研究

阎爱民和陈立新(2000)报道，长期以来，一直认为根瘤菌分类与寄主密切相关，从某一寄主分离的根瘤菌应该属于一个根瘤菌株，但研究结果显示生态条件的差异使分离的根瘤菌表现出多样性，生态环境的特殊性使得该环境中与豆科植物共生的根瘤菌也表现特异，环境条件对根瘤菌分类地位的影响大于寄主专一性的影响(马晓彤等，2003)。这一结论对开发利用抗逆性苜蓿根瘤菌株有重要意义。

(5) 苜蓿高效固氮根瘤菌的筛选研究

苜蓿高效固氮菌株筛选已有规范化的选择程序和选择指标。综合考虑菌株性能、寄主植物、环境条件，选择适应特殊寄主和环境条件的特异菌株，或适应多寄主和多种环境条件的广谱菌株。所筛选的菌株必须满足下列条件：具有高效固氮能力，能与相应宿主迅速形成有效根瘤，在各种田间条件下具有迅速有效的结瘤能力，具有较强的与土壤中土著根瘤菌的竞争能力，具有在无宿主条件下较强的存活能力，具有在载体基质中的生长能力，具有在载体里和种子上的存活能力，具有对酸碱和化肥、农药的耐受能力，具有相对的遗传稳定性。

苜蓿根瘤菌固氮研究正处于快速发展阶段，虽然取得了很大的成绩，其作用越来越显著，但在下列研究方面还略显不足。

1) 苜蓿是我国北方地区人工草地最主要的优良豆科牧草，苜蓿具有和根瘤菌共生固氮的能力是其表现优异的基本因素，在开展苜蓿优质高产栽培技术的研究方面，对苜蓿的栽培、育种、加工储藏等技术研究较多，但对苜蓿根瘤菌的研究相对较少且不够深入。

2) 大量研究证明，一定的根瘤菌株与一定的苜蓿品种结合，才能产生较高的固氮作用。

因此，在根瘤菌与苜蓿品种共生固氮体系的构建上，应进行更深入的探讨：①通过苜蓿育种，培育苜蓿-根瘤菌高效固氮组合，发挥较强的固氮能力(曾昭海等，2003)；②筛选光合作用较强的高光效苜蓿品种和根系发育能力强的苜蓿品种，提高碳源和能量供应，提高根系生活强度和扩展能力，为提高占瘤率奠定基础(马其东等，1999；李风兰等，1998；游志鹏等，1998)；③大力挖掘现有根瘤菌资源，筛选固氮效率较高的根瘤菌。同时利用现代生物技术手段，构建高效固氮工程菌。

随着草业的发展，用于改良草地的苜蓿品种将不断增加，对根瘤菌资源的品种更新也将提出新的要求。因此，不仅要长期有效地保护已有的菌种资源，深入研究各类菌种的特性，筛选各类寄主植物与根瘤菌种共生固氮的优良组合，而且要继续从不断变化着的自然界分离筛选新的根瘤菌种，以不断满足共生固氮研究和苜蓿根瘤菌接种剂生产对菌种资源的需要。

3)根瘤菌与苜蓿植物的结瘤和固氮过程是一个比较复杂的过程，它不仅涉及根瘤菌自身的遗传背景和植物的遗传背景，而且涉及根瘤菌与环境变异因子之间的相互调节和相互作用。虽然人们已经初步了解了结瘤固氮过程中结瘤基因的表达调控和环境因子的影响作用，但了解得十分有限，特别是对环境中多个因子协同影响机理的了解更少。因此还有必要深入地研究结瘤固氮过程中的环境因子作用机理。

4)开辟苜蓿根瘤菌解磷和分泌生长激素研究的探索。关于解磷和分泌生长激素微生物的研究已有一段时间，但发展甚慢。对苜蓿根瘤菌解磷和分泌生长激素能力的研究，将会开辟豆科植物根瘤菌研究的新领域，对经济建设和生态建设将会做出巨大的贡献。

5)苜蓿根系是根瘤形成的载体，不同种植地龄、不同土壤环境的苜蓿根系直根、侧根、毛根比例变化较大，种植年限越短，侧根、毛根占有比例越大，且根皮幼嫩，根瘤菌易于侵染，结瘤率高。随着种植年限的增加，毛根减少，根皮老化，根瘤菌难于侵染，根瘤较少。侧根、毛根的多少与幼嫩程度是苜蓿根系占瘤率高低的关键，截断主根、施肥、形成菌根等措施可促进侧根、毛根的生长。因此，对侧根、毛根形成的诱导因子及其诱导机理的研究应成为当前提高根瘤菌结瘤的重点。高龄苜蓿草地因根瘤减少而带来的氮素供应缺乏也是苜蓿栽培技术需要解决的关键问题。

第一节　苜蓿根瘤菌研究历史

1886年，德国植物化学家Hellriegel和Wilfarth等研究证明豆科植物能固定空气中的氮，1888年，荷兰学者Beijerinck从豆科植物根瘤中第一次分离出固氮细菌纯培养物，并命名为根瘤菌(*Rhizobium*)，从此开始了根瘤菌与豆科植物共生固氮体系的研究。1895年，Nobbe和Hiltner第一次将根瘤菌接种剂用于实验室接种生产并在英国和美国申请豆科植物接种剂专利，首次开始进行豆科作物商业根瘤菌剂生产，随之加拿大(1905年)、瑞典(1914年)、澳大利亚(1914年)开始了根瘤菌剂生产，新西兰、阿根廷、乌拉圭也相继进行根瘤菌接种剂生产(曾昭海等，2003)。从此，世界各国为了适应豆科作物大面积种植的需要，科学家们对生物固氮产生了浓厚的兴趣，并进行了大量的研究。经过不断的探索与实践，豆科植物固氮已在生产实践中取得了很大的成功，几乎各国都有商业化的豆科固氮菌肥(姚拓，2002a)。

氮素供应不足是我国大规模人工草地建植中普遍存在的问题，依靠化学肥料解决大面积人工草地缺氮问题是不现实的，也是不经济的。人工接种根瘤菌是增强豆科饲草共生固氮作用、增加氮素营养和提高饲草产量的有效措施。我国是草原大国，草地生态类型多，不仅有丰富的植物资源、动物资源，而且蕴藏着丰富的微生物资源。宁国赞等(1999)报道，为了解决大面积人工草地对根瘤菌接种剂的需求，农业部从1980年开始连续16年立项支持中国农业科学院土壤肥料研究所、中国农业微生物菌种保藏管理中心(Agricultural Culture Collection of China，ACCC)(以下简称微生物菌种中心)进行豆科牧草根瘤菌资源采集、鉴定、保藏、评价及利用研究。16年来，微生物菌种中心为30种豆科饲草筛选出500多株优良根瘤菌株，通过接种效果试验、示范之后，许多菌株已在生产中应用。为了满足全国各地播种饲草对接种剂的需求，微生物菌种中心在南方和北方建立了接种剂生产厂，并通过连续9年的技术培训，把饲草种子丸衣化接种根瘤菌技术传授给全国的种草技术人员，从而使根瘤菌接种技术在我国人工草地栽培中得到广泛应用。

提高苜蓿产量及质量最重要的方法之一是给苜蓿接种高效根瘤菌，该措施可以使共生体从空气中固氮的总量达200～400kg/hm^2，目前美国有80%的苜蓿在种植之前进行根瘤菌接种，在加拿大和澳大利亚，苜蓿接种根瘤菌技术已经被普遍接受。苜蓿-根瘤菌共生固氮效率涉及寄主植物、根瘤菌和环境间复杂的互作，完全有效的结合依赖寄主植物相关基因和根瘤菌相关基因的相容性，与苜蓿固氮过程相伴随的乙炔还原率和其他的性状受基因控制，且苜蓿乙炔还原率的变异在不同的根瘤菌间差异较大，马晓彤等(2003)在揭示各种变异成分对总变异的贡献率时发现，苜蓿品种变异对总变异的贡献率超过30%，根瘤菌菌系的变异占26%，苜蓿品种与根瘤菌菌系互作引起的变异超过36%。

在苜蓿根瘤菌的特性研究方面也取得了较大的成绩。研究表明，苜蓿根瘤菌是根瘤菌科的根瘤菌种之一，它是好气性、无孢子形成、具有周身鞭毛的革兰氏阴性游动杆菌，这些根瘤菌在酵母、麦草或其他植物材料提供速效氮及其他生长条件因素的培养基上生长良好，它可以合成生物素、泛酸和维生素B_{12}，苜蓿根瘤菌比其他多种根瘤菌生产的含钴维生素B_{12}的数量要多许多。甘露醇和蔗糖是它所喜好的碳源，生长的最适温度在35℃左右，苜蓿根瘤菌与其他所有根瘤菌有同样的耐碱性，但苜蓿根瘤菌是对酸性最敏感的菌系，在pH5以下时，生长不良。

苜蓿根瘤菌是共生微生物，可以接种草木犀(*Melilotus officinalis*)、葫芦巴(*Trigonella foenum-graecum*)、天蓝苜蓿(*Medicago lupulina*)、阔荚苜蓿(*Medicago platycar*)及其他苜蓿属的种，但不能接种其他豆科属，豆科植物相互间易于由同一根瘤菌株接种组成一个交叉接种群。

苜蓿根瘤菌的共生特性，取决于根瘤菌和寄主植物相配合的情况，也取决于宿主和根瘤菌二者的遗传性，一种豆科植物对根瘤形成的敏感性与其本身授粉特性有关。用苜蓿与黄花苜蓿杂交并用3个根瘤菌系进行接种证明，植物的遗传因子决定着它们与根瘤菌的共生关系，而这些因子对每一菌系各具特性反应。

近些年，根瘤菌固氮机理的研究已从细胞水平提高到分子生物学水平，从单纯的固氮领域扩展到一个涉及生理、生化和生态的综合领域，进行根际固氮菌的资源调查，菌株筛选和菌株特性研究，叶际固氮与农业生产，禾本科内生联合固氮菌的筛选、鉴定及分布特性等，同时对固氮菌剂(肥)的开发与利用进行了大量的有益的探索。我国在“七五”至“十五”期间一直将生物固氮菌肥项目列入国家863计划，中国农业科学院原子能利用研究所生物技术室采用 DNA 同源重组技术已构建了遗传工程固氮菌，这一核心技术的成熟应用，将对我国苜蓿根瘤菌固氮研究与应用有较大的推动作用。

第二节　苜蓿根瘤菌研究现状

一、苜蓿根瘤菌资源调查

畜牧业发达的国家播种苜蓿普遍进行根瘤菌接种，为了解决苜蓿播种对根瘤菌的需要，各国十分重视根瘤菌资源的采集与保藏，许多苜蓿品种都配备有与之相适应的优良根瘤菌种，菌种资源与苜蓿种质资源同样得到长期有效的保护和利用。

我国根瘤菌的研究始于 1950 年，起初以引进国外根瘤菌剂应用为主，从 1980 年起，我国政府开始立项进行豆科牧草根瘤菌筛选与利用研究。截至目前，中国农业微生物菌种保藏管理中心、根瘤菌实验室与全国各有关省区县草原站协作，从 20 个省区的 60 多个县采集根瘤及土样 1000 多份，获得原始分离物 3000 多份，经鉴定和筛选获得共生固氮性能优良的根瘤菌株 561 株，其中苜蓿根瘤菌有 252 株，分别来自内蒙古、黑龙江、甘肃、青海、新疆、河北、山东 7 个省区的 30 个苜蓿(*Medicago sativa*)品种、2 个扁蓿豆(*Medicago ruthenica*)品种、5 个草木樨(*Melilotus officinalis*)品种等寄主植物(表 1-1)，而且来自不同地区、不同土壤和不同品种的根瘤菌生理生化特征间的差异很大。

表 1-1　中国苜蓿根瘤菌资源

菌种名称	寄主植物	菌种数量/株	分布地区
苜蓿根瘤菌 *Rhizobium meliloti* L.	苜蓿 *Medicago sativa* L. 草木樨 *Melilotus officinalis* L. 扁蓿豆 *Medicago ruthenica* L.	252	内蒙古 黑龙江 甘肃 青海 河北 山东 新疆

中国农业大学生物固氮研究室对全国 27 个省区的豆科植物结瘤情况进行了全面调查研究，从根瘤中分离出与之共生的根瘤菌 4000 多株，是目前国际上菌株数量最大、寄主最多样的根瘤菌库，并对其中 1000 多株菌进行了性状分析和分类研究，发表过 2 个新属、7 个新种，并发现了一批抗逆性强(耐酸、耐碱、耐盐、耐高温或低温)的宝贵根瘤菌种质资源。王卫卫等(2002)对甘肃、宁夏部分地区根瘤菌资源进行了调查，调查豆科植物 36 属 99 种，获得根瘤菌 360 株，44 株是从尚未报道结瘤的 30 种豆科植物分离得到的，其中调查的苜蓿属(*Medicago*)植物 4 种，菌株数 33 株，草木樨属(*Melilotus*)植物

3种，菌株数18株。师尚礼(2005a)调查了甘肃庆阳、天水、定西、武威、甘南5个不同生态区域阿尔冈金苜蓿、陇东苜蓿2个品种的根瘤菌资源，筛选获得了具有单一固氮功能或兼具溶磷和分泌生长素功能的31个根瘤菌菌株。

上述菌种资源已被根瘤菌剂生产厂、农业院校和科研单位广泛利用，国家863计划项目也采用其中一些菌株用于基因工程菌的研究，这些菌种已成为我国苜蓿共生固氮研究及接种剂生产的主要菌种来源(表1-2)，并已在中国农业微生物菌种保藏管理中心入库保藏，其中有一部分以ACCC编号编入《中国农业菌种目录》和《中国菌种目录》。根瘤菌株资源目前的保藏方法主要有真空冷冻干燥保藏、琼脂斜面液体石蜡覆盖保藏或采用液氮超低温保藏。

表1-2 苜蓿根瘤菌接种剂的生产用菌株

根瘤菌剂产品名称	菌株号码
苜蓿根瘤菌剂	ACCC17512、ACCC17513、ACCC17517、ACCC17518、ACCC17519

近些年，我国科技工作者加大了对苜蓿根瘤菌资源的开发力度，国家和地方立项支持，科研单位、农业院校、根瘤菌剂生产企业联手合作，对我国根瘤菌资源分地区、分范围、分类型进行不断的采集调查、筛选和鉴定研究。宁国赞等(1999)对国内各省区，王素英等(2000，2002a)对西藏、河北，王卫卫等(2002)对甘肃、宁夏，刘宏生等(2000)对辽宁，王静等(1999)对山西，韦革宏等(1999a，2000)、师尚礼(2005b，2007a)对陕甘宁地区的根瘤菌资源相继进行了报道。祁娟和师尚礼(2007)对苜蓿种子内生根瘤菌的数量规律、影响因子、结瘤与促生能力等进行了报道。

二、苜蓿根瘤菌应用

我国开始大面积播种牧草、改良退化草原始于20世纪70年代。当时，豆科牧草种子接种用根瘤菌剂主要从国外进口，1982年开始用微生物菌种中心筛选的菌种生产接种剂。生产企业每年从微生物菌种中心购买根瘤菌株。根瘤菌接种生产采用液体深层发酵，然后用无菌草炭吸附而成，有时也生产液体接种剂。为了规范市场，确保接种剂质量，农业部对接种剂生产实行质量检验登记管理，并由农业部微生物肥料质量检验中心负责接种剂产量质量检测，同时微生物菌种中心对商业用菌种实行控制，对技术设备差的企业不提供接种剂生产用种。

我国苜蓿根瘤菌的应用研究始于20世纪80年代初，喻文虎等(1995)在甘肃省高寒阴湿地区种植苜蓿，接种根瘤菌结果表明，苜蓿接种根瘤菌后，幼苗结瘤率提高51.1%，分枝期结瘤量增加9.3%，花期产草量提高27%。高振生等(1996)在黄河三角洲沿海滩涂区为5个苜蓿品种接种根瘤菌，结果表明，该技术可使苜蓿干草产量提高50.0%～93.2%，结瘤量提高70.97%～73.39%。宁国赞(2001)在辽宁、黑龙江、云南、江西及内蒙古等18个试验点经苜蓿接种根瘤菌的结果显示，青干草平均增产37.8%，增产最高的地区达100%。姚新春和师尚礼(2006)在甘肃间歇性干旱条件下接种根瘤菌，对苜蓿根瘤菌结瘤能力、固氮能力进行了研究，结果表明，80%田间持水量间歇干旱30d和50%田间持水量间歇干旱20d两种水分控制模式能起到节水灌溉和发挥根瘤菌固氮潜力的效果。

Bosworth等(1994)将*dct*基因导入苜蓿根瘤菌中，构建苜蓿基因工程菌RMBPC-2，分别在5个试验地点开展田间试验，结果表明，除了在低氮(NH_4^+浓度为7.3mg/L，NO_3^-为10.3mg/L)、低土著菌(＜50个/g干土)地区干草产量比对照增产17.9 %，达到显著水平外，其他4个地区与对照没有显著性差异。而曾昭海等(2003)在低氮，但土著菌数量偏高(3.5×10^5个/g干土)的田间环境下接种筛选的高效根瘤菌，干草产量仍然比对照增产10.2%～13.7%，蛋白质产量增产13.59%～19.63%，说明采用筛选苜蓿-根瘤菌共生体中竞争能力强、固氮效率高的根瘤菌接种，苜蓿根瘤菌的应用范围和增产效果将会有较大的提高。宁国赞等(1999)的研究有同样的结果(表1-3，表1-4)。

表1-3　苜蓿接种根瘤菌效果调查

调查项目	幼苗接瘤率/%	根瘤菌数量/(个/株)	植株分枝/(个/株)	株高/cm	产草量/(kg/hm^2)
接菌	66.4	9.8	10.3	25.3	2227.5
对照	38.4	4.6	7.8	21.9	1740.0
接菌比对照增加/%	72.9	113.0	32.1	15.5	28.0

表1-4　接种根瘤菌对苜蓿幼苗结瘤率的影响

试验地点	试验年份	重复数	结瘤率/%		接菌比对照增加/%
			对照	接菌	
内蒙古科尔沁左翼后旗	1983	6	60	90	50
黑龙江佳木斯	1987	3	70	85	21
黑龙江齐齐哈尔	1985	9	35.4	60.3	70
河南洛宁	1987	3	20	60	200
河北邱县	1987	6	25	50	100
山东烟台	1987	3	20	53.3	167
平均			38.4	66.4	101.3

接种根瘤菌对苜蓿幼苗结瘤率的影响：在自然条件下苜蓿结瘤，一方面是土壤中有苜蓿根瘤菌，另一方面是苜蓿种子也常常带有少量的根瘤菌。但人工接种的根瘤菌有较强的侵染力，能较快地侵染苜蓿，结瘤较早，所以在出苗20d进行调查即可看到接种区植株结瘤率明显高于对照区(表1-4)。

表1-4(宁国赞等，1999)中5省区6个试验地点的调查结果表明，人工接种根瘤菌能使苜蓿结瘤率平均提高101.3%。从调查结果还可以看出，自然结瘤率高的地区，人工接种根瘤菌效果不明显，而自然结瘤率低的地区，人工接种根瘤菌能明显提高幼苗结瘤率。

根瘤菌对苜蓿根瘤数量、重量的影响：在表1-5和表1-6(宁国赞等，1999)中，接种区的苜蓿植株，由于结瘤早，在苗龄60d时调查，可以看到根瘤数量和根瘤重量都大于对照区。

表 1-5 接种根瘤菌对苜蓿根瘤数量的影响

试验地点	试验年份	重复数	根瘤数量/(个/株)		接菌比对照增加/%
			对照	接菌	
内蒙古科尔沁左翼后旗	1983	6	4.5	5.7	27
青海西宁(和田苜蓿)	1986	3	3.8	6.4	68
青海西宁(公农苜蓿)	1986	3	2.0	6.1	205
天津宁河	1987	3	6.4	8.4	31
青海西宁(和田苜蓿)	1987	3	1.2	10.8	800
青海西宁(布尔津苜蓿)	1987	3	1.1	11.6	955
青海西宁(公农苜蓿)	1987	3	1.7	6.3	271
黑龙江齐齐哈尔	1987	3	4.8	8.3	73
黑龙江佳木斯	1987	3	2.0	3.0	50
河北邱县	1987	3	2.7	3.8	41
山东烟台	1987	3	5.4	6.1	13
辽宁建平张家营	1987	3	0.2	0.8	300
辽宁建平白山	1987	3	22.3	26.2	17
辽宁建平奎德Ⅰ	1987	3	2.2	4.5	105
辽宁建平奎德Ⅱ	1987	3	3.4	5.4	59
辽宁建平惠州	1987	3	2.9	5.3	83
辽宁建平三家	1987	3	6.3	15.5	146
辽宁建平朱力科	1987	3	2.9	38.2	1217
辽宁建平老管地	1987	3	14.0	22.0	57
辽宁建平哈格道口	1987	3	2.2	3.3	50
辽宁建平马厂	1987	3	7.6	14.0	84
辽宁建平大窖沟	1987	3	0.7	4.0	471
平均			4.6	19.6	233

表 1-6 接种根瘤菌对苜蓿根瘤重量的影响

试验地点	试验年份	重复数	根瘤重量/(g/10 株)		接菌比对照增加/%
			对照	接菌	
内蒙古科尔沁左翼后旗	1983	9	0.05	0.07	40
青海西宁(公农苜蓿)	1987	3	0.2	0.9	350
青海西宁(和田苜蓿)	1987	3	0.2	1.2	500
青海西宁(布尔津苜蓿)	1987	3	0.2	1.3	550
黑龙江齐齐哈尔	1983～1985	9	0.04	0.1	150
平均			0.14	0.71	318

苜蓿接种根瘤菌的增产效果：人工接种高效的根瘤菌，使苜蓿幼苗的结瘤率、根瘤数和根瘤重量显著增加，苜蓿的共生固氮从苗期开始就得到加强，与不接种的对照区相比，接种区的苜蓿植株能较早地从空气中获得氮素，而且固氮量也比对照区多。人工接种根瘤菌明显促进苜蓿的苗期生长，马晓彤等(2003)对黑龙江、辽宁 13 个地点越冬前调

查显示，接种区苜蓿株高、分枝数及产草量都较对照区高(表 1-7)。

表 1-7　接种根瘤菌对苜蓿干草产量的影响

试验地点	试验年份	重复数	产草量/(kg/hm^2)		接种比对照增加	
			对照	接菌	(kg/hm^2)	%
黑龙江齐齐哈尔	1985	9	574.5	900	325.5	56.7
辽宁建平张家营	1987	3	784.5	951	166.5	21.2
辽宁建平白山	1987	3	1084.5	1500	415.5	38.3
辽宁建平奎德	1987	3	1251	2502	1251	100
辽宁建平惠州	1987	3	2326.5	3169.5	843	36.2
辽宁建平三家	1987	3	3742.5	6682.5	2940	78.6
辽宁建平朱力科	1987	3	3334.5	3334.9	0.4	0.01
辽宁建平老管地	1987	3	2502	3502.5	1000.5	40
辽宁建平北二十家子	1987	3	1251	1657.5	406.5	32.5
辽宁建平哈拉道口	1987	3	1357.5	1425	67.5	5
辽宁建平马厂	1987	3	1597.5	1822.5	225	14.1
辽宁建平大窖沟	1987	3	420	585	165	39.3
辽宁建平太平庄	1987	3	888	921	33	43.7
平均			1624.2	2227.2	603.03	35.8

表 1-7 调查结果表明，在 13 个试验地点中接种根瘤菌后牧草干草产量平均增产率为 35.8%，每公顷草地越冬前干草产量增加 603.03kg。越冬前植株生长量的增加，有利于苜蓿的越冬，次年苜蓿返青后接种区植株生长比对照区旺盛。据黑龙江齐齐哈尔市草原站及山东烟台的试验调查，在次年第一次刈割时，接种区干草产量提高 18.5%，每公顷多产苜蓿干草 615kg。

饶晓娟(2006)在新疆农业大学试验田进行的根瘤菌接种试验结果表明，接种根瘤菌可以在一定程度上提高苜蓿产量，改善苜蓿品质。

在南方酸性红壤上苜蓿接种根瘤菌的增产效果更为明显，据江西省清江县种草养畜试验站调查，接种区产草量比对照区提高 45.1%，每公顷增产苜蓿干草 1039.5kg，如果在接种根瘤菌的同时施用适量石灰，产草量比对照区提高 59.3%，每公顷增产苜蓿干草 1374.0kg。韩华君(2007)对耐酸苜蓿根瘤菌的定殖研究结果表明：在酸性黄壤中接种 3 株耐酸苜蓿根瘤菌，并施用不同浓度的 Ca^{2+}，接种的 3 株耐酸苜蓿根瘤菌均能在酸性土壤中定殖，且定殖动态基本一致。施 Ca^{2+}处理对根瘤菌定殖影响不明显，施 5mmol/L Ca^{2+}时，定殖效果最佳。接种耐酸苜蓿根瘤菌对苜蓿植株瘤重、根鲜重、株高、植株上部鲜重、全氮量的影响显著。施 Ca^{2+}对植株根鲜重、株高和上部鲜重的影响达到了极显著水平，对瘤重的影响显著。施用 5mmol/L Ca^{2+}，苜蓿生长和结瘤的效果最好，表明在酸性黄壤中，施用适当浓度的 Ca^{2+}可以提高苜蓿的产量和品质。

苜蓿品种-根瘤菌共生固氮优良组合的筛选：虽然接种根瘤菌能使苜蓿的产量和质量有显著提高，但已有的研究表明(马其东等，1999)，在土壤氮素相同的条件下，所有根瘤菌株并不能使不同苜蓿品种获得同样的接种效果，对一个苜蓿品种可以产生优异表现的菌株，对另一个苜蓿品种也许只能诱导次级反应，这两种生物间的交互作用说明根瘤菌与寄主之间需要很好搭配，才能使苜蓿获得最佳固氮效率。

在豆科植物与根瘤菌共生固氮体系组合中，根瘤菌与寄主植物相互间有严格的选择性。同一株根瘤菌接种几个不同的苜蓿品种，会出现不同的固氮效果，同一苜蓿品种用不同的根瘤菌接种，也会出现不同的固氮效果。国外很重视苜蓿品种-根瘤菌共生固氮优良组合筛选的研究。美国人 Tan GY 和 Tan WK（1986）报道了 15 个苜蓿品种与 10 个苜蓿根瘤菌株组合筛选试验。结果表明：组合间的共生固氮作用有 30%的差异是由苜蓿品种所致，26%的差异为根瘤菌所致，36%以上的差异来自苜蓿品种与根瘤菌之间的相互作用。由此可以看出，筛选苜蓿品种与苜蓿根瘤菌共生固氮优良组合是提高苜蓿共生固氮作用的有效措施。马晓彤等（2003）用 6 个苜蓿品种与 6 株苜蓿根瘤菌进行组合试验。不同组合的植株干重及固氮酶活性差异见图 1-1 和图 1-2。初步筛选结果表明，ACCC17513 菌株与新疆大叶苜蓿组合、ACCC17517 菌株与天水苜蓿组合共生固氮效果最佳。

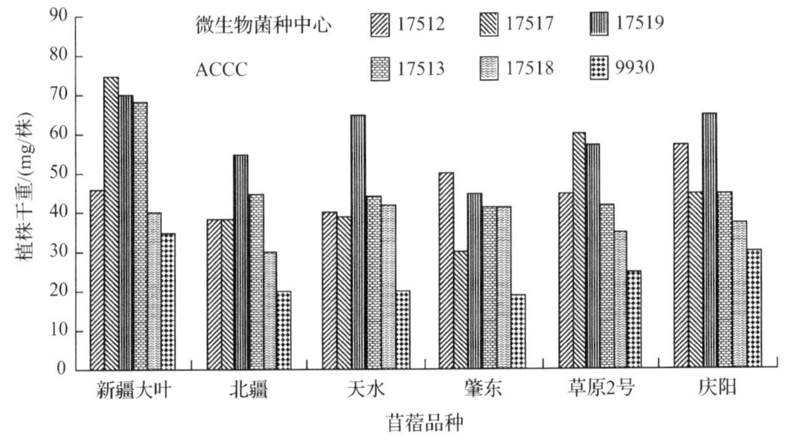

图 1-1 不同组合的植株干重

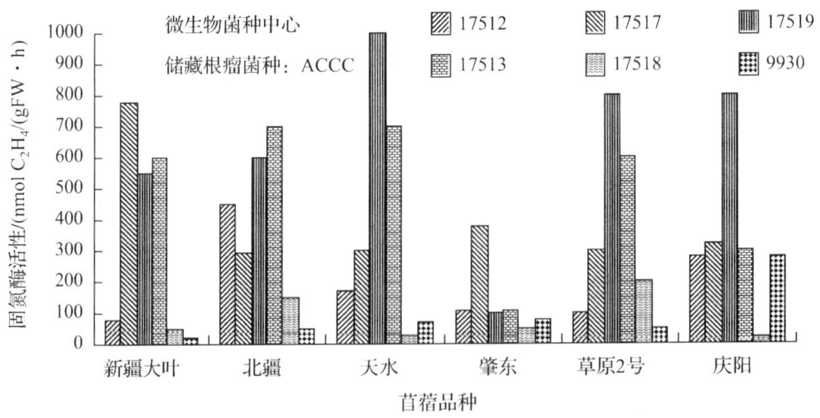

图 1-2 不同组合的根瘤菌固氮酶活性

接种根瘤菌的同时接种促生菌：根瘤菌是根际促生微生物之一，但豆科植物接种根瘤菌的同时接种合适的促生菌将有利于提高结瘤率、根瘤数量及共生固氮作用。宁国赞等(1995)的试验表明，大豆接种根瘤菌的同时接种巨大芽胞杆菌，使大豆结瘤率、根瘤数量、根瘤重量、植株含氮量和植株生物量显著增加，而且提前开花、结籽。高振生等(1996)报道，根瘤菌与芽胞杆菌对苜蓿双接种的效果明显优于单纯的根瘤菌接种。马其东等(1999)研究了不同根系发育能力的苜蓿接种根瘤菌的效果，采用无棣、陇东、北疆苜蓿品种在温室条件下研究伤害与不伤害主根的结瘤状况、田间条件下接种与未接种植株的结瘤状况、温室和田间条件下不同品种接种根瘤菌的效果，以及温室和田间试验的相关关系，探讨侧根的大量发生能否提高苜蓿的结瘤量，结果表明，将主根进行人为修剪伤害并接种根瘤菌，品种与对照之间及品种间均出现不同程度的差异。无棣苜蓿与对照之间根瘤数、鲜重，主根直径、重量，侧根长度、直径、数目和重量的差异均达到显著或极显著水平。陇东苜蓿的接种效果居于中等水平，北疆苜蓿接种效果较差。温室条件和田间条件有同样的结果。这反映出根系发育能力越强，接种效果越明显，结瘤量与根系发育能力密切相关，因此，苜蓿根系发育能力的强弱是影响接种效果和固氮效率的重要因素。

三、苜蓿根瘤菌剂

苜蓿根瘤菌剂与其他豆科植物根瘤菌剂一样采用发酵罐液体培养生产，生产工艺流程见图 1-3。苜蓿根瘤菌接种剂生产受国家农业行政部门的产品质量检验登记管理，农业部于2000年公布的根瘤菌剂产品质量标准规定：合格菌剂每克含活菌数必须≥2亿个，杂菌率小于5%。

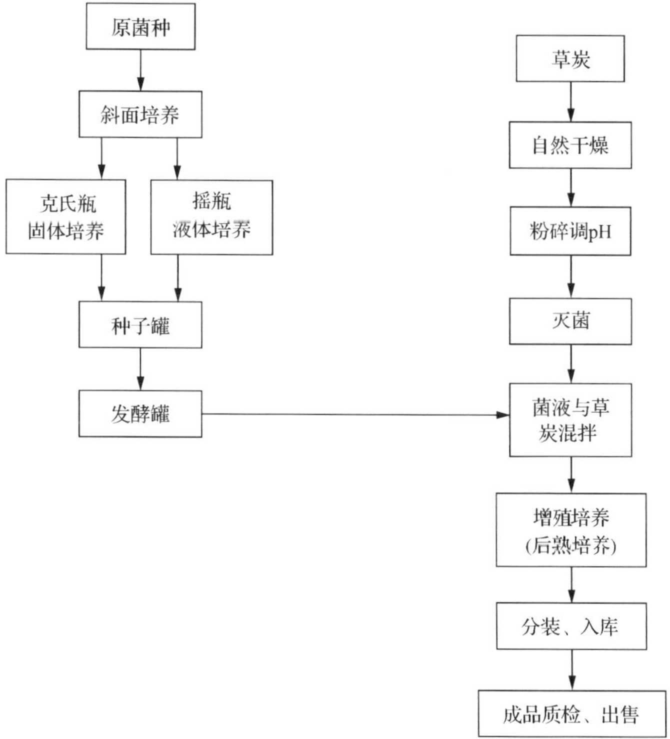

图 1-3　苜蓿根瘤菌剂生产工艺流程

为了生产出合格产品，菌剂生产企业应注意以下几个问题：①生产苜蓿根瘤菌所用的菌种，应尽量采用具有国家菌种保藏号的菌种，这样才能保证生产用菌的遗传稳定性，保证产品质量的稳定；②菌剂生产前，企业技术人员应检查生产用菌的结瘤固氮性能及其纯净度；③采用持水性能良好，颗粒细度达到标准要求的载体；④每批苜蓿根瘤菌剂产品都应进行严格的质量检验，不合格产品不能出厂。

四、苜蓿种子丸衣化接种根瘤菌

苜蓿接种根瘤菌的效果决定于 3 个基本因素：一是优良菌种；二是优质菌剂；三是有效的接种方法。这 3 个因素缺一不可。如果接菌技术不正确，再好的菌种及菌剂都很难保证苜蓿被根瘤菌侵染结瘤。苜蓿种子接种根瘤菌的方法有两种：小面积播种时，常常采用菌浆拌种；大面积播种，特别是采用飞机播种时则采用种子丸衣化接菌。

1) 菌浆拌种：将粉状菌剂加水或加黏着剂制成菌浆或菌泥，然后拌在种子上。由于黏着剂的作用，菌剂能较好地吸附在种子上。但应在菌浆未完全干燥之前播种，当菌浆完全干燥后，菌剂会有部分脱落。应当注意的是采用菌浆拌种应在当天播完，以免因种子受潮后储存，会降低种子发芽势和发芽率。

2) 种子丸衣化接菌：用黏着剂把根瘤菌剂黏附在种子上，然后再包上一层丸衣。苜蓿种子丸衣化方法接种根瘤菌优点如下。

保护根瘤菌：黏着剂及中性丸衣材料的包裹使根瘤菌得到很好的保护。减轻不良环境因素(光、热、酸等)对根瘤菌的危害，使种子上的根瘤菌在出苗前保持相当的数量，有利于提高苜蓿的结瘤率。

保护种子：种子包裹丸衣后，可以减轻鸟、鼠及蚂蚁对种子的危害，有利于提高出苗率。

提高播种质量：种子包裹丸衣后，增加了重量和体积，使播种的苜蓿落种均匀。

种子丸衣化接种根瘤菌技术内容包括材料、配方及接种方法 3 个部分。

1. 材料

用种子丸衣化方法接种根瘤菌需要的材料有根瘤菌剂、包衣材料、黏着剂。为了制造出高质量的种子包衣，各种材料必须达到一定的质量标准。

(1) 根瘤菌剂

根瘤菌剂的质量必须符合 NY 410—2000 标准，菌剂含菌数≥2 亿个/g，菌剂颗粒细度在 100 目以上，菌剂含水量 30%左右。菌剂用量为每 10kg 种子用 1kg 菌剂接种。

(2) 种子包衣材料

可用作种子包衣的材料很多，如钙镁磷肥、磷矿粉、滑石粉、蛭石粉、膨润土、碳酸钙、白云石粉等。丸衣材料的选择标准是这种物质的不可溶性高，价格便宜，pH 接近中性，粉末颗粒细度在 150 目以上。国外在酸性土壤上播种时常采用碳酸钙为包衣材料，我国南方则普遍采用钙镁磷肥(主要成分是磷酸三钙)为包衣材料。钙镁磷肥含可溶性五氧化二磷20%，同时还含有钙、镁、硅等元素，pH7.0～7.2。使用钙镁磷肥不仅可以中和土壤酸度，而且能降低土壤中铁和铝的活性，减轻铁、铝离子对根瘤菌的毒害，是一种很好的丸衣材料。在北方由于不易买到钙镁磷肥，故常用磷矿粉或膨润土作为丸衣材料。

在这里需要特别指出的是不能用过磷酸钙作为包衣材料，因为过磷酸钙含的游离酸不仅会杀死根瘤菌，而且会影响苜蓿出苗。也不能用石灰当作包衣材料，因为石灰呈强碱性，对根瘤菌和苜蓿幼苗也有害。可以根据当地土壤情况，在包衣中加入适量的微量元素。

（3）黏着剂

种子与包衣之间靠黏着剂黏结。黏着剂不仅有黏着作用，还有保护根瘤菌的作用。苜蓿种子的种皮往往含有一些抗菌物质，如果根瘤菌直接接触种皮，就会降低根瘤菌的存活率，而黏着剂能把根瘤菌与种皮隔开。常用的黏着剂有阿拉伯胶和羧甲基纤维素钠。黏着剂的 pH 以中性为最理想。黏着剂中不能含有防腐剂。目前我国用于包裹丸衣的黏着剂主要是羧甲基纤维素钠，其黏度比阿拉伯胶大，价格便宜。羧甲基纤维素钠产品型号很多，应选择黏度大[800～1200cP①（厘泊）]的型号。如果使用低黏度的羧甲基纤维素钠，必须适当增加使用浓度，否则会影响种子包衣质量。

2. 种子丸衣配方

种子丸衣原料配方是否合理，关系到丸衣的质量。1982 年，宁国赞等提出了适于我国生产应用的丸衣配方。20 世纪 80 年代初期，我国各飞播区用水泥搅拌机或用手工包裹丸衣时均采用 82 号丸衣配方。1986 年开始使用种子丸衣机后配方有所变动。配方代号为 86 号（表 1-8）。

表 1-8　种子丸衣化接种根瘤菌原料配方　（单位：kg）

配方代号	种子	菌剂	丸衣材料	羧甲基纤维素钠	水	钼酸铵
82	1000	100	300	4～6.4*	100～160	3
86	1000	100	300	3**	150	3

注：*表示包裹丸衣的羧甲基纤维素钠溶液浓度为 4%，**表示溶液浓度为 2%

3. 丸衣接种方法

（1）黏着剂的制备

将羧甲基纤维素钠按一定的量加入热水中，配制所需浓度的溶液，边加边搅拌，切忌一次把黏着剂全部倒入水中，以免结块难以溶解。如有少量结块，放置半天即可溶解。所以黏着剂可在使用前一天配制，但不能存放过久，以免变质。

（2）黏着剂与根瘤菌剂混合

黏着剂配好后按需要的比例加入根瘤菌剂，充分拌匀。如果用种子包衣机接种，则

① $1cP=10^{-3}Pa\cdot s$

不能将菌剂与黏着剂混合，因黏着剂由喷枪射出，如果菌剂颗粒太粗则会堵塞喷头。

(3) 微量元素的预处理

在种子包衣中微量元素用量很少，为了使每粒种子都能粘上微量元素，必须将微量元素研磨得很细，或用水溶解后吸附在少量的包衣材料中。

(4) 包裹种子丸衣的程序

把种子倒入搅拌机，然后倒入拌有根瘤菌剂的黏着剂。开动搅拌机搅拌 1～2min，当每粒种子都粘上黏着剂和根瘤菌后，即可加入钙镁磷肥和微量元素，不停地搅拌直至种子全部包衣为止。如果包衣种子结块，说明黏着剂过量，只要加入适量的丸衣材料，继续搅拌即可散开。如果需要丸衣硬度大一些，可适当延长搅拌时间，但时间过长丸衣会破裂。制作好种子丸衣后需放置阴处晾干，否则会影响种子发芽率。丸衣种子不能在太阳光下暴晒，否则根瘤菌会大量死亡。合格的种子丸衣应该是包衣紧实、表面光洁、单粒率高。

五、根瘤菌固氮及其影响因子

1. 根瘤菌固氮效率的主要影响因子

李友国和周俊初(2002a)、马晓彤等(2003)报道，根瘤菌的固氮效率既与参与固氮的根瘤菌和植物基因有关，又受到生态环境不同程度的影响，影响根瘤菌共生固氮效率的主要因素有环境因子、宿主植物和共生体双方基因[四碳二羧酸转移酶基因 *dct*、固氮酶正调节基因 *nifA*、吸氢酶基因 *hup*、共生质粒(基因)、缺陷型回复突变]等，或可分为内在因素和外在因素。

(1) 内在因素

Cregan 等(1989)发现不同基因型的豆科植物能限制结瘤菌株的类型或血清型，通过对大豆品种的选育可使菌株 USDA110 在选育品种上的占瘤率提高，并抑制了竞争能力相当的 123 血清型菌株的占瘤率。因此，通过对宿主植物基因型(品种)的选育，可望有选择地提高固氮优良菌株与宿主之间的亲和力和匹配性来提高接种菌的占瘤率和共生固氮效率。

Hunt 等(1988)报道，向植物根部或植株加入富 CO_2 的空气可促进结瘤三叶草植株的固氮作用，并可使植株的瘤数、瘤重和固氮酶活性成倍增加，且延长了其作用时间，并将其归因于对植物光合作用的提高。

上述结果表明，提高植物光合效率或采用高光效的品种可以加强固氮过程中碳源和能量的供应，从而提高根瘤菌的共生固氮效率。

研究表明，即使豆科植物的品种间亲缘关系非常相近，不同品种与不同根瘤菌间仍然有显著的差异。苜蓿-根瘤菌相互作用变异分析结果表明，共生固氮效率是由根瘤菌和苜蓿双方的基因所控制，涉及宿主植物、根瘤菌和环境间复杂的互作。苜蓿和根瘤菌间完全有效的结合依赖寄主植物相关基因和根瘤菌相关基因的相容性。有关研究结果还表明，与苜蓿固氮过程相伴随的乙炔还原率和其他一些性状受基因控制，苜蓿乙炔还原率的变异在不同的根瘤菌间差异较大。Tan 等(2001)研究结果显示，乙炔还原率变异同样可以分解为 3 个部分，分别为品种间、菌系间及品种与菌系互作。在研究苜蓿的其他性状如地上部分干物质重量和地下部分干物质重量时，发现对总变异贡献最大的仍然是来自于品种与菌系间的互作效应。

Sharma 等(1973)发现印度苜蓿品种与澳大利亚苜蓿品种固氮效率差异较大，印度苜蓿品种比澳大利亚苜蓿品种固氮数量提高 14%。Seetin 和 Barens(1977)发现在秋眠类型的苜蓿品种中，高固氮效率的苜蓿品种杂交产生的后代固氮酶活性比低固氮效率苜蓿品种杂交产生的后代固氮酶活性高 2 倍。Duhigg 等(1978)研究发现，高固氮酶活性的单株杂交产生的后代，其固氮酶活性、地上部分干物质产量及地上部分总氮量分别比其亲本增加 82%、57% 和 60%。Gasser 等(1972)发现高效苜蓿品种-根瘤菌组合的干草产量比平均水平高 31.2%，而品种与根瘤菌匹配较差的组合干草产量则比平均水平低 31.9%。因此优良组合的产量可比非优良组合的产量提高 63.1%。宁国赞等(1992)用 5 株不同苜蓿根瘤菌菌株(ACCC17512、ACCC17513、ACCC17517、ACCC17518、ACCC17519)接种天水苜蓿，ACCC17517 菌株的效果最佳，但将 ACCC17517 菌株用于肇东苜蓿接种时，其结瘤固氮效果较差。

苜蓿接种高效根瘤菌是提高其干草产量和品质的重要措施。它可以使其共生体每年从空气中固定氮 200～400kg/hm^2。但不同的品种和不同菌系间差异很大，为每一种豆科牧草品种选择最有效的根瘤菌是非常必需的。Nutman(1967)指出，共生固氮的不同阶段主要是由植物和根瘤菌的基因所控制。影响苜蓿共生固氮效率的基因如下。

1)四碳二羧酸转移酶基因 *dct*。李友国等(2002b)报道，苹果酸和琥珀酸等四碳二羧酸是植物供给根瘤菌体以支持共生固氮所需要的直接碳源及能源，加强四碳二羧酸转移酶基因(*dctABD*)的表达可以加强光合产物向类菌体的传递，以充分满足其固氮作用和氨同化吸收过程对能量及碳源的需求，从而提高其共生固氮效率。Canon 等的研究结果表明导入 *dct* 基因能明显地影响大豆慢生根瘤菌的固氮效率和植物生长。Ronson 等在部分小区试验地上也证实了在苜蓿根瘤菌中导入 *dct* 基因的增效作用。Bosworth 等(1994)构建了 7 株在染色体上克隆有额外拷贝 *dctABD* 或(和)*nifA* 的重组苜蓿根瘤菌，在美国威斯康星州进行的严格小区田间比较试验结果表明，同时克隆有 *dctABD* 和 *nifA* 的菌株 RMPBC-2 在土壤有机质和化合态氮含量较低的 Hancock 试验点上的苜蓿植株生物量较原始出发菌高 12.9%，较不接种的对照高 17.9%，其差异已达到显著性水平。1997 年，Research Seed 公司已向美国国家环境保护局(Environmental Protection Agency，EPA)申请并获得了生产 RMPBC-2 重组苜蓿根瘤菌剂的商品化许可证。

宫世勇(2006)将克隆有四碳二羧酸转移酶基因 *dctABD*、*nifA* 基因和发光酶基因 *luxAB* 的重组质粒 pHN307 经三亲本杂交分别导入苜蓿根瘤菌 HNM1、HNM2、HNM4 和 1021 得到 HNM1(pHN307)等 4 个转移接合子。进一步比较研究了 pHN307 在自生培养条件下传代的稳定性，试验结果证明在无抗性选择的情况下，连续转接 10 次以上，检测所得单菌落发光率都为 100%，证明了重组质粒 pHN307 在苜蓿中华根瘤菌中能够稳定遗传。并采用改进的双层钵无菌砂培盆栽法，分别将 4 个转移接合子和出发菌接种苜蓿品种草原 1 号、公农 2 号和图牧 2 号。结果表明：除用 HNM1(pHN307)接种图牧 2 号以外，供试重组菌接种的植株比出发菌在根瘤鲜重、植株地上部分鲜重、根瘤数、瘤重、植株地上部分干重方面都有一定的提高，表明导入额外拷贝的 *nifA* 基因与 *dctABD* 基因可以提高出发菌的共生固氮能力。

李友国和周俊初(2002b)等以 pTR102 和 pLAFR3 为载体构建重组质粒，将苜蓿根瘤菌的 *dctABD* 基因导入大豆根瘤菌，盆栽和小区试验结果表明，*dctABD* 的导入可显著提高受体菌的共生固氮效率。

2) 固氮酶正调节基因 *nifA*。*nifA* 除了作为固氮酶的正调节基因外，还与根瘤发育、类菌体分化及竞争结瘤有关。加强 *nifA* 的表达水平也是提高根瘤菌共生固氮效率和结瘤能力的途径之一。

朱光富等(1996)将含有肺炎克氏杆菌 *nifA* 基因的高拷贝质粒 pCK3 导入花生慢生根瘤菌 147-3，盆栽结果表明转移接合子 147-3(pCK3)的根瘤鲜重、地上部分植株干重和总氮量均比出发菌株有显著提高。Bosworth 等(1994)的田间小区试验结果也证明，只有同时导入额外拷贝的 *nifA* 和 *dctABD* 基因才能获得显著的增产效果。周强和魏辉(1997)将带有组成型 *nifA* 基因的质粒导入大豆慢生根瘤菌 22-10 中得到重组菌 A62，以 A62 接种的小区单位产量高出对照组 12.6%。陈昌斌等(1999)构建了一个带有组成型表达 Kp *nifA* 的重组质粒 pXD1，当 pXD1 转移至大豆根瘤菌 RfHN01lux 后，重组菌接种的植株株高、鲜重、干重及大豆产量均优于原始出发菌。

3) 吸氢酶基因 *hup*。研究表明若能利用部分根瘤菌所具有的吸氢酶基因 *hup* 来循环利用固氮酶还原 H^+放出的 H_2，则有可能因减少能量损失而提高固氮效率。

Lambert 等(1987)将带有大豆慢生根瘤菌 *hup* 基因分别导入苜蓿、三叶草和大豆根瘤中，发现导入质粒 pHU1 使受体菌 USDA123spc 在根瘤中 90%的固氮酶放出氢气得到再利用。

4) 共生质粒(基因)。已有的研究结果表明大多数快生型根瘤菌的共生固氮基因定位在称为共生质粒(pSym)的大质粒上，少数根瘤菌的共生质粒能自主转移，但大多数根瘤菌的共生质粒可在带有 *tra* 基因的协助质粒帮助下向受体菌转移。

Zhang 和 Smith(1996)将豌豆根瘤菌的共生质粒 pJB5JI 导入华癸根瘤菌 7653R 和大豆快生根瘤菌 B52 后，发现转移接合子的竞争结瘤能力、固氮酶活性和植株干重均高于受体菌，但导入大豆慢生根瘤菌 22-10 后，其植株干重显著低于 22-10。张学贤和马立新(1996)将大豆快生根瘤菌 B52 的基因文库随机导入大豆慢生根瘤菌 22-10 中，通过植物盆栽筛选出 HN32 等 4 个增效转移接合子，在复筛试验中发现 HN32 菌株接种大豆植株的干重比 22-10 提高 7.8%。

5) 缺陷型回复突变。已知植物生长激素吲哚乙酸生物合成的前体是色氨酸，因此根瘤菌的色氨酸代谢及其缺陷株的研究也受到了不少研究者的重视。

Kaneshiro 和 Nicholson(1989)分离并比较研究了大豆慢生根瘤菌 L-259 菌株的色氨酸分解代谢增强突变株与出发菌株的共生效应，发现该突变株具有较高的共生固氮效率。通过大豆慢生根瘤菌色氨酸回复突变型的共生效应的研究，从中筛选到了一株具有高效共生固氮效率的菌株 TA11 Nod$^+$。用该菌株接种的植株干重、全氮量和结瘤率均较野生菌株显著提高。何方等利用转座子 *Tn5* 对大豆快生根瘤菌 8-1-4A 进行诱变，也得到色氨酸营养缺陷型和回复突变株。盆栽试验结果也证明大多数原养回复突变株的固氮酶活性、植株干重及含氮量均有提高，只有根瘤数比出发菌有所降低。

根瘤菌与豆科植物的共生固氮作用是一个由双方有关基因共同参与、协同作用并自主调节的复杂过程，影响和决定根瘤菌共生固氮效率的因素来自土壤生态环境、宿主植物和根瘤菌等 3 个方面。尽管生物固氮研究者已构建了一些竞争结瘤能力和共生固氮效率显著提高的基因工程菌株，但要充分发挥高效重组根瘤菌的共生固氮在农业生产实践中的经济价值和生态效益，必须综合考虑土壤肥力、作物特性和气候等环境条件，制订出接种根瘤菌剂和与化学氮肥配合施用的理想措施，才能实现苜蓿高产优质的目标。

(2) 外在因素

影响苜蓿-根瘤菌共生体系固氮效率的外在因素有土壤氮素、磷素、钾素含量，土壤水分、温度、土壤类型、土壤 pH、草地种植年限、播种方式和根瘤菌剂接种方式等。除土壤理化因子外，生物因素如土壤微生物(特别是土著根瘤菌数量)、噬菌体、菌根等也会影响根瘤菌的占瘤率，从而影响其共生固氮效应(曾昭海等，2003)。

1) 土壤氮素含量。土壤氮肥含量的多少是影响根瘤菌接种效果的重要因素，较高水平的氮素含量抑制结瘤，降低了苜蓿-根瘤菌的固氮效率。因此，只有在土壤中氮素处于一个较低水平时，接种根瘤菌效果才能发挥出来。但是豆科植物仅依靠共生固氮常难以达到高产目的，一般仍需要配合施用少量化学氮肥。在苗期施用少量氮肥可加强植株光合作用，促进根系生长，为根瘤菌感染和结瘤创造较好条件。在籽粒形成后期追施少量氮肥有助于维持大豆营养生长和延长根瘤菌固氮作用，促进籽粒形成。另外，土壤环境中较高浓度的化合态氮(主要为硝态氮和铵态氮)能影响根瘤菌对根毛的侵染，降低结瘤数量，抑制类菌体固氮酶活性，从而对其固氮效率表现出明显抑制作用，并随着菌株和宿主植物不同而异。研究表明随着施氮水平的增长，宿主植物干物质重量和叶面积增加，但根瘤的数量和生长显著受到抑制。另有研究发现，苜蓿根瘤菌结瘤调节基因 *nod D3* 受铵态氮(NH_4^+-N)的控制，并分离到能在 2mmol/L NH_4^+-N 条件下比野生型菌株更能有效结瘤的苜蓿根瘤菌突变株。刘莉等(1998)采用微根盒培养装置证实高浓度的化合态氮能抑制大豆根瘤菌的根毛感染，其抑制作用浓度随化合态氮种类而异。但 Lopez-Garcia (2001) 的研究表明，氮不足时会影响根瘤菌与寄主的共生，从而影响根瘤菌的结瘤效率及竞争能力。

2) 土壤磷肥。陈华癸、樊庆笙著《微生物学》(1979) 提到"土壤中磷素丰富是获得豆科作物丰产的重要因素"。磷肥对豌豆根瘤的形成和产量有影响，施磷肥与不施磷肥比较，每株豌豆根瘤数增加 190 个，根瘤重增加 1.187g，豌豆产量增加 4.20g。当土壤含磷量低时，根瘤菌虽然进入根内，但不形成根瘤。花生根瘤菌剂和磷钾混合施用的效果，以不施根瘤菌剂、磷钾肥为对照，单施磷钾混合肥可增产 12.5%，单施根瘤菌剂可增产 6.3%，同时施入磷钾混合肥和根瘤菌剂可增产 18.8%。

3) 土壤钾肥。研究结果表明，钾肥可以增加根瘤数量、根瘤重量、固氮速率及光合速率，钾肥通过增加豆科作物可利用的光合物质来增加固氮量，在其他豆科作物上研究结果显示，钾肥通过转运光合产物到根系和根瘤中来增加固氮量和根瘤数量。Michael 和 Duke (1981) 在美国 Arlington 试验农场的研究结果表明，当施 K_2SO_4 量为 448kg/hm^2 时，全部干物质重、根瘤数量及固氮酶活性分别比对照高 11.2%、221% 和 362%。

4) 土壤理化因子。师尚礼 (2005b) 研究了土壤理化因子对根瘤菌固氮能力的影响。

土壤全磷是苜蓿根瘤菌株固氮百分含量变异起主要作用的因子，土壤全磷对菌株固氮百分含量 %N_{dfa} 产生的变异占总变异的 74.01%。低磷土壤对菌株固氮百分含量 %N_{dfa} 的影响作用为抑制作用，即土壤低磷水平会降低苜蓿根瘤菌株的固氮效率。

土壤全磷是苜蓿根瘤菌株影响苜蓿 %^{15}N 含量变异起主要作用的因子，土壤全磷对菌株影响苜蓿 %^{15}N 含量产生的变异占总变异的 71.27%。低磷土壤对 %^{15}N 含量的影响作用为促进作用，即土壤低磷水平有利于提高苜蓿对 ^{15}N 的吸收，从而降低根瘤菌的固氮能力。

土壤有机质、土壤全氮、土壤全磷三因子是对苜蓿根瘤菌株固氮量变异起主要作用的因子，三因子对菌株固氮量产生的变异占总变异的 99.92%。土壤有机质、土壤全氮、土壤全磷对苜蓿根瘤菌株固氮量影响的重要性依次为：土壤有机质＞土壤全氮＞土壤全磷，土壤有机质对菌株固氮量影响作用最大，并表现为抑制作用。其次是乏氮土壤对菌株固氮量的影响较大，表现为促进作用。低磷土壤磷素对菌株固氮量的影响表现出微弱的抑制作用。土壤有机质和土壤低磷水平有降低菌株固氮量的作用，乏氮土壤氮素水平有提高菌株固氮量的作用。

土壤有机质通过土壤氮的间接作用可以较好地促进菌株的固氮量，土壤磷通过土壤氮的间接作用对菌株固氮量也有一定的促进作用。土壤氮通过土壤有机质的间接抑制作用尤为突出，表现在土壤低氮水平对固氮量有较强的促进作用和土壤有机质水平对固氮量有较强的抑制作用。

以上表明，在乏氮土壤营养条件下，适度增加土壤氮素含量有利于促进植物根系生长，有利于提高结瘤效率，增加固氮量。这一结论与 Lopez-Garcia 等 (2001) 研究得出的土壤氮不足时会影响根瘤菌与寄主的共生，从而影响根瘤菌结瘤效率及竞争能力的结论一致。因此，豆科植物仅依靠共生固氮常难以达到高产目的，一般仍需要配合施用少量化学氮肥。提高有机质含量可提高土壤根瘤菌载菌量，也可提高低肥力土壤上的占瘤率。在低磷土壤环境中，可降低菌株的固氮效率，这与 Høgh-Jensen 等 (2002) 报道“磷素供应持续低于最适水平时三叶草的固氮作用下降，磷素供应突然中断会使三叶草根瘤菌的固氮酶活性降低，以及磷不足时会加剧大豆和苜蓿根瘤中由氩诱导的固氮酶活性的下降”的结果一致。因此，提高低磷土壤磷素含量会提高苜蓿根瘤菌-植物共生体固氮效率。

5) 土壤水分。土壤水分含量是影响结瘤和固氮效果的重要指标。Atkins (1984) 研究表明，当土壤水分严重缺乏时，固氮酶活性下降 80%～85%。固氮酶活性随水势的下降而呈直线下降趋势，当苜蓿水势下降到–3.0MPa 时，固氮酶活性为零。Serraj 等 (1999) 研究表明，豆科植物-根瘤菌共生关系的形成及其活性均对干旱十分敏感，土壤干旱时不仅影响植物的生长、根系的发育及分泌物质，也使根瘤菌处于一个较低的群体水平，从而影响氮素的积累。许多研究表明，存在于豆科植物中的固氮信号与芽和根瘤中氮素的积累水平有关联，土壤干旱时对固氮信号表达影响较大。

6)温度。温度可影响土壤中根瘤菌的存活及其在根际中的生长繁殖。Rice(1982)、Rice 和 Olsen(1988)分别研究苜蓿根部温度在 8℃、13℃、17℃、21℃和 25℃的接种效果及占瘤率，结果显示，温度较低时，根瘤数量、根瘤重量及地上部分干物质重量都较低，当温度为 8℃时，固氮酶活性完全停止，当温度为 21℃时，单株根瘤数量最多。师尚礼(2005a)对甘肃 5 个生态区域苜蓿结瘤率与温度的相关性进行了研究，不同生态区域苜蓿根瘤菌适宜结瘤的温度不同，可能与适宜的苜蓿品种根系生长的温度一致。Smith(1995)报道，大豆在亚热带地区的最适生长温度为 25～30℃，土壤温度低于这个范围会抑制根瘤的形成和固氮。Zhang 和 Smith(1996)报道，低温还会减少类黄酮的生物合成及从根部的分泌，因此，在低温时对大豆施类黄酮类物质可能会增加根瘤的形成，提高固氮能力。

7)土壤类型。不同类型土壤对根瘤菌结瘤效果影响很大。Hagen 等(1997)将两种根瘤菌接种在不同类型的土壤中发现，沙土中接种 153d 后，根瘤菌的数量下降为 11 个/g 土，而在黏土中两种菌数量则多于 103 个/g 干土。其他一些研究同样表明，同沙质土壤相比，土质结构黏重的土壤能提高根瘤菌的存活率，可能是因为黏重的土壤能为根瘤菌提供一个减少环境胁迫的环境。

Bosworth 等(1994)将基因工程菌 RMBPC-2 在 4 种不同类型的土壤中进行接种试验，发现只在其中一个地区有增产效果，而其他 3 个地区增产效果不明显；宁国赞等(1999)在辽宁及黑龙江 13 个地区进行接种试验，结果表明不同的地区差异较大，增产为 4%～100%。Slattery 等(2004)用 6 种豆科植物在 5 种类型的土壤上观察结瘤情况，结果表明不同类型的土壤间存在差异。

8)土壤 pH。土壤 pH 对接种根瘤菌的共生固氮效率也有明显影响。Moawad 用荧光抗体法研究土著大豆根瘤菌 123 和 138 血清型的占瘤率时发现，中性土壤中 123 血清型占优势，占瘤率高达 60%～90%，但在附近偏碱性土壤中，123 血清型的竞争能力则不及 138 血清型。pH 对根瘤菌生长的影响是一个相对渐进的过程，依据其受影响程度不同可分为酸敏感型和酸耐受型两大类，随着土壤的酸化，根瘤菌结瘤和植物生长均会受到不同程度的抑制。Maccio 等(2001)报道，钙代谢是根瘤菌耐酸性的生理基础之一，根瘤菌培养基中的钙成分可能与根瘤菌多糖的合成有关。

9)种植年限。许多学者利用 ^{15}N 同位素示踪法研究发现苜蓿-根瘤菌共生体在播种当年的固氮量较高，占其吸收总氮量的 40%以上；同时利用同位素示踪法还研究了苜蓿-根瘤菌共生体各年度的固氮量，结果表明，苜蓿品种与根瘤菌组成共生体 1～4 年的固氮量变化较大，共生固氮量占吸收氮量的比例分别为 56%、33%、62%和 78%。

10)播种方式。非豆科作物可以通过与其间作、混作、套作的豆科作物获得氮素营养，其数量可以满足相当部分的氮素营养需要。当苜蓿与其他非豆科作物混作时，苜蓿为非豆科作物提供的氮素量一般是每年 20kg/hm^2，占非豆科作物吸收氮量的 20%～30%。当虉草(*Phalaris arundinacea*)与苜蓿混播时，苜蓿为其提供的氮素占其自身的 68% 以上。当苜蓿与禾本科作物混播时，固氮效率有所提高。苜蓿与鸭茅或猫尾草混播时，单位重量根瘤的固氮速率是苜蓿单播时的 2 倍(Craig et al.，1981)；苜蓿-鸭茅混播组合中，鸭茅比例增加时，苜蓿吸收的氮素中，生物固氮所占比例增加。在豆科作物与非豆科作物混播中，豆科作物通过以下 6 种途径为非豆科作物提供氮素(马晓彤等，2003)：①通过活着的根系和根瘤分泌或渗漏；②根细胞脱落；③根系与根细胞的死亡和腐烂；④通过根系中的菌根真菌传递；⑤当雨水经过根冠时，从植株上洗落的化合物；⑥土壤表面死亡植株的分解。

11)接种措施。接种效果和占瘤率除了受土著菌数量和特性影响外，还与接种措施相关。Rice 和 Olsen(1988)将粒状菌剂与种子进行 3 种播种方式处理，即粒状菌剂与种子一起施入，粒状菌剂施于种子下面，粒状菌剂在种子种植后施于种植行基部，研究不同接种方法对苜蓿产量的影响。结果表明，粒状菌剂与种子一起施入或施于种子下面效果较好，其生物学产量、根瘤菌数量及接种菌的占瘤率都比施于种植行基部效果好；增加根瘤菌接种数量可以提高其与土著菌的竞争能力(Rice and Olsen，1988)；利用石灰包衣种子或直接施于土壤中同样可以提高接种菌的竞争力，将接种菌剂与阿拉伯黏土混合或加工成粒状等方法可以增加接种菌剂的结瘤量(Rice，1982)。

12)土著根瘤菌数量。人工接种根瘤菌是增强豆科作物和豆科牧草的结瘤固氮能力、增加氮素营养和提高产量的有效措施。但当有大量的土著根瘤菌存在时，接种根瘤菌通常达不到预期目标。土著菌是存在于土壤中的根瘤菌，分布广泛，竞争结瘤能力强，但在豆科作物根系上结瘤后通常固氮效率较低或无固氮能力。此外，由于大量土著菌的存在，通常与接种菌竞争结瘤位点、竞争营养基质，影响了接种菌的占瘤率，最终影响接种效果。接种菌的占瘤率与土著菌的数量成反比，一般而言，当土壤中的土著菌数量少于 10 个/g 土时，接种菌根瘤数量和重量最大；当土著菌数量在 10～100 个/g 土时，接种使根瘤的重量仅增加 2 倍，数量仅增加 3 倍；当土著菌数量超过 100 个/g 土时，接种与不接种间的差异不显著。在生产实践中，为了获得超过 50% 的占瘤率，接种菌数量必须超过土著菌的 1000 倍。李新民等(1998)在黑龙江省的试验表明，在土壤中土著菌数量分别为 100 个/g 土以下、100～1000 个/g 土、1000 个/g 土以上时，接种根瘤的占瘤率分别为 50.69%、20.37% 和 16.84%。Scupham 等(1996)利用接种根瘤菌产生的抗根围细菌的复合物是抑制土著菌结瘤的一个有效的策略，如三叶草毒素(TFX)、细菌素等。在实验室条件下，能够产生 TFX 的表现型可显著增加其竞争结瘤的能力。Robleto 等(1998，1997)的田间试验表明，能够产生 TFX 的表现型可增加占瘤率，但对产量没有影响。

13)土壤中的农药残留。土壤中残留的除草剂会降低下茬豆科植物的固氮能力，这在土壤和气候条件使得除草剂不能被很快降解的地区尤为多见(Douka et al.，1995；Ferris et al.，1992)。在降雨量少、土壤为碱性的区域或者干旱的年份常出现这种情况(Unkovich et al.，1997)。

14)刈割。苜蓿刈割后，由于光合作用的叶面积减少，大多数根瘤因得不到充足的光合产物而坏死、脱落。在苜蓿重新长出新叶和根后，根瘤菌重新侵染新根形成根瘤，继续为苜蓿提供氮素。每次刈割都从草地带走大量的磷、钾元素，所以每年都应当适量施用磷肥、钾肥，才能保证正常的固氮作用，延长苜蓿草地的使用期。在贫瘠土壤上播种苜蓿，在其早期阶段会出现缺氮症状。虽然此时缺氮会促进苜蓿结瘤，但使苜蓿幼苗的生长受到严重抑制。此时结瘤植株受到的影响比无瘤植株还要严重，因为根瘤的形成和生长需要幼苗提供大量的碳水化合物，只有在根瘤成熟向植株提供氮素后，缺氮症状才会得到缓解。例如，在苜蓿播种时施用少量氮肥(施氮素 10.05～21.00kg/hm^2)，可防止幼苗缺氮现象的发生。施氮虽然使苜蓿早期结瘤受影响，但由于施氮后苜蓿根系发育健壮，在所施氮肥消耗完毕后，苜蓿根瘤数量会由于根系发达而增加。但是，如果施用大量化合态氮，根瘤的形成和固氮效率会受到严重影响。

15)生态区域。不同生态区域根瘤菌株对苜蓿生物量变异的影响差异较大，表 1-9(师尚礼，2005a)中 5 个生态区域根瘤菌株对苜蓿生物量的影响依次为定西＞武威 = 庆阳＞甘南＞天水，定西菌株明显表现出生物量积累优势。

表 1-9 不同生态区域来源根瘤菌对苜蓿全氮量和固氮量的影响

菌株来源区域	生物量/(g/盆)	全氮量/%N	^{15}N 含量/%^{15}N	固氮百分含量/%N_{dfa}	固氮量/(g/盆)
庆阳	21.5728bB	2.9373aA	0.3241cC	77.5412abAB	0.4994aA
天水	18.2676dD	2.7936aA	0.3598bB	75.2703bAB	0.3856dC
定西	22.6771aA	2.8155aA	0.3500bB	75.9673abAB	0.4822bA
武威	21.8787bAB	2.7272aA	0.2734dD	81.3177aA	0.4877abA
甘南	19.9962cC	2.7928aA	0.3917aA	73.0915bB	0.4117cB

注：同列数值后不同小写字母表示差异显著($P<0.05$)，不同大写字母表示差异极显著($P<0.01$)

不同区域来源菌株对苜蓿全氮量变异的影响无差异，菌株的平均促生作用不影响苜蓿的全氮量。对固氮百分含量变异的影响，依次为武威 = 庆阳 = 定西＞天水 = 甘南，即武威、庆阳、定西菌株的固氮效率高于天水和甘南菌株。对固氮量变异的影响依次为庆阳 = 武威＞定西＞甘南＞天水，庆阳和武威菌株固氮量最多，定西菌株固氮量次之。

总体反映出来源于不同生态区域苜蓿菌株的固氮能力差异较大，庆阳、武威菌株固氮能力最强，定西菌株次之，天水、甘南菌株平均固氮能力较差。菌株对生物量的平均影响大小与区域菌株固氮能力的强弱基本相对应，即固氮能力强的菌株，生物量积累多。

由于不同生态区域来源菌株固氮能力对苜蓿植株全氮量影响无差异，而固氮效率和固氮量差异明显，从而说明固氮量的差异通过生物量的变异而实现苜蓿植物全氮量的平衡。

2. 根瘤菌结瘤基因及其表达调控

在共生结瘤过程中，根瘤菌的结瘤基因及寄主植物根分泌的黄酮类物质起着关键性的作用。研究认为，所有的根瘤菌中 *nod* 基因的调控是相似的，它们的调控包含 3 个因素：一是 trans-acting 调节子 NodD 蛋白起的转录激活作用；二是 NodD 蛋白结合到存在广泛的同源序列的启动子(即 *nod box*)上；三是通过 NodD 蛋白激活的 *nod* 基因的转录需要豆科植物根分泌的植物信号分子如黄酮类物质或具苯环的化合物的存在。根瘤菌结瘤基因表达调控的研究进展非常迅速。

靖元孝(1997)、郭先武(1999)和樊妙姬等(1998，1999)报道，结瘤基因的主要功能是共生关系早期过程中信号分子的形成与交换。其主要过程包括植物根系分泌的类黄酮化合物作用于根瘤菌的 NodD 蛋白，再激活其他 *nod* 基因表达并合成根瘤菌的应答信号结瘤因子，由根瘤菌分泌到环境中的结瘤因子有效刺激宿主植物，使根毛变形卷曲，根瘤菌再从该部位侵入并形成侵入线，最终导致根瘤形成。该过程也称为植物与根瘤菌的分子对话。结瘤基因从功能上又可分为调节基因和结构基因，调节基因对植物信号分子产生应答后激活其他结瘤基因转录，如 *nodD*。结构基因可分成共同结瘤基因和宿主专一性基因，共同结瘤基因是指 *nodABCIJ* 等基因，它们存在于所有根瘤菌中。一种根瘤菌的 *nodABC* 基因突变可用另一种根瘤菌的同源基因互补，若将其导入没有质粒的农杆菌中，也可以使农杆菌有结瘤能力。宿主专一性基因控制根瘤菌的宿主范围，如 *Sinorhizobium meliloti* 的 *nodH*、*nodL* 或 *nodEF* 等，目前已克隆的结瘤基因约有 50 个（*nod*、*nol*、*noe*）。

结瘤因子（Nod 因子）又称胞外结瘤因子，它在根瘤形成早期，在根瘤菌与植物分子间的相互识别、相互作用方面起着极其重要的作用。提纯的 Nod 因子在浓度低至 10^{-12}mol/L 时也能引起根毛变形。分析表明，苜蓿根瘤菌的结瘤因子是由 4 个或 5 个 β-1, 4-氨基葡糖组成葡糖寡聚糖骨架，在非还原端上含有 C_{16} 不饱和脂肪酸，其上具有酰胺基团；在还原端有磺基基团。所有的结瘤因子均具有 β-1, 4-*N*-乙酰-D-葡糖胺的骨架，长度为 3～6 个糖单位。非还原端糖基上在 C_2 位置上连接着脂肪酸。不同的结瘤因子其脂肪酸的结构是不同的，在非还原端和还原端上的基团取代也不同。

结瘤因子是由根瘤菌产生的，*nod* 基因决定着 Nod 因子的结构。但在游离的根瘤细胞中是不产生 Nod 因子的，还需要 *nodD* 基因产物和寄主植物的黄酮类物质的存在。遗传学和生物化学的研究表明：Nod 因子骨架的合成是由 *nodA*、*nodC* 基因产物催化的。寄主专一性 *nod* 基因产物参与胞外结瘤因子的修饰。

Rhizobium meliloti 的 *nodH* 编码磺基转移酶，参与结瘤因子合成中的含硫基团的转移，从而使菌株产生的胞外结瘤因子具有寄主专一性。*Rhizobium meliloti* 的 *nodPQ* 基因也决定寄主专一性，它们的基因产物是 ATP 硫酸化酶和 APS 激酶，与合成结瘤因子的含硫基团有关，从而产生特异的结瘤因子，保持对寄主的专一性。对于大多数根瘤菌的菌株来说，其寄主范围是一定的，而另一些根瘤菌是广寄主范围的菌株，不同结构的结瘤因子是其广宿主范围的基础。在根瘤菌中还有其他的基因参与结瘤因子的修饰。从 20 世纪 90 年代起，对结瘤因子的分子生物合成过程的遗传机制及分子结构等的研究有了很大的进展。

结瘤基因的表达调控。王逸群和荆玉祥（2000）报道，结瘤的调节基因主要指 *nodD* 基因，在至今所检测的所有根瘤菌中存在 *nodD* 基因，且具有一定的同源性，但不同菌株 *nodD* 的拷贝数不同。*nod* 基因的拷贝数甚至在一个种内也会发生变化。只有单拷贝 *nodD* 基因的菌株突变会产生 Nod^-、Hac^-表型；而多拷贝 *nodD* 基因的菌株中，一个拷贝的 *nodD* 基因突变影响的表型效应根据菌株和寄主植物的不同而不同，例如，在苜蓿根瘤菌中，其 1 个或 2 个拷贝 *nodD* 失活，引起在苜蓿（*Medicago sativa*）上结瘤延迟，只有 3 个拷贝的 *nodD* 均突变才表现出 Nod^-表型，由此说明所有 3 个 *nodD* 基因在其寄主植物结瘤时均有作用。苜蓿根瘤菌对另一些寄主，如白花草木犀（*Melilotus albus*）则有 2 个 *nodD*（即 *nodD1* 和 *nodD3*）就足够了。2 个不同的 *nodD* 的突变，形成不同的 NodD 蛋白与不同的植物渗出液结合时表现出不同的程度，说明每个 *nodD* 对不同的植物表现出不同的程度。某些菌株的 *nodD* 基因的一些点突变可使之扩大寄主范围，如将 *Rhizobium* sp. NGR234 菌株的 *nodD1* 基因转入 *R. meliloti* 后，可在大翼豆(siratro)上结瘤。

NodD 也是 N 端含有 helix-turn-helix 修饰的 DNA 结合蛋白。NodD 蛋白结合到 *nod* 操纵子上游启动子区的保守序列 *nod box* 上，*nod box* 最先在 *R. meliloti* 中发现，为 47bp 的保守序列。苜蓿根瘤菌的 *nod box* 突变则表现出位于下游的基因失活。*nod box* 在 *nod* 操纵子的协调表达中起正向调节序列的作用。*nodD* 对 *nod* 基因的转录激活需要有植物浸出液的存在。植物浸出液中的植物信号分子是一些黄酮类物质，这类 *nod* 基因诱导物在浓度低至 10^{-9}mol/L 就能起作用。

不同的 *nodD* 基因转入相同的苜蓿根瘤菌菌株时，其 *nodD* 被不同结构的黄酮类物质所诱导。说明不同的 NodD 蛋白对不同的专一性诱导物起作用。某种特殊的黄酮类物质与 NodD 蛋白相互作用后形成其他 *nod* 基因的正向转录激活子，诱导 Nod 因子的产生，而反过来被植物识别，产生一系列共生结瘤反应。因此，NodD 与植物信号分子结合与否就控制了 *nod* 基因的表达与否，从而控制寄主专一性。寄主范围广泛的 NodD 蛋白能与许多种类的化合物结合，其中不仅包括 3 个环的化合物，还有一些单环的芳香族化合物，如香草醛(3-甲氧基-4-羟基苯甲酸)等。寄主范围相对窄的根瘤菌的 NodD 蛋白则仅能与较少种类的黄酮类物质结合。另外，在植物的根毛区可测得 *nodD* 基因表达水平很高，而在根尖其表达受抑制，说明对 NodD 有激活和抑制作用的诱导物的数量或比例在根的不同区域和不同生长时间是不同的。因此，认为植物也许在根瘤形成过程中具有控制 *nod* 基因激活的作用。

黄酮类物质和 NodD 蛋白均被发现定位在细胞膜上，NodD 与黄酮类物质的结合发生于细胞质膜上，使 NodD 蛋白形态发生变化，成为可以激活 *nod* 基因转录的形式，从而使基因转录得以进行。

*Syr*M 基因是另一类 *LysR* 族基因，它既受 *nodD2* 和 *nodD3* 控制，又起到激活 *nodD2* 和 *nodD3* 基因表达的作用，而 *nodD3* 转而又促进 *Syr*M 的表达。携带 *nodD3* 和 *Syr*M 的多拷贝质粒的菌株可以在没有植物诱导物的情况下诱导 *nod* 基因高水平的表达。*Syr*M 也调节胞外多糖(EPS)合成过程中起作用的 *exo* 基因的表达。*Syr*M 能协同调节 EPS 和结瘤因子的代谢，EPS 和结瘤因子在根瘤菌侵染过程中起作用，而 *Syr*M 的转录是由 *nodD2* 和 *nodD3* 控制的，*nodD2* 和 *nodD3* 又由黄酮类物质所激活，因此专一性的植物诱导物能够影响 EPS 和结瘤因子的合成。苜蓿根瘤菌中发现了 *nolR* 基因，它是 *nod* 基因表达的阻遏子，这种阻遏子结合到 *nodD1* 和 *nodD2* 启动子上，通过抑制 *nodD1* 和 *nodD2* 的转录，从而调节可诱导的 *nodD* 基因的表达。

nod 基因的表达调控是相当复杂的，不仅与根瘤菌本身的基因有关，也与植物的基因表达有关。至今人们对 *nod* 基因表达调控的了解还非常有限。

3. 根瘤菌对苜蓿全氮量和固氮量的影响

师尚礼(2005b)研究了根瘤菌对苜蓿生物量、全氮量、^{15}N 含量和固氮量的影响，得出固氮效率与生物量的相关系数 $r = 0.6738$，固氮效率(X)与生物量(Y)的回归方程为

$$Y = 560\ 259.4 - 18\ 568.6X + 327.8X^2 - 3.3X^3$$

回归方程的数据拟合曲线表明，菌株固氮效率 71%以下，氮素供应不能满足苜蓿植株生长，苜蓿生物量积累呈下降趋势；固氮效率大于 71%，随着菌株固氮效率的提高，苜蓿生物量积累呈上升趋势，固氮效率是影响苜蓿生物量的最直接因子之一。

另外，研究表明，苜蓿$\%^{15}N$与菌株固氮量呈负相关关系，相关系数 $r = -0.6978$（$P<0.01$），$\%^{15}N$（X）与固氮量（Y）的回归方程为

$$Y = 1\ 109.3 - 8\ 816.5X + 36\ 789.3X^2 - 84\ 979.6X^3$$

回归方程的数据拟合曲线表明，$\%^{15}N$ 0.425%以下区域，随$\%^{15}N$ 的增加固氮量呈降低趋势；$\%^{15}N$ 0.425%以上区域，随$\%^{15}N$ 的增加固氮量略呈上升趋势，表明苜蓿植株从土壤中吸收的 ^{15}N 比率越大，根瘤菌从空气中固定的 ^{14}N 比率越小。苜蓿植株$\%^{15}N$ 0.425%以下时，$\%^{15}N$ 可作为接种根瘤菌株固氮能力的直接衡量指标，以避免选用非固氮系统参考植物作对照计算固氮效率$\%N_{dfa}$带来的较大误差。

六、苜蓿根瘤菌分类

根瘤菌分类是根瘤菌理论研究和应用研究的基础，它对于人们研究根瘤菌基本的生态过程，认识根瘤菌与生态系统之间的关系，根瘤菌与其他有关物种的亲缘关系及其自身的演化、系统发育过程，保证根瘤菌资源和生态系统的合理开发与持续利用具有十分重要的意义。

根瘤菌分类自 1932 年 Fred 根据“互接种族”的关系将全部根瘤菌定义为 1 个属 6 个种以来，1964 年，Graham 通过数值分类证明当时已有的根瘤菌应分为 2 个属。此后分子生物学技术引入根瘤菌分类，以“互接种族”为依据的分类体系被彻底否定，一些全新的方法应用于根瘤菌分类，使根瘤菌分类的研究得到了迅速发展，从过去的传统分类过渡到以遗传特征和系统发育为主要依据的现代系统分类。

1. 根瘤菌分类研究历史

早在 1838 年，Bonssingablt 根据田间试验结果指出，豆科植物的营养生理和禾本科植物不同，三叶草和豌豆都可以从空气中取得氮素营养。后来，Lachamann 和 Bopo 发现豆科植物根瘤中含有微生物，并且指出根瘤的形成是微生物侵入植物的结果。到 1886 年，德国植物化学家 Hellrgel 和 Wilfarth 等研究证明豆科植物根瘤是由细菌感染引起的，并能固定大气中的氮素。1888 年，荷兰学者 Beijerinck 用植物叶片汁加天冬酰胺、蔗糖和明胶缓冲液配制的培养基从豌豆根瘤中第一次成功分离到根瘤菌，并将其命名为 *Bacillus radicicda*。一年后，波兰学者 Prozmowski 用根瘤菌纯培养物接种豆科植物，形成了根瘤，并将之改称为 *Bacterium radicicola*。1889 年，Frank 建议将可在豆科植物根上结瘤的细菌属名改为根瘤菌属（*Rhizobium*），并一直沿用至今。当时，它只包括 3 种根瘤菌：豌豆根瘤菌、苜蓿根瘤菌、百脉根根瘤菌。自 1984 年以后，随着根瘤菌寄主范围的不断扩大和分子生物学技术的不断应用，根瘤菌分类的发展取得了突飞猛进的进展，

新属新种不断建立。目前，已由原来的2属4种发展到了7属38种。

2. 根瘤菌分类系统

(1)早期根瘤菌的分类系统

早期根瘤菌的分类一直是以互接种族(cross-inoculation group)为主要依据的。所谓互接种族是指在同一互接范围内的植物，可以互相利用其根瘤菌形成根瘤，在不同互接种族植物之间则不能形成根瘤(张小平和李阜隶，2002)。1926年，Dangeard根据宿主的种类和互接种族的关系，结合一些形态和生理性状，将根瘤菌分为若干种。1932年，Fred等又在此基础上，首次提出了根瘤菌分类系统，他们根据互接种族的关系，将全部根瘤菌定义为一个属6个种。表1-10列出了这种方法分类的根瘤菌种，以及每个种可以形成根瘤的相应植物的属。

表1-10　根瘤菌的种

根瘤菌种	寄主植物
苜蓿根瘤菌	苜蓿、金花菜、葫芦巴
三叶草根瘤菌	三叶草
豌豆根瘤菌	豌豆、毛苕子
菜豆根瘤菌	菜豆
羽扇豆根瘤菌	羽扇豆
大豆根瘤菌	大豆
豇豆(类)根瘤菌	豇豆及其他属和种

1964年，Craham又用数值分类法，依其表型特征的差异，将根瘤菌分为两大群，并建议定为两个属，但当时未被接受。直到1974年，在《伯杰氏系统细菌学手册》(第8版)中，Jordan和Allen根据互接种族、生长速度及鞭毛类型将细菌分为两个相互区别的类群，并与土壤杆菌属一起构成根瘤菌科。

然而，随着研究工作的广泛深入和结瘤豆科植物的不断发现，互接种族的概念陷入了混乱，族间结瘤的报道剧增。例如，有些根瘤菌可以与很多不同的豆科植物共生结瘤，而有些根瘤菌不能在其互接种族的全部宿主上结瘤，有些根瘤菌可以与非豆科植物结瘤，而有些根瘤菌只能与具有品种和地区特异性的豆科植物结瘤。鉴于原有根瘤菌分类系统的不合理性，Jordan在1984年出版的《伯杰氏系统细菌学手册》(第一卷)中，总结了前人数值分类、DNA碱基组成、DNA同源性、血清学分析、胞外多糖成分分析、全细胞可溶性蛋白电泳和rRNA-DNA杂交等大量研究结果，对根瘤菌科进行了修订，提出了下列(图1-4)分类系统(王素英，1997)。

但是，Jordan提出的分类系统是对根瘤菌分类工作的一个阶段性总结，由于他所研究过的菌株覆盖面有限，还有许多菌株没能确定分类地位，因此该系统仍很不完善。

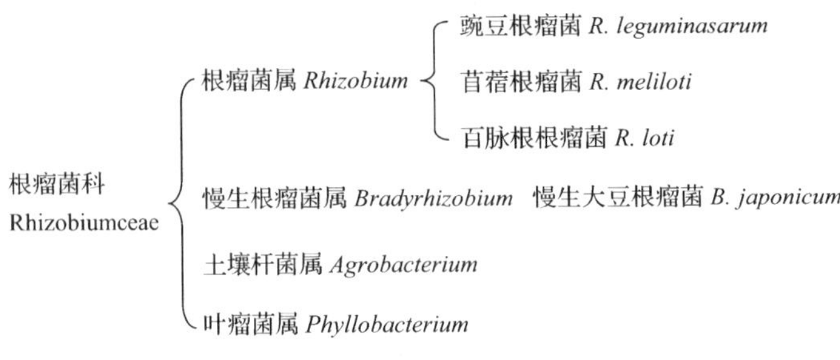

图 1-4　Jordan 根瘤菌分类系统

(2)根瘤菌的现代分类

早期的根瘤菌分类系统以互接种族和寄主范围，以及一些简单的形态和生理形状为依据，但对早期的根瘤菌与其他菌的关系研究是零星的、不系统的。随着原核生物分类技术的改进和根瘤菌研究工作的深入，对根瘤菌系统发育的研究也势必随着根瘤菌分类系统的不断补充与完善而得以系统化、科学化。目前，已发展到了 7 属 38 种。表 1-11 总结了根瘤菌中已建立的各属种及寄主植物。

表 1-11　根瘤菌现代分类系统

属	种	寄主植物
根瘤菌属 *Rhizobium*	*R. phaseoli* 菜豆根瘤菌	*Phaseolus vulgaris*(菜豆)
	R. gallicum	*Phaseolus vulgaris*(菜豆)
	R. hainanense 海南根瘤菌	*Desmodium sinuatum*(波叶山蚂蝗)
	R. leguminosarum 豌豆根瘤菌	*Pisum sativum*(豌豆)
	R. mongolense	*Medicago ruthenica*(花苜蓿)
	R. tropici 热带根瘤菌	*Phaseolus vulgaris*(菜豆)
	R. galegae 山羊豆根瘤菌	*Galega orientalis*(东方山羊豆)
	R. giardinii	*Phaseolus vulgaris*(菜豆)
	R. huautlense 胡特根瘤菌	*Sebania herbacea*
	R. yanglingense 杨陵根瘤菌	*Gueldenstaedtia multiflora*
	R. huanglingense	*Astragalus* spp.(黄芪)
	R. indigoferae 木兰根瘤菌	
	R. loessense 黄土根瘤菌	
中华根瘤菌属 *Sinorhizobium*	*S. fredii* 弗氏中华根瘤菌	*Glycine max*(大豆)
	S. medicae	*Medicago truncatula*(蒺藜状苜蓿)
	S. meliloti 苜蓿中华根瘤菌	*Medicago sativa*(紫花苜蓿)
	S. xinjianggensis	*Glycine max*(大豆)
	S. saheli 撒哈拉中华根瘤菌	*Sesbania cannabina*(田菁)
	S. terangae 多鞛中华根瘤菌	*Acaia laeta*
	S. arboris	*Acacia Senegal*(阿拉伯胶树)
	S. kostiense	*Acacia Senegal*(阿拉伯胶树)
	S. kummerowiae 鸡眼草中华根瘤菌	
	S. morelense 莫雷兰中华根瘤菌	

续表

属	种	寄主植物
中慢生根瘤菌属 *Mesorhizobium*	*M. loti* 百脉根中慢生根瘤菌	*Lotus corniculatus*（百脉根）
	M. huahuii 华癸中慢生根瘤菌	*Astragalus sinicus*（紫云英）
	M. ciceri 鹰嘴豆中慢生根瘤菌	*Cicer arietinum*（鹰嘴豆）
	M. mediterraneum 地中海中慢生根瘤菌	*Cicer arietinum*（鹰嘴豆）
	M. tianshanense 天山中慢生根瘤菌	*Glycyrrhiza pallidiflora*（刺果甘草）
	M. plurifarium	*Acacia senegal*（阿拉伯胶树）
	M. amorphae 紫穗槐中慢生根瘤菌	*Amorpha fruticosa*（紫穗槐）
	M. chaconense	*Prosopis alba*（白牧豆树）
慢生根瘤菌属 *Bradyrhizobium*	*B. elkanii* 埃尔坎慢生根瘤菌	*Glycine max*（大豆）
	B. japonicum 慢生型大豆根瘤菌	*Glycine max*（大豆）
	B. liaoningense	*Glycine max*（大豆）
	B. yuanmingyuanense	*Lespedeza*（胡枝子）
固氮根瘤菌属 *Azorhizobium*	*A. caulinodans* 田菁固氮根瘤菌	*Sesbania rostrata*（长喙田菁）
土壤杆菌属 *Agrobacterium*	*A. tumefaciens* 根癌土壤杆菌	*Neptunia natans*
叶瘤菌属 *Phyllobacterium*	*P. myrsinacearum* 紫金牛叶瘤菌	*Crotalatia*

1）根瘤菌属（*Rhizobium*）。根瘤菌属是根瘤菌中建立最早的一个属。本属细菌的重要特征是能侵入温带和某些热带的豆科植物根毛，促使其形成根瘤，细菌在根瘤内成为细胞内共生体。所有菌株都表现出寄主特异性，而且细菌在根瘤内能呈类菌体。该属的分类一直处于非常活跃的状态。该属目前共有 13 个种，即 *R. phaseoli*（菜豆根瘤菌）、*R. gallicum*、*R. hainanense*（海南根瘤菌）、*R. leguminosarum*（豌豆根瘤菌）、*R. mongolense*、*R. tropici*（热带根瘤菌）、*R. galegae*（山羊豆根瘤菌）、*R. giardinii*、*R. huautlense*（胡特根瘤菌）、*R. yanglingense*（杨陵根瘤菌）（Tan et al.，2001）、*R. huanglingense*、*R. indigoferae*（木兰根瘤菌）、*R. loessense*（黄土根瘤菌）（陈文新，2004）。模式种为豌豆根瘤菌。

2）中华根瘤菌属（*Sinorhizobium*）。1988 年，姚竹云和陈文新（1998）对快生大豆根瘤菌进行了系统的研究，将其确定为一个独立的新属，首先描述了中华根瘤菌属。该属细菌能结瘤固氮的寄主范围并不广泛，主要能在野生大豆和栽培大豆上结瘤（杨苏生，1997）。该属目前有 10 个种，6 种为新近确定的，即 *S. fredii*（弗氏中华根瘤菌）、*S. medicae*、*S. meliloti*（苜蓿中华根瘤菌）（冯瑞华，2000；陈雪松等，1999；Rome et al.，1996）、*S. xinjiangensis*、*S. saheli*（撒哈拉中华根瘤菌）、*S. terangae*（多宿中华根瘤菌）、*S. arboris*、*S. kostiense*、*S. kummerowiae*（鸡眼草中华根瘤菌）、*S. morelense*（莫雷兰中华根瘤菌），其模式种为弗氏中华根瘤菌（张海瑜等，2001）。

3）中慢生根瘤菌属（*Mesorhizobium*）。早在 1985 年，陈文新等就发现分离自新疆的一群根瘤菌，生长速度中慢，介于 *Rhizobium* 和 *Bradyrhizobium*，并独立成群，且经 16S rRNA 全系列分析后认为这一类群应列为一个新属。中慢生根瘤菌属目前包括 8 个种，其中 3 种为新近确定的。8 个种分别为 *M. loti*（百脉根中慢生根瘤菌）、*M. huakuii*（华癸中慢生根瘤菌）、*M. ciceri*（鹰嘴豆中慢生根瘤菌）、*M. meditertaneum*（地中海中慢生根瘤菌)、*M. tianshanense*(天山中慢生根瘤菌)、*M. plurifarium*、*M. amorphae*(紫穗槐中慢生根瘤菌)、*M. chaconense*。以百脉根中慢生根瘤菌为模式种(杨苏生，1997)。

4)慢生根瘤菌属(*Bradyrhizobium*)。Jordan 将所有能够在大豆上有效结瘤的慢生型根瘤菌定名为 *B. japonicum*(师尚礼，2005b)。本属所有菌株都具有一定的寄主特异性，而且细菌在根瘤内呈膨胀状(类菌体)，可将大气中的氮固定成结合态的氮(铵)，供寄主植物利用。此属具有遗传多样性，代表一个极其混杂的根瘤菌群。目前，已确定了 4 个种，即 *B. elkanii*(埃尔坎慢生根瘤菌)、*B. japonicum*(慢生型大豆根瘤菌)、*B. liaoningense*、*B. yuanmingyuanense*。其模式种为慢生型大豆根瘤菌(杨苏生，1997)。

5)固氮根瘤菌属(*Azorhizobium*)。固氮根瘤菌属是根瘤菌中非常独特的一个属。1988 年，Dreyfus 等将一类分离自热带长喙田菁(*Sesbania rostrata*)上既能形成根瘤又能形成茎瘤，既能共生固氮又能自生固氮的根瘤菌确定为一个属：固氮根瘤菌属。下设一个种：田菁固氮根瘤菌(*A. caulinodans*)(Drefus et al.，1998)。

6)土壤杆菌属(*Agrobactreium*)。土壤杆菌属是由康恩于 1942 年建立的。该属细菌多是植物致病菌，能够通过外伤侵入多种双子叶植物和裸子植物，致使植物细胞转化为异常增生的肿癌细胞，产生根癌、毛根和杆瘿等病状，分布在土壤中(张海瑜等，2001)。致病癌的菌株主要存在于早先混杂有植物致病材料的土壤，其模式种为根癌土壤杆菌(*A. tumefaciens*)(杨苏生，1997)。

7)叶瘤菌属(*Phyllobacterium*)。叶瘤菌属是 1984 年克内泽尔发表的一属细菌。该属细菌在寄主植物体外呈直杆状，但在叶瘤中呈多形态，如杆状、椭圆形或分枝状。但它只有一个种：紫金牛叶瘤菌(*P. myrsinacearum*)。

七、根瘤菌固氮测定

生物固氮能力的测定方法通常有固氮量测定法、乙炔还原测定法和 ^{15}N 示踪法等。测定固氮作用的实际意义是要测定固定的氮量。固氮酶活性的测定是在固氮作用的本质上给予直接的论证。^{15}N 示踪法更直接明确了外来的氮分子被固定成氨。

1. 固氮量测定(全氮增加)法

固氮量测定可用全氮增加来衡量。在无化合态氮来源情况下，若生命系统中全氮量有净增加，则表明有固氮作用发生(固定空气中氮分子为氮素营养物的结果)。全氮分析有两种基本方法，即凯尔道氏(Kjeldahl)湿消化法和杜马氏(Dumas)干烧氧化法(一般很少用)。比较固氮系统和非固氮系统中全氮量(即氮平衡法)以确定固氮量。固氮量计算为固氮系统全氮减去非固氮系统全氮。该方法目前在生物固氮研究中用得很少。

2. 乙炔还原测定法

乙炔还原测定法也称 ARA(acetylene reduction activity)测定，出现于 20 世纪 60 年代，目前被广泛应用。根据固氮酶具有还原分子氮和其他底物的能力，使乙炔(C_2H_2)还原为乙烯(C_2H_4)，作为固氮的间接测定。由于固氮酶还原乙炔成乙烯或还原 N_2 成氨同样有对 ATP 和还原剂的需要，因此该方法直接表明了固氮酶的活性。其灵敏度比 ^{15}N 同位素稀释法高 1000 倍。通常认为该方法可快速确认固氮作用的存在与否，并通过还原乙炔活性的强弱，计算植物-固氮菌共生体的固氮量。该方法操作较简单，费用较低，但不能获得直接而准确的生物固氮量，不适于长时期的田间共生固氮的定量测定。此外，用 ARA 测定来估价固氮酶作用，在理论上可以说明 C_2H_2 与 N_2 比为 3 : 1 用以换算固氮结果。实际上已报道的有(1.5 : 1)～(25 : 1)的各种比例，尤其对田间系统更复杂。因此，目前该方法主要用于确认固氮作用的存在与否及固氮酶活性的强弱，而不用于计算植物-固氮菌共生体的固氮量。

光照对根瘤固氮酶活性有很大影响，即使是正常固氮结瘤的植株在黑暗或光照不足条件下放置几个小时，根瘤固氮酶活性都会急剧下降。因此，测定根瘤固氮酶活性的工作应选择晴天进行，而且应该在植株光照 2～3h 后再挖取根瘤。

对根瘤固氮酶活性的测定，还可以采取活体测定方法，不必把根瘤剪下，但必须将植株栽培于可以封闭的透明容器中。测定工作开始，首先用橡皮塞将容器封闭，按容器容积的 5%的量打入乙炔气体，在正常光照条件下反应 2h，然后从容器中抽取气体，用气相色谱仪测定乙炔还原成乙烯的比值，计算根瘤固氮酶活性。采用这种方法，可以随时测定正在生长的植株的根瘤固氮酶活性。

3. ^{15}N 示踪法(ID 法，^{15}N 同位素稀释法)

^{15}N 示踪法出现于 20 世纪 40 年代初的美国威斯康星大学。该方法的原理是：固氮系统暴露在 ^{15}N 中，经一定时间后，如在该系统中发现了 $^{15}NH_4$ 或其衍生物，则可判定发生了固氮作用。^{15}N 示踪法灵敏度高(比凯氏法提高 1000 倍)，是固氮研究中确认分离菌株有无固氮能力最直接、最可靠的方法。可直接测出植物体内氮素中分别来自土壤和生物固定氮素的数量和比例，并且适用于自然田间原位或施入某种固氮菌剂后的作物固氮量的测定，是确定固氮作用定性和定量的最标准方法，不需校正因子，并可用以校正定氮的一些技术操作(如 ARA) (Peoples et al.，1996；Hardarson and Danso，1993；Danso et al.，1975)。^{15}N 示踪法缺点是：① ^{15}N 价值较昂贵，需用较为复杂的专门仪器测定；②测定的手续较烦琐；③灵敏度较 ARA 测定略低；④易受大气和土壤中 ^{15}N 干扰，欲排除这种干扰，可用 ARA 法来筛选不能固氮的植株或作物品种作为对照。

^{15}N 示踪法测定时，固氮植物和非固氮植物(参考植物)生长在施用相同量 ^{15}N 标记肥料的土壤中，如果两种植物从土壤和肥料中吸收相同比例的氮素，在没有其他氮素来源的情况下，两种植物体内应有相同的 $^{15}N/^{14}N$ 组成，当豆科植物固氮时，由于利用了空气中没有标记的氮素，植物体内 ^{15}N 浓度将被稀释，$^{15}N/^{14}N$ 下降，而参考植物的这一比值则不会发生变化。

参考植物的选择上，一般情况下，在研究豆科植物固氮量时，常选择非固氮的禾本科植物作参考植物，Danso 等(1993)、Wagner 和 Zapata(1982)、Fried 和 Middelboe(1977)、Fried 等(1983)、Witty(1983)、Danso 等(1988)用多年生黑麦草(*Lolium perenne* cv. Caprice)研究苜蓿(*Medicago sativa*)的固氮量，并取得了满意的效果。由于参考植物选择不当会引起显著误差，在不需要精确测定固氮量时，可以不设参考植物。例如，在比较不同环境条件对固氮量的影响，或不同固氮菌株固氮能力比较试验中，只需比较植物体内 ^{15}N

丰度的相对多少即可满足要求(李香真和陈清，1997)。

固氮测定技术对于生物固氮研究是十分重要的，随着研究的深入，固氮测定技术也不断地向准确、可靠、操作简便的方向发展。近年来，随着 ^{15}N 示踪法技术本身的改进和 ^{15}N 成本的降低，^{15}N 示踪法将得到进一步的应用和普及。

八、根瘤菌筛选

随着苜蓿种植规模和种植范围的扩大，种植条件和种植环境也发生着巨大的变化，环境胁迫因子越来越复杂，菌株性状也在不断发生变化，高效促生根瘤菌的筛选研究已成为一项长期的工作。

1. 高效促生菌株筛选规范和指标

根瘤菌菌株筛选已有规范化的选择程序和选择指标。许多国家均已建立了分离—初筛选—复筛选和实验室—温室—田间等配套程序进行根瘤菌的筛选(曾昭海等，2003)。

筛选菌株时，一般结合寄主植物和环境条件间的相互关系综合考虑，选择适应特殊寄主和环境条件的特异菌株，或选择适应多寄主和多种环境条件的广谱菌株。一般所筛选的菌株需具有下列指标：①具有高效固氮能力；②能与相应宿主迅速形成有效根瘤；③适应在各种田间条件下，具有迅速有效的结瘤能力；④具有较强的与土壤土著根瘤菌竞争结瘤的能力；⑤具有在无宿主条件下较强的存活能力；⑥具有在载体基质中的生长能力；⑦具有在载体里和种子上的存活能力；⑧具有对酸碱和化肥、农药的耐受能力；⑨具有相对的遗传稳定性。

2. 高效促生菌株筛选

对植物具有促进生长作用的微生物统称为促进生长菌，包括固氮菌、溶磷菌、分泌植物生长激素菌等。促生菌可通过提高植物对营养元素的利用率而促进植物生长。

土壤中氮、磷缺乏是农业生产的主要限制因素，据姚拓(2002b)报道，我国 74% 的耕地缺磷，且土壤中 95% 以上的磷为无效态，植物很难直接吸收利用。赵小蓉等(2001a)报道，施入的磷肥当季利用效率为 5%～25%，大部分磷与土壤中的 Ca^{2+}、Fe^{2+}、Fe^{3+}、Al^{3+}结合形成闭蓄态难溶性磷酸盐，据统计，从 1949～1992 年，我国累计施入农田的磷肥有 7.88×10^7t(P_2O_5)，其中大约有 6.00×10^7t(P_2O_5)积累在土壤中不能被利用。

众所周知，我国农业土壤缺氮是普遍现象。因此，通过筛选高效固氮、溶磷等功能性微生物提高大气氮和土壤磷的利用效率具有战略性意义。

3. 抗逆菌株的筛选

土壤盐碱化、酸化是国内外普遍存在的问题，在盐碱化、酸化程度较大，缺乏根瘤菌的土壤中，接种抗逆性较强的根瘤菌种植苜蓿，可以使苜蓿充分发挥对土壤的改良作用，因此，选育抗逆性的苜蓿根瘤菌有着积极的意义。

(1)耐盐耐旱根瘤菌的筛选

盐分和干旱对豆科作物-根瘤菌系统的固氮和结瘤产生有害的影响，妨碍豆科作物的建植和生长，最终影响作物的产量。Mohalnmad 设置试验筛选耐盐根瘤菌，将收集的 92 株根瘤菌接种在一系列 NaCl 的培养基上，根据在培养基上生长反应来进行筛选，发现有 43 株对盐分较为敏感，49 株比较耐盐。同时开展的研究表明，耐盐的根瘤菌一般也比较抗旱。另外，用 7 种苜蓿根瘤菌和 3 个苜蓿品种在干旱压力下选择耐旱根瘤菌，发现在干旱情况下，根瘤菌间结瘤能力和固氮能力有显著变化，UL136、UL210、UL222 三株菌耐旱能力较强，适合干旱半干旱地区接种使用。

常玮等(2004)对新疆维吾尔自治区内筛选的 4 株优良根瘤菌株进行了抗旱、抗盐碱和耐高温试验报道，有两个菌株可在含盐 3%、pH11、含水量 10% 条件下生长，在 45℃条件下处理 10min 能正常生长。康金花等(1996)对新疆 12 株苜蓿根瘤菌抗盐碱能力进行了研究，两株菌可以在 4%的 NaCl YMA 培养基上生长，3 株菌可以在 pH10 的 YMA 培养基上生长。

(2)耐酸耐碱根瘤菌的筛选

土壤 pH 是影响根瘤菌生长繁殖的重要因素，当 pH＜5.5 时，土壤中基本不存在根瘤菌或根瘤菌的数量不足，Brockwell 等(1995)研究发现，从澳大利亚 7 个主要土壤类型 84 个点取样，当 pH＞7.0 时，16 个点根瘤菌的平均数量为 89 000 个/g 干土，pH＜6.0 时，37 个点根瘤菌的平均数量为 37 个/g 干土。在 pH 较低的土壤中，不同的根瘤菌在结瘤能力上差别也较大。Rice(1982)分别用酸性敏感和耐酸的两组根瘤菌接种苜蓿，在 pH 分别为 5.0、5.5 和 6.0 时，耐酸菌接种的干物质产量分别是酸敏感菌的 5.9 倍、10.0 倍和 1.3 倍；但当 pH 为 6.7 时，两组菌接种苜蓿的产量差异不大。Fried 和 Middelboe(1977)研究发现，苜蓿根瘤菌可以在 pH 为 4.9 和 4.5 的培养基上繁殖，Barber(1978)研究发现，苜蓿根瘤菌耐酸的突变体在pH为5.5和5.2的培养基上,较其母本生长好。万晓红等(2004)对 52 株根瘤菌株进行了耐酸碱性的研究报道,初始 pH 为 4 和初始 pH 为 11 时都能生长,有 4 个菌株在初始 pH 为 12 时仍能生长。

(3)耐高温耐低温根瘤菌的筛选

万晓红等(2004)对陕西杨陵某试验田的 22 个苜蓿品种的新鲜根瘤分离纯化后得到的 52 株根瘤菌株进行了耐低温耐高温的研究报道，发现供试菌株在低温 4℃时停止生长，在高温 40℃时均能生长，50℃时均停止生长，60℃处理 10min 后放于 28℃培养，所有菌株正常生长，根瘤菌株能耐瞬间高温。

九、根瘤菌鉴定与检测

根瘤菌筛选和根瘤菌应用研究，无论在实验室还是田间试验，鉴定根瘤菌和检测根瘤菌是根瘤菌固氮研究必须面临的问题。传统的鉴定方法是代谢变化或生化测试，包括需要维生素的特征，对特定氨基酸和糖类的利用，酸、碱、盐的抗性，对噬菌体的敏感性及对系列抗生物剂的反应等。

抗血清技术曾是鉴定微生物菌系有效的方法之一，酶联免疫测定是抗血清方法中的一种，包括双层抗体包被酶联免疫测定和间接酶联免疫测定，它主要通过根瘤菌本身天然的一些标记特性来进行鉴定。抗血清鉴定技术还包括凝集分析法，该方法比较准确，但过程比较烦琐，它要求从每一寄主中分离出菌系进行再培养，直到生长的根瘤菌细胞达 10^9 个/ml 时才能进行测定。很多研究表明，即使很多试验证实给定的抗原有很高的特异性，不同根瘤菌通过血清学鉴定也可能是相同的。因此很难确定从商业根瘤菌剂鉴定的根瘤菌与根瘤菌剂厂提供的根瘤菌是相同的。

随着分子生物学的发展，分子标记技术为根瘤菌检测提供了新的技术和途径。分子生物学研究中最常用的分子标记技术可分为以标记基因为基础的分子标记和以 PCR 为基础的分子标记。

1. 以标记基因为基础的分子标记

罗明云和张小平(2003)的研究认为，内源分子标记包括未经修饰的抗性基因、根瘤菌菌体表面抗原特性及根瘤菌 DNA、RNA 的特征序列，传统的标记法即利用根瘤菌的内源分子标记区别于土著根瘤菌。

传统标记法的主要方法有血凝结法、荧光抗体法、抗生素抗性酶法、酶联免疫法及 DNA 指纹技术，其中，DNA 指纹技术又包括限制性片段长度多态性(restriction fragment length polymorphism，RFLP)、随机扩增多态性 DNA(random amplified polymorphic DNA，RAPD)、16S 核糖体 RNA(16S ribosomal RNA，16S rRNA)、16S 核糖体 DNA(16S ribosomal DNA，16S rDNA)、扩增片段长度多态性(amplified fragment length polymorphism，AFLP)等。

莫才清等(1998)研究发现，传统标记法存在诸多缺点，例如，①根瘤菌单菌落需从接种该根瘤菌的土壤中分离并纯化才可得到；②工作量大，且工作强度较高，对采集大量的数据并做出统计分析有一定的困难；③产生的费用较多；④标记检测需专业技术人员完成，在实际应用中难以推广；⑤传统的标记方法仅限于单一性或差异较大的根瘤菌株，对抗性相同或种属相近的根瘤菌无法进行标记；⑥廖德聪等(2001)研究发现，传统标记法局限性强，对交叉反应不起作用，如酶联免疫法、荧光抗体法等。

由于传统的标记方法有诸多弊端，不能很好地应用于科学研究，科学家们对理想的分子标记方法提出了以下改进要求(莫才清等，1998)：①消除背景因素对标记对象及所处环境的影响；②提高标记检测的试验灵敏度；③简化检测方法；④提高编码酶作用底物的范围；⑤减少工作量及工作强度，可对大量数据进行采集并做出统计分析；⑥降低底物的耗费；⑦能将标记技术推广至田间，且不会对环境有所破坏；⑧标记基因不会消耗所标记菌的能源，不对其产生负担；⑨Porsser(1994)还认为标记基因在宿主细胞中能够稳定遗传，且标记基因报道强度仍能持续达到可检程度。

β-葡萄糖苷酶基因(*gusA*)：*gusA* 基因分离自大肠杆菌，最初被作为融合基因研究其表达能力，由于 *gusA* 基因会在植物中失去酶活性，且对 *gusA* 基因的定量分析和组织化学分析较易进行，便于检测，因而应用较为广泛。检测方法：将植物根系完全浸入含 *gus*

酶的底物 12～24h，随着底物被逐渐分解，所产生的二聚体逐渐形成蓝色区域，由此判断所标记的根瘤菌在植物体内形成根瘤的位置，并可计算占瘤率，从而判断标记根瘤菌在与土著根瘤菌的竞争结瘤过程中其竞争能力的大小。含 *gus* 酶的底物有 5-溴-4-氯-3-吲哚-*β*-D-葡萄糖酸(X-glcA)、5-溴-4-氯-3-吲哚-*β*-葡萄糖苷(X-glu)的磷酸盐缓冲液。

Streit 等(1995)最先应用 *gusA* 基因研究了菜豆根瘤菌的早期竞争结瘤能力。孟颂东等(1997)通过对大豆根瘤菌进行 *gusA* 标记研究发现，标记根瘤菌在试管苗和盆栽苗中均能稳定遗传，对大豆根瘤进行染色后，可鉴别出该根瘤是否为标记根瘤菌所形成，对观察标记根瘤菌的结瘤特性较为直观；用 *gusA* 基因标记花生根瘤菌，可得到同样的结论(王可美，2003)。但用 *gusA* 基因标记根瘤菌所用底物较为昂贵，局限性较大，不能广泛应用。此外，莫才清等(1998)和廖德聪等(2001)的研究发现，由于大豆等植物在生长后期所形成的根瘤体积相对较大，且根瘤表皮较厚，激发 *gusA* 基因所用的底物不能完全透过根瘤表皮进入根瘤内部，使 *gusA* 基因对底物的裂解产物无法完全被氧化生成蓝色物质，导致产生的蓝色区域较小，为达到检测目的，还需要将根瘤剖开进行染色，使检测程序复杂化。

荧光素酶基因(*luxAB*)：最早在海洋弧菌(*Vibrio fisheri*)和萤火虫(firefly)中被发现。含有 *luxAB* 标记基因的标记菌能自发荧光，但其底物在进行体内合成过程中要大量耗费 *luxAB* 标记菌的能量，不利于根瘤菌的竞争结瘤。因此，在用 *luxAB* 基因标记根瘤菌时一般会加入一种挥发性底物癸醛，以此来刺激标记菌发光(钟文文，2006；Porsser，1994)。莫才清等(1998)应用该发光酶基因对快生型大豆根瘤菌 HN01 结瘤作用进行了检测，研究发现，应用 *luxAB* 标记大豆根瘤菌，由此判断根瘤菌在大豆根系上形成根瘤的位置，并对占瘤率进行测定，该方法是可行的，且检测方便，效果直观。

CelB 基因：分离自超嗜热古生菌(*Pyrococeus furisosus*)，该微生物能够在 85℃以上的高温环境中正常生长(Kengen et al.，1993)。Sessitsch 等(1996)研究发现，*CelB* 基因在进行编码时采用*β*-葡萄糖苷酶，该酶具有*β*-半乳糖苷酶的活性，是文献报道的热稳定性最高的酶之一，将*β*-葡萄糖苷酶置于 100℃高温条件下，85h 后对其进行检测，发现酶活性不小于 50%。可在热反应后检测含有该编码酶的标记菌株。De Lorenzo 等(1990)的研究发现，在热反应后内源酶失活的情况下，可看到 *CelB* 标记菌株在植物根瘤内部所产生的蓝点或蓝色区域。将植物根系完全浸入磷酸缓冲溶液中，并置于 70℃高温条件下，加入 X-gal 后转至 37℃环境下，可检测 *CelB* 标记菌株的占瘤率。用 *CelB* 基因标记对活体的检测需在真空状态下进行，抽取真空不彻底可能会使试验结果不准确，甚至导致试验失败，但方法简单，结果直观，且底物相对便宜，因此应用较为广泛。

绿色荧光蛋白(GFP)标记：GFP 是一种生物发光蛋白，存在于如水母、水螅、珊瑚等腔肠动物体内(叶海仁和钟卫鸿，2003)。自 *gfp* 首次在大肠杆菌中克隆并表达以来，作为一种新型的报道基因，*gfp* 很快引起了人们的广泛关注，上述标记基因的活性检测需在底物或辅助因子的参与下才能完成，且检测程序复杂，不能用于活体测定。而 GFP 分子质量较小，不损伤细胞，不干扰标记蛋白的功能和定位，是目前唯一能在异源细胞内表达并自发产生荧光的蛋白，且无需底物或辅助因子的参与，可直接用于活体检测(史巧娟，2000)。检测 GFP 占瘤率的方法较为简便，将根瘤剖开并置于平皿上，用长波紫外灯（475nm）照射根瘤，就能看到根瘤发出的强绿色荧光。在根瘤菌及豆科植物的所有阶段，GFP 均能高水平表达，已有报道证明，在豆科植物根系、根表面侵入线中均能检测到经 GFP 标记的根瘤菌。史巧娟（2000）将 GFP 成功导入华癸中生根瘤菌并使其稳定表达，证明了完全可以应用 GFP 标记技术研究根瘤菌的竞争性。此外，研究者通过对 GFP 进行随机诱变，得到了发蓝色荧光的蓝荧光蛋白（BFP），史巧娟（2000）将 *bfp* 基因亚克隆，并使其成功表达在华癸中生根瘤菌中。Stuurman 等（2000）获得了加强型的青色荧光蛋白（ECFP），并将其成功应用于根瘤菌占瘤率的检测，且效果良好。

GFP 作为环境微生物的标记基因具有以下优点：①荧光表达能力稳定。Zimmer（2002）的研究表明，只有在高温（＞65℃）、强酸（pH＜4）、强碱（pH＞12）或其他变性剂存在时，GFP 的荧光才会消失，一旦恢复常温、中性 pH 环境或去除变性剂时，GFP 荧光特性也会随之恢复，且其发射光谱不会发生改变。②荧光检测极为方便。无需任何外源基质，也无需对细胞进行预处理、固定或染色，蓝光和近紫外光即可对 GFP 进行激发；用荧光显微镜或手提式紫外灯（365nm）即可对标记菌进行观察。③GFP 的荧光表达与受体细胞的种属无关，在原核细胞和真核细胞中都能稳定表达，不损伤细胞，不对受体细胞的正常功能产生不良影响。④观察方式较为灵活。对 GFP 标记的受体菌可进行单细胞和活细胞观察，也可对其进行实时原位观测，不会对标记菌及其生长环境产生影响。⑤土著微生物中不含 GFP，因此检测 GFP 时不会出现假阳性结果。

GFP 作为一种标记基因也存在些许缺点：①GFP 在不同未知细菌中的表达不稳定；②GFP 的荧光特性在受体细胞死后较长时间内依然可以表达；③Sessitsch 等（1996）研究发现，GFP 的荧光特性在需氧条件下才能表现出来，因此在严格厌氧条件下 GFP 不能产生荧光；④GFP 没有信号放大作用，因此在强启动子的驱动作用下，GFP 荧光蛋白才能在细胞内大量表达（赵华等，2003）。

青色荧光蛋白（CFP）标记：*cfp* 基因是 *gfp* 基因的一个突变体。CFP 与 GFP 的区别在于最大激发光波长和发射光的波长发生了改变，GFP 的最大激发光波长为 95nm，发射光波长为 508nm，*cfp* 最大激发光波长为 434nm，发射光波长为 476nm，*cfp* 是 GFP 的增强表达。且二者所发荧光的颜色有所不同，GFP 发绿色荧光，而 *cfp* 发蓝绿色或青色荧光（史巧娟，2000；Hein and Tsien，1996）。

2. 以 PCR 为基础的分子标记

以 PCR 为基础的分子标记包括限制性片段长度多态性、随机扩增多态性 DNA、扩增片段长度多态性、rep-PCR DNA 指纹技术（rep-PCR DNA fingerprinting）、全细胞蛋白电泳（SDS-PAGE of whole cell protein）等。目前这些研究主要集中应用在根瘤菌分类鉴定（廖得聪，2001）。

PCR 技术是一种体外快速检测特异基因或 DNA 序列的方法，由 Mullis 等于 1985 年首创。该技术在试管中建立反应体系，经数小时后，就能将极微量的目的基因或某一特定的 DNA 片段扩增数百万倍。其原理与细胞内发生的 DNA 复制过程相类似，首先是双链 DNA 分子在邻近沸点的温度下加热时便分离成两条单链 DNA 分子，然后 DNA 聚合酶以单链 DNA 为模板，并利用反应混合物中的 4 种脱氧核苷三磷酸（dNTP）合成新生的 DNA 互补链，以上过程为一个循环，每一循环的产物可以作为下一个循环的模板，经过 20～30 个循环后，介于两个引物间的特异 DNA 片段以几何数量复制。以下简要介绍 RAPD、AFLP、rep-PCR DNA 指纹技术等用于根瘤菌标记的 DNA 标记技术。

RAPD 技术：标记的主要特点如下。①不需要 DNA 探针，设计引物也无须知道序列信息；②显性遗传(极少数共显性)，不能鉴别杂合子和纯合子；③技术简便，不涉及分子杂交和放射自显影等技术；④DNA 样品需要量少，引物价格便宜、成本较低(王和勇等，1999；Hardarson et al.，1982)；⑤实验重复性较差，结果可靠性较低(黎裕，1999)。RAPD 技术能有效区分接种根瘤菌和土著根瘤菌，在竞争结瘤及特定细菌优势方面的研究中常被使用。

AFLP 技术：标记的主要特点如下。①标记数目无限多，因为 AFLP 分析可以采用限制性内切酶及选择性碱基种类、数目很多；②一次分析可以同时检测到多个座位，且多态性极高，因为典型的 AFLP 分析，每次反应产物的谱带为 50～100 条；③共显性，呈典型孟德尔遗传；④分辨率高，结果可靠；⑤目前该技术受专利保护，用于分析的试剂盒昂贵，实验条件要求较高。

AFLP 在分类、鉴定、流行病的诊断及遗传图谱的绘制上被广泛应用。此外，AFLP 在根瘤菌的研究中应用较多，主要用来对根瘤菌进行分类和鉴定，以及研究接种根瘤菌效果的检测和接种菌与土著菌之间竞争关系的分析(陈强，2002)。由于 AFLP 的优越性和广泛性，被认为是目前一种十分理想、有效的分子标记(郑敏和罗玉萍，1999)。

rep-PCR DNA 指纹技术：近年来的许多研究表明，细菌基因组中存在一类短重复序列，在维护细菌基因组 DNA 结构和遗传进化方面起着重要作用，且在不同的属、种和菌株间具有高度的保守性。细菌基因组中的重复序列主要有重复基因外回纹序列(repetitive extragenic palindromic，REP)(Gilson et al.，1984)、肠细菌重复基因间基准序列(enterobacterial repetitive intergenic palindromic，ERIC)、BOX、GTGS，它们的分布真实地反映了细菌基因组的结构。基于上述重复序列的 PCR 技术合称为 rep-PCR DNA 指纹技术。根据 rep-PCR DNA 指纹技术，能在种、亚种、小种(致病型)和菌株水平上进行细菌分类和鉴定，并且能明确同一致病变种菌株的遗传变异关系。很多研究者已根据 REP、ERIC、BOX 等重复序列的保守性设计出相应的扩增引物。引物长度一般为 15～22 个碱基(Versalovc et al.，1991，1994)，可用于同时扩增细菌基因组中位于重复序列之间大小不同的 DNA 片段，扩增片段用琼脂糖凝胶电泳分离，可产生重复性较好具有种或菌株特异性的 DNA 指纹图谱。很多研究已证明，rep-PCR DNA 指纹技术是根瘤菌株鉴定和分离聚群中有用的技术(Louws et al.，1994；Judd et al.，1993；De Bruijin，1992)。

由于这一技术具有快速、简单、经济的优点，如不需要专一性的探针和 Southern 杂交，可用细胞悬浮液甚至无须用细菌纯培养进行 PCR 扩增(Versalovic et al.，1991)。rep-PCR 还具有菌株水平的特征电泳图谱使之可用于菌株的鉴定和生态学中菌株原位及追踪研究，在根瘤菌的筛选中具有重要作用。

虽然 rep-PCR 指纹分析已被证明可反映出亲缘关系较近的菌株间基因组中存在差异，却不一定能反映存在于质粒 DNA 上的关系，该技术的不足之处还在于 rep-PCR 的重复性相对不稳定，受多种因素的影响。不同来源或不同批次的引物扩增所用的 DNA 聚合酶及不同型号的 PCR 仪对复杂多带谱的 rep-PCR 结果都有一定影响，难以在不同实验室进行比较分析(李俊等，1999)，这也在一定程度上限制该技术的应用。尽管如此，在稳定的或标准化的实验条件下 rep-PCR DNA 指纹技术仍然不失为一种对大量菌株进行快速有效分群及初步鉴定的手段。

全细胞蛋白电泳：蛋白质是基因表达的产物，可看作细菌基因组的直接翻版。对原核生物而言，大多数基因组都得到表达，每种蛋白质的一级结构反映了相应 DNA 序列的特性。在严格条件下得到的全细胞电泳条带可看作是该菌的“指纹”，用电泳方法将细胞蛋白质分离具有很高的灵敏性，可以区分到种和种以下的菌株。

全细胞蛋白电泳技术在根瘤菌研究中应用最多的是用来对根瘤菌进行分类聚群的研究，其理论基础是用 SDS-PAGE 对蛋白质的组成成分进行分析，可以得到反映生物基因组成和生物间相互关系的信息，从而用于细菌分类。根据此理论基础可推断，在根瘤菌筛选中也可用全细胞蛋白电泳对菌株进行标记分析。

全细胞蛋白电泳的实验操作也很简单，将样品煮沸(韦革宏等，1999a)或用超声波处理(韦革宏和朱铭莪，1999)提取蛋白质，然后在一定浓度的聚丙烯酰胺凝胶上电泳，电泳结束后对凝胶银染，用凝胶扫描仪扫描并记录蛋白质条带数据。最后根据不同的实验目的来分析处理结果。

第三节　苜蓿根瘤菌有效性

苜蓿根瘤菌有效性是根瘤菌结瘤数量、根瘤重量、有效根瘤数、固氮能力的总称。师尚礼(2005a)根据甘肃寒区和旱区的气候特点、土壤特点、植被特征和苜蓿种植区域特点，分析了苜蓿根瘤菌有效性影响因子的重要性。将甘肃辖区分为 5 个气候-植被生态类型区：中温半湿润森林草原区(平凉、庆阳)，暖温湿润落叶阔叶林区(天水)，中温干旱半干旱草原区(白银、兰州、定西)，寒温潮湿高寒草甸区(甘南、河西走廊祁连山区)，中温干旱荒漠区(武威、张掖、酒泉)。选取各区域共同种植的苜蓿品种阿尔冈金苜蓿(*Medicago sativa* Algonquin)、陇东苜蓿(*M. sativa* L. Longdong)为载体，对不同区域春夏秋季节的土壤因子、气候因子、根瘤菌分布特征进行调查，分析影响根瘤菌促生作用的影响因子及其重要性。因调查区域大部分属干旱半干旱地区，影响苜蓿根瘤菌结瘤数量的最主要因素是水分因子。不论是旱作区的长期干旱，还是灌溉区的间隙性干旱，均对根瘤菌的结瘤能力造成较大影响，进而影响了固氮量，表现出苜蓿草地的干旱胁迫缺氮。

苜蓿根瘤在不同生态区域，表现出不同的形状、数量差异，不同季节也表现出数量差异，苜蓿根瘤的形状和数量与环境的相关性极为明显，根瘤的数量与季节的相关性也极为明显。

不同苜蓿品种根瘤数与根瘤重的差异：对阿尔冈金苜蓿和陇东苜蓿两个宿主根瘤数与根瘤重的比较表明(师尚礼，2005b)(表 1-12)，不同苜蓿品种之间，根瘤菌的有效性有明显的差异。阿尔冈金苜蓿总根瘤数比陇东苜蓿总根瘤数高 115.87%，但总根瘤重低 76.56%；阿尔冈金苜蓿有效根瘤数比陇东苜蓿有效根瘤数高 45.41%，有效根瘤重高 23.68%。这表明苜蓿根瘤菌在阿尔冈金苜蓿中的有效性比在陇东苜蓿中的有效性高。

表 1-12　两个宿主苜蓿品种的根瘤数与根瘤重比较

根瘤参数	阿尔冈金苜蓿	陇东苜蓿	t 检验
总根瘤数/(个/株)	12.6500**	5.8600	$t = 4.5116$ $P = 0.0005$
总根瘤重/(g/株)	0.0015	0.0064*	$t = 2.4353$ $P = 0.0288$
有效根瘤数/(个/株)	3.1700	2.1800	$t = 1.9175$ $P = 0.0758$
有效根瘤重/(g/株)	0.0047	0.0038	$t = 0.7958$ $P = 0.4394$

*表示 t 检验差异达显著水平($P<0.05$)，**表示 t 检验差异达极显著水平($P<0.01$)

不同季节苜蓿根瘤数与根瘤重的差异：对春、夏、秋 3 个不同季节苜蓿根瘤数与根瘤重比较(表 1-13)。春、夏、秋季总根瘤数、总根瘤重、有效根瘤数、有效根瘤重 4 项指标差异程度不同。总根瘤数和有效根瘤数均以春季最多，春季总根瘤重最大，夏、秋季间总根瘤数、总根瘤重、有效根瘤数、有效根瘤重指标无差异。

表 1-13　春、夏、秋季苜蓿根瘤数与根瘤重比较

根瘤参数	季节	平均数	差异显著性		根瘤参数	季节	平均数	差异显著性	
			0.05	0.01				0.05	0.01
总根瘤数/(个/株)	春	17.5800	a	A	有效根瘤数/(个/株)	春	4.5000	a	A
	夏	6.0900	b	B		夏	1.8800	b	B
	秋	4.0800	b	B		秋	1.6500	b	B
总根瘤重/(g/株)	春	0.0142	a	A	有效根瘤重/(g/株)	春	0.0063	a	A
	秋	0.0077	b	AB		秋	0.0040	ab	A
	夏	0.0049	b	B		夏	0.0024	b	A

不同土壤类型苜蓿根瘤数与根瘤重的差异：比较不同类型土壤对根瘤菌的数量和重量的影响(表 1-14)。对于总根瘤数，黑垆土明显高于除灰钙土之外的其他土壤，灰钙土与灌淤土、褐土与亚高山草甸土之间无差异；对于总根瘤重，亚高山草甸土明显高于除灰钙土之外的其他土壤，而灰钙土、黑垆土和灌淤土之间无差异；对于有效根瘤数，各类土壤之间无差异；对于有效根瘤重，亚高山草甸土与其他土壤之间差异明显，其余土壤之间均无差异。足见不同土壤类型对根瘤菌的有效性有不同程度的影响。

表 1-14 不同土壤类型苜蓿根瘤数与根瘤重比较

根瘤参数	土壤类型	平均数	差异显著性	
			0.05	0.01
总根瘤数/(个/株)	黑垆土(庆阳)	14.59	a	A
	灰钙土(定西)	12.12	ab	AB
	灌淤土(武威)	9.37	b	BC
	褐土(天水)	5.12	c	C
	亚高山草甸土(甘南)	5.07	c	C
总根瘤重/(g/株)	亚高山草甸土(甘南)	0.0166	a	A
	灰钙土(定西)	0.0108	ab	AB
	黑垆土(庆阳)	0.0088	bc	AB
	灌淤土(武威)	0.0064	bc	AB
	褐土(天水)	0.0021	c	B
有效根瘤数/(个/株)	灌淤土(武威)	3.63	a	A
	黑垆土(庆阳)	3.27	a	A
	灰钙土(定西)	2.82	a	A
	亚高山草甸土(甘南)	2.27	a	A
	褐土(天水)	1.40	a	A
有效根瘤重/(g/株)	亚高山草甸土(甘南)	0.0103	a	A
	灰钙土(定西)	0.0046	b	AB
	灌淤土(武威)	0.0033	b	B
	黑垆土(庆阳)	0.0022	b	B
	褐土(天水)	0.0008	b	B

根瘤菌有效性是一个复杂的过程，根瘤菌有效性既与根瘤菌和宿主植物有关，也随季节变化而呈现一个动态变化的过程。

第四节 苜蓿根瘤菌溶磷和分泌生长素能力

随着固氮微生物研究的深入，其范围已从豆科植物扩展到禾本科植物，内容从共生固氮形式发展到联合固氮形式，固氮微生物的促生作用已从固氮、溶磷和分泌生长激素等多方面得以体现(Hendry and Jordan，1983)。

Gibson(1962)已从小麦、水稻、玉米等禾本科植物根际分离出多种联合固氮微生物，它们不但与寄主能够联合进行固氮，而且还具有溶磷和分泌植物生长素能力，对植物生长起着重要的促进作用。分泌的植物生长素吲哚乙酸(IAA)以低浓度促进植物生长并可在细胞延伸过程中提升细胞壁的疏松度。外源生长素能刺激植物细胞壁释放大量的单糖和低聚糖，这些从植物细胞壁释放的养分为细菌附生于植物创造了有利条件，并有助于植物分泌物参与细菌生成 IAA 的反应。

目前，对于豆科植物根瘤菌分泌植物生长素和溶磷能力的报道较少。师尚礼(2005a)针对甘肃 5 个不同生态区域(庆阳、天水、定西、武威和甘南)的两个苜蓿品种根瘤菌溶解有机磷、无机磷和分泌生长素能力进行了研究。

一、溶磷能力

采用有机磷[蛋黄卵磷脂(EYPC)]和无机磷[$Ca_3(PO_4)_2$]固体培养基溶磷圈法测定根瘤菌的溶磷能力，即测定根瘤菌菌落溶磷透明圈直径与菌落直径的比值(姚拓，2004)。比值越大，溶磷能力越强，比值越小，溶磷能力越弱，比值为1时表示菌落无溶磷能力。

有机磷溶解能力测定培养基采用蒙金娜培养基(姚拓，2004)，无机磷溶磷测定培养基采用PKO培养基(姚拓，2004，2002b；冯月红等，2003)，苜蓿草地土壤根瘤菌都能够溶解有机磷(图1-5)，但溶解有机磷能力差异很大，不能溶解无机磷。

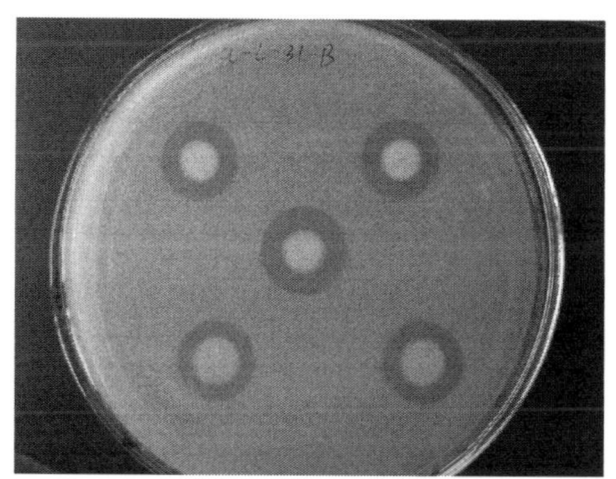

图1-5 根瘤菌菌落与溶磷圈

不同苜蓿品种来源根瘤菌株溶解有机磷能力无差异，但不同生态区域根瘤菌株间差异显著，说明菌株溶磷能力与区域土壤因子有关。分析得出，速效磷、速效钾是对苜蓿根瘤菌株溶磷能力产生变异的主要作用因子，两因子对菌株溶磷能力产生的变异占总变异的90.41%。土壤速效磷、速效钾对菌株溶磷能力影响的重要性为：土壤速效磷>速效钾，但速效磷对菌株溶磷能力的作用表现为促进作用，速效钾对菌株溶磷能力的作用表现为抑制作用。

速效磷与速效钾对菌株溶磷能力的影响有互作效应，速效钾含量的增加会降低速效磷对菌株溶磷能力的促进作用，相反，速效磷含量的增加会降低速效钾对菌株溶磷能力的抑制作用。

二、分泌生长素能力

采用比色法测定根瘤菌分泌生长素吲哚乙酸(IAA)的能力，测定培养基采用改良的刚果红液体培养基，在比色液中加入一定量的IAA作对照进行粉红色颜色深度的比较。

苜蓿根瘤菌株分泌IAA能力存在生态区域之间的差异，土壤pH、全磷、速效氮对菌株分泌IAA能力的变异起主要作用，对菌株分泌IAA能力产生的变异占总变异的89.78%。三因子对根瘤菌株分泌IAA能力影响的重要性依次为：土壤速效氮>土壤pH>土壤全磷，但土壤速效氮、土壤pH对菌株分泌IAA能力表现为抑制作用，土壤全磷对菌株分泌IAA能力的影响表现为促进作用。

在乏磷土壤中，提高磷含量有利于促进菌株分泌 IAA 的能力，中性 pH 和低速效氮含量可以降低土壤对菌株分泌 IAA 能力的抑制作用。

另外，土壤 pH 通过土壤全磷的间接作用可以较好地促进菌株分泌 IAA 的能力，土壤 pH 通过速效氮、速效氮通过土壤全磷、速效氮通过土壤 pH 的间接作用也可以较好地促进菌株分泌 IAA 的能力，而土壤全磷通过土壤 pH、土壤全磷通过速效氮的间接作用可以明显地降低磷对菌株分泌 IAA 能力的促进作用。进一步说明在中性土壤 pH 条件下，提高土壤全磷含量、降低土壤速效氮含量有利于提高菌株分泌 IAA 的能力。

综合上述，苜蓿根瘤菌具有较强的溶磷能力，但大多数菌株能溶解有机磷，而不溶解无机磷。

菌株溶磷能力不受苜蓿品种的影响。但不同区域菌株之间溶磷能力差异较大，表明苜蓿菌株溶磷能力的强弱与区域菌株种类遗传因素有关，还与菌株所处的生态环境或土壤环境关系密切。

苜蓿根瘤菌具有较强的分泌植物生长激素吲哚乙酸(IAA)的能力。据姚拓(2004)报道，已分离到的禾本科植物联合固氮菌株大多数具有分泌植物生长激素的作用，而这种产生植物生长激素的作用被认为是促进植物生长,特别是促进根系生长的重要原因之一。谢达平等(2002)、徐幼平等(2001)报道，植物根际产生植物生长调节物质的微生物群落数量很大，从不同植物根际中分离出来的微生物大约有 86%、58%和 90%可以分泌生长素吲哚乙酸(IAA)、赤霉素(GA)或激动素类物质，这些物质在根毛区很容易被吸收。苜蓿根瘤菌具有与禾本科植物联合固氮菌相同的分泌植物生长素的能力，而且与禾本科植物联合固氮菌具有分泌能力的菌株数量比较，苜蓿根瘤菌比率高于禾本科植物根际菌株比率，苜蓿根瘤菌作为促进生长菌用于结瘤状态下共生固氮和非结瘤状态下联合促生作用的潜力较明显。

第五节　内生根瘤菌

一、植物内生菌研究进展

1. 内生菌的概念及界定

植物内生菌(endophyte)早在 19 世纪末就被证实是存在于健康植物体内，并对植物无害的细菌(Hallmann et al.，1997a)。早在 1926 年，Perotti 就认为内生生长是细菌一个特殊的生长阶段，而这一过程是微生物侵染植物体的高级阶段，相互间形成了互惠共生的密切关系。随后内生菌被定义为可从表面严格灭菌的植物材料中分离出的微生物。在相当长的时期内，被认为是以处于潜伏期或无症状的病原菌形式存在(邹文欣和谭仁祥，2001)。1930 年前后，大量的牲畜因为误食含有毒内生真菌的牧草后而中毒，这一事件使人们更加确信了内生菌即侵染病原菌或寄生致病菌的观点，相关的分歧和争论逐渐使内生菌的研究成为热点(Stone et al.，2000)。在之后的一个世纪中，研究者在几乎所有的植物物种中都发现有内生菌的存在(邹文欣和谭仁祥，2001)，其中相当一部分内生菌，

如 *Enterobacter*、*Agrobacterium* 和 *Pseudomonas* 等有固氮的作用(Zou and Tan，1999)，之后 Strobel 等(1993)在红豆杉的韧皮部中分离出可分泌抗癌物质紫杉醇的内生真菌，内生菌的这些特性引起了生物学家的极大兴趣。

随着研究的深入，更多的证据表明内生菌对植物的生长和群落建成有促进作用，如分泌植物激素(张集慧等，1999)促进生长发育，调节对氮、磷等矿质元素的吸收，通过竞争生态位和分泌拮抗物质抵御病原菌的侵入(文才艺等，2004)，有些内生菌甚至可以帮助寄主植物抑制同一生境中竞争者(Clay and Holah，1999)的生长。这些积极的作用使多数微生物、植物微生态学和植物生理学方面的研究者赋予内生菌这样的定义："植物内生菌(endophyte)是指在一段或整个生活史中生存于健康植物组织器官内部或细胞间隙，与宿主植物存在互惠共生关系而不引起病症的细菌或真菌"(文才艺等，2004；Hallmann et al.，1997a)。而对内生菌的界定通常依据寄主植物组织是否经过标准有效的表面灭菌操作，以及能否直接从植物组织的 PCR 产物中扩增出其 DNA 片段来实现(Stone et al.，2000a)。一些注重寄主专性的植物病理学家则持保守态度，认为内生菌都属于处在潜伏期或毒性被减弱的病原微生物，仍存在条件致病的可能(Barbara and Christine，2005；Schardl et al.，2004)。Barbara 和 Christine(2005)指出一些内生菌会产生对宿主植物有毒性的胞外酶类，与宿主植物组织进行离体共培养时利于自身的生长，但常造成宿主组织的坏死。尤其是在植物遭受严重的环境胁迫、营养失衡或处于衰亡期时，一些条件致病的内生菌表现出毒性，感染植物使其呈现出明显的病症。

近年来，内生菌的概念逐渐演化为生态学概念，而不作为特定的分类学单位，泛指存在于植物组织内的全部微生物，包括益生菌和未表现出致病性的潜在病原菌，其概念已经扩展到植物病理学、植物生态学和植物生理学等相关领域(姚领爱等，2010)。但由于目前对内生菌与宿主植物的关系，以及内生菌在传播侵染和潜在毒性方面的机理仍缺乏充足的了解，相对其他学科而言，植物内生菌方面的研究具有一定的盲目性(姚领爱等，2010；文才艺等，2004)。最重要的是，已有的研究结果仍未对植物内生菌的起源和在不同世代植株间的传递予以全面合理的解释，研究内生菌的定殖和转运规律仍然是目前内生菌研究的前沿和重点。

2. 内生菌分类、多样性及存在的普遍性

根据是否存在宿主专一性，内生菌分为可存在于多种宿主植物的非专一性内生菌和仅能存在于单一宿主植物中的专一性内生菌，前者如荧光假单胞菌可寄生于玉米、番茄和大豆等多种植物体内，而重氮营养醋杆菌则只能以甘蔗作为唯一寄主(王莉衡，2011)。根据内生菌的生存策略，它又通常被分为兼性(facultative)和专性(obligate)内生菌，兼性内生菌在其生活史中的某一阶段可独立于宿主植物在其体外生存，是在植物、土壤或植物外表的环境中的选择过程(Hardoim et al.，2008)，如水稻植株中的成团肠杆菌和甜菜内的腐烂棒杆菌等。专性寄生菌则需要在宿主体内完成整个生活史，依靠种子进行不同代植株间的垂直传播或以带菌的植物组织为载体才能侵染其他植物(Hardoim et al.，2008)，如甘蔗中的织片草螺菌，只能存在于植物体内，无法从根际土壤中分离得到。

以往的研究表明，不同的植物物种中内生菌的种类和分布差异很大(邹文欣和谭仁祥，2001）。内生真菌多属于子囊菌的核菌纲（Pyrenomyetes）、盘菌纲（Discomyetes）和腔菌纲（Loculoascomycetes）的多个种（Andrews，1992）。从最初在牧草中发现内生真菌至今，研究者已在近 300 种，80 多个属的禾本科植物中检出内生真菌（邹文欣和谭仁祥，2001）。在 Siegel 等（1984）的研究中内生真菌一般大量分布在植物的叶鞘和种子内，在叶片和根部则含量很少。而在姜怡等（2005）的报道中，植物的根部也有大量内生真菌分布。内生放线菌中，*Frankia* 的分布最为广泛，至今已发现能与 300 种以上的植物共生。放线菌在根部的数量最多，Taechowisan 等（2003）在 31 种植物中 80%的根系样、71%的叶片样和 30%的茎样中分离出放线菌，其中约 90%为 *Streptomyces*，仅在红豆蔻的根中就分离出 41 株不同的放线菌。姜怡等（2005）在云南的230余种植物中分离出近300株*Streptomyces*。其他人也分别从小麦、卫矛科、茄科植物中分离出大量的放线菌。

内生细菌的种类和数量较真菌少一些，但无致病性的内生细菌在半个世纪之前就见诸报道。至今研究者已从花生（*Arachis hypogaea*）、甜菜、番茄、柠檬、水稻、甘蓝和小麦的植株内，以及马铃薯、棉花的种子和胚珠中分离出包括 *Pseudomonas*、*Serratia*、*Alcaligenes*、*Hydrogenophaga* 等 50 多个属超过 129 种的内生细菌（Mcinory and Kloepper，1995），其中 *Bacillus*、*Enterobacter*、*Pseudomonas* 和 *Agrobacterium* 是较为常见的内生菌。Mcinroy 和 Koepper（1995）在棉花（*Gossypium hirsutum*）的根系和茎中分离出包括根瘤菌（*Rhizobium japonicum*）和克雷伯氏菌（*Klebsiella* spp.）等近 40 种内生细菌。Pleban 等（1995）从向日葵的花中分离出荧光假单胞菌（*Pseudomonas fluorescens*），从花椰菜的种子中分离出芽胞杆菌（*Bacillus* sp.）。内生菌，包括内生细菌和内生真菌，其多样性极为丰富，在同一种植物，甚至同一植株内的真菌可达数种甚至数十种，Anorld 等（2000）在巴拿马热带雨林中两个种的植物叶片上分离出 400 多个形态学种。Mccutcheon 等（1993）及 Lappalainen 和 Yli-Mattila（1999）的研究指出，即便是相同种的内生菌，同一组织中不同菌株的遗传型也呈现多样性分布。Mundt 和 Hinkle（1976）从包括以禾本科为主的 20 多种植物中分离出无色杆菌属（*Achromobacter*）、芽胞杆菌属（*Bacillus*）和假单胞菌属（*Pseudomonas*）等 44 个属的内生细菌。

严格来说，目前还无法获得绝对未感染任何内生菌的植物种群，任何生活在自然环境中的植物体内都存在内生菌。文才艺等（2004）对一些文献中涉及“未感染内生菌植株”的概念进行了分析，认为一些内生菌已经与寄主植物形成长期互惠共生的关系，只能在植物体的内环境生存而无法进行人工分离培养，这种菌株的存在表明之前提及的“未感染内生菌植株”有可能已经含有内生菌，只是未被检出。

3. 内生菌的起源和进化过程

关于内生菌的起源问题，一部分学者认为内生菌实际是在宿主体内生长和繁殖的过程中毒力下降的无害突变株（Freeman and Rgdriguez，1993）。这一观点的典型证据是甜瓜主要致病真菌之一的炭疽（*Colletotrichum magna*），在植物体内分离出的一株无病症表现的突变株 *Colletotrichum magna* path-1，与有毒性的致菌株间仅存在一个基因位点的差异，这一差异不仅使其能在植株体内正常生存繁殖，还可以启动宿主的防卫系统，使有毒性的致病株无法再次侵染宿主（Freeman and Rgdriguez，1993）。还有一种观点则认为是侵入的病原菌与寄主植株达成毒力-耐性平衡、相互稳定共存而不使宿主产生症状的病原菌(Peters et al.，1998)。在 Sieber 等(1990)的研究中，大叶枫(*Acer macrophyllum*)的愈伤组织对其内生菌的生长有积极作用，但愈伤组织自身的生长受到内生菌的抑制。大麦(*Hordeum vulgare*)愈伤组织与其内生菌的共培养结果也表现出相似的结果，通过对 *Hordeum vulgare* 植株次生产物及其内生菌分泌物的分析，Schulz 等(1999)认为这一现象源于内生菌分泌的次生代谢物对宿主的毒害，反之，宿主植物分泌物也是宿主对内生菌侵染启动防御机制的具体表征。综合分析可以得出，内生菌和宿主植物经过漫长的进化过程，最终达到拮抗关系的平衡，因此内生菌仍然是潜伏的病原菌，当这种拮抗平衡被打破后，如宿主遭受胁迫或进入衰亡期，内生菌会产生明显的毒害作用(Schulz et al.，1999)。

另外一类观点则认为内生菌起源于植物细胞的叶绿体(chloroplast)或线粒体(mitochondria)，这一学说的基础是内生菌对宿主植物内的光合产物和能量物质如 ATP 等的高效利用，以及许多内生菌与其宿主植物具有极为相似的遗传背景(文才艺等，2004)，根据这一特性，专性(obligate)内生菌有可能就来源于宿主植物的细胞器。

还有部分学者并不强调内生菌必定是病原菌的潜伏菌株或弱毒、无毒菌株，但认同最初的内生菌来自宿主植物体外，或者通过天然的开放通道如气孔、根系分叉的间隙进入宿主体内(Chi et al.，2005)；或者通过外力伤口如昆虫取食后的破口，刈割残茬、机械损伤后的创面等进入宿主体内(Barbara and Christensen，2005)。有的内生菌还可以通过种子或其他繁殖体进行不同世代宿主间的垂直传播(姚领爱等，2010)。Ahlholm 等(2002a)指出内生菌侵染宿主或以繁殖体为载体进行传播的过程中，菌体的定殖和代谢不仅受宿主植物基因型、防御机制和体内环境的影响，同时还受到光照、温度、群落植被组成，以及氮素、磷素营养条件的限制(Ahlholm et al.，2002a，2002b)，这也是兼性(facultative)内生菌在宿主植物、土壤或植物内环境选择压力下的选择过程。而兼性内生菌适应选择压力的过程和能力也解释了植物体内微环境中所呈现的微生物多样性(Rosenblueth and Martinez-Romero，2006)。基于这一起源的微生物一般认为是通过土壤中侧根与主根连接处的表层裂隙侵入到组织，进而迅速扩展到根细胞间隙并在寄主植物体内定殖(Chi et al.，2005)。李强等(2006)研究了植物内生菌对宿主植物纤维素的分解能力，发现很多内生菌能够分解并以纤维素作为唯一碳源，这表明至少有部分植物内生菌可能通过分解宿主胞壁来获得侵入路径，并以植物组织中的纤维素为碳源维持生存。尽管存在多种可能的侵染路径，如植株表面的气孔，以及由害虫或机械损伤造成的伤口(Hardoim et al.，2008；McCully，2001)，就目前的研究结果来看，根系裂隙仍然是微生物侵染植物并成功定殖的主要途径之一(Hardoim et al.，2008)。

4. 内生菌与宿主植物的关系

在通常状态下，内生菌和宿主植物间的关系可以分为 3 种，即共生互惠(易婷等，2008)、无害共存(Barbara and Christensen，2005)，以及微害寄生(Schardl et al.，2004)。当宿主植物的生理状态或生存环境发生突变时，这 3 种关系可能出现条件性转化(姚领爱等，2010)。Funk 等(1993)发现柳树内生菌苛养木杆菌(*Xylella fastidiosa*)在柳树中未表现致病性，而在柑橘等植物中会条件致病，同时也是葡萄的病原菌。

内生菌和宿主植物间的共生互惠关系是目前内生菌研究中最为深入，也最容易引起研究者兴趣的内容。Rudrappa 等(2008)认为，作为光合产物和生存环境的提供者，植物组织内充足的营养、水分和机械保护条件能够促使内生菌团聚形成生物体膜(biofilm)，有助于菌体黏附并形成优势微群落。易婷等(2008)发现当植物处于长期胁迫时，其内生菌的抗性和生存能力也获得大幅提升。而同时，内生菌通过生命活动和次生产物也能借助信号转导作用影响植物的代谢和生长。Cavalcante 和 Döbereiner (1988)发现寄主专性的甘蔗内生固氮菌 *Acetobacter diazotrophicus* 对酸性环境有强适应性，并能固定并供给超过需求量近一半的氮素，Clemence 等(2000)在非洲野生稻(*Oryza breviliguulata*)中分离出的 *Photosynthetic bradyrhizobium* 具有相似的固氮作用。Lyons 等(1990)认为在乏氮土壤中，内生真菌起到增加植物叶片氮素含量，促进植物氮积累效率的作用。巴西和菲律宾的连作研究发现，甘蔗和水稻田内常年不施用氮肥，但依靠内生固氮菌的固氮作用仍能使甘蔗(*Saccharum*)和水稻连续数十年获得高产且土壤肥力不减。根据氮平衡法和 ^{15}N 稀释法证实，一些甘蔗品种能从生物固氮中获氮量达总氮的 60% (Urquiaga et al., 1992)。除氮素吸收外，也有报道指出内生菌可促进植物对磷的吸收(Reis et al., 2000; Malinowski et al., 1999)，Li 等(2011b)从红豆草(*Onobrychis viciaefolia*)中分离出一株固氮菌 *Klebsiella peneumoniae*，除固氮能力较强外，还具有较强的溶磷和分泌生长素的作用。在无氮、缺乏可溶性磷的栽培条件下接种于苜蓿，结果表明该菌株能够有效缓解植株所受的缺磷缺氮胁迫。

有报道证明，内生菌的分泌物或代谢物也有促进宿主生长的作用。张集慧等(1999)发现兰科药用植物的内生真菌能分泌赤霉素、生长素、玉米素等生长调节物质，对兰花植株有促进生长的作用。Kunkel 和 Grewal (2004)发现黑麦草内生真菌能通过分泌次生代谢物提高宿主的抗除草剂能力，并能产生麦角碱类物质降低线虫的感染率。Barbara 和 Christensen (2005)报道了内生菌能提高牧草对真菌病害的抗性。Sturz 和 Matheson (1996a)指出马铃薯块茎内生菌有提高宿主抵御土传病害能力的作用。Castillo 等(2002)从蛇藤(*Colubrina asiatica*)植株体内分离出的链霉菌 *Streptomyces* 具有广谱抗菌能力。Ravel 等(1997)的研究结果则证明感染内生菌的多年生黑麦草具有更强的抗旱能力。

5. 内生细菌对宿主的侵染及在宿主体内的协同作用

目前有研究认为，内生细菌有着与病原细菌相似的侵入过程和路径，包括向寄主根系、气孔或破损部位的移动。在经历了对植物防卫系统的躲避或耐受之后，随之在宿主体内进行繁殖和运移。内生细菌在侵入宿主前的主要寄居部位通常为土壤，即首先接触并侵染的部位通常是植物的根系，因此根部内生菌数量和种类均高出其他部位，作为植物与空气中飘浮的微生物接触面最大的组织，叶片也是内生菌的主要侵染部位，但受到侵染的概率应低于根部。因此，自宿主的根到地上部分应该会形成一个递减或递变的内生菌数量梯度(陈立军等，2004)。首先根系中具有运动能力的菌体在宿主根分泌液的吸引下，根据分泌液的浓度梯度移动到根表；以胞外结构和生化信号为基础吸附到根表；通过识别过程中宿主植物亲和性地选择内生细菌；被选择的内生细菌通过自然孔口或伤口侵入宿主；进入植物体内的内生细菌利用植物组织提供的营养物质繁殖；然后通过尚不明确的机制定殖于宿主或被宿主限制而不能定殖(陈立军等，2004)。

鉴于内生细菌对宿主植物的有益作用，从应用的角度考虑，筛选到的有益内生细菌一般要进一步研究其与宿主植物的相互作用，特别是该菌在宿主体内的消长动态和能否在其他重要作物上定殖方面的研究。

针刺接种棉花内生细菌 73a 在不同抗性品种棉花体内都表现“由增到减”的趋势(吴蔼民等，2001)；番茄内生细菌菌株 01-144 和转 Bt *Cry1A*(*c*)基因的抗虫内生工程细菌 RPT50 在宿主植物体内的定殖规律也一样，只是变化幅度不同(龙良鲲和肖崇刚，2003；段灿星等，2002)。

内生细菌除了在种群水平上与宿主植物表现互作外，群落水平是两者间更重要的互作水平，因为在宿主体内或周围都存在着大量微生物，内生细菌在侵入、定殖、繁殖和与宿主的互作过程中，最先遇到的互作对象就是其他微生物，特别是同样生活在宿主体内的其他内生细菌，内生细菌之间的相互作用是内生细菌与宿主植物互作的基础。已有试验表明与别的内生细菌共同接种能促进根瘤菌(*Rhizobium*)在红三叶草上的结瘤数量和促进宿主的生长(Sturz et al.，1997)，以及 *Bradyrhizobium* 在大豆上的结瘤数量(Nishijima et al.，1988)。

6. 内生菌的应用

植物内生菌是近年来微生物研究的热点，以往对内生菌的研究多集中于热带至温带地区(王莉衡，2011；Cook et al.，1987；Schipper，1986)。而对于内生菌资源的开发和应用还处于起步阶段，主要用于基因载体、植物促生菌剂、生防物质和药用活性物质的生产。其中最为瞩目的实例是紫杉醇(paclitaxel)的发现，这种生物碱具有抑制癌细胞增殖的作用，可用于治疗晚期癌症(邹文欣和谭仁祥，2001)，由于最初只能从红豆杉植株中获取且数量很少，无法实际应用。直到 Strobel 等(1993)和周东坡等(2001)从红豆杉中分离出可大量分泌紫杉醇的内生菌株，才实现了紫杉醇的发酵生产并用于临床。目前发现的另一种更为高效的抗肿瘤物质是从红豆杉内生真菌中的支顶孢属(*Acremonium*)分离得到的，具有更加广阔的应用前景(Evtushenko et al.，1989)。近年来，植物内生菌已陆续被发现能产生多种广谱抗菌和抗病毒活性物质，尤其对一些已产生耐药的病原体(曹理想和周世宁，2004；Mcinroy and Kloepper，1995)。Sturz 和 Christie(1996b)指出红花车轴草的内生菌有抑制其他作物生长的作用，可用于制备抑禾本科杂草的生防制剂。

7. 种子内生菌

种子是农业生产最基本的生产资料，是微生物在寄生组织缺乏时最主要的寄附场所，也是内生菌在垂直传播过程中的主要介质(迟峰，2006；Mundt and Hinklc，1976)。内生菌广泛存在于种子内部，种子不仅是细菌的传带者，也是受侵染者。Mcinory 和 Koepper(1995)通过对苜蓿种子的内生真菌区系进行研究，发现曲霉(*Aspergillus* spp.)和青霉(*Penicillium* spp.)是种子内的优势真菌，对种子退化进程有重要的作用和影响。Garwal 和 Singh(1974)在苜蓿花叶病的研究中表明种子携带的苜蓿花叶病毒(alfalfa mosaic virus)是引起苜蓿花叶病的病原物。祁娟和师尚礼(2006a)指出苜蓿种子存在内生根瘤菌，其数量与苜蓿品种和种子储藏年限有关。

Fonseca 等(1999)报道苜蓿种子的活力与种子内镰刀菌(*Fusarium oxysporum*)的侵染严重度呈负相关。大洋洲和非洲的诸多学者也提出苜蓿种带真菌对种子的寿命和活力有显著影响(中国草原学会，1998)。但纵观国内外文献，对种子储藏时间、储藏条件及种子内生菌相互作用的综合讨论并不多见。在印度，Agarwal(1981)用滤纸保湿测定结合琼脂平板法对近 20 个水稻品种种子内生菌的数量和种类进行检测，认为品种间种子的内生菌具有菌种多样性和数量分布异质性。

据文献报道，种子不仅表面带菌，而且内部均可带菌，如烟草种子表面带有 *Alternaria alternata* 和 *Pseudomonas syringae* pv. *tabaci*.，种皮内部和胚乳上还带有镰刀菌(*Fusarium* spp.)(华致甫和袁美丽，1994)。在芝麻茎点枯病的研究中，发现病原菌 *Macrophomina phaseoli* 主要存在于种子内部和表皮(刘安国，1994)。陈熙(1994)指出引起西瓜叶枯病的半知菌亚门真菌——瓜链格孢菌(*Alternaria cucumerina*)在种子表面的分生孢子可存活 1.25 年，种子内菌丝体可持续生存 1.75 年。张淑卿等(2009b)的研究也发现，苜蓿种子中存在大量的根瘤菌，在种皮和种胚内均有分布，但主要分布在种皮的内侧，并指出种子内携带的根瘤菌与苜蓿植株根瘤菌回接试验中的自结瘤现象有关。商鸿生和崔铁军(1996)的研究也证明向日葵种子的内果皮和种皮为种子内生菌的最适存在部位。在对细菌性果斑病(*Acidovorax avenae* sp.)的研究中，任毓忠和李晖(2003)也指出哈密瓜种子内生细菌 *Acidovorax avenae* sp.的分布以种皮内为主，而种仁内的带菌量则相对较少。张晓霞和王平(2002)的研究指出，水稻种子表皮附有紫云英根瘤菌，且该菌株对某些水稻植株形成专性侵染。

南志标于 1994 年确定内生真菌对牧草植株生长有积极影响，可以延长草地寿命并提高寄主植物的产量和品质，在对来自江苏、陕西和内蒙古等 6 个省区的沙打旺种子进行种子内生真菌的分离和鉴定时，在种子及其相应植株的残体上共得到 23 种真菌，包括小丛壳(*Glomerella* sp.)和茎点霉(*Phoma* sp.)等重要的病原菌。韩瑞宏和毛凯(2003)对国内牧草的种带真菌的研究则得出相反的结论，即牧草种子内生真菌可降低种子的生活力和出苗率，这可能与分离菌种的类型不同，以及研究的植物对象存在差异有关。龚月娟和李健强(2004)对 8 种牧草或草坪草的种子进行内生真菌的初步研究，也发现所有参检种子携带的内生真菌数量较多，且这些菌株对种子的萌发有负面影响。马占鸿(1994)从产于宁夏的牧草种子中分离出 15 种内生菌，指出牧草种子传播的病原菌中最普遍的菌种是链格孢属(*Alternaria*)、青霉属(*Penicillium*)、镰刀菌属(*Fusarium*)和粉红单端孢菌属(*Trichothecium*)等，此外还包括头孢霉属(*Cephalosporium*)、黑根霉属(*Rhizopus*)和假单胞菌属(*Pseudomonas*)等。李福祥(1995)认为新疆等地小麦的根腐病的发病率与种子表面附着的孢子量有关，相应的病原包括疫霉(*Phytophthora* sp.)、丝核菌(*Rhizoctonia* sp.)、镰刀菌(*Fusarium* sp.)和核盘菌(*Sclerotinia* sp.)等。国内部分水稻种子的内生菌检测结果表明：水稻种子内生及附生真菌近 12 种，其中多为腐生真菌(程志明和梁力，1995)。杨海莲等(1999)对水稻内生固氮菌进行了植株内数量分布特性研究，并对重要菌种进行了分离、筛选和鉴定，发现在水稻种子中的内生固氮菌多属于革兰氏阴性的 *Pseudomonas* sp. 和革兰氏阳性的 *Staphylococcus* sp.。刘西莉和李健强(2000)采用标准平板法分别对东北、西南及华中等水稻产区的主栽品种进行了种子内生菌的分离和鉴定。结果表明13个水稻品种的种子表面附着真菌的种类存在明显的异质性，而种子内生真菌的类型差异不大。谢关林(2000)从中国和日本稻区306份水稻种子样本中分离出3503个非致病菌株，经细菌学和形态学鉴定后，从源自日本的30份水稻种子中获得*Pseudomonas* sp.内的6个种，从采集自中国的276份水稻种子中获得*Pseudomonas* sp.内的10个种。周肇蕙和严进(1996)比较了人工接种大豆疫病病原菌的种子和自然条件下的发病种子，证明大豆疫病发病后，病原会以菌丝体或卵孢子的形式存在于大豆种子的胚、子叶和种皮中。李春杰和南志标(2000a)对来自我国东北、内蒙古、西北和华北地区共38个审定品种的苜蓿种子样品进行内生真菌的检测和分离，共鉴定出36属共40种的种子内生真菌。测定了其中21种的真菌对苜蓿幼根的侵入能力，以及19种真菌对种子萌发及幼苗生长发育的影响，结果表明其中青霉属、链孢霉属、粉红单端孢属、黑曲霉属、多主枝孢属和黄曲霉属为常见的苜蓿种带真菌，可对种子或幼苗造成危害，影响种子的寿命及幼苗的生长。台莲梅和郑雯(2003)对黑龙江省农垦水稻产区的水稻种子进行了病原真菌的分离鉴定，共鉴别出13个属、14个种的种子内生病原真菌，其中以*Cladosporium cladosporioidas*、*Fusarium* sp.和*Alternaria oryzae* Hara为主。

二、内生根瘤菌

长期以来，关于土壤根瘤菌促生作用的研究已有较长的历史，但苜蓿种子内生根瘤菌及其数量动态规律、结瘤能力、固氮酶活性、固氮量的研究才刚刚起步。陈丹明等(2002)在苜蓿高效共生根瘤菌的筛选研究中发现对照出现结瘤现象，许建香(2004)在芸豆高效根瘤菌的筛选及分子标记研究中发现未接种的芸豆两个品种的对照都结瘤，并且有少数菌株接种效果反而不如对照。祁娟和师尚礼(2006b)采用最可能数(most probable number，MPN)、平板培养、液体培养、试管苗回接和盆栽苗接种等方法对国内外不同苜蓿品种种子内生根瘤菌数量、菌落特征、生理生化特性、生长适应性、与宿主的共生结瘤能力、固氮效果、幼苗生长效应等进行了较为全面、系统的研究。

从不同苜蓿品种、不同产地、不同储藏年限种子中分离纯化获得了22株苜蓿种子内生根瘤菌，它们在平板培养基上具有典型的菌落特征，并且苜蓿种子内生根瘤菌数量差异明显。同一品种种子，储藏年限5年之内，种子内生根瘤菌的数量随着储藏年限的延长而增加；5年以后，种子内生根瘤菌数量逐渐减少。对于不同产地来源的种子，国外苜蓿的种子内生根瘤菌数量一般多于国内苜蓿种子内生根瘤菌数量。在试管内和盆栽条件下进行种子内生根瘤菌回接，均能有效接瘤，接种的根瘤均有固氮酶活性。

苜蓿种子内生根瘤菌进行泌酸、抗盐、抗酸碱及耐高温耐低温耐受性试验表明，苜蓿种子内生根瘤菌抗逆能力远高于土壤根瘤菌，供试菌株均能分泌酸，耐酸碱的范围较广，为pH5～11，少数菌株耐受pH12的NaOH碱性环境。能在4～40℃温度区域生存和生长，最适宜生长温度为25～28℃。

种子内生根瘤菌进行溶磷和分泌植物生长激素能力测验，供试22株菌株中只有1株菌株能溶解无机磷，且溶解无机磷和有机磷能力均较强；有64%的种子内生根瘤菌仅能溶解有机磷，且溶解能力差异较大。73%的菌株能分泌植物生长激素，其中8.1%分泌能力较强，33.3%分泌能力中强。

试管苗回接种子内生根瘤菌表明，分离纯化的苜蓿种子内生根瘤菌均能显著提高苜蓿苗的结瘤量、根瘤重量和生物量，但它们的侵染能力差异很大，结瘤数比对照提高994.5%；接种比对照单株瘤重提高445.6%；试管苗生物量比对照提高129.7%。

盆栽苗接种试验表明，接种种子内生根瘤菌也能明显提高其生物量、固氮酶活性和固氮量。生物量相对对照增长率最大为362%，最小为56%；接种种子内生根瘤菌后，植株的含氮量也明显提高，相对对照含氮量增长率最大为183.1%，最小为6.9%。因此，苜蓿种子内有内生根瘤菌存在，且具有结瘤固氮能力和促生作用，有泌酸、分泌生长素和溶磷能力，尤其是存在着溶解无机磷能力的菌株。苜蓿种子内生根瘤菌抗逆能力强于土壤根瘤菌，具有更广泛的适应性。

张淑卿等(2009c)进行了根瘤菌在苜蓿植株体内的数量分布及其运移动态方面的研究，初步发现：①苜蓿内生根瘤菌在苜蓿植株体内的数量分布随植株光合产物运移方向呈逐渐升高的趋势，绝大多数内生根瘤菌存在于植株根系中，且主要存在于毛根中(李剑峰，2009a)。在植株的营养生长期，内生根瘤菌除在根系中有大量分布外，主要分布于苜蓿花芽中(营养期末)；在现蕾期及花期，内生根瘤菌主要分布于子房壁，根系中也有大量内生根瘤菌存在；在苜蓿种子结荚期，植株地上部分内生根瘤菌主要存在于荚果的果皮中；而在苜蓿种子成熟期，植株地上部分的内生根瘤菌在新生种子内有大量分布。张淑卿等(2009c)根据以上试验结果推测出内生根瘤菌可能的来源途径：花期，存在于花粉表面和子房壁组织的根瘤菌通过贯穿子房壁和珠被的花粉管进入胚珠珠被，或结荚期，根瘤菌通过子房壁与珠被联结的通道进入种皮。②种子结荚期，荚果皮及根系的内生根瘤菌数量显著高于其他时期，且花内各器官的内生根瘤菌数量随授粉过程的完成迅速增加。③有超过80%的内生根瘤菌分布于成熟种子的种皮中，仅少量的内生根瘤菌分布于子叶和胚。受精后的苜蓿胚珠内有内生根瘤菌检出，且数量随种子的形成过程呈递增趋势。④未经表面消毒的苜蓿种子发芽后，其芽苗幼根内存在的内生根瘤菌可能是种皮自接种形成的。⑤内生根瘤菌在受精胚珠、幼嫩种子及成熟种子各部位的数量，在该部位可检出内生菌群落中占有绝对优势(张淑卿，2009a)。

有研究表明，内生根瘤菌可侵染包括小麦、玉米、水稻在内的多种谷类作物的根部，并定殖于植物的表皮、皮层及维管系统的细胞间隙和细胞内(迟峰，2006)。迟峰(2006)将携带GFP标记的根瘤菌分别接种于水稻、烟草及苜蓿中，并对标记根瘤菌在植物植株体内的侵染、定殖及分布过程进行了研究，结果表明：根瘤菌对水稻、烟草及苜蓿的侵染是一个动态的过程，绿色荧光根瘤菌首先定殖于植物根的表皮及根毛中，随着时间的推移，逐渐定殖于侧根裂隙处的表皮，并由此大量进入根的皮层，在细胞间隙及细胞内大量繁殖。同时，定殖于根内的荧光标记根瘤菌向上运移至茎，并在茎的细胞间隙中定殖；根瘤菌还可定殖于烟草叶片的叶肉细胞及叶肉细胞间隙，并且能够从烟草叶的气孔溢出，到达叶的表面，具有附生—内生—附生生活方式的转换；根瘤菌还可以沿植物的表面从根到地上部分运移(Chi et al.，2005)。在烟草的生殖生长阶段，根瘤菌仍然保持活动性，可以进入烟草子房的子房壁、胎座和胚珠内，暗示根瘤菌通过种子向子代垂直传播的可能性(迟峰，2006)。

三、内生菌研究存在的问题

目前内生菌研究主要集中在内生菌的分离鉴定、内生菌分泌活性物质的提取利用，以及内生菌对植物促生作用方面，取得了重要的成果（王莉衡，2011；Barbara and Christine，2005；曹理想和周世宁，2004；龚月娟和李健强，2004）。但对于内生菌与宿主相互作用及关系方面的研究较少，包括内生菌与植物间的防御-识别机制、内生菌增强植物抗逆性及抗逆代谢的机理、内生菌在宿主体内的生物学特性及内生菌在植物内的运移规律等。在内生菌生物学特性方面，目前采用表面灭菌-接种-纯化，再根据形态学和分子生物学鉴定的方法无法彻底分离所有菌株（部分菌株无法离开寄主在人工培养基上生存），同时也不能完全模拟植物内环境来观察内生菌在宿主环境中的生物学特性。有研究发现存在于棉花植株维管束中的内生菌可在不同部位和组织中运转，并指出该内生菌诱导植物分泌的醌类、酚类及多糖等物质会积累在细胞间隙、植物内部形成的空腔和管道中，成为包括致病菌在内的其他竞争性微生物入侵宿主或在宿主体内运移的机械阻隔和分子屏障（文才艺等，2004）。这说明内生菌在宿主体内并不是畅通无阻的，而是在与宿主长期的相互适应和协同进化中形成其特定的运移规律，但这一规律方面的研究至今鲜见报道。

苜蓿内生根瘤菌的研究才刚刚起步，仅局限于内生根瘤菌的分布、分离、鉴定、运移和定殖规律方面，有关内生根瘤菌与苜蓿植株相互协同的生物学特征、运移和定殖控制、传代规律、应用技术方面的研究仍属空白。

第二章　苜蓿内生根瘤菌及其特性

根瘤菌与豆科植物的共生固氮作用在改良土壤肥力、提高牧草和作物产量、改善生态环境等方面有着十分重要的意义和作用，在农业生产中，应用人工接种根瘤菌便成为一种常见的农业措施。豆科植物-根瘤菌共生体的固氮效率是由根瘤菌和豆科植物双方的基因所控制，豆科植物与根瘤菌间完全有效的结合依赖宿主植物相关基因和根瘤菌相关基因的相容性（Tan，1981）。释放到田间的接种根瘤菌，必然要与土著根瘤菌在土壤营养、生活空间及宿主植物等方面进行竞争，接种根瘤菌能否提高作物产量则直接取决于其竞争力的大小。张淑卿等（2009a）研究发现，根瘤菌在苜蓿（*Medicago sativa*）种子的种皮内大量存在，且种皮内的根瘤菌数量在种子收获后的 1 年内仍不断增长，当剥去种皮的种子发芽后，其幼根内无根瘤菌存在。这说明种子发芽后，胚根首先接触到的是种皮内的根瘤菌即“内生根瘤菌”，之后才是栽培土壤内的“土著”根瘤菌，即内生根瘤菌在空间上具有先天的竞争优势。祁娟和师尚礼（2006b）的研究结果也印证了内生根瘤菌在与土著根瘤菌的结瘤竞争方面的确有明显的优势。

随着根瘤菌在非豆科植物表面消毒的组织中被分离鉴定（Khush and Bennett，1992；Cocking et al.，1990），之后，又出现在豆科植物的茎和种子中（祁娟和师尚礼，2006b；Chi et al.，2004），根瘤菌也被划入内生菌的范畴中。种子内部及植株体内的根瘤菌属于内生菌的范畴，植物内生菌的种类和数量与植物本身有密切的关系。从根瘤菌和植物之间共生关系的角度来分析内生根瘤菌的存在，说明根瘤菌与植物不仅仅是简单的共生-固氮关系。一方面，植物种子为根瘤菌的生存和传代提供了一个相对稳定而富有营养的环境。另一方面，根瘤菌作为异养固氮菌的一种，生存和繁衍的过程需要消耗宿主或环境内相当数量的能量。

第一节　苜蓿种子内生根瘤菌特征及菌体活性

近年来，师尚礼、祁娟、张淑卿等对内生根瘤菌进行了生理生化，以及在植株体内数量分布及种子形成过程中根瘤菌数量变化方面的研究，并以标记示踪的方式探讨了内生根瘤菌及外源根瘤菌同其他微生物在种子内环境中存在的空间与营养上的竞争，以及储藏低温对菌体活性的影响，为进一步研究种子内的微生物群落结构奠定了理论基础。

一、苜蓿内生根瘤菌的分离纯化

1. 内生根瘤菌的分离

选取纯净苜蓿种子，用 75%乙醇进行表面消毒 1～2min，无菌水冲洗 3 或 4 次，再用 0.1%升汞溶液浸泡 2～3min(龚月娟和李健强，2004)，无菌水冲洗 5～8 次，在无菌条件下镜检是否灭菌彻底。将消毒种子置于灭过菌的研钵中研磨，稀释成 10^{-1}、10^{-2}、10^{-3}、10^{-4}、10^{-5}、10^{-6} 的种子液，取上清液 0.2ml，用涂抹法分别接种于 YMA 刚果红固体培养基上，置于 28℃生化培养箱中培养。

2. 内生根瘤菌的纯化

选取形状呈圆形，边缘光滑，中间隆起呈黏质半透明状，且大小、颜色、形状一致的单菌落，用接种针挑取一环接入 YMA 刚果红平板上，置于 28℃生化培养箱中恒温培养，经几次挑选分离纯化，直至每一培养皿内培养基上的根瘤菌菌落生长的大小、颜色、形状一致，经菌落形态、菌体形态检查后，接入试管斜面保存。

二、苜蓿种子内生根瘤菌数量及菌落特征

苜蓿种子内生根瘤菌菌落具有根瘤菌典型的个体形态和特征：圆形、乳白色、半透明、边缘整齐、有黏质。菌落不吸收色素或吸收色素较少，革兰氏阴性(G^-)，镜检为有鞭毛的小杆菌。祁娟对来自甘肃、新疆、美国、荷兰和加拿大 5 个产地 25 个品种的苜蓿种子进行了内生根瘤菌的分离，并对菌落特征进行了观察，发现 25 个品种的苜蓿种子内生根瘤菌菌落特征相似，均为圆形或半圆形，菌落呈乳白色或灰白色，表面凸起或略凸，呈透明或半透明且多黏质，直径 1.5～7mm(图 2-1，图 2-2，表 2-1)。

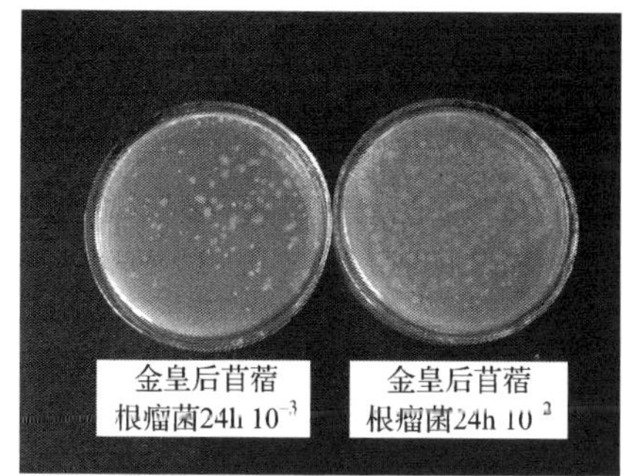

图 2-1　分离根瘤菌(另见彩图)

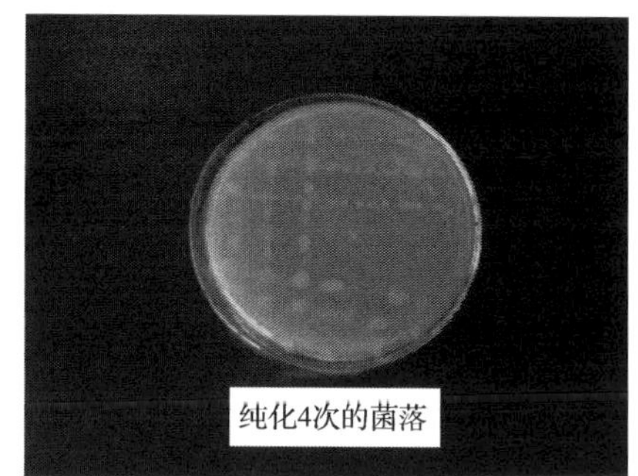

图 2-2　纯化后的根瘤菌颜色及形状(另见彩图)

表 2-1　不同品种苜蓿种子内生根瘤菌菌落特征

菌株编号	宿主与学名	种子产地	储藏年限	菌落特征
SL01	陇东 3 *Medicago sativa* L. Longdong	甘肃	3	菌落乳白色，半透明，圆形，大小为 3～4mm，生长较快
SF02	菲尔兹 *Medicago sativa* L. Fields	美国	5	菌落乳白色，圆形，半透明，大小为 2～4mm
SS03	三得利 *Medicago sativa* L. Sanditi	荷兰	2	菌落灰白色，圆形，微凸，大小为 2～7mm
SL04	里奥苜蓿 *Medicago sativa* L. Reward	美国	5	菌落乳白色，圆形，半透明，略有凸起，大小为 3～5mm
SJ05	金皇后 *Medicago ativa* L. Golden Empress	加拿大	2	菌落乳白色，圆形，半透明，大小为 2～6mm

续表

菌株编号	宿主与学名	种子产地	储藏年限	菌落特征
SM06	苜蓿王 *Medicago Sativa* L. Alfaking	加拿大	2	菌落灰白,圆形,透明,大小为4～7mm
SA07	阿尔冈金3 *Medicago sativa* L. Algonquin	甘肃	3	菌落乳白色，圆形，半透明，中间凸起，大小为1.5～6mm
SA08	阿尔冈金1 *Medicago sativa* L. Algonquin	甘肃	1	菌落灰白色,圆形,半透明,大小为2～5mm
SG09	甘农1号 *Medicago sativa* L. Gannong No.1	甘肃	3	菌落乳白色,透明,略凸起,大小为2～4mm
SX10	新疆大叶 *Medicago sativa* L. Xinjiangdaye	新疆	3	菌落灰白色,半透明,圆形,大小为3～6mm
SZ11	朝阳 *Medicago sativa* L. Jacklin	加拿大	5	菌落乳白色，圆形，半透明，中间凸起，大小为3～5mm
SL12	陇东2 *Medicago sativa* L. Longdong	甘肃	2	菌落乳白色,半透明,圆形,大小为3～6mm，生长较快
SC13	长武 *Medicago sativa* L. Changwu	甘肃	6	菌落乳白色,透明,半圆形,大小为3～4mm
SR14	瑞西丝 *Medicago sativa* L. Resis	美国	3	菌落灰白色,半透明,圆形,大小为3～5mm
SG15	甘谷 *Medicago sativa* L. Gangu	甘肃	1	菌落乳白色,透明,略凸起,大小为2～6mm
SY16	游客 *Medicago sativa* L. Eureka	美国	2	菌落乳白色，圆形，透明，略凸起，大小为1.5～7mm
SL17	陇东4 *Medicago sativa* L. Longdong	甘肃	4	菌落灰白色，圆形，大小为2～5mm，凸起
SD18	多叶 *Medicago sativa* L. Multifoliator	美国	2	菌落乳白色，圆形，半透明，略有凸起，大小为3～5mm
SD19	德福1 *Medicago sativa* L. Defi	美国	2	菌落乳白色，半圆形，透明，略凸起，大小为1.5～5mm
SL20	陇东1 *Medicago sativa* L. Longdong	甘肃	1	菌落灰白色，圆形，大小为2～5mm，稍凸起，生长较快
ST21	天水 *Medicago sativa* L. Tianshui	甘肃	1	菌落乳白色，透明，中间略凸起，大小为2～5mm
SZ22	中兰1号 *Medicago sativa* L. Zhonglan No.1	甘肃	2	菌落乳白色,圆形,半透明,大小为2～6mm
SD23	德福2 *Medicago sativa* L. Defi	美国	7	菌落灰白色,半透明,圆形,大小为2～5mm
SX24	新疆和田 *Medicago sativa* L. Xinjianghetian	新疆	10	菌落乳白色，透明，圆形，大小为3～7mm
SH25	荷兰 *Medicago sativa* L. Helan	甘肃	14	无菌落
ST26	天蓝 *Medicago lupulina* L.	甘肃	0	无菌落
SG27	甘农3号 *Medicago sativa* L. Gangnong No.3	甘肃	3	菌落灰白色,半透明,圆形,大小为3～5mm

三、低温处理对苜蓿种子内生根瘤菌活性的影响

祁娟将 22 个品种的苜蓿种子分别在温度为–10℃、–15℃和–20℃的条件下冰冻 48h 后进行根瘤菌分离，并测定根瘤菌数量，观察不同低温对种子内生根瘤菌数量的影响（表 2-2）。研究发现–10℃处理，供试苜蓿品种种子内生根瘤菌均能存活；–15℃处理，15 个品种的内生根瘤菌能存活；–20℃处理下，所有供试苜蓿种子内生根瘤菌均不能存活，并且发现在此低温段，其他杂菌数量也很少。说明在–20～–16℃时存在苜蓿种子内生根瘤菌存活的一个低温临界点，低于此温度临界点，苜蓿种子内生根瘤菌生存受阻。

表 2-2 低温处理对苜蓿种子内生根瘤菌活性的影响（48h）

菌株	温度（存活情况）		
	–10℃	–15℃	–20℃
SL01	+	–	–
SF02	+	+	–
SS03	+	+	–
SL04	+	+	–
SJ05	+	–	–
SM06	+	–	–
SA07	+	+	–
SA08	+	–	–
SG09	+	+	–
SX10	+	+	–
SZ11	+	+	–
SL12	+	–	
SC13	+	+	–
SR14	+	–	–
SG15	+	+	–
SY16	+	+	–
SL17	+	+	–
SD18	+	+	–
SD19	+	+	–
SL20	+	–	–
ST21	+	+	–
SZ22	+	+	–

注：“+”表示根瘤菌存活；“–”表示根瘤菌死亡

第二节　苜蓿种子内生根瘤菌生长适应性及促进生长能力

一、种子内生根瘤菌筛选

根瘤菌的形成是非常复杂的过程，需要共生体双方的相互诱导和识别，以及各自一系列基因的时序表达。就根瘤菌而言，其结瘤基因、结瘤因子、胞外多糖和脂多糖等都与两者的相互识别有关，而且在不同程度上决定了根瘤菌的寄主范围(周湘泉和韩素芬，1984)。区别根瘤菌与其他细菌的基本方法是根瘤菌能否与豆科植物共生结瘤。根瘤菌与豆科植物共生结瘤具有专一性，回接试验一定要选择与根瘤菌相应的豆科植物作为寄主。近年来，根瘤菌的越界结瘤时有报道。例如，中国农业大学的高为民和杨苏声用陈文新从新疆分离到的一株耐盐苜蓿根瘤菌，实现了在大豆上结瘤(Gao and Yang，1995)。本研究通过对22株纯化菌株与原寄主植物共生结瘤试验，来验证所分离的纯化菌株及它们的结瘤情况。

祁娟和师尚礼(2006a)将22株纯化菌株接种到原寄主植物，在无菌条件下试管苗植株生长45d后进行结瘤和促生能力测定，见图2-3～图2-6和表2-3。

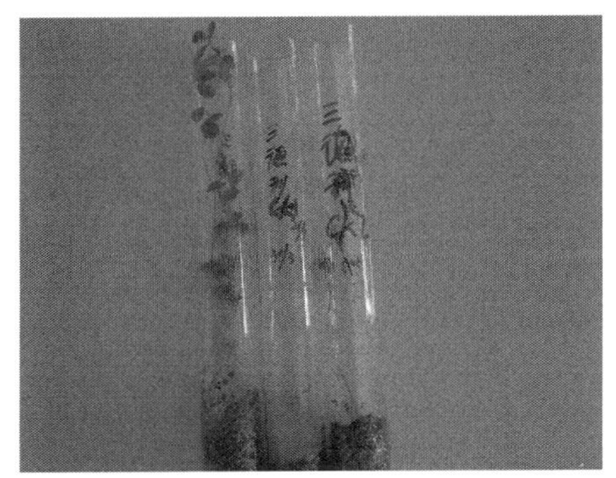

图2-3　回接接种试管苗与对照(CK)苗(另见彩图)

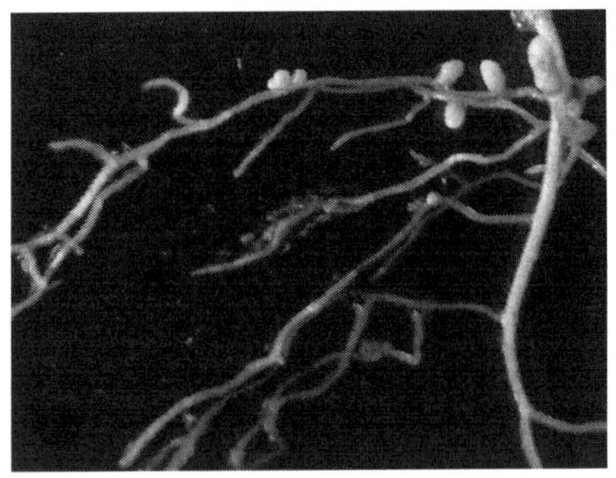

图2-4　试管苗根系根瘤(另见彩图)

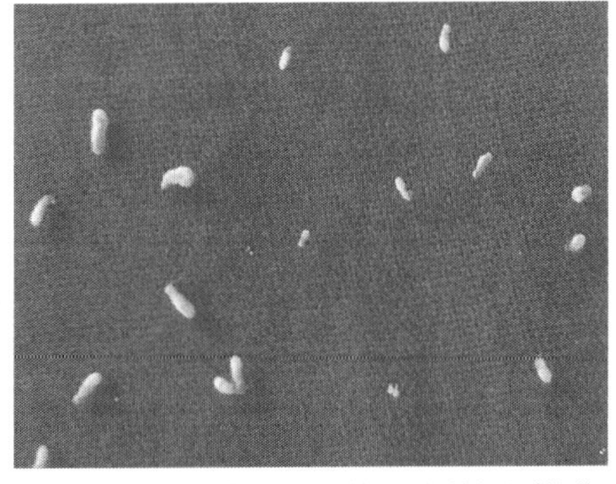

图2-5　试管苗根瘤形状(Ⅰ)(另见彩图)

图2-6　试管苗根瘤形状(Ⅱ)(另见彩图)

表 2-3　不同苜蓿种子内生根瘤菌回接结瘤能力

菌株		宿主株数/株	根瘤数/个	试管苗总长/cm	根瘤鲜重/mg	试管苗生物量/mg
SL01	对照 CK	3	1.33	24.0	0.933	109.1
	接菌	3	12.00	43.0	1.133	121.1
SF02	对照 CK	3	1.00	17.5	1.467	139.2
	接菌	3	5.33	55.0	9.200	348.4
SS03	对照 CK	3	1.67	14.0	5.000	177.9
	接菌	3	7.00	62.0	9.767	578.8
SL04	对照 CK	3	0	18.5	0.000	153.0
	接菌	3	5.67	48.0	10.200	329.1
SJ05	对照 CK	3	0	21.0	0.000	103.2
	接菌	3	6.33	43.0	11.800	298.3
SM06	对照 CK	3	0	9.0	0.000	71.8
	接菌	3	2.33	18.0	1.260	118.7
SA07	对照 CK	3	0	33.0	0.000	166.7
	接菌	3	2.67	43.5	3.500	498.5
SA08	对照 CK	3	0.67	8.5	0.900	99.5
	接菌	3	3.67	19.5	4.900	139.9
SG09	对照 CK	3	0.67	15.0	2.000	95.2
	接菌	3	3.33	37.5	2.700	123.9
SX10	对照 CK	3	1.00	14.0	2.400	142.2
	接菌	3	5.00	41.0	8.100	222.3
SZ11	对照 CK	3	1.00	10.0	2.800	114.0
	接菌	3	4.33	16.0	11.900	173.7
SL12	对照 CK	3	1.33	18.0	10.500	175.5
	接菌	3	6.33	44.0	7.500	230.2
SC13	对照 CK	3	0	12.0	0	64.5
	接菌	3	4.67	39.0	7.960	195.5
SR14	对照 CK	3	0	21.0	0	144.2
	接菌	3	13.30	62.0	10.100	652.2
SG15	对照 CK	3	0	18.0	0	102.5
	接菌	3	4.00	25.0	8.560	155.6
SY16	对照 CK	3	0	11.0	0	22.2
	接菌	3	1.67	33.0	5.900	203.2
SL17	对照 CK	3	0.67	18.0	2.200	42.3
	接菌	3	5.00	43.0	10.200	325.1
SD18	对照 CK	3	0	13.0	0	55.5
	接菌	3	2.67	12.0	4.967	172.9
SD19	对照 CK	3	0.33	10.0	1.267	35.6
	接菌	3	4.00	22.0	5.000	192.6
SL20	对照 CK	3	0.33	23.0	0.976	88.0
	接菌	3	0.67	15.0	1.733	118.9
ST21	对照 CK	3	0	18.0	0	64.0
	接菌	3	5.67	45.0	9.533	123.5
SZ22	对照 CK	3	0	13.0	0	53.5
	接菌	3	3.67	35.0	7.850	153.5

确定根瘤菌最根本的办法是把该菌株回接原寄主使其结瘤，由图 2-3～图 2-6 和表 2-3 表明，所分离菌株回接到原宿主植物均能结瘤，证明所分离的菌株是根瘤菌。从出苗后第 10 天左右开始结瘤，瘤为粉白色，直径 1～2mm，随后根瘤数增多，根瘤体积增大。出苗后第 45 天观察结瘤情况，所有菌株均能结瘤。根瘤多生长于侧根，并且侧根越发达，有效根瘤数量就越多且个体饱满，试管苗生物量也越高。

对表 2-3 不同菌株回接对根瘤数、试管苗长、根瘤重量及试管苗生物量的影响作图如下(图 2-7～图 2-9)。

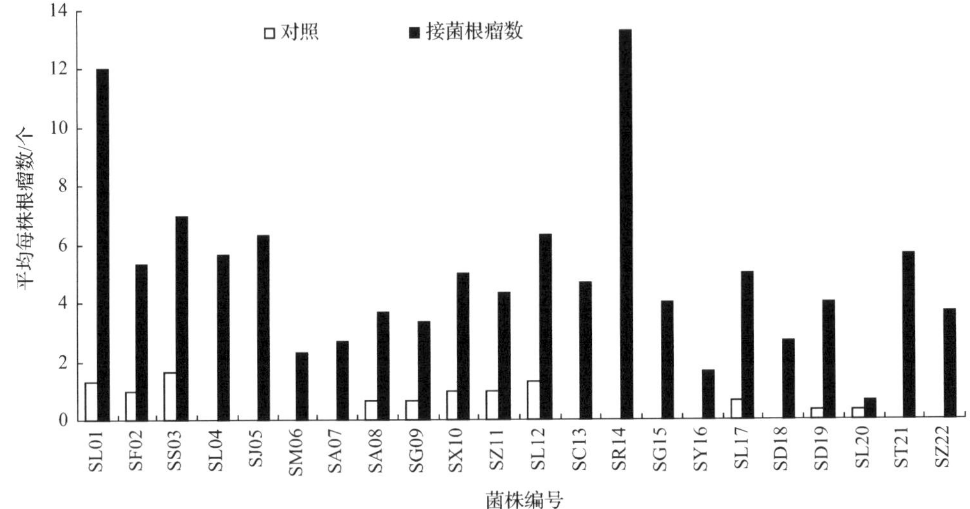

图 2-7　接菌对根瘤数量的影响

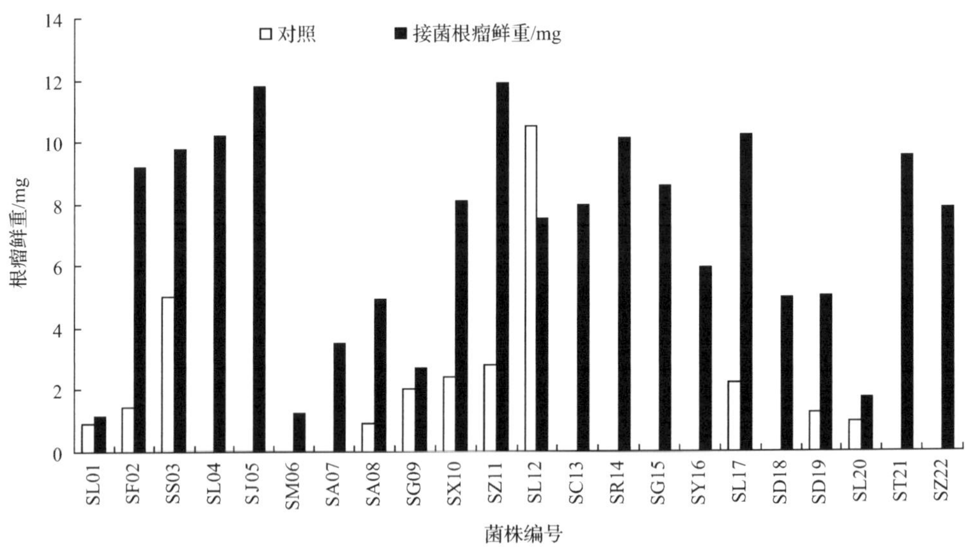

图 2-8　接菌对根瘤鲜重的影响

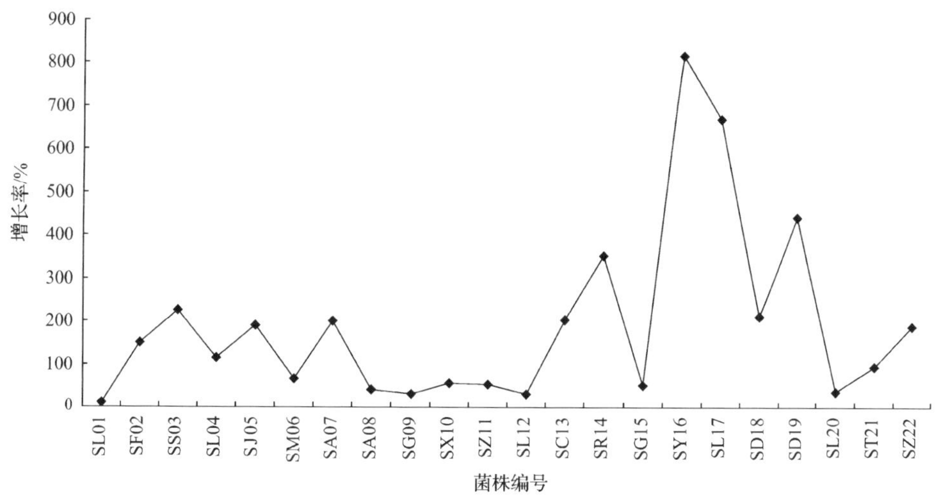

图 2-9　接菌对试管苗生物量的影响

从图 2-7 可以看出接种以后，根瘤数量差异较明显。除 SL01、SF02、SS03、SA08、SG09、SX10、SZ11、SL12、SL17、SD19 和 SL20 试管苗对照有结瘤现象外，其他对照均不结瘤，部分对照苗虽结瘤，但结瘤数很少或所结根瘤大多为无效根瘤。试管苗平均结瘤率在 66.67%；接种苗平均结瘤数为 4.969 个，对照为 0.454 个，接种比对照提高 994.5%，SR14 结瘤数最多(13.3 个/株)，其次为 SL01(12 个/株)，最少的为 SL20(0.67 个/株)。由此可见，所得分离物回接能提高植株的结瘤量。

从图 2-8 可以看出，品种不一，分离的根瘤菌回接后单株根瘤重有很大差异。平均单株瘤重 6.989mg，对照为 1.281mg，单株瘤重较高的菌株为 SL04(10.2mg)、SJ05(11.8mg)、SZ11(11.9mg)、SL12(10.5mg)、SR14(10.1mg)，接种比对照提高 445.6%；除 SL12 对照比接种苗根瘤重外，其他接种根瘤都比对照重。这说明种子内生根瘤菌有一定的结瘤促生能力，但根瘤数和根瘤鲜重相关性不明显，有的根瘤数多，但根瘤小，有的根瘤数少，但根瘤大。并且试验中发现侧根多的试管苗，一般根瘤较多，且根瘤多生长在侧根上。

从表 2-3 和图 2-9 可以看出，从种子内分离的根瘤菌有很强的促生能力。试管苗生物量都比对照高，并且不同菌株促生生物量相比对照增长率差异较大。试管苗生物量平均每株 243.71mg，对照为 106.09mg，接种比对照提高 129.7%。增长率最大的为 SY16(815.3%)，最小的为 SG09(30.1%)，相差 27 倍多，其影响因子有待进一步研究。另外，试管苗结瘤率较高的植株，其根、茎、叶等生长情况较好，生物量较高。说明这些品种种子内生根瘤菌的结瘤能力和促生能力较好。

二、苜蓿种子内生根瘤菌生长适应性

根瘤菌的抗逆性在根瘤菌的生产应用中直接影响其应用范围和效果，因此，苜蓿根瘤菌抗逆性的研究对改善生态环境、改良土壤和畜牧业的发展有着极其重要的意义。

1. 代时

代时又称世代时间，当微生物处于生长曲线的指数期(对数期)时，细胞分裂一次所需平均时间，也等于群体中的个体数或其生物量增加一倍所需的平均时间。快生型根瘤菌的代时在 4h 以内，在 YMA 培养基上产酸；而慢生型根瘤菌的代时在 6h 以上(张红缨等，1987；Trinick et al.，1982)；Vincent(1974)认为增代时间 2～4h，3～5d 形成直径为 2～4mm 的菌落者属于快生型根瘤菌，增代时间为 6～8h 甚至更长，7～10d 形成直径小于 1mm 的菌落者属于慢生型根瘤菌。

参照曹燕珍等(1986)的方法，将分离的 6 株内生根瘤菌以光密度值倍增的时间测定了菌株代时。

分离到的菌株在 YMA 培养基生长过程中其 OD_{600} 值和菌落形成时间见图 2-10。

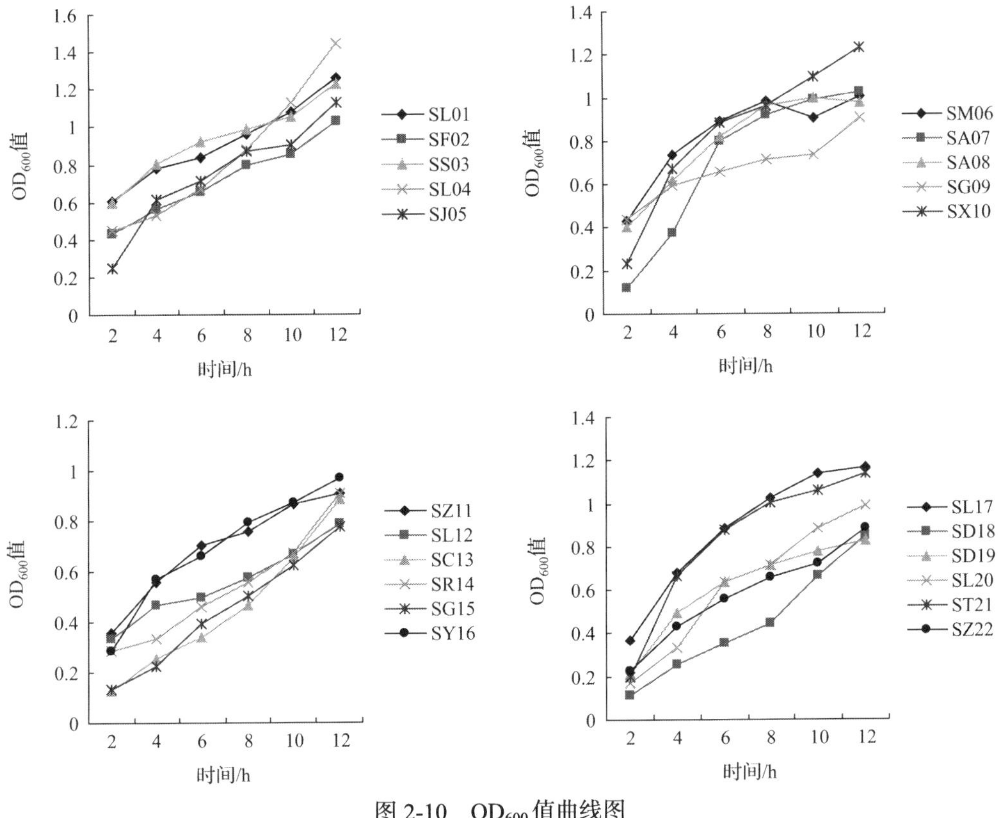

图 2-10　OD_{600} 值曲线图

从图 2-10 中发现各菌株之间生长速度差异不大，大多数菌株在 1.5～2.0d 内形成良好的菌落群。结合生长 OD_{600} 值测定与 OD_{600} 值曲线图，发现供试的种子内生根瘤菌倍增时间在 2～4h，可以初步认为供试的种子内生根瘤菌具有快生型根瘤菌的特征。

2. 内生根瘤菌分泌酸碱能力

大多数根瘤菌都有分泌酸或碱的能力，如果根瘤菌使加有溴麝香草酚蓝的 YMA 培养基变黄，表明根瘤菌分泌酸，培养基变蓝，表明根瘤菌分泌碱。并且快生型根瘤菌大多数分泌酸，慢生型根瘤菌大多数分泌碱(张红缨等，1987)。

将供试的内生根瘤菌株接种到配置好的溴麝香草酚蓝的培养基上，置于 28℃摇床上培养，3～7d 观察结果(蔡龙祥等，1985)。从表 2-4 和图 2-11 结果看，所试验的培养基颜色均变黄，供试菌株均为产酸根瘤菌。不同菌株分泌酸碱的能力不等，从培养基颜色深浅直观判断，培养基颜色越深，分泌能力越强。由此可以看出，分泌酸相对较强的菌株占供试菌株的 31.8%。根瘤菌的这一特性对改变土壤 pH，降低土壤碱性有一定的作用。

表 2-4　种子内生根瘤菌分泌酸碱情况

菌株	分泌酸	分泌碱	菌株	分泌酸	分泌碱
SL01	+	–	SL12	+	–
SF02	++	–	SC13	+	–
SS03	++	–	SR14	+–	–
SL04	+++	–	SG15	+	–
SJ05	+++	–	SY16	+	–
SM06	++	–	SL17	++	–
SA07	+	–	SD18	+	–
SA08	++	–	SD19	++	–
SG09	+++	–	SL20	+++	–
SX10	+++	–	ST21	+++	–
SZ11	+	–	SZ22	+++	–

注：“+”表示淡黄色，泌酸；“++”表示黄色，泌酸能力较强；“+++”表示橘黄色，泌酸能力强；“+–”表示泌酸能力微弱；“–”表示颜色不变，不泌酸

A
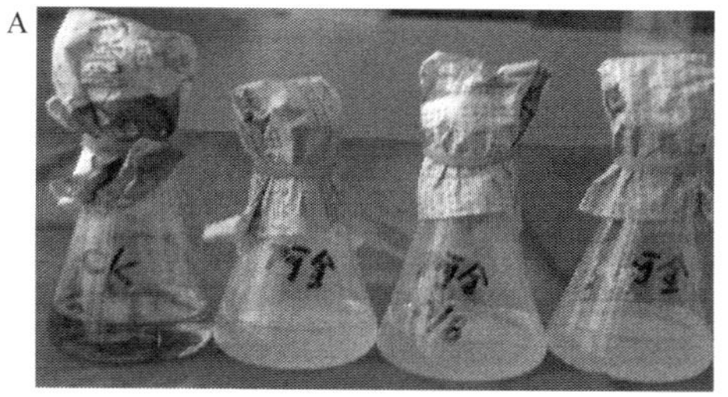
B
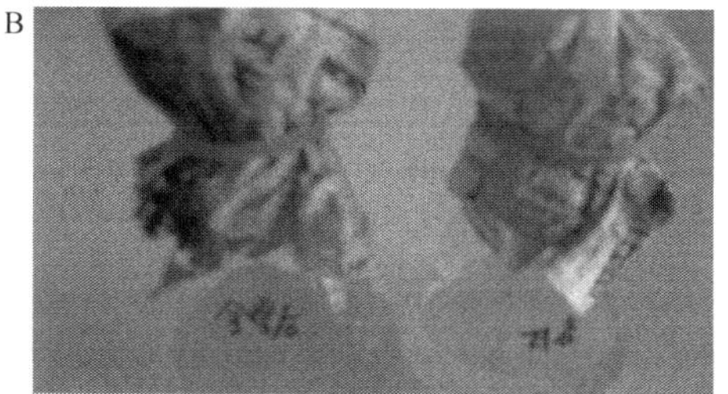

图 2-11　根瘤菌分泌酸碱能力颜色变化示意图(颜色变黄为泌酸，变蓝为泌碱)(另见彩图)

A. 同一菌株泌酸能力比较；B. 不同菌株泌酸能力比较

3. 内生根瘤菌抗盐性

土壤盐碱化是国内外普遍存在的问题，筛选耐盐碱性强的根瘤菌菌株对盐碱地的改良利用有积极的作用。一般根瘤菌能耐 2%～5%的盐(师尚礼，2005b；康金华等，1996)，新疆生物土壤沙漠研究所康金华等(1996)关于苜蓿根瘤菌耐盐碱性试验的文章中报道，所分离的菌株 R346 能耐 10% NaCl 浓度，王卫卫(2003)博士论文《陕甘黄土高原根瘤菌豆科植物共生体结构及固氮作用》研究中发现，所分离的根瘤菌在 10%～15%盐浓度下也能很好生长。

祁娟对内生根瘤菌的耐盐能力进行了初步研究。分别配制含 NaCl 浓度为 1.5%、2%、3%、4%、5%、6%、7%、8%、9%、10%和 11%的 YMA 培养液，接菌 3～5d 后观察培养液混浊度(表 2-5)。菌株的生长情况用测定 OD_{600} 值的方法检测(丁彦怀，1993)。

表 2-5 氯化钠对种子内生根瘤菌生长的影响（光密度 OD_{600} 值）

菌株	NaCl 浓度										
	1.5% OD_{600}值	2% OD_{600}值	3% OD_{600}值	4% OD_{600}值	5% OD_{600}值	6% OD_{600}值	7% OD_{600}值	8% OD_{600}值	9% OD_{600}值	10% OD_{600}值	11% OD_{600}值
SL01	1.038	0.786	0.692	0.299	0.291	0.198	—	—	—	—	—
SF02	0.652	0.463	0.357	0.245	0.139	—	—	—	—	—	—
SS03	0.663	0.652	0.607	0.450	0.528	0.420	0.331	0.604	0.409	0.229	—
SL04	0.707	0.384	0.416	0.286	0.283	0.248	0.201	—	—	—	—
SJ05	0.319	0.392	0.413	0.267	0.195	—	—	—	—	—	—
SM06	0.519	0.375	0.657	0.391	0.346	0.387	0.385	0.324	0.231	0.225	—
SA07	0.689	0.478	0.679	0.322	0.345	0.363	0.337	0.331	0.304	0.101	—
SA08	0.646	0.258	0.542	0.341	0.412	0.597	0.609	0.351	0.240	0.287	—
SG09	0.495	0.532	0.537	0.208	0.162	0.325	0.317	0.389	0.251	0.212	—
SX10	0.584	0.718	0.543	0.413	0.366	0.401	0.342	0.485	0.428	0.314	—
SZ11	0.359	0.273	0.386	0.153	—	—	—	—	—	—	—
SL12	0.454	0.321	0.397	0.124	—	—	—	—	—	—	—
SC13	0.265	0.145	0.474	0.153	0.172	0.149	0.127	—	—	—	—
SR14	0.598	0.482	0.605	0.319	0.280	—	—	—	—		—
SG15	0.759	0.526	0.601	0.592	0.403	0.377	0.306	0.554	0.336	—	—
SY16	0.543	0.669	0.457	0.455	0.376	0.452	0.349	0.418	0.234	—	—
SL17	0.849	0.425	0.787	0.624	0.542	0.351	0.435	0.52	0.356	0.235	—
SD18	0.555	0.192	0.616	0.321	0.289	0.214	0.287	—	—	—	—
SD19	0.379	0.854	0.389	0.426	0.313	0.227	0.232	0.201	0.196	—	—
SL20	0.569	0.253	0.597	0.369	0.296	0.448	0.346	0.469	0.269	0.101	—
ST21	0.453	0.387	0.509	0.440	0.313	0.342	0.668	0.62	0.355	0.323	—
SZ22	0.363	0.548	0.494	0.284	0.266	0.363	0.433	0.371	0.209	—	—

注：“—”表示无数据

从表 2-5 可以看出，22 个菌株均可在 4%的 NaCl 浓度培养基上生长，内生根瘤菌最高耐盐量可达 10%，占所试验菌株的 40%，59%的内生根瘤菌能耐 9%的盐。试验结果还发现甘肃和新疆的苜蓿品种耐盐性都较强，这可能与甘肃和新疆土壤盐碱化有很大关系，是长期适应环境的结果，形成了根瘤菌特有的耐盐性。

4. 内生根瘤菌抗酸碱性

微生物生长繁殖需要一定的酸碱度即 pH 环境，一般根瘤菌需要的最适 pH 环境为近中性，过酸过碱的环境条件对根瘤菌的生长和结瘤均有明显的抑制作用（Thakuria et al., 2004）。

设置 pH 分别为 4、5、6、7、9、11 和 12 的 7 个梯度的 YMA 培养液，接种内生根瘤菌后置于 28℃摇床上培养，3～5d 后观察培养液的混浊度（表 2-6）。

表 2-6　酸碱处理对种子内生根瘤菌菌株生长的影响（光密度 OD_{600} 值）

菌株	酸性处理的 OD_{600} 值			中性条件的 OD_{600} 值	碱性处理的 OD_{600} 值		
	pH = 4.0 OD_{600} 值	pH = 5.0 OD_{600} 值	pH = 6.0 OD_{600} 值	pH = 7.0 OD_{600} 值	pH = 9.0 OD_{600} 值	pH = 11 OD_{600} 值	pH = 12.0 OD_{600} 值
SL01	—	0.314	0.726	1.162	0.629	0.602	—
SF02	—	0.349	0.456	0.907	0.634	0.904	0.119
SS03	—	0.272	0.443	0888	0.507	0.509	—
SL04	—	0.303	0.567	0.928	0.384	0.586	—
SJ05	—	0.269	0.359	0.91	0.446	0.314	—
SM06	0.110	0.150	0.318	0.981	0.520	0.344	0.104
SA07	0.125	0.392	0.572	1.059	0.610	0.661	0.116
SA08	0.101	0.139	0.279	0.927	0.520	0.350	0.108
SG09	—	0.285	0.439	0.826	0.465	0.425	0.105
SX10	0.102	0.300	0.498	1.055	0.674	0.517	0.101
SZ11	—	0.419	0.374	0.874	0.733	0.841	0
SL12	—	0.299	0.607	0.862	0.551	0.656	0
SC13	0.111	0.526	0.646	1.098	0.724	0.632	0.140
SR14	—	0.593	0.609	0.91	0.510	0.568	0.115
SG15	—	0.379	0.507	1.055	0.694	0.633	0.13
SY16	—	0.258	0.276	0.927	0.497	0.318	0
SL17	—	0.464	0.636	1.042	0.679	0.687	0.108
SD18	—	0.323	0.516	0.905	0.541	0.755	0
SD19	0.152	0.242	0.309	0.708	0.441	0.466	0.118
SL20	0.114	0.224	0.328	0.845	0.384	0.272	0.121
ST21	—	0.221	0.503	0.982	0.692	0.518	0.113
SZ22		0.181	0.341	0.886	0.661	0.329	0.122

注：“—”表示无数据

从表 2-6 可以看出，所供试的菌株均在 pH 为 5～11 时生长良好。在 pH = 4.0 时，仅 7 个菌株能生长，且长势不好，其他菌株均不能生长。14 个菌株能在 pH = 12 的环境下生长，占供试菌株的 63.6%。说明种子内生根瘤菌也适合在微酸、中性或碱性环境中生长繁殖，这对在碱性土壤中种植苜蓿接种耐碱性的根瘤菌具有重要的意义。

5. 内生根瘤菌耐高温耐低温能力

微生物生长繁殖需要一定的温度条件，每种微生物都有其适宜生长的温度范围，若环境温度超过最高或低于最低生长温度，则微生物均不能生长或处于休眠状态，甚至死亡(Thakuria et al.，2004)。另外，温度可以影响土壤中根瘤菌的存活及其在根际的繁殖。温度过低会延缓第一个根瘤出现的时间，温度过高不仅影响结瘤，还影响结瘤植株的固氮作用。所以筛选在高温条件下结瘤固氮作用强的根瘤是很有必要的。

进行内生根瘤菌的耐高温耐低温试验时，设 4℃、10℃、15℃、20℃、25℃、30℃、35℃、40℃和 60℃ 9 个单一培养温度处理。苜蓿种子内生根瘤菌生长情况见表 2-7。

表 2-7　不同温度处理下苜蓿种子内生根瘤菌生长情况

菌株/温度	4℃	10℃	15℃	20℃	25℃	30℃	35℃	40℃	60℃
SL01	+	+	++	+++	+++	+++	++	–	+
SF02	–	+	++	++	+++	+++	++	+	+
SS03	+	+	++	++	++	++	++	+	+
SL04	–	+	++	+++	+++	+++	++	+	+
SJ05	+	+	++	++	++	++	++	–	+
SM06	+	+	++	++	++	++	++	+	+
SA07	+	+	++	++	++	++	++	+	+
SA08	+	+	++	++	++	++	++	+	+
SG09	–	+	++	+++	+++	+++	++	–	+
SX10	+	+	++	+++	+++	+++	++	+	+
SZ11	–	+	++	++	++	++	++	+	+
SL12	–	+	++	++	++	++	++	+	+
SC13	–	+	++	++	++	++	++	+	+
SR14	–	+	++	++	++	++	++	–	+
SG15	–	+	++	+++	+++	+++	++	–	+
SY16	+	+	++	++	++	++	++	–	+
SL17	–	+	++	++	++	++	++	+	+
SD18	–	+	++	+++	+++	+++	++	+	+
SD19	+	+	++	++	++	++	++	+	+
SL20	+	+	++	+++	+++	+++	++	+	+
ST21	–	+	++	+++	+++	+++	++	+	+
SZ22	+	+	++	++	++	++	++	–	+

注：“+++”表示生长良好；“++”表示生长较好；“+”表示生长一般；“–”表示不生长

温度是影响根瘤菌生长的重要生态因子。试验中发现大部分菌株的最适生长温度为15～35℃。耐低温(4℃)的菌株有11株；耐高温(40℃)的菌株有15株，且所有菌株都能耐短时的高温。

不同种子内生根瘤菌在耐盐性、耐酸碱性及耐温性等方面均存在着一定的差异。种子由于适应当地独特的自然环境和气候条件,从而孕育了大量具有独特抗性的优良菌株。对这些抗性很强的根瘤菌种质资源进行发掘、研究和保存，将为合理利用和开发这些性状优良的根瘤菌奠定基础。另外，尤其是在西北地区特殊生态环境中的根瘤菌，在其长期适应环境的过程中会形成具有抗逆性的基因。对这些菌株进行进一步的研究，找到其抗性相关基因，并把这些具有抗性基因的菌株回接宿主，培育出既具有抗性，又适应干旱荒漠环境的宿主植物，将具有广阔的前景。

通过对供试菌株的生理生化性状分析，可以看出：种子内生根瘤菌具有某些特殊的生理生化特征，部分菌株具有较强的耐盐、耐碱能力。因此通过研究种子内生根瘤菌的生长适应性，进一步研究其生物学特性，不仅可以了解种子内生根瘤菌的情况，而且对丰富根瘤菌的种质资源库有重要意义。这些性状优良的菌株可为根瘤菌种质资源的开发和利用提供依据。

三、内生根瘤菌溶磷能力

土壤中存在大量的微生物，能够将植物难以吸收利用的磷转化为可吸收利用的磷，具有这种能力的微生物称为溶磷菌(赵小荣和林启美，2001)。磷是植物必需的营养元素之一，土壤中95%以上的磷为无效形式，植物很难直接吸收利用，提高磷的利用率一直是农学家关注的问题(林启美等，2000)。

采用有机磷[蛋黄卵磷脂(EYPC)]和无机磷[$Ca_3(PO_4)_2$]固体培养基溶磷圈法对内生根瘤菌的溶磷能力进行测定。把菌落点接在PKO无机培养基、蒙金娜有机培养基上，观察溶磷圈的大小。根瘤菌菌落溶磷透明圈直径与菌落直径的比值(*D*/*d*)越大，溶磷能力越强，比值越小，溶磷能力越弱，比值在1～∞，比值为1时，表示菌落无溶磷能力。

从苜蓿种子内分离出的根瘤菌，对其溶解有机磷和无机磷能力进行初步测定，测定结果见表2-8和图2-12。

表2-8　苜蓿种子内生根瘤菌溶磷透明圈 *D*/*d* 值

菌株	有机磷(*D*/*d*)	无机磷(*D*/*d*)	菌株	有机磷(*D*/*d*)	无机磷(*D*/*d*)
SL01	2.567aA	2.31aA	SL12	1.00dD	1.00bB
SF02	1.173cdCD	1.00bB	SC13	1.00dD	1.00bB
SS03	1.194cdCD	1.00bB	SR14	1.256cdCD	1.00bB
SL04	1.00dD	1.00bB	SG15	1.00dD	1.00bB
SJ05	1.346bcBCD	1.00bB	SY16	1.300cdBCD	1.00bB
SM06	1.662bB	1.00bB	SL17	1.00dD	1.00bB
SA07	1.219cdCD	1.00bB	SD18	1.206cdCD	1.00bB
SA08	1.319cdBCD	1.00bB	SD19	1.437bcBC	1.00bB
SG09	1.181cdCD	1.00bB	SL20	1.273cdCD	1.00bB
SX10	1.117cdCD	1.00bB	ST21	1.00dD	1.00bB
SZ11	1.00dD	1.00bB	SZ22	1.00dD	1.00bB

注："*D*"代表溶磷圈直径，"*d*"代表菌落直径；小写字母表示5%差异显著性水平，大写字母表示1%差异显著性水平

A

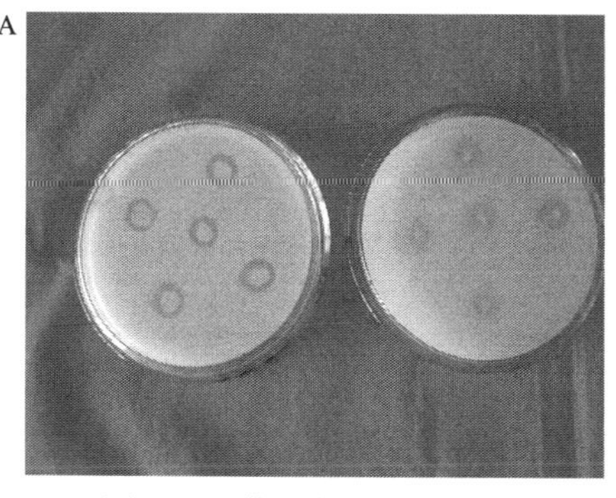

B

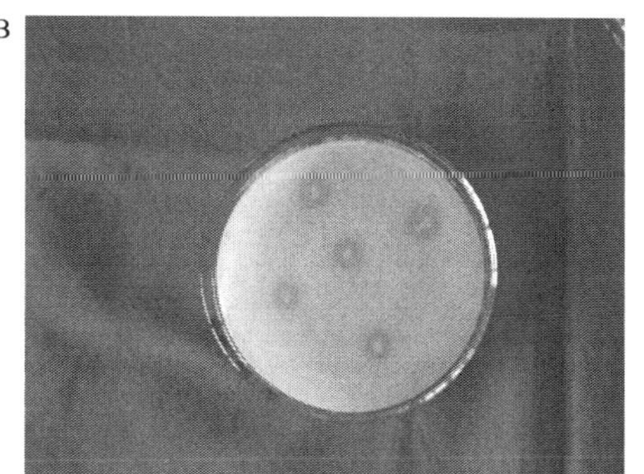

图2-12　菌株在蛋黄卵磷脂(EYPC)有机磷固体培养基上的溶磷圈(另见彩图)

A. 两个不同菌株溶磷圈；B. 最大溶磷圈 SL01 *D*/*d* = 2.567

结果发现，14个菌株在有机磷培养基上能形成透明圈，说明这些菌株可以分泌酸性物质，并向周围的培养基中扩散，使菌落周围的有机磷溶解(林启美等，2000)，进一步测定溶磷圈直径及菌落直径，发现种子内生根瘤菌溶解有机磷能力差异较大。以 *D*/*d* 值作为溶磷能力相对指标，其中 $D/d > 1.5$ 的苜蓿品种有两个，这两个菌株之间，以及与其他菌株间差异都较大。溶解无机磷测定结果表明，除SL01外其他菌株都不能溶解无机磷，但所有菌株在PKO培养基上生长良好。这可能是苜蓿根瘤菌的共生特性使之倾向

于与有机体结合，强化了溶解吸收有机体营养元素的能力，这与席琳乔等(2005a)报道的禾本科植物根际促生菌倾向于溶解无机磷的结果相反。因此说明苜蓿种子内生根瘤菌与禾本科植物根际促生菌的结合，可以构成微生物界完整的溶磷系统。

四、内生根瘤菌分泌生长素能力

固氮微生物大多可产生植物激素(陈明等，1999；Okeny，1997；Remirez，1993)。有报道指出，许多植物根际微生物能分泌植物激素类物质，促进植物根系生长，提高植物对养分的吸收(Okon and kapulnik，1986)。并且据报道，已分离到的禾本科植物联合固氮菌株大多数具有分泌植物激素的能力，这些植物激素被认为是促进植物根系生长的主要原因之一(姚拓，2004)。

祁娟采用比色法测定了种子内生根瘤菌分泌生长素的能力。将内生根瘤菌株接种于盛有 50ml 液体培养基中，28℃条件下 125r/min 培养 12d 后，取菌悬液 100μl 置于白色陶瓷板上，同时加 50μl 比色液。将白色陶瓷板置室温下 15min 后，颜色变粉红者为阳性，表示能够分泌 IAA，颜色越深表示分泌的强度越大；不变色为阴性，表示不能分泌 IAA，以确定该菌株分泌 IAA 的能力。在比色液中分别加入 10mg/L、30mg/L、50mg/L IAA 作对照(Thakuria et al.，2004)进行粉红色颜色深度的比较，结果见表 2-9。

表 2-9 种子内生根瘤菌分泌生长素能力

菌株	分泌生长素能力	菌株	分泌生长素能力
SL01	++	SL12	+
SF02	+	SC13	++
SS03	+++	SR14	++
SL04	+	SG15	++
SJ05	–	SY16	++
SM06	+	SL17	++
SA07	++	SD18	–
SA08	–	SD19	–
SG09	–	SL20	–
SX10	+++	ST21	++
SZ11	+	SZ22	+

注：“–”表示不变色；“+”表示浅粉色；“++”表示粉色；“+++”表示深粉色

对从种子内分离的根瘤菌进行了分泌生长素初步探索，发现苜蓿种子内生根瘤菌具有较强的分泌生长素的能力，不同菌株分泌生长素能力不一，在有限的 22 个菌株中，9.1%分泌能力很强，36.4%分泌能力中等，27.3%分泌能力较弱。

五、内生根瘤菌促进生长效应

生物固氮是仅次于光合作用的生物化学过程，每年可为地球提供约 14×10^{10}kg 氮，其中 80%由共生固氮所固定(马其东等，1999)，根瘤菌与豆科植物共生是固氮生物中最强的体系，所固定的氮约占生物固氮总量的 65%(Zsbrau，1999)。祁娟对 22 株内生根瘤菌的固氮酶活性及固氮量进行了测定，分析了种子内生根瘤菌的促生能力，并探讨了种子内生根瘤菌的侵染结瘤特性，为进一步研究种子内生根瘤菌及开发利用提供了科学依据。

1. 内生根瘤菌对苜蓿生物量的影响

风干土样过 2mm 筛，与底肥(只施 0.5g P_2O_5/kg 土)充分混匀后装盆，用已培养至对数期的内生根瘤菌液浸泡消毒的苜蓿种子 4h 后，播种于花盆中，每盆中浇注 5ml 菌液，保证每盆菌数约 1×10^9 个。种好苗后将其挪入试验地，进行大田管理。3 个月后起苗，收获全部生物量。按常规方法称量地上生物量干重和地下生物量干重(图 2-13～图 2-15，表 2-10)。然后用植物样品粉碎机粉碎，以备试验用。

A

B

图 2-13　种子内生根瘤菌接种盆栽苗(另见彩图)

A. 不同菌株接种盆栽苗；B. 同一菌株接种苗与对照(左为对照)

表 2-10　接种根瘤菌的盆栽宿主植物生物量

菌株	地上干物质	总干物质	比对照增量/%	菌株	地上干物质	总干物质	比对照增量/%
SL01	9.304	15.613	87	SL12	9.259	19.613	91
SF02	11.611	22.675	97	SC13	5.964	11.711	51
SS03	6.325	12.223	65	SR14	10.317	20.472	362
SL04	14.875	27.233	136	SG15	12.318	21.310	124
SJ05	8.628	13.689	113	SY16	10.088	17.242	100
SM06	8.373	15.016	69	SL17	13.215	24.267	205
SA07	10.43	20.843	78	SD18	11.737	23.35	148
SA08	10.598	19.45	240	SD19	6.013	9.418	112
SG09	7.105	16.602	116	SL20	11.039	19.786	82
SX10	9.321	15.316	94	ST21	10.618	18.642	156
SZ11	11.075	17.347	104	SZ22	6.121	12.324	56

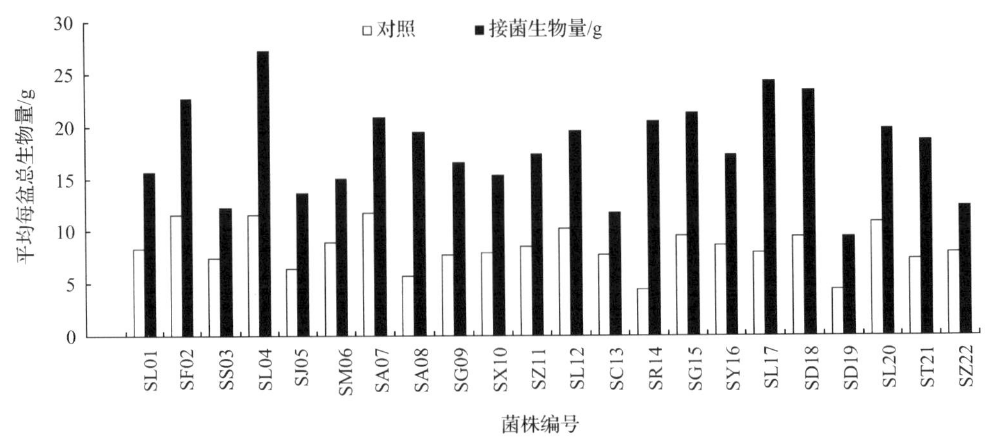

图 2-14　接种根瘤菌盆栽苗生物量

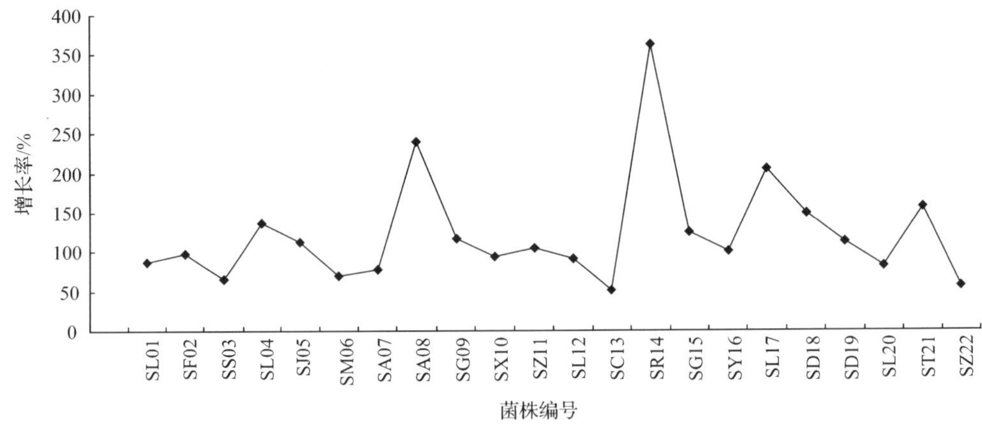

图 2-15　接种根瘤菌盆栽苗生物量相比对照增长率

从表 2-10、图 2-13～图 2-15 可以看出，接种根瘤菌盆栽苗平均每盆的生物量动态相比不接种盆有相似的趋势，都使得产量提高，但产量提高的程度具有很大差异。增长率最大的为 SR14(362%)，最小的为 SC13(51%)，两者相差约 7.1 倍。可见，种子内生根瘤菌对植株生长有很大的促进作用，也就是说，接种根瘤菌后，由于根瘤菌的固氮、溶磷和分泌植物生长素作用，促进了植物的生长。

2. 内生根瘤菌固氮酶活性

采用乙炔还原法测定固氮酶活性(图 2-16)。

由图 2-16 可见，各苜蓿品种接种处理根瘤菌固氮酶活性相差较大，最高达 9004nmol/(g · h)，最低为 450nmol/(g · h)，两者相差约 20 倍。对照与接种处理之间差异较大，SR14 比对照大 3.5 倍，并且大多数生长速度快的根瘤菌固氮酶活性高，固氮能力强。

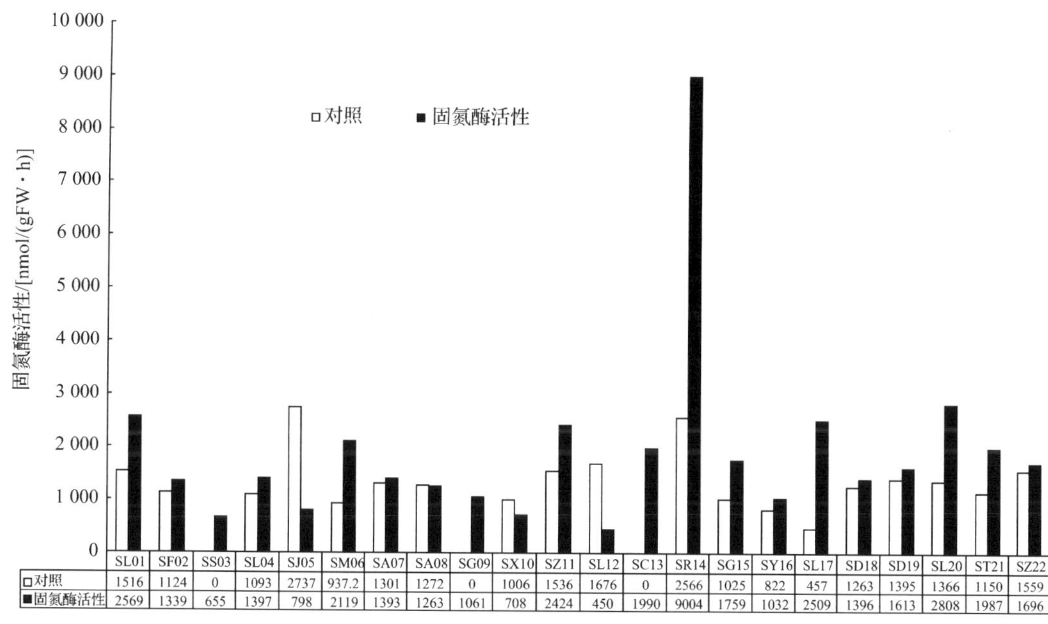

图 2-16　种子内生根瘤菌的固氮酶活性

3. 接种内生根瘤菌对苜蓿植株全氮量的影响

采用凯氏定氮法测定全氮量，从表 2-11、图 2-17 和图 2-18 可以看出，从种子中分离出的根瘤菌回接到盆栽苗，能明显提高植株的含氮量，地上部分含氮量和植株总氮量都表现出较大的差异。并且总氮含量比对照均有所增加，增加的幅度有较大差异。总氮含量比对照增幅最大的是 SD18，增长率为 867.6%，最小的为 SL01，增长率为 99.7%。接种根瘤菌后，由于根瘤的形成与植物能够固定和利用大气中的氮素营养，从而能够明显提高植株地上部分含氮量和植株总氮量。

表 2-11　接种根瘤菌对盆栽宿主植株全氮量的影响

菌株	植株地上部含氮量/%	对照%	氮增长率/%	植株全氮量/(g/盆)	对照/(g/盆)	增长率/%
SL01	5.950	5.390	10.4	1.48	0.741	99.7
SF02	6.393	3.943	62.1	1.979	0.616	221.3
SS03	6.510	5.425	20	1.272	0.613	107.5
SL04	3.360	1.190	182.3	1.792	0.296	505.4
SJ05	5.647	4.737	19.2	1.203	0.480	150.6
SM06	4.667	3.530	32.2	1.233	0.532	131.8
SA07	4.830	3.920	23.2	1.639	0.669	144.9
SA08	4.554	3.535	33.9	1.41	0.368	283.2
SG09	2.987	2.298	29.9	0.819	0.309	165
SX10	6.860	3.873	77.1	1.379	0.429	221.4
SZ11	7.420	3.979	120.7	1.692	0.425	298.1
SL12	7.420	6.533	13.6	1.892	0.798	137.1
SC13	5.775	2.450	135.7	0.924	0.319	189.7
SR14	3.652	2.091	74.7	1.122	0.147	663.3

续表

菌株	植株地上部含氮量/%	对照%	氮增长率/%	植株全氮量/(g/盆)	对照/(g/盆)	增长率/%
SG15	8.461	5.367	57.7	2.283	0.671	240.2
SY16	5.390	1.715	214.3	1.076	0.190	466.3
SL17	4.433	3.267	35.7	1.639	0.361	354
SD18	6.627	4.002	65.6	2.419	0.250	867.6
SD19	3.547	2.252	57.5	0.504	0.164	207.3
SL20	5.227	3.068	70.3	1.639	0.458	257.9
ST21	3.127	1.715	82.3	0.972	0.224	333.9
SZ22	4.862	2.485	75.6	0.755	0.277	172.6

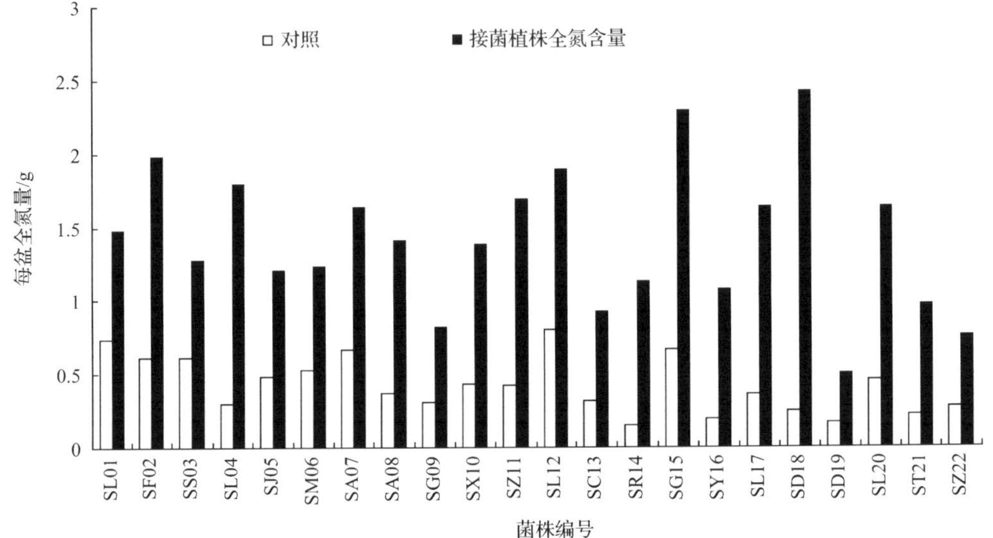

图 2-17 接种内生根瘤菌的盆栽苗全氮量

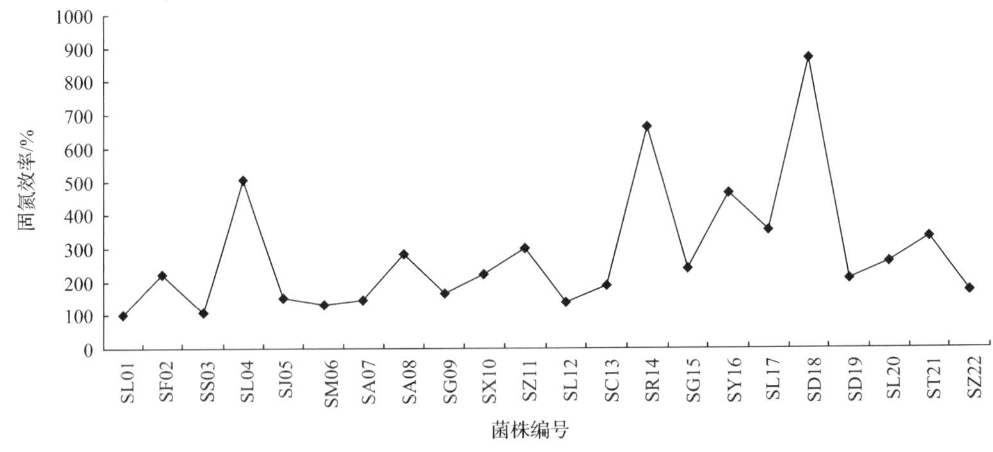

图 2-18 接种内生根瘤菌的盆栽苗固氮效率

4. 植株干重、固氮酶活性和全氮量的相关性

将测得的全氮量与其所接种的植株干重进行比较分析，由图 2-19 可以看出，从处理

的总氮量来看，植株全氮折线走势与植株生物量折线走势基本相似，通过相关性分析得出两者之间相关系数为 $r=0.737$（$P<0.05$）。说明植株干重近似地反映了植株的总氮量。

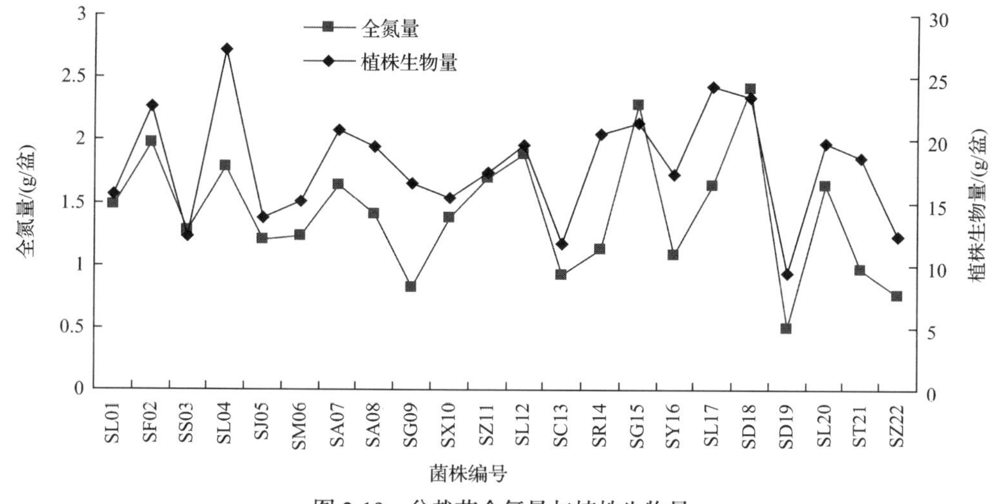

图 2-19　盆栽苗全氮量与植株生物量

由图 2-20 和图 2-21 可以看出，固氮酶活性和全氮量、植株生物量的折线走势不一致。通过相关性分析得出固氮酶活性和植株生物量及全氮量之间的相关系数分别为 0.053 和 0.298，并且显著水平 $P>0.05$，说明固氮酶活性和全氮量、植株干重相关性不显著。SR14 固氮酶活性最高[9004nmol/(g·h)]，生物量增长率也最高(362%)，但其固氮量次之。SL12 固氮酶活性最低[450nmol/(g·h)]，但其生物量和全氮量不是最低。这是因为固氮酶活性主要是取样瞬间酶活性，所以其只能作为一个参考指标。

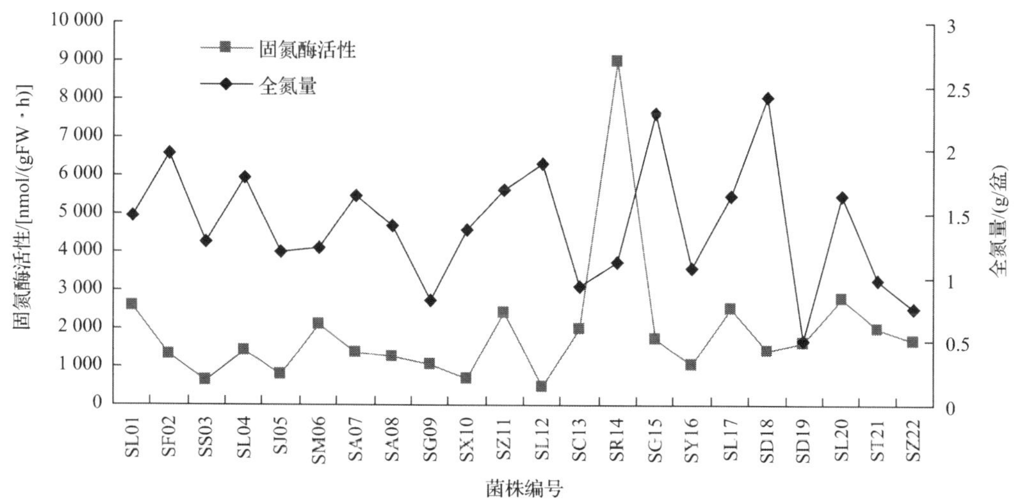

图 2-20　固氮酶活性与全氮量

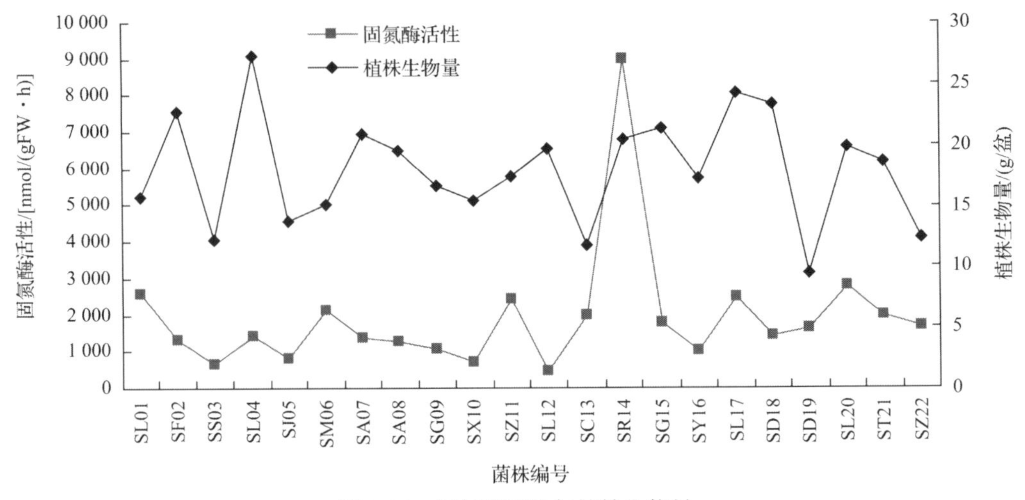

图 2-21　固氮酶活性与植株生物量

固氮酶活性、植物生物量、植株总的含氮量是研究根瘤菌的几个重要指标，根瘤菌的共生固氮作用既可以用植株干重也可以用固氮酶活性和全氮量来表示。但接种根瘤菌促进植物生长、提高植株生物量是应用根瘤菌的最终目标，豆科植物与根瘤菌共生固氮需要固氮酶的作用才能获得足够的氮。氮素在植物生长中被称为生命元素，植物只有获得足够的氮素，才能维持物质代谢和光合作用的正常进行，从而促进植物的生长，提高植物的生物量。共生结瘤、固氮酶活性、叶片含氮量和固氮量等方面只有紧密地相互协作，才能获得最好的效果。

六、讨论

1) 陈丹明等(2002)研究发现对照出现结瘤现象，说明苜蓿种子内带根瘤菌；许建香(2004)研究发现未接种的两个芸豆品种对照都结瘤，说明种子自身带根瘤菌，并且有少数菌接种效果反而不如对照；在研究试验中发现，虽然苜蓿种子表面经过严格消毒，但消毒种子产生的幼苗根系仍能产生结瘤现象，并且偶有对照比接菌植株结瘤多的现象，说明苜蓿种子内部携带有一定数量的根瘤菌。

2) 种子内部具有一定数量的根瘤菌，但品种、储藏年限和产地不同，内生根瘤菌数量差异较大。据资料报道，种子年龄是影响种子特性和其生活力的主要因素。1～5 年，种子生命力最强，其内部成分发生着复杂的变化(韩建国，1997)，这可能是苜蓿种子内生根瘤菌活性 1～5 年逐年提高的原因。5 年以后，随着种子年龄的增加，呼吸强度降低，播种质量下降，种子生命力降低(韩建国，1994)，有可能致使种子内生根瘤菌的活性降低，关于其影响机理有待进一步研究。并且据资料报道，目前美国有 80%的苜蓿在播种之前要进行根瘤菌接种，加拿大和澳大利亚几乎所有苜蓿在播种之前都要进行根瘤菌接种，这可能是国外苜蓿品种种子内生根瘤菌多于国内的原因。

3) 微生物生长繁殖需要一定的温度条件，每种微生物都有其适宜的生长温度范围，若温度超过最高或低于最低生长温度，均不能生长，或处于休眠状态，甚至死亡(Thakuria et al.，2004)。在–20℃处理下，所有供试苜蓿种子内生根瘤菌均不能存活，并且发现在此低温段，其他杂菌数量也很少。说明在–20～–16℃时存在着苜蓿种子内生根瘤菌存活的一个低温临界点，低于此温度临界点，苜蓿种子内生根瘤菌生存受阻。

4) 回接试验，除人为加入一定量的低氮营养液外，无其他氮素来源，其营养全靠根瘤固氮提供(陈丹明等，2002)。因此植株吸收氮素量的多少与根瘤数的多少及有效根瘤比率有密切关系。低氮条件下，回接试验是检验根瘤菌固氮能力和促生能力的最有效方法。由于回接试验无菌培养苜蓿植株的器皿是试管，可能空气进气量不足导致氧气缺乏，植株普遍结瘤数量不高。但所得分离物回接到原宿主植物均能结瘤，证明所分离的菌株是根瘤菌。

5) 供试苜蓿品种的回接结瘤率、根瘤菌鲜重和试管苗生物量差异较大，这也表明品种不同，产地不同，内生根瘤菌株的结瘤能力、根瘤成熟速度、固氮能力不同(张志芳和夏叔芳，1994)。

6) 试验过程中，虽然供试种子经过严格消毒，但发现不接种处理(对照)出现结瘤，且个别对照结瘤较好，更进一步说明苜蓿种子存在内生根瘤菌，并且种子内生根瘤菌与根系根瘤菌相比繁殖速度较快(师尚礼，2005a)，易形成根瘤菌群。

7) 从种子内分离的根瘤菌回接原宿主，都能明显提高其结瘤能力，并且促生效果也较明显。由于对种子内生根瘤菌的研究报道很少，也未见有影响内生根瘤菌相关因子的研究报道，因此深入研究种子内生根瘤菌的影响因子及它们之间的相互关系，才能进一步了解其促生机理。

8) 从资料来看，大多数根瘤菌都能分泌酸碱，并且如果加有溴麝香草酚蓝的 YMA 培养基变黄，说明产酸，变蓝说明产碱。并且快生型根瘤菌大多产酸，慢生型根瘤菌大多产碱(张红缨等，1987)。祁娟、师尚礼的结果与以上结果相同，根瘤菌的这一特性对改变土壤 pH，降低土壤碱性有一定的作用。

9) 土壤盐碱化是国内外普遍存在的问题，因此筛选耐盐碱性强的根瘤菌株对盐碱地的改良利用有积极的作用。供试的 22 株不同根瘤菌表现出不同的耐盐性，其最高耐盐量达 10%，占所试验菌株的 40%。从资料来看，只有新疆生物土壤沙漠研究所康金华等(1996)的一篇关于苜蓿根瘤菌耐盐碱性试验的文章中报道其所分离的菌株 R346 能耐 10% NaCl 浓度，王卫卫(2003)博士论文《陕甘黄土高原根瘤菌豆科植物共生体结构及固氮作用》研究中发现，所分离的根瘤菌在 10%～15%盐浓度下也能很好生长，其他未见有耐盐浓度达 10%菌株的报道。这说明种子内生根瘤菌有很强的耐盐性，它与从根际分离的根瘤菌在耐盐上有很大的差别，其影响机理有待进一步研究。

10) 微生物生长繁殖需要一定的酸碱度即 pH 环境，一般根瘤菌需要的最适 pH 环境为近中性，过酸过碱的环境条件对根瘤菌的生长和结瘤均有明显的抑制作用(Thakuria et al.，2004)。所供试的菌株都在 pH 为 5～11 时生长良好。这表明种子内生根瘤菌株能适应偏酸或偏碱的生长环境，适应 pH 范围很广泛。

11) 温度可以影响土壤中根瘤菌的存活及其在根际的繁殖。温度过低会延缓第一个根瘤出现的时间，温度过高不仅影响结瘤，还影响结瘤植株的固氮作用。所以筛选在高温条件下结瘤固氮作用强的根瘤是很有必要的。

12) 不同种子内生根瘤菌在耐盐性、对酸碱的耐受性及耐温性等方面均存在着一定的差异。种子由于适应当地独特的自然环境和气候条件，从而孕育了大量具有独特抗性的优良菌株。对这些抗性很强的根瘤菌种质资源进行发掘、研究和保存，将为合理利用和开发这些性状优良的根瘤菌奠定基础。另外，尤其在西北地区特殊生态环境中的根瘤菌，在其长期适应环境的过程中会形成具有抗逆性的基因。对这些菌株进行进一步的研究，找到其抗性相关基因，并把这些具有抗性基因的菌株回接寄主，培育出既具有抗性，又适应干旱荒漠环境的寄主植物，将具有广阔的前景。

13）通过对供试菌株的生理生化性状分析，可以看出：种子内生根瘤菌具有某些特殊的生理生化特征，部分菌株具有较强的耐盐碱能力。因此通过研究种子内生根瘤菌的生长适应性，进一步研究其生物学特性，不仅可以了解种子内生根瘤菌的情况，而且对丰富根瘤菌的种质资源库有重要意义。这些性状优良的菌株可为根瘤菌种质资源的开发和利用提供依据。

14）大多数研究者认为，微生物的解磷作用主要取决于其分泌有机酸的能力。已发现解磷菌能够分泌甲酸、乙酸、丙酸、乳酸、反丁烯二酸等，这些酸一方面使溶液的 pH 下降，另一方面使难溶性磷释放出来（陈明等，1999）。

15）本研究发现苜蓿种子内生根瘤菌具有较强的溶磷能力。从供试的 22 株菌株来看，大多数菌株能溶解有机磷，除 SL01 外的其他菌株都不能溶解无机磷，这可能是苜蓿根瘤菌的共生特性使之倾向于与有机体结合，强化了溶解吸收有机体营养元素的能力，这与席琳乔等（2005a）报道的禾本科植物根际促生菌倾向于溶解无机磷的结果相反。因此说明苜蓿种子内生根瘤菌与禾本科植物根际促生菌的结合，可以构成微生物界完整的溶磷系统，如何集成二者的溶磷能力，提高系统的溶磷能力，将成为今后研究的新课题。另外，本研究溶解无机磷试验仅采用了无机磷酸钙，而对其他无机磷未作研究，对苜蓿根瘤菌能否溶解其他无机磷及其溶磷机理目前尚不清楚，有待深入研究。

16）有报道指出，许多植物根际微生物能分泌植物激素类物质，促进植物根系生长，提高植物对养分的吸收（Okon and Kapulnik，1986）。并且报道，已分离到的禾本科植物联合固氮菌株大多数具有分泌植物激素的能力，这些植物激素被认为是促进植物根系生长的主要原因之一（姚拓，2004）。本试验对从种子内分离的根瘤菌进行了分泌生长素初步探索，发现苜蓿种子内生根瘤菌具有较强的分泌生长素的能力，不同菌株分泌生长素能力不一，在有限的 22 个菌株中，9.1%分泌能力很强，36.4%分泌能力中等，27.3%分泌能力较弱。从前面试管苗回接和后面盆栽接种试验发现，结瘤的苜蓿苗一般根系比较发达，这与根瘤菌分泌的植物生长素是否有直接的关系需进行进一步研究。本试验对苜蓿种子内生根瘤菌分泌植物生长素只进行了定性测定，对其分泌植物生长素的种类和数量有待进一步研究。

17）苜蓿种子内生根瘤菌具有固氮作用，本研究又证明其有溶磷和分泌植物生长素能力，其单独作用是促进或刺激植物生长（谢达平等，2002），但各种促生功能间的交互作用或互作效应的相关研究未见报道，因此对苜蓿种子内生根瘤菌的促生机理需要作进一步的探讨。

18）固氮酶活性、植物生物量、植株总的含氮量是研究根瘤菌的几个重要指标，根瘤菌的共生固氮作用既可以用植株干重，也可以用固氮酶活性和全氮量来表示。但接种根瘤菌促进植物生长、提高植株生物量是应用根瘤菌的最终目标，豆科植物与根瘤菌共生固氮需要固氮酶的作用才能获得足够的氮。氮素在植物生长中被称为生命元素，植物只有获得足够的氮素，才能维持物质代谢和光合作用的正常进行，从而促进植物的生长，提高植物的生物量。共生结瘤、固氮酶活性、叶片含氮量和固氮量等方面只有紧密地相互协作，才能获得最好的效果。

19）苜蓿根瘤菌固氮酶活性的研究报道较多，但关于种子内生根瘤菌的固氮酶活性目前尚未见相关报道。从本试验来看，固氮酶活性较高的菌株，其结瘤数和结瘤率并不一定高，这表明豆科植物固氮酶的形成、酶活性的高低及固氮酶在豆科植物共生固氮作用的机理是复杂的，它不但受季节、温度、土壤水分及光合作用的影响，还受体内一些基因的控制和相互调节（吕成群，2004）。种子内生根瘤菌固氮酶活性差异较大，并且出现对照比接菌固氮酶活性高的现象，其原因是固氮酶活性只反映测定时段的活性，它与苜蓿品种、根瘤菌与土著菌的竞争结瘤等都有很重要的关系（陈中义等，1998）。

20）盆栽苗接种试验表明，接种根瘤菌能明显提高其生物量、固氮酶活性和固氮量。生物量相比对照增长率最大的为 SR14（362%），最小的为 SZ22（56%）；各苜蓿品种接种处理根瘤菌固氮酶活性相差较大，最高达 9004nmol/（g · h），最低为 450nmol/（g · h），两者相差约 20 倍。接种根瘤菌后，植株的含氮量也有明显的提高，但提高的程度不同。相比对照含氮量增长率最大的为 SY16（183.1%），最小的为 SL01（6.9%），说明种子内生根瘤菌接种由于根瘤菌固氮作用，能明显提高植株的含氮量。

21）从试验结果看，无论是试管苗还是盆栽苗，都难以简单地定论哪一种菌株接种效果好，一些菌株在试管苗表现出良好的结瘤特性，而在接种相同盆栽苗时未能表现出同样的效果，这表明根瘤菌与寄主共生结瘤时，不仅取决于根瘤菌与寄主的匹配关系，还受许多生态环境的影响（刘西莉和李健强，2000）。

七、结论

1）从不同品种、不同产地、不同储藏年限种子中分离纯化获得 22 株苜蓿种子内生根瘤菌。它们在平板培养基上具有典型的菌落特征。并且苜蓿种子内生根瘤菌数量差异明显。同一品种种子，储藏年限在 5 年之内，种子内生根瘤菌的数量随着储藏年限的增长而增加；5 年以后，随着储藏年限的延长，种子内生根瘤菌的数量逐渐减少。对于不同产地来源的种子来说，国外品种的种子内生根瘤菌数量一般多于国内品种种子内生根瘤菌的数量。在试管内和盆栽条件下进行根瘤菌回接，均能有效接瘤，取接种后的根瘤测定其都有固氮酶活性。

2）种子内分离的 22 株根瘤菌进行泌酸和盐、酸、碱、高低温的耐受性试验。结果表明供试菌株都能分泌酸；耐盐性（10% NaCl）较强的菌株有 9 株，约占供试菌株的 41%；所有供试菌种耐酸碱的 pH 范围较大，大多数菌株能够在 pH5～11 生长，其中耐酸性（pH = 4）的菌株有 6 株，耐碱性（pH = 12）的菌株有 14 株；耐高低温（40℃和 4℃）的菌株有 7 株。综合耐盐、耐酸、耐碱、耐低温和高温的菌株有 6 株。

3）22 株根瘤菌进行溶磷和分泌植物生长激素试验。结果表明，供试根瘤菌 64%能溶解有机磷，除 SL01 外的其他菌株都不能溶解无机磷，并且根瘤菌不同，溶磷能力差异较大。22 株根瘤菌中，73%菌株能分泌植物生长激素，其中 9.1%分泌能力很强，36.4%分泌能力中强，27.3%分泌能力较弱。

4) 试管苗接种试验表明，分离纯化获得的 22 个根瘤菌株均能显著提高苜蓿苗的结瘤率、结瘤量、根瘤重量和生物量，但它们的侵染能力有很大差异。试管苗回接中，平均结瘤率在 66.67%；平均结瘤数为 4.969 个，比对照提高 994.5%，接种后单株瘤重比对照提高 445.6%；试管苗生物量比对照提高 129.7%。

5) 盆栽苗接种试验表明，接种根瘤菌能明显提高其生物量、固氮酶活性和固氮量。生物量相比对照增长率最大的为 SR14（362%），最小的为 SZ22（56%）；各苜蓿品种接种处理根瘤菌固氮酶活性相差较大，最高达 9004nmol/(g · h)，最低为 450nmol/(g · h)，两者相差约 20 倍。接种根瘤菌后，植株的含氮量也有明显的提高，但提高的程度不同。相比对照含氮量增长率最大的为 SY16（183.1%），最小的为 SL01（6.9%）。盆栽苗综合促生效果好的有 SL04、SR14 和 SL17。

6) 在进行根瘤菌固氮酶活性和生物量、固氮总量的测定中，发现固氮酶活性和生物量、总氮量之间无明显的相关性。

7) 从种子内分离的根瘤菌回接到试管苗和盆栽苗，结果发现接种根瘤菌可提高苜蓿的成苗率、幼苗结瘤率，增加苜蓿产草量和全氮量。

第三章　苜蓿内生根瘤菌的分布

内生菌分布于宿主植物组织内部，比暴露于外部环境的附生菌、腐生菌和根际菌具有更稳定的生存环境，而且内生菌可以通过人工接种的方法导入宿主植物并在其繁殖体内定殖，易于发挥促生或生防作用，因此具有作为生物制剂开发的优良特性。

近年来，植物内生菌成为我国当前微生物研究领域的一大热点，国内外有关内生菌的研究报道不断增加，但主要涉及植物内生细菌的分离、鉴定、生物学功能、定殖过程及菌种的利用，而对于某一特定菌种，如根瘤菌在植株体内分布的研究鲜见，有关种子形成过程中植株体内根瘤菌数量变化及运移方面的研究目前尚无相关报道。

第一节　根瘤菌在苜蓿植株体内的分布动态

随着研究领域的不断拓宽和研究方法的不断深入，内生菌在农业和医药领域中的巨大应用潜力，已逐渐成为国内外研究的热点。但内生菌多属于异养生物，依靠植物提供的养分生存，除了可通过种子进行传播外，还可通过气孔、水孔和皮孔等回到植物体内，或通过昆虫的协助进行传播和再分布，甚至由根际真菌的携带达到重新分布的目的(邹文欣和谭仁祥，2001)。因此，内生菌在植株体内的存在也不是永远稳定的，会随着环境的变化而改变(王瑶瑶等，2008)，在不同时期和不同部位都存在着很大的差异。

张淑卿等(2009b)通过对根瘤菌在苜蓿不同生育时期内生长于其宿主植株各部位的分布和数量变化进行研究，了解根瘤菌在苜蓿植株体内的分布规律。

一、不同生育时期植株地下各部位的根瘤菌数量

由表 3-1 可见，根瘤菌在陇东和游客两个苜蓿品种根部的各个部位均有分布，且分布规律基本一致，即根瘤菌在各生育时期主要存在于毛根内，其次为侧根，主根内的根瘤菌数量不足毛根组织的 0.2%。这说明毛根是根瘤菌在植株地下部分的主要存在部位，这也许与毛根幼嫩及具有相对较大的表面积有关。主根上的根瘤菌主要分布于根的表皮和皮层，同时期主根中柱内的根瘤菌数量仅为皮层和表皮根瘤菌数量的 13.6%～15.9%，这一结果与刘成运和李广彦(1989)的研究结果不同，即百合根系中的内生菌主要分布于主根中柱，而在皮层及表皮层内分布较少。

表 3-1　不同生育时期根部根瘤菌数量

检测部位	生育时期	根瘤菌数量/(cfu/g)		平均
		陇东苜蓿	游客苜蓿	
主根表皮及皮层	营养期	810	130	470
	盛花期	252	280	266
	结荚期	4 786	2 090	3 438

续表

检测部位	生育时期	根瘤菌数量/(cfu/g)		平均
		陇东苜蓿	游客苜蓿	
主根中柱	营养期	106	22	64
	盛花期	78	25	52
	结荚期	708	390	549
侧根	营养期	848	673	761
	盛花期	1 438	520	979
	结荚期	6 120	3 326	4 723
毛根	营养期	707 546	990 212	848 879
	盛花期	732 532	874 796	803 664
	结荚期	3 196 370	7 037 810	5 117 090

不同生育时期各部位的根瘤菌数量差异较大，主根、侧根、毛根内的根瘤菌数量在结荚期最大。在营养期，陇东苜蓿和游客苜蓿主根内的根瘤菌数量分别仅为结荚期的 16.7%和 6.1%，在盛花期，陇东苜蓿和游客苜蓿主根内的根瘤菌数量分别仅为结荚期的 6.0%和 12.3%；在营养期，陇东苜蓿和游客苜蓿侧根内的根瘤菌数量分别仅为结荚期的 13.9%和 20.2%，在盛花期，陇东苜蓿和游客苜蓿侧根内的根瘤菌数量分别仅为结荚期的 23.5%和 15.6%。

二、不同生育时期植株地上各部位的根瘤菌数量

苜蓿植株地上部分仅在茎和花(花芽、花和荚果)内携带有根瘤菌，叶片中在任一生育时期均无根瘤菌检出，但有大量杂菌存在，茎尖内始终无任何可培养的菌落检出。根瘤菌在茎内的分布，在时间上是不连续的，即仅在营养期和结荚期有根瘤菌存在，且两个时期的根瘤菌数量相对稳定，两个苜蓿品种的现蕾期与开花期均只有杂菌而无根瘤菌检出(表 3-2)。

表 3-2　不同生育时期植株地上部根瘤菌数量

苜蓿品种	生育时期	根瘤菌数量/(cfu/g)		
		茎	叶片	茎尖
陇东苜蓿	营养期	130	+	−
	现蕾期	+	+	−
	开花期	+	+	−
	结荚期	170	+	−
游客苜蓿	营养期	84	+	−
	现蕾期	+	+	−
	开花期	+	+	−
	结荚期	80	+	−

注：“+”表示无根瘤菌，但有其他菌检出；“−”表示无任何可培养菌种检出

花芽在营养期末形成，含有大量的根瘤菌，陇东苜蓿和游客苜蓿植株花芽内的根瘤菌数量分别为同时期茎内根瘤菌数量的 66.15 倍和 114.28 倍(表 3-3)。作为花形成过程中的发育形态，花蕾、花和荚果内均含有数量不等的根瘤菌，从花蕾到荚果，陇东苜蓿和游客苜蓿花内的根瘤菌数分别增高了 242.85 倍和 328.81 倍，说明根瘤菌在花到荚果的发育过程中是不断增殖的。然而，即使根瘤菌在花芽、花或荚果内有一定数量的分布，植株地上部分的根瘤菌数量仍不足地下根系内根瘤菌数量的 0.23%，这与龙良鲲和肖崇刚(2003)的研究结果类似，具有生防作用的番茄内生菌 01-144 在番茄植株根内的定殖能力远大于茎，茎中的 01-144 定殖动态也存在一个由增到减的趋势。这一现象说明根瘤菌同多数内生细菌一样能在植物体内转移，并对特定的部位有所偏好(卢镇岳等，2006)。

表 3-3　不同生育时期花芽、花蕾、花和荚果的根瘤菌数量

生育时期	花器部位	苜蓿品种		单位
		陇东	游客	
营养期	花芽	8600	9600	cfu/g
现蕾期	花蕾	2.8	5.9	cfu/花
开花期	花	33.6	41.6	cfu/花
结荚期	荚果	680	1940	cfu/荚

三、授粉前后花器各部位根瘤菌的分布和数量变化

苜蓿为异花授粉植物，在开花前雌蕊保持着未授粉的状态，此时的花药和柱头均无根瘤菌存在(图 3-1)。而在雌蕊柱头以下部分，即花柱和子房内有根瘤菌分布，在花托和花梗内也有少量根瘤菌存在。其中两苜蓿品种子房内的根瘤菌数量高，数量分别为花柱、花梗和花托根瘤菌数量的 226.31%、204.76%和 537.5%；花托内的根瘤菌数量最低，仅为花柱和花梗根瘤菌数量的 42.1%和 38.09%。

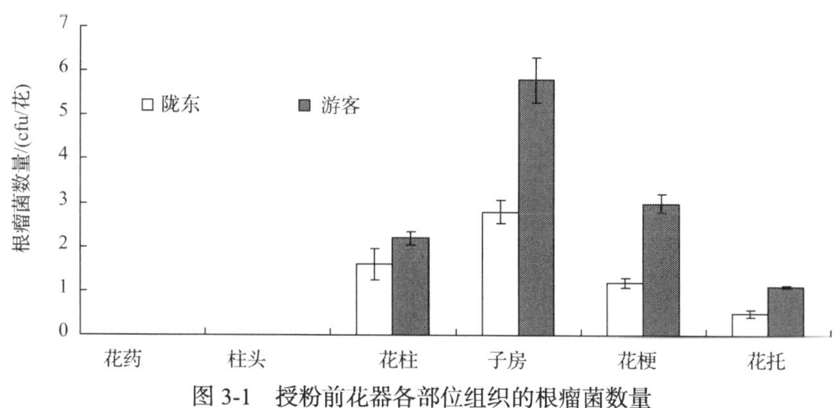

图 3-1　授粉前花器各部位组织的根瘤菌数量

开花后，子房内的平均根瘤菌数量迅速增高到授粉前的 497.67%，花柱和花托内的平均根瘤菌数量也分别增加到授粉前的 210.52%和 362.55%(图 3-2)。与其他组织不同的是，花梗在授粉后无根瘤菌检出。授粉前后花内各部位的根瘤菌数量变化表明根瘤菌在

子房中的积累速度明显快于其他部位。柱头内的根瘤菌来源可以推测为由花粉带入，并随着花粉管的生长进入柱头组织，但花粉中的根瘤菌来源尚不明确，试验中分离出的花丝在授粉前后均不携带任何可培养菌，也有可能是材料处理过程中花丝较其他组织更易被消毒液渗透，其内生菌被杀灭所致。两苜蓿品种柱头和花粉内的根瘤菌从无到有迅速增加。刘成运和李广彦(1989)对百合花药和花粉的切片染色后观察发现，花药横切片中内部的绒毡层及药室中的小孢子母细胞中尚未出现细菌，而在成熟的花粉粒中有细菌分布，这与本试验的结果一致。柱头内的根瘤菌数量变化与花粉内的变化趋势相一致，因此，可以推测花粉携带的根瘤菌随着花粉在柱头上萌发而形成的花粉通道进入柱头组织。

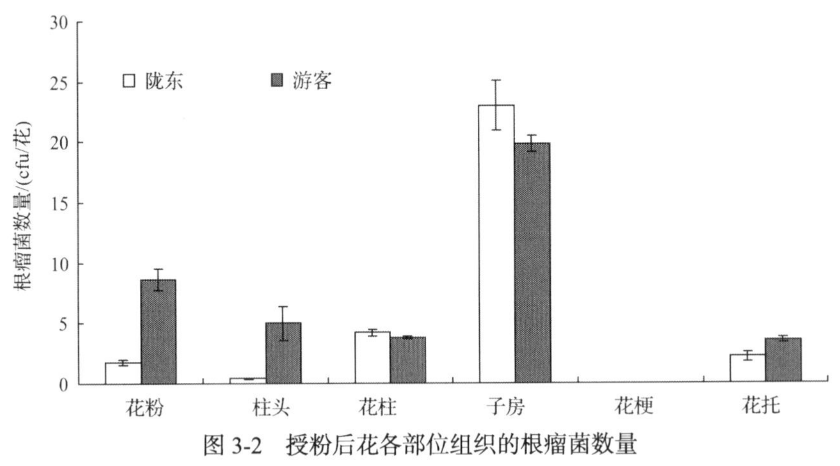

图 3-2　授粉后花各部位组织的根瘤菌数量

第二节　根瘤菌在苜蓿荚果内的分布及运移动态

对陇东苜蓿(*Medicago sativa* L. Longdong)、游客苜蓿(*Medicago sativa* L. Eureka)两个品种的根瘤菌在子房(现蕾期和开花期)、幼嫩荚果(结荚期)、荚果(成熟期)果皮和种子中的分布和数量变化进行研究，并由此了解苜蓿种子内根瘤菌的来源及携带机理，为生产携带目标根瘤菌的苜蓿种子提供依据。

一、苜蓿不同生育时期子房壁(荚果皮)内的根瘤菌数量

在苜蓿荚果发育的过程中，雌蕊子房中的胚珠受精后发育为种子，而子房壁则发育为荚果皮，种子成熟后，荚果果皮逐渐失水木质化。这一过程中子房壁(荚果果皮)内的根瘤菌数量呈先上升再下降的趋势，在结荚期达到峰值，在种子成熟期降至现蕾期的水平。4 个苜蓿品种植株子房壁内的根瘤菌在开花期授粉后平均最大菌数为现蕾期的 5.27 倍。进入结荚期后，由子房壁发育而来的荚果皮的根瘤菌数量迅速增大至最高值。到种子成熟期，随着荚果果皮的失水和木质化，荚果果皮中的根瘤菌数量迅速降低到结荚期的 0.4%～1.2%，接近于现蕾期子房壁的水平(表 3-4)。

表 3-4　苜蓿植株不同生育时期子房壁(荚果皮)内根瘤菌数量

生育时期	苜蓿品种				单位
	阿尔冈金	德福	陇东	游客	
现蕾期	2.46 ± 0.62Bb	8.12 ± 0.54Bb	3.32 ± 0.24Bc	1.92 ± 0.30Bb	cfu/花
开花期	4.12 ± 0.64Bb	21.46 ± 1.46Bb	17.48 ± 1.22Bb	7 ± 0.94Bb	cfu/花
结荚期	740 ± 91.64Aa	673.32 ± 122.24Aa	520 ± 11.34Aa	1626.66 ± 64.28Aa	cfu/荚
成熟期	6.93 ± 0.31Bb	4.45 ± 0.72Bb	1.93 ± 0.14Bb	19.93 ± 2.06Bb	cfu/荚

注：同列不同小写字母表示差异显著(P<0.05)，同列不同大写字母表示差异极显著(P<0.01)

二、苜蓿种子(胚珠)不同发育阶段的根瘤菌数量

胚珠(种子)在其发育过程中根瘤菌数量的变化呈不断上升的趋势，4 个苜蓿品种的未受精胚珠内均无可在 YMA 培养基上检出的菌类。花授粉后胚珠内出现根瘤菌，但其数量很低。胚珠发育为幼嫩种子后，根瘤菌数量增高至受精胚珠的 2.12～4.34 倍。种子成熟期与结荚期相比较，不同品种间的根瘤菌数量变化有较大差异，游客和德福两个苜蓿品种根瘤菌数量仅分别增加了 1.13 倍和 1.07 倍，而陇东和阿尔冈金苜蓿的根瘤菌数量则分别增加了 3.09 倍和 2.74 倍(图 3-3)。由此可见，在胚珠向种子发育的过程中，不同的苜蓿品种种子(胚珠)的根瘤菌数量及其增长量间的差距随种子的发育而逐渐增大。这与 Graner 等(2003)的研究结果一致，即 4 个品种的油菜种子在内生菌含量的变化趋势上一致，而在具体的菌含量上存在显著差异。以上结果也印证了 Baldani 等(1997)的研究结果，即固氮菌能够在宿主植物体内向营养器官转运，一旦获得适宜的微生态环境即可进行生长繁殖。Hallman(2001)的研究结果也证明进入植物体内的内生细菌可利用植物组织提供的营养物质繁殖；珠被在发育过程中，丰富的营养和相对较慢的细胞分裂速度使得根瘤菌的数量迅速增加，而种胚和子叶细胞由于快速增殖而产生的稀释作用或是其他尚不明确的机制抑制了内生菌的定殖，使得根瘤菌含量相对较低。

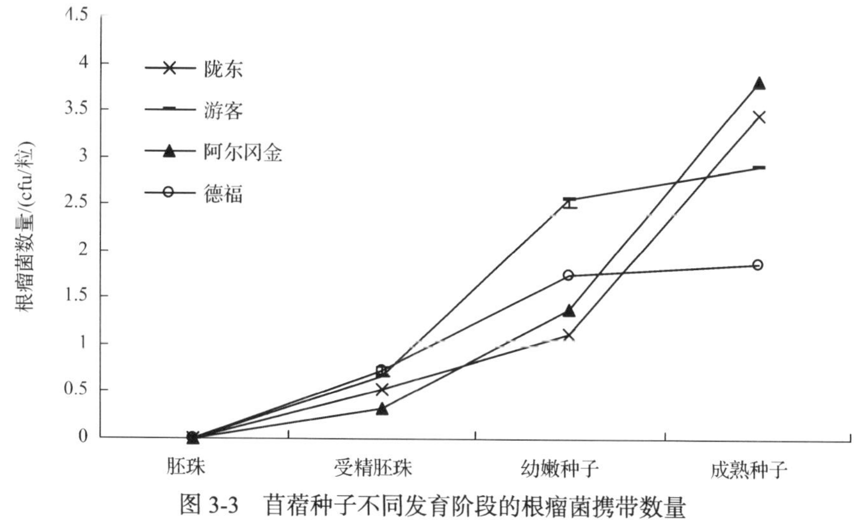

图 3-3　苜蓿种子不同发育阶段的根瘤菌携带数量

三、苜蓿不同生育时期种子（胚珠）和子房壁（荚果皮）内根瘤菌数量分布变化

胚珠（种子）根瘤菌数在子房（荚果）总根瘤菌数中的比例伴随着种子的形成有一个升高—降低—再升高的趋势。开花期胚珠受精后有根瘤菌检出，除阿尔冈金苜蓿胚珠内的根瘤菌仅占子房总根瘤菌数的 15.47%外，其余 3 个品种胚珠内的根瘤菌数均已超过或接近子房总根瘤菌数的一半，而在结荚期这一比例锐减至 1.06%～3.68%，平均为 2.21%。在种子成熟期，虽然种子内根瘤菌数均比结荚期显著增高，但因荚果皮内的根瘤菌数低，种子内的平均根瘤菌数达到荚果内总菌数的 77.43%（表 3-5）。由此可见，根瘤菌在种子和荚果内的增殖速率是不同步的，结荚期荚果果皮内的根瘤菌的增殖速率远高于幼嫩种子，其数量较种子内高出 26.17～93.34 倍，这也许与荚果内的富营养环境有关。

表 3-5　种子（胚珠）与子房壁（荚果皮）根瘤菌数量的比值（每荚果内 10 粒种子）(%)

生育时期	苜蓿品种				平均
	陇东	游客	阿尔冈金	德福	
现蕾期	0	0	0	0	0
开花期	56.11	47.44	15.47	50.93	42.49
结荚期	1.49	3.68	2.60	1.06	2.21
成熟期	80.69	90.94	87.41	50.67	77.43

四、不同发育时期种子（胚珠）中根瘤菌的优势度

分离出的内生菌除根瘤菌外，还有放线菌、真菌及其他细菌等，存在于同一材料组织并能在同一培养环境下（YMA 刚果红培养基）检出，说明检出的不同菌种在植物材料中占据相同或相近的生态位。根瘤菌在宿主组织中可检出菌数中所占的比例则代表了根瘤菌在同生态位下或同培养条件下微生物群落内的优势度。

根瘤菌在受精胚珠、幼嫩种子、收获及储存 1 年的种子中检出的内生菌群落中有绝对的数量优势（图 3-4）。表明种子的内环境适宜于根瘤菌的生存和繁殖，并可使根瘤菌

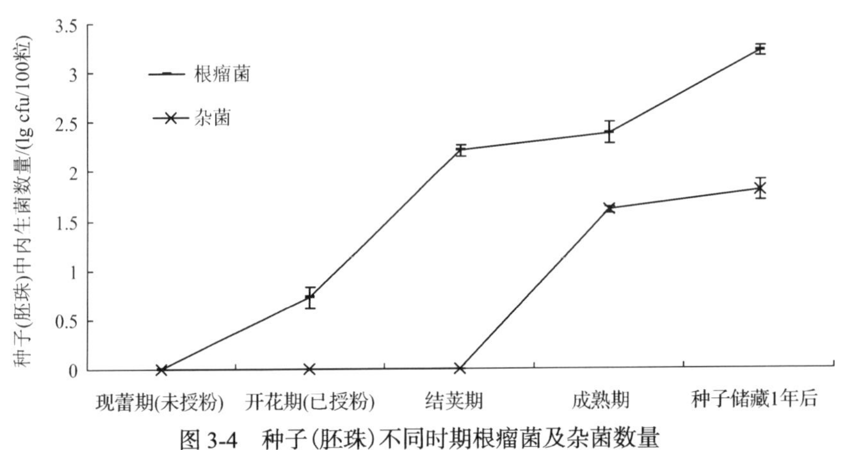

图 3-4　种子（胚珠）不同时期根瘤菌及杂菌数量

在种子形成的各个阶段保持其生态位上的优势度，令杂菌的繁殖受到抑制，这与种子内的营养条件和生化环境密切相关，而根瘤菌自身在微环境中的竞争力也是其要素之一。

因此，张淑卿等(2009a)发现了苜蓿种子内根瘤菌可能的来源途径：①在现蕾期和开花期，存在于花粉表面和子房壁的根瘤菌进入子房壁和珠被的细胞间隙，或通过由花粉萌发后穿过柱头和花柱到达珠被的花粉管进入胚珠；②根瘤菌在开花期和结荚期先富集于子房壁，再通过子房壁与胚珠珠被联结的营养输送通道进入胚珠；前者使根瘤菌进入胚珠并迅速增殖，后者使根瘤菌伴随着营养物质一同补充到种子中去。

就整个生育期而言，种子内生根瘤菌随着种子发芽、出苗、生长和发育，在植物的根系内大量繁殖共生，形成根瘤并促进植物的生长，进入生育初期则富集于分化中的花芽，在现蕾期和开花期，根瘤菌进入胚珠迅速增殖，形成含有根瘤菌的种子，从而完成了一个由根瘤菌从种子传递到次代种子的循环过程，这也是苜蓿-根瘤菌共生体系在漫长的进化过程中逐渐形成的，对于共生体系的稳定存在有着十分重要的意义，也提出了内生根瘤菌种子的概念，即内生根瘤菌种子播种后不进行接种可直接结瘤，这一概念为研究和开发携带内生根瘤菌种子奠定了基础。

第三节　根瘤菌在苜蓿芽苗及种子各部位数量与优势度

内生菌长期生活在宿主体内的特殊环境中，并与宿主协同进化，在宿主的生长发育和系统演化过程中起着重要的作用。内生细菌作为内生菌的一部分，系统地分布于植物体根、茎、叶、花、果实和种子等器官、组织的细胞或细胞间隙。已有人从马铃薯的种子和胚珠中分离到大量内生细菌(文才艺等，2004)。植物内生细菌对宿主植物有直接促生作用，如通过固氮、生防作用或分泌激素(王坚等，2008)促进植物生长发育等。祁娟和师尚礼(2006a)从苜蓿种子内分离出的根瘤菌具有溶磷、分泌生长素的作用。许建香(2004)发现日本红芸豆种子自身携带的根瘤菌在侵染率和瘤重增加上比接种菌有优势。

张淑卿等(2009a)研究了 11 个苜蓿品种(表 3 6)的苜蓿种子各部位根瘤菌数量和分布，并研究了种子和次代芽苗中各个部位根瘤菌及杂菌的数量变化，探讨了苜蓿种子内根瘤菌的分布、数量变化和同一生态位下根瘤菌在种子内生菌群落中的比例，为进一步探索根瘤菌在苜蓿植株间的共生关系和在种子内的传代规律奠定理论基础。

表 3-6　供试苜蓿种子的品种、产地及储藏年限

品种名与学名	种子产地	储藏年限
陇东 *Medicago sativa* L. Longdong	甘肃	5
游客 *Medicago sativa* L. Eureka	美国	5
甘农 1 号 *Medicago sativa* L. Gannong No.1	甘肃	4
天水 *Medicago sativa* L. Tianshui	甘肃	4
苜蓿王 *Medicago sativa* L. Alfaking	加拿大	5
三得利 *Medicago sativa* L. Sanditi	荷兰	5
甘谷 *Medicago sativa* L. Gangu	甘肃	4

续表

品种名与学名	种子产地	储藏年限
阿尔冈金 *Medicago sativa* L. Algonquin	甘肃	5
金皇后 *Medicago sativa* L. Golden Empress	加拿大	5
中兰 1 号 *Medicago sativa* L. Zhonglan No.1	甘肃	4
德福 *Medicago sativa* L. Defi	美国	5

一、不同苜蓿品种种子各部位根瘤菌数量及分布比例

从表 3-7 可以看出，11 个品种的苜蓿种子，其种皮内的根瘤菌数量无一例外地高于胚和子叶内的根瘤菌数量。但不同苜蓿品种间种子内的根瘤菌数量差异较大，天水苜蓿和甘农 1 号苜蓿种子的根瘤菌数量较高，种胚、子叶、种皮合计的最大菌数分别为 818.52cfu/粒和 353.38cfu/粒，比数量最低的金皇后(12.26cfu/粒)分别高出 65.76 倍和 27.82 倍，差异显著($P<0.05$)。天水苜蓿在种胚和种皮内的根瘤菌数量分别达 31.06cfu/粒和 770.66cfu/粒，显著高于其他品种($P<0.05$)。甘农 1 号、甘谷苜蓿及天水苜蓿子叶中的根瘤菌数量分别为 6.26cfu/粒、10.86cfu/粒、16.8cfu/粒，显著高于其他品种。甘农 1 号、中兰 1 号及天水苜蓿种皮中的根瘤菌数量显著高于其他品种。种胚内，天水苜蓿的根瘤菌数量达 31.06cfu/粒，显著高于其他品种，其他品种间差异不显著。

11 个苜蓿品种种子中总根瘤菌数量最高的 4 个品种为甘农 1 号、中兰 1 号、甘谷苜蓿和天水苜蓿，且这 4 个品种均为国内品种。

表 3-7 根瘤菌在不同苜蓿品种种子各部位的分布及数量

品种名称	种子各部位根瘤菌的数量/(cfu/粒)		
	种胚	子叶	种皮
陇东 *Medicago sativa* L. Longdong	0.32 ± 0.1bB	0.8 ± 0.07cB	44.66 ± 16.02dA
游客 *Medicago sativa* L. Eureka	0.21 ± 0.12bB	4 ± 0.02cB	30.66 ± 6.42dA
阿尔冈金 *Medicago sativa* L. Algonquin	1 ± 0.44bB	0.52 ± 0.22cB	44.67 ± 9.0dA
德福 *Medicago sativa* L. Defi	0.26 ± 0.1bB	0.32 ± 0.15cB	13.32 ± 5.04dA
甘农 1 号 *Medicago sativa* L. Gannong No.1	0.46 ± 0.3bB	6.26 ± 1.92bcB	346.67 ± 189.2bA
中兰 1 号 *Medicago sativa* L. Zhonglan No.1	4.52 ± 2.34bB	1.06 ± 0.7cB	193.32 ± 12.98cA
金皇后 *Medicago sativa* L. Golden Empress	0	0.26 ± 0.01cB	12 ± 4dA
三得利 *Medicago sativa* L. Sanditi	0	0	18.6 ± 2.12dA
苜蓿王 *Medicago sativa* L. Alfaking	0	0	19.8 ± 17.05dA
甘谷 *Medicago sativa* L. Gangu	5.32 ± 1.7bB	10.86 ± 1.0abA	62 ± 27.02cdA
天水 *Medicago sativa* L. Tianshui	31.06 ± 12.6aA	16.8 ± 2.3aB	770.66 ± 114.34aA

注：同列数值后不同小写字母表示品种间差异显著($P<0.05$)，同行数值后不同大写字母表示部位间差异显著($P<0.05$)

表 3-8 表明，11 个苜蓿品种储存 4～5 年的苜蓿种子各部位的根瘤菌分布趋势一致，平均 95.84%的根瘤菌存在于种皮，仅有平均 1.69%和 2.45%的根瘤菌存在于种胚和子叶内。其中三得利和苜蓿王两品种的根瘤菌仅在种皮内有分布。

表 3-8 根瘤菌在不同苜蓿品种种子各部位的分布比例及数量

品种名称	根瘤菌的分布比例/%			总根瘤菌数/(cfu/粒)
	种胚	子叶	种皮	
陇东 *Medicago sativa* L. Longdong	0.73	1.74	97.52	45.78
游客 *Medicago sativa* L. Eureka	0.85	1.27	97.87	31.32
阿尔冈金 *Medicago sativa* L. Algonquin	2.16	1.15	96.68	46.18
德福 *Medicago sativa* L. Defi	1.91	2.39	95.69	13.9
甘农 1 号 *Medicago sativa* L. Gannong No.1	0.13	1.77	98.09	353.38
中兰 1 号 *Medicago sativa* L. Zhonglan No.1	2.28	0.53	97.18	198.9
金皇后 *Medicago sativa* L. Golden Empress	0	2.17	97.83	12.26
三得利 *Medicago sativa* L. Sanditi	0	0	100	0.86
苜蓿王 *Medicago sativa* L. Alfaking	0	0	100	336.66
甘谷 *Medicago sativa* L. Gangu	6.82	13.89	79.28	78.18
天水 *Medicago sativa* L. Tianshui	3.79	2.05	94.15	818.52

二、不同苜蓿品种种子各部位根瘤菌在内生菌群落中的优势度

由表 3-9 所见，11 个苜蓿品种种子种皮内的根瘤菌在可检出菌中的比例均超过 85.55%，在三得利和天水苜蓿中甚至达 100%。三得利的种胚中无任何菌类检出。除金皇后和苜蓿王两品种的种胚中无根瘤菌但有其他菌类存在外，剩余的 9 个品种种胚中根瘤菌所占比例均在 80.35%以上，游客和天水苜蓿种胚内的根瘤菌数量为 100%。子叶中，仅三得利和苜蓿王两品种无根瘤菌检出，其他品种根瘤菌所占比例均在 72.93%以上，阿尔冈金和德福为 100%。

表 3-9 种子各部位根瘤菌占总可检出菌的比例

品种名称	可检出菌中根瘤菌的比例/%		
	种胚	子叶	种皮
陇东 *Medicago sativa* L. Longdong	88.89	76.67	89.72
游客 *Medicago sativa* L. Eureka	100	75	96.4
阿尔冈金 *Medicago sativa* L. Algonquin	90.27	100	94.27
德福 *Medicago sativa* L. Defi	100	100	85.55
甘农 1 号 *Medicago sativa* L. Gannong No.1	93.33	82.27	88.99
中兰 1 号 *Medicago sativa* L. Zhonglan No.1	80.35	90.48	92.59
金皇后 *Medicago sativa* L. Golden Empress	0	83.33	98.51
三得利 *Medicago sativa* L. Sanditi	—	0	100
苜蓿王 *Medicago sativa* L. Alfaking	0	0	91.37
甘谷 *Medicago sativa* L. Gangu	87.72	98.68	91.37
天水 *Medicago sativa* L. Tianshui	100	72.93	100

注：“0”表示无根瘤菌，但有其他菌检出，“—”表示无任何可培养菌种检出

三、种子部位及其种子浸出液中根瘤菌的数量

陇东和游客两个苜蓿品种的种子中（图 3-5），根瘤菌主要分布于种皮，陇东苜蓿种皮中根瘤菌数量为 178cfu/粒，分别是种胚（4cfu/粒）和子叶（2.7cfu/粒）的 44.5 倍和 65.9 倍，陇东苜蓿种子浸出液中根瘤菌数量为 93.5cfu/粒，与种胚及子叶中的根瘤菌数量有很大的差异。游客苜蓿种子中，种皮和种子浸出液中根瘤菌数量分别为 19.1cfu/粒和 27.6cfu/粒，也与种胚（1.9cfu/粒）和子叶（2.1cfu/粒）中的根瘤菌数量有较大差异。

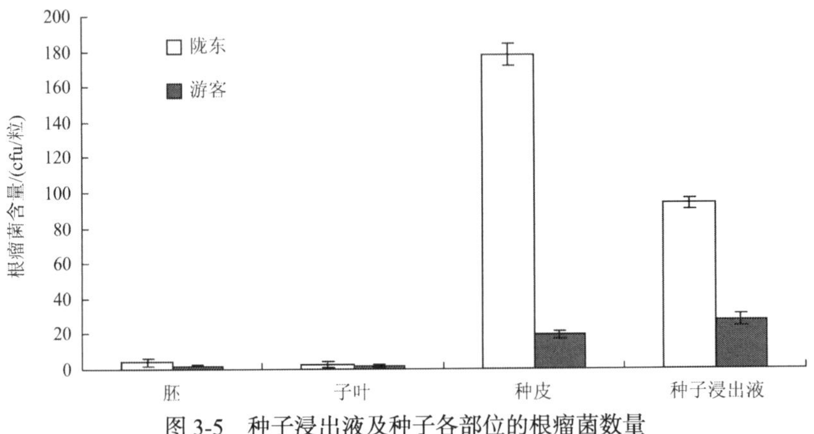

图 3-5　种子浸出液及种子各部位的根瘤菌数量

由图 3-6 可见，陇东苜蓿和游客苜蓿两个品种种子种皮浸出液的根瘤菌数量分别为 230cfu/粒和 159cfu/粒，与种子浸出液（图 3-5）的根瘤菌数量处于同一数量级，分别是种胚浸出液的 10 倍和 6.4 倍，这说明种子浸出液中的根瘤菌绝大多数来自于种皮。

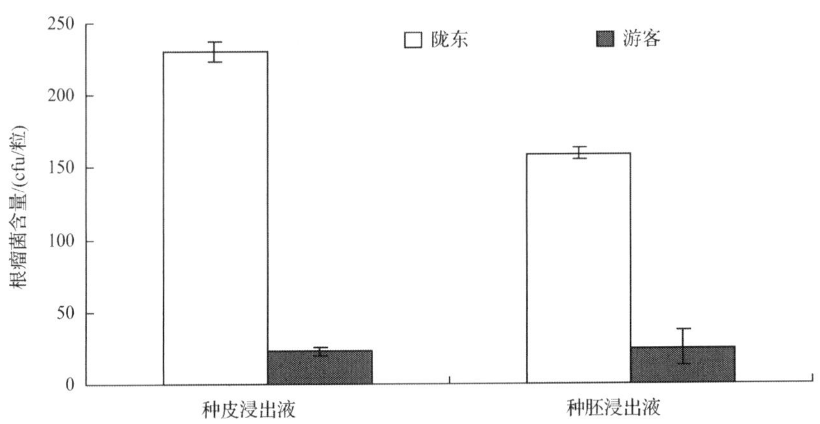

图 3-6　种子种皮浸出液及种胚浸出液的根瘤菌数量

四、种子不同发育阶段根瘤菌的数量变化

由图 3-7 可见，陇东苜蓿和游客苜蓿两个品种种子内的根瘤菌数量变化趋势一致，从受精胚珠到成熟种子，种子内的根瘤菌数量分别增高了 6.5 倍和 4.32 倍，而两个苜蓿品种储存 1 年的种子根瘤菌数量比刚收获的成熟种子增高 6.62 倍和 5.46 倍。苜蓿植株从

开花到种子成熟约为42d(陈宝书，2010)，因此相同时间内(以42d计)种子发育期(从胚珠受精到形成可收获种子)根瘤菌数的增殖倍数高于储存1年的种子根瘤菌数的增殖倍数。但从数量上来看，两品种种子在储存期间(1年)所增加的根瘤菌数分别为根瘤菌总数量的61.32%(陇东苜蓿)和77.78%(游客苜蓿)。这说明种子中根瘤菌的快速增殖发生在种子的发育过程，而其数量的积累主要完成于种子的储存阶段。

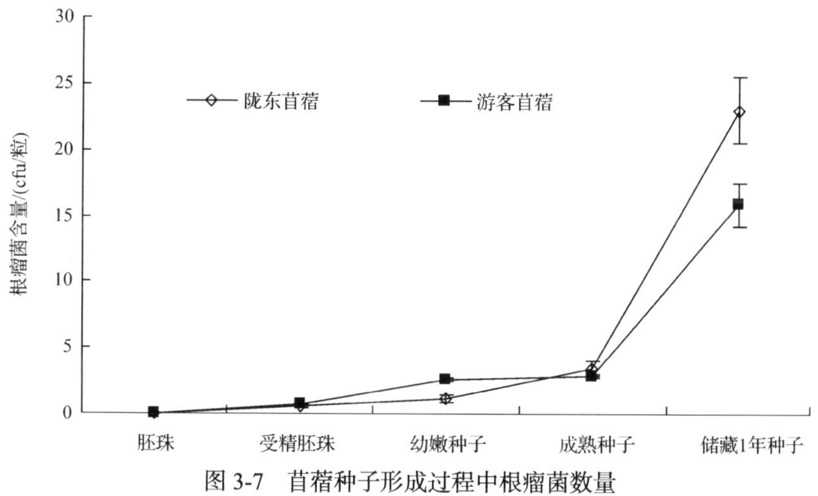

图3-7　苜蓿种子形成过程中根瘤菌数量

五、苜蓿芽苗内的根瘤菌分布及数量

收获当年的游客苜蓿，将其种子表面消毒后剥去种皮，并经发芽后形成芽苗，种子中的上胚轴、下胚轴分别发育为幼茎和幼根。其中幼茎内的根瘤菌数量达405.9cfu/株(图3-8)，杂菌数量也达114.1cfu/株，但幼根内无任何菌类检出。芽苗子叶中的根瘤菌数量高出幼茎71.3%，而杂菌数量则显著低于幼茎($P<0.05$)。根瘤菌在子叶和幼茎内生菌群落中的比例分别为92.35%和78.02%，占有绝对优势，这与根瘤菌在种子内生菌群落中的优势度一致。

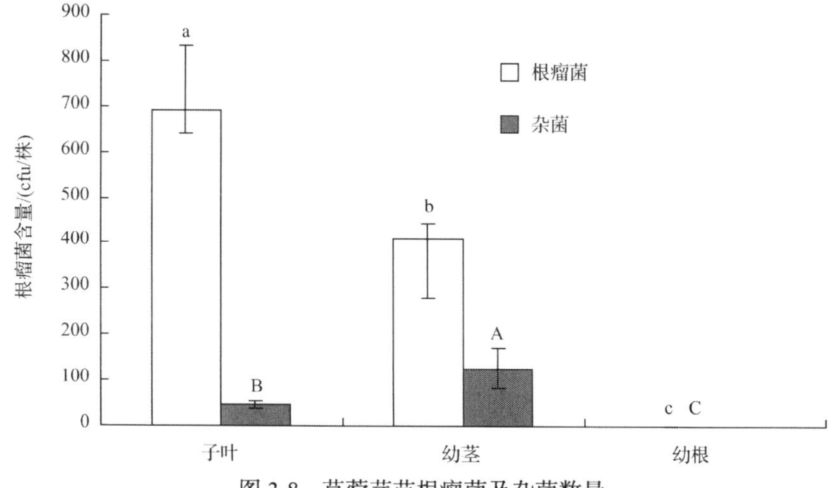

图3-8　苜蓿芽苗根瘤菌及杂菌数量

柱上不同小写字母表示根瘤菌间差异显著($P<0.05$)；不同大写字母表示杂菌间差异显著($P<0.05$)

六、讨论

(1)植株地下部分根瘤菌的分布特征

游客苜蓿和陇东苜蓿植株根瘤菌的分布和数量在空间和时间上都具有很大的异质性。在空间上，植株内绝大部分的根瘤菌分布于植株的根系，仅不足10%的根瘤菌分布于植株地上部分。这与陈立军等(2004)研究油菜的结果一致，即在油菜植株体内内生细菌主要存在于宿主的根部。根系中根瘤菌主要分布于毛根，侧根和主根内的根瘤菌数量不足0.92%。而在主根内主要存在于表皮和皮层，中柱内的根瘤菌数量较少。

时间上的异质性表现为：主根和毛根的根瘤菌数量在结荚期高于开花期和营养期；侧根根瘤菌数量在营养期高于开花期和结荚期。Hallman(2001)也提出，内生细菌通过趋化性或偶然性，在植物根分泌的外渗液形成的梯度指引下移动到根的表面；以胞外结构和生化信号为基础吸附到根表，其侵入过程包括向根的移动、吸附到根表、与根表的相互识别、侵入，之后才能完成在宿主体内的繁殖、定殖，可见根系的表皮是根瘤菌首先侵入并富集的部位。

(2)植株地上部分根瘤菌的分布特征

植株地上部分的根瘤菌则主要在营养期末分布于花芽，在现蕾期和开花期分布于雌蕊子房，在结荚期分布于荚果，在种子成熟期则主要存在于新生的种子中。茎内的根瘤菌数量极少，且仅存在于营养期和结荚期。这一结果首先说明根瘤菌对于植株各部位组织环境的偏好程度有所不同，根瘤菌在营养丰富的部位存在数量相对较高，如子房、种子和根部，而在光合产物的生产和运输部位，如茎和叶内则很少或没有分布，这与龙良鲲和肖崇刚(2003)的研究结果一致，即内生菌虽能在植物体内转移，但对某些特定部位有其偏好。袁保红等(2007)的研究结果证明，植物不同部位的微环境如通气状况、生物酶和其他化学成分使不同的内生菌在植物不同器官和组织中占据不同的生态位。许褆森(2008)也曾指出，植物组织中可利用碳源的多少直接限制内生固氮菌固氮酶基因的表达。结合以上观点推断，根瘤菌数量随植株源—库的运输方向而逐渐增大的趋势也许与根瘤菌作为异养微生物，需要消耗宿主植物大量营养的特性相关联。但同一植株内并不能确定只有一种根瘤菌，要明确植株内某一特定菌株的分布和数量等变化规律，则需要进一步利用标记菌株进行示踪试验。

(3)植株体内根瘤菌的转运特征

不同苜蓿品种子房(荚果)和花芽内的根瘤菌数量有所差异，但在作为“转运”部位的花托及茎内的数量很接近，说明不同苜蓿品种根瘤菌富集部位的携菌能力有差异，但其根瘤菌的转运能力是一致的。值得注意的是，苜蓿植株体内根瘤菌仅分布于与种子形成直接相关的部位，如子房、花芽和茎等；叶片和花梗内未有根瘤菌检出。这也许是因为根瘤菌虽能在植物体内转移，但对特定部位有所偏好；茎尖、花药和胚珠内没有任何菌体检出，这可能是由于茎尖、胚珠等分生旺盛的部位细胞增殖快，胞间联结致密从而使菌体难以进入并增殖，也有可能是这些部位的营养环境无法使根瘤菌产生趋向性所致。另外，根瘤菌自茎向子房(荚果)转移的过程并不始终连续，其具体的原因尚需进一步的研究。由以上内容可推断花芽内的根瘤菌来源有两种可能，一种可能是来自土壤，即根际土壤中的根瘤菌在侵入根皮层，产生根瘤的同时进入输导组织，在花芽中富集。另一种可能则是源于种子，即种子自身携带根瘤菌，随着植株的生长和发育在植株根和茎部不断繁殖，在花芽形成阶段通过与茎连通的输导组织富集于花芽。而在茎尖形成时由于细胞分裂的速度快，细胞间隙小，菌体难以进入茎尖组织。

(4)根瘤菌在子房(荚果)内各部位的数量分布及比例变化

荚果在发育过程中，其两个主要组成部分，荚果皮和种子的根瘤菌分配比例和数量变化有着不同的趋势。荚果果皮由子房壁发育而来，在种子的形成中担负着保护胚珠(幼嫩种子)、供给种子营养的作用，在种子成熟期逐渐失水木质化，而其根瘤菌数量也随之经历了一个先升高再降低的过程：从现蕾期到结荚期，荚果果皮的根瘤菌数量增高了10^2～10^3倍并达到峰值，从结荚期到成熟期，根瘤菌数量以更快的速率降低。相比之下，种子的根瘤菌数量增加得较为缓慢，在种子成熟后，根瘤菌的增长速率更缓慢，但这一过程能持续1年以上，祁娟和师尚礼(2006b)的研究结果也表明，收获后的种子在5年内根瘤菌的数量在不断增加。

种子内的根瘤菌数量占荚果携带的总根瘤菌数量的比例伴随种子的形成有一个升高—降低—再升高的趋势。在开花期，子房壁和受精胚珠(每荚果计含10粒胚珠)所含的根瘤菌数量相近。在结荚期，由于荚果果皮的根瘤菌数量迅速升高，种子内根瘤菌数量在整个荚果中所占的比例降至1.49%～3.68%，而在成熟期，随着荚果内根瘤菌数量的降低，这一比例又升高至50.67%～90.94%。通过对种子内根瘤菌数量进行比较和分析，可以肯定的是，结荚期子房壁的根瘤菌仅有很少一部分进入胚珠，子房壁与胚珠间形成由高到低的根瘤菌数量梯度差异，这一梯度的存在和营养物质的运输通道(图3-9)成为根瘤菌向胚珠运移的动力和途径。难以证实的是种子内的根瘤菌究竟是由子房壁向种子输入，还是从花粉通道进入胚珠，并在种子内增殖，抑或是两种途径皆存在。有利于前一种途径的间接证据是：胚珠在受精后直到结荚期还没有杂菌的出现，花粉通道途径相对子房壁途径更具开放性，无疑会增加胚珠内杂菌进入的概率。目前这一观点的验证还需要使用标记菌株进行进一步的示踪研究。不同苜蓿品种种子和荚果皮根瘤菌数量的变化趋势与各部位根瘤菌数量比例基本一致，但根瘤菌数量因苜蓿品种的不同而有较大差异，这与Graner等(2003)的研究结果一致，即4个品种的油菜种子在内生菌含量的变化趋势上一致，而在具体的菌含量上存在显著差异。以上结果也印证了Baldani等(1997a)的研究结果，即固氮菌能够在宿主植物体内向营养器官转运，一旦获得适宜的微生态环境即可进行生长繁殖。Hallman(2001)的研究结果也证明进入植物体内的内生细菌可利用植物组织提供的营养物质繁殖；珠被在发育过程中，丰富的营养和相对较慢的细胞分裂速度使得根瘤菌的数量迅速增加，而种胚和子叶细胞由于快速增殖而产生的稀释作用或是其他尚不明确的机制抑制了内生菌的定殖，使得根瘤菌含量相对较低。

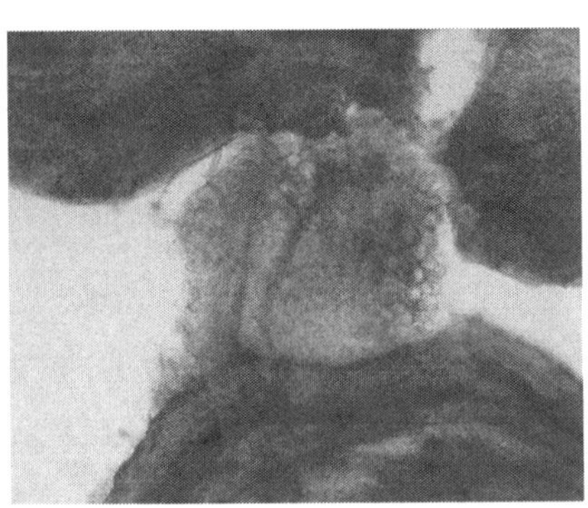

图 3-9 胚珠与子房壁的种脐联结（张淑卿摄）（另见彩图）

(5) 根瘤菌在种子内生菌群落中的优势度

从本试验的结果来看，根瘤菌在受精胚珠、幼嫩种子、初收获及储存 1 年的种子中检出的内生菌群落中有绝对的数量优势，表明种子的内环境适宜于根瘤菌的生存和繁殖，并可使根瘤菌在种子形成的各个阶段保持其生态位上的优势度，令杂菌的繁殖受到抑制，这与种子内的营养条件和生化环境密切相关，而根瘤菌自身在微环境中的竞争力也是其要素之一。需要指出的是，研究中检出的内生菌仅指可在适宜培养根瘤菌的 YMA 培养基上生长的菌落，因此试验结论仅可用于讨论根瘤菌在同培养条件微生物群落中的优势度，具有一定的局限性。

(6) 不同苜蓿品种种子各发育时期根瘤菌的数量

研究发现，苜蓿种子内的根瘤菌在开花期进入胚珠并迅速增殖，其数量随种子的发育而逐渐增大。这一结果与 Baldani 等（1997a）的研究结果一致，即固氮菌能够在宿主植物体内向营养器官转运，一旦获得适宜的微生态环境即可进行生长繁殖。种子中根瘤菌的快速增殖产生在种子的发育阶段，而其数量的积累主要在种子的储存过程中完成，自种子收获到储存 1 年之后，种子内的根瘤菌数量不断增加，这一积累的过程可持续数年，最终使种子内的根瘤菌数量达到相当可观的水平。祁娟和师尚礼（2006b）的研究也发现，即储存 5 年以内的苜蓿种子，其根瘤菌数量随储存年限的增长而升高，这一过程一方面消耗了种子内的大量营养，降低了种子的活力，而另一方面，种子中积累的大量根瘤菌为新生植株在陌生环境下的结瘤固氮提供了菌种，这也许是根瘤菌-宿主长期进化形成的默契。

不同品种的种子，根瘤菌的数量差异显著（$P<0.05$），有些品种间相差近百倍，这可能与苜蓿种子的产地、环境和基因型有关。Hallman（2001）指出，植物体内内生细菌的数量主要依赖于植物种类、基因型、组织、生育期和外界环境条件。所有供试的国内品种中，除陇东苜蓿种子的根瘤菌数量与引进品种阿尔冈金相近外，其余品种均高于引进的国外品种。这一结论与祁娟的研究结果相反，即国外品种种子内的根瘤菌数量一般多于国内品种种子内的根瘤菌的数量。对本试验结果可能合理的解释是引进国外的种子，在运输或储存过程中环境、温度、湿度等的改变导致种子内环境产生变化，从而导致根瘤菌数量的降低。但这一推论需要进一步研究证实。

(7)根瘤菌在种子和芽苗各部位的分布和比例

根瘤菌在苜蓿种子中主要存在于种皮中，平均不足3%的根瘤菌存在于种胚和子叶中。这一结论与张志元等(2005)的研究结果相反，即从油菜种子内检出的内生真菌既可存在于种皮，也可以存在于胚中，而内生细菌则存在于胚中，种皮内没有分离到。合理的两种解释分别为：①珠被在发育过程中，丰富的营养和相对较慢的细胞分裂速度，相对于胚珠内部较大的细胞体积使通过花粉管通道进入胚珠的根瘤菌的数量在珠被部位迅速增加，而种胚和子叶细胞由于快速增殖而产生的稀释作用，以及致密的细胞联结使得根瘤菌难以大量繁殖，数量相对较低。②根瘤菌在植物体内转移时对特定部位和环境有其偏好。周肇蕙和严进(1996)的研究中有类似的结果，即大豆种子中疫霉菌卵孢子只存在于种皮中，胚和子叶仅有菌丝体存在。任毓忠和李晖(2003)在进行哈密瓜种带细菌性果斑病病菌检测技术的研究中也发现，种带菌以种皮为主，种仁的带菌量较少。Grane 等(2003)用消毒的油菜种子无菌萌芽，从无菌培养的芽苗中分离到的内生细菌可达10^7cfu/g(原种子)。而本研究中，幼苗中分离到的全部内生菌仅为6.56×10^5cfu/g(原种子)，且根瘤菌的数量占绝对优势。一方面是存在物种间的差异，另一方面是由于本试验中采用的分离培养基为根瘤菌最适的 YMA 培养基，故分离出的仅仅是与根瘤菌培养条件相同或相似的菌种，部分培养条件不同的菌种则未计入内。

在去除种皮、无菌条件下发芽形成的苜蓿芽苗中，根瘤菌主要分布于芽苗的子叶和幼茎，在幼根内则未检出任何菌落，这首先说明根瘤菌在种子的胚轴中仅存在于上胚轴，其次种子形成芽苗后，芽苗的幼根与幼茎间存在某种屏障，或者其间可供根瘤菌利用的运输通道未能发育完全，从而阻碍了根瘤菌和杂菌的向下运输或扩散。而同样在无菌条件下，经过表面灭菌但未剥去种皮的种子发芽后，幼根中却发现含有大量的根瘤菌，可见苜蓿芽苗(由未脱去种皮的种子发芽得到)幼根中存在的根瘤菌来自种皮，这可以解释为在无菌环境下，经表面消毒的苜蓿种子仍可结瘤的现象。为验证这一推论，对试验中回接根瘤菌的种子进行了脱去种皮并以流式无菌水冲洗的预处理，发现在前人试验中普遍存在的在无菌环境中未接种根瘤菌可结瘤的现象在对照处理中再未出现。若忽略种子表面消毒对植株结瘤的影响，则可以认为之前的推论是客观存在的。由该结果可以推论，苜蓿种子在自然条件下的发芽过程中，种皮吸水破裂，而其中的根瘤菌则随种皮的浸出液分布于胚根根际的土壤，从而完成自带根瘤菌的接种，但这一假设需要使用标记菌株对种子-幼苗结瘤期间进行验证。这一结论更重要的意义则是：在根瘤菌的回接试验中可通过去除种子种皮，并用无菌水冲洗的方法消除种子自带根瘤菌对试验结果的影响。在本试验中，根瘤菌的回接环节则采用这一方法处理回接用种子，发现作为对照而未进行菌液回接的所有植株在45d内均未结瘤。

(8)根瘤菌在种子和芽苗内生菌群落中的优势度

分离出的内生菌除根瘤菌外，还有放线菌、真菌及其他细菌等，存在于同一材料组织并能在同一培养基上检出，说明检出的不同菌种有着相近的营养需求，在植物材料中占据相同或相近的生态位，根瘤菌在宿主组织可检出菌数中所占比例的大小则代表了根瘤菌在同生态位下微生物群落内的优势度。从本试验的结果来看，根瘤菌在幼嫩种子、初收获及储存 5 年种子，乃至芽苗各部位的可检出内生菌群落中有绝对的数量优势，表明种子的内环境适宜于根瘤菌的生存和繁殖，并可使根瘤菌在种子形成的各个阶段保持其生态位上的优势度，令杂菌的繁殖受到抑制，这与种子内的营养条件和生化环境密切相关，而根瘤菌自身在微环境中的竞争力也是其要素之一。

七、结论

1) 根瘤菌主要在植株根部分布，并主要存在于毛根，侧根及主根的根瘤菌数量相近，不足毛根组织根瘤菌数量的 0.3%，主根根瘤菌则主要分布于根表皮和皮层，不同生育时期根各部位的根瘤菌数量差异较大，结荚期最高，营养期最低。

2) 植株地上部分根瘤菌数量不足根内的 0.23%，且仅存在于茎、花芽、花(荚果)，叶片内只有大量的杂菌，而茎尖内则无可培养的菌落检出。根瘤菌在茎内的分布在时间上是不连续的，仅存在于营养期和结荚期，在现蕾期与开花期只有杂菌分布。

3) 根瘤菌在整个花的生活史中，在花(荚果)内不断增殖，未完成授粉前根瘤菌仅在花柱、子房的子房壁、花托和花梗内有分布，其中以子房的根瘤菌数最高，花托内最低，其他部位包括子房内的胚珠在未授粉前无根瘤菌存在；授粉后子房的根瘤菌数量迅速增高，其积累速度明显快于植株其他部位，花柱和花托的根瘤菌数量也成倍增加，柱头、花粉和子房的胚珠在授粉后开始有根瘤菌检出，而花梗不再含根瘤菌。种子成熟后含有大量根瘤菌，其中绝大多数存在于种皮，胚和子叶内仅有少量根瘤菌存在。在种胚中，根瘤菌仅存在于上胚轴和子叶，无菌条件下种子去除种皮发芽后，根瘤菌也仅存在于新生芽苗的子叶和幼茎中。

4) 在种子的各个时期(受精胚珠、幼嫩种子、初收获及储藏 1 年的种子)及其各个组成部位中，根瘤菌都能在同培养条件的微生物菌落中占据数量优势。种子的内环境，尤其是种皮的内环境适宜于根瘤菌的存在和繁殖，对于维持根瘤菌在种子内生菌群落(具备相同或相近的生态位)中的优势度有积极的作用。

第四章　荧光标记根瘤菌的侵染与运移

根瘤菌与豆科植物的共生固氮作用在改良土壤肥力、提高牧草和作物产量、改善生态环境等方面有着十分重要的意义和作用，在农业生产中，应用人工接种根瘤菌便成为一种常见的农业措施。豆科植物-根瘤菌共生体的固氮效率是由根瘤菌和豆科植物双方的基因所控制，豆科植物与根瘤菌间完全有效的结合依赖宿主植物相关基因和根瘤菌相关基因的相容性(Tan，1981)。释放到田间的接种根瘤菌，必然要与土著根瘤菌在土壤营养、生活空间及宿主植物等方面进行竞争，接种根瘤菌能否提高作物产量则直接取决于其竞争力的大小。张淑卿等(2009a)研究发现，根瘤菌在苜蓿(*Medicago sativa*)种子的种皮内大量存在，且种皮内的根瘤菌数量在种子收获后的1年内仍不断增长，当剥去种皮的种子发芽后，其幼根内无根瘤菌存在。这说明种子发芽后，胚根首先接触到的是种皮内的根瘤菌即“内生根瘤菌”，之后才是栽培土壤内的“土著”根瘤菌，即内生根瘤菌在空间上具有先天的竞争优势。祁娟和师尚礼(2006b)的研究结果也印证了内生根瘤菌在与土著根瘤菌的结瘤竞争方面的确有明显的优势。

从根瘤菌和植物之间共生关系的角度来分析内生根瘤菌的存在，说明根瘤菌与植物不仅仅是简单的共生-固氮关系。一方面，植物种子为根瘤菌的生存和传代提供了一个相对稳定而富有营养的环境。另一方面，根瘤菌作为异养固氮菌的一种，生存和繁衍的过程需要消耗宿主或环境内相当数量的能量。因此，以标记示踪的方式探讨内生根瘤菌及外源根瘤菌同其他微生物在种子内环境中存在的空间与营养上的竞争，有助于研究种子内的微生物群落结构。

第一节　荧光标记根瘤菌的构建及优质菌株筛选

GFP作为一种新型的报道基因，对细胞没有毒性，是目前唯一能够在异源细胞内表达并自发产生荧光的蛋白，不需要辅助因子的参与，故可直接用于活体标记。GFP标记是当前研究活体细胞中基因表达和蛋白质分布的最好手段之一，具有广阔的应用前景。*cfp*是*gfp*的突变体，激发光波长和发射光波长发生了改变，发蓝绿色或青色荧光(Tsien，1998)，CFP为细菌的双重或三重标记开辟了新途径(Hein and Tsien，1998)。三亲本杂交是细菌间DNA接合转移的一种方式。凌瑶(2005)利用三亲本杂交法成功将*cfp*荧光基因导入豌豆根瘤菌中，并使其稳定表达。王浩等(2006)通过三亲本杂交将*gfp*导入受体根瘤菌中，对标记菌株在寄主植物根际的定殖和竞争结瘤进行了研究。

(1)三亲本杂交法在微生物育种中的应用

细菌间DNA的转移方式主要有转化、转导、接合及原生质体的细胞融合。接合转移依赖于细胞与细胞的接触，是通过宿主范围较广的接合质粒，将DNA分子从一种细菌转移到另一种细菌中(Elhai et al.，1997；Elhai and Wolk，1988)。在接合质粒转移的过程中，通过接合作用使质粒从供体细胞转移至受体细胞并紧密接触，质粒的复制同时进行。接合转移是革兰氏阴性菌之间转移基因的重要途径，在遗传操作中，接合转移的主要方法有双亲本杂交(biparental mating)和三亲本杂交(triparental mating)。

三亲本杂交是基于双亲本杂交的接合转移，在转移过程中，供体菌的质粒需在含有 *tra* 基因的第三方菌即辅助菌的协助下才能进入受体菌。凌瑶(2005)利用三亲本杂交法成功地将 *cfp* 荧光基因导入到豌豆根瘤菌中，并使其稳定表达。夏枫耿等(2010)通过三亲本杂交将 *luxAB* 发光酶基因转入荧光假单胞菌 PF20001 内，发现 *luxAB* 发光酶基因在受体菌株中能够稳定表达。崔长征等(2011)通过三亲本杂交使荧光蛋白基因在多环芳烃降解菌株中成功表达，并发现其荧光特性在无抗生素选择压力下连续传代多次仍能稳定遗传。朱光富等(1996)利用三亲本杂交法，将携带共生固氮基因的外源质粒导入花生根瘤菌中，发现外源质粒在花生根瘤菌中的稳定性与质粒的类型、受体菌的特性及环境条件有关，同时发现，外源菌对共生固氮能力的影响较为复杂，既可增加其固氮能力，也可减弱固氮能力。刘帧付(2001)通过三亲本杂交将 *luxAB* 发光基因成功导入大豆根瘤菌中，并利用标记菌株研究了大豆根瘤菌在大豆根际的定殖动态及竞争结瘤过程。王浩等(2006)通过三亲本杂交将 GFP 导入受体根瘤菌中，对标记菌株在寄主植物根际的定殖和竞争结瘤进行了研究。罗明云和张小平(2003)通过三亲本杂交法成功地将 *luxAB* 基因导入慢生型花生根瘤菌中，并对所获得的荧光标记菌进行了筛选，得到了一株携带 *luxAB* 基因的标记菌株 Cspr7-1，同时研究了无氮水培条件下 Cspr7-1 与土著根瘤菌的竞争结瘤能力，结果表明，*luxAB* 基因不仅可以在宿主植物中有效表达，而且遗传性状稳定，Cspr7-1 在植物根系的平均占瘤率达 61.3%，优于土著根瘤菌的结瘤能力，且 Cspr7-1 在主根上的侵染能力高出侧根 22.3%～39.6%。李杰等(2003)通过三亲本杂交法将带有 *luxAB* 基因和 *parCBA* 基因的重组质粒 pHN208 导入大豆根瘤菌中，发现重组质粒 pHN208 可在标记根瘤菌中稳定遗传，且该质粒的导入不会对根瘤菌竞争结瘤能力产生影响。李友国和周俊初(2002b)通过三亲本杂交法将 pHN307 质粒导入费氏中华根瘤菌(*Sinorhizobium fredii*)中，并检测了 pHN307 质粒在标记根瘤菌传代培养和共生条件下的遗传稳定性，结果表明，根瘤菌在导入外源质粒后可显著提高宿主植株的结瘤能力，并使鲜瘤重、植株生物量及地上部分总氮量有所增加。宫世勇(2006)将四碳二羧酸转移酶基因 *dctBD*、*nifA* 基因及发光酶基因 *luxAB* 进行重组，得到重组质粒 pHN307，并通过三亲本杂交法将该质粒分别导入 HNM1、HNM2、HNM4 和 1021 4 个苜蓿根瘤菌株中，将得到的 4 个标记菌株对图牧 2 号进行回接试验，结果表明：除 HNM1(pHN307)接种处理外，其他 3 个标记菌株接种处理在植株地上部分鲜重、干重、根瘤数、根瘤鲜重等方面均有不同程度的提高，说明导入外源质粒可以提高原始菌的共生固氮能力。

(2) 外源物质对根瘤菌侵染、运移及定殖有重要的作用

$LaCl_3$ 对根瘤菌及其宿主生长及细胞表面膜结构有影响。革兰氏阴性菌的细胞壁内膜由磷脂链、蛋白质构成，其外膜由脂多糖(LPS)、肽聚糖和周质构成。足够的 Ca^{2+} 可维持脂多糖的稳定性，否则会使脂多糖解体。根瘤菌在侵入植物体内时，菌体表面不能被

植物细胞识别的寡聚糖类物质会诱发宿主细胞产生抗性信号物质，并激活植物的防御反应体系。在这一过程中，Ca^{2+}作为植物体主要的信使离子，与钙调蛋白在信号转导中起着关键作用(Zong et al.，2000)。Liu 等(2004)认为稀土离子与 Ca^{2+}半径相接近，可作为 Ca^{2+}拮抗剂，并取代 Ca^{2+}在细菌中的结合位点，使细菌核心中形成更为稳定的配合物。刘慧媛等(2006)研究发现，$LaCl_3$ 是植物细胞中 Ca^{2+}通道的竞争型拮抗剂，可以阻遏钙离子/钙调蛋白的信号转导，从而影响植物的防御反应。左玉萍等(1996)指出，稀土离子能改变或部分改变肽聚糖或磷壁酸的构象，便于入侵微生物进入细胞。

稀土离子能与细胞膜上的转运蛋白结合使蛋白活性发生改变，或与膜代谢蛋白相互作用从而改变细胞膜通道的大小，以提高细胞膜主动或被动运移的能力。稀土离子还可与氨基酸形成配合物，并与多种蛋白质相结合。生理条件下，高浓度的稀土严重阻碍 DNA 的自我复制，并使 DNA 分子上的磷酸键断裂，使 DNA 分子水解。稀土离子对微生物的生长表现出“低促高抑”效应，即低浓度的稀土离子可刺激微生物的生长，高浓度的稀土离子抑制微生物的生长。

生长素(IAA，吲哚乙酸)在根瘤菌侵染宿主过程中的作用明显。IAA 增大根系根瘤菌侵入空间是通过增加胞壁的可塑性，同时抑制植物防卫系统的胞壁降解酶(如几丁质酶、1-3 葡聚糖酶)的活性，使入侵菌体易定殖于植物组织(吴瑛和席琳乔，2007；Remirez，1993)，但这种作用并不会破坏宿主胞壁的完整性，也不会对侵入的菌体造成生理伤害。李剑峰等(2009a)指出很多根瘤菌菌株在纯培养条件下能分泌生长素，在宿主体内也会通过自身分泌或经由菌体与宿主间的信号识别诱导宿主植物分泌来提高宿主体内的激素水平(迟峰，2006)。而这种激素水平的变化对宿主植物的生长也有积极的作用(Lupway et al.，2004；Hilali et al.，2001)。

胞外多糖在根瘤菌侵染定殖宿主植株中有重要作用。根瘤菌在其生长繁殖过程中会产生如胞外多糖(exopolysaccharide，EPS)、荚膜多糖(capsular polysaccharide，CPS/ KPS)、脂多糖(lipopolysaccharide，LPS)及环状葡聚糖(cyclic glucan)在内的多种多糖类物质，胞外多糖可分泌到细胞表面，并抵御外来侵害等作用(Becker and Puhler，1998；Kannenberg and Brewin，1994)，是参与共生固氮的重要物质；荚膜多糖附着在细胞表面，具有保护细胞免受根际干燥环境伤害与噬菌体吞噬的作用；脂多糖位于细胞膜外膜，可维持细胞膜稳定、抵御植物抗生素对细胞的伤害(Kannenberg et al.，1998)；环状葡聚糖主要存在于细胞周质空间中，在低渗透压时对细胞进行自我保护(Miller et al.，1986)。

根瘤菌产生的胞外多糖能富集土壤中的营养成分，并作为信号分子参与根瘤菌与宿主植物之间的交流(王鹏，2010)。Spaink(2000)研究发现，胞外多糖还能改变植物根毛的细胞骨架结构，协助根瘤菌侵染宿主植物，并对宿主结瘤的专一性起决定性作用。通过显微技术和生化分析发现，根瘤菌在侵染宿主时会使宿主产生防御反应，而低分子质量的 EPS Ⅰ可占据参与防御应答的受体位点，使植物不再产生防御反应。豆科植物有其调节自身根部固氮根瘤菌数目的方式，宿主可通过特定的方式使正在侵染的细菌、被侵染的细胞及附近的一些细胞同时坏死(徐亚军和赵龙飞，2008)。这样，共生体系就可以看作根瘤菌的侵染过程和植物的防御反应过程相互作用的动态平衡过程，在这一过程中，EPS 特别是低分子质量的 EPS Ⅰ通过调节宿主类黄酮和异类黄酮等物质的合成起到控制动态平衡的作用(徐亚军和赵龙飞，2008)。

本研究以三亲本杂交法将 CFP 荧光蛋白导入苜蓿根瘤菌中，通过培养基选择及回接鉴定，筛选出高效优质的内源及外源标记根瘤菌菌株，并将其应用于根瘤菌的标记、跟踪和定位，进一步探明种子形成过程中根瘤菌的具体转运途径和通道。

一、试验方案

1. 供试菌株

供体菌株——*Escherichia coli* pMP4517，含有 *cfp*。

辅助菌株——*Escherichia coli* pRK2073。

受体菌株——*Rhizobium* GN5(内生根瘤菌，分离自甘农 5 号苜蓿种子)；*Sinorhizobium meliloti* 12531(标准菌，购自微生物菌种中心)。

(1) 内生根瘤菌的分离和筛选

取甘农 5 号苜蓿种子进行表面消毒后，置于无菌研钵中，加入 2ml 无菌水，充分研磨后转入无菌离心管中，4000r/min 离心 10min，取上清液 0.2ml 涂抹于含刚果红的 YMA 固体培养基，28℃恒温培养，48h 后挑选每培养皿中的典型菌株进行分离纯化、编号保存(张淑卿，2009c)。

(2) 内生根瘤菌的回接鉴定

将初步分离纯化并保存的根瘤菌菌株接入含刚果红的 YMA 固体培养基，活化 24h 后再转入 50ml YMA 液体培养基，120r/min、28℃振荡培养，菌液光密度值(OD_{600}值)≥1 时，10 000r/min 离心 10min，抛去上清液后用无菌水洗下菌体，摇匀打散并用无菌水调制成 OD_{600} 值为 0.5 的菌悬液(张淑卿，2009c)。用该菌悬液浸泡经 3%(*V*/*V*)的 NaClO 溶液表面消毒 7min(Sledge et al.，2005)的苜蓿种子(已去除种皮并经无菌水冲洗 4～5 次)30min，将浸泡后的种子植入盛有无菌清洁细沙的塑料杯中，剩余菌液加入塑料杯，置于培养箱中培养。接种 45d 后洗出苜蓿植株，测定单株根瘤数和结瘤率，将无结瘤能力的菌株判定为非根瘤菌。革兰氏染色、回接鉴定试验均表明分离自甘农 5 号苜蓿种子的待测菌株为根瘤菌。

2. 三亲本杂交法构建荧光标记根瘤菌

(1) 感受态细胞的制备

将受体菌转接于含刚果红的 YMA 固体培养基，28℃活化 24h，挑取单菌落转接于 50ml YMA 液体培养基中，28℃、200r/min 振荡培养 3～4h，至菌液 OD_{600} 值为 0.4 时(杨坤等，2010)置于冰上预冷，并间断轻轻摇动，15min 后将冷却的菌液转入已预冷的 50ml 离心管中，4℃、3000r/min 离心 5min，抛去上清液，加入 15ml 冰上预冷的 0.1mol/L 的无菌 $CaCl_2$ 溶液，轻轻旋转，使细胞充分重新悬浮，于冰上放置 20～30min 后 4℃、3000r/min 离心 5min。弃上清液，加入 2ml 冰上预冷的 0.1mol/L 的 $CaCl_2$ 溶液，轻轻旋转，使细胞充分重新悬浮，5min后用于转化或低温冷冻储藏备用。

(2)荧光标记根瘤菌的构建

1)在含庆大霉素(GM)50μg/ml和壮观霉素(SPE)50μg/ml的LB固体培养基上分别划线活化供体菌4517和辅助菌2073，培养16～18h后，分别接单菌落到含50μg/ml GM和50μg/ml SPE的LB液体培养基中，37℃培养，生长到对数期。

2)将供体菌、辅助菌、受体菌(感受态细胞)按体积比1∶1∶1混合，8000r/min离心5min，得到混合菌体。

3)弃上清，向沉淀加入1ml不加抗生素的TY液体培养基，用无菌移液器上下抽吸，8000r/min离心5min，再次弃去上清液，留沉淀。

4)用无菌镊子取无菌滤膜贴于TY固体培养基上，3片/皿；用移液器抽吸离心管内沉淀的菌体，打散成浓菌液，并取200μl菌液加到无菌滤膜中央(切勿倾斜培养皿，以免菌液流出滤膜)；28℃正置培养，2h后倒置培养。

5)2～3d后用无菌镊子揭下TY固体培养基上的滤膜，放入装有5ml无菌水的西林瓶中，并在漩涡振荡器上充分打散菌体；取0.2ml稀释10倍的菌液涂抹于SM及SM+GM固体培养基28℃恒温培养。7d后在SM+Gm平板上可获得Gm抗性的受体菌接合子。

6)从SM+Gm的培养基上挑取50个单菌落分别点接在不加抗生素的TY培养基和无氮培养基上(每菌落设3次重复)，28℃培养至菌落长出，综合这两种培养基上的150个单菌落的生长状况，筛选出在TY培养基上发荧光且在无氮培养基上能正常生长的接合子。同时，将含CFP荧光质粒的供体菌 *E.coli* pMP4517接种于无氮固体培养基上，7d后仍无菌落生长，由此判断筛选出的接合子为荧光标记根瘤菌。

3. 标记根瘤菌株荧光活性检测

用手提式长波紫外灯(336nm)照射固体平板，即可检测到CFP标记根瘤菌的菌落所发的青色荧光，并使用荧光倒置显微镜检测，及时拍照记录结果。

4. 标记根瘤菌的遗传稳定性检测

将筛选出的接合子点接在不加抗生素的TY固体培养基，连续转接8次，于28℃培养至长出菌落，检查菌落的发光情况，计数并计算出外源质粒的丢失率。

5. 标记根瘤菌的回接鉴定

取甘农5号苜蓿种子，用3%(*V*/*V*)的NaClO溶液对其进行表面消毒，7min后取出(Sledge et al.，2005)，无菌水冲洗8次，播入直径6cm、高7.5cm、容积200ml的盛有470g无菌清洁河沙的塑料口杯中(杯底扎有网眼)，覆沙30g后将花盆置入盛有蒸馏水的水培盒中，使蒸馏水自杯底向上缓慢渗透至细沙表面(Shi and Zhao，1997)。待芽苗长出第一片真叶时，接菌悬液(将在TY斜面4℃保存的 *S.* 12531和 *R.* GN5的标记菌分别接种于TY液体培养基中，28℃、180r/min振荡培养2d，6000r/min离心10min，收集菌体，用无菌水洗菌体，并用漩涡振荡器将其打散，制成菌悬液)20ml/盆，以不接菌为对照，每日及时补充散失水分，45d 后洗出幼苗，对其生物量、株高、根长、根瘤数、根瘤重及固氮酶活性进行测定。

根瘤菌固氮酶活性的测定参照 Hardy 等(1968)的方法进行。将根瘤装入容积为 17ml 的西林瓶中，盖紧橡皮塞使瓶内达到气密状态，用 1ml 无菌注射器抽出 1.7ml 瓶内空气后，注入 1.7ml 纯度为 99.999%的乙炔气体(终浓度为 10%)，25℃条件下反应 1h 后以 GC-7890F气相色谱仪测定西林瓶中反应产生的乙烯气体含量，根据乙烯峰面积计算各处理根瘤菌的固氮酶活性(Redondo et al.，2009)。测定参数：柱温 175℃，进样温度 150℃，火焰离子化检查器(FID)170℃，进样量 50μl，每处理设 3 次重复。以 99.99%的乙烯标准气体制作标准曲线(Hara et al.，2009)(图 4-1)。

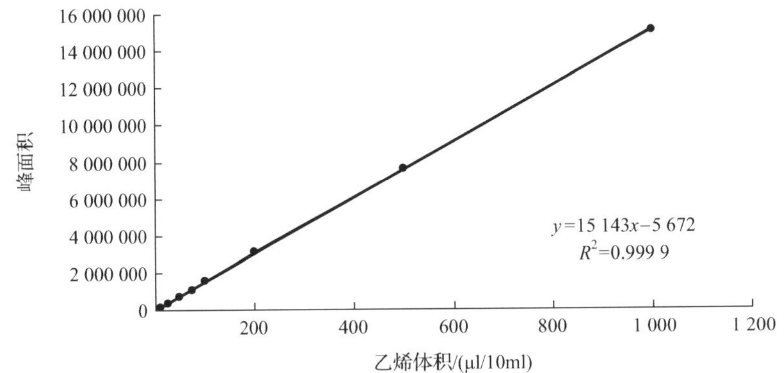

图 4-1　乙炔还原法测定固氮酶活性标准曲线

6. 标记菌占瘤率的测定

用流式无菌水清洗回接标记根瘤菌的幼苗根系，收集每棵植株全部根瘤，参照 Somasegaran(1985)的方法，从根瘤两端的根系 0.5cm 处将根瘤切下，用镊子从根瘤附着的根系上夹起根瘤以降低根瘤损伤的风险，将完整无损伤的根瘤在 95%的乙醇中浸泡 5～10s，破除表面张力以去除组织上的气泡后，用镊子夹住根瘤快速通过酒精灯火焰，对根瘤进行快速表面灭菌。把表面灭菌的根瘤放在铺有 2cm×2cm 无菌滤纸的培养皿中。每个根瘤要用新的无菌滤纸，但同一个培养皿可放数个根瘤。用钝头镊子蘸取 95%的乙醇随时过火焰灭菌，在镊子夹起根瘤并放到无菌滤纸上时，快速用经火焰灼烧的手术刀将根瘤切出向上的截面，用手提式长波紫外灯(336nm)照射根瘤，对发光根瘤进行计数。

7. 荧光标记根瘤菌的筛选

根据以上试验，筛选出荧光表达能力强、荧光质粒遗传稳定、占瘤率高、固氮酶活性高且能使苜蓿植株生物量增加的外源荧光标记根瘤菌 *S.* 12531f 及内源荧光标记根瘤菌 *R.* GNf。

8. 几种外源物质对荧光标记根瘤菌生长速率的影响

根瘤菌侵入宿主体内并进行运移所遇到的阻碍或屏障包括物理阻隔、菌体对宿主体内环境的适应性和信号物质识别过程所引发的防御反应等。胞外多糖能对外源菌提供保护，竞争识别位点，减弱防御反应，有利于根瘤菌侵染宿主植物。低浓度的稀土能改变细胞壁构象，增大细胞间隙，有利于营养物质或入侵微生物通过细胞壁进入细胞内。低浓度IAA可加大胞壁的疏松度，并能刺激植物细胞壁释放养分，有利于菌体生长，并提高菌体对生长环境的适应性(Thakuria et al.，2004)。

本研究首先制备了含菌体胞外多糖提取物、$LaCl_3$、吲哚乙酸(IAA)及甘农5号苜蓿植株体液(加入植物体液可模拟植物内环境)4种物质的YMA固体培养基和YMA液体培养基。并在含不同物质的YMA固体/液体培养基上接种出发菌株*S.* 12531、*R.* GN5，以及标记菌*S.* 12531f、*R.* GNf。培养22h后测定4种菌株在含EPS、$LaCl_3$、IAA及植物体液的YMA平板上的菌落直径(直径测定包括22h和46h)和在含EPS、$LaCl_3$、IAA及植物体液的YMA液体培养基中的菌液OD_{600}值。以了解这4种物质对菌株生长的影响，并预先了解这一影响在整个研究过程中可能出现的作用。以此确保标记菌株在这4种物质作用下能正常生长增殖，确保研究方法的可靠性。

(1)胞外多糖对荧光标记根瘤菌生长和增殖的影响

胞外多糖的制备：将*S.* 12531f、*R.* GNf菌株分别接入含刚果红的YMA固体培养基，活化24h后再转入50ml YMA液体培养基，120r/min、28℃振荡培养，菌液光密度值(OD_{600}值)≥1时，10 000r/min离心10min，抛去上清液后用无菌水清洗菌体，摇匀打散并用无菌水调制成OD_{600}值为0.5的菌悬液。各取2ml菌悬液分别接种于100ml基础培养基，于30℃、180r/min振荡培养，24h后取出，用等体积的无菌水稀释发酵菌液，10 000r/min离心30min后，将上清液用0.22μm无菌滤膜过滤即得多糖。

将*S.* 12531f、*R.* GNf菌株的EPS按体积比1∶10分别加入YMA固体/液体培养基，并将*S.* 12531、*S.* 12531f接种于含*R.* GNf胞外多糖的YMA固体/液体培养基，将*R.* GN5、*R.* GNf接种于含*S.* 12531f胞外多糖的YMA固体/液体培养基上，28℃恒温培养，22h后测定4种菌株在含EPS的YMA平板上的菌落直径(直径测定包括22h和46h)和在含EPS的YMA液体培养基中的菌液OD_{600}值。以此判断EPS对荧光标记根瘤菌及其原始菌株生长和增殖的影响。

(2)$LaCl_3$对荧光标记根瘤菌生长和增殖的影响

$LaCl_3$溶液的配制：将La_2O_3与HCl按摩尔比为1∶6混合，沸水浴加热，并轻轻搅拌使其充分反应，待水分完全蒸发后即得含结晶水的氯化镧固体$LaCl_3·7H_2O$(霍春芳等，2002)。用无菌水配制浓度为10mg/L、50mg/L、100mg/L的$LaCl_3$溶液，并以0.22μm无菌滤膜进行过滤除菌，常温保存，备用。

田间采集甘农5号苜蓿根瘤，用蒸馏水将根瘤表面泥土冲洗干净，晾干表面明水并称重后将根瘤装入容积为17ml的西林瓶中，分别将10mg/L、50mg/L、100mg/L $LaCl_3$溶液加入各西林瓶中，以不加$LaCl_3$溶液为对照，盖紧橡皮塞使瓶内达到气密状态，用1ml无菌注射器抽出1.7ml瓶内空气后，注入1.7ml纯度为99.999%的乙炔气体(终浓度为10%)，

25℃条件下反应 1h 后以 GC-7890F 气相色谱仪测定西林瓶中反应产生的乙烯气体含量(De Felipe et al.，1987；Hardy et al.，1968)，根据乙烯峰面积值计算各浓度 $LaCl_3$ 溶液处理下根瘤的固氮酶活性（Redondo et al.，2009)，以此来确定用 $LaCl_3$ 溶液和标记根瘤菌液的混合液处理苜蓿植株时 $LaCl_3$ 溶液的最适浓度。测定参数：柱温 170℃，进样温度 150℃，FID 180℃，进样量 50μl，每处理设 3 次重复。标准曲线见图 4-1。

将最适浓度的 $LaCl_3$ 溶液经 0.22μm 的无菌滤膜过滤后，加入 YMA 固体/液体培养基，并将 *S*. 12531f、*S*. 12531、*R*. GNf、*R*. GN5 菌株接种于 YMA 固体/液体培养基，28℃恒温培养，22h 后测定 4 种菌株在含 $LaCl_3$ 的 YMA 固体培养基上的菌落直径(直径测定包括 22h 和 46h)和在含 $LaCl_3$ 的 YMA 液体培养基中的菌液 OD_{600} 值。以此判断 La^{3+} 对荧光标记根瘤菌及其原始菌株生长和增殖的影响。

(3) IAA 对荧光标记根瘤菌生长和增殖的影响

IAA 溶液的配制：称取 8mg 吲哚乙酸(IAA)，将其置于 100ml 无水乙醇中充分溶解，即得浓度为 0.08mg/ml 的 IAA 母液，取 1ml 经 0.22μm 无菌滤膜过滤的 IAA 母液，加入 999ml 无菌水，即得浓度为 0.08mg/L 的 IAA 溶液。各浓度 IAA 溶液于 4℃避光保存。

将浓度为 0.08mg/L 的 IAA 溶液加入 YMA 固体/液体培养基，并将 *S*. 12531f、*S*. 12531、*R*. GNf、*R*. GN5 菌株接种于 YMA 固体/液体培养基，28℃恒温培养，22h 后测定 4 种菌株在含 IAA 的 YMA 固体培养基上的菌落直径(直径测定包括 22h 和 46h)和在含 IAA 的 YMA 液体培养基中的菌液 OD_{600} 值。以此判断 IAA 对荧光标记根瘤菌及其原始菌株生长和增殖的影响。

(4) 植物体液对荧光标记根瘤菌生长和增殖的影响

取甘农 5 号苜蓿植株地上部分 2g，用碘伏消毒液表面灭菌 3min，无菌水冲洗 8 次后，置于无菌研钵中，加入 5ml 无菌水，充分研磨后转入 50ml 无菌刻度离心管中，并定容至 50ml，6000r/min 离心 10min，用 0.22μm 无菌滤膜对上清液进行过滤，即得植物体液。将过滤后的植物体液按体积比 1∶10 加入 YMA 固体/液体培养基，并将 *S*. 12531f、*S*. 12531、*R*. GNf、*R*. GN5 菌株接种于 YMA 固体/液体培养基，28℃恒温培养，22h 后测定 4 种菌株在含植物体液的 YMA 固体培养基上的菌落直径(直径测定包括 22h 和 46h)和在含植物体液的 YMA 液体培养基中的菌液 OD_{600} 值。以此判断植物体液对荧光标记根瘤菌及其原始菌株生长和增殖的影响。排除植物内环境对标记根瘤菌生长和增殖的影响。

二、荧光标记根瘤菌接合子的筛选

从 SM+Gm 的培养基上挑取 50 个单菌落点接于不加抗生素的 TY 培养基上，28℃培养至菌落长出后发现，所接菌落在手提式长波紫外灯(336nm)照射下均发青色荧光。将该 50 个单菌落从 TY 培养基转接至无氮培养基上，每菌落 3 个接种处理，28℃恒温培养，7d 后发现，*S*. 12531 仅 5、6、7、8、12、14、16、39 等 8 个菌株的所有重复在无氮固体培养基上能正常生长，*R*. GN5 仅 1、2、5、11、12、15、22、26、27、41、42 等 11 个菌株的所有重复在无氮固体培养基上能正常生长，综合以上菌落的生长状况，筛选出 *S.* 12531 菌株的 8 个接合子(表 4-1)及 *R.* GN5 菌株的 11 个接合子(表 4-2)。

表 4-1 *S.* 12531 菌株接合子的筛选

S. 12531 接合子	无氮生长情况	*S.* 12531 接合子	无氮生长情况	*S.* 12531 接合子	无氮生长情况	*S.* 12531 接合子	无氮生长情况	*S.* 12531 接合子	无氮生长情况
1	−++	11	−−+	21	−−−	31	−−−	41	−−−
2	+−+	12	+++	22	−−−	32	−−−	42	−−−
3	+−+	13	++−	23	−−−	33	−−−	43	−−−
4	−+−	14	+++	24	−−+	34	−−+	44	−+−
5	+++	15	−−−	25	−−+	35	−−+	45	−−−
6	+++	16	+++	26	+−+	36	−−−	46	−+−
7	+++	17	−−+	27	+−+	37	−−−	47	−−−
8	+++	18	−−−	28	−−−	38	−+−	48	−−−
9	−−−	19	−−−	29	−−−	39	+++	49	−−−
10	+−−	20	−+−	30	−−−	40	−−−	50	−−−

注：“+”表示菌株能够生长；“−”表示菌株不能生长

表 4-2 *R.* GN5 菌株接合子的筛选

R. GN5 接合子	无氮生长情况	*R.* GN5 接合子	无氮生长情况	*R.* GN5 接合子	无氮生长情况	*R.* GN5 接合子	无氮生长情况	*R.* GN5 接合子	无氮生长情况
1	+++	11	+++	21	+−+	31	++−	41	+++
2	+++	12	+++	22	+++	32	−++	42	+++
3	++−	13	−++	23	−−−	33	−−−	43	−−−
4	−−−	14	−++	24	++−	34	−++	44	−++
5	+++	15	+++	25	−−−	35	−−+	45	−−−
6	−++	16	−++	26	+++	36	++−	46	−+−
7	−−+	17	−−−	27	+++	37	−−−	47	−−−
8	+−+	18	−−−	28	−−−	38	−+−	48	++−
9	−++	19	−++	29	−++	39	−++	49	−−+
10	−−−	20	++−	30	−−−	40	−−−	50	−−−

注：“+”表示菌株能够生长；“−”表示菌株不能生长

三、荧光标记根瘤菌的遗传稳定性

由表 4-3 和表 4-4 可以看出，经三亲本杂交的荧光标记根瘤菌在不含抗生素的 TY 固体培养基上连续传代 8 次后，其 CFP 荧光质粒丢失率均≤10%，由此可见，CFP 荧光质粒在转移过程中丢失率极低，遗传稳定。且丢失率为 0 的 *S.* 12531-cfp6、*S.* 12531-cfp8、*R.* GN5-cfp5 及 *R.* GN5-cfp9 4 个接合子荧光表达能力较强，因此选择这 4 个接合子进行回接试验，并测定其占瘤率。

表 4-3　*S.* 12531 菌株接合子荧光质粒丢失率

接合子编号	发光菌落数/个	点接菌落数/个	丢失百分率/%
S. 12531-cfp1	97	100	3
S. 12531-cfp2	91	100	9
S. 12531-cfp3	93	100	7
S. 12531-cfp4	90	100	10
S. 12531-cfp5	98	100	2
S. 12531-cfp6	100	100	0
S. 12531-cfp7	95	100	5
S. 12531-cfp8	100	100	0
S. 12531-cfp9	99	100	1

表 4-4　*R.*GN5 菌株接合子荧光质粒丢失率

接合子编号	发光菌落数/个	点接菌落数/个	丢失百分率/%
R. GN5-cfp1	94	100	6
R. GN5-cfp2	91	100	9
R. GN5-cfp3	95	100	5
R. GN5-cfp4	93	100	7
R. GN5-cfp5	100	100	0
R. GN5-cfp6	97	100	3
R. GN5-cfp7	94	100	6
R. GN5-cfp8	99	100	1
R. GN5-cfp9	100	100	0
R. GN5-cfp10	90	100	10
R. GN5-cfp11	99	100	1

四、荧光标记根瘤菌的筛选

由表 4-5 可见，回接标记菌菌液的处理与未接种菌液的处理（CK）对苜蓿幼苗生物量及株高的影响有较大差异。*S.* 12531-cfp6、*S.* 12531-cfp8 及 *R.* GN5-cfp5 处理的生物量分别高出对照 100%、90.5%、104.8%，差异显著（$P<0.05$），*R.* GN5-cfp9 处理的生物量也略高于对照。*S.* 12531-cfp6、*S.* 12531-cfp8、*R.* GN5-cfp5 及 *R.* GN5-cfp9 处理的苗高分别高出对照 166.1%、170.1%、149.7%及 84.6%，差异显著。4 个回接标记菌菌液处理的根长与未接种菌液的处理（CK）差异不显著。*S.* 12531-cfp6 处理与 *S.* 12531-cfp8 处理间对幼苗生长的影响无明显差异，*R.* GN5-cfp5 处理的幼苗生物量和苗高均显著高于 *R.* GN5-cfp9 处理。由此可见，接种荧光标记根瘤菌能增大苜蓿植株地上生物量，促进幼苗生长，且荧光标记根瘤菌对苜蓿幼苗的根系不会产生影响，对苜蓿幼苗有明显的促生作用。

表 4-5　标记根瘤菌对苜蓿幼苗生长的影响

接合子	生物量/g	苗高/cm	根长/cm
S. 12531-cfp6	0.42 ± 0.03a	17.83 ± 1.82a	15.3 ± 4.62a
S. 12531-cfp8	0.4 ± 0.05a	18.1 ± 2.40a	13.2 ± 1.08a
R. GN5-cfp5	0.43 ± 0.04a	16.73 ± 3.02a	15.47 ± 1.55a
R. GN5-cfp9	0.24 ± 0.00b	12.37 ± 1.36b	13.23 ± 1.05a
CK	0.21 ± 0.03b	6.7 ± 1.15c	15.57 ± 0.96a

注：同列数值后不同小写字母表示差异显著(P<0.05)

能否在原寄主上产生有效根瘤是确认根瘤菌最基本的方式。通过对苜蓿植株回接标记根瘤菌液发现(表 4-6)，4 个不同标记菌菌株回接处理的根瘤数、单个根瘤鲜重及固氮酶活性均显著高于未接种菌液的处理(CK)，根瘤切开剖面的荧光表达强度较高(图 4-2，图 4-3)。其中，*S.* 12531-cfp6、*S.* 12531-cfp8、*R.* GN5-cfp5 及 *R.* GN5-cfp9 的根瘤数高出对照 125%～350%，单个根瘤鲜重高出对照 300%～750%，固氮酶活性为对照的 14.7～30.9 倍。*S.* 12531-cfp6 处理除占瘤率高于 *S.* 12531-cfp8 处理 18.6%外，其他根瘤指标与 *S.* 12531-cfp8 处理差异不大，GN5-cfp5 处理的所有根瘤指标测定结果均显著高于 *R.* GN5-cfp9 处理。

表 4-6　接种标记根瘤菌影响的苜蓿幼苗根瘤数

接合子	根瘤数/株	单个根瘤鲜重/g	固氮酶活性	占瘤率/%
S. 12531-cfp6	18 ± 1.73a	0.010 ± 0.001b	23.27 ± 2.08b	70
S. 12531-cfp8	16 ± 1.53a	0.010 ± 0.001b	19.99 ± 0.31b	59
R. GN5-cfp5	15 ± 3.21a	0.017 ± 0.004a	28.13 ± 1.42a	78
R. GN5-cfp9	9 ± 1.73b	0.008 ± 0.002b	13.37 ± 0.39c	66
CK	4 ± 1.53c	0.002 ± 0.001c	0.91 ± 0.15d	0

注：同列数值后不同小写字母表示差异显著(P<0.05)

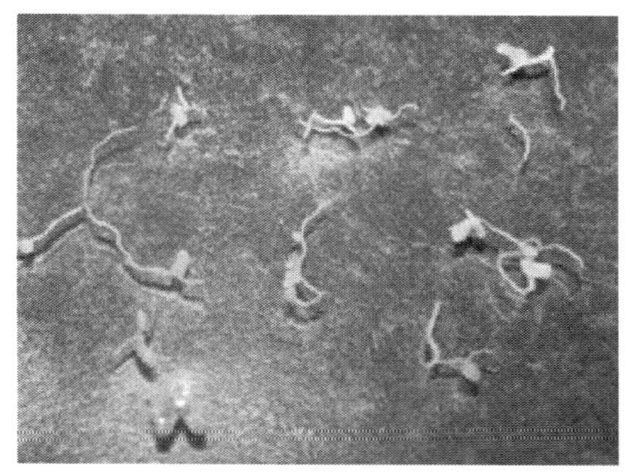

图 4-2　回接荧光标记根瘤菌后发光菌占瘤率(另见彩图)

综合以上试验结果，确定选用 *S.* 12531-cfp6 及 *R.* GN5-cfp5 为本研究的外源荧光标记根瘤菌及内源荧光标记根瘤菌，分别命名为 *S.* 12531f 及 *R.* GNf。

图 4-3 标记菌侵染形成的发光根瘤（另见彩图）

五、$LaCl_3$ 溶液对苜蓿根瘤菌固氮酶活性的影响

少量的稀土离子可透过入侵菌的胞壁和胞膜，将细胞内部分参与代谢的酶激活，刺激细菌生长。由图 4-4 可见，浓度为 10～100mg/L 的 $LaCl_3$ 溶液均能不同程度地增大苜蓿根瘤菌固氮酶活性，$LaCl_3$ 溶液浓度为 50mg/L 时苜蓿根瘤菌固氮酶活性最高，为 7.58μmol/(g · FW · h)，是对照处理（未加稀土溶液）的 6.78 倍，是 $LaCl_3$ 溶液浓度为 100mg/L 处理的 2.47 倍，差异显著（$P<0.05$）。因此，本研究选择 50mg/L 为 $LaCl_3$ 处理的最适浓度。

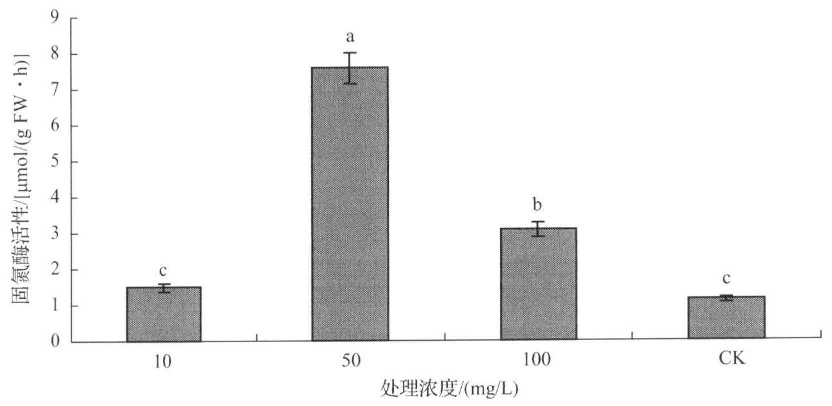

图 4-4 不同浓度 $LaCl_3$ 溶液处理的苜蓿根瘤菌固氮酶活性

柱上不同小写字母表示差异显著（$P<0.05$）

六、$LaCl_3$、IAA、植物体液及 EPS 对荧光标记根瘤菌生长和增殖的影响

培养 22h 时，*S.* 12531f、*R.* GNf、*S.* 12531 及 *R.* GN5 菌株在 $LaCl_3$、IAA、植物体液及 EPS 处理下均能正常生长并增殖，且能不同程度促进荧光标记根瘤菌及其原始菌株的生长（图 4-5A），其中，*R.* GNf、*S.* 12531 及 *R.* GN5 在含 $LaCl_3$、IAA、植物体液及 EPS 的固体培养基上增殖速度较快，与对照相比差异显著（$P<0.05$）。4 个菌株中，*R.* GN5 在不同物质处理下生长速度最快，为对照的 233%～250%，苜蓿植株体液较其他 3 种物质更能促进菌株的生长和增殖。

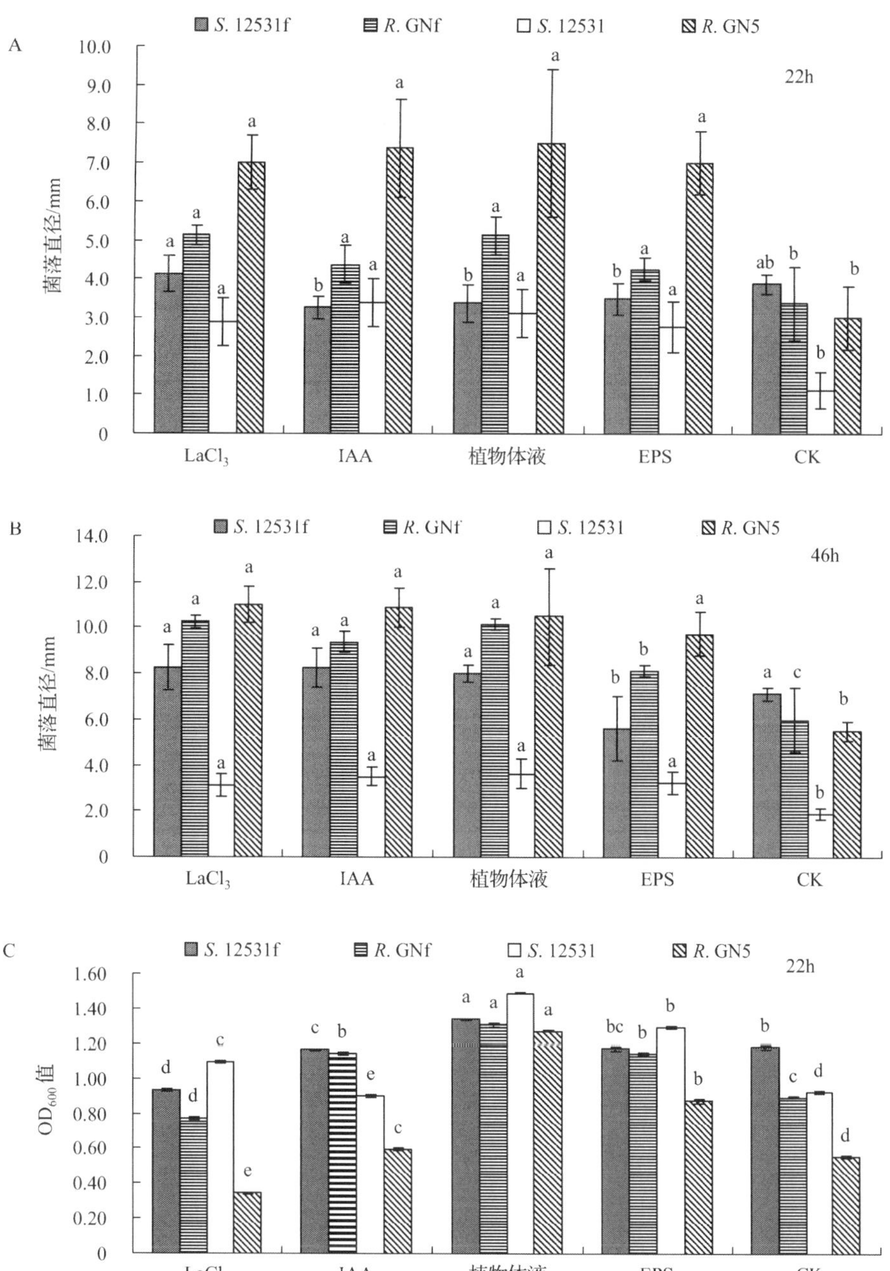

图 4-5　22h、46h 时 $LaCl_3$、IAA、植物体液及 EPS 处理下荧光标记根瘤菌生长速度

同形柱上不同小写字母表示差异显著($P<0.05$)

培养 46h 时，*S.* 12531f、*R.* GNf、*S.* 12531 及 *R.* GN5 菌株在 $LaCl_3$、IAA、植物体液及 EPS 处理下的增殖趋势与 22h 时大体相同(图 4-5B)，*S.* 12531f 菌株在 IAA 及植物体液处理下生长速度略有提高，但差异不显著。46h 时，对各个菌株生长速度影响最显著的是 $LaCl_3$ 溶液，这与 22h 时的测定结果略有不同，这可能是由 La^{3+}对菌体的促生作用在短时间内(22h)表现比较缓慢所致。这与孙延忠等(2003)的研究结果一致，即 50～

200mg/L 浓度的 La_2O_3 可对软腐欧文氏菌(*Erwinia chrysanthemi*)的生长产生轻微的刺激作用，表现为在固体培养条件下菌落出现时间比对照(无 La_2O_3)提前。

培养 22h 时，4 个菌株在 5 个添加不同物质处理下的生长速度随其培养方式的改变有所不同(图 4-5C)。*S.* 12531f 菌株除在植物体液处理下增殖速度有所增加，为对照的 113.6%外，在其他各个处理下其增殖速度均不同程度有所减少，$LaCl_3$ 处理下其增殖速度仅为对照的 78.8%，差异显著($P<0.05$)。*R.* GNf 菌株除在 $LaCl_3$ 处理下的增殖速度仅为对照的 85.6%外，在其他各个处理下其增殖速度均不同程度有所增加，且差异显著($P<0.05$)。这可能是由于在固体培养基中，菌落仅其底部接触 $LaCl_3$，作用到上层菌体的 La^{3+} 在透过菌体细胞及菌体本身所产多糖时形成垂直向上且逐渐减小的浓度梯度，使上层菌体感受到的 $LaCl_3$ 浓度有所降低，并正好对菌体产生低毒刺激作用，因此表现出菌体在固体培养基上的生长速度大于液体培养基的现象。

第二节 标记根瘤菌对苜蓿芽苗侵染及体内运移

芽苗是种子形成植株的最初阶段，在根瘤菌对宿主植物侵染结瘤并在体内运移的过程中，能否成功进入芽苗决定了菌株的侵染能力和与其他根瘤菌的竞争能力。根瘤菌可通过烟草叶片表层的气孔和疏导组织实现菌体在植株体内的运移(迟峰，2006)，且在苜蓿植株的营养生长期、花期和结实期，其根、茎和种子内均有根瘤菌存在。

左玉萍等(1996)发现，低浓度的稀土离子能与肽聚糖中的 COOH、C=O 作用形成稀土肽聚糖或与磷壁酸中的 P═O、P—O^-作用生成稀土磷壁酸配合物，改变或部分改变肽聚糖或磷壁酸的构象，最终使细胞壁松弛而产生更大的空隙，便于营养物质或入侵微生物通过细胞壁进入细胞内。另外少量的稀土离子透过入侵菌的胞壁和胞膜，将细胞内部分参与代谢的酶激活，刺激细菌生长。而高浓度的稀土离子将与肽聚糖中的羧基、羰基或磷壁酸中的 P═O、P—O^-完全作用，彻底改变胞壁或胞膜的构象形成，形成细胞内含物的外渗通道。植物激素有促进植物生长、缓解逆境胁迫、加快植物体内物质运移的作用(赵可夫和王韶唐，1990)。

IAA(吲哚乙酸)是最早发现的植物激素，能加速 RNA、蛋白质的合成，通过促进细胞体积和质量，并加速器官与组织分化的作用显示其促生效能。同时可降解类似色氨酸(Trp)的逆境代谢产物，降低其积累产生的毒害。低浓度 IAA 通过结合并活化质膜内的质子泵，从而溶解细胞壁糖使细胞壁可塑性增加，加大胞壁的疏松度(Halda-Alija，2003)；外源生长素能刺激植物细胞壁释放大量单糖和低聚糖，植物细胞壁释放的养分可刺激细菌分泌 IAA，有利于细菌附生植物(Thakuria et al.，2004)。同时有抑制植物防卫系统的胞壁降解酶(如几丁质酶、1-3 葡聚糖酶)的酶活，使入侵菌体易定殖于植物组织的作用(吴瑛和席琳乔，2007；Remirez，1993)。目前，分离自植物根际的多种固氮菌绝大多数有分泌 IAA 的能力，通过增强固氮菌附生植物的适合度，进入根表细胞或细胞间隙并与植物联合共生固氮(Glickmann and Dessaux，1995)。

根瘤菌胞外多糖(EPS)是根瘤菌与其宿主间用于细胞识别的信息分子，在非决定型根瘤的形成过程中起到不可或缺的作用。

综合上述观点，张淑卿、师尚礼针对根瘤菌运移中可能存在的屏障，采用在菌液中混合 IAA、$LaCl_3$ 和其他根瘤菌胞外多糖后分别对芽苗进行浸根处理，并以人工制造根系损伤的方式观察了根系完整性在根瘤菌运移过程中的作用，验证了根瘤菌在芽苗内运移屏障的存在和所处部位，同时分析了改变宿主胞壁间隙或构象、干扰宿主防御反应和施加外源激素对标记根瘤菌运移过程的影响。

一、切根处理对标记根瘤菌在芽苗体内运移的影响

根系是种子萌发后，植株首先接触到土壤根瘤菌的部位。根瘤菌进入植物根系是通过根系表面存在的裂隙和伤口，因此根系是否存在易于侵入的通道对根瘤菌的侵入有直接的影响。由图 4-6 可见，荧光标记根瘤菌在植株体内的分布，切断部分根系和完整根系（CK）的幼苗在菌液浸根 24h 后，荧光标记的内源根瘤菌（分离自同品种种子）*R.* GNf 和外源根瘤菌 *S.* 12531f（购自微生物菌种中心）都能进入苜蓿芽苗的根部和茎部。无论是否进行切根处理，只有内源荧光标记根瘤菌 *R.* GNf 能在 24h 内进入芽苗的子叶，两株标记菌都无法在短期内进入芽苗真叶。

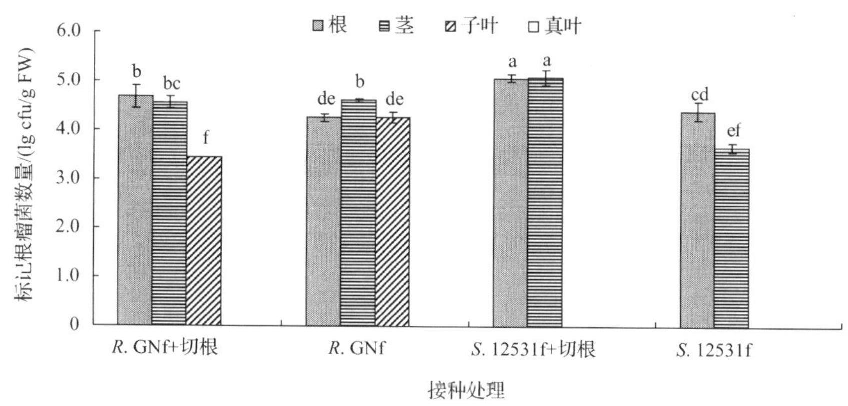

图 4-6　切根和完整根系（CK）处理菌液浸根 24h 后标记根瘤菌在芽苗体内的运移

同形柱上不同小写字母表示差异显著（$P<0.05$）

标记菌的数量分布表明了短时间内菌体在宿主体内运移的速率。本研究中切根与未切根处理间，芽苗茎中内源菌 *R.* GNf 的菌体数量差异并不显著。切根处理后根内 *R.* GNf 菌体数量增加了 165.38%，而子叶内菌体数量降低了 74.58%。但根和茎中外源根瘤菌 *S.* 12531f 的菌体数量分别显著升高了 362.99%和 2519.37%。同样在切根处理下，根与茎中的内源菌 *R.* GNf 的菌体数量分别为外源菌 *S.* 12531f 的 41%和 30%，而在根系完整的对照处理中，两种标记菌在根内的数量差异并不显著。

以上结果表明，切根处理形成了更多的侵染路径，能明显促进标记根瘤菌在根内的数量和向茎的运移，但不论根系是否存在创伤口，只有源于宿主内生根瘤菌的内源标记菌（*R.* GNf）才能在短期内运移至芽苗的子叶。

二、外源物质对根瘤菌在芽苗体内运移的影响

(1) 相异菌株胞外多糖对标记根瘤菌在芽苗体内运移的影响

有研究认为 EPS 能通过其他非特异性功能促成根瘤菌的侵入和根瘤的形成，如通过表面包被减少菌体与宿主细胞的直接接触，以规避或减弱宿主植物的防御性反应，或在侵染过程中诱导菌体和宿主合成水解酶，引起宿主胞壁的结构变化（徐亚军和赵龙飞，2008）。Yanni 等（2001）的研究进一步证明，根瘤菌能产生羧甲基纤维素酶（carboxymethyl cellulase）和聚半乳糖醛酶（polygalacturonase），水解植物细胞壁的糖苷键，这一过程很可能参与了内生根瘤菌的入侵和在根内的散播。不同菌株分泌的胞外多糖结构不同，将内源菌 *R.* GNf 所分泌的多糖与外源菌 *S.* 12531f 的菌体混合接种 24h 后（图 4-7），芽苗茎中 *S.* 12531f 的数量较单纯接种 *S.* 12531f 的处理高出 589.02%。除此之外，根内的 *S.* 12531f 菌体数也较未混合内源菌（*R.* GNf）多糖的处理高出 26.64%。

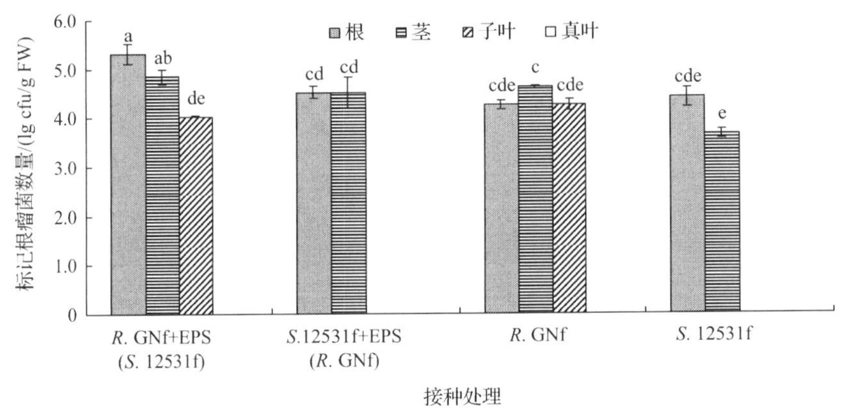

图 4-7　外源菌（内源菌）胞外多糖混合内源菌（外源菌）菌液浸根处理 24h 后标记根瘤菌在芽苗各组织内的数量分布

同形柱上不同小写字母表示差异显著（$P<0.05$）

内源根瘤菌 *R.* GNf 在混合了外源菌 *S.* 12531f 的胞外多糖后，*R.* GNf 在芽苗根和茎内的标记菌数为未混合外源菌多糖处理的 11.43 倍和 1.71 倍。芽苗子叶内 *R.* GNf 的活菌数仅为对照（未混合外源菌 *S.* 12531f 多糖）处理的 61%。因此，在混合了内源菌/外源菌的胞外多糖后，外源菌 *S.* 12531f/内源菌 *R.* GNf 侵入宿主植物芽苗根和茎的能力（或侵染速率）有所增强。内源菌的多糖并不能帮助外源菌迅速进入宿主芽苗的子叶，同时，外源菌的多糖对内源菌在子叶内的运移或繁殖并未产生积极的影响。这与多糖对宿主植物的防御性反应的诱发和减弱程度有关。首先在单纯菌液+完整根系的浸根处理中，在两种菌液的含菌量、供试的植物材料等都完全相同的条件下，内源菌在宿主内的数量显著高于外源菌，数量和分布的差异表明内源菌进入植株后可被宿主识别而不会引起剧烈的防御性反应，而外源菌则需要忍耐这一反应产生的抑制。外源菌 *S.* 12531f 在混合了内源菌的胞外多糖后，内源菌的胞外多糖可能竞争了宿主防卫系统的应激位点或活性中心，使寄主防御性反应削弱，进入运移的外源菌菌体数目增加。此外，为最大可能地保证胞外

多糖的活性和构象维持在原有的状态，本试验未使用剧烈的多糖沉降和分离方法，多糖和菌体的分离也采用过滤除菌法(0.22μm)。因此，标记菌的多糖提取液中不会存在菌体，但可能混杂一些酶类和其他小分子分泌物，这些酶类和小分子分泌物对于菌体进入宿主细胞也可能产生作用。因此，严格意义上来说，本研究中多糖对菌体运移的影响实际上应该是多糖及一些其他菌体分泌物的综合效应。

(2) La^{3+}对标记根瘤菌在芽苗体内运移的影响

根瘤菌在侵入植物体内这一过程中，Ca^{2+}作为植物体主要的信使离子，与钙调蛋白在信号转导中起着关键作用(Zong et al.，2000)。$LaCl_3$是植物细胞中Ca^{2+}通道的竞争型拮抗剂(刘慧媛等，2006)，可以阻遏Ca^{2+}/钙调蛋白的信号转导，从而影响植物的防御反应。在对内生根瘤菌的研究中，La^{3+}主要通过干扰植物的防御反应和破坏植物的细胞壁结构减少根瘤菌侵染宿主和在宿主体内运移过程中的障碍。左玉萍等(1996)指出，稀土离子能改变或部分改变肽聚糖或磷壁酸的构象，便于入侵微生物进入细胞。

由图 4-8 可见，50mg/L 的$LaCl_3$可使根内 *R.* GNf 和 *S.* 12531f 的菌体数量分别增加 656.83%和 303.19%，但在La^{3+}的作用下，原本在 24h 内可进入子叶和茎的内源菌 *R.* GNf 未能检出。而对外源标记根瘤菌 *S.* 12531f，La^{3+}的存在显著降低了菌体在茎内的数量，使之仅为对照的 3.64%。表明La^{3+}的确促进了标记菌向苜蓿芽苗根部的侵染和运移，但并不利于标记菌向茎和子叶内的运移。芽苗的根部在$LaCl_3$的作用下，根系表面的胞壁间隙增大，且Ca^{2+}被拮抗后，Ca^{2+}与钙调蛋白间的信号转导发生阻断，宿主植物对入侵菌体的防御反应被削弱，菌体得以大量地进入根系。但随着空隙的增大，更多的La^{3+}也会同时改变宿主细胞壁和根瘤菌胞外多糖的构象，造成植物体内物质运移受到抑制，而在La^{3+}直接作用减弱的根-茎运移中，根瘤菌表面用于相互识别的膜结构和多糖构象获得寄主防卫系统识别的可能性降低，导致标记菌向茎和子叶的运移减缓或停滞。而La^{3+}造成的细胞内含物外渗通道，也会与细胞内的 DNA、酶、RNA、蛋白质、多糖等生物分子相互作用，能够刺激细胞的生长，但一旦超过最适浓度就会抑制细胞的正常代谢和增殖。

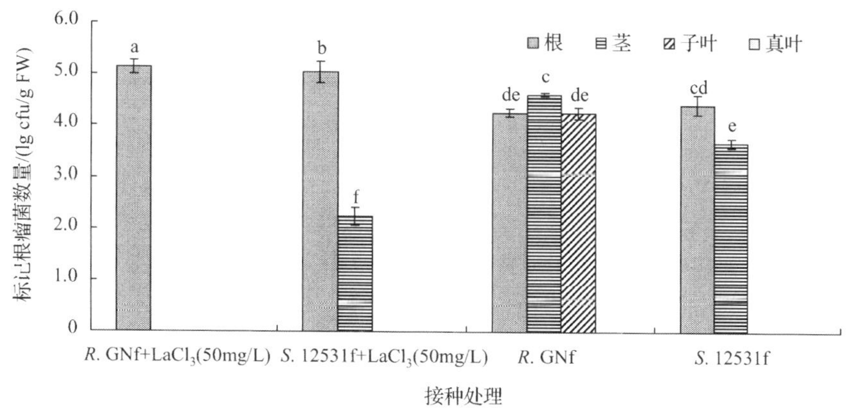

图 4-8　50mg/L $LaCl_3$混合菌液浸根 24h 后标记根瘤菌在芽苗内的数量分布

同形柱上不同小写字母表示差异显著($P<0.05$)

(3) 生长素对标记根瘤菌在芽苗体内运移的影响

相对于 La^{3+}，IAA（吲哚乙酸）同样能够增大植物胞壁的空隙并刺激入侵菌体的增殖，除此之外还有加快植物体内物质运移的作用（赵可夫和王韶唐，1990）。外源生长素能刺激植物细胞壁释放单糖和低聚糖，这些可作为养分的物质有助于内生菌的繁殖和对植物内环境的适应（Thakuria et al.，2004）。

在以标记根瘤菌液对芽苗浸根处理过程中，同时添加外源 IAA 并不能影响标记根瘤菌在芽苗体内的分布部位，但可以影响标记菌在不同部位的存在数量。对标记菌混合 IAA 浸根处理后，芽苗根内的 *R.* GNf 和 *S.* 12531f 的菌体数量分别增加了 18.34 倍和 12.11 倍，但内源菌和外源菌在茎内的数量变化受 IAA 的影响不同，内源菌降低为对照处理的 75.45%，而外源菌增加了 163.09%。内源标记菌 *R.* GNf 的菌体数量在芽苗子叶内受到的影响更为明显，仅为对照的 4.13%。这可能是由于 IAA 主要接触并作用于根系，能使根表的细胞壁间隙增大，根部内环境中植物的防御体系受到抑制，便于标记菌菌体大量进入根内；而在茎中，没有外源 IAA 的存在或转运至茎的浓度过低难以发挥作用，使标记菌的数量并没有明显的变化，而在子叶内不仅没有 IAA 促进菌体侵入的作用存在，反而由于大量的内源菌菌体集中于根部，减少了向子叶的转移（图 4-9）。

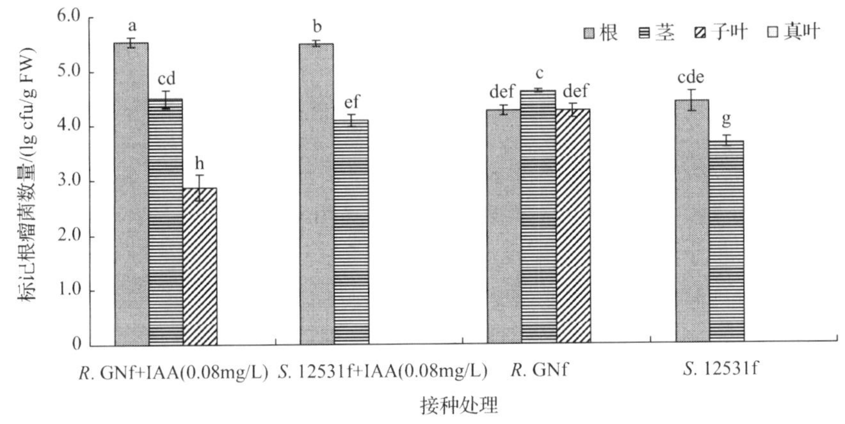

图 4-9　0.08mg/L IAA 混合菌液浸根处理 24h 后标记根瘤菌在芽苗内的数量分布

同形柱上不同小写字母表示差异显著（$P<0.05$）

Glickmann 和 Dessaux（1995）发现分离自植物根际，能进入根表细胞或细胞间隙与植物联合共生的多数固氮菌都有分泌 IAA 的能力。而这种激素水平的变化对宿主植物的生长也有积极的作用（Lupway et al.，2004）。Thakuria 等（2004）认为外源生长素能刺激植物细胞壁释放大量单糖和低聚糖，这类物质可作为养分提供给内生细菌，为细菌附生于植物提供更佳的营养环境。因此，外源 IAA 能使宿主体内的标记菌数量保持在一个较高的数量级，而不会和 La^{3+}一样对内源标记菌由根向茎和子叶的运移产生阻断。

三、浸根处理下标记根瘤菌在芽苗各部位微环境中的数量优势度

未经表面灭菌的苜蓿种子形成的芽苗体内，除根瘤菌外，还有放线菌、真菌及其他

细菌等能在同一培养基上检出(张淑卿等，2009a)。这表明不同的内生菌在苜蓿芽苗中可能占据着相同或相近的生态位，根瘤菌在宿主组织可检出菌数中所占的比例代表了根瘤菌在同生态位下微生物群落内的优势度。由表 4-7 可见，不同的浸根处理下标记菌在组织中总菌数的比例差异较大。在菌液中混合多糖、$LaCl_3$、IAA 或切断根系后进行浸根处理都能提高根系中标记菌的比例，表明多糖、$LaCl_3$ 及 IAA 都有促使菌体进入根系的作用，而切根处理也能产生菌体侵入的快捷通道。其中标记菌的比例在 *S.* 12531f+IAA 的处理下达到最高，*R.* GNf+多糖处理下次之。

表 4-7　不同处理浸根 24h 后芽苗各部位标记根瘤菌占总可检出菌数的比例

处理	标记菌占总菌数比例/%			
	根	茎	子叶	真叶
R. GNf	2.19 ± 0.06l	2.25 ± 0.24kl	3.27 ± 0.13i	—
S. 12531f	2.22 ± 0.18kl	0.18 ± 0.01n	—	—
R. GNf +切根	2.69 ± 0.21jk	1.76 ± 0.06l	5.51 ± 0.08gh	—
S. 12531f +切根	5.07 ± 0.06h	5.59 ± 0.36g	—	—
R. GNf +多糖(EPS)	14.60 ± 0.57c	3.30 ± 0.10i	10.05 ± 0.07d	—
S. 12531f +多糖(EPS)	2.92 ± 0.04ij	3.40 ± 0.40i	—	—
R. GNf +$LaCl_3$	4.48 ± 0.03i	—	—	—
S. 12531f +$LaCl_3$	7.89 ± 0.86e	1.06 ± 0.02m	—	—
R. GNf +IAA	5.68 ± 0.39fg	6.09 ± 0.09f	17.63 ± 0.33b	—
S. 12531f +IAA	19.69 ± 0.45a	2.92 ± 0.12ij	—	—

注：同列数值后不同小写字母表示差异显著($P<0.05$)，“—”表示无数据

不同处理下芽苗茎内两种标记菌的比例变化趋势不同。内源菌 *R.* GNf 在混合了 *S.* 12531f 多糖或 IAA 后，在总菌数中的比例分别比对照高出了 46.67%和 170.67%。但在 *R.* GNf 菌液内混合 $LaCl_3$ 或切根后处理，将使菌体不能进入茎内，或显著降低其在茎中的比例。但对于外源菌 *S.* 12531f，根系完整且单纯用菌液处理时，茎内的标记菌比例仅为 0.18%。切根、混合 $LaCl_3$、IAA 或内源菌分泌的胞外多糖都能显著增加 *S.* 12531f 在茎内的比例，其中切根处理最为明显，可显著提高标记菌比例 30.05 倍。这说明内源菌在侵染芽苗期的宿主并向茎内运移时较外源菌有先天优势，但在 La^{3+}存在或者宿主根系遭到机械破坏后，菌体的数量和在总菌数中的比例都可能下降。而外源菌则在胞壁间隙增大(IAA 或 La^{3+}作用)时，获得新的入侵途径(切根形成伤口)或借助内源菌的胞外多糖后同时增加菌体的数量和在内生菌群体中的比例。

第三节　标记根瘤菌对苜蓿幼苗侵染、体内运移、定殖及影响因素

根瘤菌进入植物组织内的相容性(Dazzo et al.，2000)，根瘤菌入侵非豆科植物并在体内的群体密度方面的研究一般采用田间和实验室结合的方法进行。Yanni 等(1997)以表面消毒的植物材料研磨液用标准的稀释平板法测定水稻植株体内根瘤菌的群体密度，

发现旱作条件比水培条件更利于根内根瘤菌的增殖，菌体密度高出两个数量级，表明不同的培养条件对根瘤菌在水稻植株体内的密度和数量有显著的影响。此后该学者于 2001 年用地理信息图像统计法结合组织中菌体分布的显微照片证明了根瘤菌首先定殖于根表皮细胞的裂口，之后逐渐进入根组织内部。Yanni 等(2001)和 Chi 等(2005)通过对显微照片进行分析后表明，进入植物组织的单个菌体在高密度集中分布时能利用弥散的信号分子感应相邻菌体的存在和距离，并根据感受信号决定是否表达诱导基因。这一理论可被纳入根瘤菌个体生态学的范畴，Reddy 等(1997)曾采用免疫荧光显微镜对植物根内的特定根瘤菌进行定位，通过菌体的分布图片对根瘤菌的空间分布进行细微量化，比较出不同根瘤菌种在定殖中的竞争能力，以此为根瘤菌剂的应用提供参考策略。在根瘤菌的侵染和分布研究中，这一理论也解释了根瘤菌剂在使用过程中，单个植株或种子存在最优接种菌量的现象，即单个植株或种子接种过多或过少的根瘤菌都无法达到最优的结瘤效果。在此之前，这一现象在根系中的发生通常以根系中结瘤位点的空间预设和分布来解释。但目前仍有疑问的是，根瘤菌和其他内生菌间也对微环境中的生态位保持着竞争关系(张淑卿等，2009a)，因此不同菌体之间是否也存在这种空间感受信号，使根瘤菌与其他微生物之间保持空间上的距离，或者通过各自分配植株体内的空间和运移来实现竞争平衡也将是个有趣的问题。

前人研究发现，根瘤菌在烟草植株中存在外部侵染、运移至内部定殖和内部运移至其他部位定殖两种方式，根瘤菌能从烟草的根部运移至叶片和茎细胞的胞壁间隙，使部分菌体定殖，部分菌体继续运移至花器甚至胚珠和种子内(Chi et al.，2005)。但根瘤菌在豆科植物体内的分布研究中，除田菁根瘤菌被认为能运移至茎中并结瘤外，始终没有明确的文献能系统地阐明根瘤菌在其他豆科植物体内的运移规律和环境条件的影响。张淑卿等(2009c)证明了根瘤菌长期存在于苜蓿的种子内，阶段性存在于苜蓿自然生长植株的茎中。在第二节中，也证实了在宿主的芽苗阶段(萌发 10～12d，仅长出 3 片真叶)，标记根瘤菌可以侵入根系并运移至茎和子叶中，但不能经由叶片进入植株。但随着芽苗的生长，植株体组织器官进一步分化，根系组织、茎内的筛管和髓部等可能参与菌体运移的组织分化逐步完善，植株体内光合产物和营养物质的运移加快，因此菌体在幼苗内的运移也可能发生变化。尤其是幼苗期植株的根瘤数量逐渐增多，根瘤的固氮功能已发挥作用，而新进入植株的根瘤菌是否能侵入已有的根瘤，以及温度、营养条件和外源物质是否对菌体的运移产生影响将是个有现实意义而值得探讨的问题。

一、接种方式对幼苗体内根瘤菌运移的影响

以往的研究中多认为根瘤菌通常定殖于根组织，如根的皮层和木质部导管等维管系统(Reddy et al.，1997)，并限于在根瘤中发挥固氮作用。但随着近年来对植物内生菌研究的深入，一些根瘤菌作为非豆科作物的内生固氮菌逐渐引起了研究者的兴趣。目前已有对根瘤菌在小麦(Lupway et al.，2004)、水稻(Chi et al.，2005；Biswas et al.，2000)、烟草(Chi et al.，2005)及拟南芥(Stone et al.，2001)体内的侵染定殖研究。采用的接种方式包括叶片、根系和茎秆接种，不同研究中根瘤菌在植物体内的侵染、定殖和运移方式

有所差异(Hallmann et al.，1997a)。这些差异不仅取决于供试的植物材料和菌种的侵染能力，与菌体的接种方式也有密切的联系(Mahaffee et al.，1997)。

(1)茎中部划伤接种对荧光标记根瘤菌在苜蓿幼苗体内运移的影响

茎中部划伤并接种荧光标记根瘤菌 2d 后，内源和外源标记根瘤菌在苜蓿幼苗体内出现的部位一致，即在划伤涂抹部位相邻的下部叶片、下部茎和根系中均有荧光标记菌的分布。茎秆接种部位、相邻的上部叶片和植株的顶端叶片中均未检出标记菌(图 4-10A)。表明根瘤菌通过茎中部的创口进入植株后，有一个向下运移到茎和下部相邻叶片的过程，但不能由接种部位向上运移。这一结果与之前在陇东(*Medicago sativa* cv. Longdong)和游客(*Medicago sativa* cv. Eureka)苜蓿田间植株中的研究一致，即营养期植株体内的根瘤菌主要存在于根和茎内(李剑峰等，2010a；张淑卿，2009c)。Yanni 等(1997)和 Chi 等(2005)也发现，存在于水稻植株体中的根瘤菌可定殖于茎基而不能向上运移至旗叶。由图 4-10A 也可以看出，内源及外源标记根瘤菌在下部相邻茎和叶中的分布密度相近，而内源菌 *R.* GNf 在根内的菌体密度较外源菌 *S.* 12531f 高出 17.55～23.30 倍。

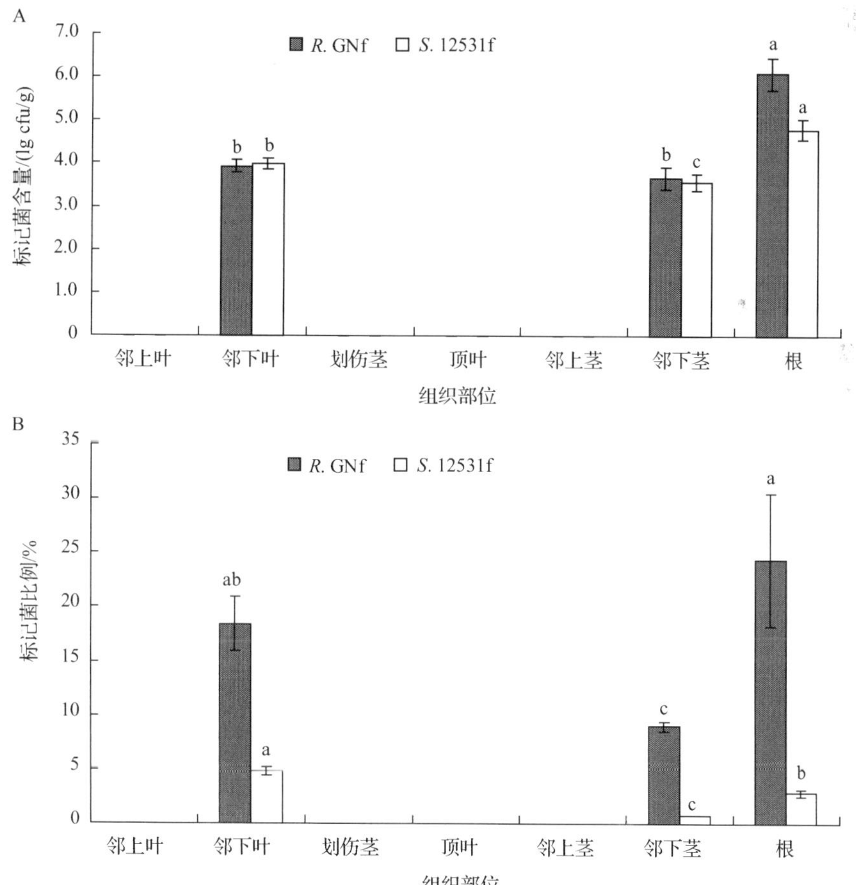

图 4-10　茎部划伤接种处理下标记菌在幼苗体内的数量分布(A)和在内生菌群体中的比例(B)

同形柱上不同小写字母表示差异显著($P<0.05$)

通过比较内源及外源标记根瘤菌在各部位全部可检出菌数中的比例，发现各检出部位中，内源菌 *R.* GNf 的比例达 9.01%～18.42%，均显著高于外源菌 *S.* 12531f($P<0.05$)(图 4-10B)。尽管部分组织中标记菌的数量相近，但其在全部内生菌中的比例差异甚高，这说明进入宿主组织的不同标记菌对其他内生菌的数量和分布也有明显的影响。

(2) 叶片涂抹接种对荧光标记根瘤菌在苜蓿幼苗体内运移的影响

有研究认为，附着于叶表的根瘤菌能从烟草叶片表面气孔进入植株内部，并运移至其他部位(Chi et al., 2005)。但涂抹于苜蓿叶片的根瘤菌能否进入植株体内并不明确，因此，对幼苗期不同部位的叶片进行菌液涂抹，2d 后检测分离各组织中的标记菌含量。结果表明，外源菌和内源菌在苜蓿幼苗体内的分布趋势完全一致，即所有叶片涂抹的处理都能在根系中分离出标记菌，但除植株下部茎外，植株的其他部位都没有标记菌的存在(图 4-11A)。这说明对幼苗期的植株而言，根瘤菌菌体的确存在由叶片进入植株并向下运移到根系的过程，但菌体无法长期在叶片和上部茎中持续存在。这与之前的研究结果一致，即在营养生长初期，叶片内没有根瘤菌的存在，而在茎中内生根瘤菌的分布也是不连续的(张淑卿等，2009b)。这是由于叶片和植株上部茎内的微环境不适于根瘤菌的定殖。幼苗茎中部划伤处理并接种后却能在划伤部位下部邻近的叶片中分离出标记菌，而在叶片涂抹处理下的所有叶片内都不存在标记菌。这一差异指出标记根瘤菌由茎划伤部位进入植株体后的运移与由叶片涂抹进入植株后向下的运移不是同一条路径，进一步推断出根瘤菌由植株中部向根系运移的过程在空间上存在一条以上的路径或通道，通过其中的一条可进入下部相邻的叶片，而另一条则直接通向下部茎和根。

除涂抹叶片外，其他叶片没有标记菌也没有其他可检出的菌体，这进一步证明了叶片和上部茎内的微环境不适宜内生菌的定殖。在顶叶和中部叶片涂抹处理后的叶片中不存在根瘤菌，但出现其他可培养微生物，相应位置未进行涂抹的叶片中则没有任何菌体检出。这说明标记根瘤菌能够经由叶片表面进入植株体内，虽无法在叶片内长期定殖，但其侵染进入叶片的过程为其他外源微生物提供了进入植物体的机会和通道。在所有叶

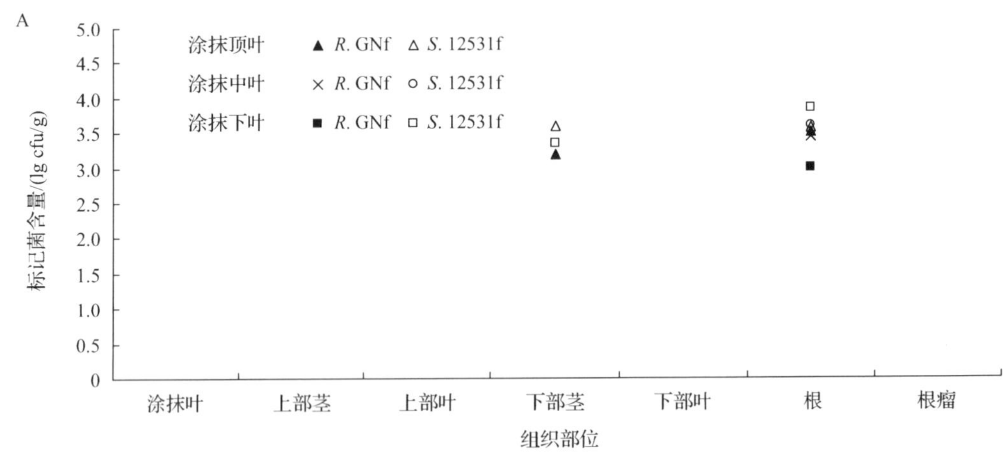

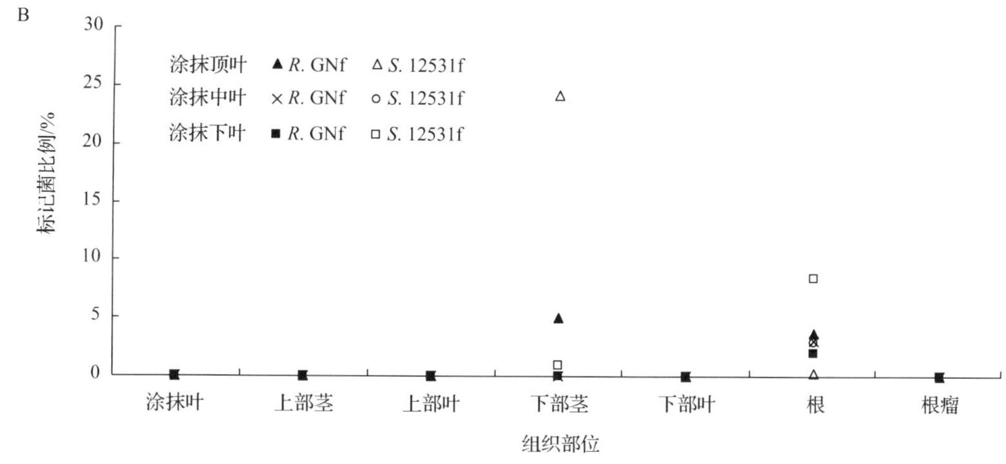

图 4-11 叶片涂抹处理下标记菌在幼苗体内的数量分布(A)和在内生菌中的比例(B)

片涂抹的处理中，根系内都有标记根瘤菌出现，但在根系取样部位附着的根瘤中则完全没有标记菌检出。这一结果指出存在于植株体内其他部位的内生根瘤菌可能无法进入已形成的根瘤中。

叶片涂抹处理中，经由叶片进入植株体的标记根瘤菌在下部茎中占全部内生菌的比例并不高，仅有 5.08%～24.24%，在根内标记菌的比例更低至 3.65%～0.22%(图 4-11B)。顶叶涂抹处理中，外源菌 *S.* 12531f 占下部茎中全部内生菌的比例较内源菌 *R.* GNf 高出 3.77 倍，而在根内则正好相反，仅为 *R.* GNf 的 6.03%。

二、温度对荧光标记根瘤菌在苜蓿幼苗体内运移的影响

温度是影响生物多样性的重要因素之一。温度可直接影响细菌的生理生化代谢途径(Knoblauch and Jirgensen，1999；Rutter and Nedwell，1994；Delille and Perret，1989)。在不同温度条件下浸根处理 2d 后，标记菌在植株体内的数量分布存在明显差异。在 25℃条件下两种标记菌都能进入植物的根系和下部茎，内源菌 *R.* GNf 甚至可以进入植株下部的叶片。25℃条件下，两种标记根瘤菌集中在幼苗的根、茎部位。*R.* GNf 在根和茎内的数量无显著差异，在叶片中仅有少量分布。下部茎内外源菌 *S.* 12531f 的菌体密度仅为根内的 8.12%，为茎中内源菌 *R.* GNf 密度的 32.09%。说明常温下根瘤菌能够在 2d 内由根部外环境侵入根系并运移至茎，少量的内源标记菌能进入下部叶片。但同时幼苗的茎部环境对菌种具有一定的选择性，外源菌在茎内虽可以存在，但在总内生菌中的数量比例均显著低于相同部位的内源菌($P<0.05$)(图 4-12A)。4℃低温下，除内源菌 *R.* GNf 在幼苗根内有少量分布外，处理幼苗的其他部位均没有标记根瘤菌检出，且低温下根系中 *R.* GNf 的菌密度仅为常温下的 8.38%。说明 4℃低温能够强烈抑制根瘤菌侵入宿主根系并抑制根瘤菌在宿主体内的运移，且对外源根瘤菌的抑制作用强于内源根瘤菌。4℃低温下进入根系的 *R.* GNf 仅占该部位全部可检出菌数的 2.6%，仅为常温下的 70.3%(图 4-12B)，标记菌在总内生菌中的比例也印证了这一推断。

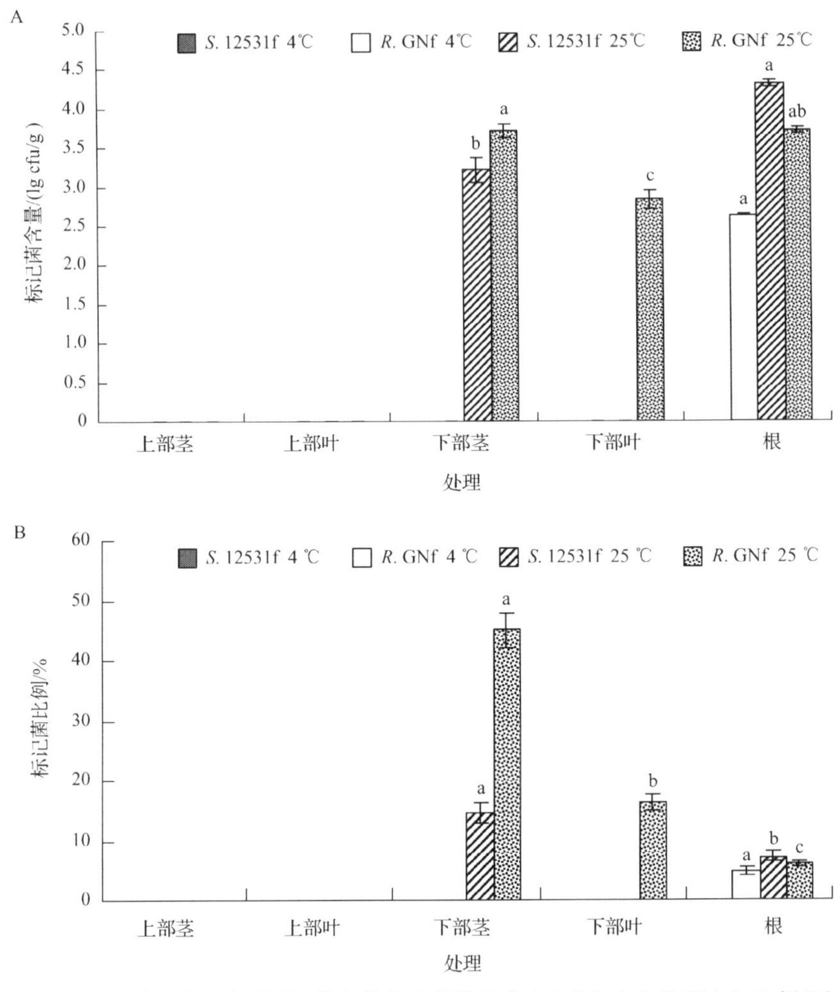

图 4-12　不同温度条件下标记菌在幼苗中的数量分布(A)和在内生菌中的比例(B)

同形柱上不同小写字母表示差异显著($P<0.05$)

三、外源物质对根瘤菌在幼苗体内运移的影响

内生菌对目标植物的侵染能力与侵染后运移与定殖的菌体数量受到目标植物的类型、遗传特性、植株生理生化状态、植物内环境及其栽培条件的影响，同时植株的不同生长时间也影响内生菌在体内的定殖(Hallmann et al.，1997b)。迟峰等(2006)也指出随着植物组织的老化和木质化程度的加剧，植物的生理条件发生变化，当组织内环境不再适合菌体生存时，根瘤菌的适宜定殖部位可能发生变化。因此在芽苗试验之后，张淑卿和师尚礼(2012)对苜蓿幼苗也进行了根瘤菌胞外多糖、外源 IAA 和 $LaCl_3$ 对根瘤菌在植株体内运移影响的研究。

(1)根瘤菌胞外多糖对荧光标记根瘤菌在苜蓿幼苗体内运移的影响

根瘤菌胞外多糖通过表面包被减少菌体与宿主细胞的直接接触，以规避或减弱宿主植物的防御性反应，Yanni 等(2001)的研究证明外源菌在宿主茎内的数量显著升高，这一结果可能与多糖对宿主植物的防御性反应的减弱程度有关。在芽苗试验中，发现内源菌 *R.* GNf 分泌的胞外多糖(EPS)能显著提高外源菌在宿主芽苗根系和茎中的数量。而外源菌胞外多糖能增加内源菌在根系内的数量，但对其向茎和子叶的运移有抑制作用。幼苗与芽苗的试验结果一致(图 4-13A)，将内源菌 *R.* GNf 分泌的多糖与外源菌 *S.* 12531f 的菌体混合后对幼苗浸根，2d 后，多糖包被外源菌 *S.* 12531f 在幼苗根和茎中的数量分别较单纯接种外源菌的处理显著高出 106.52%和 168.13%。将外源菌 *S.* 12531f 所分泌的多糖与内源菌菌体混合后对幼苗浸根，2d 后，内源菌 *R.* GNf 在幼苗根内的数量较单纯接种内源菌的处理高出 19.37%，但茎中的标记菌减少了 92.96%，且标记菌在下部叶片内也未能检出。标记菌在检出部位全部菌数中的比例也反映出相同的

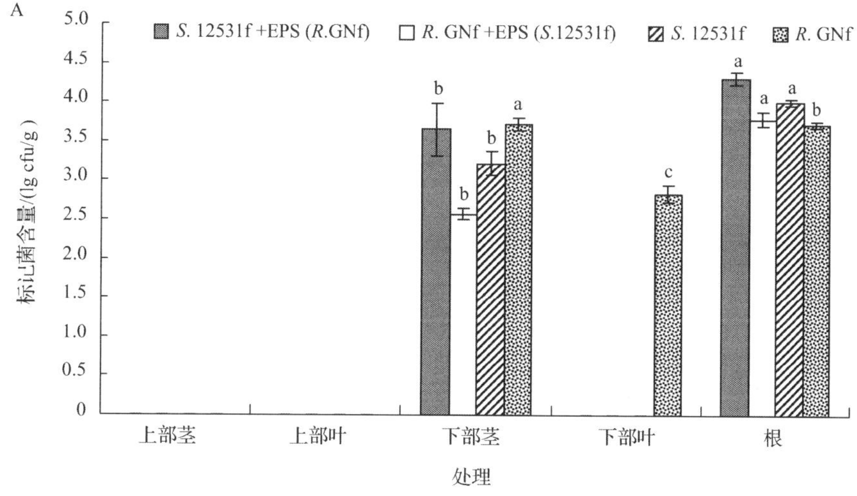

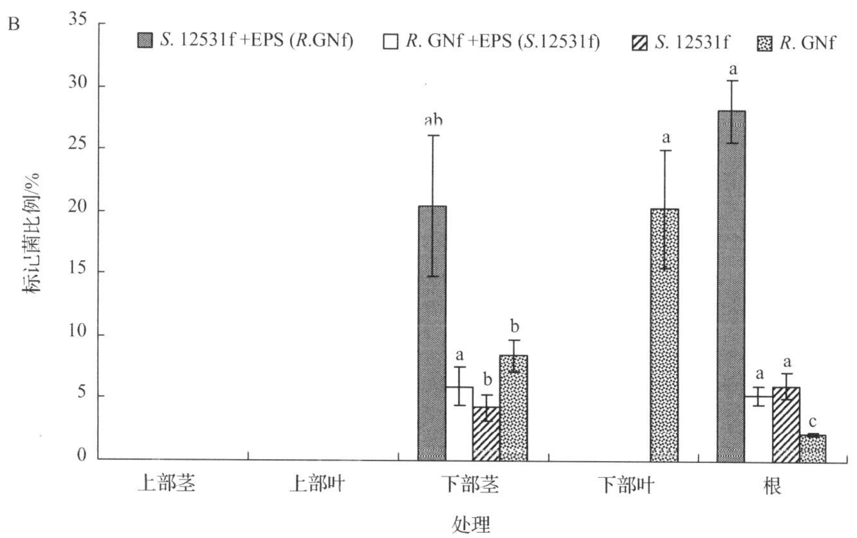

图 4-13　菌液混合胞外多糖后荧光标记根瘤菌在苜蓿幼苗体内的运移分布(A)和荧光标记根瘤菌在内生菌中的比例(B)

同形柱上不同小写字母表示差异显著($P<0.05$)

趋势(图 4-13B)，在混合内源菌胞外多糖接种后，根和茎中外源菌在可检出菌中的比例分别达 20.49%和 28.16%，较未混合多糖的处理分别增高 3.8 倍和 3.63 倍。在单纯菌液对完整根系幼苗的浸根处理中，下部茎中内源菌 *R.* GNf 数量和比例均高于外源菌 *S.* 12531f，下部叶中仅有 *R.* GNf 检出，且数量和比例较高。根系中 *S.* 12531f 数量和比例高于 *R.* GNf。

(2) 外源 IAA 对荧光标记根瘤菌在苜蓿幼苗体内运移的影响

由图 4-14A 可见，菌液混合外源 IAA 处理根系 2d 后，根系中的标记菌含量显著升高，外源和内源标记菌在幼苗根系中的菌含量分别增高 1.22 倍和 1.20 倍；茎中外源菌的数量较未添加 IAA 的对照高出 25.24 倍，而内源菌的数量仅为对照的 48.30%。菌液混合外源IAA接种后，外源菌在根和茎可检出菌中的比例较对照分别高出 10.85%和 307.98%；内源菌在根中的比例较对照增高 172.65%，但在茎内的比例仅为对照的 39.05%(图 4-14B)。这与芽苗试验中的结果一致，即 0.08mg/L 的外源 IAA 能明显促进根瘤菌侵入根内，但对内源菌由根向幼苗茎部的运移有微弱的抑制。

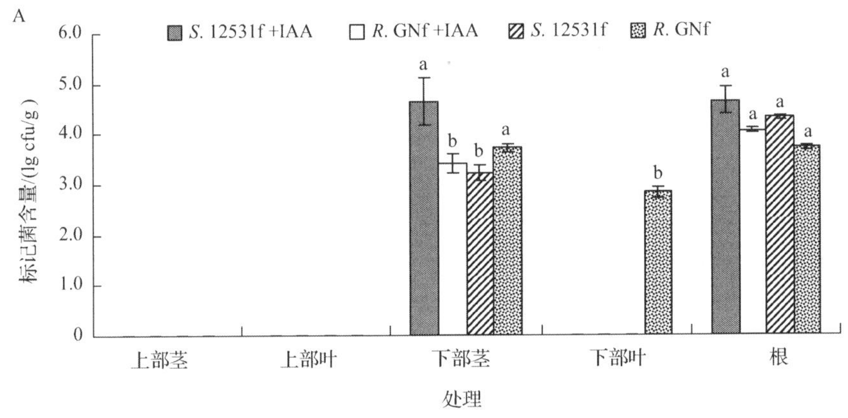

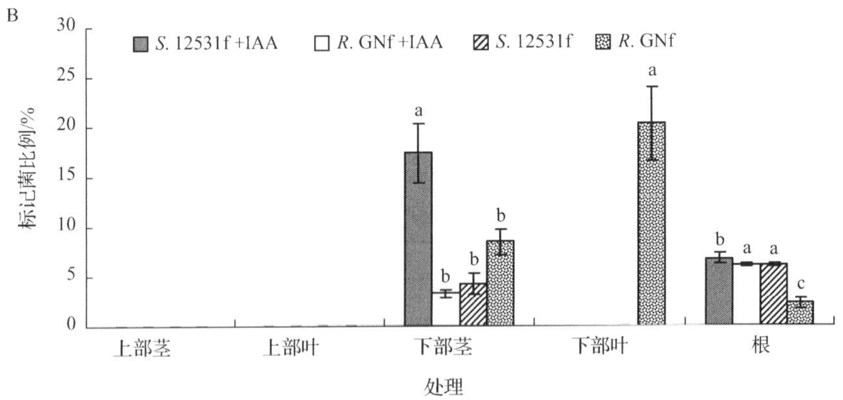

图 4-14　菌液混合外源 IAA 后荧光标记菌在苜蓿幼苗体内的运移分布(A)和荧光标记菌在内生菌中的比例(B)

同形柱上不同小写字母表示差异显著($P<0.05$)

(3) $LaCl_3$ 对荧光标记根瘤菌侵入苜蓿幼苗及体内运移的影响

通过 2d 和 4d 的浸根试验，比较 $LaCl_3$ 对标记根瘤菌入侵宿主幼苗根系并向其他部位运移的影响。浸根处理 2d 后，两种标记菌都能进入幼苗的根系，并运移至植株下部的茎内，但只有少量内源菌能够运移至植株下部的叶片，而 $LaCl_3$ 能使幼苗下部叶片中的内源菌数降低至对照的 29.53%（图 4-15A）。4d 后混合 $LaCl_3$ 的处理，内源菌在下部叶片中消失，其他处理的标记菌分布部位与 2d 的处理相同（图 4-15B），表明 50mg/L 的 $LaCl_3$ 对内源标记根瘤菌自根至下部叶片的运移有抑制作用。2d 内 $LaCl_3$ 对下部茎中的外源菌和根系中内源菌的菌密度没有显著影响，但能使根系中的外源菌增加 14.04 倍，并降低茎内的内源标记菌数至对照的 52.64%。4d 时 50mg/L 的 $LaCl_3$ 降低了所有检出部位的标记菌密度。内源菌在根和下部茎中的活菌数分别降低至对照的 11.33%和 14.98%，外源菌的降幅略低于内源菌。但比较 2d 和 4d 各处理检出部位的菌密度发现，除 $LaCl_3$ 作用下根系中的外源菌和下部叶片中的内源菌数量减少或消失外，其他部位标记菌的数量，不论是否有 $LaCl_3$ 的作用都有随处理时间的持续而逐渐增加的趋势，说明 4d 内进入根、茎和叶的标记菌都能稳定增殖或能持续由根部向检出部位运移。

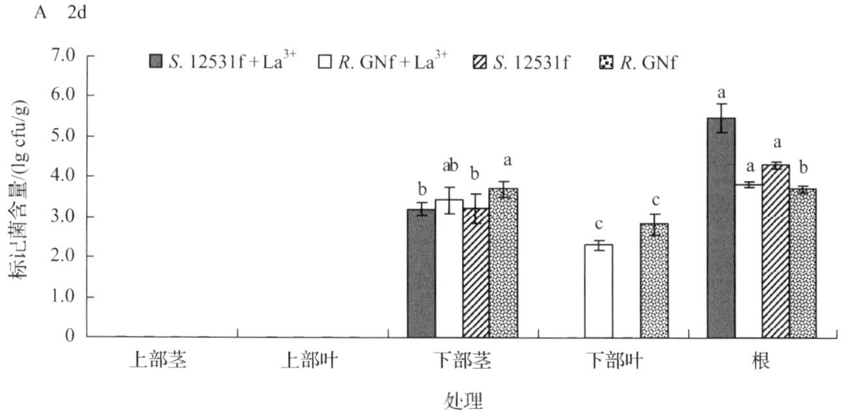

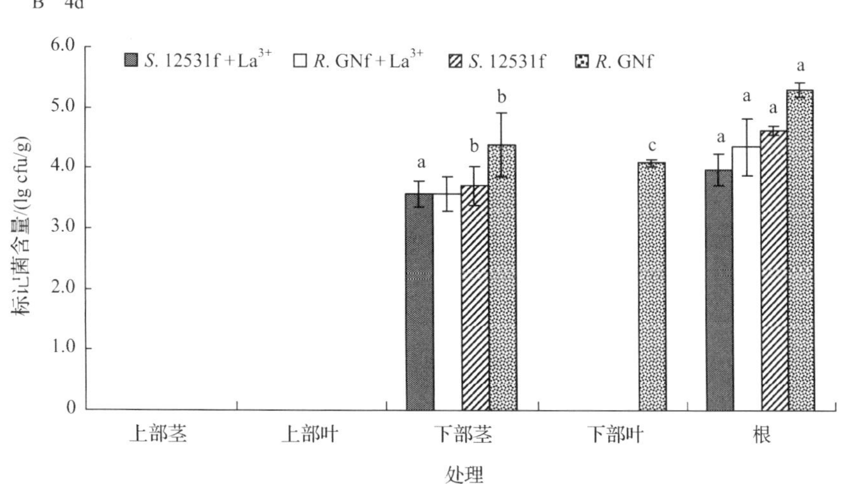

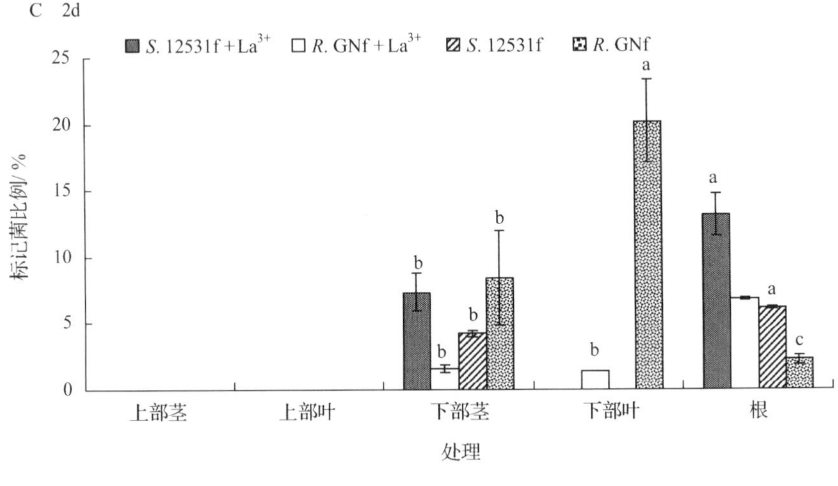

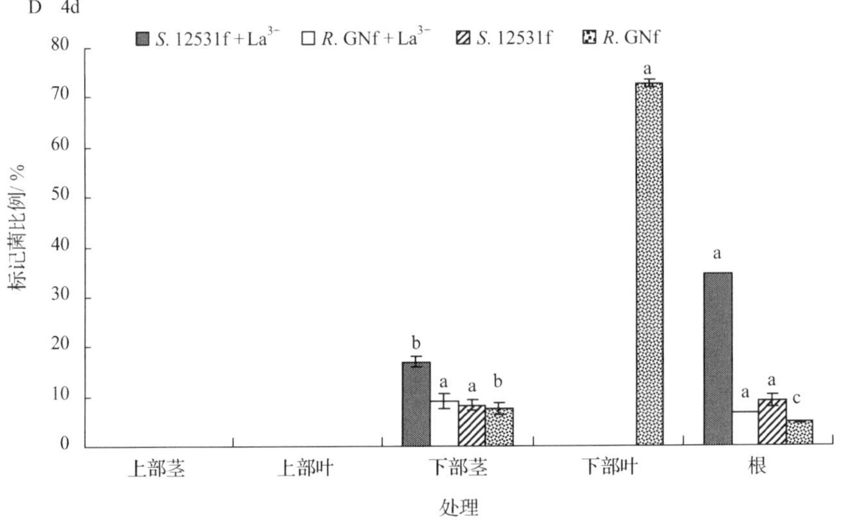

图 4-15　$LaCl_3$ 对荧光标记菌侵入苜蓿幼苗并在体内运移的影响（A、B）及荧光标记菌在内生菌中的比例（C、D）

同形柱上不同小写字母表示差异显著（$P<0.05$）

$LaCl_3$ 在短期（2d）内表现出刺激外源菌增殖或运移的能力，但随着处理时间的持续，4d 时对内源和外源菌的增殖和运移都表现出抑制。即两株标记菌在含 50mg/L $LaCl_3$ 的培养基中增殖速度略有减慢，但不会引起菌体死亡或增殖停滞。对照处理中的内源菌在下部叶片中能稳定增殖，4d 时的活菌数较 2d 时高出 17.08 倍。但在 $LaCl_3$ 作用下，下部叶片在 4d 时已无标记菌检出，可能是 La^{3+} 破坏了内源标记菌表面的多糖构象，造成叶片中植物防卫系统对内源菌无法识别而使防御反应加剧，内源菌被清除所致。

菌液混合 $LaCl_3$ 浸根 2d 后，内源及外源标记菌在根系可检出菌中的比例分别高出对照 307.98%和 206.28%，外源标记菌在茎中可检出菌中的比例高出对照 75%，但内源标记菌在茎中的比例则仅为对照的 19.12%；尽管 2d 内，在 $LaCl_3$ 作用下内源菌在植株下部叶片中仍有分布，但在可检出菌中的比例仅有对照的 6.93%（图 4-15C）。菌液混合 $LaCl_3$

浸根 4d 后，内源及外源标记菌在下部茎秆中可检出菌的比例分别高出对照 19.07%和 105.35%，在根系中可检出菌的比例分别高出对照 37.87%和 284.53%，但在植株下部叶片中仅有未经 $LaCl_3$ 处理的内源菌存在，且占可检出菌的 72.53%（图 4-15D）。

四、营养对荧光标记根瘤菌侵染苜蓿幼苗及体内运移的影响

Rudrappa 等（2008）认为，植物组织内充足的营养、水分和机械保护条件能够促成内生菌形成团聚体膜（biofilm），有助于菌体黏附并形成优势群落。张淑卿和师尚礼（2012）将标记根瘤菌菌悬液加入不同营养条件的营养液中，并以此培养苜蓿幼苗，菌液连续浸根 2d 后，标记菌在幼苗内的根、茎和叶中（主要分布在植株下部的茎及叶片内）均有分布（图 4-16）。但含氮、无氮营养液和对照（无菌水+菌悬液）处理下标记菌的菌体数量有较大的差异。含氮营养液及对照处理下根内的标记菌数较无氮营养液的处理高出 0.5～1.31 倍（图 4-16A-1，图 4-16B-1），而在可检出菌中的比例也分别比无氮营养液处理高出 3.25 倍和 12.71 倍（图 4-16A-2，图 4-16B-2）。说明短期内提供全面营养或不提供任何营养都能促进标记根瘤菌侵入根系。茎和叶中内源根瘤菌的数量变化趋势与根系恰好相反，在无氮营养液处理下，茎中标记菌含量分别较含氮营养液处理和无营养对照高出 6.26～1.29 倍（图 4-16A-1）；含氮营养液处理下茎中的外源标记菌数则分别比无氮营养液和对照处理高出 3.62～4.73 倍（图 4-16B-1）。表明营养供给的均衡性（包括全面营养和无营养）

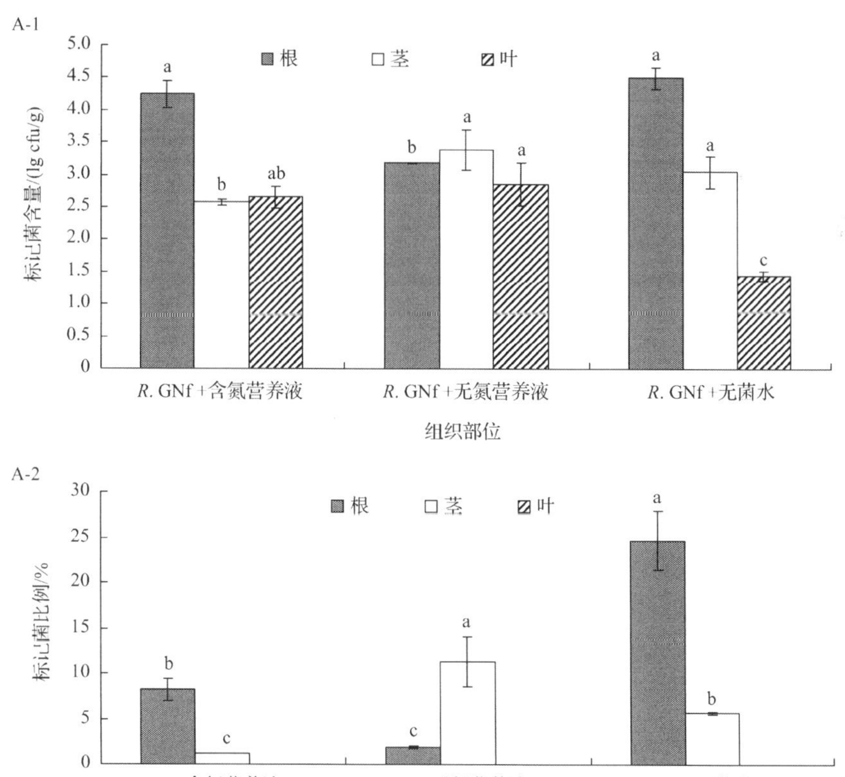

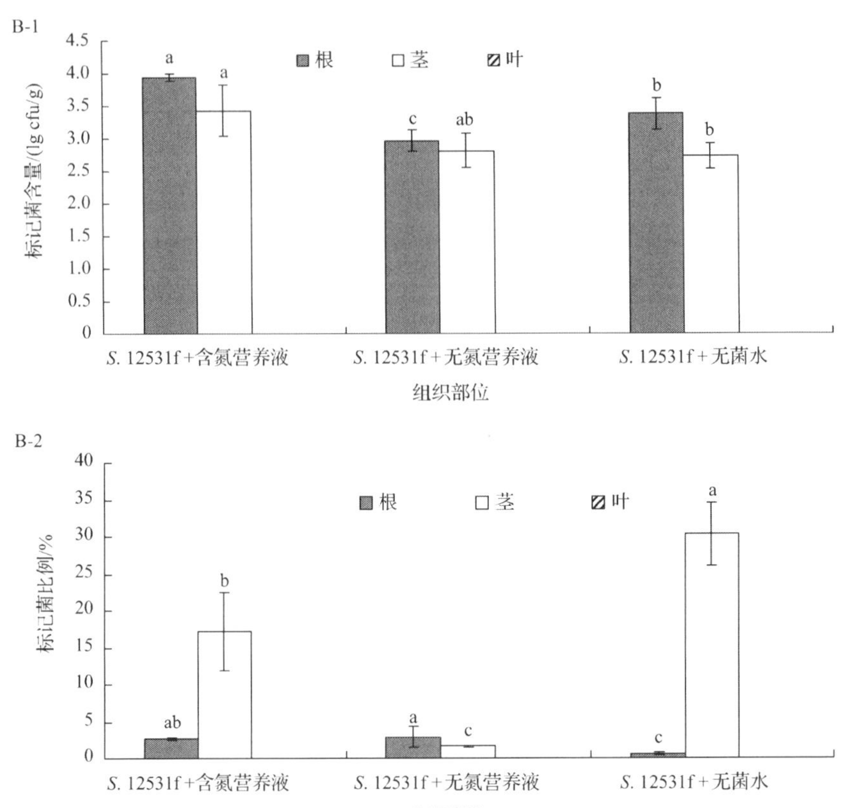

图 4-16 水培营养条件对荧光标记根瘤菌侵入苜蓿幼苗并在体内运移的影响(A)和荧光标记菌在内生菌中的比例(B)

同一组织中标记根瘤菌含量在不同水培营养条件下的比较，同形柱上不同小写字母表示差异显著($P<0.05$)

能促进根瘤菌侵入植株根系，而单一缺乏氮素营养的微环境则有利于标记根瘤菌向寄主幼苗的茎部运移。这一现象表明内生根瘤菌的运移不仅受到宿主防卫系统的调控，还受到温度、营养等环境的影响。

Yanni 等(2001)认为三叶草根瘤菌作为水稻内生菌，未检测出在宿主体内有固氮作用，但 Cavalante 和 Döbereiner(1988)发现甘蔗内生固氮菌 *Acetobacter diazotrophicus* 对酸性环境有强适应性，能在植株茎秆中进行固氮。因此，首先根瘤菌的运移是否也基于相似的机理，以及在苜蓿根和茎内是否能以非结瘤形式固氮，则需要进一步的研究证实；其次，内源标记菌和外源标记菌在进入根系的阶段受营养条件的影响基本一致，而在茎中则表现出明显的差异。内源菌在茎和叶中的数量变化与根系恰好相反；再次，无论营养条件如何，外源菌都无法在 2d 内进入寄主幼苗的下部叶片。这一结果在相异胞外多糖、外源 IAA 和环境温度差异试验中都一致，表明在下部的叶片与下部茎之间存在选择性屏障，只能允许内源菌进入叶片。

五、荧光标记根瘤菌浸根接种及根系内运移

为明确外源和内源标记根瘤菌在寄主植物中的短期运移规律，张淑卿和师尚礼(2012)

对含标记菌营养液培养的苜蓿幼苗进行了连续 7d 的体内标记根瘤菌数量及分布检测。结果表明，两株标记菌的运移特性并不完全一致。外源菌 *S.* 12531f 在处理 1d 后即可侵入到苜蓿幼苗的根系内，2d 已进入植株下部的茎内，2～4d 时标记菌在根和下部茎中稳定增加，5d 时运移至上部茎，并在各部位达到最大密度(图 4-17)，而在 6～7d 时持续出现在植株的上部茎、下部茎和根系内(图 4-18A)。在整个过程中，始终未能从叶片中检出标记菌，这与上文中的试验结果一致，表明外源标记菌侵入根系之后的 7d 内存在一个由根至植株上部茎持续转移的过程。这与小麦体植株中芽胞杆菌的运移特性不同，即小麦叶片经抗药标记的蜡质芽胞杆菌菌液涂抹后，标记菌首先持续定殖于接种叶片，之后逐渐向顶部叶片和茎基运移，最终于处理 28d 后到达根系(刘忠梅等，2005)。表明不同微生物在植株体内的运移存在着明显的差异。

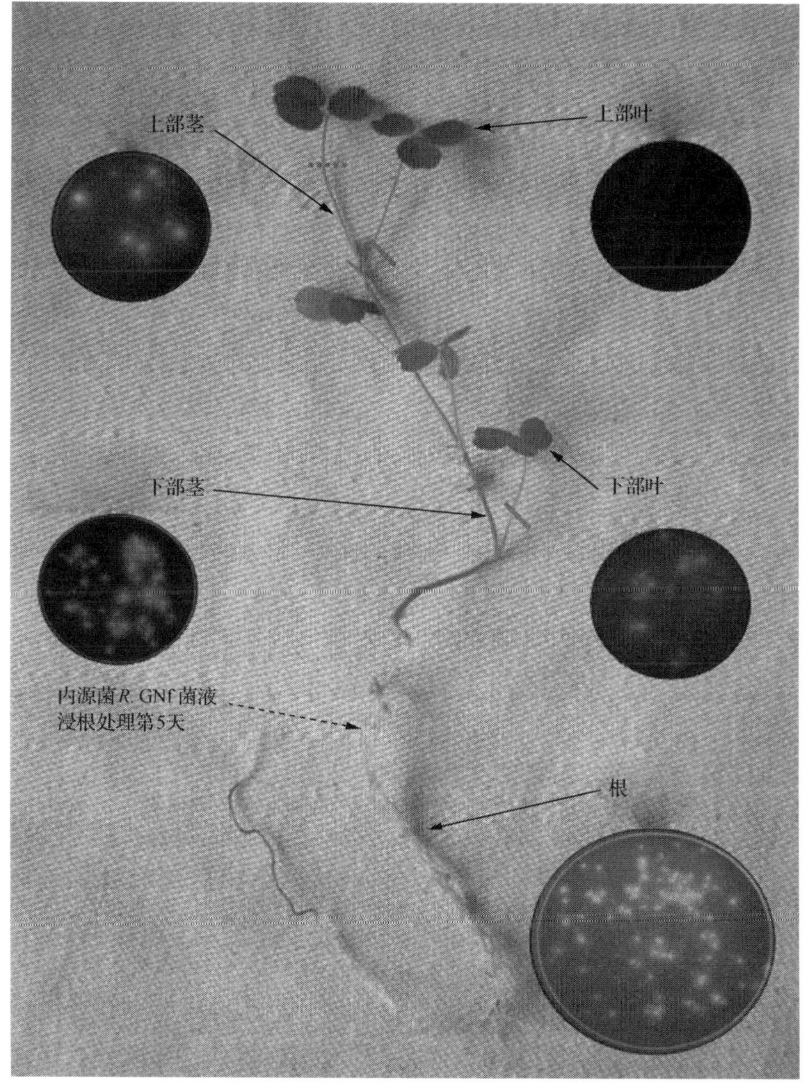

图 4-17　内源菌浸根处理第 5 天时幼苗各部位标记菌数量及分布(另见彩图)

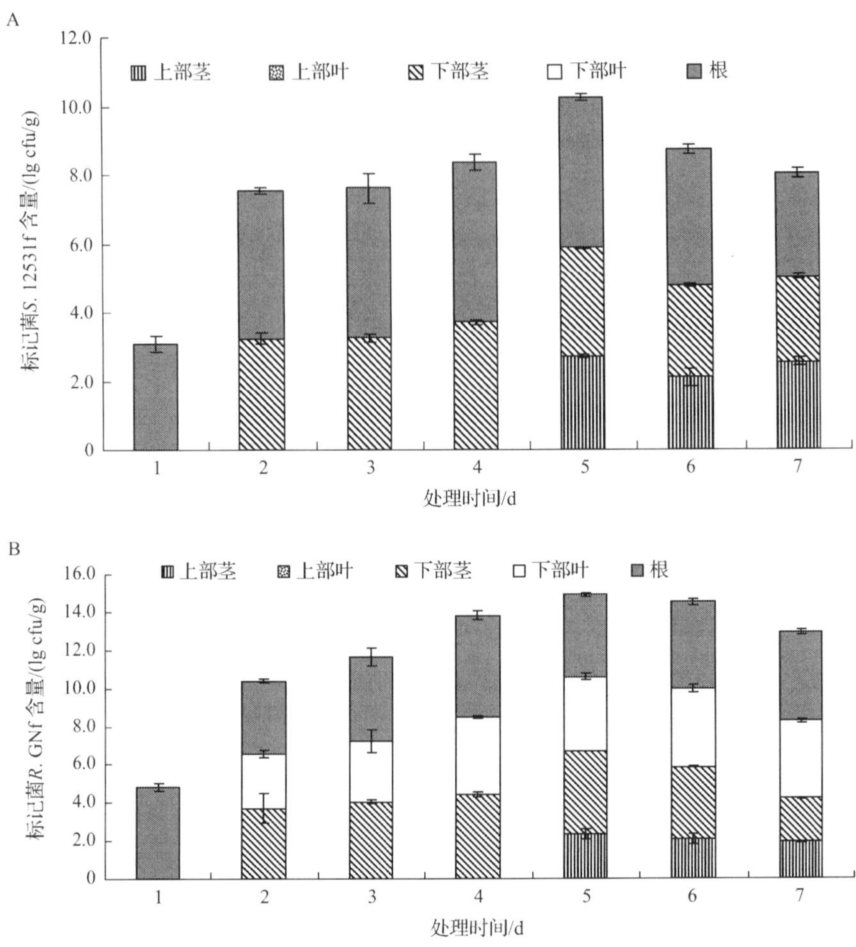

图 4-18　浸根处理接种荧光标记根瘤菌在幼苗各组织部位的数量动态

内源菌 *R.* GNf 在处理 1d 后仅存在于苜蓿幼苗的根系，2d 后除存在于根系外还能在植株下部的茎和叶片中检出，2～4d 时内源标记菌的分布部位不变且菌体密度持续增加，5d 时植株的上部茎中也出现了标记菌，并在 5～7d 时持续出现在植株的根系、上部茎、下部茎和叶内，但在上部和下部茎中的菌体密度有逐渐减少的趋势(图 4-18B)。

第四节　荧光标记根瘤菌对田间植株侵染、体内运移及影响因素

植物内环境中的独特微生态环境对内生菌的生存和运移同时起到保护和限制作用(Baldani et al.，1997a)，而内生菌也会利用菌体的胞外多糖、黏液等物质在植物体内为自身营造一个适宜的生长环境(Egener et al.，2001)。在一些外源微生物侵染、定殖于植物体并最终形成内生菌的过程中，菌体分泌的激素类物质能够促进宿主植物细胞壁延伸(Pan et al.，2001；Hurek et al.，1994)，在表观上促进了植物的生长，实际上也为自身赢得了生存空间和运移通道。起源于外部环境的植物内生菌最初向根际移动的过程与多数病原菌一样，都是受到根系分泌物(外渗液)的梯度指引移动并吸附至根表(陈立军等，

2004)。在宿主植物防御反应的选择下，可被宿主识别或能经受选择压力的菌体进入宿主自然存在的细胞间隙或伤口，有的菌株甚至可以通过分解纤维素酶和果胶酶，分解植物细胞壁侵入更深层的组织。很多内生菌并非能定殖于寄主植物的所有部位(李剑峰等，2009a)，而同一株寄主植物由于接种部位的不同也会导致同一种内生菌的分布和定殖产生明显差异(刘忠梅等，2005)。张淑卿(2009)发现，内源标记根瘤菌可以由寄主的叶片和茎运移至根部，却无法定殖于某些接种部位。且即使在同一部位接种同一菌株，菌体的运移和分布也受到外源物质如生长素和稀土离子，以及温度、营养等的影响。这表明植物不同组织的内环境对同一入侵微生物的选择压力并不一致。这种选择压力既包括植物的防御反应系统，又包括所处物理化学环境和营养条件的作用。

田间植株所面临的水、热、光照和养分条件与实验室幼苗所处的环境有明显的区别。并且田间返青植株的根系组织、茎内的筛管和髓部的结构、空间等与幼苗相比已有明显的改变。因此还需要明确标记根瘤菌在实验室条件下幼苗植株中和处于田间条件下的次年返青植株中的运移和分布是否存在差异。张淑卿、师尚礼通过对田间植株进行不同接种方法的处理，比较了从根际自然侵入和通过根系与原根瘤间的分离切口侵入，由茎部表皮伤口侵入和由髓部注射进入的菌体在运移和分布上的差异。同时探讨了稀土离子、外源 IAA 和内源菌、外源菌胞外多糖等物质对茎部表皮伤口侵入的菌体在植株各部位分布和运移的影响。

一、接种方式对田间植株体内标记根瘤菌运移的影响

内生菌的定殖研究通常采用的接种方式包括根系浇灌和茎秆涂抹等，在不同的接种方式和不同的菌种下，根瘤菌的运移和数量分布有明显的差异(Hallmann et al.，1997a)。张淑卿和师尚礼(2012)对苜蓿田间植株采取了菌悬液根际浇灌、去除根瘤以菌液浸根两种根部接种方法和对茎部划伤部位涂抹、茎秆中部注射菌液接种两种茎部接种处理方法。

(1) 茎部划伤并涂抹接种及茎秆中部注射菌液接种后荧光标记菌在田间植株体内的分布

对田间植株的茎中部进行表皮划伤并涂抹菌液 2d 后，外源标记菌 *S.* 12531 和内源标记菌 *R.* GNf 均运移至根系内，且两种标记菌的菌密度相近(图 4-19)。与内源菌的分布略

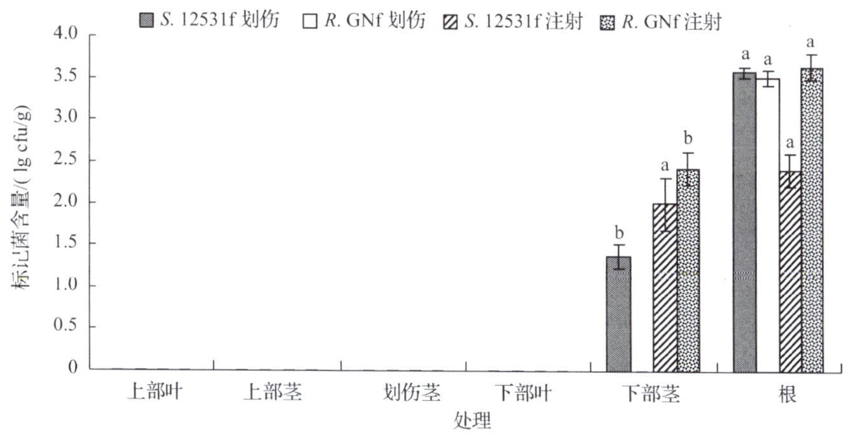

图 4-19　茎部划伤接种与茎部注射菌液后标记菌在田间植株体内的数量分布

同形柱上不同小写字母表示差异显著($P<0.05$)

有不同，外源标记菌还能存在于划伤处下部的茎内，但数量仅为根组织内标记菌密度的0.43%～0.86%。两种标记菌在接种部位均未被检出，表明标记根瘤菌从田间植株茎表的伤口只能向下运移至根系，但无法向上运移，也不能长期定殖于接种部位和茎基至伤口间的运移通道内。

相同的处理时间和环境下，将菌液注射于植株中部茎的髓部后，内源和外源标记菌都能运移至植株的根系和注射部位相邻的下部茎组织内。与茎表划伤涂抹菌液的处理相比，注射处理植株中外源标记菌在根系内的菌体密度降低了 94.72%，但茎中的菌体密度升高了 0.82～7.27 倍，这表明两种标记菌在茎秆表皮和髓部向下运移的速率并不一致：外源菌自茎秆表层伤口进入植株后，向根系运移的速率高于由茎髓部向根系运移的速率。而内源菌正好相反，在茎髓部向下运移的速率更高。另外，根系和下部茎内的菌体数目差异也可能是由外源菌在髓部和茎表面伤口、根系内运移的过程中所受到的植物防御反应的选择压力差异所致。因为经注射处理进入根系的外源菌菌体密度比涂抹处理有明显的降低，而内源菌由于在髓部受到的防御反应压力较轻，菌体不仅可以在运移通道内保持较长的滞留时间，且根系的菌体密度也较外源菌高出 36.87%。可见，由茎表伤口侵入植株的方式有利于外源菌的运移，而注射处理后由茎秆髓部向根系的运移通道更适宜内源菌的转运。

相对于内源根瘤菌，外源根瘤菌的运移和定殖研究意义更大。为侧重于探讨外源标记根瘤菌在植物体内的运移过程。作者根据以上推论在探讨外源物质 $LaCl_3$ 和菌体胞外多糖对茎部接种的影响时，选择有利于外源菌运移的茎表涂抹接种试验(见本节二(1)、(2))，而仅在 IAA 混合菌液处理时，对两种接种方式同时做了测定和分析。

(2) 去根瘤后菌液浸根重栽及根部回接菌液后标记根瘤菌在田间植株体内的分布

由图 4-20 可见，去除根瘤以菌液浸根并重栽 40d 后，两种标记菌在苜蓿植株的根系和下部茎内都能被检出(图 4-21)。标记菌在茎组织中平均菌体密度仅为根系内的 0.9%～7.3%，表明通过根系切去根瘤时留下的伤口进入植株的标记根瘤菌主要存在于植物的根系中，少量的标记菌也能运移至茎部并在 40d 内保持存在。直接在田间植株的根际土壤中施入菌液也能使标记菌侵入寄主植物根系，并运移至植株下部茎内，但只有内源菌 *R.* GNf 可进入植株的上部叶片，表明由完整根系侵入植株的标记根瘤菌在处理 40d 后，仍存在由根系向地上部位运移的过程，在植株体内的标记菌运移通道中依旧存在茎与叶片间的选择透过性屏障，使内源标记菌能够进入叶片，而外源标记菌则仅限于在植物的根系和下部茎内转运。与去除根瘤并重栽接种植株的处理相比，直接向根际回接菌液 40d 后，根组织内标记根瘤菌的菌体密度均显著下降，降幅达 95.98%～97.89%。这一结果说明对田间植株而言，根系是否存在伤口，以及是否已结根瘤对标记菌的侵染和运移有明显的影响。标记菌在根系未受损伤且已形成大量根瘤的田间植株的根组织中菌密度较低，但菌体始终保持着向上运移的趋势，尤其是内源菌，能够进入到植株上部的叶片中。对于切去根瘤接种后重新栽植的植株，切去根瘤时在根表留下的伤口和创面为标记菌的侵入提供了便利的通道，也使得菌体获得了更多的侵入机会，表现为根组织内的标记菌密度增大。

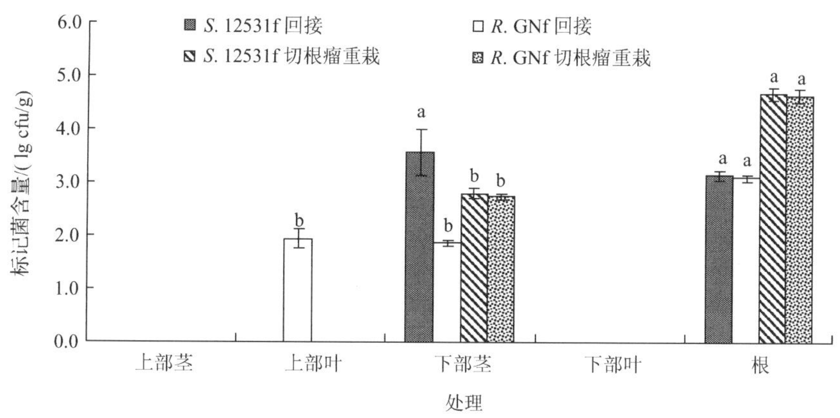

图 4-20　苜蓿田间植株切去原根瘤再以菌液浸根并重栽处理及植株根际回接菌液 40d 后，荧光标记根瘤菌在苜蓿田间植株内的运移分布

同形柱上不同小写字母表示差异显著($P<0.05$)

图 4-21　除去根瘤，菌液浸根重栽 40d 后内源菌在苜蓿田间植株体内的分布(另见彩图)

对于直接回接菌液的处理，植株上部的叶片有根瘤菌检出，证明该处理方法下，标记菌存在由根际转运至植株上部的运移通道。而切去根瘤接种后重新栽植的植株，菌体的运移通道会由根系延伸至何处并不明确。因此对该处理的植株进行分段组织的标记菌检测。如图 4-22 所示，两种标记菌都能由根系运移至下部茎内(距根系 2 个茎节)，茎基组织中内源菌及外源菌的菌体密度差异很小，而在向上运移一个茎节之后，外源菌 *S.* 12531 的菌体密度有所升高(图 4-21)。表明在运移通道的不同部位，标记菌的分布和不同菌株的适生性也有所差异。

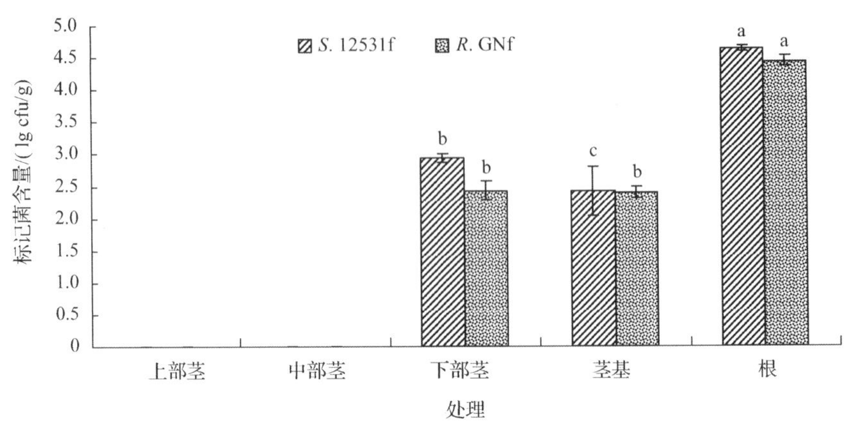

图 4-22　苜蓿田间植株以标记菌菌液浸根后重栽，40d 时荧光标记菌在植株内的分布

同形柱上不同小写字母表示差异显著（$P<0.05$）

二、外源物质对标记根瘤菌在田间植株体内运移的影响

（1）茎部划伤以菌液混合 $LaCl_3$ 涂抹处理后标记菌在田间植株体内的分布

通过进行田间植株的茎部划伤涂抹接种试验，比较田间条件下 $LaCl_3$ 对标记菌由茎表伤口侵入植株并向其他部位运移的影响。由图 4-23 可见，$LaCl_3$ 对外源菌和内源菌在田间植株体中运移的影响结果正好相反。即与仅接种菌液的对照相比，$LaCl_3$ 能提高内源菌 *R.* GNf 在根系中的分布密度 9.19%～67.37%，并能使菌体在下部茎内存在 2d 以上。而对外源菌，$LaCl_3$ 会使根系内的菌体密度降低至对照的 39.45%～53.29%，同时使植株下部茎内的外源标记菌消失。这与幼苗试验的结果也存在差异，同样是混合 $LaCl_3$ 接种 2d 之后的标记菌分布，$LaCl_3$ 能刺激幼苗体内外源菌增殖或运移，同时对内源菌有所抑制。可见不同的植株生长阶段，体内标记菌的运移和增殖受 $LaCl_3$ 的影响并不一致。

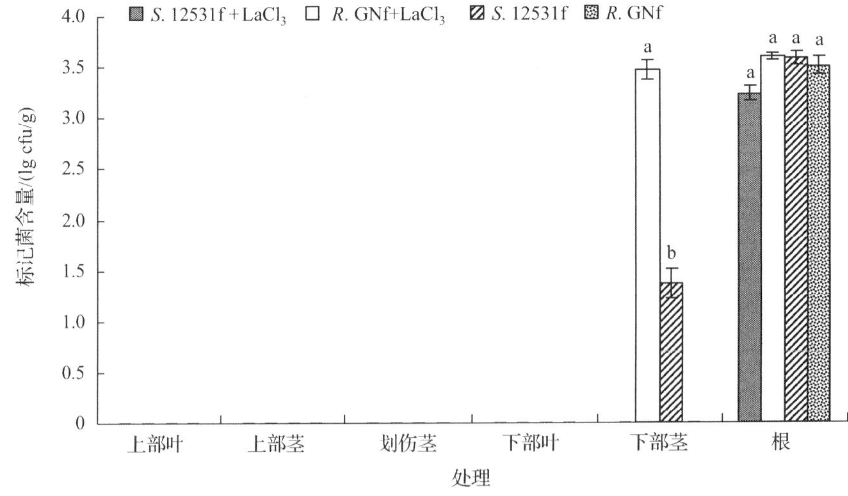

图 4-23　菌液混合外源 $LaCl_3$ 进行茎划伤涂抹后荧光标记根瘤菌在田间植株体内的分布

同形柱上不同小写字母表示差异显著（$P<0.05$）

(2) 茎部划伤以菌液混合不同菌体胞外多糖涂抹后标记根瘤菌在田间植株体内的分布

根瘤菌胞外多糖通过表面包被减少菌体与宿主细胞的直接接触，以规避或减弱宿主植物的防御性反应。在芽苗及幼苗试验中，内源菌分泌的胞外多糖能显著提高外源菌在宿主根系中的数量，反之亦然。田间植株尽管菌液混合外源物质的接种部位不同，但在组织中菌体密度的变化与幼苗和芽苗相似，外源菌或内源菌混合内源菌或外源菌的胞外多糖在茎表伤口接种后(图 4-24)，根系中标记菌的密度升高了 1～2 倍。但与幼苗和芽苗的试验结果不同的是，内源菌分泌的胞外多糖会使茎中原本存在的少量外源标记菌消失，而外源菌胞外多糖对于内源菌在除根以外的其他部位检出与否并没有实质性的影响。这一结果可能与多糖对宿主植物的防御性反应的诱发和减弱程度有关(Yanni et al.，2001)。

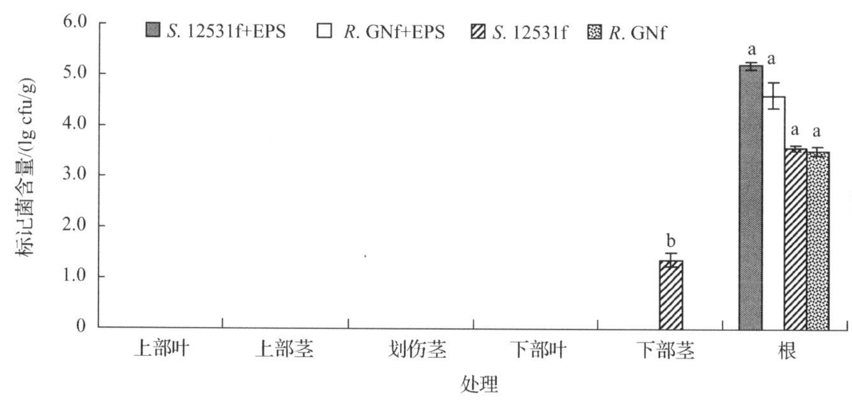

图 4-24 外源菌 *S.* 12531f(内源菌 *R.* GNf)混合内源菌(外源菌)胞外多糖对植株中部茎划伤涂抹处理，荧光标记菌在苜蓿田间植株体内的分布

同形柱上不同小写字母表示差异显著($P<0.05$)

(3) 菌液混合 IAA 对划伤茎表涂抹接种及对茎髓部注射接种后标记根瘤菌在田间植株体内的分布

随着植物组织的生长和发育，植物各部位的组织结构和生理条件发生变化，植物不同组织部位的分化受到植物激素的调节，并引起细胞增殖速率及组织解剖结构的变化，根瘤菌侵染植物结瘤的过程即被认为与这一现象紧密相关(Zaied et al.，2009)。Remirez(1993)也指出 IAA 能够抑制植物防卫系统中胞壁降解酶的酶活性，使入侵菌体易定殖于植物组织。由图 4-25A 可见，菌液混合外源 IAA 涂抹茎表伤口 2d 后，两种标记菌在植株下部茎和根系内均有分布，但 IAA 的存在使田间植株根系中的内源标记菌及外源标记菌平均密度分别降低为对照处理的 8.95%和 39.43%；同时在 IAA 作用下，涂抹接种 2d 后下部茎中仍有内源标记菌检出，且菌体平均密度达根系的 51.63%。但外源菌在茎内的平均密度在外源 IAA 作用下降低至对照的 41.01%。表明 IAA 有可能通过刺激筛管细胞的生长，缩小胞壁间隙而延缓了标记菌由茎表向根系运移的速率，使 2d 内到达根系的菌体数量显著降低。

菌液混合外源 IAA 向茎中部注射接种 2d 后，内源标记菌和外源标记菌在植株根系和茎内均有分布。与仅注射菌液的对照相比，外源菌在根系内的菌体密度降低 75.28%～

89.62%，而茎内的菌体密度略有增加；内源菌的表现趋势正好相反，混合外源 IAA 能使植株下部茎内的菌体密度降低 82.07%～92.02%，而根系中的菌体密度略有升高，这与幼苗试验中的结果有相似之处，即菌液混合外源 IAA 接种后，内源菌在根中的比例较对照增高 172.65%，但在茎内的比例仅为对照的 39.05%(图 4-25B)。

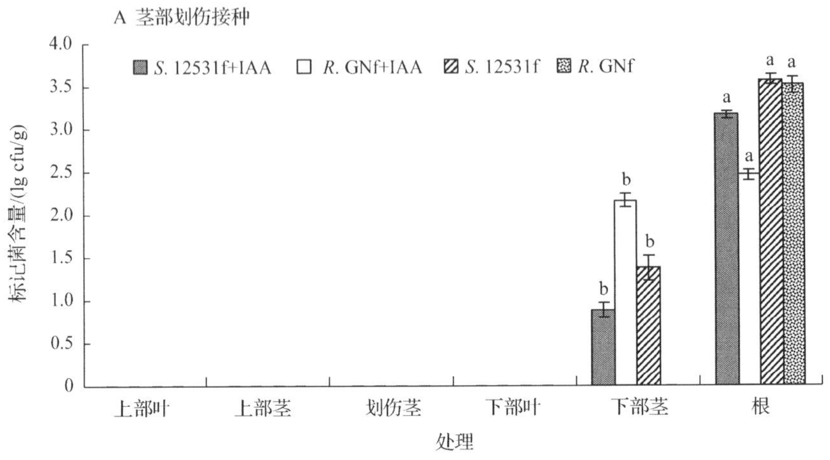

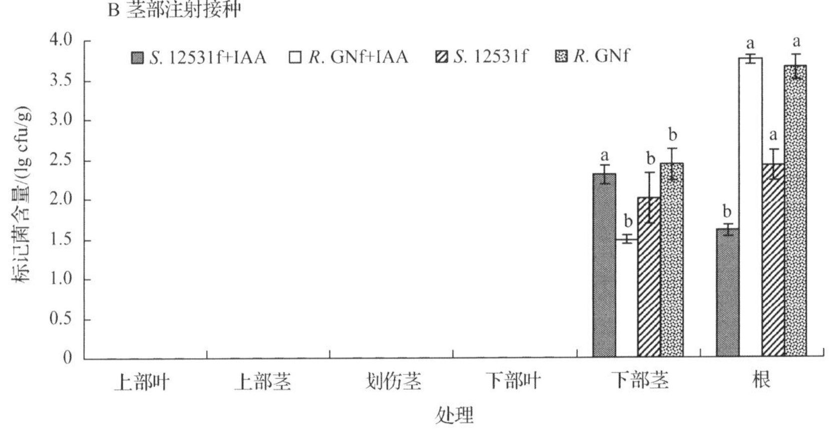

图 4-25　菌液混合外源 IAA 分别进行划伤涂抹(A)和注射(B)后，荧光标记根瘤菌在苜蓿田间植株体内的分布

同形柱上不同小写字母表示差异显著($P<0.05$)

以上结果表明，外源 IAA 对根瘤菌运移速率的影响根据运移路径的不同而有明显差异。在标记菌由茎表创口进入，经过韧皮部向根系运移的过程中受到外源 IAA 的缓滞作用；外源 IAA 对标记菌由茎中柱或髓部向根系的运移对内源标记菌与外源标记菌的作用相反，对内源菌向根系的运移有促进作用，对外源菌的运移则表现为阻滞。这可能与外源 IAA 影响植物防御反应的强度有关。张淑卿等(2009b)在苜蓿植株内生根瘤菌分布研究中发现，营养生长初期田间植株的茎中没有根瘤菌的存在。通过比较茎中部接种(注射)和茎外层(茎表划伤涂抹)标记菌的分布情况，表明自然状态下植株的营养生长初期或者不存在内生根瘤菌的体内运移，或者内生根瘤菌在植株茎中的运移通道仅存在于茎的韧皮部。注

射处理和茎表创口处理间的菌体分布差异也进一步证明，标记菌由茎表伤口侵入植株，并经过韧皮部向下运移的过程中，菌体不会在运移通道内长期定殖，而是直接进入根系。

三、标记根瘤菌在田间植株各组织内生菌中的比例

(1)不同方法茎部接种 48h 后标记菌在田间植株各组织部位内生菌中的比例

由表 4-8 可见，划伤茎部并接种的不同处理间，标记菌在总检出菌中的比例差异明显。在接种的菌液中混合 0.08mg 的 IAA、50mg/L 的 $LaCl_3$ 和其他菌种的胞外多糖均能提高标记菌在根组织总检出菌中的比例。其中混合 IAA 接种的处理中根部内源标记菌的比例高达 52.1%，增幅为 3156.2%。根组织中外源菌在可检出菌中的比例受外源 IAA 的影响高出对照 487.5%，但在茎中，外源菌在可检出菌中的比例降低至对照的 44.68%。$LaCl_3$ 可以提高内源菌在茎中可检出菌中的比例，也高达 45.8%，但对根系中标记菌比例的影响较弱。表明田间植株茎中的内生菌数量对 $LaCl_3$ 较为敏感。

表 4-8　茎部划伤涂抹菌液 48h 后标记根瘤菌在田间植株各部位内生菌中的比例　(单位：%)

检测部位	划伤 CK		稀土 $LaCl_3$		生长素 IAA		胞外多糖 EPS	
	S. 12531f	*R.* GNf	*S.* 12531f	*R.* GNf	*S.* 12531f	*R.* GNf	*S.* 12531f	*R.* GNf
上部叶	—	—	—	—	—	—	—	—
下部叶	—	—	—	—	—	—	—	—
上部茎	—	—	—	—	—	—	—	—
下部茎	14.1 ± 0.3	—	—	45.8 ± 8.2	6.3 ± 0.6	21.0 ± 3.1	—	—
划伤茎	—	—	—	—	—	—	—	—
根	1.6 ± 0.2	1.8 ± 0.1	1.6 ± 0.1	1.8 ± 0.2	9.4 ± 0.6	52.1 ± 20.6	3.1 ± 0.1	9.5 ± 0.7

田间植株在茎中部注射接种菌液 2d 后，外源菌 *S.* 12531f 和内源菌 *R.* GNf 在可检出菌中的比例有明显的差异，且易受外源 IAA 的影响(表 4-9)。在仅注射菌液的处理下，外源菌在下部茎中的比例较高，在可检出菌中的比例高出根系 16.5 倍；内源菌正好相反，在茎组织可检出菌中的比例仅为根系的 10.53%。在混合 IAA 注射后，内源菌和外源菌不论在组织中的菌体密度有无变化，在可检出菌中的比例均有明显的降低。表明外源 IAA 对组织内的其他内生菌有着更为明显的促进作用。

表 4-9　茎髓部注射菌液 48h 后标记根瘤菌在田间植株各部位内生菌中的比例　(单位：%)

检测部位	注射 CK		IAA 注射	
	S. 12531f	*R.* GNf	*S.* 12531f+IAA	*R.* GNf+IAA
上部叶	—	—	—	—
下部叶	—	—	—	—
上部茎	—	—	—	—
下部茎	28.0 ± 4.6	2.8 ± 0.6	0.5 ± 0.1	0.6 ± 0.2
划伤茎	—	—	—	—
根	1.6 ± 0.4	26.6 ± 12.3	1.2 ± 0.0	3.3 ± 0.1

(2) 不同方式根部接种 40d 后标记菌在田间植株各组织部位内生菌中的比例

由表 4-10 可见，采用不同方式进行根部接种标记根瘤菌 40d 后，两种标记根瘤菌在下部茎组织内可检出菌中的比例均高于其他部位。菌液根际回接后，下部茎外源标记菌和内源标记菌在内生菌中的比例较根系分别增高了 6.11 倍和 13.43 倍。去除根瘤并以菌液回接 40d 后，下部茎外源标记菌和内源标记菌在内生菌中的比例较根系分别增高了 8.84 倍和 14.92 倍。在所有处理中，内源菌 *R.* GNf 在各部位可检出菌中的比例均低于外源菌 *S.* 12531。

表 4-10　根部接种根瘤菌菌液 40d 后，标记根瘤菌在田间植株各部位内生菌中的比例　（单位：%）

40d 检测部位	菌液回接		切瘤后接种重栽	
	S. 12531f	*R.* GNf	*S.* 12531f	*R.* GNf
上部叶	—	1.40 ± 0.02	—	—
下部叶	—	—	—	—
上部茎	—	—	—	—
下部茎	19.99 ± 4.43	2.02 ± 0.09	50.79 ± 6.39	41.39 ± 4.25
根	2.81 ± 0.14	0.14 ± 0.02	5.16 ± 2.6	2.60 ± 0.03

由表 4-11 可见，田间植株在去除根瘤，以菌液浸根并重栽 40d 后，内源标记菌和外源标记菌在检出部位内生菌中的比例随运移路径的变化有所差异。内源标记菌自根系向茎部运移，在各组织中的比例逐渐增加，而外源菌在茎基可检出菌数的比例最高，分别为下部茎和根系中的 1.49 倍和 17.41 倍。

表 4-11　田间植株除去根瘤并于根部接种菌液 40d 后，标记根瘤菌在各部位内生菌中的比例　（单位：%）

测定分段部位	*S.* 12531f	*R.* GNf
上部茎	—	—
中部茎	—	—
下部茎	39.03 ± 1.36	34.15 ± 3.95
茎基	58.14 ± 2.41	14.00 ± 1.15
根	3.34 ± 0.66	3.40 ± 0.64

四、讨论

(1) 荧光标记根瘤菌的构建及筛选

细菌间 DNA 的转移方式主要有转化、转导、接合及原生质体的细胞融合。接合转移依赖于细胞与细胞的接触，是通过宿主范围较广的接合质粒，将 DNA 分子从一种细菌转移到另一种细菌中（Elhai et al.，1997；Elhai and Wolk，1988）。在接合质粒转移的过程中，通过接合作用使质粒从供体细胞转移至受体细胞并紧密接触，同时进行质粒的复制。

三亲本杂交是基于双亲本杂交的接合转移，在转移过程中，供体菌的质粒需在含有 *tra* 基因的第三方菌即辅助菌的协助下才能进入受体菌。

凌瑶(2005)利用三亲本杂交法成功地将 *cfp* 基因导入到豌豆根瘤菌中，并使其稳定表达。崔长征等(2011)通过三亲本杂交使荧光蛋白基因在多环芳烃降解菌株中成功表达，并发现其荧光特性在无抗生素选择压力下连续传代多次仍能稳定遗传。这与本试验的研究结果相同，即经三亲本杂交的荧光标记根瘤菌在不含抗生素的 TY 固体培养基上连续传代 8 次后，其 CFP 荧光质粒丢失率≤10%，由此可见，CFP 荧光质粒在转移过程中丢失率极低，遗传稳定。朱光富等(1996)利用三亲本杂交法，将携带共生固氮基因的外源质粒导入花生根瘤菌中，发现外源质粒在花生根瘤菌中的稳定性与质粒的类型、受体菌的特性及环境条件有关，同时发现，外源菌对共生固氮能力的影响较为复杂，既可增加其固氮能力，也可减弱固氮能力。罗明云和张小平(2003)通过三亲本杂交法成功地将 *luxAB* 基因导入慢生型花生根瘤菌中，并对所获得的荧光标记菌进行了筛选，得到了一株携带 *luxAB* 基因的标记菌株 Cspr7-1，同时研究了无氮水培条件下 Cspr7-1 与土著根瘤菌的竞争结瘤能力，结果表明，*luxAB* 基因不仅可以在宿主植物中有效表达，而且遗传性状稳定，Cspr7-1 在植物根系的平均占瘤率达 61.3%，优于土著根瘤菌的结瘤能力，且 Cspr7-1 在主根上的侵染能力高出侧根 22.3%～39.6%。李杰等(2003)通过三亲本杂交法将带有 *luxAB* 基因和 *parCBA* 基因的重组质粒 pHN208 导入大豆根瘤菌中，发现重组质粒 pHN208 可在标记根瘤菌中稳定遗传，且该质粒的导入不会对根瘤菌竞争结瘤能力产生影响。李友国(2002b)通过三亲本杂交法将 pHN307 质粒导入费氏中华根瘤菌(*Sinorhizobium fredii*)中，并检测了 pHN307 质粒在标记根瘤菌传代培养和共生条件下的遗传稳定性，结果表明，根瘤菌在导入外源质粒后可显著提高宿主植株的结瘤能力，并使鲜瘤重、植株生物量及地上部分总氮量有所增加。宫世勇(2006)将四碳二羧酸转移酶基因 *dctBD*、*nifA* 基因及发光酶基因 *luxAB* 进行重组，得到重组质粒 pHN307，并通过三亲本杂交法将该质粒分别导入 HNM1、HNM2、HNM4 和 1021 4 个苜蓿根瘤菌菌株中，将得到的 4 个标记菌株对图牧 2 号进行回接试验，结果表明：除 HNM1(pHN307)接种处理外，其他 3 个标记菌株接种处理在植株地上部分鲜重、干重、根瘤数、根瘤鲜重等方面均有不同程度的提高，说明导入外源质粒可以提高原始菌的共生固氮能力。本研究中，回接 *S.* 12531-cfp6、*S.* 12531-cfp8 及 *R.* GN5-cfp5 3 个接合子处理的苜蓿植株生物量高出对照 90.5%～104.8%，*S.* 12531-cfp6、*S.* 12531-cfp8、*R.* GN5-cfp5 及 *R.* GN5-cfp9 处理的株高高出对照 84.6%～170.1%，根瘤数高出对照 125%～350%，单个根瘤鲜重高出对照 300%～750%，固氮酶活性为对照的 14.7～30.9 倍，差异显著($P<0.05$)。由此可见，接种荧光标记根瘤菌能增大苜蓿植株地上生物量及其固氮能力，能促进幼苗生长，且荧光标记根瘤菌对苜蓿幼苗的根系不会产生影响，对苜蓿幼苗有明显的促生作用。同时菌株培养物和形成根瘤的荧光表达能力强，紫外线下与出发根瘤菌株的差异明显，易于区分(图 4-26)。

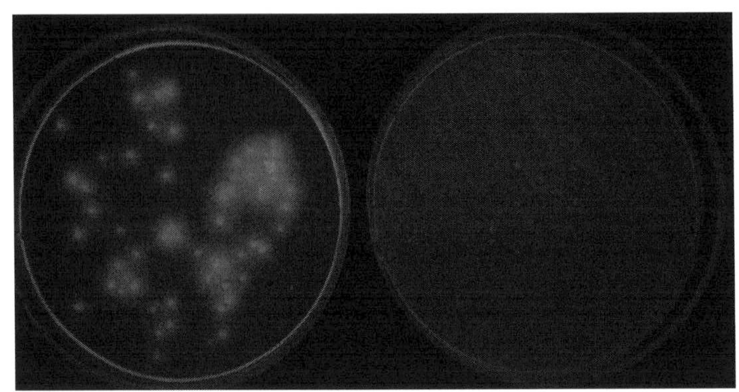

图 4-26 荧光标记根瘤菌及其原始菌在手提式长波紫外灯(336nm)下的发光情况(另见彩图)

左为荧光标记根瘤菌，右为原始根瘤菌

(2) 外源物质对荧光标记根瘤菌生长和增殖的影响

革兰氏阴性菌的细胞壁内膜由磷脂链、蛋白质构成，其外膜由脂多糖(LPS)、肽聚糖和周质构成。足够的 Ca^{2+}可维持脂多糖的稳定性，否则会使脂多糖解体。Liu 等(2004)认为稀土离子与 Ca^{2+}半径接近，可作为 Ca^{2+}拮抗剂，并取代 Ca^{2+}在细菌膜结构中的结合位点，形成更为稳定的配合物。稀土离子能与细胞膜上的转运蛋白结合使蛋白质活性发生改变，或与膜代谢蛋白相互作用从而改变细胞膜通道的大小，以提高细胞膜主动或被动运移的能力。稀土离子还可与氨基酸形成配合物，并与多种蛋白质相结合。生理条件下，高浓度的稀土严重阻碍 DNA 的自我复制，并使 DNA 分子上的磷酸键断裂，使 DNA 分子水解。Hormesis 效应是指某些物理或化学因素在低剂量时对生物机体产生有益反应而高剂量时产生有害反应的现象(孙冬梅等，2005)。目前的研究表明稀土化合物在与动物、植物或微生物的作用效果中都存在这种 Hormesis 效应。

Glickmann 和 Dessaux(1995)研究发现分离自植物根际，能进入根表细胞或细胞间隙与植物联合共生的多数固氮菌都有分泌 IAA 的能力。李剑峰等(2009a)也指出很多根瘤菌菌株在纯培养条件下会分泌生长素，在宿主体内也会通过自身分泌或经由菌体与宿主间的信号识别诱导宿主植物分泌来提高宿主体内的激素水平(迟峰，2006)。

根瘤菌在其生长繁殖过程中会产生多种如胞外多糖、荚膜多糖、脂多糖及环状葡聚糖在内的多种多糖类物质，胞外多糖可分泌到细胞表面，并抵御外来侵害等作用(Becker and Puhler，1998；Kannenber and Brewin，1994)，是参与共生固氮的重要物质。根瘤菌产生的胞外多糖能富集土壤中的营养成分，并作为信号分子参与根瘤菌在宿主植物之间的交流(王鹏，2010)，胞外多糖还能改变植物根毛的细胞骨架结构，协助根瘤菌侵染宿主植物，并对宿主结瘤的专一性起决定性作用，还能参与根瘤菌抵御宿主防卫系统。

本研究中，两株标记根瘤菌菌株及其原始菌均能在含 $LaCl_3$、IAA、EPS 的 YMA 固体及液体培养基上正常生长并增殖，并有不同程度的促进作用。各菌株在 $LaCl_3$ 浓度为 50mg/L 的固体培养基上的增殖速度高于液体培养基，这可能是由于在固体培养基中，菌落仅其底部接触 $LaCl_3$，作用到上层菌体的 La^{3+}在透过菌体细胞及菌体本身所产多糖时形成垂直向上且逐渐减小的浓度梯度，使上层菌体感受到的 $LaCl_3$ 浓度有所降低，并正好对菌体产生低毒刺激作用，因此表现出菌体在固体培养基上的生长速度大于液体培养基的现象。在培养基中加入植物体液可模拟根瘤菌在植物体内的生长环境，以此排除植物内环境对标记根瘤菌生长和增殖的影响。将各菌株点接于含 GN5 苜蓿植株体液的培养基后发现，苜蓿植株体液较其他 3 种外源物质更能促进根瘤菌的生长和增殖。

(3)不同接种方式下标记根瘤菌在芽苗体内的运移

研究认为根瘤菌存在不同的侵染和运移方式：在宿主植物体表面通过水、气流、浮尘等载体进行运移，在宿主植物体内以内生菌的形式进行运移。在开花期可以由气孔进入，运移至子房壁和胚珠(迟峰，2006)。而李剑峰等(2010a)、张淑卿(2009c)的研究进一步证实苜蓿开花期子房壁和受精胚珠内存在根瘤菌。以上研究表明根瘤菌对苜蓿植株可能存在除根系以外的侵入途径。在本研究中，进一步发现，从根际出发，以 CFP 荧光质粒标记的根瘤菌能够通过苜蓿芽苗完整的根组织进入植株根系内部，并在 24h 内进一步到达芽苗的茎，内源菌 *R.* GNf 甚至能进入子叶；涂抹于真叶叶片的标记根瘤菌却不能在短期内进入芽苗体内并向下运移，但这一现象可能与处理芽苗所处的时期有关。

此外，从标记根瘤菌在芽苗体内的运移中也发现，从根系接种时，无论根系是否存在机械破损，以及在接种时是否混合了 IAA 或内源菌分泌的胞外多糖，内源菌 *R.* GNf 都可以进入子叶，外源菌则不能；O'Callaghan 等(1997)在 *Sesbania cannabina* Pers 的木质部中发现有固氮根瘤菌(*Azorhizobium*)的存在，而在针对同一宿主的中华根瘤菌(*Sinorhizobium*)的定殖中，则发现携带有 *LacZ* 绿色显色标记的中华根瘤菌(*Sinorhizobium* spp.)在侧根中出现了横贯根表组织的绿色侵染线，却未在木质部中检出。对于植物内部对内生菌的选择性屏障，Yanni 等(2001)发现水稻内生根瘤菌中的某些适应性菌株能够通过分泌细菌素抑制其他对细菌素敏感的细菌进入宿主形成竞争，有研究表明内生菌和植物细胞可能会通过彼此的分泌液形成某种化学识别屏障，不能被宿主识别的菌体会由于自身的分泌物与宿主分泌物间发生凝聚或淀积作用形成运移通道的栓塞和阻隔。Prayitno 等(1999)发现在水稻中适生的根瘤菌在水稻植株中存在某些最适位点。有研究将这一现象归结为微生物入侵过程中宿主的相容性，即不引起病理或防御反应的侵入过程，通常源于菌体-植物间的互惠关系。在相容过程中，根瘤菌能利用宿主内的通道运移至不同部位，在植物体内(非结瘤状态)也能利用宿主的光合产物生存增殖并回报给宿主氮素，体现为菌体的促生作用和增产效应(Dazzo et al.，2000)。不相容的侵入过程则可能引发宿主植物的防御反应或侵入菌的致病反应。

(4)稀土离子、生长素和胞外多糖在宿主芽苗体内根瘤菌运移中的作用

在根瘤菌对宿主的侵染和在宿主体内的运移过程中，所遇到的阻碍或屏障包括机械阻隔、菌体对宿主内环境的适应性和信号物质识别所引起的植物防御反应。例如，植物体内的苯丙氨酸解氨酶(phenylalanine ammonialyase ，PAL)，是植物对外来微生物(如病原菌)防卫反应中防卫基因表达的产物。针对这些屏障，本研究采用在菌液中混合 IAA、$LaCl_3$ 和其他根瘤菌胞外多糖后分别对芽苗进行浸根处理。所得到的试验结果与各物质的性质差异及这些差异在根瘤菌运移侵染中的作用相吻合。

根瘤菌在侵入植物体时，菌体表面不能被植物细胞识别的寡聚糖类物质会诱发宿主细胞产生抗性信号物质，并激活植物的防御反应体系。在这一过程中，Ca^{2+}作为植物体主要的信使离子，与钙调蛋白在信号转导中起着关键作用(Zong et al.，2000)。$LaCl_3$是植物细胞中 Ca^{2+}通道的竞争型拮抗剂(刘慧媛等，2006)，可以阻遏钙离子/钙调蛋白的信号转导，从而影响植物的防御反应。在本研究采用的 3 种参试物质中，La^{3+}的结构最简单，主要通过干扰植物的防御反应和破坏植物的细胞壁结构减少根瘤菌侵染宿主和在宿主体内运移过程中的障碍。左玉萍等(1996)指出，稀土离子能改变或部分改变肽聚糖或磷壁酸的构象，便于入侵微生物进入细胞。但随着空隙的增大，更多的 La^{3+}也会同时改变宿主体细胞胞壁和根瘤菌胞外多糖的构象，造成植物体内物质运移受到抑制，而在 La^{3+}直接作用减弱的根-茎运移中，根瘤菌表面用于相互识别的膜结构和多糖构象获得寄主防卫系统识别的可能性降低，导致标记菌向茎和子叶的运移减缓或停滞。而 La^{3+}造成的细胞内含物外渗通道，也会与细胞内的 DNA、酶、RNA、蛋白质、多糖等生物分子相互作用，能够刺激细胞的生长、但一旦超过最适浓度就会抑制细胞的正常代谢和增殖。

相对于 La^{3+}，IAA(吲哚乙酸)有加快植物体内物质运移的作用(赵可夫和王韶唐，1990)。但 IAA 在增大根系中根瘤菌侵入空间时是通过增加胞壁的可塑性，同时抑制植物防卫系统的胞壁降解酶(如几丁质酶、1-3 葡聚糖酶)的酶活，从而使入侵菌体易定殖于植物组织(吴瑛和席琳乔，2007；Remirez，1993)。这种作用并不会破坏宿主胞壁的完整性，也不会对侵入的菌体造成生理伤害。Glickmann 和 Dessaux(1995)发现分离自植物根际，能进入根表细胞或细胞间隙与植物联合共生的多数固氮菌都有分泌 IAA 的能力。李剑峰等(2009a)也指出很多根瘤菌菌株在纯培养条件下会分泌生长素，在宿主体内也会通过自身分泌或经由菌体与宿主间的信号识别诱导宿主植物分泌来提高宿主体内的激素水平(迟峰，2006)。而这种激素水平的变化对宿主植物的生长也有积极的作用(Lupway et al.，2004；Hilali et al.，2001)。Thakuria 等(2004)认为外源生长素能刺激植物细胞壁释放大量单糖和低聚糖，这类物质可作为养分提供给内生细菌，为细菌附生于植物提供更佳的营养环境。因此，外源 IAA 能使宿主体内的标记菌数量保持在一个较高的数量级，而不会和 La^{3+}一样对内源标记菌由根向茎和子叶的运移产生阻断。

根瘤菌胞外多糖(exopolysaccharide，EPS)是根瘤菌与其宿主间用于细胞识别的信息分子，在非决定型根瘤的形成过程中起到不可或缺的作用。有研究认为 EPS 能通过其他非特异性功能促成根瘤菌的侵入和根瘤的形成，如通过表面包被减少菌体与宿主细胞的直接接触，以规避或减弱宿主植物的防御性反应，或在侵染过程中诱导菌体和宿主合成水解酶，引起宿主胞壁的结构变化(徐亚军和赵龙飞，2008)。Yanni 等(2001)的研究进一步证明，根瘤菌能产生羧甲基纤维素酶(carboxymethyl cellulase)和聚半乳糖醛酶(polygalacturonase)，水解植物细胞壁的糖苷键，这一过程很可能参与了内生根瘤菌的入侵和在根内的散播。在本研究中对外源菌 *S.* 12531f 混合了内源菌 *R.* GNf 的胞外多糖(EPS)后，外源菌在宿主茎内的数量显著升高；这一结果可能与多糖对宿主植物的防御反应的诱发和减弱程度有关。首先在单纯菌液+完整根系的浸根处理中，在两种菌液的含菌量、供试的植物材料等都完全相同的条件下，内源菌在宿主内的数量显著高于外源菌，数量和分布的差异表明内源菌进入植株后可被宿主识别而不会引起剧烈的防御性反应，而外源菌则需要忍耐这一反应产生的抑制。外源菌 *S.* 12531f 在混合了内源菌 *R.* GNf 的胞外多糖后，内源菌的胞外多糖可能竞争了宿主防卫系统的应激位点或活性中心，使寄主防御反应削弱，进入运移的外源菌菌体数目增加。此外，为最大可能地保证胞外多糖的活性和构象维持在原有的状态，本试验未使用剧烈的多糖沉降和分离方法，多糖和菌体的分离也采用过滤除菌法(0.22μm)。因此标记菌的多糖提取液中不会存在菌体，但可能混杂一些酶类和其他小分子分泌物，这些酶类和小分子分泌物对于菌体进入宿主细胞也可能产生作用。因此从严格意义上来说，本研究中多糖对菌体运移的影响实际上应该是多糖及一些其他菌体分泌物的综合效应。

(5)外源标记菌与内源标记菌在宿主植株体内的运移异质性

本研究中，内源标记菌 *R.* GNf 的原始菌 *R.* GN5 分离自宿主植物甘农 5 号苜蓿(*Medicago sativa* cv. Gannong No.5)的种子。其最终来源是上代苜蓿植株的内生根瘤菌，通过垂直传代进入种子。因此可以认为内源标记菌 *R.* GNf 与宿主甘农 5 号苜蓿间是高度相容的。外源标记菌 *S.* 12531f 的原始菌 *S.* 12531 则购自微生物菌种中心(CCMCC)，虽经过回接结瘤试验证明侵染宿主甘农 5 号苜蓿并形成有效根瘤，但毕竟未经历长期的相互识别和体内共生过程。在本研究前期，作者推测同样作为可侵染的菌株，*R.* GNf 和 *S.* 12531f 在对宿主植株的侵染和运移过程中可能存在相似性和异质性。在本研究中，标记菌对宿主芽苗侵染和运移的实验结果证实了这一推测。其相似性在于内源根瘤菌和外源根瘤菌都能在 24h 内进入宿主芽苗的根和茎内，表明两种菌株在侵染宿主时有着相似的过程，即都可以在芽苗期侵入宿主的根系并转移至茎内。其异质性表现在：①内源菌在无外源因素作用下(如外源 IAA、多糖和 La^{3+})在根系内的菌体数目与茎内相近，甚至菌体密度低于茎内；外源菌则正好相反，茎内的菌体密度总是显著低于根内，说明在由根向茎的运移过程中，对外源菌存在选择性的通过性阻碍。②内源菌在短期内(24h)可进入芽苗的子叶，La^{3+}可阻碍或延缓这一过程，外源 IAA 或外源菌的多糖可以改变运移进入子叶的标记菌数量，但不能改变内源菌的分布部位；外源菌在所有处理中都不能迅速进入芽苗的子叶，表明在茎与子叶之间，存在选择性通过的屏障。由于子叶由胚乳发育而来，因此如果外源菌可能同样不能进入胚乳，则可能这一屏障在种子形成过程中就已存在，目的在于防范非内源或不能识别的微生物侵入种子，如宿主的病原菌。此外，在本研究中这一屏障的选择性不受 La^{3+}、外源 IAA 或内源菌多糖的干扰，一方面可能是屏障选择性对外源菌的菌体敏感性高，也可能是因为外源物质仅直接接触根系，无法作用于子叶或作用浓度较低。

内源根瘤菌和外源根瘤菌侵入宿主芽苗的过程也形象地反映了在田间环境下，种子内生根瘤菌和土壤土著根瘤菌对苜蓿芽苗的侵染过程，证明了种子内生根瘤菌和土壤土著根瘤菌一样都能在种子自然萌发和生长过程中侵染根系并产生有效根瘤，验证了之前对于种皮内根瘤菌是植株自结瘤现象来源的推断(张淑卿等，2009c)。在之前的研究中(张淑卿等，2009c)发现，在种皮内侧、萌发种子的子叶和茎内都存在根瘤菌，而在下胚轴或幼根(<7d)中无根瘤菌。在种子萌发初期，通过剥去种皮并以无菌水冲洗可以消除种子内生根瘤菌对回接结瘤实验的干扰，这暗示着芽苗子叶和茎内存在的根瘤菌不能运移

至根部。在本研究中发现，标记内源菌可以从根运移至芽苗的茎和子叶，综合分析两次研究的结果，可以推断：在芽苗期，存在着根瘤菌由根向茎和子叶运移的单向过程。

(6) 不同接种方式对幼苗体内根瘤菌运移的影响

以往的研究中多认为根瘤菌通常定殖于根组织，如根的皮层和木质部导管等维管系统(Prayitno et al.，1999；Reddy et al.，1997)，并限于在根瘤中发挥固氮作用。但随着近年来对植物内生菌研究的深入，一些根瘤菌作为非豆科作物的内生固氮菌逐渐引起了研究者的兴趣。目前已有对根瘤菌在小麦(Lupway et al.，2004)、水稻(Biswas et al.，2000；Chi et al.，2005)、烟草(Chi et al.，2005)及拟南芥(Stone et al.，2001)体内的侵染定殖研究。采用的接种方式包括叶片、根系和茎秆接种，不同研究中根瘤菌在植物体内的侵染、定殖和运移方式有所差异(Hallmann et al.，1997b)。这些差异不仅取决于供试的植物材料和菌种的侵染能力，与菌体的接种方式也有密切的联系(Mahaffee et al.，1997)。

本研究中，对苜蓿的幼苗采取了含菌营养液浸根、菌液涂抹叶片和菌液茎部划伤 3 种接种方法。通过比较发现，3 种方法都能使标记根瘤菌进入植物的根系和植株下部茎中，但只有茎部划伤接种能够使外源标记菌 *S.* 12531f 进入叶片，且只限于划伤接种部位相邻的下部叶片。这一现象指出标记根瘤菌由茎划伤部位进入植株体后的运移路径与从叶片表面和根系进入植株的运移路径至少不是完全重合的，或者是茎部损伤会造成运移通道发生改变。在本章第三节第“五”中，浸根处理 7d 的试验结果中内源菌能顺利进入与下部茎相连的叶片，表明标记菌由茎向叶片运移的物理通道是存在的，而外源菌尽管能够抵达植株的上部茎和下部茎，但无法进入叶片，证实了茎-叶通道中有某种选择性屏障的存在。Hallmann 等(1997b) 和 Mahaffee 等(1997) 也指出，寄主植物对于在体内转运和增殖的侵染微生物具有选择性。有研究认为这种屏障是植物体对不可识别菌体的防御反应之一，通常通过与菌体胞外多糖反应，形成沉淀堵塞通道或分泌化学物质毒害侵入菌体来实现。值得注意的是，本研究从茎表组织创面进入的外源标记菌可进入下部相邻的叶片，这表明标记菌由茎创面至叶的运移通道可能绕开了这种选择性屏障，或者是茎部的损伤导致下部相邻叶片的防御反应减弱，使得选择性屏障遭到破坏所致。这与刘忠梅(2005) 的研究有所差异，即通过叶片涂抹接种时，蜡样芽胞杆菌 B946 首先定殖于接种部位，并先后扩散至顶叶、其他叶、茎基和根内。浸种处理后与之相反，先在根内检出，之后分别在茎基和其他叶片中检出。迟峰等(2006) 研究内生根瘤菌在水稻体内的运移时发现，入侵水稻植株的根瘤菌能由根向上运移至叶和叶鞘，并在短期内保持菌体密度的增加。除体内运移外，Chi 等(2005) 还指出根瘤菌在烟草植株中也有相似的运移机理，即在菌液浸根后，根瘤菌菌体首先定殖于根表，之后侵入根系内部并向上运移至叶片和茎部，部分菌体从叶片气孔运移至叶片表面。除体内运移外，在烟草植株的表面可自根系通过植株外表皮运移至其地上部分组织。尤其是在烟草的生殖生长阶段，叶表附生的根瘤菌可以重新进入烟草植株体内并转运至花器的子房壁和胚珠内，整个过程包括了由外附生—内生—外附生—再侵入植株的根瘤菌运移。在之前的研究中也发现，根瘤菌在苜蓿种子形成过程中可分布于花的子房壁、花粉和受精胚珠中，并指出在胚珠接受花粉内容物之前是不存在根瘤菌的。但在本研究中，对未接种部位的未经表面灭菌的组织进行了标记菌的贴板检测，未发现除根系外的植株组织表面有标记根瘤菌存在或运移的痕迹。这暗示内生根瘤菌进入次代苜蓿种子的过程可能并不像烟草一样由植株叶片表面侵入植株并运移至胚珠，而可能存在其他的途径。所采用的苜蓿幼苗与前人研究的烟草植株在根瘤菌运移通道上存在的明显差异，也进一步证实了根瘤菌在不同宿主体内运移过程的多样性。在连续 7d 的幼苗浸根试验中发现，内源标记菌和外源标记菌都能进入植株的上部茎内，尽管根瘤菌在上部茎中的定殖在整个营养期内可能是不连续的(李剑峰等，2009a)，但标记菌运移试验证实了根瘤菌自根向茎顶部的运移通道是存在的。

(7) 外源物质对标记根瘤菌在幼苗体内运移的影响

内生菌对目标植物的侵染能力与侵染后运移和定殖的菌体数量受到目标植物的类型、遗传特性、植株生理生化状态、植物内环境及其栽培条件的影响，同时植株的不同生长时间也影响内生菌在体内的定殖(Hallmann et al.，1997b)。迟峰等(2006)指出随着植物组织的老化和木质化程度的加剧，植物的生理条件发生变化，当组织内环境不再适合菌体生存时，根瘤菌的适宜定殖部位可能发生变化。因此，在芽苗试验之后，本研究在幼苗期也进行了根瘤菌胞外多糖、外源 IAA 和 $LaCl_3$ 对根瘤菌在植株体内运移影响的研究。结果表明在根瘤菌对宿主的侵染和在宿主体内的运移过程中，所遇到的阻碍或屏障包括机械阻隔、菌体对宿主内环境的适应性和信号物质识别所引起的植物防御反应。La^{3+}对根瘤菌在根-茎运移的直接作用减弱，导致标记根瘤菌向茎和子叶的运移减缓或停滞。IAA 抑制植物防卫系统的胞壁降解酶(如几丁质酶、1-3 葡聚糖酶)的酶活，使入侵菌体易定殖于植物组织(吴瑛和席琳乔，2007；Remirez，1993)而不会破坏宿主胞壁的完整性，也不会对侵入的菌体造成生理伤害。Glickmann 等(1995)发现分离自植物根际的多数固氮菌都有分泌 IAA 的能力，这种激素水平的变化对宿主植物的生长也有积极的作用(Lupway et al.，2004；Hilali et al.，2001)。外源 IAA 能使宿主体内的标记菌数量保持在一个较高的数量级，也不会对内源标记菌向茎和子叶的运移产生阻断。

根瘤菌胞外多糖通过表面包被减少菌体与宿主细胞的直接接触，以规避或减弱宿主植物的防御反应。Yanni 等(2001)的研究进一步证明外源菌在宿主茎内的数量显著升高，这可能与多糖对宿主植物的防御反应的减弱程度有关。

(8) 温度及营养条件对根瘤菌在幼苗体内运移的影响

温度是影响生物多样性的重要因素之一。温度可直接影响细菌的生理生化代谢途径(Knoblauch and Jirgensen，1999；Rutter and Nedwell，1994；Delille and Perret，1989)，即温度主要通过影响微生物细胞内生物大分子的活性来影响微生物的生命活动。一方面，随着温度的升高，细胞内的酶反应速度加快；另一方面，随着温度的进一步升高，细胞内的蛋白质、核酸等生物活性物质会发生变性，导致细胞功能下降，甚至死亡(李爱江等，2007)。但低温会减缓或停止微生物的代谢过程，温度低于冰点时，可使原生质内的水分结冰，导致细胞死亡(施邑屏，1982)。Hoch 和 Kirchman(1993)的研究发现，当温度低于 12℃时，微生物的生长速率与温度呈正相关。本研究中，在 25℃时两种标记菌都能进入植物的根系和下部茎，内源菌 *R.* GNf 甚至可以进入植株下部的叶片，但在 4℃低温时，

除内源菌 *R.* GNf 在幼苗的根内有少量分布外，其他部位均没有标记根瘤菌检出，且低温下根系中 *R.* GNf 的菌密度仅为常温下的 8.38%，说明 4℃低温能够强烈抑制根瘤菌侵入宿主根系并抑制根瘤菌在宿主体内的运移。

本试验将标记根瘤菌菌悬液加入不同营养条件的营养液中，并以此培养苜蓿幼苗，发现菌液连续浸根 2d 后，标记菌在幼苗的根、茎和叶中(主要分布在植株下部的茎及叶片内)均有分布。但含氮营养液及对照处理(无菌水+菌悬液)下根内的标记菌数较无氮营养液的处理高出 0.5～1.31 倍，说明短期内提供全面营养或不提供任何营养都能促进标记根瘤菌侵入根系。无氮营养液处理下，茎中标记菌含量分别较含氮营养液处理和无营养对照高出 6.26～1.29 倍，而含氮营养液处理下茎中的外源标记菌数则分别比无氮营养液和对照处理高出 3.62～4.73 倍。由此可见，营养供给的均衡性(包括全面营养和无营养)能促进根瘤菌侵入植株根系，而单一缺乏氮素营养的微环境则有利于标记根瘤菌向寄主幼苗的茎部运移。

(9) 不同接种方式对苜蓿田间植株体内标记根瘤菌运移的影响

内生菌的定殖研究通常采用的接种方式包括根系浇灌和茎秆涂抹等，在不同的接种方式和不同的菌种下，根瘤菌的运移和数量分布有明显的差异(Hallmann et al.，1997；Mahaffee et al.，1997)。本研究中，对苜蓿田间植株采取了菌悬液根际浇灌、去除根瘤以菌液浸根两种根部接种方法和对茎部划伤部位涂抹、茎秆中部注射菌液两种茎部接种处理方法。通过比较发现，无论从根表、根面创口还是茎秆接种，都能使标记根瘤菌最终进入苜蓿田间植株的根系。表明从当年实生幼苗到越冬返青后的田间植株，都存在着从茎部至根系的根瘤菌运移通道，此通道存在于茎髓部和茎表皮的韧皮部。根瘤菌在这两个部位的通道运移时有明显的差别，通过韧皮部向下运移的过程是即时性的，在运移完成后不会有菌体定殖于茎内，而从茎髓部向下运移时，菌体会少量分布于组织中。这一差别对直观观察根瘤菌在茎内的移动规律造成了一定的困难。但本研究结果与张淑卿等(2009c)和李剑峰等(2010a)的研究结果进行比较，可以推断出在营养期末进入花器和种子的根瘤菌最可能来自于根系向上运移的菌体(张淑卿等，2009b)。由根表面自然侵入的内源标记菌能由根系向上运移到植株上部的叶片，而下部叶片和茎尖内无标记菌检出，表明根瘤菌在植株体内的运移和定殖并不是随机的，而是有其特殊的定殖部位。这也暗示着在营养生长初期，内生根瘤菌由根系向地上部分，包括叶片的运移通道是贯通的，并对侵入的根瘤菌有选择通过性，且选择压力的强弱在植株的不同部位有很大差异。在多数处理中，幼苗和田间植株的根系内两种标记菌均有分布，菌体密度较高且内源标记菌和外源标记菌间的密度差异相对较小，表明根系对侵入根瘤菌的选择压力低于其他部位。叶片中的选择压力最高，在没有外源物质影响下，叶片中或者没有标记菌存在，或者只允许内源标记菌进入。这与 Hallmann 等(1997b)报道的植物组织的物质运移通道对侵染的微生物具有选择透过性，这种阶段性存在的屏障是植物体对外源入侵微生物的防御反应之一，通过分泌化学物质与菌体胞外多糖反应形成沉淀堵塞通道或分泌抑菌物质来实现的结论一致。

在茎表划伤涂抹菌液的接种方式下，一年龄以上的田间植株中，多次试验均表明茎表面创口侵入的外源标记菌无法进入叶片，而由幼苗茎表创面进入的外源标记菌可进入下部相邻的叶片组织，说明在幼苗阶段外源标记菌自茎创伤面至叶片的运移通道可能未经过这种选择性屏障，或者是由茎部的损伤导致下部相邻叶片的防御反应减弱，一年龄以上的田间植株可能由于株龄较大，由茎表向叶片的运移屏障受茎表创伤的影响减弱，使外源菌不能再透过。这表明就茎-叶间的根瘤菌运移通道而言，随着植株的生长发育，组织结构发生变化的同时，标记根瘤菌的运移通道也产生了相应的改变。茎表伤口涂抹与茎内注射接种的处理相比，外源菌在根内的数量显著降低，在茎内的数量有所上升，也表明侵入部位的不同导致运移通道和运移速率的差异。注射接种后，外源标记菌由茎髓部运移至根时，在解剖学上根部接受标记菌最有可能的部位是根的中柱。根据张淑卿等(2009b)的研究结果，内生根瘤菌在根组织中主要分布于毛根、侧根和主根的皮层内，而在主根中柱内的根瘤菌密度较低。这说明根中柱并不适宜内生根瘤菌定殖，这也解释了为何由茎髓部进入根中柱的外源标记菌数量明显少于由茎表韧皮部进入根皮层标记菌数量的现象。

(10)外源物质对田间植株体内根瘤菌运移的影响

在可检出标记菌的处理中，0.08mg/L 的 IAA、50mg/L 的 $LaCl_3$ 和外源菌(*S.* 12531)(内源菌，*R.* GN5)的胞外多糖混合菌液接种后均能提高标记菌在根组织总检出菌中的比例。表明这 3 种外源物质对植物组织中的原有内生菌均有不同程度的抑制，或者对植物组织内生菌增殖的刺激作用远低于对标记菌增殖的刺激效应(表 4-12)。

表 4-12　外源 IAA、$LaCl_3$ 和根瘤菌胞外多糖对茎接种内源菌(外源菌)2d 的田间植株影响的各部位标记菌分布密度

接种菌株	检测组织部位	$LaCl_3$	IAA		EPS (*R.* GN5)	EPS (*S.* 12531)
			划伤	注射		
内源菌 *R.* GN5	根	↑	↓	↑	—	↑
	上部茎	×	×	×	—	×
	下部茎	↑	↓	↓	—	×
	上部叶	×	×	×	—	×
	下部叶	×	×	×	—	×
外源菌 *S.* 12531	根	↓	↓	↓	↑	—
	上部茎	×	×	×	×	—
	下部茎	//	↑	↑	//	—
	上部叶	×	×	×	×	—
	下部叶	×	×	×	×	—

注：↑表示菌体密度增大；↓表示菌体密度降低；//表示混合该物质接种的处理未检出标记菌(对照存在标记菌)；×表示未检出标记菌(对照不存在标记菌)；—表示对照

对于田间植株，$LaCl_3$ 能提高内源菌 *R.* GNf 在根系中的分布密度，使菌体在下部茎内存在 2d 以上，但降低了外源菌在根系内的菌体密度，并使植株茎内的外源标记菌消失。这与幼苗试验的结果存在差异，同样是混合 $LaCl_3$ 接种 2d 之后的标记菌分布，$LaCl_3$ 能刺激幼苗体内外源菌增殖或运移，但对内源菌有所抑制。可见不同的植株生长阶段，体内标记菌的运移和增殖受 $LaCl_3$ 的影响并不一致，这可能是不同生长时期宿主植株的组

织细胞对 $LaCl_3$ 的反应差异所致，相对于幼苗和芽苗，已生长一年的田间植株对 La^{3+} 的抗性增强（张淑卿和师尚礼，2012），La^{3+} 在植株体内对入侵外源微生物的防御反应由幼苗阶段的干扰作用转变为低毒刺激的 Hormesis 效应，使防御反应增强（孙冬梅等，2005），因此不可被宿主识别的外源菌在根系和茎内的数量均降低甚至消失。可被宿主识别的内源菌，则可能会借助 La^{3+} 对宿主胞壁的变构作用，在宿主体内获得更多的生存空间。其具体的机理还需要进一步的探讨和验证。

随着植物组织的生长和发育，植物各部位的组织结构和生理条件发生变化，植物不同组织部位的分化受到植物激素的调节，并引起细胞增殖速率及组织解剖结构的变化，根瘤菌侵染植物结瘤的过程即被认为与这一现象紧密相关（Zaied et al.，2009）。Remirez（1993）也指出 IAA 具有能够抑制植物防卫系统中胞壁降解酶的酶活，使入侵菌体易定殖于植物组织的作用。在田间植株菌液接种过程中，外源 IAA 对根瘤菌运移速率的影响根据菌种和运移路径的不同而存在差异。在标记菌由茎表经过韧皮部运移至根系的过程中，外源 IAA 起到缓滞标记菌转运的作用。由茎中柱或髓部向根系转移的过程中，IAA 对内源菌的运移有促进作用，对外源菌表现为抑制。张淑卿等（2009b）在苜蓿植株内生根瘤菌分布研究中发现，营养生长初期田间植株的茎中没有根瘤菌的存在。通过比较茎中部接种（注射）和茎外层（茎表划伤涂抹）标记根瘤菌的分布情况，表明自然状态下植株的营养生长初期或者不存在内生根瘤菌的体内运移，或者内生根瘤菌在植株茎中的运移通道仅存在于茎的韧皮部。注射处理和茎表创口处理间的菌体分布差异也进一步证明，标记菌由茎表伤口侵入植株，并经过韧皮部向下运移的过程中，菌体不会在运移通道内长期定殖，而是直接进入根系。

根瘤菌胞外多糖通过表面包被减少菌体与宿主细胞的直接接触，以规避或减弱宿主植物的防御反应。在芽苗及幼苗试验中，内源菌分泌的胞外多糖能显著提高外源菌在宿主根系中的数量，反之亦然。田间植株尽管菌液混合外源物质的接种部位不同，但在组织中菌体密度的变化与幼苗和芽苗相似，外源菌（内源菌）混合内源菌（外源菌）的胞外多糖在茎表伤口接种后，根系中标记菌的密度升高了 1～2 倍。但与幼苗和芽苗的试验结果不同的是，内源菌分泌的胞外多糖会使茎中原本存在的少量外源标记菌消失，而外源菌胞外多糖对于内源菌在除根以外的其他部位检出与否并没有实质性的影响。这一结果可能与多糖对宿主植物的防御反应的诱发和减弱程度有关（Yanni et al.，2001）。

张淑卿等（2009c）的研究结果曾指出，根系和茎部内生根瘤菌在可检出菌中始终占据数量上的优势。结合本试验结果分析，可以发现在标记菌进入植株后，仍有大量组织中原有的内生根瘤菌与之竞争生存空间。因此，以荧光标记菌株研究根瘤菌在宿主体内的运移和数量分布时，植物组织中内生根瘤菌的竞争也是值得考虑的影响因素之一。Yanni 等（2001）和 Chi 等（2005）指出植物组织中的根瘤菌个体在高密度集中分布时能利用弥散信号分子感应相邻菌体的存在和距离，并根据感受信号调控群体中的分布和密度。在本研究中所使用的内源标记菌 *R.* GNf 的出发菌株分离自同一生境相同品种植株的种子，因此，植株体中已有的内生根瘤菌，相当数量的菌种可能与 *R.* GNf 有亲缘关系，因此，内源菌在植物组织中的分布也会受到内生根瘤菌群落的调节和竞争。

五、结论

1)通过比较外源标记根瘤菌 *S.* 12531f 和内源标记根瘤菌 *R.* GNf 侵入苜蓿芽苗后的短期运移过程，发现内源菌 *R.* GNf 和外源菌 *S.* 12531f 对宿主芽苗的侵染和在芽苗体内的运移过程存在相似性和异质性。相似性在于两种标记菌都能侵染芽苗根系并进入茎内；异质性表现为内源菌在植株茎和根内的菌体密度差异小，并能进入芽苗的子叶，而外源菌 24h 内不能进入芽苗子叶，且菌体密度在宿主植株根内和茎内差异很大。表明根瘤菌在芽苗体内由根系向茎和子叶运移的过程存在选择性屏障，第一个选择性屏障出现在芽苗的根与茎之间，可降低外源菌的通过数量而对内源菌没有影响，第二个屏障出现在茎与子叶之间，能够阻断外源菌向子叶的运移。

2)不同生长阶段，根瘤菌通过中部茎表面的创口侵入苜蓿幼苗和田间植株后，标记菌能向下运移至茎和根，但不能由接种部位向上运移，也不能长期定殖在接种部位至茎基的运移通道内，因此形成了侵入标记菌在植物组织中的不连续分布。外源标记菌由茎表创口进入植株并向根系运移的速率高于注射接种到茎髓部向根系运移的速率。而内源菌相反。对田间植株而言，由茎表伤口侵入植株有利于外源菌的运移，而由茎髓部向根系的运移通道(注射处理)更适宜内源菌的转运。对苜蓿幼苗不同部位叶片进行菌液涂抹后发现，茎划伤接种及叶片涂抹接种都能使标记根瘤菌进入植株并向下运移，但路径不同；涂抹于不同部位叶片的标记菌都能向下转运至茎和根，但不能进入其他部位的叶片，也不能向上运移。在 10～12d 的芽苗体中，由真叶叶片向下至根系的根瘤菌运移通道尚未形成，涂抹于划伤叶面的菌体不能侵入植株。

由根系侵入的标记根瘤菌在植株生长各阶段都有自根向地上部运移的通道。芽苗、幼苗和田间植株在菌液浸根处理后，各检出组织部位的标记菌密度存在很大差异，但两种标记菌都能进入苜蓿植株的根并运移至茎内。内源标记菌 *R.* GNf 还能进入芽苗的子叶、幼苗的下部叶片和田间植株的上部叶片，而无外源物质作用时外源菌 *S.* 12531f 只能由根向上运移到植株茎内。对芽苗根系进行切根或切除田间植株原有根瘤处理后，受损伤的根系形成了更多的根瘤菌侵染位点，能显著增加标记菌在植株根组织内的分布密度，促进芽苗体中两种标记菌和田间植株中的内源菌向茎的运移，能促使内源菌运移至芽苗子叶。这一现象源于不同生长阶段的植株，以及植株不同部位组织的内环境施加在内源菌和外源菌选择性压力上(对侵染微生物)的差异，这种差异在根系内较小，但在植株其他部位较大，因此，外源菌在除根以外的组织内也会存在，但在数量上均显著低于相同部位的内源菌($P<0.05$)。

3)以单纯接种菌液的处理为对照，外源 IAA、$LaCl_3$、根瘤菌胞外多糖(特指内源菌多糖对外源菌 *S.* 12531f，以及外源菌多糖对内源菌 *R.* GNf)对标记根瘤菌在苜蓿植株体内运移的影响，低浓度的 $LaCl_3$、IAA 及相异胞外多糖均能不同程度地提高宿主芽苗和幼苗根系中标记菌的分布密度，但 $LaCl_3$ 会显著降低外源菌 *S.* 12531f 在宿主茎内的菌体密度，并抑制内源菌向茎和子叶运移。IAA 能提高外源菌在茎内的菌体数量，但会降低内源菌在茎和子叶中的菌体密度。不同作用机理的外源物质对标记菌的侵入和运移会产生不同影响，仅仅依靠破坏根系、改变或破坏胞壁构象的外源物质，只能促使标记菌进入根系，但对进一步向茎和子叶的运移没有积极的作用，使用内源菌的胞外多糖可以降低芽苗体内根-茎运移屏障对外源菌的选择压力，但不能使外源菌通过茎与叶之间的选择性运移屏障；外源菌胞外多糖会增加内源菌在幼苗和芽苗茎内的分布密度。

4) 苜蓿幼苗侵染过程的环境控制试验表明，常温下根瘤菌能够在 2d 内由根部外环境侵入根系内并运移至茎，少量的内源标记菌能进入下部叶片。幼苗的茎部环境对菌种具有选择性，外源菌可以存在于茎内，但数量和在总检出内生菌中的比例均显著低于相同部位的内源菌；4℃低温抑制根瘤菌的侵入和在宿主体内的运移，且对外源根瘤菌的抑制作用强于内源根瘤菌。营养供给的均衡性能促进根瘤菌侵入植株根系，而缺乏氮素营养的微环境则有利于标记根瘤菌向幼苗茎部运移。

5) 标记菌侵染幼苗根系并在体内运移的 7d 连续监测表明，内源及外源标记根瘤菌侵入根系后都能持续向植株茎部转运，2d 时到达植株下部茎，5d 时内源菌能进入植株上部叶，而外源菌只能到达植株上部茎，此时标记菌菌体密度在根以外的检出部位组织中达到最高，6～7d 后茎内标记菌的密度逐渐降低但分布部位不变。

6) 田间营养生长初期的植株菌液浸根接种 40d 后，标记菌仍由根系向植株地上部分运移，且只有内源菌能进入植株上部叶片。表明返青后的田间植株在营养生长初期，体内存在根瘤菌向上运移的通道，但标记菌在运移通道中的分布是不连续的，在部分组织通道内只能选择性允许标记菌通过，不能长期定殖。并且外源菌在宿主根和茎内能够存在 40d 且菌体密度接近内源菌，但不能像内源菌一样进入植株上部叶片。苜蓿植株体内存在菌体运移的选择性屏障。

第五章　苜蓿根瘤菌促进生长能力及高效菌株筛选

根瘤菌不但可以固定空气中的氮素，促进植物根系生长，提高植物对矿物质吸收，增强植物抗病能力，而且根瘤菌菌肥与化肥相比具有成本低、使用安全、持续效果好、增产稳定、非再生能源消耗少、对环境无污染、食品安全性好、经济效益高等特点。同时，能改善土壤团粒结构，提高土壤有机质含量，改良盐碱地，保持农牧业生态平衡，维持农牧业可持续发展。因此，生物固氮资源的开发利用已成为人们关注的热点。

我国对根瘤菌的研究开始较早，根瘤菌固氮研究已比较深入。但针对不同气候区域、不同苜蓿品种，筛选配合力高、固氮效率高的根瘤菌种，筛选既具有固氮又具有溶磷和分泌生长调节物质的菌株研究和应用才刚刚起步。从不同生态区域的苜蓿根瘤内分离获得具有固氮、溶磷及分泌植物生长激素功能的菌株，对其生态特性和理化特性进行研究，筛选优良菌株，可为生产经济效益高的苜蓿专用菌肥提供理论依据和菌类资源。

苜蓿-根瘤菌共生体的作用效果除了受品种、菌系影响外，同时还与土壤条件和气候条件密切相关。根据研究区域的气候特点、土壤特点、植被特征和苜蓿种植区域特点，划分气候-植被生态类型区，选取各区域共同种植的苜蓿品种为载体，对不同区域不同季节的土壤因子、气候因子、根瘤菌分布特征进行调查，在调查的基础上，进行根瘤菌采样、分离、纯化。然后通过试管苗回接纯化根瘤菌，观察其促生效应，进行高效促生根瘤菌株的初步筛选。以 ^{15}N 同位素氮肥为示踪标记，进行菌株筛选、固氮能力、溶磷能力、分泌生长素能力、耐盐、耐酸碱、耐高低温能力的测定，分析影响根瘤菌促生作用的影响因子及其重要性。根据综合结果进行高效促生、高抗逆能力根瘤菌株的筛选。

通过研究，将预期实现下列目标。

1) 系统研究苜蓿根瘤菌与环境的相关性、苜蓿根瘤菌与寄主的相关性及其季节变化动态，探讨苜蓿根瘤菌促生影响因子的作用及其重要性。

2) 扩大苜蓿根瘤菌的研究范围，在筛选高效固氮菌株的同时，结合苜蓿根瘤菌溶磷、分泌植物生长素等其他作用的研究，筛选具有高效固氮和高效溶磷、分泌生长激素功能的菌株，试图发现新的根瘤菌资源。

3) 筛选抗旱、抗寒、抗盐碱等抗逆性强的生态菌株。

4) 通过根瘤菌固氮效率影响因子及其重要性的系统研究和优良菌株的筛选，建立寒区旱区高效促生、高抗逆根瘤菌资源筛选体系。

依据植被-气候类型区设置生态区，本研究选取甘肃省 5 个植被-气候类型生态区，每个生态区内依据土壤类型设置取样点。选取的生态区域及其典型分布地点如下。

1) 中温半湿润森林草原区，采样点——庆阳西峰。

2) 暖温湿润落叶阔叶林区，采样点——天水清水。

3) 中温干旱半干旱草原区，采样点——定西安定。

4) 寒温潮湿高寒草甸区，采样点——甘南夏河。

5) 中温干旱荒漠区，采样点——武威凉州。

各研究区域自然概况。

庆阳西峰　位于甘肃东部黄土高原沟壑区董志塬中部，塬面较为完整，地势平坦广阔，耕地以黑垆土为主，微碱性，土壤肥沃、疏松、保水保肥、垂直渗透力强。属半湿润性气候，年日照 2436.4h，年均温 8.3℃，太阳总辐射量 5547.26MJ/m^2，≥0℃的积温 3446℃，≥10℃的积温 2783.6℃，无霜期 168d，年均降雨量 551.2mm，年均蒸发量 1474.3mm。采样区海拔 1350m，土壤为黑垆土，无灌溉条件，土壤 pH7.56，有机质 1.093%，全氮 0.120%，全磷 0.080%，全盐 0.190%，速效氮 90.70mg/kg，速效磷 48.77mg/kg，速效钾 151.40mg/kg。

天水清水　位于甘肃东南部黄土梁峁沟壑区，属温带半湿润气候，年平均气温 9.4℃，年降雨量 646.4mm，日照时数 2236.6h，无霜期 171d。≥0℃的积温 3539℃，≥10℃的积温 2898℃，年均蒸发量 1504mm。采样区海拔 1480m，土壤为褐土，无灌溉条件，土壤 pH7.40，有机质 1.988%，全氮 0.078%，全磷 0.070%，全盐 0.170%，速效氮 86.70mg/kg，速效磷 17.72mg/kg，速效钾 106.40mg/kg 。

定西安定　位于甘肃中部干旱区域，黄土丘陵与沟壑是其地貌的基本特征，年均温 6.4℃，≥0℃积温 2933.5℃，≥10℃积温 2239.1℃，无霜期 153d，年均降雨量 254.4mm，年均蒸发量 1528.5mm。干旱多灾，水土流失，土地贫瘠。采样区海拔 2180m，土壤为灰钙土，无灌溉条件，土壤 pH7.9，有机质 0.718%，全氮 0.082%，全磷 0.077%，全盐 0.300%，速效氮 43.05mg/kg，速效磷 17.12mg/kg，速效钾 208.80mg/kg。

武威凉州　位于东祁连山北坡及河西走廊东段，苜蓿种植区属温带干旱荒漠气候，年均温 7.7℃，≥10℃的活动积温 3003℃，年均降雨量 150mm，年均蒸发量 2019.9mm，无霜期 158d，采样区海拔 1490m，土壤为灌漠土，有灌溉条件，土壤 pH7.15，有机质 1.330%，全氮 0.091%，全磷 0.037%，全盐 0.310%，速效氮 60.35mg/kg，速效磷 8.29mg/kg，速效钾 73.64mg/kg。

甘南夏河　地处甘肃西南部，海拔 2200～3600m，属寒冷湿润类型，高原大陆性气候特点比较明显。年均气温 2.6℃，年均降雨量 516mm，全年无霜期 56d，年日照 2296h。≥0℃的积温 1214～2477℃，≥10℃的积温 215～1636℃，年均蒸发量 1200～1350mm。采样区海拔 3050m，土壤为亚高山草甸土，无灌溉条件，土壤 pH7.31，有机质 6.164%，全氮 0.334%，全磷 0.084%，全盐 0.220%，速效氮 185.00mg/kg，速效磷 46.37mg/kg，速效钾 245.60mg/kg。

各采样区土壤化学成分、年均温与年均降雨量见表 5-1。

表 5-1　采样区土壤化学成分、年均温与年均降雨量

取样地点	全量成分/%					速效成分/(mg/kg)			年均温/℃	年均降雨量/mm
	pH	有机质	全氮	全磷	全盐	氮	磷	钾		
庆阳西峰	7.56	1.093	0.120	0.080	0.190	90.70	48.77	151.4	8.3	551.2
天水清水	7.40	1.988	0.078	0.070	0.170	86.70	17.72	106.4	9.4	646.4
定西安定	7.90	0.718	0.082	0.077	0.300	43.05	17.12	208.8	6.4	254.4
武威凉州	7.15	1.330	0.091	0.037	0.310	60.35	8.29	73.64	7.7	150.0
甘南夏河	7.31	6.164	0.334	0.084	0.220	185.00	46.37	245.6	2.6	516.0

研究材料：①苜蓿品种，阿尔冈金苜蓿(*Medicago sativa* L. Algonquin)、陇东苜蓿(*Medicago Sativa* L. Longdong)；②5 个研究区域土壤及筛选的根瘤菌株。

研究方法：宏观上利用典型苜蓿品种、典型气候区域、典型土壤类型开展寒区旱区不同生态区域不同季节苜蓿根瘤菌的调查，探讨寒区旱区苜蓿根瘤菌促生能力影响因子的作用及其重要性。

应用微生物学、农学、牧草学及生态学方面的知识与技术，结合实验室、温室和田间盆栽试验，开展苜蓿品种、区域土壤、季节和根瘤菌的相关性研究。

突破根瘤菌研究的传统范围和研究方法，以固氮研究为主线，辅之以溶磷、分泌生长素等其他促进生长功能及其影响因子作用和重要性的研究，使根瘤菌促生功能和抗逆性的研究从单一走向全面，完善根瘤菌的筛选过程，开展根瘤菌综合能力的开发研究工作。

研究内容：①苜蓿根瘤菌的调查；②生态因子调查；③根瘤菌调查(总根瘤数、有效根瘤数、总根瘤重、有效根瘤重、根瘤形状、颜色、大小、根系分布)。

苜蓿根瘤菌的分离与纯化：①根瘤菌的分离(选择性培养基)；②根瘤菌的纯化(选择性培养基)；③根瘤菌形态学特性观察与生理生化特性测定(常规法)。

根瘤菌固氮、溶磷、分泌植物生长素能力测定：①根瘤菌溶磷性能测定(溶磷圈法)；②根瘤菌分泌植物生长素性能测定(比色法)；③根瘤菌对植物生长的影响及固氮量测定(生长量法、^{15}N 同位素稀释法)。

根瘤菌生态适应性测定：①耐盐能力测定(选择性培养基)；②耐酸碱能力测定(选择性培养基)；③耐热耐寒能力测定(选择性培养基)。

根据以上研究内容和研究方法，形成研究技术路线(图 5-1)。

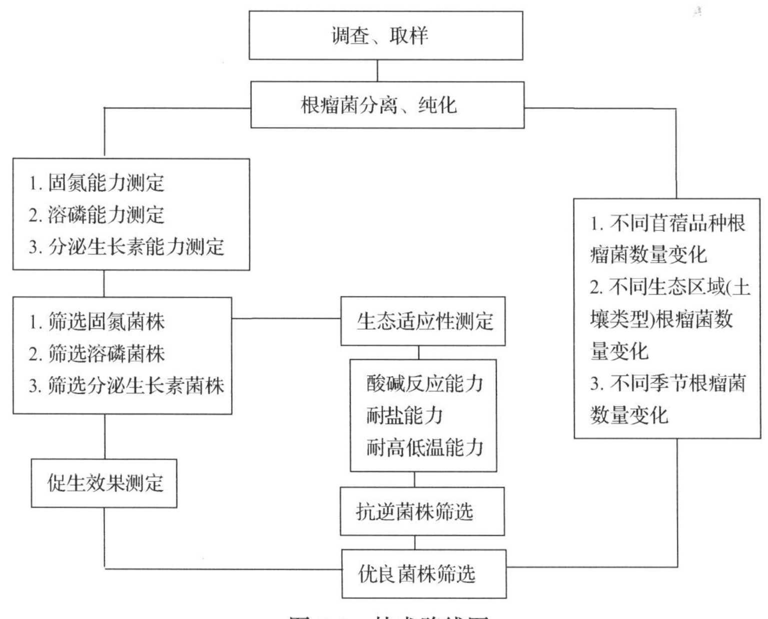

图 5-1　技术路线图

第一节　苜蓿根瘤菌的调查、分离及回接鉴定

苜蓿根瘤菌的调查采集，根瘤菌的分离纯化和回接鉴定是根瘤菌资源研究的基础，由于苜蓿的生态习性多样、根瘤菌株类型繁多、特异性强，以及自然环境和季节的变化差异，根瘤菌资源随时空变化而变化，根瘤菌资源调查是经常性的、必不可少的工作，是根瘤菌研究利用的前提。

一、根瘤菌的调查

1. 调查区域和苜蓿品种

依据研究范围植被-气候类型设置生态区，研究范围内分 5 个植被-气候类型生态区：①中温半湿润森林草原区（庆阳、平凉）；②暖温湿润落叶阔叶林区（天水）；③中温干旱半干旱草原区（定西）；④中温干旱荒漠区（河西走廊绿洲农业区）；⑤寒温潮湿高寒草甸区（甘南）。选取每个生态区域均有种植的陇东苜蓿和阿尔冈金苜蓿品种根瘤菌和土壤为研究材料。

2. 调查方法

每个生态区域选取典型采样区如下：①中温半湿润森林草原区——西峰市；②暖温湿润落叶阔叶林区——清水县；③中温干旱半干旱草原区——安定区；④中温干旱荒漠区——凉州区；⑤寒温潮湿高寒草甸区——夏河县。每个采样县（市、区）选取种植 2 年龄未人工接种根瘤菌的陇东苜蓿和阿尔冈金苜蓿草地，分春（返青期）、夏（7 月 20 日～30 日）、秋（10 月 10 日～20 日）三季调查采样，每个采样区（县、市）每季节选取 3 个采样点，每个采样点每品种设 3 次重复，每重复 10 株，每株按长×宽×深=30cm×30cm×30cm 挖取苜蓿根系，轻轻抖落根系上黏结的土壤（注意根瘤的完整性），记录总根瘤数、有效根瘤数（粉红色或浅粉红色根瘤）、根瘤着生部位、根瘤颜色、根瘤大小，然后装入冷藏瓶带回室内称取总根瘤重、有效根瘤重，并采取耕作层 20cm 处根际土壤样品（仅春季采样），立即称重后封闭带回室内分析土壤理化指标。同时调查记录采样点的水分条件（降雨量、蒸发量）、海拔、土壤类型、坡向、灌溉条件、灌溉制度和地点、生态植被及其他农业措施等。

二、根瘤菌的分离与纯化

1. 分离培养基

苜蓿根瘤菌分离采用刚果红 YMA 培养基，配方：甘露醇 10.0g/L、NaCl 0.1g/L、$MgSO_4 \cdot 7H_2O$ 0.2g/L、酵母粉 1.0g/L、K_2HPO_4 0.5g/L、琼脂 15～20g/L、0.5%刚果红液 4ml/L、蒸馏水 1000ml/L、pH7.0～7.2。

2. 根瘤菌分离

从新鲜根瘤中选取个体大、粉红色的根瘤 8～10 个，用水将泥土冲洗干净，依次放入 70%的乙醇浸泡 0.5min，用水冲洗 3～4 次，用 0.1% $HgCl_2$ 溶液浸泡 5min，用水冲洗 5～6 次，置于灭过菌的研钵中研磨碎，用接种针挑去少许根瘤汁液采用划线法或涂抹法接入 90mm 培养皿的刚果红 YMA 平板培养基上，置 28℃生化培养箱中恒温培养。

3. 根瘤菌纯化

在分离培养基上长出的菌落，按菌落大小、颜色、形状进行分离，选取大小、颜色、形状一致的菌落，用接种针挑取一环接入刚果红 YMA 平板培养基上，置于 28℃生化培养箱中恒温培养，经几次挑选分离纯化，直至每一培养皿内培养基上的根瘤菌菌落生长的大小、颜色、形状一致，经菌落形态、菌体形态检查后，接入试管斜面保存。

三、根瘤菌回接

1. 回接培养液

回接用培养液为低氮培养液，配方：$Ca(NO_3)_2 \cdot 4H_2O$ 0.0432g，$CaSO_4 \cdot 2H_2O$ 0.582g，$MgSO_4 \cdot 7H_2O$ 0.06g，$K_2HPO_4 \cdot 3H_2O$ 0.178g，KCl 0.075g，Fe · EDTA · $5H_2O$(柠檬酸铁)0.1026g。微量元素：H_3BO_3 2.86g，$MnSO_4$ 1.81g，$ZnSO_4$ 0.22g，$CuSO_4 \cdot 5H_2O$ 0.8g，H_2MoO_4 0.02g。

2. 种子催芽

回接用种子，须挑选干净、饱满、色正、无坏死、无腐烂和无破损的种子，用 70%乙醇浸泡种子 15min，用无菌水清洗 4～5 次，再用 0.1%升汞溶液浸泡 5min，用无菌水清洗 6～8 次，然后均匀放于已灭过菌的培养皿中，置 28℃生化培养箱中催芽，2d 后根长至 0.5～1cm，即可栽植于已灭菌的蛭石试管中，加少量无菌水湿润蛭石。

3. 培养基质准备

培养基质采用蛭石培养，选用新鲜蛭石装入 30mm×300mm 的大试管中，蛭石占试管体积 1/3 以上，经高压灭菌 2h 后，在无菌条件下加入已灭过菌的低氮培养液至蛭石饱和。

4. 接种及培养

将分离纯化后保存的根瘤菌，取出先接入 YMA 固体平板培养基活化培养，再转入 YMA 液体培养基，置于转速 120r/min，温度 28℃摇床中培养，测定根瘤菌悬浮液光密度值(OD_{600}值)，OD_{600}值达到一定浓度后，全部供试菌株配制成光密度值一致的菌悬液，用光密度值一致的菌悬液浸泡发芽种子 0.5h，植入试管蛭石中，剩余菌液加入试管蛭石，加盖棉塞，置于培养室中培养 8～10d，去掉棉塞，自然培养。每个菌株 3 个试管，每试管植入 3 粒种子作为重复。同时以不接种根瘤菌，但培养条件与供试菌株相同的试管苗为对照。培养条件：光照度 7000～8000lx，每昼夜照射 12h，有光照温度 21～25℃，无光照温度 16～20℃，相对湿度 50%～70%。

四、调查结果

对庆阳、天水、定西、武威、甘南等地、州、市 5 个县(市、区)的阿尔冈金苜蓿和陇东苜蓿根瘤菌进行春、夏、秋三季调查(2004 年 3 月～2004 年 10 月)，采集根瘤样品 135 份，采集土样 45 份，计数并归纳整理和分析化验，得表 5-2 和表 5-3 结果，表 5-2 和表 5-3 反映了不同地区、不同苜蓿品种、不同季节变化的苜蓿根系根瘤菌结瘤情况与土壤理化因子变化情况，一般，土壤疏松、湿度大时，根系根瘤数多；湿润时间越长，总根瘤数和有效根瘤数越多，根瘤个体越大；湿润时间越短，有效根瘤数越少，根瘤个体越小；不同地区之间苜蓿根瘤形态差异较大，不同区域、不同季节的根瘤菌有椭圆形、指状、掌状等形状，大小、形状、数量不同，甘南苜蓿根系出现掌状和复掌状，其他地区出现椭圆形、指状。

表 5-2　阿尔冈金苜蓿根瘤与土壤理化因子田间抽样调查结果

区域土壤	调查季节	总根瘤数/(个/株)	总根瘤重/(g/株)	有效根瘤数/(个/株)	有效根瘤重/(g/株)	总水分/%	自由水/%	束缚水/%	全盐量/%	全氮量/%	全磷量/%	速效氮/(mg/kg)	速效磷/(mg/kg)	速效钾/(mg/kg)	土壤pH	有机质/%
庆阳(黑垆土)	春(3月)	42.0	0.0210	7.7	0.0042	17.04	15.57	1.78	0.15	0.12	0.08	66.21	23.75	122.80	7.56	1.66
	夏(7月)	12.0	0.0065	1.0	0.0002	19.25	13.72	1.79								
	秋(10月)	8.9	0.0097	1.7	0.0017	16.45	14.94	1.77								
天水(褐土)	春(3月)	13.7	0.0042	1.1	0.0005	11.66	9.77	2.09	0.17	0.08	0.07	86.70	17.72	106.40	7.40	1.99
	夏(7月)	2.3	0.0006	1.0	0.0003	14.04	12.19	2.09								
	秋(10月)	4.2	0.0023	2.6	0.0011	15.74	14.05	1.97								
定西(灰钙土)	春(4月)	32.1	0.0350	8.2	0.0156	17.22	15.74	1.76	0.19	0.08	0.08	43.30	9.88	85.95	7.45	0.39
	夏(7月)	11.8	0.0079	2.2	0.0015	17.33	16.14	1.41								
	秋(10月)	6.5	0.0026	0.3	0.0002	16.25	14.89	1.59								
武威(灌淤土)	春(4月)	19.7	0.0092	7.3	0.0040	10.70	9.65	1.16	0.21	0.09	0.04	73.78	88.22	184.20	7.54	1.82
	夏(7月)	14.9	0.0117	5.0	0.0035	15.00	13.95	1.22								
	秋(10月)	5.0	0.0082	2.2	0.0048	13.75	12.97	0.90								
甘南(亚高山草甸土)	春(5月)	6.1	0.0177	1.4	0.0086	23.23	21.56	2.11	0.22	0.33	0.08	193.40	20.12	126.90	7.50	5.39
	夏(7月)	6.3	0.0080	1.9	0.0024	19.40	17.77	1.98								
	秋(10月)	4.2	0.0365	3.9	0.0215	16.93	15.19	2.05								

表 5-3　陇东苜蓿根瘤与土壤理化因子田间抽样调查结果

区域土壤	调查季节	总根瘤数/(个/株)	总根瘤重/(g/株)	有效根瘤数/(个/株)	有效根瘤重/(g/株)	总水分/%	自由水/%	束缚水/%	全盐量/%	全氮量/%	全磷量/%	速效氮/(mg/kg)	速效磷/(mg/kg)	速效钾/(mg/kg)	土壤pH	有机质/%
庆阳(黑垆土)	春(3月)	22.5	0.0131	8.1	0.0053	16.51	15.00	1.78	0.17	0.12	0.08	40.74	21.32	126.90	7.50	1.27
	夏(7月)	1.3	0.0012	0.7	0.0009	14.03	12.48	1.78								
	秋(10月)	0.8	0.0015	0.4	0.0006	16.43	14.94	1.74								
天水(褐土)	春(3月)	8.9	0.0042	3.2	0.0023	8.14	6.24	2.03	0.19	0.08	0.07	87.75	27.01	147.30	7.10	1.40
	夏(7月)	0.5	0.0006	0.07	0.0005	18.24	16.48	2.10								
	秋(10月)	1.1	0.0005	0.4	0.0002	18.20	16.48	2.07								
定西(灰钙土)	春(4月)	20.2	0.0178	5.4	0.0095	13.89	12.67	1.40				43.05	17.12	208.80	7.90	0.72
	夏(7月)	0.4	0.0002	0.0	0.0000	19.61	18.26	1.66	0.30	0.08	0.08					
	秋(10月)	1.7	0.0011	0.8	0.0006	16.25	14.89	1.59								
武威(灌淤土)	春(4月)	6.0	0.0056	1.2	0.0011	9.77	8.98	0.86	0.22	0.09	0.04	56.99	30.09	77.74	7.60	0.74
	夏(7月)	10.4	0.0134	6.1	0.0066	10.10	9.29	0.89								
	秋(10月)	0.2	0.0000	0.0	0.0000	5.27	4.43	0.88								
甘南(亚高山草甸土)	春(5月)	4.6	0.0145	1.8	0.0114	23.88	22.09	2.29	0.22	0.33	0.08	185.00	46.37	24.56	7.31	6.16
	夏(7月)	1.0	0.0087	0.8	0.0032	21.73	19.94	2.24								
	秋(10月)	8.2	0.0087	4.2	0.0082	21.34	19.94	2.23								

五、根瘤菌分离与回接筛选

从 135 份根瘤采样中，通过分离获得根瘤菌纯培养物 730 个，经原寄主回接结瘤试验，接种 6d 后有 3%～4%的苜蓿苗根系结瘤，10d 后有 20%～25%的苜蓿苗根系结瘤，20d 后有 90%～95%的苜蓿苗根系结瘤。生长 45d 后，测定生物量、结瘤数、有效根瘤数、根瘤重等指标，100%的菌株均可结瘤。因种子携带有内生根瘤菌，对照试管苗也结瘤，以对照苗结瘤数和生长量为参照，参考内生根瘤菌结瘤的影响，以接种菌株的生物量、结瘤数、有效根瘤数(粉红色或浅粉红色根瘤)为主要权重指标，初步筛选出促生能力好、结瘤能力强、有效根瘤率高的 31 个根瘤菌株，筛选出的菌株名称及来源见表 5-4。

表 5-4　筛选的菌株名称及来源

编号	菌株名称	菌株来源	编号	菌株名称	菌株来源
1	DA10	定西(阿尔冈金苜蓿)	8	DL81	定西(陇东苜蓿)
2	DA42	定西(阿尔冈金苜蓿)	9	GA26	甘南(阿尔冈金苜蓿)
3	DA53	定西(阿尔冈金苜蓿)	10	GA28	甘南(阿尔冈金苜蓿)
4	DA99	定西(阿尔冈金苜蓿)	11	GA66	甘南(阿尔冈金苜蓿)
5	DL15	定西(陇东苜蓿)	12	GL16	甘南(陇东苜蓿)
6	DL58	定西(陇东苜蓿)	13	GL21	甘南(陇东苜蓿)
7	DL67	定西(陇东苜蓿)	14	GL24	甘南(陇东苜蓿)

续表

编号	菌株名称	菌株来源	编号	菌株名称	菌株来源
15	GL65	甘南(陇东苜蓿)	24	TL22A	天水(陇东苜蓿)
16	QA33B	庆阳(阿尔冈金苜蓿)	25	TL47	天水(陇东苜蓿)
17	QA46A	庆阳(阿尔冈金苜蓿)	26	WA24	武威(阿尔冈金苜蓿)
18	QA50A	庆阳(阿尔冈金苜蓿)	27	WA32	武威(阿尔冈金苜蓿)
19	QL20B	庆阳(陇东苜蓿)	28	WA62A	武威(阿尔冈金苜蓿)
20	QL31B	庆阳(陇东苜蓿)	29	WL47	武威(陇东苜蓿)
21	QL36B	庆阳(陇东苜蓿)	30	WL53	武威(陇东苜蓿)
22	TA34	天水(阿尔冈金苜蓿)	31	WL68	武威(陇东苜蓿)
23	TL18	天水(陇东苜蓿)			

注：菌株名称中第一个字母为采样生态区域名称汉语拼音第一个字母，第二个字母为苜蓿品种名汉语拼音第一个字母，菌株名称中的数字和后缀字母为筛选编号，如 DA10 为定西地区阿尔冈金苜蓿根瘤上分离出的第 10 号菌株、QA33B 为庆阳地区阿尔冈金苜蓿根瘤上分离出的第 33B 号菌株

六、根瘤菌的培养特性

苜蓿根瘤菌培养的菌落形态，在刚果红 YMA 培养基上，28℃培养 24h，菌落小而少，2～3d 渐多，4～5d 后菌落大小为 3～7mm，菌落圆形，乳白色，半透明，边缘整齐，有少量黏质，菌落不吸色。

七、讨论

苜蓿种子携带有内生根瘤菌，回接试验发现，经严格表面消毒的苜蓿种子，不接种任何根瘤菌，无菌条件下培养，苜蓿苗根系仍有较少根瘤形成，说明种子内部存在内生根瘤菌，并有形成根瘤的能力，这对新的苜蓿种植地在未人工接种根瘤菌剂的条件下，形成根瘤菌群和根瘤奠定了基础，但这一问题需要进一步深入研究确定。

八、小结

1) 调查发现，研究区域大部分属干旱半干旱地区，影响苜蓿根瘤菌结瘤数量的最主要因素是水分因子。不论是旱作区的长期干旱，还是灌溉区的间隙性干旱，均对根瘤菌的结瘤性能造成较大影响，进而影响了固氮量，表现出苜蓿草地的干旱胁迫缺氮。

2) 苜蓿根瘤在不同生态区域，表现出不同的形状、数量差异，不同季节也表现出数量差异，苜蓿根瘤的形状和数量与环境的相关性极为明显，根瘤的数量与季节的相关性也极为明显。

3) 从新鲜苜蓿根瘤中分离根瘤菌，可以快速地获得纯培养分离物。一般在分离纯化培养时，培养 2～3d 菌落出现，4～5d 形成菌落，有些根瘤菌菌落形成的时间略长。

4) 分离物回接结瘤试验是鉴定根瘤菌的根本方法，能结瘤即可证明分离物为根瘤菌，结瘤能力和固氮能力强的菌株，结瘤多且促生作用好。回接试验选择原寄主接种，培养期间适时添加培养液并通过加湿措施提高培养室内湿度。

第二节　苜蓿根瘤菌结瘤能力影响因子

影响苜蓿根瘤菌结瘤的因子有土壤类型、土壤氮素含量、钾素含量、土壤水分、土壤 pH 和苜蓿品种、生长季节等（曾昭海等，2003）。Thies 等（1991）的研究结果表明，根瘤菌的结瘤率与土壤类型、有机质含量、总氮量及土壤温度等显著相关。土壤氮素含量的多少是影响根瘤菌结瘤效果的重要因素，较高水平的氮素含量抑制结瘤，降低了苜蓿-根瘤菌的固氮效率。因此，只有在土壤中氮素处于一个较低水平时，根瘤菌结瘤效果才能发挥出来。但 Lopez-Garcia 等（2001）的研究表明，N 不足时会影响根瘤菌与寄主的共生，从而影响根瘤菌的结瘤效率及竞争能力。钾肥可以增加根瘤数量、根瘤重量、固氮速率及光合速率，通过增加豆科作物可利用的光合物质来增加固氮量，通过转运光合产物到根系和根瘤中来增加固氮量和根瘤数量。土壤 pH 对接种根瘤菌的共生固氮效率有明显影响，pH 对根瘤菌生长的影响是一个相对渐进的过程。水分含量是影响结瘤和固氮效果的重要指标。Serraj 和 Drevon（1999）研究表明，豆科植物-根瘤菌共生关系的形成及其活性均对干旱十分敏感，土壤干旱时不仅影响植物生长、根系发育及物质分泌，也使根瘤菌处于一个较低的群体水平，从而影响氮素的积累。土质结构黏重的土壤能提高根瘤菌的存活率，因为黏重的土壤能为根瘤菌提供一个减少环境胁迫的环境。土壤其他因子均对根瘤菌结瘤和固氮能力有不同程度的影响。根瘤菌的主要生存环境是土壤，土壤因子对苜蓿根瘤菌结瘤和固氮影响的研究有一些报道，但对寒区旱区苜蓿根瘤菌影响的报道相对较少，并且土壤单一因子影响的报道相对较多，且地区间差异较大，而未见土壤因子、苜蓿品种和季节变化多重影响下的系统性研究的报道。因此，进行寒区旱区苜蓿根瘤菌结瘤能力影响因子分析，通过农业措施调解影响因子变量来达到提高根瘤菌结瘤数量和增加固氮量具有极其重要的理论意义和实践指导作用。

根瘤菌的结瘤能力是权衡根瘤菌有效性的重要测度值，研究选取品种、季节、土壤类型等因素对苜蓿根瘤菌结瘤能力或根瘤菌有效性影响进行了分析。

一、研究方法

1. 抽样与数据采集

抽样调查方法同第一节调查方法。在抽样计数、称量和土壤取样分析的基础上，对样点观察值按苜蓿品种、春夏秋季节和 5 个生态区域主要土壤类型进行数据归纳。

2. 影响因子分析的原理与步骤

为了深入探讨影响苜蓿根瘤菌结瘤能力或根瘤菌有效性的环境因子，以便制订有效的管理与增产措施，从根瘤菌的宿主植物、土壤类型和苜蓿生长季节 3 个层面，采用大系统多层次权重分析法研究影响苜蓿根瘤菌结瘤能力的因子及诸因子的有效程度，并因地制宜地提出管理对策和增产措施。

大系统多层次权重分析法是一种定性与定量分析相结合的方法，它将对复杂对象的决策思维过程数学化(王莲芬，1990)。将这种方法运用于苜蓿根瘤菌结瘤能力研究，通过各因素之间的比较判断和计算，得出不同影响因子的权重(或组合权重)，从而为最佳方案的选择提供依据。该方法的主要步骤如下。

1) 确定苜蓿根瘤菌结瘤能力系统管理目标 C，根据目标及问题的性质，将系统区分为若干个管理层次及因素。

2) 从第二层次开始，逐层次确定判断矩阵，计算各种因素的权重值。

确定判断矩阵的方法：首先同一层内逐对比较基本因素 F_i 和 F_j 对目标贡献的大小，给出它们之间的相对比重 a_{ij}；一般通过分析对比认为，当 F_i 和 F_j 对目标有大致相等的贡献时，可取 a_{ij}=1；当 F_i 比 F_j 贡献稍大时，取 a_{ij}=3；当 F_i 比 F_j 贡献大时，取 a_{ij}=5；当 F_i 比 F_j 贡献较大时，取 α_{ij}=7；当 F_i 贡献远远大于 F_j 时，取 a_{ij}=9，……。当 F_i 比 F_j 贡献小时，令 $a_{ij}=\dfrac{1}{a_{ij}}$。在此基础上进一步分析、计算、对比，就可以确定 a_{ij} 的值，得出判断矩阵 $\boldsymbol{A}$。

$$\boldsymbol{A}=\left\{\begin{matrix} a_{11} & a_{12} & \cdots & a_{1n} \\ a_{21} & a_{22} & \cdots & a_{2n} \\ \vdots & \vdots & \vdots & \vdots \\ a_{n1} & a_{n2} & \cdots & a_{nn} \end{matrix}\right.$$

为了应用方便，将该判断矩阵改写成表 5-5 判断矩阵形式。

表 5-5 判断矩阵

目标	F_1	F_2 ···F_j···	F_k	权重值(α_i)
F_1	a_{11}	a_{12} ···	a_{1n}	α_1
F_2	a_{21}	a_{22} ···	a_{2n}	α_2
F_i ···	a_{i1}···	a_{i2}··· ···	a_{in}	α_i
F_n	a_{n1}	a_{n2}··· ···	a_{nn}	α_n

表 5-5 中，α_i 是因素 F_i 对目标 C 的权重值，它表示诸因素中 F_i 对目标贡献的相对大小，α_i 的计算公式如下。

$$\begin{cases} b_i=\left(\prod\limits_{i=1}^{n}\alpha_{ij}\right)^{\frac{1}{n}} \\ \alpha_i=\dfrac{b_i}{\sum\limits_{i=1}^{n}b_i} \end{cases} \quad (i=1,\ 2,\ \cdots,\ n;\ j=1,\ 2,\ \cdots,\ k) \tag{5-1}$$

3) 向量 $\vec{V}=[\alpha_1,\alpha_2,\cdots,\alpha_n]^T$ 称为权重向量。在逐层次计算中，若系统的第 L 层次有 n 个元素，第 L+1 层次有 m 个元素，第 L+1 层次对于第 L 层次 n 个元素的相对权重向量分别为

$\vec{V}_1, \vec{V}_2, \cdots, \vec{V}_n$，其中，$\vec{V} = [V_{11}, V_{12}, \cdots, V_{1n}]^T$，第 L 层次元素的组合权重为 $\vec{U} = [u_1^L, u_2^L, \cdots, u_n^L]^T$，那么，第 L+1 层次元素的组合权重向量 $\vec{U}^{L+1} = [u_1^{L+1}, u_2^{L+1}, \cdots, u_m^{L+1}]^T$ 为

$$\vec{U}^{L+1} = \sum_{i=1}^{n} U_{Li} \cdot \vec{V}_i \tag{5-2}$$

计算方法：从第二层开始递阶逐层向下计算，直到算到最下层元素的组合权重。组合权重反映系统最下层诸因素对总体目标的贡献。

调查结果见第一节表 5-2 和表 5-3。在甘肃 5 个代表性苜蓿产区对不同季节、不同苜蓿品种的相关指标及其参数的测定结果，包括 4 项根瘤指标、3 项土壤水分指标、6 项土壤养分指标，以及土壤全盐量和 pH 等。各项指标参数均为样本平均数，其中土壤养分、全盐量和 pH 为春夏秋 3 个季节的平均值。

二、苜蓿根瘤菌有效性差异分析

1. 不同苜蓿品种根瘤数与根瘤重的差异性分析

在表 5-2 和表 5-3 中，如果不考虑区域(土壤类型)、季节，分别统计阿尔冈金苜蓿和陇东苜蓿几项根瘤指标得表 5-6。

表 5-6　两种宿主苜蓿品种的根瘤数与根瘤重比较

根瘤	阿尔冈金苜蓿	陇东苜蓿	t 测验
总根瘤数/(个/株)	12.6500**	5.86	t=4.5116 P=0.0005
总根瘤重/(g/株)	0.0015	0.0064*	t=2.4353 P=0.0288
有效根瘤数/(个/株)	3.1700	2.18	t=1.9175 P=0.0758
有效根瘤重/(g/株)	0.0047	0.0038	t=0.7958 P=0.4394

注：*表示 t 检验差异显著(P<0.05)，**表示 t 检验差异极显著(P<0.01)

2. 不同季节苜蓿根瘤数与根瘤重的差异性分析

根据表 5-2 和表 5-3 资料，对春、夏、秋 3 个不同季节苜蓿根瘤菌的各项参数进行统计处理，结果如表 5-7 所示。

表 5-7　春、夏、秋季苜蓿根瘤数与根瘤重比较

根瘤	季节	平均数	差异显著性		根瘤	季节	平均数	差异显著性	
			0.05	0.01				0.05	0.01
总根瘤数/(个/株)					有效根瘤数/(个/株)				
	春	17.58	a	A		春	4.50	a	A
	夏	6.09	b	B		夏	1.88	b	B
	秋	4.08	b	B		秋	1.65	b	B

续表

根瘤	季节	平均数	差异显著性		根瘤	季节	平均数	差异显著性	
			0.05	0.01				0.05	0.01
总根瘤重/(g/株)					有效根瘤重/(g/株)				
	春	0.0142	a	A		春	0.0063	a	A
	夏	0.0049	b	B		夏	0.0024	b	A
	秋	0.0077	b	AB		秋	0.0040	ab	A

春、夏、秋 3 个季节内，4 项根瘤指标差异程度不同：总根瘤数和有效根瘤数均以春季最多，与夏、秋两季差异非常明显($P<0.01$)，而夏、秋季节之间差异均不明显($P>0.05$)。春季总根瘤重与夏、秋季差异明显($P<0.05$)，且春、夏季总根瘤重差异达极显著水平($P<0.01$)；夏、秋季之间则无明显差异性；春、夏季有效根瘤重差异显著($P<0.05$)，夏、秋季有效根瘤重差异不显著($P>0.05$)。

苜蓿总根瘤数、有效根瘤数和总根瘤重的季节差异，实质上是由光、温、水、土等自然资源的季节分配差异所致，因此，进一步对各季节根瘤数、根瘤重、平均温度、平均日照时数、平均降雨量进行比较，结果如下。

1) 调查区域，春季的光、温、水及其组合是苜蓿结瘤的最适宜环境条件。

2) 随着春、夏、秋各季节平均温度的递增，根瘤数、有效根瘤数 2 项指标参数呈递减趋势，而总根瘤重和有效根瘤重 2 项指标呈参数春季最高，秋季次之，夏季最低的趋势。

3) 从春季到夏季，平均日照时数递增，但根瘤数和根瘤重呈逆向变化，夏季以后，平均日照时数、根瘤数和根瘤重同步变化，表明夏季高温不利于根瘤菌共生结瘤。

4) 根据春季的平均温度估计，苜蓿根瘤菌结瘤的适宜温度低于文献资料(孙羲等，1998；耿华珠等，1995)所载的适宜温度 20～22℃或 15～21℃。苜蓿根系适宜生长的温度为 15℃(耿华珠等，1995)，据此推测根瘤菌结瘤的适宜温度可能与根系生长温度相一致，但这需要进一步研究确定。

3. 不同类型土壤苜蓿根瘤数与根瘤重的差异性分析

根据表 5-2 和表 5-3 资料，按不同类型土壤对根瘤菌的数量和重量进行统计得表 5-8。表 5-8 为不同土壤中根瘤数和根瘤重 4 项根瘤菌指标的统计结果，可以看出，对于总根瘤数，除褐土和亚高山草甸土之间无明显差异外，其余各类土壤之间差异明显($P<0.05$)，黑垆土明显高于除灰钙土外的其他土壤；对于总根瘤重，亚高山草甸土明显高于除灰钙土外的其他各类土($P<0.05$)，而灰钙土、黑垆土和灌淤土之间无差异性；对于有效根瘤数，各土类之间无差异；对于有效根瘤重，除亚高山草甸土与其他各类土壤之间差异明显外($P<0.05$)，其余无差异。足见不同土壤类型对根瘤菌的有效性有不同程度的影响，如果按单项根瘤指标估计，可分别排序如下。

总根瘤数：黑垆土＞灰钙土＞灌淤土＞褐土 = 亚高山草甸土。

总根瘤重：亚高山草甸土＞灰钙土 = 黑垆土 = 灌淤土 = 褐土。

有效根瘤数：灌淤土 = 黑垆土 = 灰钙土 = 亚高山草甸土 = 褐土。

有效根瘤重：亚高山草甸土＞灰钙土＝灌淤土＝黑垆土＝褐土。

表 5-8　不同土壤类型苜蓿根瘤数与根瘤重比较

根瘤	土壤类型	平均数	差异显著性	
			0.05	0.01
总根瘤数/(个/株)	黑垆土(庆阳)	14.59	a	A
	灰钙土(定西)	12.12	ab	AB
	灌淤土(武威)	9.37	b	BC
	褐土(天水)	5.12	c	C
	亚高山草甸土(甘南)	5.07	c	C
总根瘤重/(g/株)	亚高山草甸土(甘南)	0.0166	a	A
	灰钙土(定西)	0.0108	ab	AB
	黑垆土(庆阳)	0.0088	bc	AB
	灌淤土(武威)	0.0064	bc	AB
	褐土(天水)	0.0021	c	B
有效根瘤数/(个/株)	灌淤土(武威)	3.63	a	A
	黑垆土(庆阳)	3.27	a	A
	灰钙土(定西)	2.82	a	A
	亚高山草甸土(甘南)	2.27	a	A
	褐土(天水)	1.40	a	A
有效根瘤重/(g/株)	亚高山草甸土(甘南)	0.0103	a	A
	灰钙土(定西)	0.0046	b	AB
	灌淤土(武威)	0.0033	b	B
	黑垆土(庆阳)	0.0022	b	B
	褐土(天水)	0.0008	b	B

根瘤菌有效性是一个复杂的过程，如前所述，根瘤菌有效性既与根瘤菌的宿主植物有关，也随季节变化而呈现一个动态变化过程，如果以某一单项根瘤指标评价根瘤菌有效性不甚合理，甚至与实际情况相悖。相反，如果综合考虑苜蓿根瘤各项指标，作为不同类型土壤对根瘤菌有效性评价依据，既客观，又有相对较强的科学性。

不同上壤中，根瘤指标及其参数组合如下。

亚高山草甸土：苜蓿总根瘤数最少，有效根瘤数较少，但有效根瘤率较高(44.73%)，有效根瘤重量较大。

灌淤上：苜蓿总根瘤数少，有效根瘤数较多，有效根瘤率高(31.15%)，有效根瘤重量大。

褐土：苜蓿总根瘤数较少，有效根瘤数最少，有效根瘤率低(27.26%)，有效根瘤重量最小。

灰钙土：苜蓿总根瘤数多，有效根瘤数少，有效根瘤率较低(23.25%)，有效根瘤重量大。

黑垆土：苜蓿总根瘤数较多，有效根瘤数多，有效根瘤率最低(22.39%)，有效根瘤重量较小。

根据以上比较可以做出下列总体估计。

1)庆阳黑垆土对苜蓿根瘤菌的有效性较高，尽管有效根瘤率最低，但总根瘤数较多，因而保证了有效总根瘤数。

2)甘南亚高山草甸土和天水褐土对苜蓿根瘤菌的有效性较低，尽管有效根瘤率分别为最高和较高，但总根瘤数分别为最少和较少，因而有效根瘤数分别为较少和最少。

3)武威灌淤土和定西灰钙土对苜蓿根瘤菌的有效性高，根瘤各项参数值居中。

土壤对苜蓿根瘤菌有效性影响程度主要取决于土壤养分、pH、土壤水分和土壤温度等。结合表 5-2 和表 5-3 中各类土壤的营养指标和 pH 等进行比较，可初步解释各类土壤对根瘤菌有效性的差异。

在 5 个土类中，亚高山草甸土的 N、P、K 和有机质含量最高，是苜蓿生长和根瘤菌结瘤的有利条件。由于该地区在早春及初夏气温较低，苜蓿固氮能力较弱，土壤中的高氮能起到“以小肥养大肥”的作用。磷在固氮过程中直接参与由氨转变为氨基酸，并合成蛋白质，因此，该土壤中较多的磷可使根瘤增大，根瘤中豆血红蛋白增加，并可达到以磷增氮的效果。苜蓿属喜钾植物，亚高山草甸土中的高钾含量有利于光合产物向根部输送。促进根的发育和共生固氮作用，使根瘤数增多，根瘤增大。根瘤菌是好气细菌，亚高山草甸土中有机质含量较高可使土壤疏松、通气良好，为根瘤菌感染、结瘤创造了良好条件。但是由于甘南气温和土温比较低，苜蓿生长季短，是苜蓿生长和根瘤形成的主要限制因素。因此，尽管有效根瘤率最高，根瘤重最大，根瘤大而饱满，颜色粉红，具有较高质量的特点，然而总根瘤数和有效根瘤数不多，使得根瘤菌有效性依然很低。

天水褐土的 N、P、K 和有机质含量仅次于甘南亚高山草甸土，但根瘤数和根瘤重均比较低，因此，可以推测褐土苜蓿根瘤数和根瘤重低的原因应当与褐土土壤疏松度差和土壤载菌量少等因素有关。

在土壤营养、pH、水分和有机质含量相似的其余 3 类土壤中，根瘤数和根瘤重较高，其差异除上述原因外，土壤结构不容忽视，如庆阳黑垆土具有良好的团粒结构，其总根瘤数很高，虽然有效根瘤率最低，但有效根瘤数总量仍然较多，因而根瘤菌的有效性潜力也比较高。

三、苜蓿根瘤菌有效性管理目标及影响因子的权重分析

1. 苜蓿根瘤菌有效性管理目标

根据调查区域的实际情况和苜蓿-根瘤菌共生固氮体系结构特点，认为苜蓿根瘤菌有效性管理目标是：采用一系列管理及技术措施，使固氮效率高的根瘤菌株在根系上形成根瘤，以增强共生固氮作用；为苜蓿和根瘤菌创造共同适宜的环境条件，以求能互相促进，保持正常代谢，建立良好的共生关系，进行旺盛的固氮作用。为此，设定苜蓿根瘤菌有效性管理目标为 C，其管理系统可用图 5-2 表示。

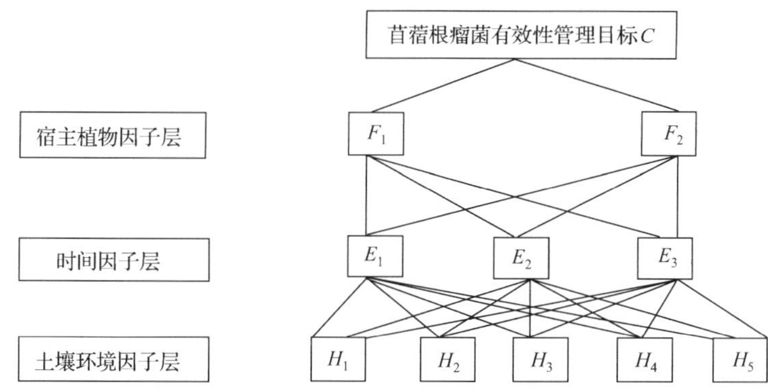

图 5-2　苜蓿根瘤菌有效性管理目标层次结构

图 5-2 中将苜蓿根瘤菌有效性管理目标分为 3 个层次，其中第一层次为宿主植物因子层(宿主植物为 F_i，F_1 为阿尔冈金苜蓿，F_2 为陇东苜蓿)，其含意是要实现根瘤菌有效性的总体目标，必须深入研究哪种苜蓿在哪个季节和在哪种类型土壤下更适宜，根瘤菌的有效性更好，为因地制宜选择高产苜蓿品种提供依据。第二层次为时间因子层(各因子为 E_i，E_1 为春季，E_2 为夏季，E_3 为秋季)，其含意是要实现总体目标，必须把握苜蓿-根瘤菌在不同季节内共生固氮的动态变化规律，以便在不同季节有针对性地采取措施，提高根瘤菌有效性，达到增产目的。第三层为土壤环境因子层(各环境因子为 H_i，H_1 为庆阳黑垆土，H_2 为天水褐土，H_3 为定西灰钙土，H_4 为武威灌淤土，H_5 为甘南亚高山草甸土)，其含意是必须采取综合或单一的调控措施，创造出苜蓿和根瘤菌都能适宜的土壤环境条件，力求使每种土壤都能达到最大土壤载菌量，提高结瘤能力，最终达到总体目标。

2. 宿主植物的权重分析

从所测定的总根瘤数、总根瘤重、有效根瘤数和有效根瘤重 4 项反映根瘤菌有效性的指标中，选择最具有代表的有效根瘤数作为测度值。然后逐对比较宿主植物因子 F_i 和 F_j 对目标的贡献大小，计算出它们之间的相对比重 a_{ij}。

根据表 5-6 中的参数，按本节研究方法中的公式 5-1 分别计算 b_i 得：b_1=0.9109，b_2=1.0978；再分别计算 α_i，见表 5-9。

表 5-9 中，F_1 为阿尔冈金苜蓿，F_2 为陇东苜蓿，α_i 表示两种苜蓿对总体目标 C 的权重值，权重向量为：$\vec{V}-[0.5465, 0.4535]$。

表 5-9　根瘤菌对不同苜蓿品种有效性的判断矩阵及权重值

苜蓿品种	a_{ij}		苜蓿品种权重值(α_i)
	F_1	F_2	
F_1	1.0000	1.4525	0.5465
F_2	0.6885	1.0000	0.4535

权重分析结果证明阿尔冈金苜蓿根瘤菌对总体目标的贡献率为 54.65%，而陇东苜蓿根瘤菌对总体目标的贡献率为 45.35%，二者相差 9.30%。

3. 苜蓿根瘤菌的季节因子权重分析

根据表 2-7 中的参数，以有效根瘤数作为测度值，分别计算阿尔冈金苜蓿和陇东苜蓿在不同季节的判断矩阵及权重值。

(1) 阿尔冈金苜蓿根瘤菌在不同季节的判断矩阵及权重值(表 5-10)

表 5-10 F_1 (阿尔冈金苜蓿) 下根瘤菌在各季节的判断矩阵及权重值

F_1	a_{ij}			季节权重 (β_{i1})
	E_1	E_2	E_3	
E_1	1.0000	2.3153	2.4019	β_{11}=0.5411
E_2	0.4319	1.0000	1.0374	β_{21}=0.2337
E_3	0.4163	0.9640	1.0000	β_{31}=0.2253

注：b_1=1.7717，b_2=0.7652，b_3=0.7376

表 5-10 反映，β_{i1} 表示在 F_1(阿尔冈金苜蓿) 下不同季节 E_i(i=1，2，3) 的权重值，即第 i 个季节对阿尔冈金苜蓿根瘤菌有效性的贡献大小，其排序为：E_1(春季) > E_2(夏季) > E_3(秋季)。$\beta_{11} > \beta_{21} > \beta_{31}$，表明春季对阿尔冈金苜蓿根瘤菌贡献率最大，秋季贡献率最小，春季贡献率分别高于夏季、秋季的 30.74%和 31.58%，而夏季比秋季仅高出 0.84 个百分点。

(2) 陇东苜蓿根瘤菌在不同季节的判断矩阵及权重值(表 5-11)

表 5-11 F_2 (陇东苜蓿) 下根瘤菌在各季节的判断矩阵及权重值

F_2	a_{ij}			季节权重 (β_{i2})
	E_1	E_2	E_3	
E_1	1.0000	2.5229	3.3276	β_{12}=0.5881
E_2	0.3964	1.0000	1.3190	β_{22}=0.2331
E_3	0.3005	0.7582	1.0000	β_{32}=0.1787

注：b_1=2.0324，b_2=0.8056，b_3=0.6177

表 5-11 反映，在 F_2(陇东苜蓿) 下，不同季节 E_i(i=1，2，3) 的权重值自大至小的排序为：$\beta_{12} > \beta_{22} > \beta_{32}$，表明春季苜蓿根瘤菌对陇东苜蓿的贡献率最大，其次为夏季和秋季，其中春季比夏季高 35.50%、比秋季高 40.94%，夏季比秋季高 5.44%。

4. 苜蓿根瘤菌的土壤因子权重分析

根据表 2-8 中参数，以有效根瘤数作为测度值，按本节研究方法中的公式(5-1)分别计算不同类型土壤对不同季节苜蓿根瘤菌有效性的判断矩阵及权重值。

(1)春季不同类型土壤中苜蓿根瘤菌有效性的判断矩阵及权重值(表 5-12)

表 5-12 E_1(春季)下不同类型土壤中苜蓿根瘤菌的有效性判断矩阵及权重值

E_1	a_{ij}					土壤权重(β_{i1})
	H_1	H_2	H_3	H_4	H_5	
H_1	1.0000	3.6744	1.1618	1.8588	2.8214	β_{11}=0.3906
H_2	0.2722	1.0000	0.3161	0.5059	1.3438	β_{21}=0.0559
H_3	0.8608	3.1628	1.0000	1.6000	2.4286	β_{31}=0.1120
H_4	0.5380	1.9767	0.6250	1.0000	1.5179	β_{41}=0.3700
H_5	0.3544	0.7442	0.4118	0.6588	1.0000	β_{51}=0.0715

注：b_1=2.6885，b_2=0.3847，b_3=0.7710，b_4=2.5471，b_5=0.4925

从表 5-12 看，在 E_1(春季)下，不同类型土壤 H_i(i=1，2，3，4，5)的权重值自大至小排序为：$\beta_{11}>\beta_{41}>\beta_{31}>\beta_{51}>\beta_{21}$，表明庆阳黑垆土和武威灌淤土对春季苜蓿根瘤菌的贡献率最大(39.06%，37.00%)，并且二者的贡献率比较接近，合计为 76.06%，天水褐土贡献率最小(5.59%)，甘南亚高山草甸土贡献率较小(7.15%)，定西灰钙土的贡献率(11.20%)居中。

(2)夏季不同类型土壤中苜蓿根瘤菌有效性判断矩阵及权重值(表 5-13)

表 5-13 反映出在 E_2(夏季)下，不同类型土壤 H_i(i=1，2，3，4，5)的权重值自大至小排序为：$\beta_{42}>\beta_{52}>\beta_{32}>\beta_{12}>\beta_{22}$，表明在夏季，武威灌淤土对苜蓿根瘤的有效性有相当高的贡献率(59.14%)，甘南亚高山草甸土和定西灰钙土相对较高，贡献率分别为 14.38%和 11.72%，庆阳、天水土壤贡献率均较低，分别为 9.06%和 5.70%。

表 5-13 E_2(夏季)下不同类型土壤中苜蓿根瘤菌有效性判断矩阵及权重值

E_2	a_{ij}					土壤权重(β_{i2})
	H_1	H_2	H_3	H_4	H_5	
H_1	1.0000	1.5888	0.7727	0.1532	0.6296	β_{12}=0.0906
H_2	0.6294	1.0000	0.4864	0.0964	0.3963	β_{22}=0.0570
H_3	1.2941	2.0561	1.0000	0.1982	0.8148	β_{32}=0.1172
H_4	6.5294	10.3738	5.0455	1.0000	4.1111	β_{42}=0.5914
H_5	1.5882	2.5234	1.2273	0.2432	1.0000	β_{52}=0.1438

注：b_1=0.6527，b_2=0.4108，b_3=0.8446，b_4=4.2612，b_5=1.0365

(3)秋季不同类型土壤中苜蓿根瘤菌有效性判断矩阵及权重值(表 5-14)

表 5-14 E_3(秋季)下不同土壤中苜蓿根瘤菌有效性判断矩阵及权重值

E_3	a_{ij}					土壤权重(β_{i3})
	H_1	H_2	H_3	H_4	H_5	
H_1	1.0000	0.7000	1.9091	0.9545	0.2593	β_{13}=0.1274
H_2	1.4286	1.0000	2.7273	1.3636	0.3704	β_{23}=0.1819

续表

E_3	a_{ij}					土壤权重(β_{i3})
	H_1	H_2	H_3	H_4	H_5	
H_3	0.5238	0.3667	1.0000	0.5000	0.1358	β_{33}=0.0664
H_4	1.0476	0.7333	2.0000	1.0000	0.2716	β_{43}=0.1334
H_5	3.8571	2.7000	7.3636	3.6818	1.0000	β_{53}=0.4909

注：b_1=0.8015，b_2=1.1450，b_3=0.4198，b_4=0.8396，b_5=3.0914

表 5-14 反映出在 E_3(秋季)条件下，不同土壤 H_i(i=1，2，3，4，5)的权重值自大至小排序为：$\beta_{53}>\beta_{23}>\beta_{43}>\beta_{13}>\beta_{33}$，表明秋季亚高山草甸土对苜蓿根瘤菌的有效性相当高，其权重值为 49.09%，其他各种土壤权重值普遍不及 20.00%。在夏季和春季对苜蓿根瘤菌有效性最高或较高的灌淤土在秋季却变得比较低。灰钙土在秋季对苜蓿根瘤菌的有效性影响最低(6.64%)。

5. 影响苜蓿根瘤菌有效性的因子组合权重分析

(1) 季节因子的组合权重分析

为了深入分析某季节苜蓿根瘤菌对阿尔冈金苜蓿和陇东苜蓿结瘤的综合效应，需要进行季节因子的组合权重分析。

组合权重向量的计算公式是

$$\vec{U}=\begin{bmatrix}u_1\\u_2\\u_3\end{bmatrix}=\sum_{i=1}^{2}a_i\begin{bmatrix}\beta_{1i}\\\beta_{2i}\\\beta_{3i}\end{bmatrix} \tag{5-3}$$

式中，u_1 为春季；u_2 为夏季；u_3 为秋季。将表 2-5～表 2-7 数据代入公式(5-3)计算得

$$\vec{U}=\begin{bmatrix}u_1\\u_2\\u_3\end{bmatrix}=\begin{bmatrix}0.5625\\0.2334\\0.2041\end{bmatrix}$$

$\vec{U}$ 的分量 u_i 分别为第 i 个季节 E_i 的组合权重，其中组合权重值大的表明其对苜蓿结瘤的综合效应好。显然，u_1 值最大，说明春季苜蓿根瘤菌对苜蓿结瘤效益最好，这与前面关于诸季节对某特定品种苜蓿的根瘤菌有效性分析结果完全一致，也与实地抽样调查中所观察的结果相吻合。

(2) 土壤因子的组合权重分析

通过土壤因子的组合权重分析，可以从整体上探讨某类型土壤对各季节苜蓿根瘤菌的综合效应。组合权重向量计算公式同前，u_1 为黑垆土；u_2 为褐土；u_3 为灰钙土；u_4 为灌淤土；u_5 为亚高山草甸土。将表 5-10～表 5-14 数据分别代入，计算得

A 在 F_1(阿尔冈金苜蓿)下土壤对各季节苜蓿根瘤菌的综合效应

$$\vec{U}=\begin{bmatrix}u_1\\u_2\\u_3\\u_4\\u_5\end{bmatrix}=\begin{bmatrix}0.2613\\0.0845\\0.1030\\0.3684\\0.1828\end{bmatrix}$$

B 在 F_2(陇东苜蓿)下土壤对各季节苜蓿根瘤菌的综合效应

$$\vec{U}=\begin{bmatrix}u_1\\u_2\\u_3\\u_4\\u_5\end{bmatrix}=\begin{bmatrix}0.2736\\0.0787\\0.1053\\0.3793\\0.1632\end{bmatrix}$$

计算结果表明：对于阿尔冈金苜蓿，灌淤土的组合权重值最大(36.84%)，说明根瘤菌的有效性最好；其次为黑垆土(26.13%)，褐土的组合权重值最小(8.45%)，即褐土根瘤菌有效性最差；对于陇东苜蓿，灌淤土的组合权重值也最大(37.93%)，其次为黑垆土(27.36%)，褐土(7.87%)和灰钙土(10.53%)分别处于最小和较小位置，反映各类土壤对陇东苜蓿和阿尔冈金苜蓿根瘤菌具有大致相似的有效性，只是有效程度略有差异。

四、讨论

1)苜蓿根瘤菌结瘤的适宜温度，孙羲等(1998)著《植物营养与肥料》中提到“通常豆科植物共生固氮最适宜温度与结瘤要求的适宜温度差不多，并与植株生长最适宜的温度相一致，一般为20～22℃，热带为28～32℃”。耿华珠等(1995)著《中国苜蓿》中提到“苜蓿植株生长有利温度为15～21℃，根生长的适宜温度为15℃”。在甘肃5个苜蓿产区调查结果表明，苜蓿根瘤菌的结瘤主要发生在春季，然而这一时期月平均温度普遍偏低，例如，3月月平均气温为-1.5(甘南)～6.5℃(天水)，4月月平均气温为3.6(甘南)～11.5℃(天水)，5月月平均气温为7.2(甘南)～15.8℃(天水)，即使在根瘤数和根瘤重较高的庆阳、武威和定西，5月月平均温度也只有10～15℃。据此推测有利于根瘤菌结瘤的适宜温度可能比文献资料所载数据还要低，即甘肃区域苜蓿根瘤菌适宜的结瘤温度低于15～22℃。当然，研究区域春季土壤墒情较好，水分、光照、温度组合条件可能处于最佳时期，是综合因素影响的结果，其具体原因还需要进一步探讨。

2)对不同土壤苜蓿根瘤菌的有效性分析发现，在N、P、K、pH和有机质基本相似的条件下，根瘤数和根瘤重表现出一定的差异性，褐土的N、P、K和有机质含量相对较高，但根瘤数和根瘤重都比较低，造成这种结果的原因除了土壤本身黏重、易板结、通气性差和气温、地温、农艺技术等原因外，土壤中根瘤菌数量的多少可能也是重要的影响因素之一，对此需要作进一步的定性、定量专题研究。

3)关于外源激素(lectin)对根瘤菌的识别和侵染问题：阿尔冈金苜蓿和陇东苜蓿虽然同种，但毕竟是两个不同品种，根据文献资料和调查试验结果推测，它们的根瘤菌有效性的差异可能与外源激素和不同根瘤菌结瘤基因的选择性影响有关，这将是后续研究的重要内容。

4) 在庆阳黑垆土区种植苜蓿，应注意利用春季结瘤能力强的优势，结合农艺措施，促进苜蓿根系生长，以充分挖掘根瘤菌有效性潜力；在天水褐土区种植苜蓿注意采用农艺措施提高土壤通气性，同时施用根瘤菌剂，以提高土壤载菌量和根瘤菌的有效性；在甘南亚高山草甸土区种植苜蓿，应选择向阳、避风的土地，并采取保温、增温等延长苜蓿生长期的措施，有利于提高苜蓿根瘤菌的有效性。

五、小结

1) 供试的两个苜蓿品种，阿尔冈金苜蓿根瘤菌的有效性高于陇东苜蓿。

2) 研究区域苜蓿根瘤菌适宜的结瘤温度低于文献资料所载 15～22℃。

3) 苜蓿结瘤主要发生于春季，研究区域春季土壤墒情较好，光照、温度也处于最佳条件。春季平均总根瘤数占春夏秋 3 个季总根瘤数的 63.34%，平均总根瘤重占 52.98%，平均有效根瘤数占 56.06%，平均有效根瘤重占 49.61%，因而春季苜蓿根瘤菌的有效性比夏季和秋季高。

4) 综合考虑各项根瘤指标，苜蓿根瘤菌在不同土类中的有效性以庆阳黑垆土最好，次之为武威灌淤土和定西灰钙土、甘南亚高山草甸土和天水褐土。

5) 组合权重分析表明，阿尔冈金苜蓿品种对根瘤菌总体目标的贡献率为 54.65%；阿尔冈金苜蓿在春季对总体目标的贡献率为 54.11%，陇东苜蓿在春季对总体目标的贡献率为 58.81%，黑垆土、灌淤土在春季对总体目标的贡献率分别为 39.06%和 37.00%；灌淤土在夏季对总体目标的贡献率为 59.14%；亚高山草甸土在秋季对总体目标的贡献率为 49.09%。

第三节　苜蓿根瘤菌固氮能力及高效菌株筛选

苜蓿-根瘤菌高效共生固氮体系固氮效率的大小受内在因素和外界环境条件的影响，内在因素包括苜蓿品种和根瘤菌菌系，外在因素包括土壤和气候条件等，根瘤菌筛选研究随着商业根瘤菌剂的发展已有近百年的历史，世界各国都建立了高效根瘤菌筛选的基本程序，①分离纯化—初筛选；②实验室(或温室)—复筛选；③田间筛选。本研究也按照上述程序进行，但研究中发现，实验室蛭石基质筛选结果和田间土壤基质筛选的影响因子不一致，土壤因子对根瘤菌固氮促生效率的影响较大，因此，根据影响固氮效率的内外因素确定适宜的筛选方法和程序，确定影响固氮效率的主要影响因子及其重要性，并筛选出适合于寒区旱区的高效固氮菌株，为根瘤菌应用于生产建立完善的筛选体系提供科学依据。

一、材料与方法

1. 材料来源

对甘肃武威、定西、天水、庆阳和甘南 5 个不同生态区域分布的陇东苜蓿和阿尔冈金苜蓿根瘤菌资源进行调查、分离、纯化和回接鉴定，初步筛选出第五章第一节表 5-4 列出的 31 个促生作用较好的苜蓿根瘤菌菌株。

2. 固氮能力测定

苜蓿根瘤菌固氮量测定采用稳定性 ^{15}N 同位素稀释法（^{15}N isotopedilution）（李香真和陈清，1997；Bilal，1988；Malik et al.，1987）。该方法的原理是：当固氮系统在 ^{15}N 同位素基质中生长时，经一定时间后，如在该系统中发现 ^{15}N 被稀释，则可判定发生了固氮作用。即在土壤或培养基质中加入 ^{15}N 肥料，不论有固氮系统的植物（接种固氮菌结瘤）还是无固氮系统的植物（不结瘤），都可以吸收 ^{15}N 肥料。但有固氮系统的植物能从空气中摄取 ^{14}N，因增加了 ^{14}N 而稀释了 ^{15}N 的含量，使植物体的 ^{15}N 原子百分超缩小。

^{15}N 同位素稀释法灵敏度高（比凯氏定氮法高 1000 倍），是固氮研究中确认分离菌株有无固氮能力最直接、最可靠的方法。可直接测出植物体内氮素中分别来自土壤（或其他来源）和生物固定氮量的数量和比例，目前被认为是最有效而实用的方法。

（1）低氮培养基的制备

1000ml 低氮培养基配方如下。

$Ca(NO_3)_2 \cdot 4H_2O$	0.0432g
$CaSO_4 \cdot 2H_2O$	0.582g
$MgSO_4 \cdot 7H_2O$	0.06g
$K_2HPO_4 \cdot 3H_2O$	0.178g
KCl	0.075g
$Fe \cdot EDTA \cdot 5H_2O$（柠檬酸铁）	0.1026g
微量元素：	
H_3BO_3	2.86g
$MnSO_4$	1.81g
$ZnSO_4$	0.22g
$CuSO_4 \cdot 5H_2O$	0.8g
H_2MoO_4	0.02g

（2）标准悬浮菌液的制备

在无菌工作台中将供试的 31 个根瘤菌株用移液枪接入灭菌的低氮液体培养基中，置于 28℃控温摇床中培养约 48h ± 6h（摇床转速为 120r/min）后，用分光光度计测定该培养菌液的 OD_{600} 值，以较低 OD_{600} 值菌液为基准（一般要求 OD_{600} 值大于 0.5），将各菌株培养液通过加入无菌水稀释，配制成 OD_{600} 值相等的标准悬浮菌液。

（3）试验设计

本试验选用表 5-4 列出的 31 个促生作用较好的初筛选根瘤菌株为供试菌株，试验苜蓿品种为陇东苜蓿和阿尔冈金苜蓿，根瘤菌接种采用原寄主接种，每个菌株设 3 次重复，每重复采用口径 25cm 花盆，装入 5kg 均衡混匀土壤。选择非固氮植物黑麦草为参考植物(王卫卫等，2002)作为固氮系统的对照 1(CK1)，另设原寄主不接种根瘤菌为对照 2(CK2)。CK1、CK2 除不接种任何根瘤菌株外，其他与陇东苜蓿、阿尔冈金苜蓿接种处理相同。

(4)播种与接种

1)种子处理与播种。每个苜蓿品种的每次重复选取籽粒饱满、无损伤、大小一致的种子，按 22.5kg/hm^2 播种量于 2005 年 3 月 25 日播种，即 0.44g/盆，在 28℃培养箱中催芽至露白时，置于 90mm 的培养皿中，用等量标准悬浮菌液浸泡 4h 后，菌液和种子一起均匀播种于花盆中，播种深度 1.5～2cm。CK1、CK2 用相同播种量种子播种。

2)^{15}N 溶液的施入及接种。待花盆苜蓿齐苗后，接种处理和不接种处理的每个花盆都准确加入 200mg 氮(即 200mg N/盆)。氮以同位素尿素($(^{15}NH_4)_2CO_2$(^{15}N 原子百分超 10.12%)溶液形式加入，同时 31 个供试菌株的每重复盆中加入 5ml 对应的标准菌株悬浮液，遮光 1d，之后进行正常管理。

(5)菌株对苜蓿生长的影响观察

苜蓿生长期间，苗期生长缓慢，注意保苗管理。定期测定株高、分枝数、叶片叶绿素含量。

(6)固氮量的测定

苜蓿生长 75d 左右，观察其根的形态，毛根、侧根数目，并测量株高、根长，分离地上、地下部分，在 70℃恒温下烘干，用电子天平称量植株干重，利用半微量凯氏定氮仪(Micro-Kjeldahl 2000)和 ^{15}N 同位素测定仪($^{15/14}$N Emission Spectrometer NOI 7)测定每个样品的植物全氮量和 ^{15}N 含量，计算供试菌株固氮百分率和固氮量等。

样品含氮量(%N)、固氮百分率或固氮效率($\%N_{dfa}$)、固氮量(N_{fixed})的计算公式如下。

$$\text{样品含氮量}\ \%N=\frac{(V_1-V_0)\times n\times 0.14}{W}\times 100 \tag{5-4}$$

式中，V_1 表示滴定样品时盐酸的用量(ml)；V_0 表示空白滴定时盐酸的用量(ml)；n 表示滴定样品时盐酸的摩尔浓度；W 表示样品干重(g)。

$$\text{固氮百分率}\ \%N_{dfa}=\left(1-\frac{\%^{15}N_{dfF}}{\%^{15}N_{dfNF}}\right)\times 100 \tag{5-5}$$

式中，$\%^{15}N_{dfF}$ 表示样品中 ^{15}N 原子百分超；$\%^{15}N_{dfNF}$ 表示 CK1 中 ^{15}N 原子百分超。

$$\text{固氮量}\ N_{fixed}=N_t\times\%N_{dfa} \tag{5-6}$$

式中，N_{fixed} 表示固氮量；N_t 表示全氮量。

3. 数据分析方法

数据分析采用 DPS 软件，用 Duncan's 全复距多重比较、多元逐步回归和通径系数法进行统计分析。

二、苜蓿根瘤菌株对固氮量及其氮分布、植株全氮量和生物量的影响

1. 根瘤菌对苜蓿全氮量和固氮量的影响

供试菌株对苜蓿氮素含量和固氮量的影响结果见表 5-15（A-CK2 为阿尔冈金苜蓿对照 2，L-CK2 为陇东苜蓿对照 2）。表 5-15 中不同根瘤菌株对苜蓿生物量、全氮量、^{15}N 含量和固氮量的影响见图 5-3～图 5-5。

表 5-15 接种供试菌株的苜蓿生物量、氮素含量和固氮量

编号	菌株名称	生物量/(g/盆)	全氮量/%N	^{15}N 含量/%^{15}N	固氮效率/%N_{dfa}	固氮量/(g/盆)
1	DA10	19.0850	2.9348	0.4233	70.8893	0.3971
2	DA42	19.4175	3.0514	0.3976	72.6658	0.4305
3	DA53	20.5358	2.9436	0.3473	76.0564	0.4598
4	DA99	23.2360	3.3702	0.3330	77.1826	0.6044
5	DL15	22.4838	2.5638	0.3428	76.4476	0.4407
6	DL58	25.8520	2.5600	0.3220	77.9824	0.5161
7	DL67	26.0075	2.2732	0.2878	80.2662	0.4745
8	DL81	24.7992	2.8267	0.3459	76.2484	0.5345
9	GA26	22.9787	2.7256	0.3135	78.4562	0.4914
10	GA28	22.7658	2.9966	0.3488	76.0640	0.5189
11	GA66	19.3895	3.2332	0.3692	74.4221	0.4666
12	GL16	19.9820	2.7925	0.4614	68.3609	0.3813
13	GL21	20.1909	2.7537	0.3999	72.5635	0.4035
14	GL24	18.0729	2.5613	0.4532	68.9495	0.3192
15	GL65	16.5938	2.4865	0.3960	72.8243	0.3005
16	QA33B	26.0720	2.9050	0.2573	82.3937	0.6240
17	QA46A	23.4493	3.6150	0.2798	80.7614	0.6846
18	QA50A	20.4343	3.0116	0.3147	78.4565	0.4828
19	QL20B	20.9597	2.9943	0.3433	74.9586	0.4704
20	QL31B	20.4574	2.7926	0.3728	74.5253	0.4258
21	QL36B	18.0641	2.3051	0.3765	74.1518	0.3088
22	TA34	17.3340	3.0155	0.3218	77.8960	0.4072
23	TL18	17.6788	2.6721	0.3749	74.2125	0.3506
24	TL22A	17.9533	2.4848	0.3974	72.6953	0.3243
25	TL47	20.1042	3.0019	0.3452	76.2773	0.4603

续表

编号	菌株名称	生物量/(g/盆)	全氮量/%N	^{15}N 含量/%^{15}N	固氮效率/%N_{dfa}	固氮量/(g/盆)
26	WA24	23.3137	2.3939	0.2677	81.5771	0.4553
27	WA32	23.3281	3.0663	0.2335	84.0339	0.6011
28	WA62A	24.9257	2.9532	0.2600	82.1742	0.6049
29	WL53	19.5421	2.6261	0.3282	77.4808	0.3976
30	WL47	20.3172	2.4329	0.2474	82.9919	0.4102
31	WL68	19.8454	2.8908	0.3033	79.6484	0.4569
32	L-CK2	17.2765	2.1607	0.9345	34.4500	0.1286
33	A-CK2	17.5475	2.2616	0.8535	40.2000	0.1595

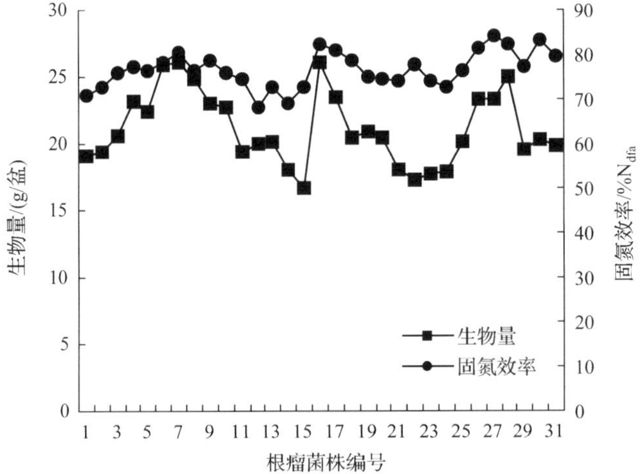

图 5-3　根瘤菌株固氮效率对苜蓿生物量的影响

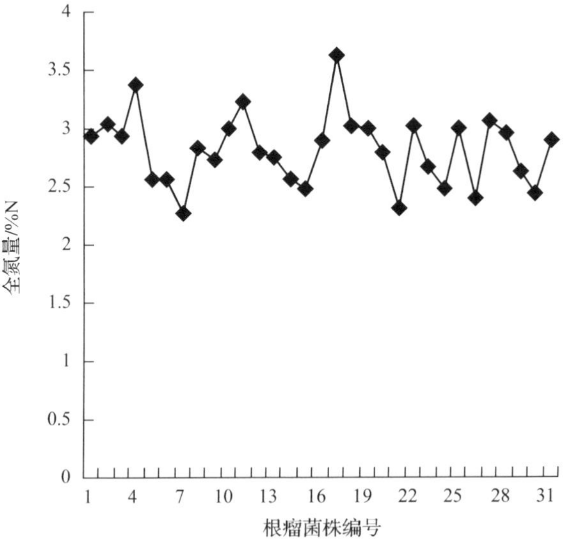

图 5-4　根瘤菌株对苜蓿全氮量的影响

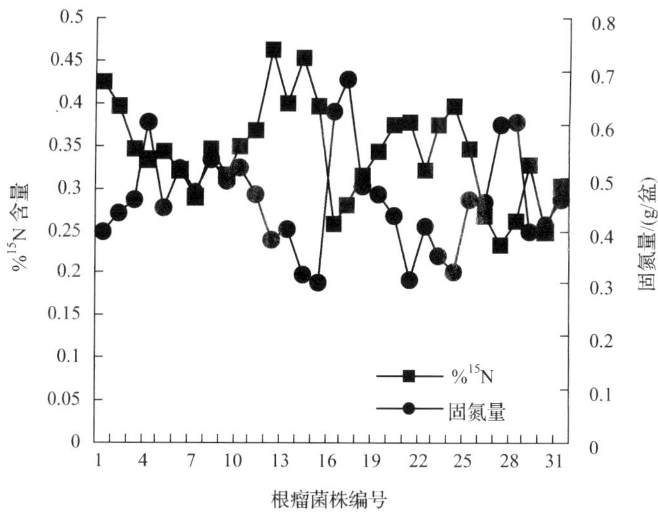

图 5-5　根瘤菌株对%15N 含量和固氮量的影响

从表 5-15 和图 5-3 中可以看出，菌株固氮效率折线走势与苜蓿生物量折线走势基本相似，计算得出如下结果。

固氮效率与生物量的相关系数：$r = 0.6738$ ($P<0.05$)。

固氮效率(X)与生物量(Y)的回归方程为

$$Y=560\ 259.4-18\ 568.6X+327.8X^2-3.3X^3$$

回归方程的数据拟合曲线见图 5-6。

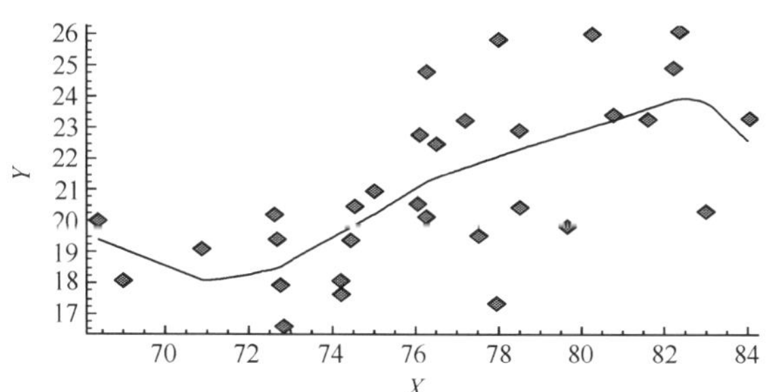

图 5-6　根瘤菌株固氮效率与生物量的数据拟合曲线

菌株固氮效率与苜蓿生物量回归方程的数据拟合曲线为多项式(6 阶)拟合模型，曲线走势显示，菌株固氮效率 71%以下，氮素供应不能满足苜蓿植株生长，生物量积累呈下降趋势；固氮效率 71.0%～83.0%，随菌株固氮效率的提高，生物量积累呈上升趋势。菌株固氮效率与苜蓿生物量呈中强正相关关系，相关系数 r=0.6738 ($P<0.05$)，说明固氮效率是影响苜蓿生物量的最直接因子之一。31 个供试菌株的固氮效率($\%N_{dfa}$)为 68.3609～84.0339 原子百分超。$\%N_{dfa}$=68.0000～70.0000 的菌株有 2 个，占 6.45%；$\%N_{dfa}$=70.0000～75.0000 的菌株有 10 个，占 32.26%；$\%N_{dfa}$ = 75.0000～80.0000 的菌株有 12 个，占 38.71%；$\%N_{dfa}$ 大于 80.0000 的菌株有 7 个，占 22.58%。

从 CK2 的苜蓿固氮效率可以看出，L-CK2 的%N_{dfa}为 34.45，A-CK2 的%N_{dfa}为 40.20，对照也有结瘤现象，但 CK2 只是自然种子内生根瘤菌结瘤固氮，而 31 个供试菌株是经初步回接试验筛选的促生作用较好的菌株，所有供试菌株的固氮效率均明显高于未接菌处理 CK2 的苜蓿固氮效率，其中，筛选的陇东苜蓿菌株固氮效率%N_{dfa} 高出 L-CK2 98.43%～240.90%，阿尔冈金苜蓿固氮效率%N_{dfa}高出 A-CK2 176.34%～204.96%。

%N_{dfa}＞80.0000 原子百分超含量的菌株依次为：WA32(84.0339)＞WL47(82.9919)＞QA33B(82.3937)＞WA62A(82.1742)＞WA24(81.5771)＞QA46A(80.7614)＞DL67(80.2662)。固氮效率%N_{dfa}最高的菌株为 WA32，%N_{dfa}较高的菌株为 WL47、QA33B、WA62A，其余%N_{dfa}高的菌株为 WA24、QA46A、DL67。

从表 5-15 和图 5-4 中可以看出，不同菌株对苜蓿全氮量的影响有差异，全氮量%N 为 2.2732～3.6150。%N=2.2732～2.5000 的菌株有 6 个，占 19.35%；%N=2.5000～2.8000 的菌株有 9 个，占 29.03%；%N=2.8000～3.0000 的菌株有 8 个，占 25.81%；%N=3.0000～3.2000 的菌株有 5 个，占 16.13%；%N＞3.2000 的菌株有 3 个，占 9.68%。

L-CK2 %N 为 2.1607，A-CK2 %N 为 2.2616，供试菌株接种苜蓿的%N 均高于 CK2，差异比较明显，高效固氮菌株具有提高苜蓿含氮量的能力。

%N＞3.2000 的菌株依次为：QA46A(3.6150)＞DA99(3.3702)＞GA66(3.2332)，%N=3.0000～3.2000 的菌株依次为：WA32(3.0663)＞DA42(3.0514)＞QA50A(30 116)＞TA34(3.0155)＞TL47(3.0019)。

从图 5-5 可以看出，苜蓿%^{15}N 含量与菌株固氮量折线趋势呈明显的反向结果，计算得出如下结果。

苜蓿%^{15}N 含量与根瘤菌株固氮量的相关系数 $r=-0.6978$ ($P<0.01$)。

%^{15}N 含量(X)与固氮量(Y)的回归方程为 $Y=1\ 109.3-8\ 816.5X+36\ 789.3X^2-84\ 979.6X^3$。

回归方程的数据拟合曲线见图 5-7。

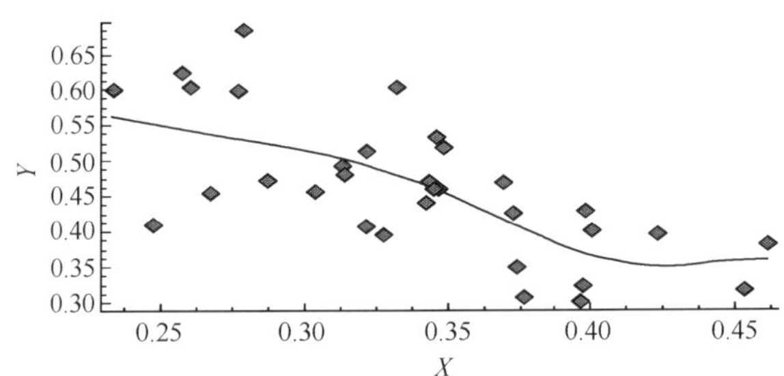

图 5-7　苜蓿%^{15}N 含量与根瘤菌株固氮量的数据拟合曲线

苜蓿%^{15}N 含量与根瘤菌株固氮量回归方程的数据拟合曲线为多项式(6 阶)拟合模型，曲线走势显示，%^{15}N 含量 0.425 以下区域，随%^{15}N 含量的增加固氮量呈降低趋势；%^{15}N 含量 0.425 以上区域，随%^{15}N 含量的增加固氮量略呈上升趋势。

苜蓿%^{15}N 含量与固氮量呈中强负相关关系，表明苜蓿植株从土壤中吸收的 ^{15}N 比率越大，根瘤菌从空气中固定的 ^{14}N 比率越小。苜蓿植株%^{15}N 含量 0.425 以下时，%^{15}N 含量指标可作为接种根瘤菌株固氮能力的直接衡量指标，以避免选用非固氮系统参考植物作对照计算固氮百分率%N_{dfa}带来的较大误差。

%^{15}N 含量较低（<0.35）或固氮量较高（>0.5g/盆）的菌株依次有：QA46A（0.6846g/盆）>QA33B（0.6240g/盆）>DA99（0.6044g/盆）>WA32（0.6011g/盆）>DL81（0.5345g/盆）>GA28（0.5189g/盆）>DL58（0.5161g/盆）。

2. 根瘤菌株对苜蓿生长量的影响

供试菌株对苜蓿生长的影响测定结果见表 5-16。

表 5-16　根瘤菌株对苜蓿生长的影响

编号	菌株	地上干物质/(g/盆)	地下干物质/(g/盆)	总干物质/(g/盆)	叶绿素含量(分枝期)/(mg/dm^2)	株高/cm
1	DA10	9.3422	9.7428	19.0850	6.5531	12.32
2	DA42	9.5585	9.8590	19.4175	7.7255	11.44
3	DA53	10.3684	10.1674	20.5358	8.0958	13.66
4	DA99	9.6143	13.6217	23.2360	8.4930	13.14
5	DL15	10.0998	12.3840	22.4838	9.1761	14.12
6	DL58	10.4192	15.4328	25.8520	9.7166	12.91
7	DL67	10.8319	15.1756	26.0075	8.7642	16.95
8	DL81	10.7227	14.0765	24.7992	10.2661	15.01
9	GA26	10.6407	12.3380	22.9787	8.3755	13.40
10	GA28	9.8903	12.8755	22.7658	8.9910	12.14
11	GA66	8.7761	10.6134	19.3895	9.1852	11.54
12	GL16	8.3985	11.5835	19.9820	9.0762	14.41
13	GL21	9.5443	10.6466	20.1909	9.9579	13.70
14	GL24	7.9356	10.1373	18.0729	11.0493	13.76
15	GL65	7.5367	9.0571	16.5938	11.4081	16.19
16	QA33B	12.2890	13.7830	26.0720	8.9910	14.22
17	QA46A	11.1441	12.3052	23.4493	9.9998	12.20
18	QA50A	9.2712	11.1631	20.4343	8.5173	12.44
19	QL20B	8.6809	12.2788	20.9597	10.9354	14.55
20	QL31B	7.8105	12.6469	20.4574	9.6439	12.76
21	QL36B	7.0881	10.9760	18.0641	12.2576	11.02
22	TA34	7.6432	9.6908	17.3340	8.5867	10.35
23	TL18	7.9800	9.6988	17.6788	5.8873	13.80
24	TL22A	8.0800	9.8733	17.9533	8.0455	14.57
25	TL47	8.5599	11.5443	20.1042	7.3097	13.21
26	WA24	10.1914	13.1223	23.3137	7.6281	14.95
27	WA32	10.0121	13.3160	23.3281	5.6722	18.28
28	WA62A	11.8511	13.0746	24.9257	7.8457	14.32

续表

编号	菌株	地上干物质/(g/盆)	地下干物质/(g/盆)	总干物质/(g/盆)	叶绿素含量(分枝期)/(mg/dm^2)	株高/cm
29	WL53	8.4483	11.0938	19.5421	7.7483	15.55
30	WL47	8.6020	11.7152	20.3172	9.5577	15.65
31	WL68	9.4964	10.3490	19.8454	8.6839	15.53
32	L-CK2	7.6829	9.9536	17.2765	6.8370	9.70
33	A-CK2	7.5775	9.9700	17.5475	6.8418	11.45

将表 5-16 菌株对总干物质量、地上干物质量、地下干物质量、植株高度、叶绿素含量的影响结果作成图 5-8～图 5-12。

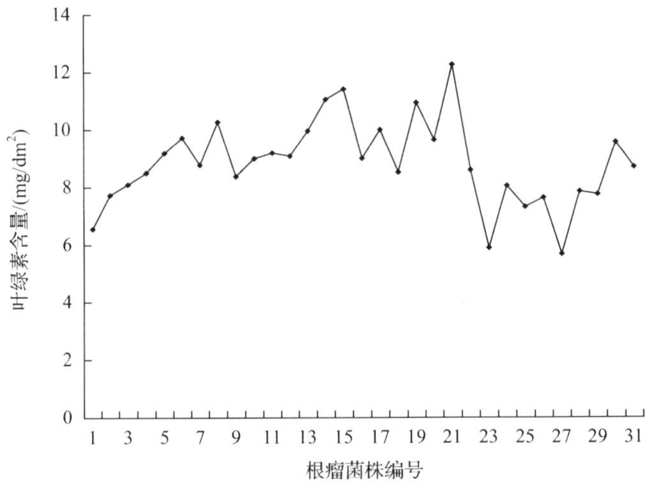

图 5-8　根瘤菌株对苜蓿干物质量的影响

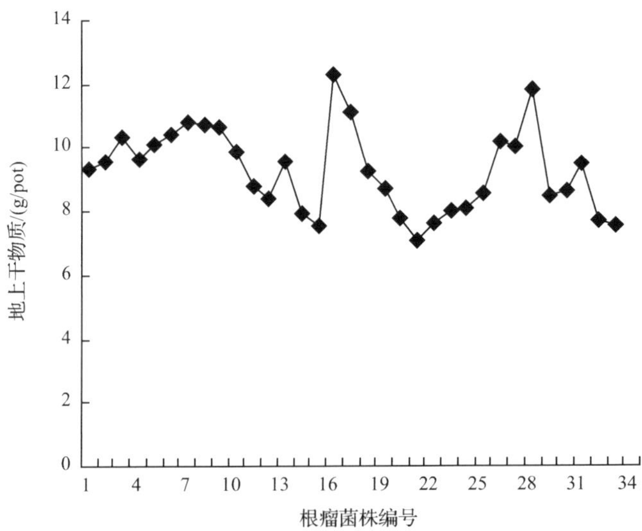

图 5-9　根瘤菌株对地上干物质量的影响

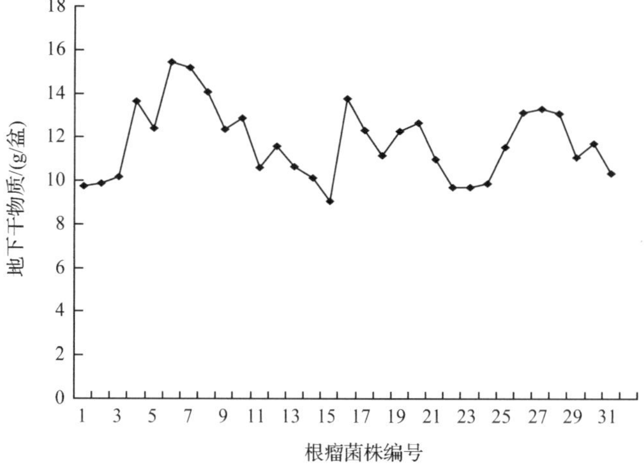

图 5-10　根瘤菌株对苜蓿地下干物质量的影响

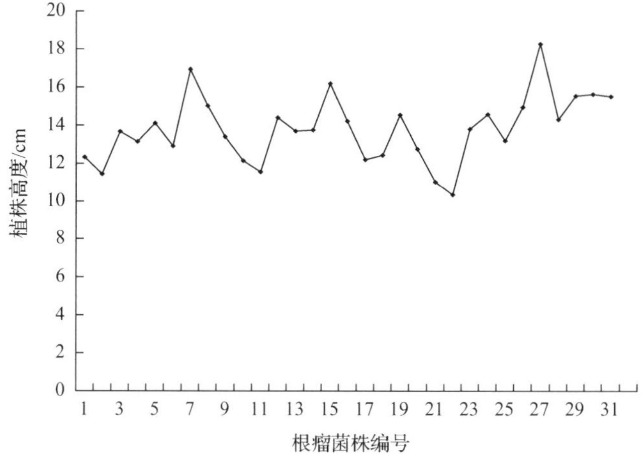

图 5-11　根瘤菌株对苜蓿植株高度的影响

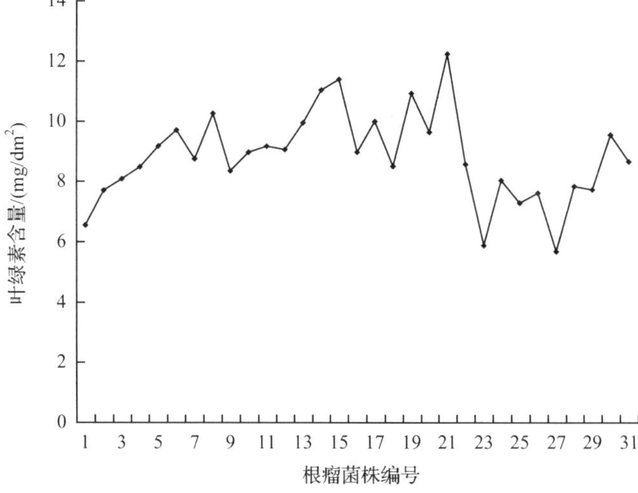

图 5-12　根瘤菌株对苜蓿分枝期叶绿素含量的影响

从表 5-16 和图 5-8～图 5-10 反映出，供试根瘤菌株对苜蓿生物量的影响，菌株之间差异较大，生长干物质量变异为 16.5938～26.0720g/盆，生长干物质量大于 23.00g/盆的菌株依次为 QA33B(26.0720g/盆)、DL67(26.0075g/盆)、DL58(25.8520g/盆)、WA62A(24.9257g/盆)、DL81(24.7992g/盆)、QA46A(23.4493g/盆)、WA32(23.3281g/盆)、WA24(23.3137g/盆)。总生物量、地上生物量、地下生物量的曲线变化趋势大致相同，即促生作用较好的菌株对苜蓿地上、地下生物量的积累均较高，表现出对苜蓿地上、地下和总生物量均有较高的促进生长作用，而其他菌株的促生作用相对较弱，地上、地下和总生物量积累相对较少。计算得出：菌株影响的地上与地下生物量之间的相关系数 r=0.6371，为中强正相关关系。

从图 5-11 可以看出，根瘤菌株对苜蓿株高的影响大致可分为 3 类。第一类：生长干物质量高(23.00g/盆以上)，株高也相对较高(株高大于 14cm)，菌株依次为 WA32(18.28cm)、DL67(16.95cm)、DL81(15.01cm)、WA24(14.95cm)、WA62A(14.32cm)、QA33B(14.22cm)，该类菌株相对较多，即表现出生长干物质量高低变化与株高变化一致的趋势。第二类：生长干物质量高(23.00g/盆以上)，但株高偏低(株高小于 13.0cm)，菌株依次为 DL58(12.91cm)、QA46A(12.20cm)，该类菌株只有 2 个。第三类：生长干物质量较小(20.50g/盆以下)，但株高相对较高(株高大于 14.5cm)，菌株依次为 GL65(16.19cm)、TL22A(14.57cm)、WL53(15.55cm)、WL47(15.65cm)、WL68(15.53cm)，该类菌株占的比例也相对较高。计算得出：株高与生物量之间的相关系数 r=0.2688，存在弱正相关关系。

从图 5-12 可知，供试菌株对苜蓿植株分枝期叶绿素含量的影响，菌株之间差异也较大，叶绿素含量为 5.6722～12.2576mg/dm^2，叶绿素含量大于 10mg/dm^2 的菌株依次有：QL36B(12.2576mg/dm^2)、GL65(11.4081mg/dm^2)、GL24(11.0493mg/dm^2)、QL20B(10.9354mg/dm^2)、DL81(10.2661mg/dm^2)。从图 5-8、图 5-9 和图 5-12 曲线趋势可以看出，菌株对苜蓿植株叶绿素含量、生物量、株高影响的变化趋势一致性较差，计算得出：叶绿素含量与生物量之间的相关系数 r=0.0318，叶绿素含量与株高之间的相关系数 r=−0.0144，相关性均较低。

3. 根瘤菌株对苜蓿生物量、全氮量、^{15}N 含量及固氮量地上地下分布的影响

菌株对苜蓿生物量、全氮量、^{15}N 含量及固氮量地上地下分布影响的测定结果见表 5-17。

表 5-17 菌株对苜蓿生物量、全氮量、^{15}N 含量及固氮量地上地下分布的影响

菌株名称	地上/地下生物量	地上/地下全氮量	地上/地下^{15}N 含量	地上/地下固氮量	地上/地下固氮效率
DA10	0.96	2.11	0.93	2.05	1.01
DA42	0.97	2.40	0.82	2.48	1.06
DA53	1.02	1.73	0.91	1.80	1.02
DA99	0.71	1.86	0.74	1.42	1.08
DL15	0.82	1.89	0.85	1.60	1.04

续表

菌株名称	地上/地下 生物量	地上/地下 全氮量	地上/地下 ^{15}N 含量	地上/地下 固氮量	地上/地下 固氮效率
DL58	0.68	2.67	0.68	1.98	1.10
DL67	0.71	1.59	0.84	1.17	1.04
DL81	0.76	1.90	0.77	1.55	1.07
GA26	0.86	1.52	0.71	1.43	1.09
GA28	0.77	1.77	0.83	1.43	1.05
GA66	0.83	1.40	0.88	1.20	1.04
GL16	0.73	1.94	0.87	1.47	1.04
GL21	0.90	1.43	0.80	1.30	1.07
GL24	0.78	1.40	0.66	1.29	1.18
GL65	0.83	1.96	0.71	1.82	1.12
QA33B	0.89	1.47	0.63	1.43	1.09
QA46A	0.91	1.40	0.72	1.36	1.07
QA50A	0.83	1.35	0.64	1.25	1.11
QL20B	0.71	1.73	0.83	1.22	1.00
QL31B	0.62	2.24	0.71	1.53	1.10
QL36B	0.65	2.46	0.83	1.67	1.05
TA34	0.79	1.47	0.79	1.23	1.06
TL18	0.82	1.67	0.90	1.41	1.02
TL22A	0.82	1.69	0.80	1.48	1.07
TL47	0.74	2.18	0.85	1.68	1.04
WA24	0.78	1.59	1.33	1.15	0.93
WA32	0.75	1.70	0.54	1.42	1.11
WA62A	0.91	1.11	0.56	1.13	1.12
WL53	0.76	1.86	0.86	1.46	1.03
WL47	0.73	0.91	1.03	0.66	0.99
WL68	0.92	2.34	0.82	2.21	1.03
L-CK2	0.77	1.38	0.89	1.43	0.98
A-CK2	0.76	1.52	0.91	1.39	1.00

从表 5-17 可以看出，地上/地下生物量值，仅有 DA53 菌株的大于 1，为 1.02，其余菌株的地上/地下生物量值均小于 1，为 0.62～0.96，L-CK2 与 A-CK2 的比值分别为 0.77 和 0.76，表明接种处理与 CK2 植株生物量主要分布在地下，这是多年生苜蓿播种当年以根生长为主所致，也说明固氮菌株只能促进植株生长，而对多年生苜蓿的生长规律并不能改变。

地上/地下全氮量值，只有 WL47 菌株的小于 1，为 0.91，基本接近于 1，其余菌株的比值均大于 1，为 1.11～2.67，地上/地下全氮量值大于 1.5 的菌株有 22 个，占 70.97%；地上/地下全氮量值大于 2.0 的菌株有 7 个，占 22.58%；地上/地下全氮量值大于 2.3 的菌株有 4 个，占 12.90%。表明菌株之间差异性较大，但总体上，植株体内氮素大量分布在地上茎叶中，根系中含量较少，与对照 L-CK2(1.38) 和 A-CK2(1.52) 具有相同的结果。

地上/地下 ^{15}N 含量值，WA24、WL47 两个菌株大于 1，分别为 1.33 和 1.03，其余菌株的地上/地下 ^{15}N 含量值均小于 1，为 0.54～0.93，地上/地下 ^{15}N 含量值为 0.7 以上的菌株有 25 个，占 80.64%；地上/地下 ^{15}N 含量值为 0.9 以上的菌株有 4 个，占 12.90%。L-CK2 与 A-CK2 的地上/地下 ^{15}N 含量值分别为 0.89 和 0.91，表明苜蓿植株从土壤中吸收的 ^{15}N 主要存在于根系中，茎叶中含量较少。WA24、WL47 两个菌株地上/地下 ^{15}N 含量值较大，可能是因为 WA24、WL47 菌株固氮效率较高，相对减少了植株对土壤 ^{15}N 的吸收和固定氮量向地上部分转运积累。

地上/地下固氮量值，只有 WL47 菌株的小于 1，为 0.66，其余菌株的地上/地下固氮量值均大于 1，为 1.13～2.21。地上/地下固氮量值大于 1.5 的菌株有 11 个，占 35.48%；地上/地下固氮量值大于 2.0 的菌株有 3 个，占 9.68%。CK2 因有种子内生根瘤菌而结瘤固氮，其固氮量地上/地下值分别为 1.43 和 1.39，表明根瘤菌固氮量主要分布在地上茎叶中，地下根系中含量比例较小，尤其是地上/地下固氮量值大于 2.0 的 3 个菌株 DA42、DA10、WL68 固定的氮在茎叶中的含量更大。

地上/地下固氮效率值为 0.93～1.12，均近似等于 1，菌株之间无差异性。L-CK2 与 A-CK2 的地上/地下固氮效率值分别为 0.98 和 1.00，也近似等于 1，表明菌株结瘤后，根瘤菌-苜蓿共生体地上茎叶固氮效率和地下根系固氮效率相等，由此说明菌株的固氮效率是一定的，不受植株地上、地下部分器官的影响。

4. 不同苜蓿品种来源菌株对苜蓿全氮量和固氮量的影响

不同苜蓿品种来源菌株对苜蓿全氮量和固氮量的影响结果见表 5-18。

从表 5-18 可以看出，来自于阿尔冈金苜蓿和陇东苜蓿品种的根瘤菌株对原寄主平均生物量的影响，两品种之间无差异（$P>0.05$）。但全氮量（%N）阿尔冈金苜蓿极显著高于陇东苜蓿（$P<0.01$）。^{15}N 含量（$\%^{15}N$）陇东苜蓿极显著高于阿尔冈金苜蓿（$P<0.01$）。固氮百分含量（$\%N_{dfa}$）阿尔冈金苜蓿极显著高于陇东苜蓿（$P<0.01$）。固氮量（N_{fixed}）阿尔冈金苜蓿极显著高于陇东苜蓿（$P<0.01$）。表明来源于不同苜蓿品种的菌株与原寄主结瘤共生对全氮量、^{15}N 含量、固氮百分含量和固氮量有极显著的影响，不同品种之间差异性较大，进一步证明了高效固氮根瘤菌与苜蓿植物组合之间的紧密关系。

表 5-18 不同苜蓿品种来源菌株对苜蓿全氮量和固氮量的影响

菌株来源	生物量/(g/盆)	全氮量/%N	^{15}N 含量 /$\%^{15}N$	固氮效率 /$\%N_{dfa}$	固氮量/(g/盆)
阿尔冈金苜蓿	21.8761	3.0154**	0.3191	78.0735**	0.5163**
陇东苜蓿	20.5238	2.6481	0.3587**	75.3285	0.4582

注：*表示 *t* 检验差异显著（$P<0.05$），**表示 *t* 检验差异极显著（$P<0.01$）

全氮量、固氮百分含量、固氮量是表示植物固氮能力的 3 个直接指标，其值的高低直接反映了植物固氮的效果；^{15}N 含量是间接表示植物固氮能力的指标，^{15}N 含量越高的苜蓿品种，固氮能力越差。阿尔冈金苜蓿菌株结瘤后的全氮量、固氮百分含量、固氮量指标均显著高于陇东苜蓿根瘤菌，阿尔冈金苜蓿的 ^{15}N 含量显著低于陇东苜蓿，表明来源于阿尔冈金苜蓿品种的菌株固氮能力显著优于陇东苜蓿根瘤菌株的固氮能力。

5. 不同地区来源菌株对苜蓿全氮量和固氮量的影响

不同地区来源菌株对苜蓿全氮量和固氮量的影响见表 5-19。

表 5-19　不同地区来源菌株对苜蓿全氮量和固氮量的影响

菌株来源区域	生物量/(g/盆)	全氮量/%N	^{15}N 含量/%^{15}N	固氮效率/%N_{dfa}	固氮量/(g/盆)
庆阳	21.5728bB	2.9373aA	0.3241cC	77.5412abAB	0.4994aA
天水	18.2676dD	2.7936aA	0.3598bB	75.2703bAB	0.3856dC
定西	22.6771aA	2.8155aA	0.3500bB	75.9673abAB	0.4822bA
武威	21.8787bAB	2.7272aA	0.2734dD	81.3177aA	0.4877abA
甘南	19.9962cC	2.7928aA	0.3917aA	73.0915bB	0.4117cB

注：同列数值后不同小写字母表示差异显著(P<0.05)；不同大写字母表示差异极显著(P<0.01)

表 5-19 反映，不同地区来源菌株对苜蓿生物量变异的平均影响差异性较大，依次为定西＞武威＝庆阳＞甘南＞天水，定西菌株明显表现出生物量积累优势。不同地区来源菌株对苜蓿全氮量变异的平均影响无差异性，菌株的平均促生作用不影响苜蓿的平均全氮量指标。对 ^{15}N 含量变异的影响依次为甘南＞天水＝定西＞庆阳＞武威，对固氮效率变异的影响依次为武威＝庆阳＝定西＞天水＝甘南，即武威、庆阳、定西菌株的平均固氮效率高于天水和甘南菌株。对固氮量变异的影响依次为庆阳＝武威＞定西＞甘南＞天水，庆阳和武威菌株平均固氮量最多，定西菌株平均固氮量次之。

通过分析，总体反映出来源于不同地区苜蓿菌株的平均固氮能力差异性较大，庆阳、武威菌株平均固氮能力最强，定西菌株次之，天水、甘南菌株平均固氮能力较差。菌株对生物量的平均影响大小与对应地区菌株固氮能力的强弱基本相对应，即平均固氮能力强的菌株，生物量积累多。

由于不同地区来源菌株平均固氮能力对苜蓿植株全氮量影响无差异，而固氮效率和固氮量差异明显，从而说明固氮量的差异通过生物量的变异而实现苜蓿植物群体全氮量的平衡。

6. 不同地区来源菌株对苜蓿生长量的影响

不同地区来源菌株对苜蓿播种当年分枝期生长量影响测定的结果见表 5-20。

表 5-20　不同地区来源菌株对苜蓿生长量的影响

菌株	地上干物质/(g/盆)	地下干物质/(g/盆)	总干物质重/(g/盆)	叶绿素(分枝期)/(mg/dm^2)	株高/cm
庆阳	9.3806bB	12.1922aA	21.5728aAB	10.0575aA	12.86bA
天水	8.0658bB	10.2018aA	18.2676bB	7.4573bB	12.98bA
定西	10.1198bB	12.5575aA	22.6771aA	8.5988abAB	13.69abA
武威	14.6503aA	12.1084aA	21.8787aA	7.8560bB	15.71aA
甘南	8.960bB	10.7502aA	19.9962abAB	9.7205aA	13.59abA

注：同列数值后不同小写字母表示差异显著(P<0.05)；不同大写字母表示差异极显著(P<0.01)

从表 5-20 可知，不同地区来源菌株对苜蓿播种当年分枝期地上干物质积累的影响结果，武威＞定西 = 庆阳 = 甘南 = 天水，武威菌株与其他地区菌株之间差异极显著，其他地区间菌株无差异。对地下干物质积累的影响，不同地区来源菌株间无差异。对总干物质积累的影响，定西 = 武威 = 庆阳 = 甘南＞天水，除天水菌株作用的干物质积累较少外，其他地区间菌株无差异。对株高的影响，武威 = 定西 = 甘南＞天水 = 庆阳，武威、定西、甘南之间差异不显著，但与庆阳、天水之间差异显著。对分枝期叶绿素含量的影响，庆阳 = 甘南 = 定西＞武威 = 天水，庆阳、甘南、定西之间差异不显著，但与武威、天水之间差异显著。

总体来讲，武威菌株对苜蓿的平均促生能力最好，其次是定西菌株和庆阳菌株，甘南菌株平均促生能力中等，天水菌株平均促生能力最差。武威菌株平均促生能力最好的原因也可能含有灌溉的作用。

三、土壤理化因子对苜蓿根瘤菌株固氮能力影响的多元逐步回归与通径分析

供试菌株固氮能力存在生态区域之间的差异，表明菌株固氮能力与区域土壤因子有关。将土壤理化因子对菌株固氮能力影响结果进行多元逐步回归和通径分析，土壤因子赋值：pH = X_1、有机质含量 = X_2、全氮 = X_3、全磷 = X_4、全盐 = X_5、速效氮 = X_6、速效磷 = X_7、速效钾 = X_8、$\%N_{dfa}$ = Y_1、$^{15}N\%$ = Y_2、固 N 量 = Y_3，逐步回归计算得出如下结果。

1）土壤全磷（X_4）是对菌株固氮百分含量$\%N_{dfa}$变异起主要作用的因子，相关系数 $r = -0.8603$（$P<0.05$），决定系数 $R^2 = 0.7401$（$P<0.05$），土壤全磷对菌株固氮百分含量$\%N_{dfa}$产生的变异占总变异的 74.01%。

菌株固氮百分含量$\%N_{dfa}$与土壤全磷含量之间的回归方程为

$$Y_1 = 86.3377 - 139.3698X_4$$

回归方程拟合误差为−1.3～2.1。

通径系数：土壤全磷的直接作用通径系数为−0.8603。

从通径系数可以看出，低磷土壤磷素（X_4）对菌株固氮百分含量$\%N_{dfa}$的影响作用为抑制作用，即土壤低磷水平会降低苜蓿根瘤菌株的固氮效率。

其余土壤理化因子对菌株固氮百分含量$\%N_{dfa}$产生的总变异占 25.99%，有少量的影响作用。

2）土壤全磷（X_4）是对菌株影响苜蓿$\%^{15}N$ 含量变异起主要作用的因子，相关系数 $r=0.8442$（$P<0.05$），决定系数 $R^2=0.7127$（$P<0.05$），土壤全磷对菌株影响苜蓿$\%^{15}N$ 含量产生的变异占总变异的 71.27%。

$\%^{15}N$ 含量与土壤全磷之间的回归方程为

$$Y_2=0.2023-1.9761X_4$$

回归方程拟合误差为−0.0004～0.023。

通径系数：土壤全磷的直接作用通径系数为 0.8442。

从通径系数可以看出，低磷土壤磷素（X_4）对$\%^{15}N$ 含量的影响作用为促进作用，即土

壤低磷水平有利于提高苜蓿对 ^{15}N 的吸收，从而降低根瘤菌的固氮能力。

其余土壤理化因子对%^{15}N 含量产生的总变异占 28.73%，有少量的影响作用。

3) 土壤有机质(X_2)、土壤全氮(X_3)、土壤全磷(X_4)三因子是对菌株固氮量变异起主要作用的因子，相关系数 r=0.9996(P<0.05)，决定系数 R^2=0.9992(P<0.05)，三因子对菌株固氮量产生的变异占总变异的 99.92%。

其偏相关系数：$r(Y_3, X_2)=-0.9995$　　(P<0.01)

$r(Y_3, X_3)=0.9994$　　(P<0.01)

$r(Y_3, X_4)=-0.9963$　　(P<0.01)

菌株固氮量与三因子之间的回归方程为

$$Y_3=0.5001-0.0752X_2+1.3817X_3-1.0311X_4$$

回归方程拟合误差为-0.0018～0.0022。

通径系数见表 5-21。

表 5-21　通径系数

因子	直接作用	间接作用		
		$\to X_2$	$\to X_3$	$\to X_4$
X_2	-3.2823		2.8233	-0.1421
X_3	2.9491	-3.1423		-0.1723
X_4	-0.3817	-1.2215	1.3309	

从偏相关系数和直接作用通径系数可以看出，土壤有机质(X_2)、土壤全氮(X_3)、土壤全磷(X_4)对菌株固氮量影响的重要性依次为：土壤有机质(X_2)($P_{X_2\to Y_3}=-3.2823$)>土壤全氮(X_3)($P_{X_3\to Y_3}=2.9491$)>土壤全磷(X_4)($P_{X_4\to Y_3}=-0.3817$)，表明土壤有机质对菌株固氮量影响作用最大，并表现为抑制作用。其次乏氮土壤氮素对菌株固氮量的影响较大，表现为促进作用。低磷土壤磷素对菌株固氮量的影响表现出微弱的抑制作用。即研究区域土壤有机质和土壤低磷水平有降低菌株固氮量的作用，乏氮土壤氮素水平有提高菌株固氮量的作用。

从间接作用通径系数可以看出，土壤有机质通过土壤氮的间接作用可以较好地促进菌株的固氮量，$P_{X_2\to X_3\to Y_3}=2.8233$，土壤磷通过土壤氮的间接作用对菌株固氮量也有一定的促进作用，$P_{X_4\to X_3\to Y_3}=1.3309$。其他因子之间的间接作用均对菌株固氮量有抑制作用，土壤氮通过土壤有机质的间接抑制作用尤为突出，$P_{X_3\to X_2\to Y_3}=-3.1423$，进一步说明了甘肃土壤低氮水平对固氮量有较强的促进作用和土壤有机质水平对固氮量有较强的抑制作用。

以上结果表明，在各生态区域乏氮土壤营养条件下，适度增加土壤氮素含量有利于促进植物根系生长，有利于提高结瘤效率，增加固氮量。这一结论与 Lopez-Garcia 等(2001)研究得出的土壤氮不足时会影响根瘤菌与寄主的共生，从而影响根瘤菌结瘤效率及竞争能力的结论一致。因此，豆科植物仅依靠共生固氮常难以达到高产目的，一般仍需要配合施用少量化学氮肥。提高有机质含量可提高土壤根瘤菌载菌量，也可提高低肥力土壤上的占瘤率(胡振宇等，1994)，但本研究发现，土壤有机质可降低菌株固氮效率，这可能是甘南菌株固氮效率低的原因之一。在低磷土壤环境中，研究发现土壤低磷水平可降低菌株的固氮效率，这一结果与 Høgh-Jensen 等(2002)、Drevon 和 Hartwig(1997)“磷素供应持续低于最适水平时三叶草的固氮作用下降，磷素供应突然中断会使三叶草根瘤菌的固氮酶活性降低，以及磷不足时会加剧大豆和苜蓿根瘤中由氩诱导的固氮酶活性的下降”报道的结果一致。进一步说明研究区域为低磷土壤，低磷土壤条件下的磷素会降低菌株固氮酶活性。因此，提高低磷土壤磷素含量会提高寒区旱区苜蓿根瘤菌-植物共生体固氮效率。

其余土壤理化因子对菌株固氮量产生的总变异仅占 0.08%，几乎无影响。

四、根瘤菌株固氮能力综合分析

通过上述分析，综合供试菌株的固氮效率、全氮量、固氮量、%^{15}N 含量和对生长量的影响，筛选出的高效固氮促生菌株目录及作用见表 5-22。

表 5-22　苜蓿优良固氮菌株目录及作用分类表

作用	菌株功能	菌株名称	
		阿尔冈金苜蓿菌株	陇东苜蓿菌株
单一作用	菌株高%N_{dfa}		WL47
	苜蓿高%N	GA66、DA42、TA34	TL47
	菌株高固氮量	GA28	
复合作用	菌株高%N_{dfa}+菌株高固氮量+苜蓿高%N+苜蓿高生长量	WA32、QA46A	
	菌株高%N_{dfa}+菌株高固氮量+苜蓿高生长量	QA33B	
	菌株高%N_{dfa}+苜蓿高生长量	WA62A、WA24	DL67
	菌株高固氮量+苜蓿高%N	DA99	
	菌株高固氮量+苜蓿高生长量		DL81、DL58

从表 5-22 反映出，筛选的高效固氮优良菌株中，复合作用最多的菌株为来自于武威和庆阳阿尔冈金苜蓿的 WA32 和 QA46A，具有高%N_{dfa}+高固氮量+苜蓿高%N+苜蓿高生长量 4 种作用；其次为来自于庆阳阿尔冈金苜蓿的 QA33B 菌株，具有高%N_{dfa}+高固氮量+苜蓿高生长量 3 种作用；来自于武威阿尔冈金苜蓿和定西陇东苜蓿的 WA62A、WA24、DL67 3 个菌株具有高%N_{dfa}+苜蓿高生长量两种作用；来自于定西阿尔冈金苜蓿 DA99 菌株具有高固氮量+苜蓿高%N 两种作用；来自于定西陇东苜蓿 DL81、DL58 菌株具有高固氮量+苜蓿高生长量两种作用。

单一作用的优良固氮菌株为来自于武威陇东苜蓿的 WL47 菌株，具有较高的%N_{dfa}；来自于甘南阿尔冈金苜蓿的 GA66、天水阿尔冈金苜蓿的 TA34、定西阿尔冈金苜蓿的 DA42 和天水陇东苜蓿的 TL47 菌株，能提高苜蓿氮含量。来自于甘南阿尔冈金苜蓿的 GA28 菌株，能提高固氮量。

筛选的优良固氮菌株，分布在采样的 5 个区域，但武威、庆阳、定西菌株大多数具有复合作用，个别菌株具有单一作用；甘南、天水菌株仅具有单一作用，而无复合作用。其中固氮效率较高的菌株主要来自于武威，如 WL47、WA32、WA62A、WA24。

五、讨论

1）影响根瘤菌固氮和促生能力的因素很多，研究过程中发现，采样点的生态条件除本研究列入的因子外，还有许多因子影响根瘤菌固氮和促生能力，所以，生态区域影响因子的范围及其重要性仍需进一步探讨。

2）各区域根瘤菌采样易受不同年份、温度、水分和苜蓿生育期的影响，不同区域之间根瘤菌固氮和促生能力及其影响因素作用的重要性仍需连续多年研究方可得出更为准确的结论。

六、小结

1）研究表明，供试菌株固氮能力对苜蓿生物量、全氮量、固氮量的影响差异性较大，菌株固氮效率$\%N_{dfa}$在 71%以下时，氮素供应不能满足苜蓿植株生长，生物量积累呈下降趋势；固氮效率$\%N_{dfa}$在 71.0%以上，随菌株固氮效率的提高，生物量积累呈上升趋势。菌株固氮效率与苜蓿生物量呈中强正相关关系，相关系数 r=0.6738（P＜0.05），固氮效率是影响苜蓿生物量的最直接因子之一。筛选得出：WA32 菌株固氮效率最高，WL47、QA33B、WA62A 菌株固氮效率较高，WA24、QA46A、DL67 菌株固氮效率高。

全氮量（%N）是衡量菌株固氮能力的另一指标，%N＞3.2000 的菌株从高到低依次有：QA46A、DA99、GA66。%N 为 3.0000～3.2000 的菌株从高到低依次有：WA32、DA42、TA34、TL47。

研究得出，$\%^{15}N$含量较低（＜0.35）或固氮量较高（＞0.5g/盆）的菌株从高到低依次有：QA46A、QA33B、DA99、WA32、DL81、GA28、DL58。

菌株对苜蓿生长量的影响，总生物量大于 23.00g/盆的菌株从高到低依次有 QA33B、DL67、DL58、WA62A、DL81、QA46A、WA32、WA24。总体来讲，武威菌株对苜蓿的平均促生能力最好，其次是定西菌株和庆阳菌株，甘南菌株平均促生能力中等。

2）筛选的高效固氮优良菌株存在作用的多样性，复合作用最多的优良菌株为来自于武威和庆阳阿尔冈金苜蓿的 WA32 和 QA46A，具有高$\%N_{dfa}$+高固氮量+苜蓿高%N+苜蓿高生长量 4 种作用；其次为来自于庆阳阿尔冈金苜蓿的 QA33B 菌株，具有高$\%N_{dfa}$+高固氮量+高苜蓿生长量 3 种作用；来自于武威阿尔冈金苜蓿和定西陇东苜蓿的 WA62A、WA24、DL67 3 个菌株具有高$\%N_{dfa}$+苜蓿高生长量两种作用；来自于定西阿尔冈金苜蓿 DA99 菌株具有高固氮量+苜蓿高%N 两种作用；来自于定西陇东苜蓿 DL81、DL58 菌株具有高固氮量+苜蓿高生长量两种作用。单一作用的优良固氮菌株为来自于武威陇东苜蓿的 WL47 菌株，具有较高的$\%N_{dfa}$；来自于甘南阿尔冈金苜蓿的 GA66、天水阿尔冈金苜蓿的 TA34、定西阿尔冈金苜蓿的 DA42 和天水陇东苜蓿的 TL47 菌株，能使苜蓿含氮量提高。来自于甘南阿尔冈金苜蓿的 GA28 菌株，能提高固氮量。

3）苜蓿$\%^{15}N$ 含量与固氮量呈中强负相关关系，表明苜蓿植株从土壤中吸收的 ^{15}N 比率越大，根瘤菌从空气中固定的 ^{14}N 比率越小。苜蓿植株% ^{15}N 含量在 0.425 以下时，% ^{15}N 含量指标可作为接种根瘤菌株固氮能力的直接衡量指标，以避免选用非固氮系统参考植物作对照计算固氮百分率% N_{dfa} 带来的较大误差。

4) 阿尔冈金苜蓿菌株的%N、% N_{dfa}、固氮量指标均显著高于陇东苜蓿，而% ^{15}N 含量显著低于陇东苜蓿，阿尔冈金苜蓿品种的菌株固氮能力显著优于陇东苜蓿根瘤菌株的固氮能力，表明不同苜蓿品种来源的根瘤菌株固氮能力有差异。

5) 通过分析，总体反映出来源于不同地区苜蓿菌株的平均固氮能力差异性较大，庆阳、武威菌株平均固氮能力最强，定西菌株次之，天水、甘南菌株平均固氮能力较差。菌株对生物量的平均作用大小与对应地区菌株固氮能力的强弱相对应，即平均固氮能力强的菌株，生物量积累多。

6) 不同区域来源菌株平均固氮能力对苜蓿植株全氮平均含量影响无差异，但固氮效率和固氮量差异明显，说明固氮量的差异通过生物量的变异而实现苜蓿植物群体全氮量的平衡。

7) 土壤乏氮营养条件下，适度增加土壤氮素有利于促进植物根系生长，有利于提高结瘤率，增加固氮量。这一结论与 Lopez-Garcia 等 (2001) 的研究结果得出的“氮不足时会影响根瘤菌与寄主的共生，从而影响根瘤菌的结瘤率及竞争能力”的结论一致。因此，生长在乏氮土壤中的苜蓿植株仅依靠共生固氮常难以达到高产目的，一般仍需要配合施用少量化学氮肥。土壤有机质对菌株固氮量的影响主要表现在降低菌株的固氮效率，甘南菌株固氮效率低的原因之一就在于此。

8) 土壤低磷营养条件下，土壤磷对固氮量有抑制作用，并且这种影响主要表现为降低菌株的结瘤率和固氮效率，这一结果与 Høgh-Jensen 等 (2002)、Drevon 和 Hartwig (1997) 等“磷素供应持续低于最适水平时三叶草的固氮作用下降，磷素供应突然中断会使三叶草根瘤菌的固氮酶活性降低，以及磷不足时会加剧大豆和苜蓿根瘤中由氩诱导的固氮酶活性的下降”，以及陈华癸和樊庆笙 (1979)“土壤低磷时，根瘤菌能进入根系内，但不形成根瘤，从而影响固氮量”的报道结果一致。低磷环境中的磷素会降低菌株结瘤效率和菌株固氮酶活性，因此，在上述地区种植苜蓿时增加施磷量可提高根瘤菌固氮酶活性。

第四节　苜蓿根瘤菌溶磷及分泌生长素能力

生物固氮是仅次于光合作用的生化过程。随着固氮微生物研究的深入，其范围已从豆科植物扩展到禾本科植物，内容从共生固氮形式发展到联合固氮形式；固氮微生物的促生作用已从固氮、溶磷和分泌生长激素等多方面得以体现 (Hendry and Jordan，1983)。目前，一些研究者已从小麦、水稻、玉米等禾本科植物根际分离出多种联合固氮微生物，它们不但与寄主能够联合进行固氮，而且还具有溶磷和分泌植物生长素能力，对植物生长起着重要的促进作用 (Gibson，1962)。分泌的植物生长素吲哚乙酸 (IAA) 以低浓度促进植物生长并可在细胞延伸过程中提升细胞壁的疏松度。外源生长素能刺激植物细胞壁释放大量的单糖和低聚糖，这些从植物细胞壁释放的养分为细菌附生于植物创造了有利条件，并有助于植物分泌物参与细菌生成 IAA 的反应 (Gibson，1962)。

目前，对于豆科植物根瘤菌分泌植物生长素和溶磷能力的研究报道较少。苜蓿作为我国主要栽培的豆科牧草，相关研究尚未见报道。因此，苜蓿根瘤菌除与根系共生结瘤进行固氮之外，是否具有其他生物功能和作用尚不清楚。本试验针对甘肃 5 个不同生态区域(庆阳、天水、定西、武威和甘南)的两个苜蓿品种根瘤菌溶解有机磷、无机磷和分泌生长素(IAA)能力进行了研究，旨在了解苜蓿根瘤菌的其他功能和作用，并试图筛选出不同生态区域优良的苜蓿多功能促生根瘤菌株，为生产苜蓿高效生物菌肥提供优良菌株资源，也为提高磷素利用和苜蓿栽培产量提供理论和实践依据。

一、材料与方法

1. 材料来源

对武威、定西、天水、庆阳和甘南 5 个不同生态区域分布的陇东苜蓿和阿尔冈金苜蓿根瘤菌资源进行了调查、分离和纯化，获得 730 个分离物。通过苜蓿试管苗回接分离物测定其促生效果，初步筛选并确定了 31 个促生作用较好的苜蓿根瘤菌菌株，菌株名称及来源见第一节表 5-4。

2. 溶磷能力测定

采用有机磷[蛋黄卵磷脂(EYPC)]和无机磷[$Ca_3(PO_4)_2$]固体培养基溶磷圈法测定根瘤菌的溶磷能力，即测定根瘤菌菌落溶磷透明圈直径与菌落直径的比值。培养 11d 后测量并计算比值。比值越大，溶磷能力越强，比值越小，溶磷能力越弱，比值为 1 时表示菌落无溶磷能力。

有机磷溶解能力测定培养基采用蒙金娜培养基，配方：10g/L 葡萄糖，0.5g/L $(NH_4)_2SO_4$，0.3g/L NaCl，0.3g/L KCl，0.03g/L $FeSO_4 \cdot 7H_2O$，0.03g/L $MnSO_4 \cdot 4H_2O$，0.2g/L 卵磷脂，5g/L $CaCO_3$，0.4g/L 酵母膏，20g/L 琼脂，1000ml 蒸馏水；pH 7.0～7.2。其中卵磷脂用 75%的乙醇加热溶解，单独灭菌，温度降至 70℃后与培养基混合(席琳乔等，2005a；姚拓，2002b)。

无机磷溶磷测定培养基采用 PKO 培养基，配方：10g/L 葡萄糖，5.0g/L $Ca_3(PO_4)_2$，0.5g/L $(NH_4)_2SO_4$，0.2g/L NaCl，0.2g/L KCl，0.03g/L $MgSO_4 \cdot 7H_2O$，0.03g/L $MnSO_4$，0.003g/L $FeSO_4$，0.5g/L 酵母膏，20g/L 琼脂，1000ml 蒸馏水；pH 6.8～7.0。其中 $Ca_3(PO_4)_2$ 过筛并单独灭菌后与培养基混合(姚拓，2004；2002b，冯月红等，2003)。

3. 分泌生长素能力测定

采用比色法测定根瘤菌分泌生长素(IAA)的能力，测定培养基采用改良的刚果红液体培养基，培养基组成：0.5g $K_2HPO_4 \cdot 3H_2O$，0.2g $MgSO_4 \cdot 7H_2O$，0.1g NaCl，1g 酵母膏，10g 甘露醇，10ml 0.25%刚果红，1g NH_4NO_3，100mg L-色氨酸，1000ml 蒸馏水；pH 7.0。比色液配方：0.5mol/L $FeCl_3$ 1ml，H_2SO_4 30ml，蒸馏水 50ml。

将菌株接种于盛有 50ml 培养基的三角瓶中，置于转速 125r/min，温度 28℃的摇床培养(Okeny，1997；Fuentes et al.，1993)，每一菌株设 3 次重复，培养 12d 后，取根瘤菌悬浮液 100μl 置于白色塑料比色板上，加 100μl 的比色液，15min 后观察颜色变化。粉红色为阳性，表示菌株能够分泌 IAA，粉红色颜色越深表示分泌 IAA 能力越大；无色为阴性，表示菌株不能分泌 IAA。在比色液中分别加入 10mg/L、30mg/L、50mg/L IAA 作为对照进行粉红色颜色深度的比较(席琳乔等，2005b；姚拓，2004)。

4. 数据分析方法

数据分析采用 DPS 软件，测量数据用 Duncan's 全复距多重比较、多元逐步回归和通径分析进行统计分析。

二、苜蓿根瘤菌溶磷能力

1. 溶磷能力差异性分析

对 31 个供试菌株的溶解有机磷和无机磷能力进行了初步测定，测定结果见表 5-23(*D*/*d* 值为 3 个重复的平均值)。

表 5-23 不同苜蓿根瘤菌菌株的溶磷圈 *D*/*d* 值

菌株	有机磷 *D*/*d*	无机磷 *D*/*d*	菌株	有机磷 *D*/*d*	无机磷 *D*/*d*
GL16	1.82aA	1.00aA	TL22A	1.22ghijEFG	1.00aA
QL31B	1.76abAB	1.00aA	QL36B	1.21ghijEFG	1.00aA
GA66	1.63bcABC	1.00aA	DL81	1.20ghijEFG	1.00aA
QL20B	1.60bcdBC	1.00aA	WL47	1.19ghijkFG	1.00aA
WA62A	1.60bcdBC	1.00aA	DL15	1.18ghijkFG	1.00aA
TL47	1.59cdeBC	1.00aA	DA42	1.17ghijkFG	1.00aA
QA50A	1.55cdeBC	1.00aA	TL18	1.14hijkFG	1.00aA
GL21	1.54cdeBCD	1.00aA	QA33B	1.14hijkFG	1.00aA
GL65	1.43defCDE	1.00aA	DA99	1.12ijkFG	1.00aA
DA10	1.43defCDE	1.00aA	DA53	1.12ijkFG	1.00aA
TA34	1.42efCDE	1.00aA	WL53	1.11jkFG	1.00aA
QA46A	1.32fgDEF	1.00aA	WL68	1.11jkFG	1.00aA
WA24	1.32fgEF	1.00aA	DL58	1.02kG	1.00aA
DL67	1.31fghEF	1.00aA	GA26	1.02kG	1.00aA
GL24	1.30fghiEF	1.00aA	GA28	1.01kG	1.00aA
WA32	1.28fghijEF	1.00aA			

注：“*D*”代表溶磷圈直径，“*d*”代表菌落直径；同列数值后不同小写字母表示差异显著($P < 0.05$)；不同大写字母表示差异极显著($P < 0.01$)

从表 5-23 可以看出，31 个供试菌株都能够溶解有机磷，但 5 个不同生态区域的苜蓿根瘤菌溶磷能力差异较大，*D*/*d* 值为 1.01～1.82，*D*/*d*≥1.54 的溶有机磷能力好的菌株有 8 个，分别是 GL16、QL31B、GA66、QL20B、WA62A、TL47、QA50A 和 GL21。其中溶磷能力较强的(*D*/*d*≥1.76)菌株有 2 个，分别为 GL16、QL31B，虽然两者之间差异不显著，但与其他菌株差异显著(P＜0.05)。溶磷能力强的菌株(*D*/*d*=1.54～1.63)有 6

个，分别为 GA66、QL20B、WA62A、TL47、QA50A 和 GL21，它们彼此之间差异不显著($P>0.05$)。其余 23 个菌株 *D*/*d* 值为 1.01～1.43，其中 *D*/*d* 值为 1.28～1.43 的菌株具弱溶磷能力，1.11～1.22 者具微弱溶磷能力，DL58 菌株的 *D*/*d* 值为 1.01，几乎不具有溶磷能力(图 5-13)。

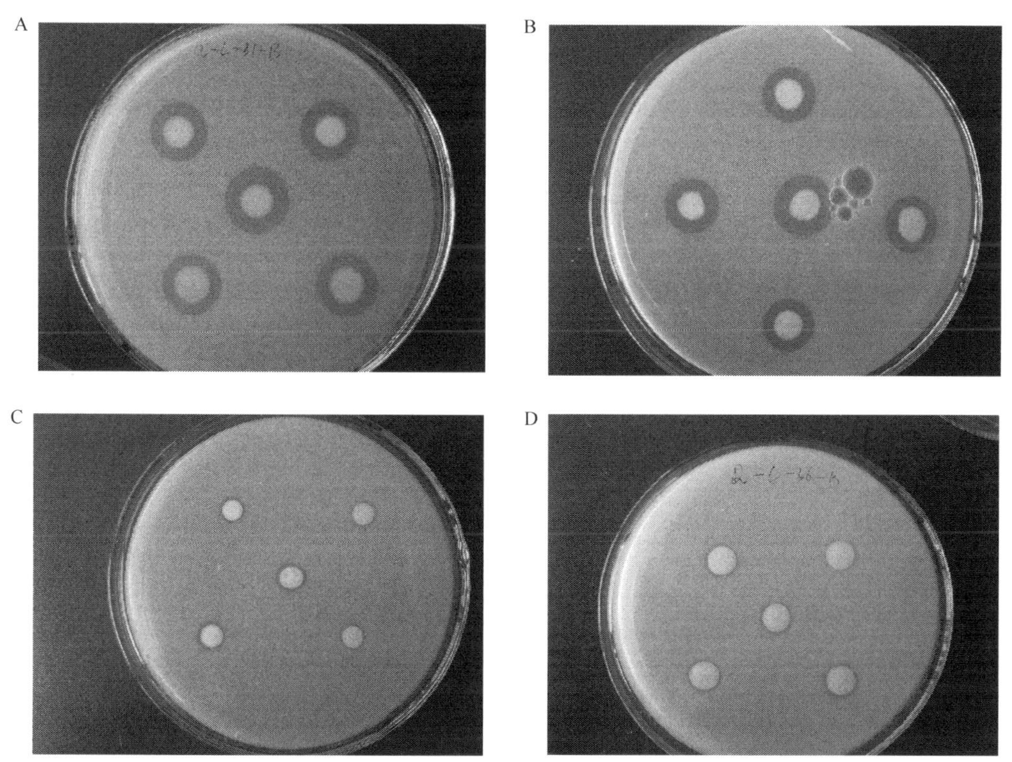

图 5-13　菌株在蛋黄卵磷脂(EYPC)有机磷固体培养基上的溶磷圈(另见彩图)

A. *D*/*d*=1.76(QL31B)；B. *D*/*d*=1.63(GA66)；C. *D*/*d*=1.31(DL67)；D. *D*/*d*=1.21(QL36B)

溶解无机磷测定结果表明，31 个供试菌株在 PKO 培养基上均生长良好，培养 11d 的菌落直径大小为 3～6mm，但均未形成溶磷圈，*D*/*d* 值为 1，因此不能溶解无机磷(图 5-14)。

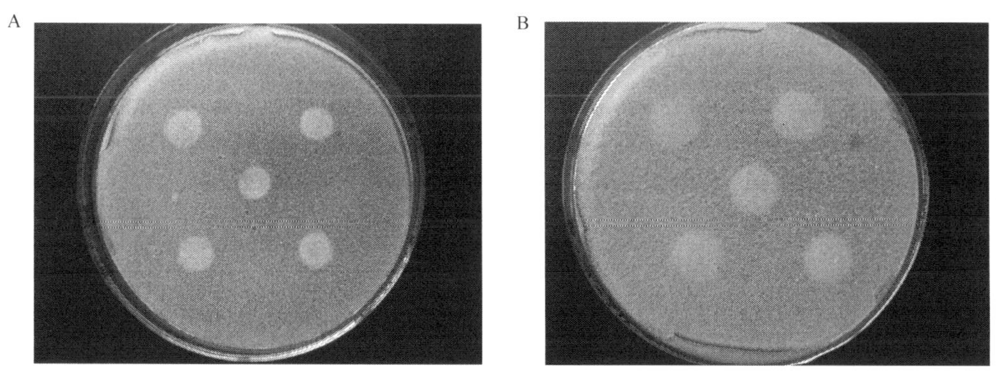

图 5-14　菌株在磷酸钙[$Ca_3(PO_4)_2$]无机磷固体培养基上的菌落生长情况(另见彩图)

A. *D*/*d*=1(QL31B)无溶磷圈；B. *D*/*d*=1(GA66)无溶磷圈

将表 5-23 菌株 D/d 值分别按生态区域和苜蓿品种因素归类，形成表 5-24。

表 5-24 不同生态区域不同苜蓿品种根瘤菌株溶解有机磷能力分析表

生态区域	陇东苜蓿菌株			阿尔冈金苜蓿菌株			总平均值
	菌株	D/d	平均值	菌株	D/d	平均值	
庆阳	QL31B	1.76	1.52aA	QA46A	1.32	1.34aA	1.43aA
	QL20B	1.60		QA33B	1.14		
	QL36B	1.21		QA50A	1.55		
天水	TL47	1.59	1.32abA	TA34	1.42	1.42aA	1.34aA
	TL22A	1.22					
	TL18	1.14					
定西	DL67	1.31	1.23abA	DA10	1.43	1.21aA	1.22aA
	DL81	1.20		DA42	1.17		
	DL15	1.18		DA99	1.12		
	DL58	1.02		DA53	1.12		
武威	WL47	1.19	1.14bA	WA62A	1.60	1.40aA	1.27aA
	WL53	1.11		WA24	1.32		
	WL68	1.11		WA32	1.28		
甘南	GL16	1.82	1.52aA	GA66	1.63	1.22aA	1.39aA
	GL21	1.54		GA26	1.02		
	GL65	1.43		GA28	1.01		
	GL24	1.30					
总平均值			1.346			1.318	1.330

注：小写字母表示 5%差异显著性水平；大写字母表示 1%差异显著性水平

表 5-24 资料显示，陇东苜蓿和阿尔冈金苜蓿两个品种菌株溶解有机磷能力的 D/d 平均值 1.346 和 1.318 之间无差异($P>0.05$)。庆阳(D/d=1.52)和甘南(D/d=1.52)生长的陇东苜蓿根瘤菌株溶解有机磷能力明显高于天水(D/d=1.32)、定西(D/d=1.23)和武威(D/d=1.14)，而阿尔冈金苜蓿的根瘤菌株因区域之间重复次数差异过大，未表现出区域间的差异性，但从不同区域菌株 D/d 值总平均数来看，溶解有机磷能力从大到小的次序为天水>武威>庆阳>甘南>定西。溶解有机磷能力较好和好的 8 个菌株中，GL16、GA66、GL21 3 个菌株分布在甘南，QL31B、QL20B、QA50A 3 个菌株分布在庆阳，只有 WA62A 分布在武威，TL47 分布在天水。D/d=1.82 的 GL16 菌株分离于青藏高原寒温潮湿草甸气候区的甘南夏河亚高山草甸土(海拔 3050m，降水 516.0mm)，D/d=1.76 的 QL31B 菌株分离于黄土高原中温半湿润森林草原气候区的庆阳黑垆土(海拔 1350m，降水 551.2mm)。

2. 土壤理化因子对菌株溶解有机磷能力影响的多元逐步回归和通径分析

供试菌株溶解有机磷能力存在生态区域之间的差异，说明菌株溶磷能力与区域土壤因子有关。土壤理化因子对菌株溶磷能力的影响进行多元逐步回归和通径分析，土壤因子赋值：pH = X_1、有机质含量 = X_2、全氮 = X_3、全磷 = X_4、全盐 = X_5、速效氮 = X_6、速效磷 = X_7、速效钾 = X_8，溶有机磷能力 = Y，则逐步回归计算得出如下结果。

1）速效磷（X_7）、速效钾（X_8）两因子是对菌株溶磷能力的变异起主要作用的因子，相关系数 r=0.9508（P<0.01），决定系数 R^2=0.9041（P<0.01），两因子对菌株溶磷能力产生的变异占总变异的 90.41%。

其偏相关系数：$r(Y, X_7) = 0.9495$　　$(P<0.01)$

$r(Y, X_8) = -0.8094$　　$(P<0.01)$

溶解有机磷能力与此二因子之间的回归方程为

$$Y = 1.2800 + 0.0055X_7 - 0.0006X_8$$

回归方程拟合误差为−0.0121～0.084。

2）通径系数见表 5-25。

表 5-25　通径系数

因子	直接作用	间接作用	
		$\to X_7$	$\to X_8$
X_7	1.1624		−0.3128
X_8	−0.5292	0.6871	

从偏相关系数和直接作用通径系数可以看出，土壤速效磷（X_7）、速效钾（X_8）对菌株溶磷能力影响的重要性依次为：土壤速效磷（X_7）（$P_{X_7\to Y}=1.1624$）＞速效钾（X_8）（$P_{X_8\to Y}=-0.5292$），表明速效磷对菌株溶磷能力的作用最大，而且是促进作用；速效钾对菌株溶磷能力的作用次之，且表现为抑制作用。

速效磷通过速效钾间接对菌株溶磷能力产生作用，其间接通径系数 $P_{X_7\to X_8\to Y}=-0.3128$，即速效钾含量的增加会降低速效磷对菌株溶磷能力的促进作用。相反速效钾通过速效磷间接对菌株溶磷能力产生作用，其间接通径系数 $P_{X_8\to X_7\to Y}=0.6871$，即速效磷含量的增加会降低速效钾对菌株溶磷能力的抑制作用。

其余土壤理化因子对菌株溶磷能力产生的变异仅占总变异的 9.59%，无明显的影响作用。

三、苜蓿根瘤菌分泌生长素能力

1. 分泌生长素能力差异性分析

对 31 个供试菌株分泌植物生长素（IAA）能力进行了初步测定，结果见表 5-26。

表 5-26　不同苜蓿根瘤菌株分泌植物生长素（IAA）能力

生态区域	陇东苜蓿菌株					阿尔冈金苜蓿菌株					生态区域合计		
	菌株	分泌 IAA 能力	菌株数			菌株	分泌 IAA 能力	菌株数					
			+++	++	+			+++	++	+	+++	++	+
庆阳	QL31B	+++	1	2	0	QA46A	+++	2	1	0	3	3	0
	QL20B	++				QA33B	++						
	QL36B	++				QA50A	+++						

续表

生态区域	陇东苜蓿菌株		菌株数			阿尔冈金苜蓿菌株		菌株数			生态区域合计		
	菌株	分泌 IAA 能力	+++	++	+	菌株	分泌 IAA 能力	+++	++	+	+++	++	+
天水	TL47 TL22A TL18	+++ +++ ++	2	1	0	TA34	++	0	1	0	2	2	0
定西	DL67 DL81 DL15 DL58	++ +++ ++ ++	1	3	0	DA10 DA42 DA99 DA53	+++ ++ ++ +	1	2	1	2	5	1
武威	WL47 WL53 WL68	+++ ++ ++	1	2	0	WA62A WA24 WA32	++ +++ ++	1	2	0	2	4	0
甘南	GL16 GL21 GL65 GL24	++ ++ + +	0	2	2	GA66 GA26 GA28	+++ +++ +++	3	0	0	3	2	2
合计			5	10	2			7	6	1	12	16	3

注：“+”表示浅粉色；“++”表示粉色；“+++”表示深粉色

从表 5-26 和图 5-16 可以看出，31 个菌株都能够分泌 IAA，其中，12 个菌株比色反应为深粉色，分泌 IAA 能力较强；16 个菌株为粉色，分泌能力中强；3 个菌株为浅粉色，分泌能力弱。12 个深粉色反应菌株为 QL31B、QA46A、QA50A、TL47、TL22A、DL81、DA10、WL47、WA24、GA66、GA26 和 GA28，其来源有：3 个庆阳菌株，2 个天水菌株，2 个定西菌株，2 个武威菌株和 3 个甘南菌株。28 个分泌 IAA 能力较强和中强菌株中，总体表现出庆阳、甘南菌株分泌 IAA 能力大于天水、定西和武威菌株。但各区域都有分泌 IAA 能力较强的菌株个体。菌株分泌 IAA 的比色反应见图 5-15 和图 5-16。图 5-15

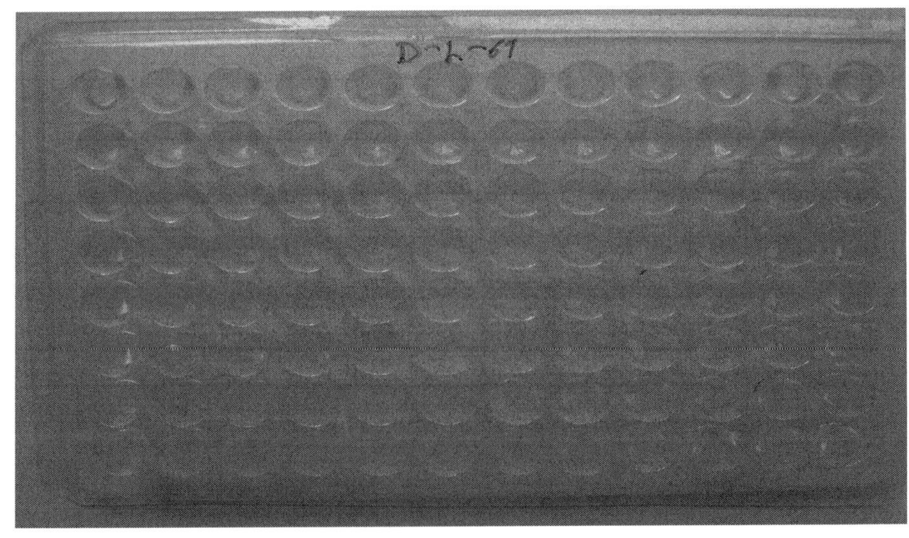

图 5-15 营养液加比色液的变色反应(空白试验)(另见彩图)

为营养液加比色液的空白试验，验证比色板变色反应的均一性。图 5-16 为 31 个供试菌株悬浮液加比色液的变色反应，“10”、“30”、“50”示意比色液中分别加入 10mg/L、30mg/L、50mg/L 的 IAA 作对照。

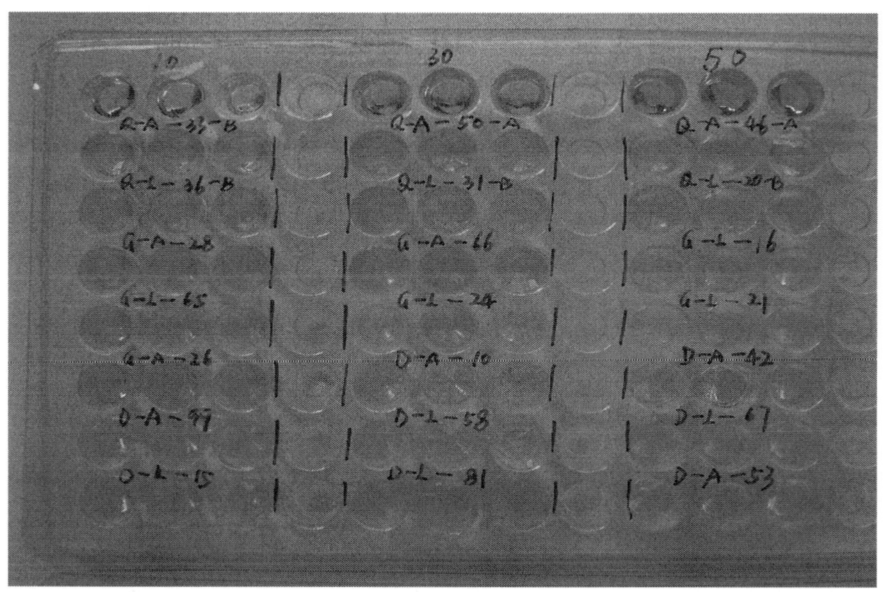

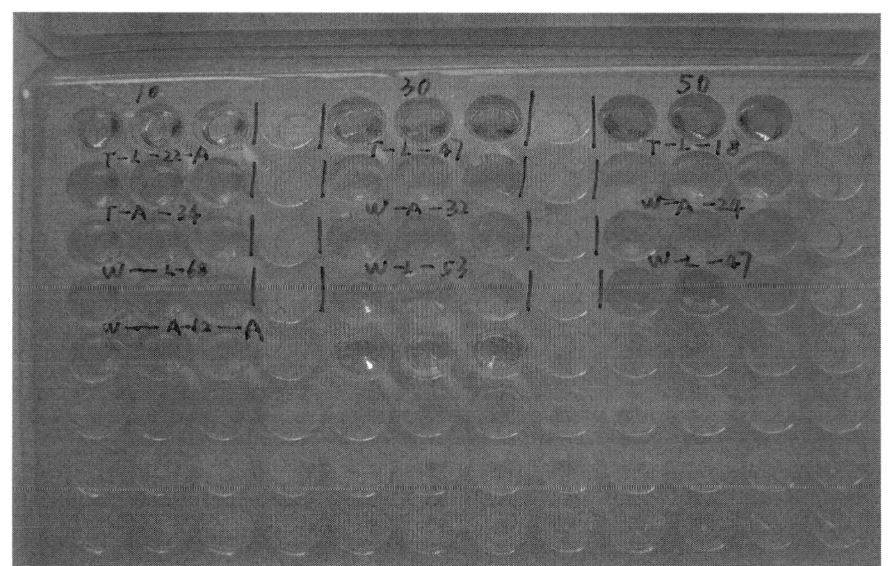

图 5-16　31 个供试菌株悬浮液加比色液的变色反应（另见彩图）

“10”为 CK1（比色液+10mg/L IAA）；“30”为 CK2（比色液+30mg/L IAA）；“50”为 CK3（比色液+50mg/L IAA）

2. 土壤理化因子对菌株分泌生长素能力影响的多元逐步回归和通径分析

供试菌株分泌 IAA 能力存在生态区域之间的差异，说明菌株分泌 IAA 能力与区域土壤因子有关。土壤理化因子对菌株分泌生长素能力的影响进行多元逐步回归和通径分析，土壤因子：pH = X_1、有机质含量 = X_2、全氮 = X_3、全磷 = X_4、全盐 = X_5、速效氮 = X_6、速效磷 = X_7、速效钾 = X_8，分泌生长素能力 = Y。给菌株分泌 IAA 能力“+++”赋值为 3，“++”赋值为 2，“+”赋值为 1，则逐步回归计算得出如下结果。

1) 土壤 pH(X_1)、全磷(X_4)、速效氮(X_6)三因子是对菌株分泌 IAA 能力的变异起主要作用的因子，相关系数 r=0.9475(P<0.01)，决定系数 R^2=0.8978(P<0.01)，三因子对菌株分泌 IAA 能力产生的变异占总变异的 89.78%。

其偏相关系数：$r(Y, X_1)=-0.9029$　　(P<0.01)

$r(Y, X_4)=0.8913$　　(P<0.01)

$r(Y, X_6)=-0.9339$　　(P<0.01)

菌株分泌 IAA 能力与三因子之间的回归方程为

$$Y=25.0232-3.2564X_1+47.8487X_4-0.0198X_6$$

回归方程拟合误差为－0.2891～0.1568。

2) 通径系数见表 5-27。

表 5-27　通径系数

因子	直接作用	间接作用		
		$\to X_1$	$\to X_4$	$\to X_6$
X_1	−2.2471		1.2361	1.0646
X_4	2.1889	−1.2689		−1.2565
X_6	−2.6263	0.9109	1.0473	

从偏相关系数和直接作用通径系数可以看出，土壤 pH(X_1)、土壤全磷(X_4)、土壤速效氮(X_6)对菌株分泌 IAA 能力影响的重要性依次为：土壤速效氮(X_6)($P_{X_6\to Y}=-2.6263$)>土壤 pH(X_1)($P_{X_1\to Y}=-2.2471$)>土壤全磷(X_4)($P_{X_4\to Y}=2.1889$)，表明土壤速效氮对菌株分泌 IAA 能力影响的作用最大，并表现为抑制作用；土壤 pH 对菌株分泌 IAA 能力的影响表现为较大的抑制作用；土壤全磷对菌株分泌 IAA 能力的影响表现出一定的促进作用。结合各采样区域土壤氮、磷含量成分与筛选的分泌 IAA 能力较强菌株的分布，可以得出，提高磷含量有利于促进菌株分泌 IAA 的能力，中性 pH 和低速效氮含量可以降低土壤对菌株分泌 IAA 能力的抑制作用。

从间接通径系数可以看出，土壤 pH 通过土壤全磷的间接作用可以较好地促进菌株分泌 IAA 的能力，$P_{X_1\to X_4\to Y}=1.2361$；土壤 pH 通过速效氮的间接作用也可以较好地促进菌株分泌 IAA 的能力，$P_{X_1\to X_6\to Y}=1.0646$、$P_{X_6\to X_4\to Y}=1.0473$、$P_{X_6\to X_1\to Y}=0.9109$；而土壤全磷通过 pH 的间接作用可以明显地降低磷对菌株分泌 IAA 能力的促进作用，$P_{X_4\to X_1\to Y}=-1.2689$、$P_{X_4\to X_6\to Y}=-1.2565$。进一步说明在中性土壤 pH 下，提高土壤全磷含量，降低土壤速效氮含量有利于提高菌株分泌 IAA 的能力。

其余土壤理化因子对菌株分泌 IAA 的能力产生的变异占总变异的 10.22%，影响作用不明显。

四、苜蓿根瘤菌溶磷和分泌生长素能力综合分析

对 31 个苜蓿根瘤菌株溶磷和分泌生长素能力进行综合形成表 5-28。

表 5-28　苜蓿根瘤菌株溶磷和分泌生长素能力综合表

采样地区	陇东苜蓿菌株			阿尔冈金苜蓿菌株		
	菌株	溶磷 *D*/*d*	分泌生长素	菌株	溶磷 *D*/*d*	分泌生长素
庆阳	QL31B	1.76	+++	QA46A	1.32	+++
	QL20B	1.60	++	QA33B	1.14	++
	QL36B	1.21	++	QA50A	1.55	+++
天水	TL47	1.59	+++	TA34	1.42	++
	TL22A	1.22	+++			
	TL18	1.14	++			
定西	DL67	1.31	++	DA10	1.43	+++
	DL81	1.20	+++	DA42	1.17	++
	DL15	1.18	++	DA99	1.12	++
	DL58	1.02	++	DA53	1.12	+
武威	WL47	1.19	+++	WA62A	1.60	++
	WL53	1.11	++	WA24	1.32	+++
	WL68	1.11	++	WA32	1.28	++
甘南	GL16	1.82	++	GA66	1.63	+++
	GL21	1.54	++	GA26	1.02	+++
	GL65	1.43	+	GA28	1.01	+++
	GL24	1.30	+			

注："+"表示浅粉色；"++"表示粉色；"+++"表示深粉色

表 5-28 显示，部分菌株具有溶磷或分泌生长素的单一功能。溶磷能力单一功能较强的菌株有 GL16（*D*/*d*=1.82），溶磷能力强的菌株（*D*/*d*=1.54～1.63）有 QL20B、GL21 和 WA62A；分泌生长素能力单一功能较强的菌株有 TL22A、DL81、DA10、WL47、WA24、QA46A、GA26 和 GA28。综合溶磷和分泌生长素能力复合功能强的菌株有 QL31B、GA66、TL47 和 QA50A。筛选出溶磷能力和分泌生长素能力单一功能或复合功能优良的菌株见表 5-29。

表 5-29　溶磷、分泌生长素功能菌株名录

功能	陇东苜蓿菌株			阿尔冈金苜蓿菌株		
	菌株名称	溶磷 *D*/*d*	分泌生长素	菌株	溶磷 *D*/*d*	分泌生长素
磷功能	GL16	1.82	++	WA62A	1.60	++
	QL20B	1.60	++			
	GL21	1.54	++			

续表

功能	陇东苜蓿菌株			阿尔冈金苜蓿菌株		
	菌株名称	溶磷 *D*/*d*	分泌生长素	菌株	溶磷 *D*/*d*	分泌生长素
分泌生长素功能	TL22A	1.22	+++	QA46A	1.32	+++
	DL81	1.20	+++	DA10	1.43	+++
	WL47	1.19	+++	WA24	1.32	+++
	GA26	1.02	+++	GA28	1.01	+++
溶磷和分泌生长素复合功能	QL31B	1.76	+++	GA66	1.63	+++
	TL47	1.59	+++	QA50A	1.55	+++

注："+"表示浅粉色；"++"表示粉色；"+++"表示深粉色

五、讨论

1) 本试验供试菌株分离于苜蓿根瘤，根瘤菌结瘤和非结瘤状态虽然不影响根瘤菌株的变化，但对菌株溶磷和分泌 IAA 功能的影响尚不清楚，故结瘤和非结瘤状态的影响需要进一步探讨。

2) 苜蓿根瘤菌具有固氮作用，本研究又证明苜蓿根瘤菌具有分泌植物生长素(IAA)和溶磷能力，其单独作用是促进或刺激植物生长，但各促生功能间的交互作用或互作效应的相关研究未见报道，因此对苜蓿根瘤菌的促生机理需要作进一步的探讨。

六、小结

1) 苜蓿根瘤菌具有较强的溶磷能力，但大多数菌株能溶解有机磷，而不溶解无机磷或溶解无机磷能力很弱。

2) 两个苜蓿品种菌株之间溶磷能力无差异，说明菌株溶磷能力不受苜蓿品种的影响。但不同区域菌株之间溶磷能力差异较大，表明苜蓿菌株溶磷能力的强弱与区域菌株种类遗传因素有关，还与菌株所处的生态环境或土壤环境关系密切。本研究的土壤环境中，甘南亚高山草甸土壤水分含量明显高于庆阳、天水、定西和武威气候区土壤，且土壤速效氮、速效磷、速效钾含量也相对较高；庆阳黑垆土水分含量中等，土壤氮含量中等，速效磷、速效钾含量高；定西灰钙土低速效氮、低速效磷、富速效钾，说明在一定的水分条件下，高速效磷环境有利于提高根瘤菌溶磷能力，高速效钾含量不利于提高根瘤菌的溶磷能力，土壤氮素含量的高低对根瘤菌的溶磷能力没有影响。通过多元逐步回归和通径分析进一步证明，影响菌株溶磷能力的主要土壤因子是速效磷和速效钾含量，其重要性为：速效磷＞速效钾，两因子对菌株溶磷能力产生的变异占总变异的 90.41%。速效磷对溶磷能力有促进作用，速效钾对溶磷能力有抑制作用，回归方程为：$Y=1.2800+0.0055X_7-0.0006X_8$。这与曾昭海等(2003)、Rice 和 Olsen(1988)、Michael 和 Duke(1981)报道的苜蓿根瘤菌固氮能力受土壤氮含量、钾含量、水分、温度和土壤类型等因素影响的结论基本一致，所不同的是在较好的水分条件下，低氮富钾土壤环境有利于增加根瘤数量和固氮效率，而高磷低钾土壤环境有利于提高根瘤菌的溶磷能力。

3) 苜蓿根瘤菌具有较强的分泌植物生长激素(IAA)的能力。31 个供试菌株均能分泌

IAA。据姚拓(2004)报道，已分离到的禾本科植物联合固氮菌株大多数具有分泌植物生长激素(IAA)的作用，而这种产生植物生长激素的作用被认为是促进植物生长，特别是促进根系生长的重要原因之一。谢达平等(2002)、徐幼平等(2001)报道，植物根际产生植物生长调节物质的微生物群落数量很大，从不同植物根际中分离出来的微生物大约有86%、58%和 90%可以分泌生长素(IAA)、赤霉素(GA)或激动素类物质，这些物质在根毛区很容易被吸收。本研究证明，苜蓿根瘤菌具有与禾本科植物联合固氮菌相同的分泌植物生长素的能力，而且 100%的菌株具有分泌 IAA 的能力，其中分泌能力中强以上的菌株占 90%。与禾本科植物联合固氮菌具有分泌能力的菌株数量比较，苜蓿根瘤菌数量比率高于禾本科植物根际菌株数量比率，这一结论对苜蓿根瘤菌作为促进生长菌用于结瘤固氮和非结瘤促生开辟了新的途径。

4)多元回归和通径分析研究证明，土壤 pH、全磷含量和速效氮含量是影响苜蓿根瘤菌株分泌 IAA 能力变异的主要因子，决定系数 R^2=0.8978，三因子对菌株分泌 IAA 能力产生的变异占总变异的 89.78%。三因子作用的重要性依次为：土壤速效氮＞土壤 pH＞土壤全磷。其中，全磷含量的提高有利于提高菌株分泌 IAA 的能力，碱性土壤和高速效氮含量会降低菌株分泌 IAA 的能力。

5)初步筛选出溶磷能力较强的菌株有 GL16 和 QL31B；强的有 GA66、QL20B、WA62A、TL47、QA50A 和 GL21。分泌植物生长素能力较强的菌株有 QL31B、QA46A、QA50A、TL47、TL22A、DL81、DA10、WL47、WA24、GA66、GA26 和 GA28。综合菌株的溶磷能力和分泌植物生长素的能力，筛选出既具有较强的溶磷能力又具有较好分泌植物生长素能力的菌株有 QL31B、GA66、QA50A 和 TL47。这一研究结果表明，苜蓿根瘤菌存在菌株的多样性、促生功能的多样性和环境分布的多样性。菌株、功能、环境间的协同是苜蓿根瘤菌存在与发展的必然趋势，因此，若扩大研究的品种和区域范围，有可能筛选出溶磷或分泌 IAA 单个功能更加强大或多个功能兼得、促生效应更加突出的优良菌株资源。

第五节　苜蓿根瘤菌株抗逆能力及抗逆性菌株筛选

我国盐碱化土壤为现有耕地面积的 1/4，研究区是典型内陆干旱区，土壤盐碱化面积大、程度高。在盐碱化土壤中接种抗盐碱根瘤菌种植苜蓿，可以充分发挥苜蓿对土壤的改良作用，提高其产量。另外，随着苜蓿种植规模和种植范围的扩大，种植条件和种植环境也在发生着巨大的变化，种植的垂直分布、水平分布区域不断扩大，寒、旱等胁迫环境越来越复杂。因此，选育耐盐碱性和耐高温抗低温的苜蓿根瘤菌有着非常重要的意义。

目前，对于豆科作物根瘤菌抗逆性研究报道较多，而对苜蓿根瘤菌抗逆性研究报道较少，零星报道的菌株抗逆性区域差异性较大。万晓红等(2004)在陕西杨陵对 22 个苜蓿品种的新鲜根瘤分离纯化后得到的 52 株根瘤菌进行了耐酸碱和耐高低温的研究报道，发现供试菌株在初始 pH4 时或初始 pH11 时都能生长，4 个菌株在初始 pH12 时仍能生长。在低温 4℃时停止生长，在高温 40℃时都能生长，50℃时均停止生长；60℃处理 10min

后置于 28℃培养，所有菌株正常生长，根瘤菌株能耐瞬间高温。常玮等(2004)对新疆维吾尔自治区内筛选的 4 株优良根瘤菌进行了抗旱、抗盐碱和耐温试验报道，有两个菌株可在含盐 3%、pH11、含水量 10%条件下生长，在 45℃条件下处理 10min 能正常生长。康金花等(1996)对新疆 12 株苜蓿根瘤菌抗盐碱能力进行了研究，两株菌可以在 4%的 NaCl YMA 培养基上生长，3 株菌可以在 pH10 的 YMA 培养基上生长。

本研究选取甘肃省庆阳、天水、定西、武威和甘南 5 个生态区域的 31 个苜蓿高效促生根瘤菌株为研究对象，进行抗盐性、抗酸碱性和耐高温、耐低温研究，筛选抗盐、抗酸、抗碱、耐高温、耐低温的优良菌株，为西北寒旱区和盐碱化土壤种植苜蓿提供优良菌株资源。

一、供试菌株采样地土壤概况

本试验 31 个供试菌株采自 5 个生态区域的 2 年龄阿尔冈金苜蓿和陇东苜蓿草地，取样点土壤化学成分见表 5-1。

二、材料与方法

1. 试验材料

(1)供试菌株

供试的根瘤菌株，其菌株编号、宿主名称及宿主的产地详见表 5-4。

(2)基础培养基

选用液体 YMA 培养基，组成成分：甘露醇 10.0g/L，NaCl 0.1g/L，$MgSO_4 \cdot 7H_2O$ 0.2g/L，酵母粉 1.0g/L，K_2HPO_4 0.5g/L，蒸馏水 1000ml/L；pH7.0～7.2。

2. 试验方法

(1)菌株活化与基础菌液制备

将 31 个供试菌株接入灭菌的培养液中，置 28℃摇床培养 48h ± 6h 后，用分光光度计测定该菌液 OD_{600} 值，以较低 OD_{600} 值菌液为基准(全部供试菌株菌液 OD_{600} 值培养至 0.5 以上)，将各菌液加无菌水稀释制成标准 OD_{600} 值的悬浮菌液。

(2)NaCl、HCl、NaOH 浓度梯度处理，高低温处理 YMA 培养液的制备

按 NaCl 浓度梯度 0.2%、0.4%、1.0%、1.2%、1.5%、2.5%、3.5%、4.5%、5.0%、5.5%处理，调制成 10 个不同 NaCl 浓度的 YMA 培养基。用 HCl 调制 YMA 培养基 pH，制成 pH 分别为 3.5、4.0 和 5.0 的酸性梯度 YMA 培养基；用 NaOH 调制 YMA 培养基 pH，制成 pH 分别为 9.0、10.0 和 12.0 的碱性梯度 YMA 培养基。高低温处理培养基为 YMA 基本培养基，每个菌株设 3 次重复。

(3) 菌株抗盐性、抗酸碱性、耐高低温能力测定

将活化培养的标准菌液取 1ml 回接至不同 NaCl、HCl、NaOH 浓度梯度处理 YMA 培养基溶液中，置于 28℃摇床，培养 80h ± 6h(摇床转速为 120r/min)，用分光光度计测定其 OD_{600} 值。每个处理设 3 次重复。测定供试菌株在不同 NaCl、HCl、NaOH 浓度梯度处理下的生长情况。将活化培养的标准菌液取 1ml 回接至 YMA 基本培养基中，置于低温处理(0℃、5℃)，高温处理(40℃、45℃、50℃)环境中进行培养，低温处理培养 240h，高温处理培养 80h ± 6h 后，测定菌液的 OD_{600} 值，测定供试菌株在不同高低温处理下的生长情况。

3. 数据处理方法

试验数据采用 DPS 数据分析软件处理，用 Duncan's 全复距多重比较、多元逐步回归和通径系数法进行统计分析。

三、苜蓿根瘤菌株耐盐性

31 个菌株在 0.2%～5.5%的 10 个 NaCl 浓度梯度下的耐盐生长光密度值(OD_{600} 值)见表 5-30。

表 5-30　氯化钠对苜蓿根瘤菌生长的影响(光密度 OD_{600} 值)

菌株	不同 NaCl 浓度下的光密度 OD_{600} 值									
	0.2% OD_{600} 值	0.4% OD_{600} 值	1.0% OD_{600} 值	1.2% OD_{600} 值	1.5% OD_{600} 值	2.5% OD_{600} 值	3.5% OD_{600} 值	4.5% OD_{600} 值	5.0% OD_{600} 值	5.5% OD_{600} 值
DA10	0.573	0.460	0.435	0.335	0.395	0.313	0.245	0.218	—	—
DA42	0.668	0.443	0.611	0.179	0.380	0.246	0.247	—	—	—
DA53	0.681	0.477	0.66	0.228	0.356	0.306	0.348	—	—	—
DA99	0.638	0.417	0.580	0.235	0.386	0.272	0.440	0.104	—	—
DL15	0.458	0.502	0.584	0.191	0.338	0.236	0.309	0.140	—	—
DL58	0.790	0.397	0.774	0.471	0.371	0.299	0.402	0.130	—	—
DL67	0.462	0.442	0.321	0.275	0.242	0.168	0.224	0.113	—	—
DL81	1.015	0.476	0.332	0.253	0.229	0.260	0.744	0.187	—	—
GA26	0.704	0.575	0.375	0.324	0.184	0.128	—	—	—	—
GA28	0.918	0.484	0.404	0.343	0.258	0.235	0.214	—	—	—
GA66	0.513	0.445	0.956	0.505	0.361	0.330	0.615	0.190	—	—
GL16	0.658	0.444	0.556	0.352	0.339	0.188	0.401	0.474	0.144	—
GL21	0.609	0.490	0.508	0.401	0.355	0.295	0.411	0.133	—	—
GL24	0.594	0.471	0.438	0.343	0.195	0.208	0.495	0.106	—	—
GL65	0.597	0.460	0.761	0.399	0.342	0.443	0.515	0.162	—	—
QA33B	0.608	0.402	0.652	0.382	0.394	0.342	0.541	0.436	0.102	—
QA46A	0.519	0.406	0.550	0.224	0.374	0.208	0.474	0.151	—	—
QA50A	0.693	0.637	0.597	0.466	0.368	0.285	0.630	0.419	—	—
QL20B	0.917	0.452	0.484	0.320	0.325	0.255	0.303	—	—	—
QL31B	0.605	0.531	0.376	0.616	0.305	0.298	0.570	0.100	—	—

续表

菌株	不同 NaCl 浓度下的光密度 OD_{600} 值									
	0.2% OD_{600} 值	0.4% OD_{600} 值	1.0% OD_{600} 值	1.2% OD_{600} 值	1.5% OD_{600} 值	2.5% OD_{600} 值	3.5% OD_{600} 值	4.5% OD_{600} 值	5.0% OD_{600} 值	5.5% OD_{600} 值
QL36B	0.731	0.489	0.292	0.433	0.458	0.341	0.396	0.101	—	—
TA34	0.749	0.533	0.731	0.518	0.372	0.287	0.432	—	—	—
TL18	0.749	0.441	0.457	0.269	0.349	0.325	0.143	0.132	—	—
TL22A	0.717	0.417	3.053	0.458	0.415	0.250	0.499	0.174	—	—
TL47	0.630	0.448	1.049	0.400	0.360	0.486	0.455	0.407	—	—
WA24	0.925	0.796	0.517	0.463	0.335	0.327	0.524	0.362	0.302	0.101
WA32	0.790	0.628	0.672	0.260	0.270	0.291	0.531	0.130	—	—
WA62A	0.630	0.397	0.394	0.369	0.395	0.243	0.643	0.587	0.105	—
WL47	0.532	0.433	0.559	0.293	0.339	0.314	0.384	—	—	—
WL53	0.974	0.823	0.585	0.506	0.509	0.381	0.680	0.271	—	—
WL68	0.596	0.452	0.629	0.273	0.348	0.253	0.583	—	—	—

注：“—”表示无数据

由表 5-30 可以看出，31 个苜蓿根瘤菌株均可在 2.5% NaCl 浓度培养基上生长，OD_{600} 值为 0.128～0.486；有 30 个菌株可在 3.5% NaCl 浓度培养基上生长，OD_{600} 值为 0.143～0.680，占 96.8%；有 23 个菌株可在 4.5% NaCl 浓度培养基上生长，OD_{600} 值为 0.100～0.587，占 74.2%；有 4 个菌株可在 5.0% NaCl 浓度的培养基上生长，OD_{600} 值为 0.102～0.302，占 12.9%；只有 1 个菌株可在 5.5% NaCl 浓度培养基上生长，OD_{600} 值为 0.101，占 3.2%。

WA24 的耐盐性最好，能耐受 5.5%的 NaCl 盐浓度。GL16、QA33B 和 WA62A 的耐盐性较好，能耐受 5.0%的 NaCl 盐浓度。大多数菌株能耐受 4.5%以下的 NaCl 盐浓度，它们是定西 DA10、DA99、DL15、DL58、DL67、DL81 6 个菌株，甘南 GA66、GL21、GL24、GL65 4 个菌株，庆阳 QA46A、QA50A、QL31B、QL36B 4 个菌株，天水 TL18、TL22A、TL47 3 个菌株。武威菌株 WA32 和 WL53 耐盐性好。定西菌株 DA42 和 DA53、甘南菌株 GA28、庆阳菌株 QL20B、天水菌株 TA34、武威菌株 WL47 和 WL68 仅能耐受 3.5%的 NaCl 盐浓度。

1. 不同地区苜蓿根瘤菌株耐盐性

将同一地区来源的苜蓿根瘤菌株耐盐极限浓度值平均后归类形成表 5-31，进行不同地区间苜蓿菌株的耐盐性比较。

表 5-31　不同地区间苜蓿菌株的耐盐性比较

地区	菌株耐受 NaCl 浓度均值/%
武威	4.33aA
定西	4.13abAB
庆阳	4.11abAB
甘南	3.93bB
天水	3.14cC

注：同列数值后不同小写字母表示差异显著（$P < 0.05$）；不同大写字母表示差异极显著（$P < 0.01$）

由表 5-31 可知，武威苜蓿根瘤菌株耐盐能力(4.33%)与甘南(3.93%)、天水(3.14%)苜蓿根瘤菌株之间耐盐能力差异达极显著水平(P<0.01)，但与定西(4.13%)、庆阳(4.11%)苜蓿根瘤菌株耐盐能力差异不显著(P>0.05)。定西、庆阳、甘南苜蓿根瘤菌株耐盐能力均与天水苜蓿根瘤菌株耐盐能力差异达极显著水平(P<0.01)，但它们三者之间差异不显著(P>0.05)。不同地区苜蓿菌株的耐盐能力从大到小依次为武威＝定西＝庆阳＝甘南>天水。地区间差异比较显示，武威苜蓿菌株的耐盐性最好，对盐渍环境的耐受能力强，可能是因为武威地区土壤长期灌溉，蒸发量大，地表土壤盐碱化程度高，形成了苜蓿根瘤菌在耐盐性方面特有的耐受能力。而定西、庆阳、甘南苜蓿根瘤菌耐盐性较好，这与该地区土壤普遍含盐量偏高有关。天水土壤含盐量最低，苜蓿根瘤菌耐盐能力最差。

2. 不同苜蓿品种根瘤菌株耐盐性

不同苜蓿品种根瘤菌株的耐盐性比较见表 5-32。菌株耐受 NaCl 浓度均值Ⅰ为来自同一地区同一苜蓿品种根瘤菌株耐受 NaCl 浓度极限值的平均值，菌株耐受 NaCl 浓度均值Ⅱ为来自同一苜蓿品种菌株耐受 NaCl 浓度极限值均值Ⅰ的平均值。

表 5-32 不同苜蓿品种根瘤菌株的耐盐性比较

品种	地区	菌株耐受 NaCl 浓度均值Ⅰ/%	菌株耐受 NaCl 浓度均值Ⅱ/%
阿尔冈金苜蓿	武威	4.83aA	3.73aA
	庆阳	4.50aA	
	定西	4.00bB	
	甘南	3.50cC	
	天水	1.79dD	
陇东苜蓿	武威	4.50aA	4.10aA
	甘南	4.25abAB	
	定西	4.25abAB	
	天水	3.83bcB	
	庆阳	3.67cB	

注：同列数值后不同小写字母表示差异显著(P<0.05)；不同大写字母表示差异极显著(P<0.01)

从表 5-32 可以看出，以阿尔冈金苜蓿为寄主的菌株，武威(4.83%)、庆阳(4.50%)菌株耐盐性最好，定西(4.00%)菌株耐盐性较好，天水(1.79%)菌株耐盐性差，并与其他地区间差异极显著。以陇东苜蓿为寄主的菌株，武威(4.50%)菌株耐盐性最好，甘南(4.25%)、定西(4.25%)、天水(3.83%)菌株耐盐性较好，庆阳(3.67%)菌株耐盐性较差，与其他地区间差异显著(P<0.05)。

对苜蓿品种菌株之间耐盐性比较，阿尔冈金苜蓿(3.73%)与陇东苜蓿(4.10%)菌株的耐盐性差异不显著(P>0.05)。在不同苜蓿品种根瘤菌耐盐性比较中，地区间差异是主要影响因素。

四、苜蓿根瘤菌株耐酸碱性

苜蓿根瘤菌株在 pH3.5～5.0、pH9.0～12.0 时的不同酸碱梯度下，菌株耐酸碱培养所

测得的光密度 OD_{600} 值见表 5-33。

表 5-33 酸碱处理对苜蓿根瘤菌株生长的影响（OD_{600} 值）

菌株名称	酸性梯度下的光密度 OD_{600} 值			中性条件下光密度 OD_{600} 值	碱性梯度下的光密度 OD_{600} 值		
	pH 3.5 OD_{600} 值	pH 4.0 OD_{600} 值	pH 5.0 OD_{600} 值	pH 7.0 OD_{600} 值	pH 9.0 OD_{600} 值	pH 10.0 OD_{600} 值	pH 12.0 OD_{600} 值
DA10	—	—	0.178	0.986	0.367	0.349	—
DA42	—	0.553	0.563	1.253	0.690	0.839	0.101
DA53	0.108	0.292	0.798	1.898	0.656	0.377	—
DA99	—	—	0.440	0.983	0.739	0.310	—
DL15	—	—	0.181	0.674	0.422	0.334	—
DL58	—	—	0.879	1.085	0.375	0.306	—
DL67	—	—	0.628	0.997	0.383	0.260	0.202
DL81	—	0.228	0.238	0.879	0.657	0.161	—
GA26	—	—	0.361	0.982	0.400	0.212	0.109
GA28	—	—	0.321	0.652	0.422	0.229	—
GA66	—	—	0.633	1.112	1.040	0.797	—
GL16	—	0.111	0.440	0.964	0.508	0.407	—
GL21	—	0.394	1.322	2.000	1.211	0.672	0.168
GL24	—	0.104	0.321	1.785	1.070	0.351	—
GL65	—	—	0.195	0.736	0.626	0.386	—
QA33B	—	—	0.651	1.021	0.725	0.419	0.152
QA46A	—	—	1.163	1.934	0.713	0.567	—
QA50A	—	—	0.200	1.303	0.937	0.376	—
QL20B	—	—	0.143	0.547	0.375	0.229	—
QL31B	0.102	0.465	0.726	1.438	0.627	0.606	—
QL36B	—	—	0.383	1.320	0.896	0.665	—
TA34	—	0.167	0.348	2.000	1.407	0.392	—
TL18	—	—	0.916	1.473	0.790	0.319	—
TL22A	—	—	0.903	1.023	0.591	0.439	—
TL47	0.104	0.228	0.765	0.927	0.589	0.565	—
WA24	—	—	0.987	1.569	0.728	0.550	—
WA32	—	0.383	0.627	0.917	0.782	0.358	0.166
WA62A	—	—	0.462	1.002	0.820	0.331	—
WL47	—	—	0.145	0.874	0.566	0.355	—
WL53	—	—	0.571	1.638	1.005	0.808	—
WL68	—	—	0.742	0.929	0.438	0.264	—

注：“—”表示无数据

由表 5-33 可以看出，酸性处理中，有 3 个菌株可以在 pH 3.5 的酸性培养基上生长，OD_{600} 值为 0.102～0.108，占 9.7%；有 7 个菌株仅可以在 pH 4.0 的酸性培养基上生长，OD_{600} 值为 0.104～0.553，占 22.6%；31 个菌株均可在 pH 5.0 的酸性培养基上生长，OD_{600}

值为 0.143～1.322。

3 个耐受 pH 3.5 酸性的菌株为 DA53、QL31B 和 TL47，耐酸能力最强；7 个耐受 pH 4.0 酸性的菌株为 DA42、DL81、GL16、GL21、GL24、TA34 和 WA32，耐酸能力较强；其余菌株均能耐受 pH 5.0 的酸性，耐酸能力一般。

碱性处理中，有 6 个菌株可以在 pH 12.0 的碱性培养基中生长，OD_{600} 值为 0.101～0.202，占 19.4%；31 个菌株均可在 pH 10.0 的碱性培养基中生长，OD_{600} 值为 0.161～0.839。6 个耐受 pH 12.0 强碱性的菌株分别是 DA42、DL67、GA26、GL21、QA33B 和 WA32。

分析得出，甘肃复杂的生态气候条件，形成了苜蓿菌株较好的耐受酸碱的能力和抗酸碱功能的多样性，既具有很好抗酸性或抗碱性单一功能的菌株，又具有耐强酸强碱复合功能的菌株，武威苜蓿菌株 WA32 能耐受的酸碱 pH 为 4.0～12.0，抗酸碱能力强，适应范围很广。

1. 不同地区苜蓿根瘤菌株耐酸碱性

不同地区苜蓿根瘤菌株耐酸碱性差异比较见表 5-34，pH 均值为来自同一地区苜蓿菌株耐酸碱极限 pH 的平均值。

表 5-34 不同地区苜蓿根瘤菌株耐酸碱性差异比较

地区	耐酸 pH 均值	耐碱 pH 均值
武威	4.83aA	10.33aA
庆阳	4.75abAB	10.33aA
甘南	4.67cBC	10.33aA
定西	4.58cC	10.29aA
天水	4.38dD	10.00bA

注：同列数值后不同小写字母表示差异显著($P<0.05$)；不同大写字母表示差异极显著($P<0.01$)

表 5-34 反映出，天水苜蓿根瘤菌株耐酸能力最强(pH = 4.38)，与其他 4 个地区菌株耐酸能力有极显著的差异($P<0.01$)。定西(pH = 4.58)与甘南(pH = 4.67)菌株耐酸能力中强，与其他地区间差异显著($P<0.05$)。庆阳(pH = 4.75)与武威(pH = 4.83)、定西与甘南菌株耐酸能力差异均不显著($P>0.05$)。天水、定西、甘南菌株与武威菌株耐酸能力有极显著差异 = ($P<0.01$)。由此可见，不同地区间苜蓿根瘤菌株耐酸程度由大到小依次为：天水＞定西 = 甘南＞庆阳 = 武威。

不同地区间苜蓿根瘤菌株耐碱差异性：定西、庆阳、武威、甘南 4 个地区的苜蓿根瘤菌株耐受碱性的 pH 均值分别为 10.29、10.33、10.33、10.33，pH 几乎相等，差异不显著($P>0.05$)，但均与天水地区苜蓿根瘤菌株耐受碱性的 pH 均值 10.00 差异显著($P<0.05$)。

2. 不同苜蓿品种根瘤菌株耐酸碱性

两种苜蓿品种间根瘤菌株耐酸碱性差异比较见表 5-35，耐酸碱 pH 均值 I 为来自同一地区同一苜蓿品种根瘤菌株耐酸碱极限 pH 的平均值，耐酸碱 pH 均值 II 为来自同一苜蓿品种菌株耐酸碱极限 pH 均值 Ⅰ 的平均值。

表 5-35 两个苜蓿品种菌株耐酸碱差异性比较

寄主品种	地区	耐酸 pH 均值 Ⅰ	耐酸 pH 均值 Ⅱ	耐碱 pH 均值 Ⅰ	耐碱 pH 均值 Ⅱ
阿尔冈金苜蓿	甘南	5.00aA	4.62aA	10.67aA	10.30aA
	庆阳	5.00aA		10.67aA	
	武威	4.67bB		10.17bB	
	定西	4.42cC		10.00bB	
	天水	4.00dD		10.00bB	
陇东苜蓿	武威	5.00aA	4.63aA	10.50aA	10.27aA
	定西	4.75bB		10.50aA	
	天水	4.50cC		10.17abA	
	庆阳	4.50cC		10.17abA	
	甘南	4.42cC		10.00bA	

注：同列数值后不同小写字母表示差异显著（$P<0.05$）；不同大写字母表示差异极显著（$P<0.01$）

由表 5-35 资料可以看出，以阿尔冈金苜蓿品种为寄主的菌株，天水菌株耐酸性最好（pH=4.00），定西菌株耐酸性较好（pH=4.42），武威菌株耐酸性好（pH=4.67），庆阳和甘南菌株耐酸能力相对较差（pH=5.00）。除甘南、庆阳菌株耐酸能力差异不显著外（$P>0.05$），其他地区菌株耐酸能力差异均达到极显著水平（$P<0.01$）。

以陇东苜蓿为寄主的菌株，甘南菌株（pH=4.42）、庆阳菌株（pH=4.50）、天水菌株（pH=4.50）耐酸性较好，与定西菌株、武威菌株耐酸性差异极显著。定西菌株（pH=4.75）耐酸性好，武威菌株（pH=5.00）耐酸性相对较差，定西、武威两地区菌株间差异也达极显著水平（$P<0.01$）。

阿尔冈金苜蓿（pH=4.62）和陇东苜蓿（pH=4.63）两个寄主品种菌株间耐酸性差异不显著（$P>0.05$）。

对两个苜蓿品种间根瘤菌株耐碱性差异比较，以阿尔冈金苜蓿为寄主的菌株，庆阳菌株、武威菌株耐碱性较好（pH=10.67），与其他地区菌株耐碱性差异达极显著（$P<0.01$），定西菌株（pH=10.00）、天水菌株（pH=10.00）、武威菌株（pH=10.17）耐碱性一般，3 个地区间无差异（$P>0.05$）。

以陇东苜蓿为寄主的菌株，定西菌株（pH=10.50）、武威菌株（pH=10.50）耐碱性较好，与甘南菌株（pH=10.00）耐碱性差异显著（$P<0.05$）。其他地区菌株间耐碱性差异不显著（$P>0.05$）。

阿尔冈金苜蓿（pH=10.30）和陇东苜蓿（pH=10.27）两个寄主品种菌株间耐碱性差异不显著（$P>0.05$），表明苜蓿根瘤菌株耐碱性强弱与生态区域有关，而与两个供试苜蓿品种无关。

五、苜蓿根瘤菌株耐热耐寒能力

高温、低温对苜蓿根瘤菌株生长的影响见表 5-36，表 5-36 为液体培养基培养测定的

光密度 OD_{600} 值。

表 5-36 高温、低温对苜蓿根瘤菌株生长的影响(OD_{600} 值)

菌株	0℃ OD_{600} 值	5℃ OD_{600} 值	40℃ OD_{600} 值	45℃ OD_{600} 值	50℃ OD_{600} 值
DA10	0.189	0.342	0.359	—	—
DA42	—	0.188	0.457	0.128	—
DA53	—	0.131	0.352	0.126	—
DA99	—	0.201	0.132	—	—
DL15	—	0.168	0.142	—	—
DL58	0.215	0.316	0.563	0.117	—
DL67	—	0.246	0.253	—	—
DL81	—	0.196	0.468	0.166	—
GA26	—	0.217	0.377	0.178	—
GA28	—	0.398	0.254	—	—
GA66	—	0.154	0.465	0.117	0.102
GL16	—	0.132	0.482	0.123	0.121
GL21	—	0.174	0.463	0.177	—
GL24	—	0.147	0.392	0.167	0.104
GL65	—	0.322	0.280	0.168	—
QA33B	—	0.145	0.253	0.148	—
QA46A	—	0.234	0.213	0.169	—
QA50A	—	0.128	0.324	0.165	—
QL20B	—	0.205	0.214	—	—
QL31B	—	0.243	0.132	—	—
QL36B	—	0.134	0.562	0.102	—
TA34	—	0.100	0.483	0.131	—
TL18	—	0.115	0.497	0.203	—
TL22A	0.198	0.305	0.324	0.265	—
TL47	0.172	0.166	0.394	0.280	—
WA24	—	0.140	0.308	0.127	—
WA32	0.101	0.176	0.467	0.252	—
WA62A	—	0.232	0.492	0.244	—
WL47	—	0.176	0.219	0.110	—
WL53	—	0.193	0.372	0.164	—
WL68	—	0.139	0.395	0.102	—

注："—"表示无数据

从表 5-36 可以看出，高温处理培养下，31 个苜蓿根瘤菌株均可在 40℃高温下生长，OD_{600} 值为 0.132～0.563；有 24 个菌株可在 45℃高温下生长，OD_{600} 值为 0.102～0.280，占 77.4%；有 3 个菌株可在 50℃高温下生长，OD_{600} 值为 0.102～0.121，占 9.7%。能耐受 50℃高温的菌株是 GA66、GL16、GL24，这 3 个菌株均来自甘南夏河亚高山草甸草原气候区。低温处理培养下，31 个苜蓿根瘤菌株也均能在 5℃低温下生长，OD_{600} 值为 0.100～0.398；有 5 个菌株能在 0℃低温下生长，OD_{600} 值为 0.101～0.215，占 16.1%，5 个能耐受 0℃低温生长的菌株是来自定西安定区的 DA10、DL58，来自天水清水县的

TL22A、TL47 和来自武威凉州区的 WA32。

1. 不同地区苜蓿根瘤菌株耐热、抗寒能力

不同地区苜蓿根瘤菌株耐热、抗寒能力差异性比较见表 5-37，耐受高温均值和耐受低温均值为来自同一地区菌株耐受高温、低温极限温度的平均值。

表 5-37 不同地区苜蓿根瘤菌株耐热、抗寒能力比较

地区	耐受高温均值/℃	耐受低温均值/℃
甘南	46.25aA	4.17aA
天水	45.00aA	3.34aA
武威	45.00aA	4.38aA
庆阳	43.34bB	5.00aA
定西	42.50bB	3.75aA

注：同列数值后不同小写字母表示差异显著（$P<0.05$）；不同大写字母表示差异极显著（$P<0.01$）

表 5-37 显示，对于苜蓿根瘤菌株耐热能力，甘南菌株平均达 46.25℃，武威、天水菌株平均达 45.00℃，庆阳菌株平均达 43.34℃，定西菌株平均达 42.50℃。各区域菌株平均耐热能力从大到小依次为甘南＞天水＝武威＞庆阳＞定西，但武威、天水、甘南菌株之间平均耐热能力差异不显著（$P>0.05$），而与庆阳、定西菌株平均耐热能力差异达极显著水平（$P<0.01$）。

对于菌株抗寒能力，天水菌株平均达 3.34℃，定西菌株平均达 3.75℃，甘南菌株平均达 4.17℃，武威菌株平均达 4.38℃，庆阳菌株平均达 5.00℃。但各区域菌株之间平均耐寒能力差异不显著（$P>0.05$）。

从试验结果看出，甘肃苜蓿菌株普遍存在既抗寒又耐热的能力，平均耐受低温能力为 5.00℃以下，平均耐受高温能力为 40.00℃以上，可能是苜蓿根瘤菌适生温度幅度较大的原因。

2. 不同苜蓿品种根瘤菌株耐热、抗寒能力

不同苜蓿品种根瘤菌株耐热、抗寒能力比较见表 5-38。耐受极限高温均值 I 和耐受极限低温均值 I 为来自同一区域同一品种菌株耐受高低温极限温度的平均值。耐受极限高温均值 II 和耐受极限低温均值 II 为来自同一品种菌株耐受高低温极限温度均值 I 的平均值。

表 5-38 不同苜蓿品种根瘤菌株耐热、抗寒能力比较

<table>
<tr><th>品种</th><th>区域</th><th>耐受极限高温均值 I /℃</th><th>耐受极限高温均值 II /℃</th><th>耐受极限低温均值 I /℃</th><th>耐受极限低温均值 II /℃</th></tr>
<tr><td rowspan="5">阿尔冈金苜蓿</td><td>天水</td><td>45.00aA</td><td rowspan="5">44.50aA</td><td>5.00aA</td><td rowspan="5">4.17aA</td></tr>
<tr><td>庆阳</td><td>45.00aA</td><td>5.00aA</td></tr>
<tr><td>武威</td><td>45.00aA</td><td>3.33aA</td></tr>
<tr><td>甘南</td><td>45.00aA</td><td>3.75aA</td></tr>
<tr><td>定西</td><td>42.50bA</td><td>3.75aA</td></tr>
</table>

续表

品种	区域	耐受极限高温均值Ⅰ/℃	耐受极限高温均值Ⅱ/℃	耐受极限低温均值Ⅰ/℃	耐受极限低温均值Ⅱ/℃
陇东苜蓿	甘南	47.50aA	44.33aA	5.00aA	4.08aA
	武威	45.00aA		5.00aA	
	天水	45.00aA		1.67aA	
	定西	42.50bB		3.75aA	
	庆阳	41.67bB		5.00aA	

注：同列数值后不同小写字母表示差异显著($P<0.05$)；不同大写字母表示差异极显著($P<0.01$)

表5-38资料反映，各苜蓿品种根瘤菌株平均抗热能力，以阿尔冈金苜蓿为寄主的菌株，天水(45.00℃)、庆阳(45.00℃)、武威(45.00℃)、甘南(45.00℃)菌株与定西菌株(42.50℃)之间差异显著($P<0.05$)，其他地区间菌株耐热能力差异均不显著($P>0.05$)。以陇东苜蓿为寄主的菌株，甘南(47.50℃)、武威(45.00℃)、天水(45.00℃)菌株与定西(42.50℃)、庆阳(41.67℃)菌株耐热能力差异极显著($P<0.01$)，其他地区间菌株耐热能力差异不显著($P>0.05$)。阿尔冈金苜蓿菌株(44.50℃)与陇东苜蓿菌株(44.33℃)平均耐热能力差异不显著($P>0.05$)。

各苜蓿品种根瘤菌株平均抗寒能力，以阿尔冈金苜蓿为寄主的菌株，天水(5.00℃)、庆阳(5.00℃)、武威(3.33℃)、甘南(3.75℃)、定西(3.75℃)菌株间差异不显著($P>0.05$)。以陇东苜蓿为寄主的菌株，甘南(5.00℃)、武威(5.00℃)、天水(1.67℃)、定西(3.75℃)、庆阳(5.00℃)菌株间平均抗寒能力差异也不显著($P>0.05$)。阿尔冈金苜蓿菌株(4.17℃)与陇东苜蓿菌株(4.08℃)间平均抗寒能力差异也不显著($P>0.05$)。

六、土壤理化因子对苜蓿根瘤菌抗逆能力影响的多元逐步回归分析与通径分析

不同生态区域、不同土壤类型的根瘤菌株存在着不同的抗逆性和抗逆能力，菌株抗逆能力与土壤理化因子关系密切。对根瘤菌株抗逆能力与土壤理化因子进行多元逐步回归与通径分析。

1. 菌株抗盐能力与土壤理化因子多元逐步回归分析与通径分析

土壤因子赋值：pH = X_1、有机质含量 = X_2、全氮 = X_3、全磷 = X_4、土壤全盐=X_5、速效氮 = X_6、速效磷 = X_7、速效钾 = X_8，抗盐能力 = Y，则逐步回归计算得出如下结果。

1) 土壤pH(X_1)、土壤全盐(X_5)两因子是对菌株抗NaCl能力的变异起主要作用的因子，相关系数r=0.9528($P<0.01$)，决定系数R^2=0.9079($P<0.01$)，两因子对菌株抗NaCl能力产生的变异占总变异的90.79%。

其偏相关系数：$r(Y, X_1)=0.9172$　　($P<0.01$)

$r(Y, X_5)=0.9527$　　($P<0.01$)

菌株抗NaCl能力与两因子之间的回归方程为

$$Y=-8.5458+1.5722X_1+4.8281X_5$$

回归方程拟合误差为−0.0145～0.1872。

2）通径系数见表 5-39。

表 5-39　通径系数

因子	直接作用	间接作用	
		$\to X_1$	$\to X_5$
X_1	0.9703		−0.9167
X_5	1.3212	−0.6733	

从偏相关系数和直接作用通径系数可以看出，土壤全盐（X_5）、土壤 pH（X_1）对菌株抗盐能力影响的相对重要性依次为：土壤全盐（X_5）（$P_{X_5\to Y}=1.3212$）＞土壤 pH（X_1）（$P_{X_1\to Y}=0.9703$），表明土壤全盐对菌株耐盐能力的作用最大，并表现为促进作用。土壤 pH 对菌株耐盐能力的影响作用次之，也表现为促进作用。

从间接通径系数可以看出，$P_{X_1\to X_5\to Y}=-0.9167$，土壤 pH（$X_1$）通过土壤全盐（$X_5$）的间接作用可明显降低菌株的耐盐能力；$P_{X_5\to X_1\to Y}=-0.6733$，土壤全盐通过土壤 pH 的间接作用也可降低菌株的耐盐能力。

2. 菌株抗酸能力与土壤理化因子多元逐步回归分析与通径分析

土壤因子赋值：pH＝X_1、有机质含量＝X_2、全氮＝X_3、全磷＝X_4、全盐＝X_5、速效氮＝X_6、速效磷＝X_7、速效钾＝X_8，菌株耐酸能力＝Y。则逐步回归计算得出如下结果。

1）土壤有机质含量（X_2）、全盐（X_5）、速效钾（X_8）三因子是对菌株抗酸能力的变异起主要作用的因子，相关系数 r=0.9901（P＜0.01），决定系数 R^2=0.9803（P＜0.01），三因子对菌株抗酸能力产生的变异占总变异的 98.03%。

其偏相关系数：$r(Y,\ X_2)=-0.9506$　　（P＜0.01）

$r(Y,\ X_5)=0.9901$　　（P＜0.01）

$r(Y,\ X_8)=0.9301$　　（P＜0.01）

菌株抗酸能力与三因子之间的回归方程为

$$Y=4.3214-0.0463X_2+1.5587X_5+0.0012X_8$$

回归方程拟合误差为−0.7653～0.7862。

2）通径系数见表 5-40。

表 5-40　通径系数

因子	直接作用	间接作用		
		$\to X_2$	$\to X_5$	$\to X_8$
X_2	−0.5934		0.3000	0.2771
X_5	1.1356	−0.1568		−0.0918
X_8	0.4818	−0.3413	−0.2164	

偏相关系数和直接作用通径系数显示，土壤有机质（X_2）、土壤全盐（X_5）、土壤速效钾（X_8）对菌株耐酸能力影响的相对重要性依次为：土壤全盐（X_5）（$P_{X_5\to Y}=1.1356$）＞土壤

有机质(X_2)($P_{X_2 \to Y}$ = −0.5934) > 土壤速效钾(X_8)($P_{X_8 \to Y}$ = 0.4818)，表明土壤全盐对菌株耐酸能力的影响作用最大，并表现为促进作用(对 pH 的增大为正效应)。土壤有机质对菌株耐酸能力的影响作用较大，表现为抑制作用(对 pH 的增大为负效应)。土壤速效钾对菌株耐酸能力表现出微弱的抑制作用。

从间接通径系数可以看出，$P_{X_2 \to X_5 \to Y}$ = − 0.3000，$P_{X_2 \to X_8 \to Y}$ = 0.2771，土壤有机质(X_2)通过土壤全盐(X_5)、土壤有机质(X_2)通过土壤速效钾(X_8)的间接作用可微弱提高菌株的耐酸能力；$P_{X_5 \to X_2 \to Y}$ = − 0.1568，$P_{X_5 \to X_8 \to Y}$ = − 0.0918，土壤全盐(X_5)通过土壤有机质(X_2)、土壤全盐通过土壤速效钾(X_8)的间接作用可微弱降低菌株的耐酸能力。$P_{X_8 \to X_2 \to Y}$ = − 0.3413，$P_{X_8 \to X_5 \to Y}$ = − 0.2164，土壤速效钾(X_8)通过土壤有机质(X_2)、土壤速效钾(X_8)通过土壤全盐(X_5)的间接作用也可微弱降低菌株的耐酸能力。

3. 菌株抗碱能力与土壤理化因子多元逐步回归分析与通径分析

土壤因子赋值：pH = X_1、有机质含量 = X_2、全氮 = X_3、全磷 = X_4、全盐 = X_5、速效氮 = X_6、速效磷 = X_7、速效钾 = X_8，菌株抗碱能力 = Y。则逐步回归计算得出如下结果。

1) 土壤 pH(X_1)、全盐(X_5)两因子是对菌株抗碱能力的变异起主要作用的因子，相关系数 r=0.9345(P<0.01)，决定系数 R^2=0.8733(P<0.05)，两因子对菌株抗碱能力产生的变异占总变异的 87.33%。

其偏相关系数：$r(Y，X_1)$=0.9042　　(P<0.01)

$r(Y，X_5)$=0.9327　　(P<0.01)

菌株抗碱能力与两因子之间的回归方程为

$$Y=5.8553+0.5580X_1+1.5372X_5$$

回归方程拟合误差为−0.6896～0.7936。

2) 通径系数见表 5-41。

表 5-41　通径系数

因子	直接作用	间接作用	
		$\to X_1$	$\to X_5$
X_1	1.0469		−0.8873
X_5	1.2787	−0.7265	

偏相关系数和直接作用通径系数显示，土壤 pH(X_1)、全盐(X_5)两因子对菌株抗碱能力影响的相对重要性依次为：土壤全盐(X_5)($P_{X_5 \to Y}$ =1.2787) > 土壤 pH(X_1)($P_{X_1 \to Y}$ =1.0469)，表明土壤全盐对菌株抗碱能力的影响作用最大，并表现为促进作用。土壤 pH 对菌株抗碱能力的影响作用较大，也表现出较好的促进作用。

从间接通径系数可以看出，$P_{X_1 \to X_5 \to Y}$ =−0.8873，土壤 pH(X_1)通过土壤全盐(X_5)的间接作用可降低菌株的抗碱能力；$P_{X_5 \to X_1 \to Y}$ =−0.7265，土壤全盐(X_5)通过土壤 pH(X_1)的间接作用也可降低菌株的抗碱能力。

4. 菌株耐高温能力与土壤理化因子多元逐步回归分析与通径分析

土壤因子赋值：pH=X_1、有机质含量=X_2、全氮=X_3、全磷=X_4、全盐=X_5、速效氮 =X_6、速效磷=X_7、速效钾=X_8、年平均气温=X_9，菌株耐高温能力=Y，则逐步回归计算得出如下结果。

1) 土壤 pH(X_1)、有机质含量(X_2)两因子是对菌株耐高温能力的变异起主要作用的因子，相关系数 r=0.9760(P<0.01)，决定系数 R^2=0.9525(P<0.05)，两因子对菌株耐高温能力产生的变异占总变异的 95.25%。

其偏相关系数：$r(Y, X_1)=-0.9314$　　(P<0.01)

$r(Y, X_2)=0.9145$　　(P<0.01)

菌株耐高温能力与两因子之间的回归方程为

$$Y=67.5261-3.2062X_1+0.3635X_2$$

回归方程拟合误差为-0.0247～0.3593。

2) 通径系数见表 5-42。

表 5-42　通径系数

因子	直接作用	间接作用	
		$\to X_1$	$\to X_2$
X_1	-0.6145		-0.2280
X_2	0.5429	0.2581	

偏相关系数和直接作用通径系数显示，土壤 pH(X_1)、有机质含量(X_2)两因子对菌株耐高温能力影响的相对重要性依次为：土壤 pH(X_1)($P_{X_1\to Y}=-0.6145$)＞土壤有机质(X_2)($P_{X_2\to Y}=0.5429$)，表明土壤 pH 对菌株耐高温能力的影响作用最大，并表现为抑制作用。土壤有机质含量对菌株耐高温能力的影响作用较大，但表现为促进作用。

从间接通径系数可以看出，$P_{X_1\to X_2\to Y}=-0.2280$，土壤 pH($X_1$)通过土壤有机质($X_2$)的间接作用可微弱降低菌株的耐高温能力；$P_{X_2\to X_1\to Y}=0.2581$，土壤有机质($X_2$)通过土壤 pH($X_1$)的间接作用可微弱提高菌株的耐高温能力。

分析表明，年平均气温对菌株耐高温能力不明显。

5. 菌株抗寒能力与土壤理化因子多元逐步回归分析与通径分析

土壤因子赋值：pH=X_1、有机质含量 = X_2、全氮 = X_3、全磷 = X_4、全盐 = X_5、速效氮 = X_6、速效磷 = X_7、速效钾 = X_8、年平均气温 = X_9，菌株抗寒能力=Y。则逐步回归计算得出如下结果。

1) 土壤有机质(X_2)、全氮(X_3)、速效钾(X_8)三因子是对菌株抗寒能力的变异起主要作用的因子，相关系数 r=0.9782(P<0.01)，决定系数 R^2=0.9570(P<0.01)，三因子对菌株抗寒能力产生的变异占总变异的 95.70%。

其偏相关系数：$r(Y, X_2)=-0.9767$　　(P<0.01)

$r(Y, X_3) = -0.9782 \quad (P<0.01)$

$r(Y, X_7) = -0.9416 \quad (P<0.01)$

菌株抗寒能力与三因子之间的回归方程为

$$Y=4.2174-1.0279X_2+24.7524X_3-0.0080X_8$$

回归方程拟合误差为-0.3621～0.7525。

2)通径系数见表 5-43。

表 5-43　通径系数

因子	直接作用	间接作用		
		→X_2	→X_3	→X_8
X_2	-3.6250		4.0919	-0.5163
X_3	4.2747	-3.4700		-0.6245
X_8	-0.8796	-2.0849	2.9741	

偏相关系数和直接作用通径系数显示，土壤有机质(X_2)、全氮(X_3)、速效钾(X_8)三因子对菌株抗寒能力影响的相对重要性依次为：土壤全氮(X_3)($P_{X_3 \to Y}=4.2747$)>土壤有机质(X_2)($P_{X_2 \to Y}=-3.6250$)>土壤速效钾(X_8)($P_{X_8 \to Y}=-0.8796$)，表明土壤全氮对菌株抗寒能力的影响作用最大，并表现为促进作用。土壤有机质含量对菌株抗寒能力的影响作用较大，且表现为抑制作用。土壤速效钾对菌株抗寒能力的影响作用相对较小，也表现为抑制作用。

从间接通径系数可以看出，$P_{X_2 \to X_3 \to Y}=4.0919$，$P_{X_8 \to X_3 \to Y}=2.9741$，土壤有机质($X_2$)、土壤速效钾($X_8$)通过土壤全氮($X_3$)的间接作用可明显降低菌株的抗寒能力；$P_{X_2 \to X_8 \to Y}=-0.5163$，$P_{X_3 \to X_2 \to Y}=-3.4700$，$P_{X_3 \to X_8 \to Y}=-0.6245$，$P_{X_8 \to X_2 \to Y}=-2.0849$，土壤有机质($X_2$)通过土壤速效钾($X_8$)、土壤全氮($X_3$)通过土壤有机质($X_2$)、土壤全氮($X_3$)通过土壤速效钾($X_8$)、土壤速效钾($X_8$)通过土壤有机质($X_2$)的间接作用可降低菌株的抗寒能力。土壤全氮通过土壤有机质的间接抑制作用最大，土壤速效钾通过土壤有机质的间接抑制作用较大，土壤有机质、土壤全氮通过土壤速效钾均有微弱的间接抑制作用。

分析表明，年平均气温对菌株抗寒能力也不明显。

七、苜蓿根瘤菌株抗逆能力综合分析

对苜蓿根瘤菌菌株抗盐、抗酸、抗碱、抗寒、耐高温能力进行综合形成表 5-44。

表 5-44　苜蓿根瘤菌株抗逆能力综合表

菌株	抗 NaCl /%			抗 HCl(pH)		抗 NaOH(pH)		抗寒/℃		耐高温/℃	
	4.5	5.0	5.5	3.5	4.0	10.0	12.0	0	5	45	50
DA10	+	–	–	–	–	+	–	+	+	–	–
DA42	–	–	–	–	+	+	+	–	+	+	–
DA53	–	–	–	+	+	+	–	–	+	+	–

续表

菌株	抗 NaCl /%			抗 HCl (pH)		抗 NaOH (pH)		抗寒/℃		耐高温/℃	
	4.5	5.0	5.5	3.5	4.0	10.0	12.0	0	5	45	50
DA99	+	–	–	–	–	+	–	–	+	–	–
DL15	+	–	–	–	–	+	–	–	+	–	–
DL58	+	–	–	–	–	+	–	+	+	+	–
DL67	+	–	–	–	–	+	+	–	+	–	–
DL81	+	–	–	–	+	+	–	–	+	+	–
GA26	–	–	–	–	–	+	+	–	+	+	–
GA28	–	–	–	–	–	+	–	–	+	–	–
GA66	+	–	–	–	–	+	–	–	+	+	+
GL16	+	+	–	–	+	+	–	–	+	+	+
GL21	+	–	–	–	+	+	+	–	+	+	–
GL24	+	–	–	–	+	+	–	–	+	+	+
GL65	+	–	–	–	–	+	–	–	+	+	–
QA33B	+	+	–	–	–	+	+	–	+	+	–
QA46A	+	–	–	–	–	+	–	–	+	+	–
QA50A	+	–	–	–	–	+	–	–	+	+	–
QL20B	–	–	–	–	–	+	–	–	+	–	–
QL31B	+	–	–	+	+	+	–	–	+	–	–
QL36B	+	–	–	–	–	+	–	–	+	+	–
TA34	–	–	–	–	+	+	–	–	+	+	–
TL18	+	–	–	–	–	+	–	–	+	+	–
TL22A	+	–	–	–	–	+	–	+	+	+	–
TL47	+	–	–	+	+	+	–	+	+	+	–
WA24	+	+	+	–	–	+	–	–	+	+	–
WA32	+	–	–	–	+	+	+	+	+	+	–
WA62A	+	+	–	–	–	+	–	–	+	+	–
WL47	–	–	–	–	–	+	–	–	+	+	–
WL53	+	–	–	–	–	+	–	–	+	+	–
WL68	–	–	–	–	–	+	–	–	+	+	–

注：“+”表示菌株能够生长；“–”表示菌株不能生长

从表 5-44 可知，31 个供试菌株中，有 16 个菌株抗逆能力较强，其中 9 个菌株有较强的单一抗性：WA24 菌株能在 5.5% NaCl 的培养基上生长，DA53、QL31B 菌株能在 pH3.5 的 HCl 培养基上生长，DL67、GA26 菌株能在 pH12 的 NaOH 碱培养基上生长，GA66 菌株能耐受 50℃高温生长，DA10、DL58、TL22A 菌株能耐受 0℃低温生长。7 个菌株有较强的多抗性：QA33B 菌株既能抗 5.0% NaCl 盐，又能抗 pH 12 的 NaOH 碱；TL47 既能抗 pH 3.5 的 HCl 酸，又能耐受 0℃低温；DA42、GL21 既能抗 pH 4.0 的 HCl 酸，又能抗 pH 12 的 NaOH 碱；GL16、GL24 菌株既能抗 pH 4.0 的 HCl 酸，又能耐受 50℃高温；WA32 菌株既能抗 pH 4.0 的 HCl 酸，又能抗 pH 12 的 NaOH 碱和耐受 0℃低温。

总体来说，16 个抗性菌株中，武威、天水、庆阳菌株各 2 个，各占 12.5%，定西、甘南菌株各 5 个，各占 31.25%；阿尔冈金苜蓿和陇东苜蓿菌株各 8 个，各占 50%；9 个单一抗性菌株中，武威、天水、庆阳菌株各 1 个，各占 11.1%，定西菌株 4 个，占 44.4%，甘南菌株 2 个，占 22.2%；7 个多抗性菌株中，武威、定西、天水、庆阳菌株各 1 个，各占 14.3%，甘南菌株 3 个，占 42.9%。各生态区域都有抗逆性较强的苜蓿根瘤菌株，但定西、甘南抗逆能力突出的菌株较多，定西菌株大多数表现出突出的单一抗性，且抗性功能多样，而甘南菌株大多数具有突出的多抗性，即根瘤菌株兼备抗酸、抗碱、耐热能力。

最后筛选出抗逆性强的苜蓿菌株名称及其抗逆能力见表 5-45。

表 5-45 抗逆性苜蓿根瘤菌株名称及抗逆能力

功能	菌株	抗 NaCl/%			抗 HCl（pH）		抗 NaOH（pH）		抗寒/℃		耐高温/℃	
		4.5	5.0	5.5	3.5	4.0	10.0	12.0	0	5	45	50
单抗性菌株	WA24（抗盐）	+	+	+	–	–	+	–	–	+	+	–
	DA53（抗酸）	–	–	–	+	+	+	–	–	+	+	–
	QL31B（抗酸）	+	–	–	+	+	+	–	–	+	–	–
	DL67（抗碱）	+	–	–	–	–	+	+	–	+	–	–
	GA26（抗碱）	–	–	–	–	–	+	+	–	+	+	–
	GA66（抗热）	+	–	–	–	–	+	–	–	+	+	+
	DA10（抗寒）	+	–	–	–	–	+	–	+	+	–	–
	DL58（抗寒）	+	–	–	–	–	+	–	+	+	+	–
	TL22A（抗寒）	+	–	–	–	–	+	–	+	+	+	–
多抗性菌株	QA33B（抗盐、抗碱）	+	+	–	–	–	+	+	–	+	+	–
	TL47（抗酸、抗寒）	+	–	–	+	+	+	–	+	+	+	–
	DA42（抗酸、抗碱）	–	–	–	–	+	+	+	–	+	+	–
	GL21（抗酸、抗碱）	+	–	–	–	+	+	+	–	+	+	–
	GL16（抗酸、抗热）	+	+	–	–	+	+	–	–	+	+	+
	GL24（抗酸、抗热）	+	–	–	–	+	+	–	–	+	+	+
	WA32（抗酸、抗碱、抗寒）	+	–	–	–	+	+	+	+	+	+	–

注：“+”表示菌株能够生长；“–”表示菌株不能生长

八、讨论

1）参试的两个苜蓿品种菌株间抗盐、抗酸、抗碱、耐高温、抗寒能力差异均不显著。因参试苜蓿品种数量较少，苜蓿品种菌株之间抗逆能力有无差异有待进一步研究。

2）土壤有机质对根瘤菌耐高温能力和抗寒能力均有促进作用，同时得出甘南苜蓿根瘤菌平均耐受高温能力达 46.25℃，筛选出的 3 个能耐受 50℃高温的菌株均来自甘南亚高山草甸草原气候区，可能亚高山草甸土有机质含量高是其主要原因，也可能与该区域强烈的紫外线照射形成的高温锻炼筛选有密切关系。5 个能耐受 0℃低温的菌株来自定西、天水干旱半干旱区和武威荒漠区，土壤有机质含量低是其主要原因。这一结论因目前无文献资料支持，有待今后进一步验证。

九、小结

1）苜蓿根瘤菌耐盐能力测定表明，甘肃不同生态区域的苜蓿根瘤菌株普遍耐盐性较强。31 个供试菌株中，74.5%的菌株能耐受 4.5%的 NaCl 盐。武威 WA24 菌株耐盐性最强，能耐受 5.5%的 NaCl 浓度。甘南 GL16、庆阳 QA33B 和武威 WA62A 菌株可在 5.0%的 NaCl 浓度培养基中生长，耐盐性较好。定西菌株 DA10、DA99、DL15、DL59、DL67、DL81，甘南菌株 GA66、GL21、GL24、GL65，庆阳菌株 QA46A、QA50A、QL31B、QL36B，天水菌株 TL18、TL22A、TL47，武威菌株 WA32、WL53 耐盐性好，能耐受 4.5%的 NaCl 浓度。定西菌株 DA42 和 DA53、甘南菌株 GA28、庆阳菌株 QL20B、天水菌株 TA34、武威菌株 WL47 和 WL68 能耐受 3.5%的 NaCl 浓度。

2）苜蓿根瘤菌耐盐性地区间差异比较表明，武威菌株的耐盐性最强，对盐渍环境的耐受能力最强，定西、庆阳、甘南苜蓿根瘤菌耐盐性较强，天水苜蓿根瘤菌耐盐能力最差。多元逐步回归和通径分析表明，影响菌株耐盐能力的主要因子是土壤盐含量和土壤 pH，决定系数 R^2=0.9079，两因子对根瘤菌耐受 NaCl 能力产生的变异占总变异的 90.79%，对根瘤菌抗盐能力影响的相对重要性依次为：土壤全盐＞土壤 pH，土壤全盐对菌株耐盐能力的作用最大，土壤 pH 对菌株耐盐能力的影响作用较大。

3）对 31 个苜蓿根瘤菌株抗酸、抗碱能力的测定及筛选证明，研究区复杂的生态气候条件，形成了苜蓿根瘤菌较好的酸碱耐受能力和抗酸碱功能的多样性，既具有较好抗酸性或抗碱性单一功能的菌株，又具有耐酸碱综合能力的菌株。DA53、QL31B、TL47 菌株可以在 pH 3.5 的酸性条件下生长；DL67、GL21、QA33B、WA32 菌株可以在 pH 12 的碱性条件下生长，武威苜蓿菌株 WA32 能耐受的 pH 为 4.0～12.0，适应范围广。甘肃苜蓿根瘤菌酸碱耐受能力高于文献资料所载“苜蓿根瘤菌与其他所有根瘤菌有同样的耐碱性，但苜蓿根瘤菌是对酸性最敏感的菌系，在 pH5 以下时，为生长不良”的范围。

4）由于区域间生态条件的不同，气候、土壤差异较大，造成苜蓿根瘤菌抗酸碱能力的明显差异。其中，天水根瘤菌株耐酸能力最强，定西、甘南菌株抗酸能力中强。定西、庆阳、武威、甘南 4 个地区苜蓿根瘤菌株抗碱能力强。表明苜蓿根瘤菌株抗酸碱性强弱与生态区域有关，地区差异性是主要影响因素，菌株对地区生态条件有较强的选择性。

5）土壤理化因子对菌株抗酸碱能力影响较大。多元逐步回归和通径分析表明，土壤有机质、全盐、速效钾含量是对菌株抗酸能力的变异起主要作用的因子，决定系数 R^2=0.9803，三因子对菌株抗酸能力产生的变异占总变异的 98.03%。对菌株抗酸能力影响的相对重要性依次为：土壤全盐＞土壤有机质＞土壤速效钾，土壤全盐作用最大，并表现为抑制作用，土壤有机质作用次之，表现为促进作用，土壤速效钾表现出微弱的抑制作用。土壤 pH、全盐含量是对菌株抗碱能力的变异起主要作用的因子，决定系数 R^2=0.8733，两因子对菌株抗碱能力产生的变异占总变异的 87.33%。对菌株抗碱能力影响的相对重要性依次为：土壤全盐含量＞土壤 pH，土壤全盐的影响作用最大，土壤 pH 作用次之，均表现为促进作用。

6）高低温度处理培养证明，31 个苜蓿根瘤菌株均可在 40℃高温下生长，24 个菌株可在 45℃高温下生长，3 个菌株可在 50℃高温下生长。能耐受 50℃高温的菌株是 GA66、GL16、GL24，这 3 个菌株均来自甘南夏河亚高山草甸草原气候区。29 个苜蓿根瘤菌株能在 5℃低温下生长，5 个菌株能在 0℃低温下生长。5 个能耐受 0℃低温的菌株为来自定西安定区的 DA10、DL58，来自天水清水县的 TL22A、TL47 和来自武威凉州区的 WA32。试验表明，不同生态区域苜蓿根瘤菌株普遍能耐受 5℃低温和 40℃高温，个别能耐受 0℃低温和 50℃高温，这与研究区域昼夜温差、季相温差变化较大有关，是长期气候环境对根瘤菌自然选择的结果。

7) 综合苜蓿根瘤菌抗逆能力，菌株抗逆性表现出较大的多样性。31 个供试菌株中有 16 个菌株抗逆能力较强，其中 9 个菌株有较强的单一抗性，7 个菌株有较强的多抗性。并且各生态区域都有抗逆性较强的苜蓿根瘤菌株存在，但定西、甘南抗逆能力突出的菌株较多，定西菌株大多数表现出突出的单一抗性，且抗性功能多样，而甘南菌株大多数具有突出的多抗性，即同一根瘤菌株兼备抗酸、抗碱、耐高温能力。

第六节 复合功能菌株筛选

在第三节、第四节、第五节分别研究了 31 个供试菌株的固氮、溶磷、分泌生长素及抗逆能力，并分别筛选出优良固氮菌株、优良溶磷菌株、优良分泌生长素菌株和高抗逆性菌株，综合菌株的各个促进生长功能和抗逆能力，归纳为表 5-46。

表 5-46 菌株促生能力综合筛选表

菌株	固氮效率 /%N_{dfa}	溶磷 D/d 值	IAA 分泌能力	抗 NaCl /%	抗 HCl (pH)	抗 NaOH (pH)	抗寒/℃	耐高温/℃
QL20B	—	1.60	—	—	—	—	—	—
QL31B	—	1.76	+++	4.5	3.5	10.0	5	—
QA33B	82.39	—	—	5.0	—	12.0	5	45
QA46A	80.76	—	+++	—	—	—	—	—
QA50A	—	1.55	+++	—	—	—	—	—
TL22A	—	—	+++	4.5	—	10.0	0	45
TL47	—	1.59	+++	4.5	3.5	10.0	0	45
DL67	80.26	—	—	4.5	—	12.0	5	—
DL81	—	—	+++	—	—	—	—	—
DA10	—	—	+++	4.5	—	10.0	0	—
WL47	82.99	—	+++	—	—	—	—	—
WA24	81.57	—	+++	5.5	—	10.0	5	45
WA32	84.03	—	—	4.5	4.0	12.0	0	45
WA62A	82.17	1.60	—	—		—	—	—
GL21	—	1.54	—	4.5	4.0	12.0	5	45
GL16	—	1.82	—	5.0	4.0	10.0	5	50
GA28	—	—	+++	—	—	—	—	—
GA66	—	1.63	+++	4.5	—	10.0	5	50
GA26	—	—	+++	—	—	12.0	5	45

注：“+++”表示菌株分泌 IAA 能力比色反应为深粉色；“—”表示无数据

表 5-46 反映出，筛选的根瘤菌株中未出现固氮、溶磷、分泌生长素能力三者均较强的复合功能较强的菌株。具有较高固氮效率（$\%N_{dfa}$=82.17）和较强溶解有机磷能力（D/d=1.60）两项功能的菌株有 WA62A，该菌株未表现出突出的抗逆能力。

具有较高固氮效率（$\%N_{dfa}$=80.76～82.99）和较强分泌 IAA 能力的菌株有 QA46A、WL47、WA24，QA46A、WL47 两菌株无突出的抗逆能力，WA24 菌株具有较强的抗盐碱能力。

具有较强分泌 IAA 能力和较强溶解有机磷能力（D/d=1.55～1.76）两项功能的菌株有 QL31B、QA50A、TL47、GA66，QA50A 菌株无突出抗逆能力，QL31B、TL47 两菌株具有较强的抗酸、抗盐碱和抗寒能力，GA66 具有较强的抗盐碱和抗热能力。

表 5-46 中列出的其余菌株为固氮、溶磷、分泌生长素能力单一功能突出的菌株，WA32（$\%N_{dfa}$=84.03）、QA33B（$\%N_{dfa}$=82.39）、DL67（$\%N_{dfa}$=80.26）为固氮效率较高的菌株，WA32 具有较强的抗盐碱、抗酸和抗寒耐热能力，QA33B 具有极强的抗盐碱能力，DL67 具有较强的抗盐碱能力。

GL16（D/d=1.82）、QL20B（D/d=1.60）、GL21（D/d=1.54）为溶磷能力较强的菌株，QL20B 菌株无突出的抗逆能力，GL16、GL21 两菌株具有较强的抗盐碱、抗酸、抗寒耐热能力，具有潜在的广泛适应能力。

TL22A、DL81、DA10、GA28、GA26 为分泌生长素 IAA 能力较强的菌株，DL81 和 GA28 菌株无突出的抗逆能力，TL22A 菌株具有较强的抗盐碱、抗寒耐热能力，DA10 菌株具有较强的抗盐碱、抗寒能力，GA26 菌株具有较强的抗碱、抗寒耐热能力。

根瘤菌复合功能菌株筛选进一步表明：根瘤菌具有固氮、溶磷、分泌 IAA 等多功能性，这一结果拓展了根瘤菌的促生作用范畴，使根瘤菌由固氮促生拓展到固氮、溶磷、分泌 IAA 多功能促生，进一步明确了根瘤菌促进生长的其他生物功能和作用。具有较高固氮效率的菌株作为结瘤状态下优良根瘤菌株资源得以应用，具有较强溶解有机磷能力和分泌生长素 IAA 能力的根瘤菌株作为非结瘤状态下优良根际促生菌资源具有潜在的广阔应用前景。

第七节　苜蓿根瘤菌多功能促进生长问题讨论

从 5 个不同生态区域 2 个共同种植的苜蓿品种的土壤理化成分及春、夏、秋季节影响，固氮、溶磷、分泌生长素 3 个促生功能方向，抗盐、抗碱、抗酸、抗寒、耐热及适应能力等多区域、多环境因子、多功能性方面探讨苜蓿根瘤菌的促生作用及其环境影响机理，研究不同生态区域提高苜蓿根瘤菌促生作用的农艺关键技术，在此基础上筛选适宜于寒区旱区环境的高效促生根瘤菌株。对阿尔冈金苜蓿和陇东苜蓿草地春、夏、秋三季根瘤菌结瘤能力及其影响因子进行大系统多层次权重分析，采用 YMA 培养基对各区域根瘤菌苜蓿品种分离纯化、筛选，利用 ^{15}N 同位素稀释法对根瘤菌株固氮百分率和固氮量进行了测试，采用蒙金娜培养基和 PKO 培养基溶磷圈法对根瘤菌株溶磷能力进行了测试，采用刚果红液体培养基比色法对菌株分泌生长素（IAA）能力进行了测试，采用 YMA 培养基附加胁迫因子培养对根瘤菌株抗逆能力进行了测试，采用多元逐步回归和通径分析讨论了影响根瘤菌固氮、溶磷、分泌生长素、抗逆能力的主要土壤理化因子，对苜蓿根瘤菌的多功能性有了更加深入的了解，也发现了一些值得深入思考和需要进一步深化研究的问题。

1）研究发现，苜蓿根瘤菌对植物促进生长和提高营养质量的作用是多功能性的，各个功能的单独作用是促进或刺激植物生长，但各个功能间的互作效应的相关研究未见报道，因此对苜蓿根瘤菌的促生机理需要作进一步的深入探讨。

2）初步筛选回接试验发现，苜蓿种子携带有内生根瘤菌，并有形成根瘤的能力。经表面严格消毒的苜蓿种子，不接种任何根瘤菌，无菌条件下培养，苜蓿幼苗根系仍有根瘤形成，而且有些幼苗根系根瘤数多、个体大、颜色粉红、质量好，表明苜蓿种子内生根瘤菌开发利用具有很好的前景，这一重要问题仍需进一步研究确定。

3）不同区域苜蓿根瘤菌固氮、溶磷能力和分泌 IAA 能力差异较大，菌株促生能力的强弱与区域菌株遗传因素有关，还与菌株所处的土壤生态环境关系密切。因本研究结论为乏磷乏氮土壤环境下的结果，适宜苜蓿生长的氮磷土壤环境对根瘤菌溶磷能力的影响仍需作进一步研究。

4）综合菌株的固氮能力、溶磷能力和分泌植物生长素能力，筛选的根瘤菌株中未出现固氮、溶磷、分泌生长素能力三者均较强的复合功能菌株，但结果表明，苜蓿根瘤菌存在着菌株的多样性、促生功能的多样性和环境分布的多样性。菌株、功能、环境间的协同是苜蓿根瘤菌存在与发展的必然趋势，因此，若扩大研究的品种和区域范围，有可能筛选出固氮、溶磷或分泌 IAA 单个功能更加强大或多个功能兼得、促生效应更加突出的优良菌株资源。

同时，研究取得了一些重要的结论如下。

1）研究区域大部分属干旱半干旱地区，不论是旱作区的长期干旱，还是灌溉区的间隙性干旱，水分因子对根瘤菌结瘤数量造成较大影响，表现出干旱区苜蓿草地的缺氮营养，研究解决干旱胁迫缺氮是提高苜蓿高产优质的关键技术之一。

2）供试的两个苜蓿品种根瘤菌的有效性有差异，阿尔冈金苜蓿根瘤菌的有效性高于陇东苜蓿，阿尔冈金苜蓿根瘤菌的固氮能力显著优于陇东苜蓿根瘤菌的固氮能力，为研究苜蓿种植选择高固氮型品种提供了依据。

3）研究区域苜蓿根瘤菌的结瘤主要发生在春季，春季苜蓿根瘤菌的有效性比夏季和秋季高，这是春季土壤水分、光照、温度等因素综合影响的结果。这一研究结果为研究区域苜蓿栽培应用根瘤菌剂时选择施用时期提供了依据。

4）不同苜蓿品种、不同季节、不同区域土壤根瘤菌的贡献率不同。阿尔冈金苜蓿对根瘤菌总体目标的贡献率为 54.65%；春季对阿尔冈金苜蓿和总体目标的贡献率为 54.11%，春季对陇东苜蓿和总体目标的贡献率为 58.81%；黑垆土和灌淤土在春季对总体目标的贡献率分别为 39.06%和 37.00%，灌淤土在夏季对总体目标的贡献率为 59.14%，亚高山草甸土在秋季对总体目标的贡献率为 49.09%。甘南亚高山草甸土区虽然根瘤个体大，但数量最少，根瘤菌有效性不高，气温低和生长季节短是主要的限制性因素，庆阳黑垆土区总根瘤数很高，但有效根瘤率低。这一结果表明根瘤菌有效性还具有相当的潜力，可通过农艺措施改善环境影响因子来提高上述地区根瘤菌的有效性。

5) 根瘤菌固氮能力对苜蓿生物量、全氮量、固氮量的影响较大。菌株固氮效率与苜蓿生物量呈中强正相关关系，相关系数 r=0.6738 (P<0.05)。筛选得出：WA32 菌株固氮效率最高，WL47、QA33B、WA62A 菌株固氮效率较高，WA24、QA46A、DL67 菌株固氮效率高。全氮量 (%N) 是衡量菌株固氮能力的另一指标，%N>3.2000 的菌株从高到低依次有：QA46A、DA99、GA66，%N=3.0000～3.2000 的菌株从高到低依次有：WA32、DA42、TA34、TL47。%^{15}N 含量较低 (<0.35) 或固氮量较高 (>0.5g/盆) 的菌株从高到低依次有：QA46A、QA33B、DA99、WA32、DL81、GA28、DL58。

6) 土壤乏氮营养条件下，适度增加土壤氮素含量有利于提高根瘤菌结瘤率，提高固氮酶活性，增加固氮量。土壤低磷环境可降低根瘤菌的结瘤效率和固氮效率。因此，适度提高研究区域氮素、磷素含量会促进苜蓿根瘤菌的结瘤率和固氮效率。

7) 来源于不同地区的苜蓿菌株平均固氮能力差异性较大，庆阳、武威菌株平均固氮能力最强，定西菌株次之，天水、甘南菌株平均固氮能力差。菌株对生物量的平均作用大小与来源地区菌株固氮能力的强弱相对应。进一步表明庆阳、武威存在适宜苜蓿生长的土壤环境基础。

^{15}N 同位素稀释法测定固氮能力的难点是选择非固氮对照植物。研究表明，苜蓿植株%^{15}N 含量在 0.425 以下时，苜蓿%^{15}N 含量与固氮量呈中强负相关关系，因此，%^{15}N 含量指标可以作为接种根瘤菌株固氮能力的直接衡量指标，以避免选用非固氮系统参考植物作对照测定固氮百分率%N_{dfa} 带来的较大误差。这一结论为测定根瘤菌固氮量提供了便捷有效的方法。

8) 苜蓿根瘤菌具有较强溶解有机磷的能力，而不能溶解无机磷。不同区域苜蓿根瘤菌株溶解有机磷能力差异较大，提高速效磷含量有利于提高根瘤菌溶磷能力，高速效钾环境会降低根瘤菌的溶磷能力，其作用的重要性为速效磷>速效钾，土壤氮素含量的高低对根瘤菌的溶磷能力没有影响。初步筛选出溶磷能力较强的菌株有 GL16 和 QL31B；溶磷能力强的菌株有 GA66、QL20B、WA62A、TL47、QA50A 和 GL21。

9) 苜蓿根瘤菌具有较强的分泌植物生长激素 (IAA) 的能力。31 个供试菌株均能分泌 IAA，其中分泌能力中强以上的菌株占 90%。土壤 pH、全磷和速效氮是影响苜蓿根瘤菌株分泌 IAA 能力变异的主要因子，决定系数 R^2=0.8978，三因子作用的重要性依次为：土壤速效氮>土壤 pH>土壤全磷，其中，全磷含量的提高有利于提高菌株分泌 IAA 的能力，碱性土壤和高速效氮含量会降低菌株分泌 IAA 的能力。初步筛选出分泌植物生长素能力较强的菌株有 QL31B、QA46A、QA50A、TL47、TL22A、DL81、DA10、WL47、WA24、GA66、GA26 和 GA28。

10) 研究区域苜蓿根瘤菌普遍耐盐性较强。74.5%的菌株能耐受 4.5%的 NaCl 浓度。WA24 菌株能耐受 5.5%的 NaCl 浓度，GL16、QA33B 和 WA62A 菌株能耐受 5.0%的 NaCl 浓度。DA42、DA53、GA28、QL20B、TA34、WL47、WL68 菌株能耐受 3.5%的 NaCl 浓度。这些根瘤菌株为改良盐化土壤和提高盐化土壤的苜蓿生产力提供了重要的菌株资源。

11) 苜蓿根瘤菌具有较好的酸碱耐受能力和抗酸碱功能的多样性，既具有较好抗酸性或抗碱性单一功能的菌株，又具有耐酸耐碱综合能力的菌株。DA53、QL31B、TL47 菌株可以在 pH 3.5 的酸性条件下生长；DL67、GL21、QA33B、WA32 菌株可以在 pH 12

的碱性条件下生长，而 WA32 能耐受的 pH 为 4.0～12.0，适应范围很广，为酸化、碱化土壤应用根瘤菌种植苜蓿提供了重要的菌株资源。

12）93.5%的供试根瘤菌株可在 5～40℃时生长，77.4%的菌株可在 45℃条件下生长。GA66、GL16、GL24 3 个菌株能耐受 50℃高温生长，DA10、DL58、TL22A、TL47 和 WA32 5 个菌株能在 0℃低温下生长。为寒区和荒漠区提供了能够正常生存，并具有较好促生能力的优良菌株。

13）研究区苜蓿根瘤菌不仅抗逆性普遍较强，而且表现出较大的多样性，即抗逆能力强弱的多样性、抗逆功能的多样性和分布区域的多样性。31 个供试菌株中有 16 个菌株抗逆能力较强，其中 9 个菌株有较强的单一抗性，7 个菌株有较强的多抗性，且各生态区域都有抗逆性较强的苜蓿根瘤菌株存在。定西、甘南抗逆能力突出的菌株较多，定西菌株大多数表现出突出的单一抗性，甘南菌株大多数表现出突出的多抗性。菌株具有多抗性特点扩大了菌株的应用范围，提高了菌株的应用价值。

14）筛选的根瘤菌株中未出现固氮、溶磷、分泌生长素能力三者均较强的复合功能菌株。具有其中两项较强功能的菌株较多。WA62A 菌株具有较高固氮效率和较强溶解有机磷能力。QA46A、WL47、WA24 菌株具有较高固氮效率和较强分泌 IAA 能力（WA24 菌株具有较强的抗盐碱能力）。QL31B、QA50A、TL47、GA66 菌株具有较强分泌 IAA 能力和较强溶解有机磷能力（QL31B、TL47 菌株具有较强的抗酸、抗盐碱和抗寒能力，GA66 菌株具有较强的抗盐碱和耐高温能力）。单一功能突出的菌株：WA32、QA33B、DL67 菌株固氮效率较高（WA32 菌株具有较强的抗盐碱、抗酸和抗寒耐热能力，QA33B 菌株具有极强的抗盐碱能力，DL67 菌株具有较强的抗盐碱能力）。GL16、QL20B、GL21 菌株溶磷能力较强（GL16、GL21 菌株具有较强的抗盐碱、耐酸、抗寒耐热能力）。TL22A、DL81、DA10、GA28、GA26 菌株分泌生长素（IAA）能力较强（TL22A 菌株具有较强的抗盐碱、抗寒耐热能力，DA10 菌株具有较强的抗盐碱、抗寒能力，GA26 菌株具有较强的抗碱、抗寒耐热能力）。

15）根瘤菌复合功能菌株筛选进一步表明，根瘤菌具有固氮、溶磷、分泌 IAA 等多功能性的结果拓展了根瘤菌的促生作用范畴，使根瘤菌由固氮促生拓展到固氮、溶磷、分泌 IAA 多功能促生，进一步明确了根瘤菌促进生长的其他生物功能和作用。具有较高固氮效率的菌株作为结瘤状态下优良根瘤菌株资源得以应用，具有较强溶磷能力和分泌生长素 IAA 能力的根瘤菌株作为非结瘤状态下优良根际促生菌资源具有潜在的广阔应用前景。

16）通过根瘤菌生态分布特征与根瘤菌固氮、溶磷、分泌生长激素能力影响因子及其重要性的系统性研究和优良促生菌株的筛选，建立了区域分类→田间调查→分离→初筛选→多功能复筛选和实验室→温室→田间等进行西部寒区旱区高效促生、高抗逆性根瘤菌资源的筛选体系。

第六章 苜蓿根瘤菌溶磷能力增效表达

在植物生长发育过程中，磷是仅次于氮的最重要的大量元素(Fernandez et al.，2007；Gyaneshwar et al.，2002)，是生物体能量代谢、核酸和膜类合成的必需元素，在光合作用、呼吸作用和酶类调控中起着重要的作用(Raghothama，1999)。充足的磷素营养能够增强作物植株的生活力并加速其成熟，而磷素营养的缺乏会导致作物品质和产量的下降(Sawyer and Creswell，2000)。

随着对根瘤菌研究的不断深入，众多学者逐渐发现一些根瘤菌除能够结瘤固氮外还具有溶磷和分泌植物生长调节剂类物质的作用(Rodriguez and Fraga，1999；Antoun et al.，1998；Abd-Alla，1994)。师尚礼等(2007b)从甘肃东部苜蓿栽培区域中筛选出的29个高效根瘤菌株都有分泌植物生长素(IAA)和溶解难溶性有机磷的能力，其中34.5%的菌株分泌生长素的能力较强，证明根瘤菌具有多种促生功能。Chabot 等(1996a)指出不同的根瘤菌溶磷能力差异可达数倍。张希涛等(2008)从海南、福建和广州等地分离出的200多株相思属(*Acacia*)植物的根瘤菌中筛选出40余株具有溶磷能力的菌株，其中G7-3菌株的溶磷能力较强，48h对难溶性有机磷和无机磷的溶磷量分别达9.94μg/ml和4.14μg/ml，并指出根瘤菌的溶磷量与环境的pH密切相关。还观察到无溶磷能力或溶磷能力太弱的菌株非但不能增加土壤溶液中的有效磷含量，还要消耗溶液中微溶的磷以构建自身细胞。

然而，目前溶磷根瘤菌的研究仍在以筛选-验证为主的起步阶段，筛选出的部分根瘤菌株溶磷能力较弱(李剑峰等，2009b)，难以用于实际生产。有的根瘤菌溶磷能力强但固氮结瘤能力并不理想，降低了其作为菌剂生产菌株的价值。由于溶磷根瘤菌在分离筛选过程中出现的频率有限，且根瘤菌具有寄主专一性，针对每一个接种族或寄主群需要特定的菌种，因此仅仅依靠大量筛选的方式获得综合性能优良的溶磷根瘤菌株难度较大。因此，对某些有“缺陷”的溶磷根瘤菌以诱变的方式得到增效表达的菌株是一种比较经济而理想的方式。另外，通过诱变获得同一溶磷菌出发菌株增效表达和缺失表达的不同突变株(Reyes et al.，2002；Chabot et al.，1996b)，将为溶磷菌溶磷机理、溶磷基因位点定位和溶磷基因表达的研究提供良好的试验材料。

第一节 溶磷根瘤菌的分离筛选

磷是植物生长主要的营养元素，是限制农产品产量的重要因素(Tilman et al.，2002)。尽管多数土壤中的全磷含量达400～1200mg/kg(Hayat et al.，2010)，但72%～90%的土壤磷会被土壤中的钙离子、铝离子、铁离子和有机化合物所固定(Turan et al.，2006；Lopez-Bucio et al.，2002)而很难被作物吸收利用(Marschner et al.，2007)。在氮素等其他营养条件充足时，土壤溶液中低浓度的磷(一般指1～5mol/L)(Bieleski，1973)是限制作物生长和产量的主要因素。

苜蓿和红豆草是中国最重要的牧草品种，能够改善土壤质量，提高反刍动物的产量(Jiang et al.，2007)，其栽培面积超过 200 万 hm^2，占全国近 3/4 的人工草地，产量集中于西北高原干旱半干旱地区的谷物作物轮作区(Li et al.，2007)。由于这两种牧草的产量较高，而大部分进入植物组织的磷素会随着干物质转移，因此牧草的栽培需要投入比粮食作物更多的磷素，在生产中急需改善对磷素营养资源的管理，其中就包括溶磷微生物的应用(Zhang et al.，2008)。国内外研究已证实部分根瘤菌有溶磷能力(张希涛等，2008；祁娟和师尚礼，2006a；Abril et al.，2003；Chabot et al.，1996b)，可以通过产生质子或有机酸代换或螯合难溶性磷酸盐中的阳离子，降低植物根际的 pH 从而增加根际的可溶性磷含量(Schachtman et al.，1998)。但已发现的溶磷苜蓿根瘤菌(如 *Rhizobium meltloti* SL01)溶磷能力和固氮结瘤能力较弱(李剑峰等，2009b)，缺乏应用价值。而目前尚未有溶磷红豆草根瘤菌的相关文献报道。李剑峰从甘肃本地栽培的苜蓿和红豆草植株根瘤中分离筛选出溶磷根瘤菌，为溶磷根瘤菌剂的研制和高效溶磷突变株的诱变选育提供菌种材料。

一、溶磷根瘤菌的分离纯化

传统意识上根瘤菌对植物主要的促生能力体现在其结瘤固氮的过程中，而对产生长素和溶磷能力的特性并未予以足够的重视。对溶磷微生物的研究集中在芽胞杆菌、放线菌等根际菌方面，很多菌株已应用于实际生产。但根瘤菌作为土壤微生物群落中的一员，实际在土壤中占有相当的比例，有着根际菌和共生固氮菌的双重身份，因此对于一些附加有特定促生能力，如可溶磷、产生长素等的根瘤菌株，扩大其应用范围，作为根际促生菌或是多效促生根瘤菌予以开发，将会使这些根瘤菌种发挥更大作用。在之前的研究中，溶磷根瘤菌通常只出现在普通根瘤菌株的特性描述中。师尚礼、李剑峰采用从根瘤分离溶磷固氮菌，再从溶磷固氮菌中以逐层排除的方法获取溶磷根瘤菌，筛选出了具备固氮、溶磷、分泌生长素三重特性的根瘤菌株。试验方法简单、可靠、有效，可以作为筛选溶磷根瘤菌的通用选育方法。

将表面消毒的根瘤在无菌条件下进行研磨、稀释后均匀涂抹于含溴麝香草酚蓝指示剂(Li et al.，2011c)的 Winogradsky 无氮固体培养基中(Islam et al.，2007)，28℃培养 7d，选择生长良好、具有根瘤菌菌落特征的产酸(菌落及菌落边缘区域变黄)单菌落，接种于液体培养基(Ltaief et al.，2007)，28℃振荡至培养菌液 OD_{600} 值至 0.5 时，以点接法将稀释菌液转接到 PKO 解无机磷琼脂平板上培养。7d 后选取产生溶磷透明圈的菌株菌落(Illmer and Schinner，1992)划线纯化。参照黄宝灵和吕成群(2002)的方法和《伯杰氏细菌鉴定手册》(Jordan and Genus，1984)选取在 YMA 刚果红培养基上不吸附色素，圆形，边缘光滑，中间隆起呈黏质，白色不透明、半透明或透明的单菌落菌株作为符合根瘤菌菌落特征的初筛菌株。

与其他学者的研究一致(师尚礼等，2007c；Jennifer and Gilbert，1980)，10 个品种的苜蓿、红豆草植株根瘤的研磨稀释液中含有大量的溶磷固氮菌。在 61 个无氮培养基上生长最好的初筛菌株集中于苜蓿王、游客苜蓿和普通红豆草植株的根瘤中，为全部较优菌株的 50%以上(表 6-1)；金皇后和其他 3 个甘肃省内苜蓿品种，以及甘肃红豆草植株根瘤中的初筛菌株约占 34%。三得利苜蓿的根瘤中仅有 1 株初筛菌株。

表 6-1 初筛选溶磷固氮菌菌株编号及寄主植株

寄主植株及品种	种子产地	菌株编号	初筛菌数
陇东 *Medicago sativa* cv. Longdong	甘肃	L37、L38、L39、L40	4
游客 *M. sativa* cv. Eureka	美国	L27、L28、L29、L30、L31、L32、L33、L34、L34、L35、L36	10
苜蓿王 *M. sativa* cv. Alfaking	加拿大	L17、L18、L19、L20、L21、L22、L23、L24、L25	9
三得利 *M. sativa* cv. Sanditi	荷兰	L26	1
阿尔冈金 *M. sativa* cv. Algonquin	甘肃	L12、L13、L14、L15、L16	5
金皇后 *M. sativa* cv. Golden Empress	加拿大	L3、L4、L5、L6	4
中兰 1 号 *M. sativa* cv. Zhonglan No.1	甘肃	L7、L8、L9、L10、L11	5
德福 *M. sativa* cv. Defi	美国	L1、L2	2
甘肃红豆草 *Onobrychis viciaefolia* Scop. cv. Gansu	甘肃	RS14、RS15、RS16、RS17、RS18、RS19、RS20、RS21	8
普通红豆草 *O. viciaefolia* cv.	宁夏	RS1、RS2、RS3、RS4、RS5、RS6、RS7、RS8、RS9、RS10、RS11、RS12、RS13	13

二、溶磷根瘤菌株的形态学鉴定和生理生化特性

在 61 株初筛选菌株中，55 株固氮菌株能在以 $Ca_3(PO_4)_2$ 为唯一磷源的 PKO 固体培养基上生长，并产生清晰的溶磷透明圈。将这部分初筛选的固氮溶磷菌株接种于 YMA 刚果红培养基上，通过观察 72h 后形成的菌落形态进行进一步筛选。由表 6-2 可见，多数能在 PKO 培养基上产生溶磷透明圈的菌株多为土壤杆菌，仅有 9 株溶磷固氮菌的菌落形态符合根瘤菌的特征，即呈现不吸附色素的白色透明菌落(RS19 为透明菌落)，且圆形凸起，边缘光滑，具有黏质的胞外多糖(George et al.，1986)。根据这一特征排除了所有具有放线菌和可能为拜叶林克氏菌属(*Beijerinckia*)(黄色、米色、琥珀色或粉红色菌落)、氮单胞菌属(*Azomonas*)和固氮菌属(*Azotobacter*)的其他固氮微生物。

表 6-2 初筛选溶磷固氮菌株的菌落形态特征

菌株	寄主品种	菌落形态特征			
		菌落直径/mm	形态	外观	黏稠性
L-5	金皇后苜蓿 *M. sativa* cv. Golden Empress	4	凸起	白色不透明	有黏质胞外多糖
L-7	中兰一号苜蓿 *M. sativa* cv. Zhonglan No.1	4.5	凸起	白色不透明	有黏质胞外多糖
L-2	德福苜蓿 *M. sativa* cv. Defi	4.5	凸起	白色半透明	有黏质胞外多糖
L-18	苜蓿王 *M. sativa* cv. Alfaking	3	凸起	白色不透明	有黏质胞外多糖
L-21	苜蓿王 *M. sativa* cv. Alfaking	6	凸起	白色不透明	有黏质胞外多糖
RS-1	普通红豆草 *O. viciaefolia* cv.	4.5	凸起	白色不透明	有黏质胞外多糖
RS-8	普通红豆草 *O. viciaefolia* cv.	4.5	凸起	白色不透明	有黏质胞外多糖
RS-14	甘肃红豆草 *O. viciaefolia* Scop. cv. Gansu	4.5	凸起	白色不透明	有黏质胞外多糖
RS-19	甘肃红豆草 *O. viciaefolia* Scop. cv. Gansu	4.5	凸起	透明	大量黏质胞外多糖

在菌种的分类学鉴定中，可利用碳源类型是根瘤菌区分于其他固氮菌的一项重要的生理生化特性(Nameem et al.，2004；Rodriguez et al.，1987)。由表 6-3 可见，筛选出的 9 株溶磷固氮菌和 2 株根瘤菌标准菌具有一些显著的共同特性，例如，都可以在以 β-D-阿拉伯糖、D-核糖葡萄糖、果糖、麦芽糖和蔗糖为唯一碳源的培养基上生长，除 RS-19 外的所有菌株都能利用木糖。L-18 菌株可以利用除菌糖之外的所有碳源，L-7 和 L-2、L-21 菌株不能利用鼠李糖，SL01 菌株则不能利用糊精和淀粉。可利用不同类型的碳源表明菌株间的代谢特性有一定的差异。在生化反应测试中，所有菌株均为革兰氏阴性菌，不代谢 3-酮基乳糖(Nameem et al.，2004；Jordan and Genus，1984)，除 RS19 菌株外的其他菌株在过氧化氢酶测试中表现出阳性反应。以上结果表明，除 RS19 菌株外，筛选出的菌株都符合根瘤菌的生化代谢特征(Jordan and Genus，1984)。在培养过程中发现，所有符合根瘤菌特征的菌株在 YMA 培养基上形成直径≥4mm 单菌落(8℃)所需时间均少于 72h，这一结果符合 Vincent(1974)对快生型根瘤菌的特征描述。所有菌株在 BTB 反应中均产酸，培养基的颜色在 24h 内变黄，也与快生型根瘤菌(张红缨等，1987)的特点一致，也说明筛选出的菌株分泌酸性物质的能力较强。

对菌株进行形态学显微镜检也发现，所有菌株都为 0.7～2.2μm 的运动杆状细菌，无芽胞，周生 4～6 根鞭毛或两极生鞭毛，无荚膜，这与 Rodriguez 等(1987)对根瘤菌的描述一致，因此，除 RS19 菌株外的其他 8 株类似根瘤菌的菌株可用于进行进一步的结瘤验证试验。

表 6-3　菌株主要生理生化特性

测定指标	对照菌株 CK		固氮溶磷菌								
	SL01	12531	L-5	L-7	L-2	L-18	L-21	RS-1	RS-8	RS-14	RS-19
β-D-(—)-阿拉伯糖	+	+	+	+	+	+	+	+	+	+	+
鼠李糖	+	+	+	–	–	+	–	+	+	+	+
D-核糖	+	+	+	+	+	+	+	+	+	+	+
麦芽糖	+	+	+	+	+	+	+	+	+	+	+
菊糖	–	–	–	–	–	–	–	–	–	–	–
葡萄糖	+	+	+	+	+	+	+	+	+	+	+
果糖	+	+	+	+	+	+	+	+	+	+	+
木糖	+	+	+	+	+	+	+	+	+	+	–
糊精	–	+	–	+	+	+	+	–	–	–	+
淀粉	–	–	–	–	+	+	+	–	–	–	+
蔗糖	+	+	+	+	+	+	+	+	+	+	+
柠檬酸盐	–	–	–	–	+	+	+	–	–	–	+
过氧化氢酶反应	+	+	+	+	+	+	+	+	+	+	–
产 3-酮基乳糖	–	–	–	–	–	–	–	–	–	–	–
革兰氏染色	–	–	–	–	–	–	–	–	–	–	–
酸值测试 BTB 法反应	产酸	产碱	产酸	产酸	产酸	产酸	产酸	产酸	产酸	产酸	产酸
耐盐性	≤6%	≤5%	≤9%	≤5%	≤6%	≤10%	≤6%	≤7%	≤5%	≤6%	≤7%
生长 pH	5～11	4～11	5～11	5～11	4～11	4～11	5～11	5～11	5～10	5～9	5～11
产生长素	+	+	+++	+	–	++	–	+++	++	++	+++

注：碳源利用：“+”表示生长，“–”表示不生长；过氧化氢酶反应：“+”表示阳性，“–”表示阴性；3-酮基乳糖代谢：“+”表示代谢，“–”表示不代谢；革兰氏染色：“+”表示阳性，“–”表示阴性；分泌生长素：“–”表示不分泌，“+”表示产量少，“++”表示产量中等，“+++”表示产量多

Sadowsky 等(1983)指出速生型的溶磷微生物的耐盐度多在 5%以上，而普通根瘤菌仅能够耐受 2%～5%的含盐量，祁娟和师尚礼(2006b)发现甘肃、新疆等土壤盐碱化程度较高的地区，根瘤菌的耐盐性较强，最高含盐量可达 10%。通过在不同含盐量的培养基上进行生长测验发现，筛选出的所有菌株都能在含盐量高于 5%的培养基上正常生长，L-5 和 L-18 菌株甚至可以分别耐受 9%和 10%的含盐量。多数菌株能适应 pH 为 5～11 的酸碱度，L-2、L-18 菌株和标准菌 12531 可以耐受 pH 为 4 的酸性环境，而 RS14 菌株仅能在 pH 为 5～9 内生存，说明在相似的生境下，从不同品种植株根瘤中分离出的溶磷菌对盐碱和酸性环境的耐受程度也有差异。

多数植物根际微生物和根瘤菌都具有分泌生长素的能力，尤其是根瘤菌，其产生长素的能力往往被认为与其刺激植株结瘤的能力密切相关(Remans et al.，2008；Fukuhara et al.，1994)。De Freitas 等(1997)及 Chaiharn 和 Lumyong(2011)筛选出的根瘤菌 IAA 产量为 2～292mg/ml。Pii 等(2007)的研究则指出，接种生长素产量高的根瘤菌能比接种普通菌株的植株根瘤数增加 50%以上。在筛选出的 9 株溶磷固氮菌中，

除 L-2 和 L-21 菌株外，其他菌株都有明显的分泌生长素的能力，其中 RS-1、RS-19 和 L-5 菌株产 IAA 能力最强，RS-18、RS-8 和 RS-14 菌株次之，L-7 菌株、参比菌株 SL01 和标准菌 12531 产生长素的能力较弱。可见，RS-1、L-5 和 RS-19 菌株同时具备高溶磷和高产生长素的特点，具有良好的开发潜力。

对不同抗生素的耐受能力不仅是菌株一项重要的生理特性，也是将其从相近菌株的混合培养物中予以分离的主要凭据。含抗生素培养基也常用于鉴定不同的根瘤菌株(Muller et al.，1988；Josey et al.，1979)。表 6-4 表明，不同溶磷根瘤菌对各类抗生素的抗性表现不一，但所有菌株对多黏菌素、新霉素和卡那霉素抗性普遍偏低，而对杆菌肽和氯霉素的抗性普遍偏高。RS-1 菌株对氯霉素的耐受性可达 400mg/L，对氨苄西林的耐受性也达 140mg/L。考虑到抗生素对环境的不利作用，目前采用植物源抑菌剂筛选抗生性强的根瘤菌株(见第七章)。

表 6-4 菌株对主要抗生素的抗性

抗生素类型	对照菌株 CK		复筛菌株							
	SL01	12531	L-5	L-7	L-2	L-18	L-21	RS-1	RS-8	RS-14
链霉素(10～100g/ml)	≤50	≤50	≤40	≤60	≤70	≤50	≤40	≤60	≤70	≤50
多黏菌素(1～10g/ml)	≤5	≤5	≤5	≤5	≤5	≤5	≤10	≤5	≤5	≤5
新霉素(5～50g/ml)	≤20	≤15	≤20	≤15	≤20	≤10	≤15	≤15	≤20	≤10
卡那霉素(10～100g/ml)	≤20	≤30	≤40	≤10	≤40	≤40	≤30	≤10	≤40	≤40
红霉素(50～500g/ml)	≤300	≤100	≤100	≤150	≤100	≤100	≤100	≤150	≤100	≤100
氯霉素(50～500g/ml)	≤200	≤150	≤150	≤150	≤150	≤200	≤150	≤400	≤150	≤200
杆菌肽(50～500g/ml)	≤200	≤150	≤250	≤150	≤150	≤150	≤200	≤150	≤150	≤150
氨苄西林(10～100g/ml)	≤60	≤50	≤40	≤80	≤90	≤100	≤100	≤140	≤90	≤100

三、接种溶磷根瘤菌的植株根瘤数量、根瘤鲜重及固氮酶活性

确认根瘤菌最基本的方式是验证菌株是否可在原寄主上产生有效的根瘤。接种筛选出的溶磷菌后，苜蓿植株从出苗后 10d 起开始结瘤，红豆草植株则在出苗 14d 后开始结瘤。根瘤起初为白色或浅粉色，着生于主根上部，随后在侧根及毛根上部产生较多粉色或红色的根瘤，根瘤直径也由 1mm 左右增大到 2～4mm。在溶磷根瘤菌的筛选中，首先需要保证菌株具有良好的固氮结瘤能力，并对作物有相当的促生效果。经生理生化测定后筛选出的菌株结瘤率、根瘤大小和根瘤固氮酶活性差异很大(表 6-5)。SL01、L-5、L-7、RS-1、RS-8 和 RS-14 菌株能使苜蓿或红豆草的幼苗产生有效根瘤，结瘤率为 100%，可以确认为溶磷根瘤菌；苜蓿根瘤菌中，L-5 菌株的结瘤能力最强。接种 L-5 菌株 45d 后的苜蓿植株根瘤数、根瘤鲜重和直径分别高于接种对照菌株 12531 的植株 139%、27%和 37%。红豆草根瘤菌中，接种 RS-1 菌株和 RS-14 菌株的红豆草植株结瘤数和根瘤鲜重均显著高于接种 RS-8 菌株的处理。

表 6-5　溶磷根瘤菌接种植株的根瘤数指标及根瘤固氮酶活性

接种菌株	根瘤数(个/株)	根瘤鲜重/(g/株)	根瘤直径/mm	根瘤固氮酶活性/[μmol/(g · h)]	结瘤率/%
未接种	0.8c	0.1c	0.1d	—	30
SL01	9.2b	1.9b	2.0b	24.2a	100
12531(CK)	9.7b	2.2b	1.9b	21.5b	100
L-5	23.2a	2.8a	2.6a	26.1a	100
L-7	10.4b	2.0b	1.5c	13.7c	100
L-2	1.0c	0.1c	0.1d	—	60
L-18	1.4c	0.1c	0.1d	—	60
L-21	0.6c	0.1c	0.1d	—	10
RS-1	21.60a	3.15a	2.37a	23.7a	100
RS-8	7.60b	2.33b	2.20b	5.1d	100
RS-14	17.20a	3.48a	2.50a	11.2c	100

注：同列数值后不同小写字母表示差异显著($P<0.05$)；“—”表示无法测出

根瘤固氮酶活性指标是快速评价根瘤菌-植物共生体系固氮能力最直观的标准，也是有效根瘤的基本鉴别方式，不同溶磷根瘤菌形成的根瘤固氮酶活性差异很大，其中接种 RS-1 菌株的红豆草植株根瘤固氮酶活性最高，乙炔还原量比接种 RS-8 和 RS-14 的红豆草植株根瘤分别高出 364.7%和 111.6%；而在苜蓿根瘤菌中，L-5 菌株形成的根瘤固氮酶活性最高，为标准菌 12531 的 121.4%。

四、根瘤菌溶解无机磷能力

经回接试验鉴定的5株解无机磷根瘤菌在固体PKO培养基上的溶磷能力均高于作为对照溶磷根瘤菌的 SL01 菌株。14d 时苜蓿根瘤菌 L-5 和 L7 菌株的溶磷圈直径比(D/d)分别比 SL01 菌株高 5.9%和 0.5%，红豆草根瘤菌 RS-1、RS-8 和 RS-14 菌株的溶磷圈直径比(D/d)分别比 SL01 菌株高 30.9%、9.8%和 49.5%；所有新筛选出的根瘤菌液体培养 7d 后的溶磷量间均存在显著差异，并都显著高于 SL01 菌株。其中 L-5、L-7 和 RS-1 菌株在 7d 内的总溶磷量分别比 SL01 菌株高出 119.5%、178.9%和 103.2%(表 6-6)。

表 6-6　解无机磷根瘤菌在固体和液体培养条件下的溶磷能力*

菌株	液体培养条件下 7d 总溶磷量/(mg/L)			固体培养条件下 14d 溶磷圈直径比(D/d)		
	平均值	标准差	$P<0.05$	平均值	标准差	$P<0.05$
SL01(CK2)	24.04	0.92	f	1.84	0.09	d
12531(CK1)	0	0.00	g	—	0.00	e
L-5	52.77	1.79	b	1.95	0.14	cd
L-7	67.04	4.95	a	1.85	0.12	d
RS-1	48.86	0.30	c	2.41	0.10	b
RS-8	38.63	0.20	d	2.02	0.06	c
RS-14	27.23	0.11	e	2.75	0.11	a

注：同列数值后不同小写字母表示差异显著($P<0.05$)；*测定值为 5 次重复的平均值，12531 为无溶磷能力的根瘤菌标准菌，“—”指无溶磷能力或无溶磷透明圈

筛选出的所有苜蓿根瘤菌在固体培养基上的溶磷圈直径比(*D*/*d*)均小于红豆草根瘤菌(图 6-1)，而在液体培养条件下这一趋势完全相反，苜蓿根瘤菌 L-5 和 L-7 在 PKO 液体培养基中 7d 内的溶磷量均显著高于红豆草根瘤菌。

A

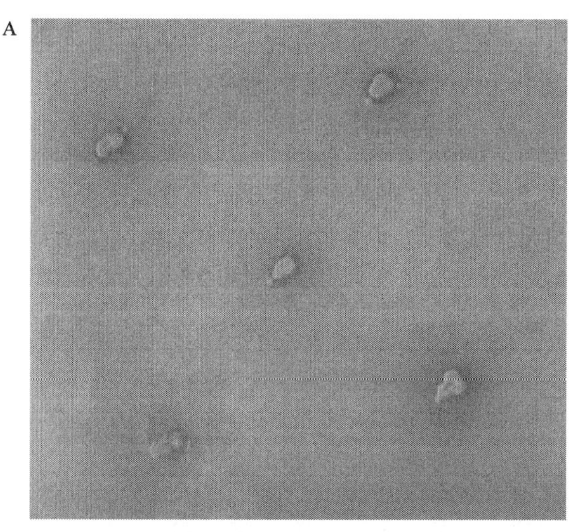

B

图 6-1　含 BTB 指示剂的 PKO 培养基上溶磷苜蓿根瘤菌 L-5(A)和红豆草根瘤菌 RS-1 的单菌落(B)（另见彩图）

筛选出的苜蓿根瘤菌L-5和红豆草根瘤菌RS-1均为快生型根瘤菌，具有结瘤能力高、固氮能力较强的特点，兼备溶磷和分泌生长素的特性，耐盐和耐酸碱能力强，具有较好的丌发和利用价值。

第二节　溶磷根瘤菌诱变与溶磷能力增效表达

由于筛选出的溶磷根瘤菌溶磷和产生长素能力均相对较弱，采用菌种诱变的方法，可以利用已有的菌种资源，提高菌种的选育效率，弥补野生种溶磷能力或产生长素能力弱的缺陷。微波作为一种廉价、简便而安全的辐照源，可使微生物细胞壁内外的极性分子产生强烈的电极性振荡（Kirsschvink，1996），引起 DNA 分子结构的变化和细胞间染色体的交换，产生可遗传的变异，其优点是无毒无害，操作简便，可在短时间内获得大量且稳定的突变体。但目前还未见微波诱变育种技术在溶磷菌及根瘤菌方面的应用报道。

溶磷根瘤菌的选育和应用研究中存在的另一个关键问题是目的菌株与土著根瘤菌间的结瘤竞争，由于土著根瘤菌的存在，往往使目的菌株在定殖、结瘤和溶磷能力测定方面的结果误差过大。这些不利因素给溶磷、促生根瘤菌株的应用和研究造成了一定的限制。当前测定占瘤率所使用的分子标记、荧光基因标记或是农杆菌介导引入抗药性的方法，虽直观却昂贵费时，并存在一定的不可预见性和风险。本研究拟对有解无机磷和产生长素能力的根瘤菌野生株 L-5 和 RS-1 进行微波辐照诱变，并针对菌株溶磷能力、产生长素能力及固氮能力等方面进行突变株的随机诱变和定向选育。从固氮、解无机磷和产生长素等方面促进植物生长，利用解无机磷特性检测目标根瘤菌的占瘤率，以此提高根瘤菌的促生效果和应用范围。

一、试验方案

师尚礼、李剑峰对第一节中选育出的解无机磷苜蓿根瘤菌 L-5 菌株（*Rhizobium meliloti*）和解无机磷红豆草根瘤菌 RS-1 菌株（*Rhizobium* sp.）进一步进行诱变选育。

苜蓿根瘤菌 L-5 菌株具备高产生长素、高结瘤数，但溶磷能力仅在中等水平，本研究中拟对原始菌株诱变后定向选育溶磷能力强，且结瘤能力不低于出发菌株的突变株。

红豆草根瘤菌 RS-1 菌株，回接根瘤具有较高的固氮酶活性，产生长素能力和溶磷能力相对较低，本研究拟选育具有更高的生长素产量，并且促生结瘤能力不低于出发菌株的突变株。在第二轮诱变时定向选育溶磷能力更高，并能稳定保持其他优良性状的突变株。

1. 溶磷根瘤菌微波诱变条件的优化

微波诱变处理采用微波炉进行。将 10ml 菌液置于无菌培养皿内，之后放入微波炉中，分别采用 800W、600W、400W 处理，照射时间分别为 0s、5s、10s、20s、30s、40s、50s、60s、70s 和 80s；每照射 10s 在冰上快速冷却 5s，以消除热效应后再照射。取上述各处理菌液 0.2ml 均匀涂抹于 PKO 固体培养基上，于 28℃条件下培养 7d，记录单菌落数、单菌落直径和溶磷透明圈直径，计算致死率和正突变率。

致死率（lethality rate）和正突变率（positive mutation frequency）计算方法如下。

$$\text{致死率}(\%) = (1 - \frac{S_1}{S_2}) \times 100\%$$

$$\text{正突变率}(\%) = \frac{M_p}{S_1} \times 100\%$$

式中，S_1 表示对照菌落数，即 0.2ml 未经微波辐照处理的菌悬液涂抹于 9cm PKO 解无机磷平板产生的单菌落个数；S_2 表示辐照处理后菌落数，即 0.2ml 经微波辐照处理的菌悬液涂抹于 9cm PKO 解无机磷平板产生的单菌落个数；M_p 表示正突变株数，即溶磷透明

圈直径 D 与菌落直径 d 的比值显著高于原始菌株的突变株总数（$P<0.05$）。

2. 高效分泌吲哚乙酸（IAA）根瘤菌微波诱变参数的优化

参考采用优化获得溶磷根瘤菌 L-5 菌株的最佳诱变参数（600W，30s），进行 RS-1 菌株高产 IAA 突变株的辐照诱变，发现产生长素 IAA 菌株的正突变率仅为 5.24%，致死率为 89.82%，故并不适用于诱变 RS-1 菌株获得高产生长素突变株。因此，改变微波辐照功率和时长，即分别采用 1050W、800W 和 650W 3 个功率档位照射 10ml 菌液，照射时间分别为 0s、2s、4s、6s、8s、10s、12s、14s、16s、18s 和 20s；为消除热效应的影响，每累计照射 4s 需将菌液取出，在冰上冷却 5s 后再进行照射。取上述各处理菌液 0.2ml 涂抹于 YMA 固体培养基上，28℃培养 3d 后记录单菌落数。计算致死率，并将各处理的所有单菌落菌株接入 YEM 培养基培养，7d 后测定其 IAA 产量，以确定正突变率最高的处理条件。

致死率和正突变率计算方法如下。

$$\text{致死率}(\%)=(1-\frac{N_1}{N_2})\times 100\%$$

$$\text{正突变率}(\%)=\frac{M_\text{p}}{N_1}\times 100\%$$

式中，N_1 表示对照菌落数，即 0.2ml 未经微波辐照处理的菌悬液涂抹于 9cm YMA 平板产生的单菌落个数；N_2 表示辐照处理后菌落数，即 0.2ml 经微波辐照处理的菌悬液涂抹于 9cm YMA 平板产生的单菌落个数；M_p 表示正突变株数，指 7d 内 IAA 产量显著高于原始菌株的突变株总数（$P<0.05$）。

3. 高效溶磷能力突变株的筛选

将筛选出的突变株和原始菌株以 10^9cfu/ml 的菌悬液 4%的接种量接入 PKO 无机磷液体培养基，以不接种菌株的培养基作为空白对照，于 28℃、120r/min 条件下摇床培养 14d，以测定溶磷量。筛选出溶磷能力强的突变株作为复筛菌株。

4. 高效分泌吲哚乙酸（IAA）突变株的筛选

将初筛选菌株和原始菌株以 10^9cfu/ml 的菌悬液 4%的接种量接入 YEM 培养基，以加入同体积高温灭活菌液的 YEM 培养基作为空白对照。28℃、160r/min 摇床培养，分别于 4d 和 24d 后取初筛菌株悬浮液 4ml，10 000r/min 离心 10min，取上清液 1ml 加比色液 1ml，参照 Thakuria 等（2004）方法测定各菌株发酵液的生长素含量。以 IAA 高于原始菌株的突变株作为复筛菌株。

5. 溶磷能力的测定

将 L-5 菌株及其突变株分别接入 PKO 固体培养基和含磷酸钙 10g/L 的 PKO 液体培养基，28℃培养 14d 后，测定溶磷圈直径和菌落直径，并将菌株的 PKO 液体培养基发酵菌液 4000r/min 离心 30min，取上清液测定上清液中可溶性磷的量并计算菌株的溶磷能力。

6. 选育突变株遗传稳定性试验

分别取 L-5 和 RS-1 菌株的各 5 个最优突变株以划线法接种于 YMA 固体斜面上作为第 1 代，28℃培养 36h 后于 4℃条件下保存，之后每隔 36h，以 YMA 固体培养基传代 1 次并于 28℃条件下培养，各代菌株接种于 PKO 液体培养基和固体培养基中，共传代 6 次，测定每代菌株的溶磷量和分泌 IAA 能力。

二、微波照射强度对 L-5 和 RS-1 菌株诱变效应和致死率的影响

不同微波照射处理下 L-5 菌株的致死率和正突变率见图 6-2。致死率随照射功率的增大和时间的延长而增大，正突变率随照射时间的延长而呈单峰变化趋势；在 800W 功率照射下，菌株的致死率高而正突变率低；在 400W 功率照射下，致死率和正突变率均低；在 600W 功率照射下，50s 时致死率达 98.18%，在 60s 时全部死亡。说明 L-5 菌株对微波敏感，致死效应明显，致死率和正突变率随着照射时间的增长和照射剂量的累积而提高。当 600W 功率照射时间达 30s 时，菌株的致死率为 87.3%，此时正突变率达到最大值 14%，为最优诱变条件。照射时间超过 30s 时致死率持续增大，而正突变率降低。这与朱传合等(2006)的研究结果一致，即在 30s 时致死率为 91.5%，正突变率达到最大。

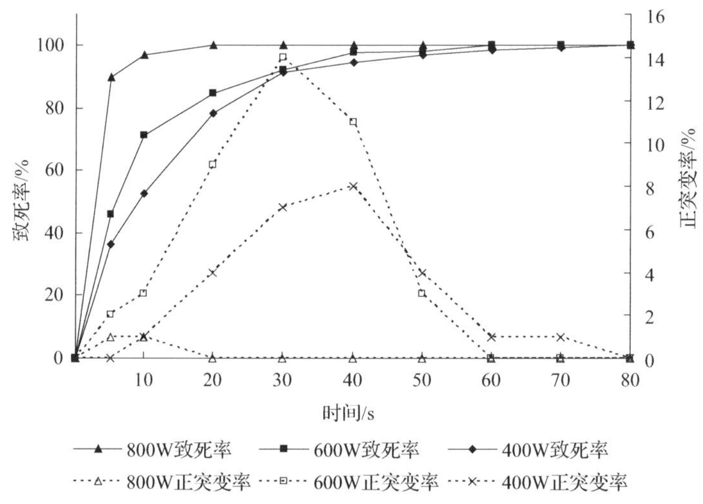

图 6-2 微波照射强度对溶磷根瘤菌 L-5 菌株诱变效应的影响

RS-1 菌株的诱变结果与 L-5 菌株相似，即随照射功率的增大和照射时间的延长根瘤菌致死率增大，正突变率则随照射时间的延长而呈单峰变化趋势(图 6-3)；在 1050W 功率照射下，菌株的致死率高而无正突变株；在 650W 功率照射下，致死率和最高正突变率均低于 800W 的处理；在 800W 功率照射下，2s 时致死率达 51.65%，12s 时达 99.33%，14s 时全部死亡。说明红豆草根瘤菌对微波敏感，致死效应明显。在 800W 功率照射下，菌株的致死率和正突变率随着照射时间的增长而提高，当照射时间超过 6s 时，致死率持续增大，而正突变率降低。这与颜贤存等(2005)的研究结果一致。在致死率为 81.1%～

95.5%时，800W 处理下的正突变率较高，在 6s 时致死率为 91.5%，正突变率达 19%。可见，800W 的输出功率、6s 的照射时间为 RS-1 菌株的最佳诱变条件。两个菌株的致死率和正突变率间的对应关系与 Fincham 等(1979)的研究结论基本一致，即分生孢子存活率为 1%～10%时正突变率达到最高。

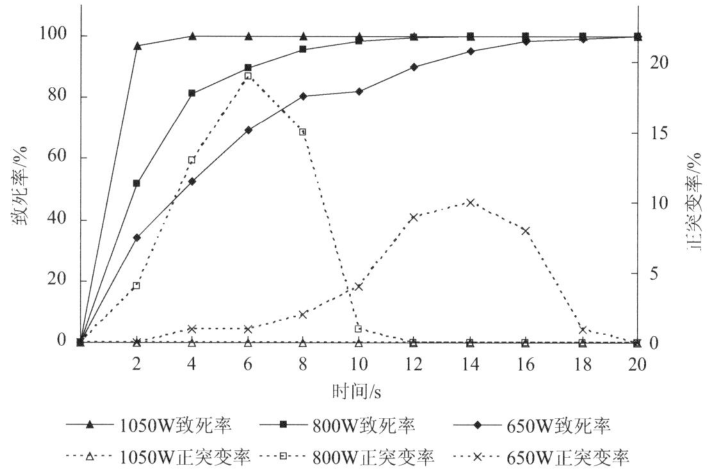

图 6-3　微波照射强度对产 IAA 根瘤菌 RS-1 菌株诱变效应的影响

三、L-5 高效溶磷突变株的溶磷能力

在最佳诱变条件(600W，30s)下对原始菌株进行微波照射处理，分别经过含卡那霉素(100mg/L)和含青霉素(300mg/L)固体培养基的筛选，共选取约 150 株对两种抗生素均具备耐受性的突变株，通过进行 PKO 固体和液体培养基的培养和溶磷量的比较，最终选取 5 株溶磷能力较强的菌株(表 6-7)，其中突变株 LW107 溶磷能力最强，培养 14d 后在 PKO 液体培养基中的溶磷量和在 PKO 固体培养基中的 *D*/*d* 值分别比原始菌株提高了 112.90%和 43.79%；LW135 次之，溶磷量和 *D*/*d* 值分别比原始菌株提高了 74.2%和 21.30%。

表 6-7　复筛高效溶磷菌株的溶磷能力

菌株	溶磷圈直径比	较原始株提高率/%	溶磷量/[mg/(L·d)]	较原始菌株提高率/%
L-5	1.69	0	7.83	0
LW59	2.11	24.85	11.97	52.87
LW81	1.98	17.16	9.56	22.09
LW104	1.91	13.02	10.46	33.59
LW107	2.43	43.79	16.67	112.90
LW135	2.05	21.30	13.64	74.20

注：溶磷量的测定数据为 3 次重复的平均值

四、RS-1 高效溶磷突变株分泌吲哚乙酸(IAA)的能力

在最佳诱变条件下(800W，6s)对 RS-1 菌株进行微波照射处理，并通过 IAA 产量的比较，最终选取 5 株产 IAA 能力较强的菌株(表 6-8)，其中突变株 RSW96 产 IAA 能力最强，培养 4d 和 24d 后在 YEM 培养基中产 IAA 量分别为 8.38mg/L 和 50.75mg/L，分别比原始菌株提高了 66.93%和 50.15%；RSW107 次之，4d 和 24d 产 IAA 量分别比原始菌株提高了 51.59%和 41.15%。

表 6-8 复筛高效产 IAA 菌株的产 IAA 能力

菌株	4d IAA 产量/(mg/ L)	4d IAA 产量较原始菌株提高率/%	24d IAA 产量/(mg/L)	24d IAA 产量较原始菌株提高率/%
RS-1	5.02	0	33.8	0
RSW14	6.98	39.04	43.95	30.03
RSW55	6.4	27.49	40.09	18.61
RSW62	7.37	46.81	45.92	35.86
RSW96	8.38	66.93	50.75	50.15
RSW107	7.61	51.59	47.71	41.15

注：测定数据为 3 次重复的平均值

五、高效突变株的遗传稳定性

经人工诱变得到的高效突变菌株遗传基因不稳定，易出现回复突变或产量下降，故需验证其遗传稳定性。本试验测定了 L-5 菌株 5 个高效溶磷突变株各 6 代菌株的溶磷量。结果表明，突变株 LW59、LW81、LW104 均不稳定，溶磷量逐渐降低(表 6-9)；突变株 LW107 稳定性较好，每代之间溶解难溶性无机磷的能力差异不明显，证明其遗传性状稳定。

表 6-9 高效溶磷突变株遗传稳定性试验结果

培养代数	溶磷量/[mg/(L · d)]				
	LW59	LW81	LW104	LW107	LW135
1	11.97	9.45	10.56	16.72	13.14
2	10.92	8.7	9.63	17.06	13.37
3	9.54	8.1	9.38	16.92	12.75
4	8.05	3.33	8.31	16.8	13.19
5	7.20	3.53	6.67	17.11	12.52
6	5.59	3.08	6.99	16.69	12.40

注：测定数据为 3 次重复的平均值

另将 5 株 RS-9 菌株高产生长素突变株的各 6 代菌株接种于 YEM 液体培养基，测定各代菌株 4d 内的 IAA 产量，结果见表 6-10，突变株 RSW14、RSW62 IAA 产量不稳定，

随传代次数增加逐渐降低；RSW111 产 IAA 能力较为稳定；而 RSW96 产生长素的能力较强，各代菌株产量稳定，证明该菌株遗传性状稳定，适宜进行进一步开发。

表 6-10　高产生长素突变株的遗传稳定性

培养代数	4d 产 IAA 量/(mg/L)				
	RSW14	RSW55	RSW62	RSW96	RSW111
1	6.77	6.55	7.4	8.6	9.22
2	6.41	6.47	6.86	8.52	9.65
3	6.15	5.96	6.94	8.23	9.46
4	5.38	5.72	6.13	8.73	9.51
5	5.12	5.05	6.28	8.55	9.19
6	4.54	5.1	6.07	8.11	8.84

注：测定数据为 3 次重复的平均值

六、优良突变株与原始菌株促进生长能力的比较

由表 6-11 可见，突变株 RSW96 对红豆草植株进行回接后，植株的结瘤率达 100%，50d 植株平均结瘤 31.67 个，结瘤数高于原始菌株 RS-1 6.10%。尽管根瘤的固氮酶活性略低于原始菌株，但突变株 RSW96 对单株生物量的增加率较其原始菌株 RS-1 提高 25.58%，差异显著($P<0.05$)。同时 RSW96 的溶磷量高于原始菌株 74.30%，差异极显著($P<0.01$)。这可能是由于更高的 IAA 产量提高了菌株的代谢活性，使菌株分泌有机酸的能力得到提升，溶磷能力随之增强。可见 RSW96 突变株 IAA 产量的提高对植株的结瘤和提高菌株的溶磷能力都有着积极的影响。在未灭菌的土壤中，RSW96 和 LW107 对寄主植株的占瘤率分别达 73.12%和 58.07%，证明两株突变株在与土著根瘤菌的竞争结瘤中占据优势。

表 6-11　突变株与原始菌株结瘤、固氮及促生能力的比较

测定项目	突变株与其原始菌株促生性能的比较					
	原始株 RS-1	突变株 RSW96	提高率/%	原始株 L-5	突变株 LW107	提高率/%
结瘤率/%	100	100	0	100	100	0
50d 结瘤数/株	29.85	31.67	6.10	35.33	33.67	–4.70
根瘤固氮酶活性/[nmol/(g · min)]	398	373	–6.28	389	435*	11.83
溶磷量/[mg/(L · d)]	7.12	12.41**	74.30	7.83	16.67*	112.90
24d IAA 产量/(mg/L)	33.8	50.75**	50.15	22.5	23.24	3.29
单株生物量增加率/%	32.17	40.4*	25.58	50.66	58.4*	15.29
突变株占瘤率/%		73.12			58.07	

注：*表示突变株与原始菌株间差异显著($P<0.05$，LSD)，**表示突变株与原始菌株间差异极显著($P<0.01$，LSD)；测定数据为 3 次重复的平均值

由微波诱变 L-5 菌株得到的突变株 LW107 不仅溶磷能力较原始菌株升高 112.90%，其固氮能力较原始菌株提高了 11.83%，差异显著($P<0.05$)；其菌液处理的苜蓿植株结瘤率与原始菌株相当，平均结瘤数与原始菌株差异不显著，但对生物量的增加率高于原始菌株 15.29%，差异显著($P<0.05$)。可见，LW107 菌株在提高溶磷能力的同时，固氮促生的能力随之增强，但突变株溶磷能力的增强并不同时提高菌株 IAA 的分泌能力。

通过对突变株与原始菌株溶磷促生能力的比较，可证实微波诱变的效果显著，能够在短时间内，不通过转基因手段获得优良高效、性质稳定的根瘤菌突变株，这与李宏宇等(2003)的研究结果一致。在菌株诱变的过程中，一些性状产生增效突变后，可能会引起某些其他性状的改变，如突变株在提高产生长素能力的同时，可能会由于加速分泌有机酸或加快菌株的生长提高溶磷菌的溶磷能力。菌株结瘤数和根瘤固氮能力的测定结果也显示，微波诱变引起的变异往往是非定向的(Gos et al.，1997)，不像基因标记或定向化学药剂诱变的方法更易于定位或克隆变异的基因位点，因此需要对变异菌株进行细致的筛选，并对每一项重要的性状进行反复验证，这是该诱变方法的重要限制。

在本研究中也发现，灭菌沙培和未灭菌田土盆栽中，根瘤菌侵染植株产生根瘤的数量差异较大。在接种程序、植株密度和盆栽体积一致的条件下，未灭菌田土盆栽中接种 L-5 和 RS-1 菌株的植株根瘤数目分别较灭菌沙培植株增加 52.3%和 38.1%，但其中直径小于 1mm 的白色无效根瘤分别占总根瘤数的 7.68%和 19.11%。目标菌株在有土著菌竞争的条件下实际有效根瘤数可能会低于在无菌栽培环境下的实际有效根瘤数。这同时也证明，即使给予目标菌株足够的数量优势，土著根瘤菌也仍然能凭借其较强的竞争能力在植株根系上竞争有效结瘤位置。因此，如何提高目标根瘤菌促生效果，除提高根瘤菌活菌数形成数量优势外，还需要其他能够提高目的菌竞争结瘤能力的途径。

七、突变株系菌株纯培养物及回接根瘤的固氮酶活性

根瘤菌固氮依靠菌体内的固氮酶，而固氮酶的活性在高氧分压下极易失活。由于根瘤具有皮层和瘤状结构，能保证瘤内的类菌体固氮酶在厌氧条件下进行固氮，而根瘤菌的纯培养物直接暴露于氧气中，只能依靠分泌大量的多糖形成一定的厌氧空间。因此两者的固氮酶活性差异很大，这也是在根瘤菌的筛选中一般不用纯培养物进行固氮酶活性测定的原因。

本研究对 L-5 和 RS-1 两个突变株系(包括其原始菌株)各 6 株菌株的纯培养物和回接植株的根瘤进行固氮酶活性的测定(图 6-4)，发现在盛有菌株纯培养物的密闭小瓶中注入反应乙炔气体后，24～48h 后才能检测到被还原的乙烯气体，4d 后乙烯产量不再增加。而对根瘤，10min 后就有很明显的乙烯峰出现，28℃反应 14h 后，乙烯的量则不再增加。

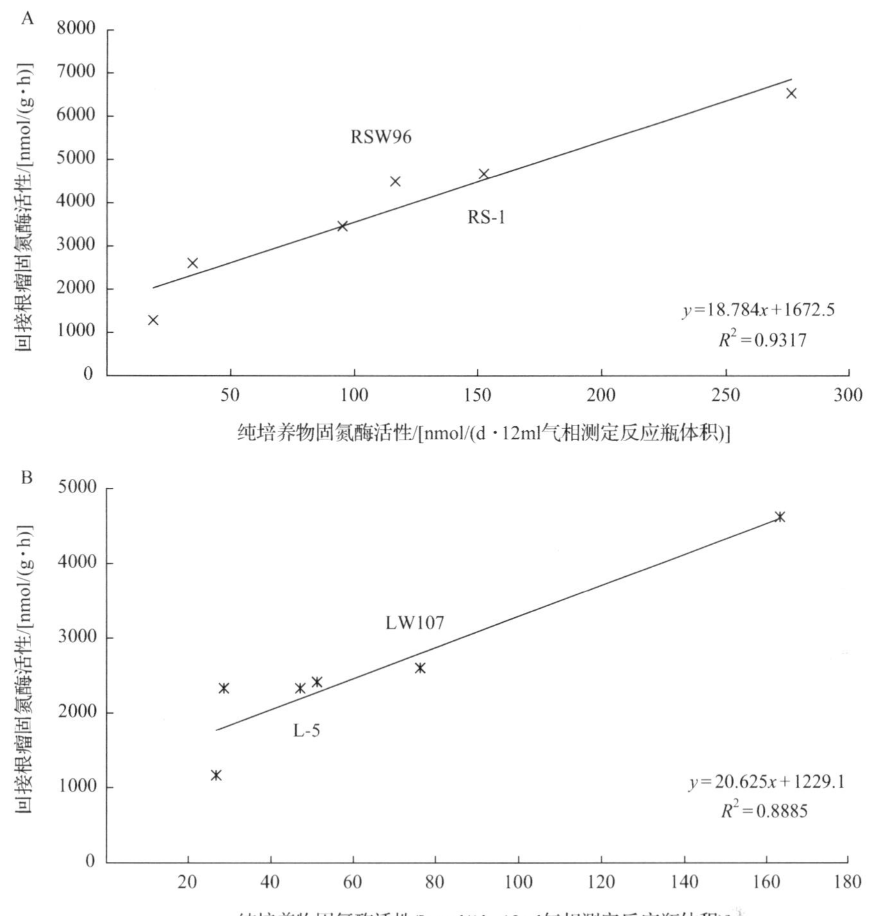

图 6-4　各突变株系菌株纯培养物及回接根瘤的固氮酶活性

A. RS-1 株系；B. L-5 株系

第三节　溶磷根瘤菌高效突变株对植物的促进生长效应

苜蓿(*Medicago Sativa*)、红豆草(*Onobrychis viciaefolia*)和燕麦(*Avena sativa*)作为最适于干旱、半干旱地区(Safarnejad，2008)栽培的常见牧草，以其丰富的营养和优良的性状在全球范围内广为种植。为达到牧草产量和经济效益的最大化，必须向植株提供充足的氮素和磷素营养。长期大量施用化学磷肥和氮肥不但提高了农业生产成本，而且造成了土壤中某些元素的选择性积累和土壤理化性质的恶化(屈宝香，1994)。减少化学氮肥施用最有效的方法就是种植豆科作物并接种根瘤菌，或将豆科作物与非豆科作物轮作(Fox et al.，2007)。但单一的促生效果和高度的寄主专一性，限制了根瘤菌在非寄主豆科牧草和非豆科牧草中的应用(李阜棣和胡正嘉，2000)。植物根际促生菌(plant growth promoting rhizobacteria，PGPR)(Malik and Rakhshanda，1997)的概念被用来统称存在于植物根际、具有促进生长作用的所有土壤细菌。这一概念包括非结瘤状态下仍具有植物促生作用的根瘤菌，虽不能与非寄主植物形成共生根瘤，但它仍可以通过根际固氮、分泌生长素、抑制病原菌和分解磷化合物等多种机制来促进植物生长发育(葛均青等，2003；刘建等，2001)。

师尚礼、李剑峰通过对溶磷苜蓿根瘤菌 L-5 和红豆草根瘤菌 RS-1 进行诱变选育，分别得到能够高效固氮、溶磷并分泌生长素的溶磷苜蓿根瘤菌突变株 LW107(*Rhizobium meliloti*)和溶磷红豆草根瘤菌突变株 RSW96(*Rhizobium* sp.)，在普通栽培条件下能够提高寄主植株的结瘤数并提供大量的有效氮素。但缺乏有效磷时，豆科植物的生长和结瘤都会受到抑制(Jean-Jacques and Ueli，1997)，溶磷根瘤菌能否在仅存在难溶性无机磷的条件下依靠自身的溶磷能力使寄主植物脱离缺磷胁迫，并实现低磷条件下的结瘤固氮，以及是否能对非寄主植物幼苗有促进作用尚不明确。因此，师尚礼、李剑峰在以仅供应难溶性无机磷(磷酸三钙)的沙培试验模拟的有效磷缺乏的栽培条件下，以中国北方地区广泛栽培的陇东苜蓿、甘肃红豆草和 Calibre 燕麦为研究材料，比较了接种溶磷红豆草根瘤菌 RSW96 和苜蓿根瘤菌 LW107 对 3 种牧草幼苗生长的影响，为溶磷根瘤菌的应用范围和促生效能提供技术依据和参考。

一、试验方案

供试菌株为具有溶磷、产生长素能力的苜蓿根瘤菌 LW107(*Rhizobium meliloti*)和红豆草根瘤菌 RSW96(*Rhizobium* sp.)(李剑峰等，2009b，2009c)。

试验一：低磷条件下溶磷根瘤菌对不同种类牧草幼苗生长的影响。

取陇东苜蓿、甘肃红豆草和 Calibre 燕麦的萌发种子在不同菌株的菌悬液中浸泡 30min。每盆播种 25 粒饱满一致的苜蓿种子，燕麦和红豆草为每盆播种 20 粒，表面覆沙并以无菌水补充水分至最大含水量。待出苗 3d 后向相应处理盆栽分别浇入 20ml OD_{600} 值为 0.5(10^9 细胞/ml)的 LW107 和 RSW96 的菌悬液，并以 1/4 Hoagland's 无磷营养液补充水分至最大含水量。以不接种菌液且不施加可溶性磷，仅提供 1/4 Hoagland's 无磷营养液的处理为 CK1；以不施菌液但施加少量可溶性磷(1/4 Hoagland's 完全营养液)的处理为 CK2，光照培养。

试验二：低磷条件下溶磷根瘤菌和普通根瘤菌对苜蓿幼苗生长和结瘤的影响。

采用与试验一相同的含磷酸钙无菌沙培盆栽，取已表面灭菌并去除种皮的金皇后苜蓿(*Medicago sativa* cv. Golden Empress)萌发种子进行 LW107、RSW96 和标准菌 12531 菌悬液的接种处理。出苗 3d 后向相应处理盆栽分别浇入 20ml OD_{600} 值为 0.5 的 LW107 和 RSW96 菌株的菌悬液。以不接种菌液且不施加可溶性磷，仅以 1/4 Hoagland's 无磷营养液补充水分和其他营养元素的处理为 CK1；以不施菌液但浇灌等量 1/4 完全 Hoagland's 的处理为 CK2，光照培养。

接种 60d 后无损伤地洗出植株并测定以下指标：生长量、生物量指标、植株含磷量、植株全氮量及根瘤固氮酶活性。

二、低磷条件下接种溶磷根瘤菌的牧草植株生长量

由于磷素、氮素、生长调节物质和土壤性质等因素对植株的作用往往是一个相互影响和关联的复杂过程，因此在实际的土壤栽培条件下，很难确定和评价溶磷分泌生长素根瘤菌的每种促生效应对植株各生长指标的具体贡献。师尚礼、李剑峰通过沙培试验尽

量减少其他因素的干扰，通过提供简单统一的低磷条件进行溶磷根瘤菌促生性能的比较。取陇东苜蓿、甘肃红豆草和燕麦的萌发种子在不同菌株的菌悬液中浸泡30min后，播种至含难溶性无机磷（磷酸三钙）的无菌沙培基质中。待出苗3d后向相应处理盆栽分别浇入20ml OD_{600}值为0.5（10^9细胞/ml）的LW107和RSW96的菌悬液，并以1/4 Hoagland's无磷营养液补充水分至最大含水量。以不接种菌液且不施加可溶性磷，仅提供1/4 Hoagland's无磷营养液的处理为CK1；以不施菌液但施加少量可溶性磷（1/4 Hoagland's完全营养液）的处理为CK2。将各处理的盆栽置于光照培养箱内。处理45d后将植株无损伤地洗出，进行生长量指标测定。

通过45d的栽培试验，不同接种处理组的红豆草、苜蓿和燕麦植株生长量有明显差异，溶磷根瘤菌RSW96和LW107对3种牧草植株的生长都有明显的促进作用。由图6-5可见，不同牧草在各处理组中的生长量指标如株高、根长、叶面积和叶片数有相近的趋势，大小次序为：接种溶磷根瘤菌＞CK2＞CK1。其中CK1处理下所有植物都表现出明显的生长受抑，叶片生长迟缓、颜色变深，根系变细。植株高度、根长和叶面积仅分别为接种溶磷根瘤菌处理的61%～85.2%、60.5%～81.9%和32.7%～75.6%，差异均达显著水平（$P<0.05$）；而不论是否能够诱导植株结瘤，接种溶磷根瘤菌后所有植株的生长量指标都达到或显著高于CK2处理（$P<0.05$），可见溶磷根瘤菌可以缓解牧草植株在缺磷环境下所遭受的抑制，其效果甚至超出了施用少量化学肥料（CK2，1/4 Hoagland's完全营养液）的效果。不同植物接种溶磷根瘤菌后的生长状况也存在差异。溶磷苜蓿根瘤菌

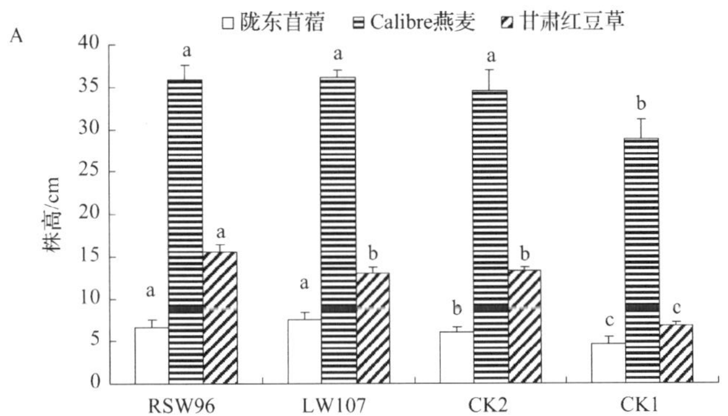

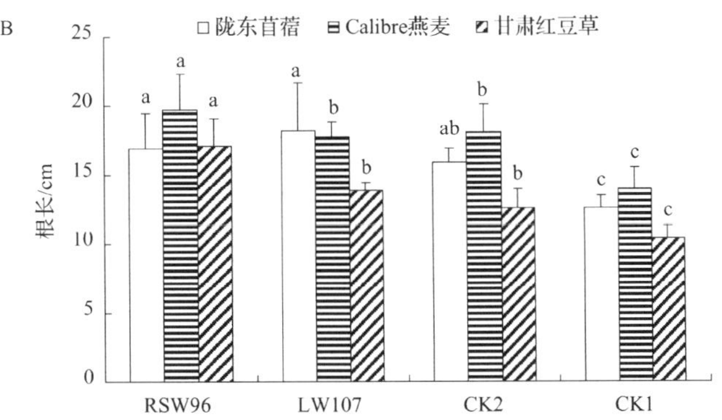

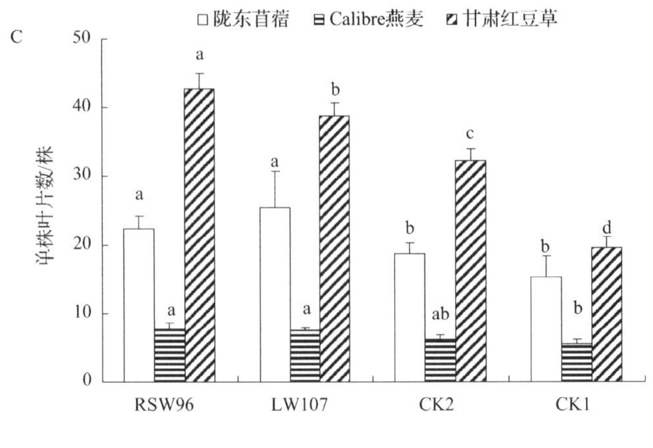

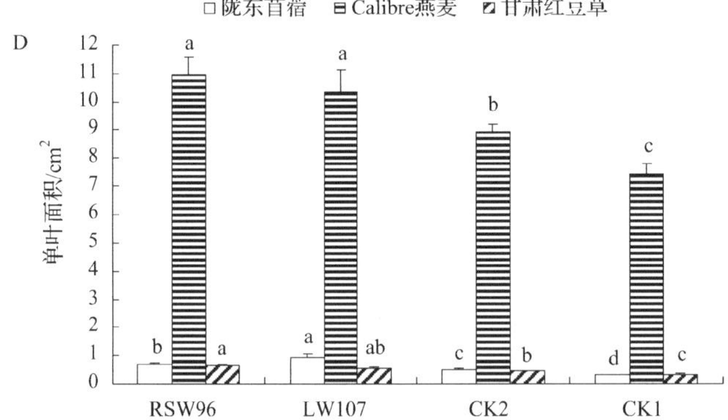

图 6-5　低磷条件下接种溶磷根瘤菌对不同牧草 45d 株高（A）、根长（B）、叶片数（C）和叶面积（D）的影响

同形柱上不同小写字母表示差异显著（$P<0.05$）

LW107 对陇东苜蓿的促生效果略优于 RSW96，单叶面积高出后者处理 37.2%，差异显著（$P<0.05$）。RSW96 对红豆草植株的促生能力则高于 LW107，能使红豆草幼苗株高、根长和叶面积分别高出 LW107 处理植株的 14.78%、23.02%和 16.58%。

对非豆科植物燕麦而言，RSW96 菌株对燕麦的促生效果略优于 LW107，主要体现在根系长度和根体积等指标。这是由于 RSW96 分泌生长素的能力较 LW107 更高。但这两株溶磷根瘤菌都能使燕麦植株的生长得到促进，使植株的根长、单叶面积和根体积均显著高于 CK2 和 CK1 处理（$P<0.05$）。这表明将溶磷根瘤菌视为根际溶磷菌时，对非互接种族植物的生长量也能起到促生作用，因此生长素分泌量高的溶磷菌株则可能具有更好的促生效果。Zaied 等（2009）也证明了能够分泌植物激素 IAA 的基因重组根瘤菌能显著提高蛋白质含量和促进叶绿素合成。

植株全株体积和根体积的变化见图 6-6。对照组 CK2、CK1 和接菌处理组的植株体积和根体积有明显的差异。缺磷对照组 CK1 中的苜蓿、红豆草和燕麦幼苗的体积仅分别为 RSW96 菌液处理组的 43.5%、58%和 26.7%，为接种 LW107 处理的 36.4%、65%和 39.7%。CK1 中苜蓿、红豆草和燕麦幼苗的根体积则分别不足其接种溶磷根瘤菌处理的 28%、28.6%和 28.9%。由图 6-6 中还可以看出，RSW96 菌株对燕麦和红豆草植株体积增加的作用强于 LW107，显著高于施用少量化学肥料的 CK2 处理。同时 RSW96 对苜蓿植株体积和根体积也有明显的促进生长的作用，且与苜蓿根瘤菌 LW107 无显著差异。这说明溶磷根瘤菌对植株体积的作用除转化有效磷素以供细胞壁和质膜的合成，促进细胞分裂外，分泌的生长素对植株的体积，尤其是根部体积有明显刺激生长的作用。Thakuria 等(2004)、Halda-Alija(2003)，以及 Eric 和 Yves(1995)的研究则指出，外源生长素能在低浓度下刺激植物细胞的延伸过程，通过提升细胞壁的疏松度促使植物细胞壁释放出养分，从而提高根瘤菌侵染附生植物的适合度。

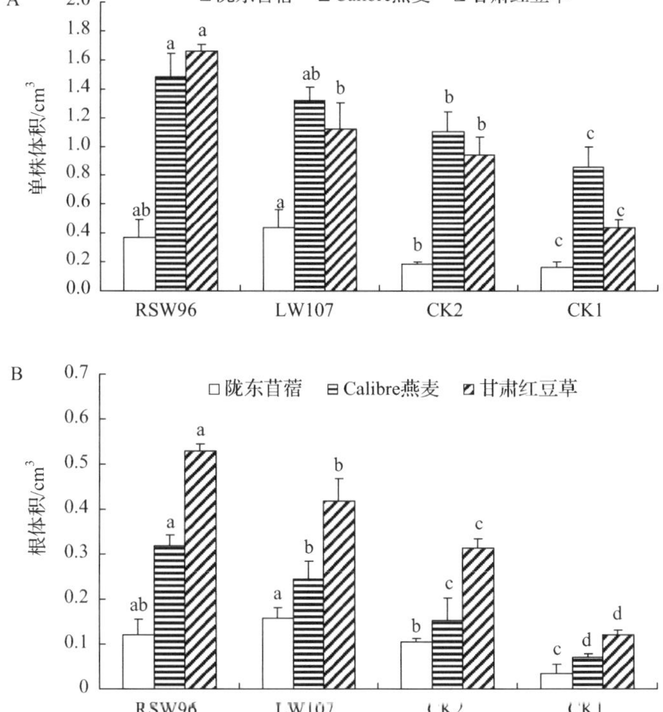

图 6-6　低磷条件下接种溶磷根瘤菌对不同牧草 45d 植株体积(A)和根体积(B)的影响

同形柱上不同小写字母表示差异显著($P<0.05$)

三、低磷条件下接种溶磷根瘤菌的牧草植株生物量

不同菌株接种处理及对照组的地上和地下生物量见图 6-7，地上生物量和地下生物量的变化趋势一致，苜蓿和红豆草分别在接种其相应的溶磷根瘤菌 LW107 和 RSW96 后达到最大值，地上生物量分别较其对照 CK1 高出 77.8%和 57.1%，地下生物量分别较对照 CK1 高出 112%和 175%，均达显著水平($P<0.05$)。可见，在仅提供难溶性磷的环境下，溶磷根瘤菌对地下生物量积累的促进作用较对地上生物量的作用更为显著。当施加 1/4 标准量(Hoaglad's 营养液)的营养时，植株的干物质积累得到促进，接种根瘤菌则使生物量的积累增量更高，其中地下生物量对化学肥料及接种溶磷根瘤菌的反应更为明显，这说明根系生物量的积累量对于磷素营养较根系长度更为敏感。

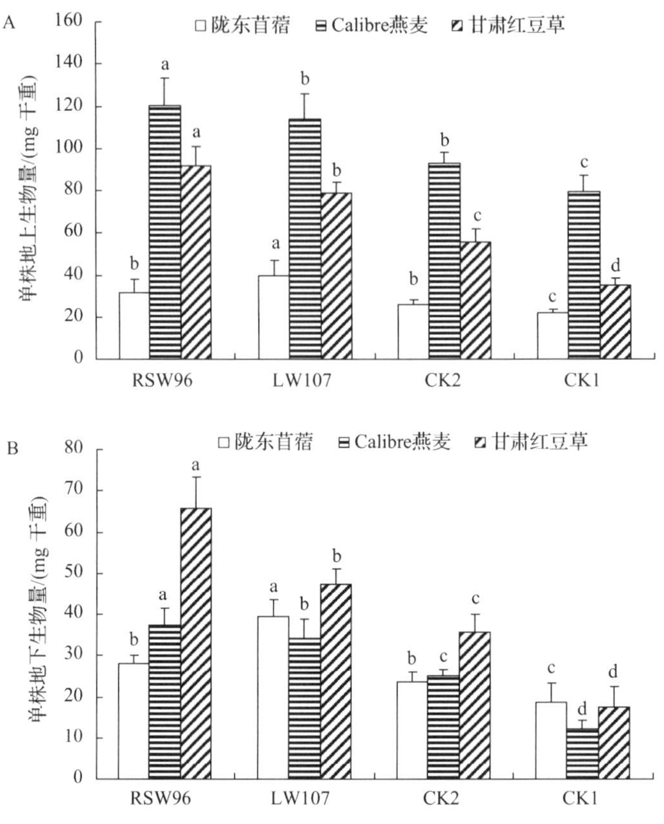

图 6-7　低磷条件下接种溶磷根瘤菌对不同牧草 45d 地上生物量(A)和地下生物量(B)的影响

同形柱上不同小写字母表示差异显著($P<0.05$)

在缺磷条件下，植物的根系变细变长，根系长度(图 6-5)在缺磷胁迫下的受抑制程度(60.5%～81.9%)较轻，但根系的地下生物量积累则明显降低，而其根体积也相应减小。由非结瘤植物燕麦的植株生物量变化可以看出，RSW96 菌株作为根际促生菌的作用较 LW107 更为明显。这是由于 RSW96 的溶磷能力弱于 LW107，而在非结瘤条件下的固氮能力和生长素 IAA 的产量显著高于 LW107。Okeny(1997)以产植物激素的根际固氮菌接种植物后也使生物量积累明显加快。

四、低磷条件下接种溶磷根瘤菌的牧草植株含磷量

植物体的含磷量(%)即体内磷素的比例变化反映植株的磷素营养状况，磷素的缺乏会导致植物组织中磷的比例显著下降。由图 6-8 可见，对照组 CK1 中不同牧草植株地上组织的含磷比例仅为接种根瘤菌处理的 69.18%～79.17%，为施入 1/4 完全营养液 CK2 处理的 74.57%～82.61%；CK1 中不同牧草植株根系含磷比例仅为接种根瘤菌处理的 53.12%～76.92%，为 CK2 处理的 51.51%～65.22%。这说明溶磷根瘤菌能有效解除低磷条件下植物所受的缺磷胁迫，使植物恢复正常生长。这与 Richardson(2003)的研究结果一致，即在低磷条件下为植物提供有效磷是溶磷菌促生能力的主要体现。与其他生长量及生物量指标不同的是，除 CK2 苜蓿植株的组织含磷比例显著低于接种溶磷菌的处理

外，燕麦和红豆草植株在 CK2 处理中地上、地下部分的含磷量与其接种溶磷菌的处理无明显差异。这说明当环境中的可溶性磷素高于 CK2 的供给量，即 1/4 Hoagland's 营养液的磷素水平时，可溶性磷含量对红豆草和苜蓿植株的组织含磷量无显著影响。

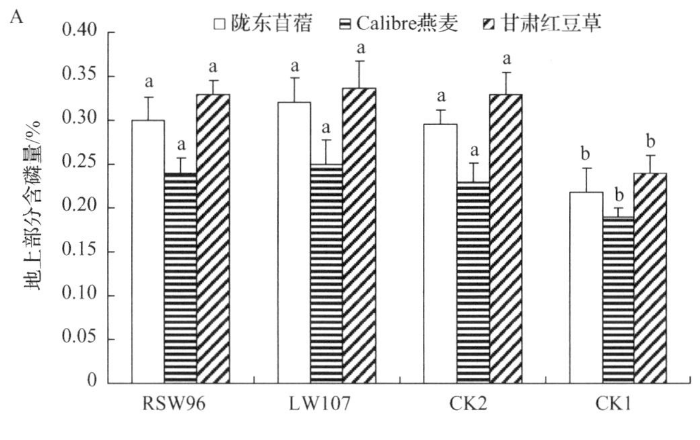

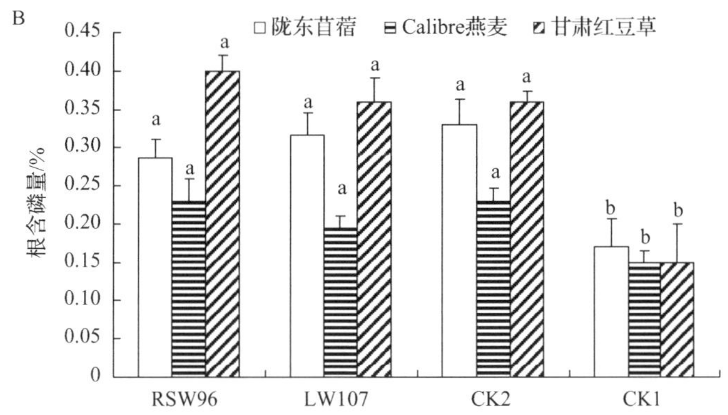

图 6-8　低磷条件下接种溶磷根瘤菌对不同牧草植株 45d 含磷量的影响

同形柱上不同小写字母表示差异显著(P<0.05)

五、低磷条件下接种溶磷根瘤菌的牧草植株结瘤固氮能力

在低磷条件下，植物根瘤的发育会由于缺磷而受到抑制，接种互接种族的溶磷根瘤菌后，苜蓿和红豆草植株能够产生相当数量的根瘤，且根瘤的固氮酶活性接近在充足营养下的数值(表 6-12)，其中红豆草接种 RSW96 后产生根瘤的直径较陇东苜蓿接种 LW107 后产生根瘤的直径高出 38.46%，这一方面是由于红豆草植株本身有效根瘤的个体大于苜蓿，另一方面也可能是 RSW 的生长素分泌量较高所致。对于非互接种族的植株，溶磷根瘤菌能够增加植株产生的个别瘤状物，并增大瘤状物的直径，但极少能产生红色而有固氮能力的根瘤。而在不接菌的对照组 CK2 和 CK1 中，均为白色的瘤状物且数量极少，施加营养液后，CK2 处理中瘤状物的直径较 CK1 增加 71%～72.3%，但仅有个别瘤状物的内容物为粉色。

结合生长量和生物量等的测定结果可见，有相当数目的有效根瘤，是生物量得以快速积累的基础。同时也发现，LW107 和 RSW96 菌株作为根际固氮溶磷菌，具有解除植株磷胁迫、分泌生长素、促进植株生长的作用，但要达到最佳的促生效果，则应尽量选择能够竞争结瘤的寄主植株。

表 6-12　低磷条件下接种溶磷根瘤菌对豆科牧草结瘤数、根瘤直径和根瘤固氮酶活性的影响

处理	单株根瘤数		根瘤直径/mm		根瘤固氮酶活性/[nmol/（g · h）]	
	苜蓿	红豆草	苜蓿	红豆草	苜蓿	红豆草
RSW96	7.0 ± 2.7b	27.9 ± 4.5a	1.6 ± 0.4b	3.6 ± 0.4a	—	24.9 ± 0.3a
LW107	28.6 ± 9.1a	5.9 ± 3.3b	2.6 ± 0.5a	2.1 ± 0.4b	27.5 ± 0.7a	—
CK2	1.9 ± 1.8b	2.4 ± 1.9b	1.2 ± 0.9bc	1.9 ± 0.9b	—	—
CK1	1.8 ± 1.1b	1.1 ± 1.0b	0.7 ± 0.3c	1.1 ± 0.2c	—	—

注：同列数值后不同小写字母表示差异显著（$P<0.05$）；“—”表示因没有根瘤或根瘤过少而无法测出乙烯产量

六、低磷条件下接种溶磷根瘤菌和普通根瘤菌的苜蓿生长量比较

同样采用含磷酸钙无菌沙培盆栽，取已表面灭菌并去除种皮的金皇后苜蓿（*Medicago sativa* cv. Golden Empress）萌发种子进行溶磷根瘤菌 LW107、RSW96 和普通根瘤菌 12531（标准菌）菌悬液的接种处理。出苗 3d 后向相应处理盆栽分别浇入 20ml OD_{600} 值为 0.5 的 LW107 和 RSW96 菌株的菌悬液。以不接种菌液且不施加可溶性磷，仅以 1/4 Hoagland’s 无磷营养液补充水分和其他营养元素的处理为 CK1；以不施菌液但浇灌等量 1/4 完全 Hoagland’s 的处理为 CK2。将各处理的盆栽置于光照培养箱内，接种 60d 后无损伤地洗出植株并测定生长指标及根瘤的固氮酶活性。

经过 60d 试验，金皇后苜蓿的生长量在低磷条件下对不同根瘤菌的反应见图 6-9。接种 RSW96、LW107 对苜蓿幼苗的生长都有明显的促进作用。各处理株高、根长和叶片数的趋势相同，大小次序为：LW107＞RSW96＞CK2＞CK1。CK1 处理下 60d 的苜蓿生长严重受抑，植株高度、叶片数和叶面积仅分别为接种 LW107 处理的 64.8%、33.8% 和 64.4%，差异均达显著水平（$P<0.05$）。无溶磷能力的普通根瘤菌 12531 对株高和根长也有积极的作用，但由于受到缺磷的限制，单叶面积仅分别为 LW107、RSW96 和 CK2 处理的 78.25%、93.86%和 78.26%，差异显著（$P<0.05$）；而接种溶磷根瘤菌 LW107 后，除叶面积外所有植株的生长量指标都显著高于 CK2 处理（$P<0.05$）。可见，LW107 对苜蓿植株的缺磷胁迫有很好的解除作用。溶磷红豆草根瘤菌 RSW96 对苜蓿株高和根长的促进作用略低于 LW107，对叶面积和单株叶片数的增加量则显著低于 LW107，说明溶磷根瘤菌作为根际固氮溶磷菌对非互接植物的生长有积极作用，但效果因不能产生有效根瘤进行固氮而受到限制。同时也发现，缺磷对照 CK1 和 CK2 处理间除根长外，其他生长量指标的差异均达显著水平（$P<0.05$），即植株根系长度对缺磷胁迫的反应不如其他生长量指标明显。但接种溶磷根瘤菌后根系长度显著增加（$P<0.05$）则说明 LW107 和 RSW96 对根系长度的促进可能除提高难溶性磷素外，更主要的是生长素对根系的促进作用。Ribaudo 等（2006）的研究也指出，根际促生菌能通过分泌 IAA 刺激根系的迅速生长。

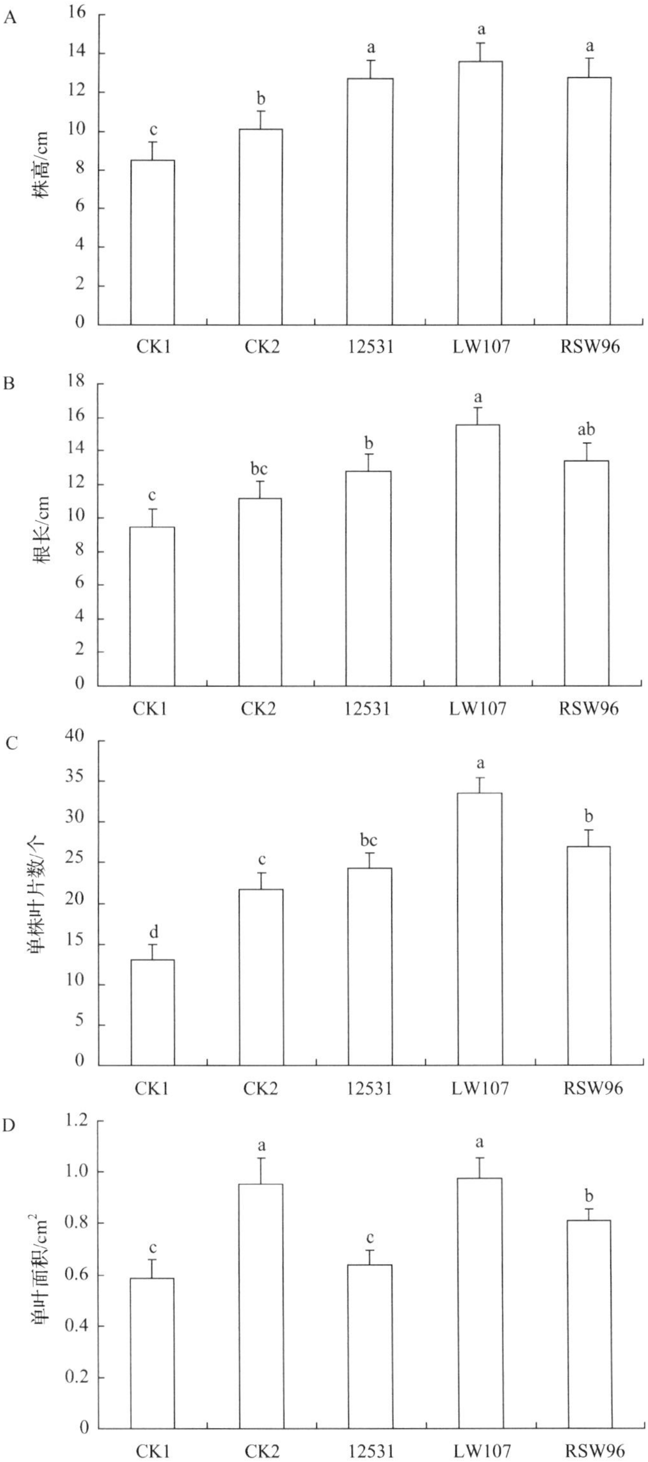

图 6-9　低磷条件下溶磷根瘤菌和普通根瘤菌对苜蓿植株 60d 株高(A)、根长(B)、叶片数(C)和单叶面积(D)的影响

柱上不同小写字母表示差异显著($P<0.05$)

七、低磷条件下接种溶磷根瘤菌和普通根瘤菌后苜蓿植株不同组织器官生物量比较

由表 6-13 可见，接种溶磷根瘤菌 LW107 60d 后，低磷胁迫下的苜蓿植株根、茎、叶的生物量显著增加，接近或超过提供可溶性磷的 CK2 处理。与 CK1 相比，接种 LW107 的植株根、茎、叶生物量分别增加 66.7%、95.7%和 100%($P<0.01$)。可见苜蓿幼苗根和叶生物量积累对溶磷根瘤菌 LW107 更为敏感，这是由幼苗期主要的干物质积累集中于叶片和根系所致。

表 6-13 低磷条件下接种不同根瘤菌 60d 后苜蓿幼苗各组织器官的生物量干重

处理	茎干重/mg	根干重/mg	叶干重/mg
CK1	23 ± 2c	24 ± 2b	17 ± 2c
CK2	40 ± 3ab	39 ± 7a	28 ± 3ab
LW107	45 ± 7a	40 ± 5a	34 ± 4a
RSW96	36 ± 6b	38 ± 4a	28 ± 4ab
12531	33 ± 3b	32 ± 9ab	22 ± 2b

注：不同小写字母表示差异达显著水平

RSW96 对生物量的增加量低于 LW107，与 CK2 接近，但高于结瘤能力强却无溶磷特性的 12531 菌株。可见，RSW96 促进植株生长的机理多集中在溶解难溶性磷和分泌生长素方面。而普通根瘤菌 12531 在缺磷条件下根瘤的生长和固氮活性受抑制，难以发挥其优良的固氮促生能力，接种后幼苗的生物量低于 CK2。Sarig 等(1992)和 Vedder-Weiss 等(1999)的研究证实，根际固氮菌和溶磷菌能加强根的呼吸作用，使 CO_2 的同化加速。Vessey 和 Heisinger(2001)以一株溶磷真菌(*Penicillium bilaii*)接种豌豆，也使植株的干物质积累量增高。

以上研究发现低磷条件下根瘤菌的接种处理均表现出相同的趋势，即溶磷根瘤菌首先能够解除豆科植物所遭受的缺磷胁迫，通过释放可溶性磷素使植物进入相对均衡的营养环境。在这一基础上，通过侵染植株产生根瘤固氮，为植物提供充足的氮素，使植株的生长受到促进，生物量的积累加快。高产生长素菌株如 RSW96 对其寄主植株的促生效应更为显著。

普通根瘤菌在低磷条件下，虽然也能产生根瘤并固氮，但始终受到缺磷胁迫的限制，不能发挥其优良的促生性能。而施用化学磷肥(CK2)或将非互接种族的溶磷根瘤菌(RSW+苜蓿植株)作为根际促生菌进行处理时，对幼苗植株的促生效果均优于普通根瘤菌(见表 6-13 生物量测定结果)。由此可见，在低磷条件下，溶磷根瘤菌的促生效应首先体现在溶磷作用，其次才是诱导植物结瘤固氮和以生长素促进植株的生长(Okeny，1997)。因此，与根际溶磷菌相比，溶磷根瘤菌具有前者的性质，但接种于寄主植物时，则可能产生优于根际溶磷菌的作用。Chabot 等(1996b)在进行溶磷大豆根瘤菌(*R. leguminosarum*)的研究时也得到相似的结论。

根瘤菌在非结瘤状态下，在土壤中更多的是充当根际促生菌的角色。通过比较非寄主植物接种溶磷根瘤菌后的生长表现，发现当溶磷根瘤菌 LW107 和 RSW96 存在于非寄主植物根际时，菌株的促生性能首先体现在溶磷作用，接种溶磷菌的植株都不同程度地脱离了低磷胁迫。能分泌生长素的溶磷根瘤菌，尤其是 RSW96 菌株也能使非寄主植株的多数生长量和生物量指标超过 1/4 Hoagland's 完全营养液(CK2)的处理，这说明接种溶磷根瘤菌的植株在获得一定量的可溶性磷后，对菌株分泌的生长素也有明显的响应。换言之，当磷素不再成为植株生长的主要限制因素后，溶磷根瘤菌的产生长素能力则转入较为突出的位置，这一点或许从 LW107 和 RSW96 对燕麦植株促生能力的差异上可以得到印证，即 LW107 的溶磷能力强于 RSW96 菌株，但同样作为根际菌，在低磷条件下对燕麦植株多数生长量和生物量指标的增效作用则弱于高效分泌生长素的 RSW96 菌株。目前，作为根际溶磷菌，在完成磷素供应后，分泌生长素能力占据溶磷根瘤菌促生能力主导地位的结论还不能就此成立，因为分泌生长素高的菌株，如 RSW96 也可能因生长素的作用，或自身增殖速度较快而导致菌体数目的增加，使根际的总溶磷量和菌体在非结瘤状态下的固氮量(尽管相对较小)增加而对植株产生更明显的促生作用，抑或起因于两株溶磷菌尚不明确的差异也未可知。因此，在对客观结果进行分析和推测后，溶磷根瘤菌对非寄主植物的具体作用还有待作进一步的研究。但至少通过本研究可以证明，具有产生长素能力的溶磷根瘤菌 LW107 和 RSW96 在低磷条件下对寄主和非寄主植物都有良好的促生效果，能有效解除寄主和非寄主植物的缺磷胁迫，促进植株生长量和生物量的增长，提高氮素和磷素的吸收，有较好的应用潜力和菌剂生产价值。

八、低磷条件下接种溶磷根瘤菌和普通根瘤菌后苜蓿植株含磷量比较

如图 6-10 所示，低磷对照 CK1 中的植株含磷量仅为溶磷根瘤菌 LW107 菌株处理的 71.15%，为 CK2 和溶磷根瘤菌 RSW96 处理的 69.91%和 68.85%，差异显著($P<0.05$)；表明在低磷条件下，接种溶磷根瘤菌和施入少量的可溶性磷素可明显提高植物体内的含磷量。接种无溶磷能力的普通根瘤菌 12531 可以增加植株的含磷量，显著高于 CK1 处理植株，但仅为 CK2 和 LW107 处理的 84.11%和 85.71%，这是因为普通根瘤菌可以通过

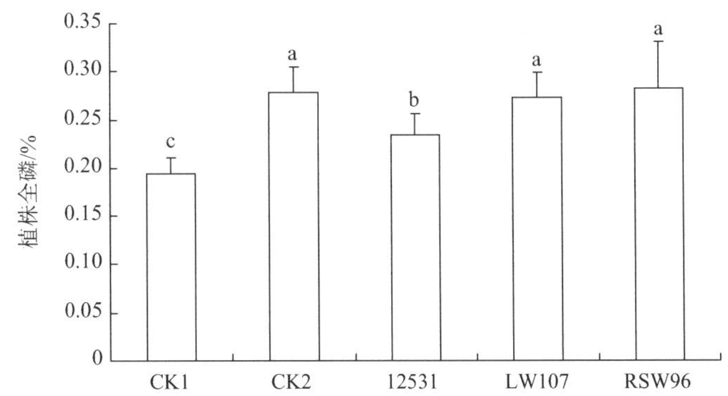

图 6-10　低磷条件下溶磷根瘤菌和普通根瘤菌对金皇后苜蓿 60d 植株含磷量的影响

柱上不同小写字母表示差异显著($P<0.05$)

固氮作用增加植株的生长，促进根系有机酸的分泌以提高对磷的吸收，但无法使植株脱离低磷胁迫从而恢复正常生长。RSW96、LW107（$P<0.05$）和 CK2 的菌株处理间植株的含磷量与植株生物量的关联性较弱，也证实了 Wakelin 等（2007）的观点，即溶磷菌对植物生长和产量的影响可能与植物组织的含磷量并不完全相关。Xie（2008）的研究也发现，溶磷根瘤菌在提供一定磷素的条件下能够促进植物的生长，但不能显著升高植株的全磷含量。

九、低磷条件下接种溶磷根瘤菌和普通根瘤菌后苜蓿结瘤固氮能力比较

接种溶磷根瘤菌和普通根瘤菌 60d 后，不同处理下苜蓿植株的结瘤和固氮能力差异显著。如表 6-14 所示，在经过 60d 的培养后，低磷条件下普通根瘤菌 12531 和溶磷根瘤菌 LW107 都能够诱导植株产生大量根瘤。但 12531 菌株诱导形成的根瘤鲜重和固氮酶活性仅有 LW107 菌株处理的 76.7%和 62.9%，差异均达显著水平（$P<0.05$）。不同处理的植株含氮量也存在明显差异，LW107 处理下的植株含氮量最高，分别高出 CK1、CK2、12531 和 RSW96 处理植株的 79.6%、7.5%、16.7%和 13.6%，差异均达显著水平（$P<0.05$）。CK1 处理植株中的含氮量最低，仅为 CK2 处理的 59.9%，并显著低于接种根瘤菌的处理，说明缺磷胁迫对于植株的氮素吸收也有明显的抑制。接菌根瘤菌 12531 和 RSW96 处理植株的含氮量与 CK2 差异不显著，表明低磷条件下，接种可固氮结瘤的普通根瘤菌和非互接种族的溶磷根瘤菌都能提高植株的含氮量。这一现象可能是由于普通根瘤菌在低磷条件下的固氮能力虽然受到抑制，但仍然能通过固定氮素促进生物量和植株含氮量的积累，而 RSW96 可能除充当根际溶磷菌外，更多的是通过溶磷作用为植株提供可溶性磷，以及分泌生长素促进植株生长，增加生物量来提高植株的含氮量。

表 6-14　低磷条件下接种溶磷根瘤菌和普通根瘤菌后苜蓿植株的结瘤能力、根瘤固氮酶活性和植株含氮量

处理	根瘤数	根瘤直径/mm	根瘤鲜重/mg	固氮酶活性/[μmol/(g · h)]	植株含氮量/%
CK1	2 ± 2c	1.3 ± 0.4b	0.8 ± 0.3c	6.03 ± 1.28d	1.91 ± 0.05c
CK2	5 ± 2c	1.9 ± 0.5a	1.1 ± 0.2c	16.67 ± 1.70c	3.19 ± 0.02b
12531	38 ± 5a	2.4 ± 0.3b	2.3 ± 0.2b	20.52 ± 1.30b	2.94 ± 0.08b
LW107	35 ± 4a	2.6 ± 0.6a	3.0 ± 0.4a	32.64 ± 1.60a	3.43 ± 0.02a
RSW96*	15 ± 3b	2.0 ± 0.4a	2.3 ± 0.3b	18.88 ± 1.11b*	3.02 ± 0.03b

注：同列数值后不同小写字母表示差异显著（$P<0.05$）；*表示 RSW96 处理的根瘤数、直径及鲜重测定时包括部分白色或灰白色的无效根瘤或瘤状物，测定固氮酶时则选取粉色的有效根瘤

RSW96 处理下的金皇后苜蓿植株在接种 60d 后也形成了一定数量的根瘤，且根瘤鲜重与 12531 处理相同，但根瘤直径显著低于 12531 处理，且这些根瘤有相当部分为白色或灰绿色的无效根瘤，选取其中的有效根瘤进行测定后，固氮酶活性仅为 LW107 处理的 57.8%，远低于 RSW96 在红豆草植株上产生根瘤的固氮酶活性（表 6-12），因此这部分根瘤的来源则可能是植株内存在的内生根瘤菌（张淑卿等，2009a）在 RSW96 分泌的大量生长素的诱导下形成的根瘤，这类由生长素刺激产生的根瘤特征则是体积大而重量轻，皮

层细胞疏松，有些根瘤甚至并没有内容物。

由此可见，低磷条件下溶磷根瘤菌能够缓解寄主和非寄主植物遭受的缺磷胁迫，促进植株的生长和生物量的积累，并能侵染寄主植株产生有效根瘤固氮。对于非寄主植物，溶磷根瘤菌不能促使其产生有效根瘤，但具有根际溶磷菌的作用。低磷条件下普通根瘤菌也能侵染寄主，产生根瘤并固氮，但根瘤固氮能力、寄主植物的生长和生物量积累仍受缺磷胁迫的限制。施用化学磷肥(CK2)或非互接种族的溶磷根瘤菌对幼苗植株的促生效果优于普通根瘤菌。

十、讨论

(1)微生物的溶磷机制

现有的研究认为，溶磷微生物是土壤有效磷的重要来源(Hilda and Fraga，1999)，而溶磷菌分解难溶磷的能力取决于微生物分泌有机酸的种类和数量。目前已知溶磷微生物分泌的有机酸有乳酸、甲酸、乙酸、反丁烯二酸等，这些酸既能降低 pH，又可与铁、铝、钙等离子结合，从而使难溶性磷酸盐溶解。在本研究中，部分溶磷菌株的培养液灭活后，仍有部分有机酸能够发挥溶磷作用。然而尽管溶磷菌在土壤中普遍存在，但其自然数量较少，受到其他根际微生物的竞争而难以形成优势菌落(Rodriguez and Fraga，1999)。这意味着自然状态下由溶磷微生物释放的可溶性磷不足，难以明显促进植物生长。因此向土壤或作物人为接种溶磷菌是提高溶磷菌数量、促进植株生长、提高作物产量的实用措施(Rodriguez et al.，2006)。

一些定殖于豆科作物根际的根瘤菌除共生固氮外还具有解难溶性有机磷(Abd-Alla，1994)和难溶性无机磷(Antoun et al.，1998)的能力，因此也可作为溶磷固氮微生物的一种。然而解无机磷根瘤菌的数量相对较少，祁娟和师尚礼(2006b)从种子中分离出的 22 株根瘤菌中，有 14 株可溶解难溶性有机磷，仅有一株可溶解无机磷。而席琳乔等(2005a)在禾本科植物根际分离出的根际溶磷菌更倾向于溶解无机磷。祁娟认为其可能的原因是根瘤菌的共生特性使之更倾向于同有机体结合，从而利用难溶性有机磷的能力更强。

本研究的目的在于根据根瘤菌的溶磷和固氮能力从根瘤中分离符合要求的菌株。从具有产酸固氮特性的单菌落中逐层排除筛选出 5 株溶磷根瘤菌，新分离出的根瘤菌株在产酸反应、接触酶反应和溶磷性方面与已知的溶磷苜蓿根瘤菌 SL01 一致(李剑峰等，2010a；师尚礼等，2007c)，其产酸特性表明新筛选出的溶磷根瘤菌和 SL01 都是快生型根瘤菌(Halder and Chakrabartty，1993)。与之相反，标准菌 12531 的产碱特性则更符合慢生根瘤菌的特征(Hernandez and Focht，1984)。获得的溶磷固氮菌 RS19 虽然不具备结瘤能力，但与根瘤菌在 YMA 固体培养基上的菌落特征一致，其生长速度很快，24h 即可形成直径大于 5mm 的单菌落，其纯培养物的固氮能力达 0.17μmol C_2H_4(d · 12ml 气相测定反应瓶容积)，同时具备解无机磷和产生长素能力，在低磷条件下能显著提高苜蓿植株的株高、叶片数和生物量。

目前被普遍接受的土壤微生物解难溶性无机磷的机理主要是有机酸学说(Halder et al.，1990)。Halder 和 Chakrabatty(1993)发现葡萄糖的直接氧化产物酮戊二酸单酰胺

(2-ketogluconic acid)是溶磷根瘤菌分泌的主要有机酸，也是使根瘤菌具备溶磷能力的关键因素(Goldstein，1995)。根瘤菌通过分泌酮戊二酸单酰胺和其他有机酸使细胞周围酸化，从而产生质子代换钙离子，释放出被固定的磷素(Goldstein，1995)。Halder 和 Chakrabatty(1993)发现以氢氧化钠中和溶磷根瘤菌分泌出的有机酸后，菌株的溶磷过程受到阻断，这表明根瘤菌的溶磷机理归结于有机酸的分泌而非酶的作用。基于这一理论，本研究以产酸固氮菌—溶磷固氮菌—溶磷根瘤菌的逐级筛选过程进行溶磷根瘤菌的筛选，从大量的固氮菌和根瘤菌中以较少的筛选步骤得到了预期的溶磷根瘤菌，达到了预计的目的，这也证实了根瘤菌的溶磷能力与有机酸的分泌相关。

Alikhani 等(2006)则发现 446 株伊拉克根瘤菌中，分别有 44%和 76%的菌株具备溶解磷酸三钙和磷酸氢钙的能力。Antoun 等(1998)发现在 266 株根瘤菌中有 54%具有分解难溶性磷的能力。但在本试验分离出的固氮菌单菌落中，可高效溶解无机磷的溶磷固氮菌株有 61 个，其中以土壤杆菌属、放线菌属、芽胞杆菌属、氮单胞杆菌属和其他固氮菌属中的菌株为主，而经回接鉴定的根瘤菌仅有 5 株，仅占总固氮菌数的 1.78%。祁娟和师尚礼(2006b)从 22 株根瘤菌中也仅发现 1 株具有解无机磷的效果。这可能是由于根瘤中溶磷根瘤菌的数量与土壤中的溶磷根瘤菌的数量不同。同时也说明溶无机磷根瘤菌在根瘤内微环境固氮菌群落中的数量比例很低，也表明根瘤内有大量非根瘤菌的固氮菌和溶磷菌存在。可见，根瘤-植物共生固氮体系也在利用一些无结瘤能力的其他固氮菌为其提供获取更多有效磷素的途径。

根瘤菌在土壤中普遍存在，并对盐、酸碱和温度胁迫都具备一定的适应性(Kulkarni et al.，2000)，但逆境对包括溶磷根瘤菌(Arun and Sridhar，2005)在内的根瘤菌仍有强烈的抑制生长的作用(Nautiyal et al.，2000)。在本试验中筛选出 5 株溶磷根瘤菌，且 L-5、L-7 和 RS-1 菌株在液体培养条件下的溶磷量分别为 7.5μg P/(ml · d)、9.6μg P/(ml · d)和 6.987μg P/(ml · d)，与其他研究者筛选出的菌株相比(Chaiharn and Lumyong，2011；Halder and Chakrabartty，1993)仅处于中等水平。例如，Halder 和 Chakrabartty(1993)筛选出的溶磷苜蓿根瘤菌在以磷灰矿为唯一磷源时的溶磷量为 49～100μg P/(ml · d)。Chaiharn 和 Lumyong(2011)从泰国北部土壤中分离出的 39 株根际细菌的溶磷量为 0.1～67μg P/ (ml · d)，其中 40%的菌株溶磷量高于 L-7。但 L-5、L-7 和 RS-1 菌株在国内的研究中属于溶磷能力较强的菌株(李剑峰等，2009c；张希涛等，2008)，可以作为工程菌或菌株育种的材料(Rodriguez et al.，2006)。

(2)溶磷根瘤菌溶磷和结瘤固氮与分泌 IAA 能力间的关系

在溶磷根瘤菌的筛选中，首先需要保证菌株具有良好的固氮结瘤能力，并对作物有相当的促生效果。多数植物根际微生物和根瘤菌都具有分泌生长素的能力，尤其是根瘤菌，其产生长素的能力往往被认为与其刺激植株结瘤的能力密切相关(Remans et al.，2008；Fukuhara et al.，1994)。De Freitas 等(1997)、Chaiharn 和 Lumyong(2011)筛选出的根瘤菌 IAA 产量为 2～292mg/ml。Pii 等(2007)的研究则指出，接种生长素产量高的根瘤菌能比接种普通菌株的植株根瘤数增加 50%以上。这与本研究结果一致，即接种高产生长素菌株 L-5 的植株根瘤数高出接种标准根瘤菌 12531 的处理 1.4 倍，而根瘤的直径和重量也显著增加(表 6-5)。这可能是由于高产生长素的菌株能促使根系扩张生长(Pii et al.，2007)，增加根瘤着生部位。万曦等(2001)的研究则指出，结瘤素基因 *ENOD40* 是根瘤器官形成过程中表达的植物早期结瘤素基因之一，其作用方式就是调控细胞生长素和细胞激动素形成的比例，并借此使根组织变形，最终形成根瘤。Long(1996)的研究则指出，根瘤菌侵染根际形成根瘤的过程就是通过分泌类生长素物质使根毛组织细胞壁和膜结构中构成细胞骨架微管组织卷曲膨大变形(Campanoni and Blatt，2007)，形成根瘤菌进入根系的侵染通道。此外，在本研究中发现，产生长素能力强的溶磷根瘤菌株 RS-1 和 L-5 在 YMA 培养基和无氮培养基上形成菌落较其他菌株更快，溶磷、结瘤能力和根瘤的固氮酶活性也显著高于其他菌株。这可能是菌株在分泌生长素的同时也提高了自身繁殖生长的速度所致，从而增强了菌株代谢产酸、分解无机磷的能力。因此，尝试采用提高菌株产生长素能力来增强菌株溶磷能力也有一定的研究价值。

(3)溶磷根瘤菌的选育

传统意识上根瘤菌对植物主要的促生能力体现在其结瘤固氮的过程中，而对产生长素和溶磷能力的特性并未予以足够的重视。对溶磷微生物的研究集中在芽胞杆菌、放线菌等根际溶磷菌方面，很多菌株已应用于实际生产。但根瘤菌作为土壤微生物群落中的一员，实际在土壤中占有相当的比例，有着根际菌和共生固氮菌的双重身份，因此对于一些附加有特定促生能力，如可溶磷、产生长素等的根瘤菌株，扩大其应用范围，作为根际促生菌或是多效促生根瘤菌予以开发，将会使这些根瘤菌株发挥更大作用。在之前的研究中，溶磷根瘤菌通常只出现在普通根瘤菌株的特性描述中。本研究采用从根瘤分离溶磷固氮菌，再从溶磷固氮菌中以逐层排除的方法获取溶磷根瘤菌，筛选出了具备固氮、溶磷、分泌生长素三重特性的根瘤菌株。试验方法简单、可靠、有效，可以作为筛选溶磷根瘤菌的通用选育方法。以该方法筛选出的苜蓿根瘤菌 L-5 和红豆草根瘤菌 RS-1 均为快生型根瘤菌，具有结瘤能力高、固氮能力较强的特点，兼备溶磷和分泌生长素的特性，耐盐和耐酸碱能力强，具有较好的开发和利用价值。并在这一过程中得到一株不能结瘤，但在无氮培养基上生长速度很快，溶磷、产生长素和产胞外多糖能力突出的溶磷固氮菌 RS-19，经过进一步的研究和测定，发现该菌株纯培养物的固氮酶活性和在低磷条件下对植株的促生能力也很突出(Li et al.，2011c)，可以作为优秀的根际溶磷固氮菌制备 RGPR 菌肥。为区别筛选出的根瘤菌，在该菌株的相关研究中，已将 RS-19 菌株代号更改为 RSN-19(Li et al.，2011c)。

本研究的不足之处在于，虽然本研究所获得的溶磷根瘤菌株的固氮酶活性与已报道的其他优秀根瘤菌株的固氮酶活性略高或相近，但解无机磷和产生长素的能力低于已应用于实际生产的放线菌、芽胞杆菌等。而与 Halder 和 Chakrabartty(1993)，以及 Chaiharn 和 Lumyong(2011)所筛选出的溶磷大豆根瘤菌相比，L-5 和 RS-1 菌株的溶磷能力仅为中等偏上。因此降低了溶磷根瘤菌的开发利用价值和市场竞争能力。但通过利用已有的性状资源，采取菌株诱变和突变株定向选育的方式，将有可能弥补现有菌株的不足，使之具有更好的开发前景。

(4)溶磷及产生长素根瘤菌高效突变株的诱变条件

以微波诱变红豆草溶磷根瘤菌 RS-1 并获得其高效产 IAA 突变株和诱变苜蓿根瘤菌 L-5 选育高效溶磷突变株，两种诱变处理的诱变目标和菌株都不同，因此诱变条件也存在很大差异，RS-1 菌株的最高正突变率出现在 800W 功率、6s 的间歇照射下，而 L-5 菌株的最高正突变率产生在 600W、30s 的间歇照射处理下。说明针对不同的根瘤菌株或不同的诱变目的，最佳的微波辐照参数并不相同。这一方面可能是由于不同的根瘤菌株对微波辐照的敏感性不同，另一方面可能是由于控制菌株不同性状的基因位点对微波辐照强度的反应不同。因此在利用微波诱变菌株时，需要就不同的菌株和诱变特性进行辐照参数的优化。作为一种简便、安全、清洁、廉价的辐射源，微波辐照的条件更易于掌控和变更，这是其他多数诱变条件所不能企及的。

(5)诱变效果及突变株的遗传稳定性

本研究在植物根瘤中筛选出的溶磷分泌生长素根瘤菌 RS-1 和 L-5 对微波辐照敏感，诱变效果较好。在最佳诱变条件下选育得到的高效溶磷突变株 LW107，溶磷能力较原始菌株 L-5 有显著提高，在固体和液体 PKO 培养基中的溶磷能力比原始菌株分别提高了 43.36%和 112.59%，其溶磷性状能够稳定遗传，结瘤能力不低于原始菌株，固氮酶活性比原始菌株提高了 11.7%；同样，在最优辐照诱变条件下得到高产生长素突变株 RSW96，该突变株在 24d 产 IAA 能力和溶磷能力分别比原始菌株 RS-1 提高 50.15%和 74.3%，经多次传代后 IAA 含量始终保持较高的水平。回接植株的结瘤数高于原始菌株，突变株处理的单株生物量增加率也显著高于原始菌株($P<0.05$)。说明溶磷苜蓿根瘤菌 L-5 和溶磷红豆草根瘤菌 RS-1 对微波辐照敏感，诱变效果较好，性状增效明显，遗传稳定。蒲小明等(2008)以微波复合诱变星形孢菌素(*Stretomyces* sp.)产生菌，获得多次传代后遗传性状稳定，比原始菌株 H-0 效价提高了 284.20%的突变菌株。

(6)微波辐照诱变的热效应与非热效应

微波对生物的作用包括热效应与非热效应，非热效应主要体现为电磁效应(陈怡平等，2006)。而 Dreyfuss 和 Chipley(1980)、Welt 等(1994)和 Fujikawa 等(1992)的研究都认为微波辐照对于微生物的作用多为热效应，而非热效应是“无法察觉”的，即对微生物而言，微波辐照与等量热效应的普通热处理间差异微小。但这一结论均是基于对大量菌体生化特性的群体表现进行研究而得到的。例如，对某一发酵菌液进行辐照处理后，直接测定处理发酵液的代谢物产量或是活菌含量，最终得到菌液内全部菌株个体的共同表现，而并未涉及个体突变株的变异水平。在本研究的菌株初筛过程中，通过分析大量突变株在溶磷及分泌生长素能力方面的变异特性时发现，大量样本下(n=300)正负突变株的数目基本对等，差异不显著($P<0.05$)，这一方面确定了微波诱变引发变异的非定向性，另一方面也意味着非定向诱变产生的正负变异株的概率相等，这有可能使个别高效突变菌株的能力在菌株群体表现的消长中被掩盖。这也解释了 Dreyfuss 和 Chipley(1980)及 Welt 等(1994)在同等热效应的热处理和微波辐照处理下，微生物发酵液的代谢活性未

表现出明显的差异。由本研究诱变高产 IAA 菌株的试验结果表明，在辐照间隙对菌液降温以降低热效应后，菌株的正突变率也能维持在 19%的高水平，突变株的增产性状与原始菌株有显著的差异(李剑峰等，2009c)。已有的试验结果未发现在降低热效应后有增产性状两倍，甚至 10 倍以上于原始菌株的突变株出现。而在对固氮菌 RSN-19 进行辐照诱变时发现，连续照射可产生固氮能力和溶磷能力高于原始菌株 10 余倍的突变株(Li et al.，2011c)。这一差异可能与控制性状的基因有关，也可推测是由于热效应使水分子的运动加剧，从而协同非热效应使菌株产生强度更大的突变，但这一观点仅仅为基于试验结果及文献资料的推测和探讨，微波诱变的实际机理还需要进一步的深入研究。

(7)根瘤菌突变株系纯培养物与回接的根瘤固氮酶活性的相关性

根瘤菌作为共生固氮菌，纯培养物的固氮酶在高氧气浓度(如空气)下活性很低，需要在根瘤提供的厌氧环境下才能高效地固定游离态的氮素，因此其固氮能力主要由侵染寄主植株所形成的根瘤来体现。但在根瘤菌诱变选育时，由同一原始菌株产生的各突变株固氮能力有可能产生较大差异。在随机诱变、定向选择的过程中，每个突变菌株通常都要经过植株回接，并通过测定根瘤的固氮酶活性方能确定其固氮能力是否优于原始菌株。在面对大量待测突变株时，这一过程需要耗费大量的时间和精力用于多个突变菌株的接种、幼苗培育和根瘤测定。因此，探讨突变株纯培养物与回接根瘤间固氮酶活性是否存在相关关系，则有可能通过比较菌株纯培养物的固氮能力来粗略估计其根瘤的固氮酶活性，仅对少量的菌株进行回接验证试验，从而降低筛选根瘤菌高效固氮突变株的工作量。

(8)微波诱变选育菌株的优点和缺陷

传统的诱变育种方法如化学诱变、紫外线辐照诱变、^{60}Co γ 辐照诱变(梁新乐等，2007)和离子束注入(张晓勇等，2008)是获得微生物高产突变株，提高微生物工业生产水平，保持微生物发酵生产力的基本技术手段。其缺陷在于部分诱变手段如化学和紫外线辐照诱变有一定的危险性，可能会危害工作人员健康。同时由于微生物基因的诱变位点有限，对同一初始菌株反复、多次的使用相同方法进行诱变处理会产生钝化现象，导致正突变类型少而诱变效果不佳(潘明和周永进，2008)。微波诱变作为一种新型诱变方法，与其他诱变手段一样能够在短时间内得到优良高效、性质稳定的突变株(李宏宇等，2003)，但安全性更高更廉价。本试验证明，微波诱变高效产 IAA 根瘤菌所需的设备简单，方法易行，操作安全，诱变效果较好，克服了紫外辐照诱变易产生光修复，化学诱变危险性高、毒性大等缺点，具有非常广阔的应用前景，在促生根瘤菌菌种的选育中具有较大的推广价值，本研究也发现，微波诱变引致的变异是非定向的，而基因标记或定向化学药剂诱导变异，如 Tn5 转座子诱变的方式更易于定位、修改或克隆变异的基因位点，这可能是微波诱变菌株存在的主要限制因素，但可以通过对突变株进行细致的筛选，并经过多代次的遗传性状验证来弥补这一缺陷。

(9)低磷条件下，溶磷根瘤菌对寄主植物的促生效应

由于磷素、氮素、生长调节物质和土壤性质等因素对植株的作用往往是一个相互影响和关联的复杂过程，因此在实际的土壤栽培条件下，很难确定和评价溶磷分泌生长素根瘤菌的每种促生效应对植株各生长指标的具体贡献。本研究通过沙培试验尽量减少其他因素的干扰，通过提供简单统一的低磷条件进行溶磷根瘤菌促生性能的比较。

综合试验一和试验二的结果，发现低磷条件下根瘤菌的接种处理均表现出相同的趋势，即溶磷根瘤菌首先能够解除豆科植物所遭受的缺磷胁迫，通过释放可溶性磷素使植物进入相对均衡的营养环境。在这一基础上，通过侵染植株产生根瘤固氮，为植物提供充足的氮素，使植株的生长受到促进，生物量的积累加快。高产生长素菌株如 RSW96 对其寄主植株的促生效应更为显著。

普通根瘤菌在低磷条件下，虽然也能产生根瘤并固氮，但始终受到缺磷胁迫的限制，不能发挥其优良的促生性能。而施用化学磷肥(CK2)或将非互接种族的溶磷根瘤菌(RSW+苜蓿植株)作为根际促生菌进行处理时，对幼苗植株的促生效果均优于普通根瘤菌(见表 6-13 生物量测定结果)。由此可见，在低磷条件下，溶磷根瘤菌的促生效应首先体现在溶磷作用，其次才是诱导植物结瘤固氮和以生长素促进植株的生长(Okeny，1997)。因此，与根际溶磷菌相比，溶磷根瘤菌具有前者的性质，但接种于寄主植物时，则可能产生优于根际溶磷菌的作用。Chabot 等(1996b)在进行溶磷大豆根瘤菌(*R. leguminosarum*)的研究时也得到相似的结论。

(10)低磷条件下溶磷根瘤菌对非寄主植物的促生作用

根瘤菌在非结瘤状态下，在土壤中更多的是充当根际促生菌的角色。通过比较非寄主植物接种溶磷根瘤菌后的生长表现，发现当溶磷根瘤菌 LW107 和 RSW96 存在于非寄主植物根际时，菌株的促生性能首先体现在溶磷作用，接种溶磷菌的植株都不同程度地脱离低磷胁迫。能分泌生长素的溶磷根瘤菌，尤其是 REW96 菌株也能使非寄主植株的多数生长量和生物量指标超过 1/4 Hoagland's 完全营养液(CK2)的处理，这说明接种溶磷根瘤菌的植株在获得一定量的可溶性磷后，对菌株分泌的生长素也有明显的响应。换言之，当磷素不再成为植株生长的主要限制因素后，溶磷根瘤菌的产生长素能力则转入较为突出的位置，这一点或许从 LW107 和 RSW96 对燕麦植株促生能力的差异上可以得到印证，即 LW107 的溶磷能力强于 RSW96 菌株，但同样作为根际菌，在低磷条件下对燕麦植株多数生长量和生物量指标的增效作用则弱于高效分泌生长素的 RSW96 菌株。但目前，作为根际溶磷菌，在完成磷素供应后，分泌生长素能力占据溶磷根瘤菌促生能力主导地位的结论还不能就此成立，因为分泌生长素高的菌株，如 RSW96 也可能因生长素的作用，或自身增殖速度较快而导致菌体数目的增加，使根际的总溶磷量和菌体在非结瘤状态下的固氮量(尽管相对较小)增加而对植株产生更明显的促生作用，抑或起因于两株溶磷菌尚不明确的差异也未可知。因此，在对客观结果进行分析和推测后，溶磷根瘤菌对非寄主植物的具体作用还有待进一步的研究。但至少通过本研究可以证明，具有产生长素能力的溶磷根瘤菌 LW107 和 RSW96 在低磷条件下对寄主和非寄主植物都有良

好的促生效果，能有效解除寄主和非寄主植物的缺磷胁迫，促进植株生长量和生物量的增长，提高氮素和磷素的吸收，有较好的应用潜力和菌剂生产价值。

十一、结论

1）根瘤-植物共生固氮体系内有大量非根瘤菌的固氮溶磷菌存在，其中包括少量解无机磷根瘤菌。本研究采用逐级分离、定向选育的方法，通过形态观察、生理生化鉴定试验和回接寄主结瘤试验筛选出5株溶磷根瘤菌，其中L-5和RS-1菌株具有高效结瘤固氮和解无机磷的能力。

2）溶磷根瘤菌产生长素的能力与其刺激植株结瘤的能力密切相关，产生长素能力强的溶磷根瘤菌株在YMA培养基和无氮培养基上形成菌落的速度和溶磷能力高于其他菌株，接种于寄主植株后植株根瘤数、根瘤直径、根瘤重量和固氮酶活性增高。

3）利用微波诱变溶磷根瘤菌时，最佳的微波辐照参数根据根瘤菌株及诱变目的有所不同。在最佳诱变条件下分别得到L-5、RS-1的突变株LW107和RSW96。突变株保持原始菌株的高效固氮能力或有所增高，溶磷和分泌生长素性能得到增强。

4）溶磷根瘤菌LW107和RSW96在低磷条件下对寄主和非寄主植物都有良好的促生效果，能有效解除寄主和非寄主植物的缺磷胁迫，促进植株生长量和生物量的增长，提高氮素和磷素的吸收。在低磷条件下，普通根瘤菌也能侵染寄主植物产生根瘤并固氮，但由于受到缺磷胁迫的限制，植株的生长受抑制，根瘤的直径、鲜重和固氮酶活性明显下降。

第七章　植物源抑菌剂及抑杂菌型苜蓿根瘤菌剂

根瘤菌与豆科植物间的共生固氮对农业生产意义重大，农业上常通过接种优良根瘤菌来促进豆科作物生长和增加产量。但部分根瘤菌由于难以抵御恶劣环境条件胁迫而不能成功与豆科作物共生结瘤。这些恶劣环境条件包括土壤理化性状的限制及气候因素等。此外，很多土壤微生物与根瘤菌间呈拮抗关系，其中包括掠食性的无脊椎原生动物、黏细菌、弧菌和噬菌体，以及其他一些可以产生次生代谢物质或通过改变环境因素而对根瘤菌有抑制作用的微生物。同时，施用到田间的目标根瘤菌还面临着与土著根瘤菌间对宿主植株结瘤位点的残酷竞争。为了获得良好的结瘤效果，所接种根瘤菌必须具有高效固氮能力，同时，对土著根瘤菌具有良好的竞争能力，从而形成更多根瘤。竞争机制与根瘤菌和宿主植株间复杂的相互作用有关，多种生物和非生物胁迫均可影响接种根瘤菌株的竞争结瘤能力，商用根瘤菌剂的高污染现状也是根瘤菌与宿主植株共生结瘤效果的主要影响因素之一，且施用到田间的目标根瘤菌株还存在检测难的问题。Jung 等（1982）和 Sessitsch 等（1998）研究发现，通过向微生物菌剂中添加抑菌剂类物质可有效降低菌剂污染率，并增加目的菌株的竞争结瘤效果。农业中使用较多的抑菌剂类型主要包括一些化学类和抗生素类抑菌剂，但随着该类抑菌剂的长期施用，其高毒性、不易降解、残留期长、病原菌抗药性、环境污染等相关问题开始受到人们越来越多的关注，基于此，寻找微生物源或植物源的抗菌物质成为一种新的趋势，研究和开发环境友好型抑菌剂变得越来越迫切，生物源特别是植物源抑菌剂成为了研究热点。

针对当前商用苜蓿根瘤菌剂污染率高、有效活菌数低、不耐储藏、目的菌株竞争结瘤能力低下及占瘤率测定难等问题，霍平慧、师尚礼拟通过对所选植物源类抑杂菌物质抑杂菌效果的测试，筛选广谱抑菌效果好、作用期长、使用方便、优质价廉的菌剂添加剂。并通过定向筛选，获取高效固氮的耐药根瘤菌株。同时对筛选菌株及对照菌株进行荧光蛋白标记，以便更加精确地测定菌株占瘤率及所制备菌剂的抗污染效果。并以耐药根瘤菌株结合所筛选抑菌剂制备抗污染剂型根瘤菌剂，测定其植株促生效果及在储藏过程中的抗污染能力，以期为高竞争型根瘤菌剂的制备提供科学依据。

第一节　植物源类抑菌剂的抑菌效果

医疗、食品和工农业生产中，经常需要使用杂菌抑制剂。常见的抑菌剂类型主要有：①防腐剂类，如食品里添加的苯甲酸、苯甲酸钠、山梨酸、山梨酸钾等；②金属类无机抑菌剂，众多金属离子中，汞、银、镉、铜、锌和镧系稀土离子等均具有较强的抗菌能力；③药物类抑菌剂，主要包括各种抗生素，如青霉素、链霉素、头孢、红霉素及磺胺类药物等；④天然抑菌剂（植物源），如壳聚糖、艾蒿、芦荟等本身具有抗菌活性的物质成分，来自天然提取物，经过改性得到的抑菌剂；⑤复合抑菌剂，各种有机、无机抑菌剂及天然抑菌剂经不同组合得到的一类高性能抗菌物质，如聚苯乙烯乙内酰脲、聚吡啶、聚噻唑等。

农业中使用较多的抑菌剂类型主要包括一些化学类和抗生素类抑菌剂，但随着该类抑菌剂的长期施用，环境污染等相关问题越来越受到人们的关注，研究和开发环境友好型的植物源抑菌剂意义重大。

一、主要农用抑菌剂类型及应用现状

1. 抗生素类抑菌剂

19 世纪中后期，抗生素开始应用于传染性疾病的治疗(Couce and Blazquez，2009)。微生物学家曾极度自信地认为，微生物对抗生素耐药性的进化几乎不可能发生。因为细菌对抗生素进行抗性突变的频率几乎可以忽略不计(Davies，1994)。然而，使用抗生素的最大害处是导致致病菌对抗生素和宿主抗性的产生，与此同时，部分亚致死浓度的抗生素还可以扰乱微生物生理，并在某些情况下导致不可预测的后果：如微生物形态学和毒性的变化，以及基因突变能力的改变等(Davies et al.，2006；Goh et al.，2002；Lorian，1975)。

资料显示，在实验室的微生物纯培养与富集培养中，多种抗生素在低剂量下使用时就可以达到完全抑制共生型(Casas-Campillo，1951；Trussell and Sarles，1943)与非共生型(Waksman and Woodruff，1941)固氮菌、硝化细菌(Pramer and Starkey，1952)、硫氧化细菌(Starkey and Pramer，1953)及病原微生物(Morgan and Goodman，1955；Gottlieb et al.，1952；Katznelson and Sutton，1951)的作用。然而，抗生素在土壤和沙地中与在实验室培养基中的活性截然不同。抗生素作为一种天然产物，施用后很容易受到土壤中微生物的攻击与降解(Jefferys，1952)，其分解的速度主要取决于所用抗生素的自然属性，以及土壤的化学、物理和生物学特性(Wright and Grove，1957)。抗生素在土壤中易失活，通常有以下几种原因：①抗生素分子所固有的化学不稳定性(如盘尼西林、绿胶霉素、木霉素和频青霉菌素等在水溶液中都具有化学不稳定性)；②土壤中矿物质和有机质的吸收作用；③微生物的降解(Pramer，1958)。

经研究证实，通过向微生物菌剂中添加抑菌剂类物质可以减少菌剂污染并增加目的菌株的竞争效果(Sessitsch et al.，1998；Jung et al.，1982)。但在过去的数十年中，抗生素类物质广而杂的使用导致了部分抗性菌株的传播(Blazquez，2003)，也造成了菌株抗性基因甚至病原菌的广泛传播(Couce and Blazquez，2009)，并加速了某些病原菌与共生型菌株对抗生素的耐受性。为改变这种情况，寻找其他环境友好型抑菌物质如植物源的抗菌物质成为一种新的趋势(Rossland et al.，2005；Brehm-Stecher and Johnson，2003)。许多植物源的生物活性物质显示出其广谱的抗氧化、毒害细胞、抑制细胞生长和繁殖，以及抗炎特性(Paduch et al.，2008)，并从某种程度上被用作抑菌物质的有效替代品(Lu et al.，2007)，这些物质内含有的丰富的次生代谢物质是具有药物生物活性和抑菌效果的复合物(Lewis and Ausubel，2006)，如生物碱、黄酮及酚类化合物(Nawrot et al.，2007；Edeoga et al.，2005)。植物源类抑菌物质由于其内部的有效成分复杂多样，很难引起微生物的抗药性，可以作为未来微生物接种剂的添加剂。

2. 稀土盐类抑菌剂

根据国际纯粹与应用化学联合会对稀土元素的定义，稀土类元素(rare earth)是门捷列夫元素周期表第三副族中原子序数从 57～71 的 15 个镧系元素[镧(La)、铈(Ce)、镨(Pr)、钕(Nd)、钷(Pm)、钐(Sm)、铕(Eu)、钆(Gd)、铽(Tb)、镝(Dy)、钬(Ho)、铒(Er)、铥(Tm)、镱(Yb)、镥(Lu)]，以及同属第三副族的，与其电子结构和化学性质相近的钪(Sc)和钇(Y)共 17 种元素的总称。它们具有相似的电子结构，且价电子构型、离子原子半径相近，因此，理化性质相似。

在生物领域，稀土具有许多药理性质：抗炎、杀菌、抗癌、抗凝血、镇痛作用等(张秀英等，2006；Gudasi and Goudar，2000)。19 世纪末，德国学者的研究证实了镧系元素可以抑制微生物生长。20 世纪初期，德国、法国、意大利等国就稀土离子的抑菌作用进行了深入研究。稀土盐被用作抑菌剂的历史可以追溯到 20 世纪早期(Zan，1995)，1906 年，一种以硫酸铈为主要化学成分的外用杀菌药出现在欧洲市场上(倪嘉瓒等，1995)。当前，稀土盐类物质，尤其是镧系元素，因其与 Ca^{2+}的拮抗作用，已被广泛应用于医学领域作为抑菌剂(Liu et al.，2004)。

但稀土离子的广泛传播也易产生一定的环境问题。稀土元素施用到土壤中后对环境产生的影响主要由其低溶解度所导致(Wettje，1997)。土壤中的氟化物、碳酸盐、磷酸盐及氢氧化物易与自然状态下的稀土元素形成溶解度较低的复合物，进而导致生态系统的水相溶解度较低。在水溶液中，稀土离子可与无机配体(如碳酸盐和硫酸盐)和有机配体(如腐殖酸和富啡酸)形成复合物，而当溶液中 pH 较高时，还可与氢氧离子形成复合物(Pang et al.，2001)。因此，在实际应用中应谨慎、严格地控制稀土用量。

3. 植物源类抑菌剂

植物源类抑菌剂是指直接利用或提取植物的根、茎、叶、花、果、种子等或利用其次生代谢物质制成的具有杀菌作用的活性物质。植物源类抑菌剂具有对病原菌的作用特异性强、不易引起抗药性、极少杀伤害虫天敌和有益生物、不破坏生态平衡、对人畜安全、不污染环境等优点(王继佳等，2011)。

大部分抑菌种子植物集中分布在菊科、蓼科、豆科、伞形科、禾本科、唇形科、木兰科、马兜铃科、本犀科、百合科、葫芦科、莎草科、十字花科、樟科、楝科、卫矛科、大戟科和柏科等科中(袁文金等，2007；吴新安等，2002)。经过近千种植物抑菌试验筛选，发现抗真菌作用较强的有麻黄(*Ephedra sinica*)、细辛(*Asarum heterotropoides*)、丁香(*Syzygium aromaticum*)、黄连(*Coptis chinensis*)、苦豆草(*Sophora alopecuroides*)、厚朴(*Magnolia officinalis*)、藤黄(*Garcinia hanburyi*)、大黄(*Rheum Palmatum*)、银杏(*Ginko biloba*)、连翘(*Forsythia suspensa*)、地黄(*Rehmannia glutinosa*)、苦皮藤(*Celastrus angulatus*)、苦参(*Sophora flavescens*)、白头翁(*Pulsatilla chinensis*)、苦楝(*Melia azedarach*)、藿香(*Agastache rugosa*)、紫草(*Lithospermum erythrohizon*)、蒲公英(*Taraxacum mongolicum*)、大蒜(*Allium sativum*)、洋葱(*Allium cepa*)、猪毛蒿(*Artemisia *scoparia*)、臭蒿(*Artemisia hedinii*)、天名精(*Carpesium abrotanoides*)、旋覆花(*Inula japonica*)、龙葵(*Solanum nigrum*)、甘草(*Glycyrrhiza uralensis*)、大花金挖耳(*Carpesium macrocephalum*)、蓼子朴(*Inula salsoloides*)、辛夷(*Magnolia biondii*)、齿果酸模(*Rumex dentatus*)、构树(*Broussonetia papyrifera*)、野核桃(*Juglans cathayensis*)、莴苣(*lactuca sativa*)、远志(*Polygala tenuifiolia*)、石榴(*Punica granatum*)、芦苇(*Phragrnues communis*)、百部(*Stemona japonica*)、黄花蒿(*Artemisia annua*)、苍耳(*Xanthium sibiricum*)、瑞香狼毒(*Steuera chamaejasme*)等。

在农业生产中，与化学类抑菌剂相比，植物源类活性抑菌成分具有很多优点，如植物源类抑菌剂活性成分主要来源于大自然，自然界有其自然的降解途径，绿色环保、不污染环境；抑菌活性成分复杂，可作用于病原菌的多个器官系统，利于克服其抗药性；部分植物源类活性物质具有刺激作物生长的功效；抑菌活性种类多，分布广，方便因地制宜，加工生产等。植物源类抑菌剂按其有效成分与化学结构及用途一般分为以下几大类。

生物碱类：此类物质对昆虫、病原菌等的毒力最强，其作用方式多种多样，如毒杀、忌避、拒食、麻醉和抑制生长发育等。主要有烟碱、毒扁豆碱、苦参碱、雷公藤碱、百部碱、黎芦碱、小檗碱、喜树碱、次喜树碱、乌头碱、三尖杉碱、毒芹碱、胡椒碱、辣椒碱等。

萜烯类：包括蒎烯、单萜类、倍半萜、二萜类、三萜类等。这类物质有拒食、内吸、麻醉、忌避、抑制生长发育、破坏害虫信息传递和交配等作用，并兼有触杀和胃毒作用，主要有印楝素、川楝素、苦皮藤素、闹羊花素、茶皂素等。

萘醌和黄酮类：多以苷或苷元、双糖苷或三糖苷状态存在，对昆虫表现为拒食和抗生作用。主要有鱼藤酮、毛鱼藤酮、类鱼藤酮、胡桃醌、苦参素等。

精油类：是一类分子质量较小的植物次生代谢物质，具有毒杀、熏杀、忌避或引诱、拒食、抑制生长发育等作用，多用于仓库防虫抑菌，如桉树油、薄荷油、百里香油、松节油、菊蒿油、茼蒿油、芸香精油、肉桂精油、猪毛蒿油、芫香精油等。

光活化毒素类：这类物质在光照下的杀伤力成几倍甚至上千倍提高，它们在植物中广泛存在，如噻酚类的 α-三连噻酚、聚乙炔类的茵陈二炔、醚类的金丝桃素、香豆素类的花椒毒素、呋喃喹啉碱类的小檗碱等。

甾体类：具有拒食、毒杀和抗生作用，主要有 Nic-1、Nic-2 及植物质蜕皮酮、羊角拗总苷、牛藤甾酮等。

此外，还有羟酸酯类，如除虫菊酯；木脂素类，如乙醚酰透骨草素；糖苷类，如番茄苷等。

二、苦参碱和除虫菊素对空气和土壤源杂菌的抑制效果

1. 抑菌剂溶液制备及灭菌

苦参碱和除虫菊素分别以少量乙醇溶解，并用蒸馏水稀释至 20mg/ml，调试溶液 pH 至 7.0，以 0.22μm 直径滤膜过滤灭菌。苦参碱溶液置于室温下备用，除虫菊素置于 4℃条

件下避光保存，以防止其在高温强光下分解。

2. 含抑菌剂平板的制备

YMA 培养基配方：甘露醇 10g/L，NaCl 0.1g/L，$MgSO_4 \cdot 7H_2O$ 0.2g/L，酵母粉 1.0g/L，K_2HPO_4 0.5g/L；pH6.8～7.2。YMA 固体培养基：0.5%刚果红溶液 10ml/L，琼脂 15g/L。

以 YMA(酵母-甘露醇-琼脂)固体培养基作为基本培养基，分别制备含有上述 3 种稀土盐离子的含药平板，使其终浓度为 200mg/L、400mg/L、600mg/L、800mg/L 和 1000mg/L(Li and Alexander，1998)。为防止稀土盐与培养基成分 $K_2HPO_4 \cdot 3H_2O$ 发生反应(Tyler，2004)，所有灭菌稀土盐母液在 YMA 平板即将凝固前(40～50℃)按上述浓度加入，并迅速摇匀，进行 3 次重复。以 YMA 固体培养基作为基本培养基，分别制备含有 300mg/L、400mg/L、500mg/L、600mg/L 和 700mg/L 苦参碱和 500mg/L、1000mg/L、1500mg/L 和 2000mg/L 除虫菊素的含药平板(Li and Alexander，1998)。根据所需终浓度，在 YMA 培养基冷却至 40～50℃(即将凝固前)加入定量灭菌抑菌剂母液并迅速摇匀，进行 3 次重复。

3. 抑菌剂种类及其浓度对空气和土壤微生物的抑制效果测试

土壤溶液制备：2012 年 10 月，自甘肃农业大学兰州牧草试验站(36°05′26″N，103°41′57″E，苜蓿地)5 个不同位置挖取土壤表面下 3～5cm 处土壤，均匀混合后，称取样品 1g，装入已盛有 99ml 无菌水的锥形瓶中，振动 30min，而后静置 30min，得到土壤悬浮液(Wei et al.，2010)，并在此基础上制备其 10^0～10^6 系列稀释液。

含有不同浓度的苦参碱和除虫菊素抑菌剂的平板：①暴露于空气中 30min；②涂抹 0.2ml 土壤悬浮液及其各浓度稀释液。对照(CK)为不含有任何抑菌剂的 YMA 平板。处理后，所有平板放置于室温下(23～26℃)培养，并分别培养 48h、72h、112h 和 136h 时观察、记录平板菌落数量、杂菌类群及菌落直径。

4. 苦参碱和除虫菊素对空气和土壤微生物生长的影响

暴露于空气 30min 处理，除培养 136h 时，1000mg/L 除虫菊素平板中菌落数显著高出 CK 外，其他所有含植物源抑菌剂平板在整个培养期内菌落数均显著低于 CK(表 7-1)($P<0.05$)，表明苦参碱和除虫菊素可有效抑制空气中杂菌的生长。含苦参碱抑菌剂的平板中菌落数随着含药浓度的增加而降低，而随着培养时间的增加，各浓度下含药平板菌落数缓慢增加。而对于除虫菊素，各浓度含药平板在培养初期(48h)对空气杂菌的抑制效果良好，而这种抑制效果随着培养时间的增加而降低，培养 136h 时，1000mg/L 浓度的含药平板菌落数甚至显著高出 CK。在 72～136h 培养期内，该浓度平板的菌落数始终高出 500mg/L 含药平板。

含苦参碱和除虫菊素抑菌剂平板对土壤源杂菌的抑制效果(表 7-2)与空气源杂菌的抑制效果相同。平板菌落数随着抑菌浓度的增加而降低。不同浓度苦参碱平板菌落数差异显著($P<0.05$)。而同一抑菌浓度下，平板菌落数随着时间的延长而缓慢增加。500mg/L 除虫菊素平板在培养初期对土壤源杂菌的抑制效果较好(48～72h)，菌落数仅为 CK 的

10.07%和 11.89%，而随着培养时间的增加，112h 和 136h 时，平板菌落数分别增至 CK 的 77.93%和 95.99%。

表 7-1　不同浓度植物源抑菌剂平板上空气源杂菌生长的菌落数　（单位：cfu/平板）

抑菌剂类型	抑菌浓度/(mg/L)	培养时间/h			
		48	72	112	136
CK	0	166.67 ± 5.24a	347 ± 15.62a	373 ± 13.08a	389 ± 11.14b
苦参碱	300	17.67 ± 0.88b	63.33 ± 6.39c	72 ± 1.53b	83.33 ± 3.18c
	400	12.67 ± 0.88bc	24 ± 1.00d	33.33 ± 2.60bc	37.67 ± 2.03d
	500	6.33 ± 0.33cd	7.67 ± 0.33d	8 ± 0.58bc	18.67 ± 1.20de
	600	3.33 ± 0.33d	3.33 ± 0.33d	4 ± 0.58bc	4.00 ± 0.58e
	700	0.33 ± 0.33d	0.33 ± 0.33d	1.67 ± 0.33bc	1.67 ± 0.33e
除虫菊素	500	11 ± 1.15bc	72.67 ± 3.48c	73.67 ± 3.28b	87.67 ± 2.03c
	1000	0 ± 0d	176.33 ± 4.91b	411.33 ± 27.86a	472.33 ± 8.57a
	1500	0 ± 0d	0 ± 0d	0.33 ± 0.33bc	35.33 ± 2.19d
	2000	0 ± 0d	0 ± 0d	0 ± 0bc	0 ± 0e

注：同列数值后不同小写字母表示差异显著(P<0.05)

表 7-2　不同浓度植物源抑菌剂平板上土壤源杂菌生长的菌落数　（单位：cfu/平板）

抑菌剂类型	抑菌浓度/(mg/L)	培养时间/h			
		48	72	112	136
CK	0	2572.67 ± 40.39a	2655.33 ± 61.41a	2766.67 ± 52.7a	2832.33 ± 24.77a
苦参碱	300	1195 ± 36.06b	1410 ± 34.79b	1797 ± 34.27c	1873.00 ± 40.6c
	400	356.33 ± 11.98c	374.67 ± 5.78c	391.33 ± 7.86d	430.33 ± 13.22d
	500	31 ± 1.15e	62 ± 3.21d	176.33 ± 4.33e	193.67 ± 5.46e
	600	4 ± 0.58e	16 ± 1.53d	32.67 ± 2.6f	37 ± 3.21f
	700	2 ± 0.58e	2.33 ± 0.33d	8.67 ± 0.88f	9.33 ± 0.33f
除虫菊素	500	259 ± 8.89d	315.67 ± 11.98c	2156 ± 43.71b	2718.67 ± 35.93b
	1000	5 ± 0.58e	39.33 ± 2.85d	66 ± 1.53f	80.67 ± 2.73f
	1500	0 ± 0e	0 ± 0d	0 ± 0f	0.33 ± 0.33f
	2000	0 ± 0e	0 ± 0d	0 ± 0f	0 ± 0f

注：同列数值后不同小写字母表示差异显著(P<0.05)

与 CK 相比，不同浓度抑菌剂平板上不同类型杂菌的比例呈波动变化(P<0.05)（表 7-3），但总体而言，放线菌对苦参碱抑菌剂较为敏感，400mg/L 和 700mg/L 的抑菌浓度可完全抑制空气源和土壤源杂菌，500mg/L 抑菌剂浓度下，所有的空气源放线菌和大部分真菌都被抑制，而 600mg/L 抑菌剂浓度下，所有空气源真菌和放线菌被完全抑制，细菌成为唯一杂菌类型。相比之下土壤源抑菌剂对苦参碱的耐受性较强，700mg/L 抑菌剂浓度下，放线菌被完全抑制，而真菌菌落比例达 71.67%，成为优势菌。除虫菊素对真菌的抑制效果较好，1000mg/L 含药浓度便可完全抑制空气源真菌，而 1500mg/L 浓度便可完全抑制土壤源真菌。

表 7-3 培养 136h 时，不同浓度空气源和土壤源抑菌剂平板上不同类型杂菌种群的比例

（单位：%）

抑菌剂类型	浓度/(mg/L)	空气源			土壤源		
		F	B	A	F	B	A
CK	0	36.67 ± 0.67a	47 ± 0.58e	16.33 ± 0.33a	3 ± 0cd	61.33 ± 0.33e	35.67 ± 0.33c
苦参碱	300	13.67 ± 1.2c	76.33 ± 1.2cd	10 ± 0b	0.33 ± 0.33d	58.67 ± 1.76e	40.33 ± 1.76b
	400	20.33 ± 1.2b	79.67 ± 1.2c	0 ± 0e	0.67 ± 0.33d	86.67 ± 1.45b	12.67 ± 1.45d
	500	15 ± 2.52c	85 ± 2.52b	0 ± 0e	4.33 ± 0.33c	62 ± 1.53e	33.67 ± 1.67c
	600	0 ± 0d	100 ± 0a	0 ± 0e	12 ± 0.58b	81.33 ± 1.45c	7 ± 1.53e
	700	0 ± 0d	100 ± 0a	0 ± 0e	71.67 ± 3.28a	28.33 ± 3.28f	0 ± 0f
除虫菊素	500	20 ± 1.53b	73.67 ± 1.86d	6.33 ± 0.67c	1 ± 0cd	67 ± 0d	32 ± 0c
	1000	0 ± 0d	97 ± 0.58a	3 ± 0.58d	11.33 ± 1.20b	16.67 ± 1.45g	72.33 ± 2.4a
	1500	0 ± 0d	100 ± 0a	0 ± 0e	0 ± 0d	100 ± 0a	0 ± 0f
	2000	0 ± 0d	0 ± 0f	0 ± 0e	0 ± 0d	0 ± 0h	0 ± 0f

注：F 为真菌；B 为细菌；A 为放线菌；同列数值后不同小写字母表示差异显著($P<0.05$)

除空气污染的 1500mg/L 除虫菊素平板外，所有含药处理平板中真菌和细菌菌落直径均高出 CK，部分达显著水平($P<0.05$)（表 7-4），而对于空气源和土壤源放线菌，除 1000mg/L 除虫菊素处理外，其余处理均高出 CK。而对于苦参碱处理，除 400mg/L 和 600mg/L，平板细菌菌落直径小于 CK 外，其余平板的真菌、细菌、放线菌菌落直径均大于 CK，部分达显著水平($P<0.05$)。

表 7-4 培养 136h 时，不同浓度空气源和土壤源抑菌剂平板上不同类型杂菌种群的菌落直径

（单位：cm）

抑菌剂类型	浓度/(mg/L)	空气源			土壤源		
		F	B	A	F	B	A
CK	0	0.57 ± 0.04cd	0.16 ± 0.01d	0.44 ± 0.03a	0.05 ± 0.01d	0.14 ± 0de	0.20 ± 0.01e
苦参碱	300	1.23 ± 0.09a	0.17 ± 0.03d	0.47 ± 0.02a	0.10 ± 0d	0.17 ± 0.01cd	0.21 ± 0.02de
	400	1.05 ± 0.09a	0.38 ± 0.01a	—	0.10 ± 0d	0.12 ± 0.01e	0.30 ± 0.01b
	500	0.77 ± 0.01b	0.27 ± 0.01bc	—	0.27 ± 0.01c	0.18 ± 0.02cd	0.38 ± 0.01a
	600	—	0.27 ± 0.02bc	—	0.38 ± 0.02b	0.12 ± 0.02e	0.28 ± 0.02bc
	700	—	0.24 ± 0.01c	—	0.20 ± 0.01c	0.20 ± 0c	—
除虫菊素	500	1.17 ± 0.03a	0.18 ± 0.01d	0.37 ± 0.02b	0.25 ± 0.02c	0.14 ± 0.01de	0.25 ± 0cd
	1000	—	0.30 ± 0.01b	0.31 ± 0.01b	1.00 ± 0.07a	0.47 ± 0.03a	0.14 ± 0.01f
	1500	—	0.02 ± 0e	—	—	0.42 ± 0.02b	—
	2000	—	—	—	—	—	—

注：F 为真菌；B 为细菌；A 为放线菌；同列数值后不同小写字母表示差异显著($P<0.05$)；“—”表示无数据

目前关于苦参碱对菌落生长的抑制效果的研究比较多，其试验结果也复杂多样。研究发现苦参碱对杨盘二孢菌(*Marssonina brunnea*)、尖孢枝孢菌(*Cladosporium oxysporum*)和枯梢病菌(*Sphaeropsis sapinea*)的 EC_{50} 浓度(半抑制浓度)分别为 123μg/ml、272μg/ml 和 428μg/ml，对金黄葡萄球菌(*Staphylococcus aureus*)、绿脓假单胞菌(*Pseudomonas aeruginosa*)和白色念珠菌(*Candida albicans*)的 EC_{50} 浓度为 25mg/ml，而对大肠杆菌(*Escherichia coli*)的 EC_{50} 浓度为 12.5mg/ml(张爱军等，2011)，表明苦参碱对不同菌种的抑制效果并不一致，主要取决于菌种类型。目前有研究采用分离自除虫菊素的内生真菌制备发酵肉汤，测定其对某些病原菌的抑制效果(Yi et al.，2008)，并发现了良好的抑制活性，而对于除虫菊素的直接抑菌活性，目前尚未有研究。本研究中，比较了苦参碱和除虫菊素的广谱抑菌活性，发现：①苦参碱和除虫菊素对空气源和土壤源杂菌均具有较好的抑制效果，而除虫菊素在平板培养初期对各类型菌的抑制效果较苦参碱好，但所需的抑菌活性物质较苦参碱高，随着时间的延迟，除虫菊素在培养后期对杂菌的抑制效果开始下降；②苦参碱对放线菌的抑制效果较优，而除虫菊素对真菌的抑制效果较优。但添加浓度达到一定水平后，苦参碱的长效抑制效果优于除虫菊素。在根瘤菌剂的实际生产与应用过程中，可根据菌剂储藏期限及要求预防的杂菌类型等具体需求采用不同的抑菌剂作为添加剂；③苦参碱价格适中，使用方便，0.6mg/ml 浓度下即可抑制空气和土壤中的绝大多数杂菌，可用于菌剂制备。

第二节　苦参碱抑菌剂及添加苦参碱根瘤菌剂对苜蓿生长的影响

苦参(*Sophora flavescens*)，别名草槐、地槐、川参、苦甘草、干人参、苦骨、苦平子、母菊等，为豆科槐属落叶灌木，常见于山坡、沙地、草地等，在全国各地广泛分布，为我国传统药物。将其干燥根、植株、果实经乙醇等有机溶剂提取后即可得到生物碱，其中以苦参碱和氧化苦参碱为主。目前，有关苦参碱用于防治农业害虫的报道较多，同时还发现苦参碱丙酮提取物对小麦赤霉病、苹果炭疽病、番茄灰霉病菌丝生长和病菌孢子萌发有明显抑制作用，其活性杀菌性成分既能抑制菌体的生物合成，又能影响菌体的生物氧化过程，是一种广谱的活性抑菌物质。另外，还有研究发现苦参提取物对植物生长有明显的促进作用，用苦参碱处理离体黄瓜子叶，其干重、鲜重随苦参碱浓度的增加而增加；苦参碱还能促进黄瓜子叶叶柄基部的生根作用；苦参碱处理小麦旗叶后，叶片蔗糖含量增高，从而促进穗的发育与干物质积累等。

结合第一节的研究结果，发现苦参碱抑菌剂对空气源微生物和土壤源微生物的长效抑制效果好，基于此，本节主要针对根瘤菌对苦参碱的耐受性及苦参碱对苜蓿生长的影响展开，并拟通过耐苦参碱根瘤菌株和苦参碱抑菌剂的回接，测定其对宿主植株生长的影响，以明确其作为根瘤菌剂添加剂的可行性。

一、苦参碱溶液浸种对苜蓿种子萌发的影响

1. 试验设计

参照《牧草种子检验规程》(国家技术监督局，2001)对陇东苜蓿种子(收获年份为2009；产地为甘肃；种子初始发芽率为 76.67%)进行标准发芽试验。根据苦参碱对空气源杂菌和土壤源杂菌的抑制效果，设置 0g/L、100g/L、200g/L、300g/L、400g/L、500g/L、600g/L、700g/L、800g/L 共 9 个苦参碱浓度梯度，制备各梯度母液 100ml。选取饱满、均一的苜蓿种子适量，浸入各溶液中 10h。10h 后，将经过浸种处理的苜蓿种子取出，用滤纸吸干种子表面水分，选取各处理种子 100 粒，均匀摆置于直径 15cm、衬铺双层滤纸的培养皿中，按照 30ml/皿的量加入蒸馏水进行发芽试验。对各培养皿记重，并以蒸馏

水补充每日培养皿中所消耗水分(称重法)，每处理设 3 个重复。从种子萌发起至第 15 天，每日统计种子发芽数，于第 7 天统计幼苗胚根长、胚芽长和鲜重，15d 时记录硬实种子数和吸胀种子数，并据此计算各处理种子的发芽率、发芽势、发芽指数和活力指数。

种子萌发指标的计算方法如下。

发芽率(%)=15d 内全部发芽种子数/供试种子数×100%

发芽势(%)=第 4 天发芽种子数/供试种子数×100%

活力指数=发芽指数×幼苗鲜重(g)(滕萌等，2007)

发芽指数=Gt/Dt，

式中，Gt 表示第 *t* 日的发芽数，Dt 表示发芽日数(霍平慧等，2011)。

2. 不同浓度苦参碱溶液浸种对苜蓿种子萌发的影响

由图 7-1 可知，经不同浓度苦参碱溶液浸种处理后，各处理种子的发芽势和发芽率变化趋势基本一致，都随着苦参碱浸种液浓度的加大而呈先上升后降低的变化趋势。在 1～500mg/ml 的浓度梯度内，发芽率略高出发芽势，二者变化曲线基本上呈重叠状，表明该范围内种子发芽状况比较整齐、一致，多数种子均在发芽试验的前 4d 萌发。而随着浸种溶液苦参碱抑菌剂浓度的加大，至 600mg/ml 时，发芽势与发芽率间的差距开始拉大，600～900mg/ml 浓度梯度处理显著抑制了部分种子的萌发状况，发芽率高出发芽势 9.29%～54.7%，造成了萌发延迟的情况，导致部分种子在 4～7d 的试验期内萌发。总体而言，300～500mg/ml 浓度梯度内，各处理的发芽势和发芽率显著高出对照，表明该浓度范围一定程度地刺激了种子的萌发，而随着浓度的继续加大，这种刺激作用开始逐渐转变为延迟和抑制作用。与此相反的是，各处理种子的硬实率则随着处理浓度的加大呈现出缓慢降低而后增加的趋势，在 300～500mg/ml 浓度内，各处理硬实率显著低于对照($P<0.05$)，而随着抑菌剂浓度的继续加大，600～800mg/ml 浓度内，各处理种子的硬实率与对照无差异($P>0.05$)。各处理种子吸胀率随着浸种溶液浓度的加大呈现先缓慢上升，而后降低，之后再次上升的趋势，在 300～500mg/ml 浓度内，各处理的吸胀率显著低于对照处理($P<0.05$)，而随着抑菌剂浓度的继续加大，各处理的吸胀率开始增高，且显著高于对照，表明部分种子受到抑菌剂毒害较为明显，虽可吸胀，却因受到伤害而难以萌发。

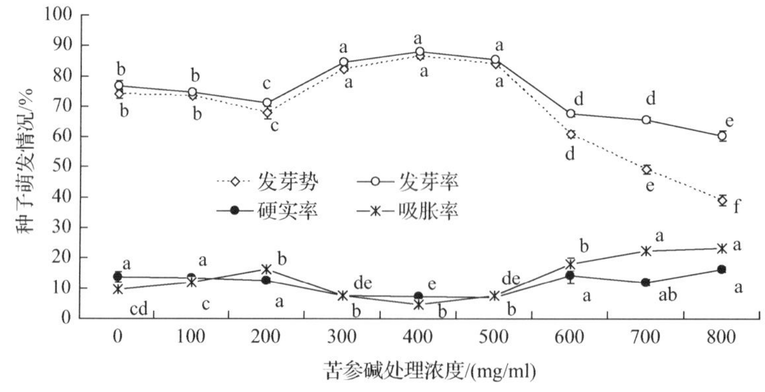

图 7-1　不同浓度苦参碱溶液浸种 10h 后的苜蓿种子发芽势、发芽率、硬实率和吸胀率

同形线上不同小写字母表示差异显著($P<0.05$)

总体而言，300～500mg/ml 的苦参碱浓度刺激了苜蓿种子的萌发，各项发芽指标也显著高出对照，600mg/ml 的处理浓度是个临界点，此时抑菌剂溶液浸种对种子的作用由之前的刺激开始转变为抑制。

由表 7-5 可知，各浓度苦参碱溶液浸种处理对萌发苜蓿种子幼苗生长长度、重量及活力指数的影响略有刺激作用。400mg/L 浓度处理下的幼苗胚根长显著高出对照($P<0.05$)，而 600～800mg/ml 浓度内的各处理胚根长显著低于对照($P<0.05$)。100～400mg/ml 浓度内各处理胚芽长度与对照均无显著差异($P>0.05$)，500～800mg/ml 浓度内，各处理的胚芽长度显著低于对照($P<0.05$)。同样的情况也存在于幼苗鲜重指标中，即 500～800mg/ml 浓度内各处理的鲜重显著低于对照($P<0.05$)，除 200mg/ml 处理显著高出对照外，其他 100～400mg/ml 浓度内的各处理与对照均无显著差异($P>0.05$)。对于发芽指数，300～500mg/ml 处理显著高于对照，其他处理低于对照。对于活力指数，200～500mg/ml 浓度内各处理与对照差异不显著，但其他各处理均显著低于对照处理($P<0.05$)。

表 7-5 不同浓度苦参碱溶液浸种对苜蓿萌发幼苗长度、鲜重、发芽指数和活力指数的影响

浓度/(mg/ml)	胚根长/cm	胚芽长/cm	幼苗鲜重/g	发芽指数	活力指数
0	3.83 ± 0.09bc	3.67 ± 0.17a	0.0245 ± 0.0013bc	10.95 ± 0.25d	0.27 ± 0.02ab
100	3.55 ± 0.03c	3.63 ± 0.09a	0.0219 ± 0.0011cde	10.67 ± 0.13d	0.23 ± 0.01c
200	3.80 ± 0.10bc	3.23 ± 0.09ab	0.0274 ± 0.0010a	10.15 ± 0.14e	0.27 ± 0.01ab
300	4.17 ± 0.07b	3.32 ± 0.09ab	0.0255 ± 0.0005ab	12.10 ± 0.13c	0.30 ± 0.01a
400	4.60 ± 0.03a	3.50 ± 0.12a	0.0230 ± 0.0007bcd	12.57 ± 0.08a	0.30 ± 0.01a
500	3.78 ± 0.17bc	2.77 ± 0.44b	0.0211 ± 0.0006de	12.19 ± 0.05b	0.26 ± 0.01b
600	2.92 ± 0.09d	1.87 ± 0.17c	0.0193 ± 0.0001ef	9.67 ± 0.13f	0.17 ± 0.00d
700	1.92 ± 0.12e	1.13 ± 0.03d	0.0176 ± 0.0006f	9.38 ± 0.13f	0.13 ± 0.00e
800	1.05 ± 0.08f	0.60 ± 0.06e	0.0078 ± 0.0003g	8.62 ± 0.26g	0.04 ± 0.00f

注：同列数值后不同小写字母表示差异显著($P<0.05$)

总体而言，随着苦参碱溶液浓度的不断升高，浸种处理对所萌发种子的抑制作用也逐渐显现，虽然有个别处理表现优于对照的现象，但总体而言幼苗的生长及活力指数受到了抑制。对于发芽指数，300～500mg/ml 浓度内各处理显著高出对照($P<0.05$)，其他浓度范围内与对照差异不显著或显著低于对照，表明 300～500mg/ml 浓度内的浸种处理对种子的萌发有一定的刺激作用。

二、高效耐受苦参碱根瘤菌株筛选

人工选育的根瘤菌常具有固氮效率高、促生效果好等优势。但释放到田间的目标根瘤菌，面临着与环境中的土著根瘤菌在营养、空间及宿主等方面的竞争。且一旦投入生产，制成商业化根瘤菌剂产品后，还面临着储藏期间的高污染率问题。基于此，常通过向菌剂中添加抑菌剂的措施来降低储藏期菌剂污染率并增加其施用到田间后的竞争结瘤能力。同时，还采用筛选抗性菌株的方法来提高菌种适应性，以增加其在不同环境中的竞争能力。

施用到田间的目标根瘤菌还存在占瘤率测定难的问题，传统根瘤菌竞争能力的检测主要借助根瘤菌内源分子标记，但需要从土壤中回收所接种菌株，工作强度大，技术要求高。而 CFP 为生物性发光蛋白，无细胞毒性，不干扰标记蛋白的功能，是目前唯一能够在异源细胞内表达并自发产生荧光的蛋白，可直接用于活体测定。使用 CFP 标记后，对所接种根瘤菌占瘤率的检测只需将根瘤剖开，置于长波紫外线(475nm)下照射即可，是一种较好的测定所接种根瘤菌回接效果及所制备菌剂抗污染效果的方法。

本章第一节中对苦参碱和除虫菊素的抑杂菌效果进行了初步测试，得到苦参碱更适合用作根瘤菌剂添加剂的结论，在此基础上，明确根瘤菌对苦参碱的耐受程度，对于抗污染型高效根瘤菌剂的制备至关重要，也是后续菌剂制备工作进行的基础。与此同时，对所筛选耐药根瘤菌进行荧光蛋白标记，可更加灵敏地测定目标菌株的接种效果及所制备菌剂的抗污染效果，对根瘤菌剂动态变化过程的监测意义重大。

1. 高效耐受苦参碱根瘤菌筛选

(1)根瘤菌的初步筛选

2012 年 6 月，在甘肃农业大学兰州牧草试验站选取 6 个苜蓿品种，见表 7-6。各苜蓿品种的根瘤分别取自多于 3 处栽培地的生长健壮、无病虫害、颜色粉红且根瘤数多的苜蓿植株。

表 7-6　苜蓿品种名称及来源

品种名与学名	品种来源
清水苜蓿(*Medicago sativa* cv. Qingshui)	甘肃农业大学
WL168HQ(*Medicago sativa* cv. WL168HQ)	FGI 公司
WL343HQ(*Medicago sativa* cv. WL343HQ)	FGI 公司
甘农 5 号苜蓿(*Medicago sativa* cv. Gannong No.5)	甘肃农业大学
甘农 3 号苜蓿(*Medicago sativa* cv. Gannong No.3)	甘肃农业大学
阿尔冈金苜蓿(*Medicago sativa* cv. Algonquin)	甘肃农业大学

将各品种苜蓿根瘤进行表面灭菌并制备稀释液，经固氮能力测试、刚果红色素吸附能力测试、革兰氏染色及碳源利用类型，并结合菌落形态观察后，各品种苜蓿根瘤中的初筛选根瘤菌情况见表 7-7。

表 7-7　初筛选根瘤菌株编号及宿主植株

宿主植株	种子产地	初筛选菌株数	菌株编号
Medicago sativa cv. WL168HQ	美国	6	168-1、168-2、1683、168-4、168-5、168-6
Medicago sativa cv. WL343HQ	美国	8	343-1、343-2、343-3、343-4、343-5、343-6、343-7、343-8
Medicago sativa cv. Qingshui	甘肃	5	Q-1、Q-2、Q-3、Q-4、Q-5
Medicago sativa cv. Algonquin	甘肃	6	A-1、A-2、A-3、A-4、A-5、A-6
Medicago sativa cv. Gannong No.5	甘肃	6	G5-1、G5-2、G5-3、G5-4、G5-5、G5-6
Medicago sativa cv. Gannong No.3	甘肃	8	G3-1、G3-2、G3-3、G3-4、G3-5、G3-6、G3-7、G3-8

(2)初筛选根瘤菌对苦参碱的耐受性测试

含抑菌剂平板的制备：参考本章第一节含抑制剂平板的制备方法，以 YMA 固体培养基作为基本培养基，制备含有 300mg/L、400mg/L、500mg/L、600mg/L 和 700mg/L 苦参碱的含药平板，每处理设 3 次重复。

初筛选根瘤菌株的苦参碱耐受性测试：将各编号的初筛选根瘤菌点接于上述含药平板，以购自微生物菌种中心的中华苜蓿根瘤菌 *S.* 12531(*Sinorhizobium meliloti*/ *Ensifer meliloti*)为对照菌株，以研究团队保存的 *R.* GN5(*Rhizobium* GN5)根瘤菌株为参比菌株，测定初筛选根瘤菌的苦参碱耐受性(表 7-8)。

表 7-8　初筛选根瘤菌株对各浓度苦参碱的耐受性　　(单位：mg/ml)

菌株编号	处理浓度					菌株编号	处理浓度				
	0.3	0.4	0.5	0.6	0.7		0.3	0.4	0.5	0.6	0.7
12531	+	+	−	−	−	A-1	+	+	+	+	−
GN5	+	+	−	−	−	A-2	+	+	+	+	−
168-1	+	+	−	−	−	A-3	+	+	+	+	−
168-2	+	+	−	−	−	A-4	+	+	+	+	−
168-3	+	+	+	−	−	A-5	+	+	+	−	−
168-4	+	+	+	−	−	A-6	+	+	−	−	−
168-5	+	+	+	+	−	G5-1	+	+	+	−	−
168-6	+	+	−	−	−	G5-2	+	+	+	−	−
343-1	+	+	−	−	−	G5-3	+	+	+	−	−
343-2	+	+	−	−	−	G5-4	+	+	+	−	−
343-3	+	+	−	−	−	G5-5	+	+	+	−	−
343-4	+	+	+	−	−	G5-6	+	+	+	−	−
343-5	+	+	+	−	−	G3-1	+	+	+	−	−
343-6	+	+	+	+	−	G3-2	+	+	+	−	−
343-7	+	+	+	+	+	G3-3	+	+	+	−	−
343-8	+	+	+	−	−	G3-4	+	+	+	−	−
Q-1	+	+	−	−	−	G3-5	+	+	+	−	−
Q-2	+	+	−	−	−	G3-6	+	+	+	−	−
Q-3	+	+	−	−	−	G3-7	+	+	+	−	−
Q-4	+	+	−	−	−	G3-8	+	+	+	−	−
Q-5	+	+	−	−	−						

注：+表示菌株在该苦参碱浓度处理平板上能生长，−表示菌株在该苦参碱浓度处理平板上不能生长

将表 7-8 中对苦参碱耐受性较好的初筛选根瘤菌株送检(鉴定单位：中国科学院微生物研究所)，进行生理生化指标的鉴定，得到 LH3436 菌株为可耐受 0.6mg/ml 苦参碱抑菌剂的根瘤菌(草木犀剑菌 *Ensifer meliloti* LH3436，2013 微检字第 133 号)。

2. 荧光标记根瘤菌的构建及对苦参碱的耐受性变化

供体菌株：*E. coli* pMP4517，含有 CFP，为营养缺陷型菌株，无法在 SM 培养基上生长，对庆大霉素有抗性。

辅助菌株：*E. coli* pRK2073，营养缺陷型菌株，无法在 SM 培养基上生长，对壮观

霉素有抗性。

受体菌株 1：*S.* 12531，标准菌株，购自微生物菌种中心。

受体菌株 2：*R.* GN5，本研究团队保存的苜蓿根瘤菌。

受体菌株 3：*R.* LH3436，本节筛选的对苦参碱抑菌剂具有良好耐受性的苜蓿根瘤菌。

具体构建及筛选方法参考第四章第一节。

标记根瘤菌株的荧光活性：以手提式长波紫外灯（波长为 336nm）照射划线、点接或涂抹荧光标记根瘤菌的固体平板，即可检测到菌落所发出的青色荧光。选择发光强度大、持续时间长的菌落进行菌株的遗传稳定性检测。

标记根瘤菌株的遗传稳定性：将筛选出的发光效果较好的荧光标记根瘤菌划线接种于 TY 平板，连续转接 8 次，28℃条件下培养至菌落长出，检查菌落的发光情况，并选择荧光丢失率最低、遗传性质最稳定的菌株保存备用。

抑菌剂耐受性：参考本章第一节的方法制备含有不同浓度苦参碱的平板，将制备好的荧光标记菌 *S.* 12531f、*R.* GN5f 和 *R.* LH3436f 分别点接于各平板，观察其抑菌剂耐受性的变化情况，结果发现荧光标记根瘤菌构建后，各荧光菌对苦参碱的耐受能力同表 7-8，表明荧光菌的构建并未对根瘤菌的耐受性造成影响。

三、苦参碱抑菌型根瘤菌剂对苜蓿植株生长的影响

1. 供试菌株及回接植物材料

供试菌株为本节中构建的荧光标记根瘤菌 *S.* 12531f、*R.* GN5f 和 *R.* LH3436f。其中 *R.* LH3436f 对 0.6mg/ml 的苦参碱抑菌剂具有天然耐受性，*S.* 12531f 为对照菌株，*R.* GN5f 为参比菌株。

回接植物材料：陇东苜蓿（*Medicago sativa* cv. Longdong），阿尔冈金苜蓿（*Medicago sativa* cv. Algonquin）。

2. 培养基及 Hoagland 营养液

TY 液体培养基：胰蛋白胨 5g/L，酵母粉 5g/L，$CaCl_2 \cdot 6H_2O$ 0.1g/L；pH 7.0。用于荧光标记根瘤菌液的制备。

Hoagland's 营养液组成（Hoagland and Arnon，1938）如下。

大量元素：KNO_3 607mg/L，$MgSO_4 \cdot 7H_2O$ 493mg/L，$(NH_4)_3PO_4$ 115mg/L，$Ca(NO_3)_2$ 945mg/L。

微量元素：$MnCl_2 \cdot 4H_2O$ 1.81mg/L，H_3BO_3 2.86mg/L，$CuSO_4 \cdot 5H_2O$ 0.08mg/L，$H_2MoO_4 \cdot H_2O$ 0.02mg/L，$ZnSO_4 \cdot 7H_2O$ 0.22mg/L，KI 0.004 15 mg/L，$CoCl_2 \cdot 6H_2O$ 0.000 125mg/L。

铁盐溶液：$FeSO_4 \cdot 7H_2O$ 5.56g/L，EDTA-Na_2 7.46g/L，使用时取 2.5ml/L。

营养液以 1mol/L NaOH 调节 pH 至 7.0。

3. 菌液制备

以陇东苜蓿和阿尔冈金苜蓿作为回接材料，进行根瘤菌的回接鉴定。将 *S.* 12531f

和 *R.* GN5f 根瘤菌平板活化后接入 50ml TY 培养基，将 *R.* LH3436f 根瘤菌平板活化后接入添加有 0.6mg/ml 苦参碱的 50ml TY 培养基，28℃条件下 120r/min 摇床培养，至菌液 OD_{600} 值为 0.5～0.8 时，取出备用。

4. 种子表面处理

将所需量的陇东苜蓿和阿尔冈金苜蓿种子以 0.1%的 $HgCl_2$ 溶液轻摇浸泡 3min（Selvakumar et al.，2008），然后无菌水浸洗 5 次，以无菌吸水纸吸去种子表面水分，晾干待用。

5. 盆栽处理及指标测定

选取清洁细沙（过 1mm 筛），4mol/L 盐酸浸 5h 后用蒸馏水反复浸洗，直至细沙 pH 为 7.0 ± 0.3，去离子水冲洗 2～4 次后，150℃高温烘干至冷却备用。

选择饱满、大小均一的各品种苜蓿种子 25 粒，播于高 7.5cm、宽 7cm、200ml 容积的塑料花盆中（盛有 480g 细沙），覆沙 40g 后将各处理盆栽分别置入盛有 1/4 Hoagland 营养液的水槽中，使培养液自盆底向上缓慢渗透至沙培表面。其间，水槽营养液高度保持在 0.5cm，并每日补充营养液所耗水分，每处理设 6 次重复。播种 30d 后，以蒸馏水代替营养液每日补充盆中消耗的水分。

待幼苗长出第一片真叶时，将制备好的菌液以无菌注射器吸取并均匀淋浇于所处理砂培表面，每处理 20ml。以两个植物材料不回接根瘤菌的处理为 CK1，CK1 中添加 20ml 蒸馏水代替菌液；回接 *S.* 12531f 和 *R.* GN5f 的处理为 CK2 和 CK3；添加苦参碱溶液的处理记为 M，各处理中均添加 0.6mg/ml 苦参碱抑菌剂的溶液 20ml；回接 *R.* LH3436f 根瘤菌株的处理记为 L，回接 0.6mg/ml 抑菌浓度苦参碱加 *R.* LH3436f 根瘤菌液处理记为 L-M。为巩固各处理的接种效果，在第一次接种 7d 后，参照第一次接种的方法，制备各菌液进行二次回接。播种 60d 后，每处理选取 2 个盆栽以自来水轻轻洗出盆栽苗，注意尽量减少对根系的损伤。

出苗数、株高、叶片数的测量。播种后 10d 开始，每 10d 记录各处理出苗数，直至 30d 时各处理出苗数稳定为止（张勇等，2003）；播种后第 10 天、第 30 天和第 60 天分别记录各处理的叶片数，各处理随机标记 3 株植株，测量其株高（柯玉琴和潘庭国，2002）。

植株生物量、根系及根瘤指标的比较。播种 60d 时，将盆栽整体浸入盛满自来水的大型容器中，缓慢倾斜盆栽并轻轻转动，使其内部砂石慢慢流出花盆，并借助水的浮力作用将盘结在一起的根系慢慢分开，期间动作应轻缓，尽量避免对根系及根瘤造成的损伤。洗出并分离的单株以蒸馏水冲洗干净，用吸水纸吸去表面附着的水分，然后随机取出标记植株，分别测定其根长和根体积（WinRHIZO 根系分析系统，Regent Instruments，Inc.，Ouebec.，加拿大）及单株结瘤数、根瘤直径，统计结瘤率和根瘤等级，然后置于 105℃烘箱中杀青 15min，之后调至 80℃烘至恒重备用（Liu et al.，2008）。

根瘤等级划分（李剑峰等，2010a）采用 5 分制法：中空的死亡根瘤，1 分；横切面呈灰白色的无效根瘤，2 分；直径小于 0.5mm 的粉色根瘤，3 分；直径 0.5～1mm 的粉色根瘤，4 分；直径大于 1mm 的粉色根瘤，5 分。

植株根系活力测定。播种 60d 时，取洗出的新鲜根系 0.1g，浸入 66.7mmol/L 的含有 0.2% 氯化三苯基四氮唑(TTC)的磷酸缓冲液中，37℃避光下保温 1h，而后加入 1mol/L 硫酸终止反应。将根系取出并研磨，之后用乙酸乙酯反复提取红色的 TTC 还原产物 TTF，并测定提取液的 OD_{485} 值。根据标准曲线计算 TTC 还原量。以单位时间内单位根系还原的 TTC 量表示根系还原力，借此反映植株的根系活力，单位为 μg/(g · h) (Huang and Gao，2000)。

叶片叶绿素含量测定。取新鲜苜蓿叶片 0.5g，加入 80%的丙酮研磨提取后，测定 OD_{663}、OD_{646} 和 OD_{470} 值，并根据修正的 Arnon 公式计算浓度：

$$Ca=12.21\times D_{663}-2.81\times D_{646}$$

$$Cb=20.13\times D_{646}-5.03\times D_{470}$$

叶绿素含量(mg/g)=色素浓度(mg/L)×提取液体积(L)×稀释倍数/样品鲜重(g) (Jennifer and Jac，2004)。

式中，Ca、Cb 分别为叶绿素 a、叶绿素 b 的浓度；D_{663}、D_{646}、D_{470} 分别为提取液在波长 663nm、646nm 和 470nm 下的 OD 值。

叶片丙二醛(MDA)含量测定。取新鲜苜蓿叶片 0.5g，加 5ml 10% TCA 溶液及少量石英砂研磨匀浆，4000r/min 离心 10min 后取 2ml 上清液(CK：2ml 蒸馏水)，加 2ml 0.6% TBA 溶液混匀，沸水浴反应 15min，迅速冷却，重复离心，测定 OD_{532}、OD_{600} 和 OD_{450} 值(Jiang and Huang，2001)。

MDA 浓度(nmol/L)=6.45×(OD_{532}–OD_{600})–0.56×OD_{450}

MDA 含量(nmol/g)=MDA 浓度(nmol/L)×提取液体积(ml)/植物组织鲜重(g)

植株全氮量测定。取各处理 80℃条件下恒温烘干并磨细的样品 0.1g，置入消化管中，先以水湿润管内样品，而后加入 5ml 浓硫酸并摇匀，室温下静置过夜，而后在消化炉上缓慢加热至溶液呈棕黑色，稍冷后加入 300g/L H_2O_2 10 滴，并不断搅动，再次加热至沸 10～20min 后待消化管稍冷，重复滴加 H_2O_2，如此反复 2～3 次直至消煮液无色清亮为止。将消煮液定容至 100ml，取过滤液测定植株氮含量，同时做空白试验以校正试剂误差。取上述待测液 2ml，滴加 2ml 100g/L 酒石酸钠溶液，充分摇匀后再滴加 100g/L KOH 中和溶液中的酸，加水定容至 40ml，摇匀，加 2.5ml 奈氏试剂，定容后充分摇匀，30min 后测定 OD_{420} 值(鲍士旦，2008)。

$$N(\%)=\rho\times V\times \mathrm{ts}/(10\,000\times m)$$

式中，ρ 为标准曲线查得显色液 N 的质量浓度；V 为显色液体积；ts 为消煮液定容体积/吸取消煮液体积；m 为干样重。

叶片可溶性糖含量测定。取新鲜苜蓿叶片 0.5g，剪碎装入试管，加 10ml 蒸馏水，封口后沸水浴中提取 30min，将提取液转至容量瓶中定容。取提取液 0.5ml，加蒸馏水 1.5ml，而后按顺序向试管中依次加入 0.5ml 蒽酮-乙酸乙酯试剂、5ml 浓硫酸，充分振荡后放入沸水浴中保温 1min，取出后自然冷却，测定 OD_{630} 值(Stieger and Feller，1994)。

$$可溶性糖含量(\%)=(C\times V/a\times n)/(W\times 10^6)$$

式中，C 为标准方程求得糖量(μg)；a 为吸取样品液体积(ml)；V 为提取液体积(ml)；n 为稀释倍数；W 为组织重量(g)。

荧光标记菌的占瘤率检测。每处理随机选取 2 棵盆栽，将植株完好无损洗出后，选取所有有效根瘤切下，记录各处理根瘤数，根瘤着生点两端留取根系约 0.5cm，以保证根瘤完好无损伤(Somasegaran and Hoben，1985)，并分别转至无菌研钵，加无菌水 5ml 充分研磨，而后转入无菌离心管，5000r/min 离心 5min，取上清液 2ml 涂抹于 TY 平板，待单菌落直径长至 1～2mm 时，置完全黑暗处用手提式紫外灯(336nm)照射平板，统计每处理平板的发光菌落数，将产生发光菌落的平板计为所接种菌株来源的根瘤。参照 Chandra 和 Pareek(1985)的方法计算各荧光标记菌的占瘤率。

根瘤固氮酶活性的测定。参考 Hara 等(2009)的方法以乙炔还原法测定各处理植株根瘤的固氮酶活性。将各处理植株完好无损洗出后，选取有效根瘤切下，根瘤着生点两端留取根系约 0.5cm，以保证根瘤完好无损伤。各处理称取根瘤 0.1g，置入容积 17ml 的已铺垫有单层湿润滤纸的西林瓶中，以防止根瘤干枯，每处理设 3 次重复。西林瓶用橡胶塞子盖住后以石蜡封口膜封口，用无菌注射器从瓶中抽出 1.7ml 瓶内空气，然后注入纯度 99.999%的乙炔气体 1ml，使瓶内乙炔气体的终浓度为 10%。室温下西林瓶以 60r/min 缓慢振荡，反应 1h 后，以微量进样器(100μl)抽取 50μl 瓶内气体，注入 GC-7890F(上海天美科学仪器有限公司)气相色谱仪(GC-7890F 参数设定：柱温 170℃，进样温度 150℃，检测温度为 180℃，以纯度 99.999%的标准乙烯气体制作标准曲线)，测定各处理植株根瘤在 1h 内生成的乙烯气体含量(以 μmol 计)，并参考下列公式计算根瘤的固氮酶活性(谭志远等，2009)。

$$N=\text{hx}\times C\times V/(\text{hs}\times 24.9\times t)$$

式中，N 为 C_2H_4 浓度(μmol/h)；hx 为样品峰面积；C 为标准 C_2H_4 浓度(μmol/ml)；V 为西林瓶体积(ml)；hs 为标准 C_2H_4 峰面积；t 为 C_2H_2 反应时间(h)。

6. 结果与分析

各处理中，CK1 为不接菌处理，CK2 为接种 *S.* 12531f 处理，CK3 为接种 *R.* GN5f 处理，M 为 0.6mg/ml 苦参碱溶液处理，L 为回接 *R.* LH3436f 的处理，L-M 为回接 0.6mg/ml 苦参碱溶液加 *R.* LH3436f 溶液处理。

由图 7-2 可知，对于陇东苜蓿，各接菌处理株高与对照无显著差异，而添加苦参碱抑菌剂的处理株高显著低于对照($P<0.05$)。对于阿尔冈金苜蓿，接种 *S.* 12531f、*R.* GN5f

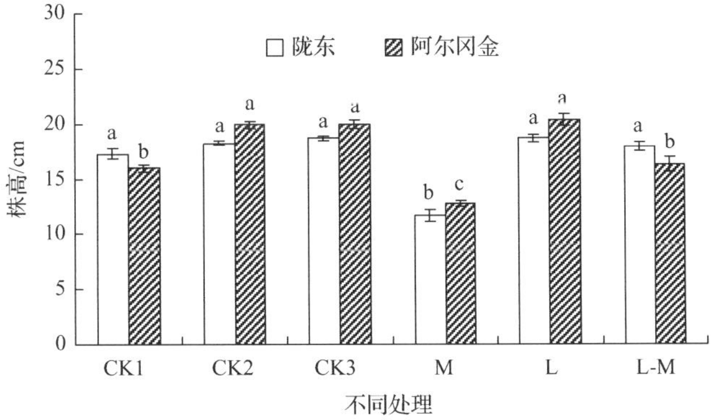

图 7-2 接种根瘤菌 *R.* LH3436f 及苦参碱对苜蓿株高的影响

同形柱上不同小写字母表示差异显著($P<0.05$)

及 *R.* LH3436f 的各处理株高均显著高于对照，而添加苦参碱抑菌剂的 *R.* LH3436f 处理株高与 CK1 差异不显著，0.6mg/ml 浓度苦参碱抑菌剂处理的株高显著低于对照处理（$P<0.05$）。表明接菌处理可以促进苜蓿植株的高度生长，而添加了抑菌剂的根瘤菌液回接处理较未添加抑菌剂的菌液回接处理效果略差，差异不显著。

进行接菌及添加抑菌剂处理后，阿尔冈金苜蓿植株的单株叶片数无显著变化（图 7-3）（$P>0.05$），陇东苜蓿各接菌处理的单株叶片数与 CK1 无显著差异（$P>0.05$）。表明接菌处理并未促进苜蓿植株叶片数的形成，但添加苦参碱抑菌剂的处理可以导致陇东苜蓿单株叶片数量的下降。

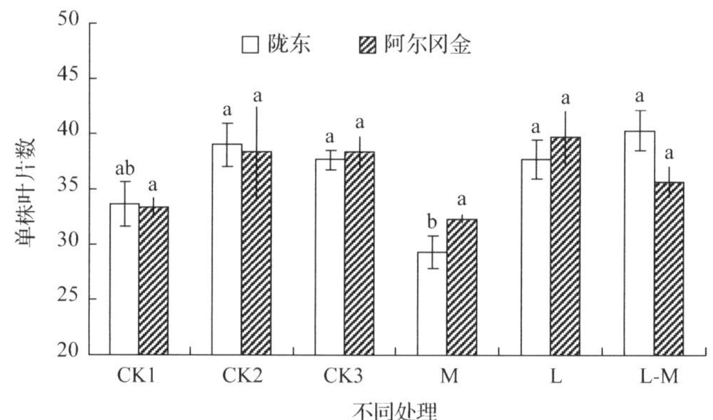

图 7-3　接种根瘤菌 *R.* LH3436f 及苦参碱对苜蓿单株叶片数的影响

同形柱上不同小写字母表示差异显著（$P<0.05$）

由图 7-4 可知，进行根瘤菌及抑菌剂回接处理后，两个品种苜蓿的单叶面积变化趋势基本一致，都呈现出接菌处理的单叶面积显著高于不接菌对照的趋势（$P<0.05$）。而添加苦参碱抑菌剂的处理，陇东苜蓿在该处理下的植株单叶面积数显著低于不接菌的 CK1，而阿尔冈金苜蓿植株的单叶面积与对照差异不显著（$P>0.05$）。表明在叶片面积指标上，陇东苜蓿较阿尔冈金苜蓿对苦参碱的敏感性更强，受到的伤害也更严重。

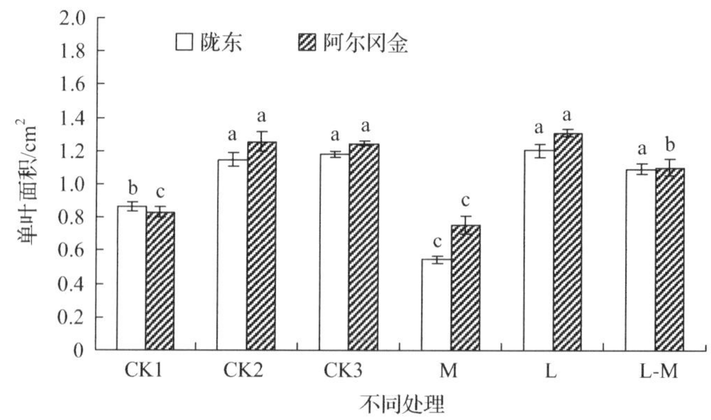

图 7-4　接种根瘤菌 *R.* LH3436f 及苦参碱对苜蓿单叶面积的影响

同形柱上不同小写字母表示差异显著（$P<0.05$）

由图 7-5 可知，两个苜蓿品种进行接菌及添加抑菌剂处理后，各处理叶片叶绿素含量呈一致的变化趋势，均表现为所有接菌处理植株的叶片叶绿素含量显著高于未接菌的对照处理，而添加抑菌剂处理的植株叶片叶绿素含量显著低于未接菌的对照处理（$P<0.05$）。表明接菌处理促进了植株叶片叶绿素的增加，而添加苦参碱抑菌剂的处理则阻碍了植株叶片叶绿素的形成，对植株的正常生理生化过程造成了一定程度的影响。

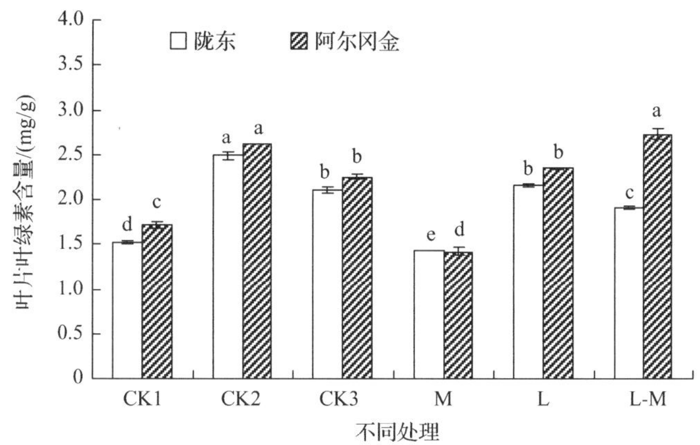

图 7-5　接种根瘤菌 *R.* LH3436f 及苦参碱对苜蓿叶绿素含量的影响

同形柱上不同小写字母表示差异显著（$P<0.05$）

可溶性糖不仅是主要的光合产物，同时也是碳水化合物暂储存于植株体内的主要形式，在植株代谢过程中的作用不可小觑，可溶性糖作为一种渗透调节物质，其含量的高低还可以影响植株的抗逆性，对植株的生长发育意义重大。通过对陇东苜蓿及阿尔冈金苜蓿的回接根瘤菌和添加抑菌剂处理发现（图 7-6），陇东苜蓿所有的回接根瘤菌处理植株叶片可溶性糖含量均显著高于未回接根瘤菌的对照处理（CK1）（$P<0.05$）。阿尔冈金苜蓿所有单纯的回接根瘤菌处理叶片可溶性糖含量也显著高于未回接根瘤菌的对照处理（CK1）（$P<0.05$），而抑菌剂加根瘤菌处理（L-M）植株叶片可溶性糖含量与对照差异不显著（$P>0.05$）。单纯抑菌剂处理（M），苜蓿两个品种植株的叶片可溶性糖含量显著低于未回接根瘤菌的对照处理（CK1），这可能是抑菌剂对植株的胁迫程度已超出了植株通过利用渗透调节物质的增加来抵御不良环境条件胁迫所致。抑菌剂加根瘤菌处理（L-M）植株

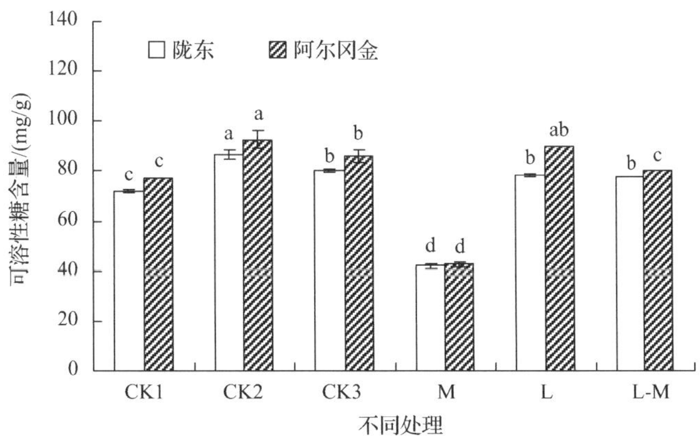

图 7-6　接种根瘤菌 *R.* LH3436f 及苦参碱对苜蓿叶片可溶性糖含量的影响

同形柱上不同小写字母表示差异显著（$P<0.05$）

的叶片可溶性糖含量均高于未回接根瘤菌对照（CK1），其中陇东苜蓿可溶性糖含量达显著水平（P<0.05）。表明回接根瘤菌处理可以在一定程度上消除抑菌剂添加对植株造成的伤害，甚至达到促生的效果。

MDA（丙二醛）是膜脂过氧化的产物，其含量的高低可以反映植株细胞遭受伤害的程度。由图 7-7 可知，进行回接根瘤菌处理及添加抑菌剂处理后，两个苜蓿品种的叶片 MDA 含量及变化趋势基本呈完全一致的趋势。所有回接根瘤菌处理的陇东苜蓿植株的叶片 MDA 含量均显著低于未回接根瘤菌的 CK1 处理，而添加抑菌剂处理的 MDA 含量则显著高于未回接根瘤菌的对照处理（CK1）（P<0.05）；阿尔冈金苜蓿所有单纯回接根瘤菌处理植株叶片 MDA 含量显著低于 CK1，而抑菌剂加根瘤菌处理（L-M）植株的叶片 MDA 含量与对照差异不显著（P>0.05），未回接根瘤菌对照植株的叶片 MDA 含量显著低于仅添加抑菌剂处理（M），表明在根瘤菌的影响下，菌液中添加的抑菌剂并未对苜蓿植株造成过多的伤害，这与根瘤菌接种处理可以增加植株的抗逆性有关。

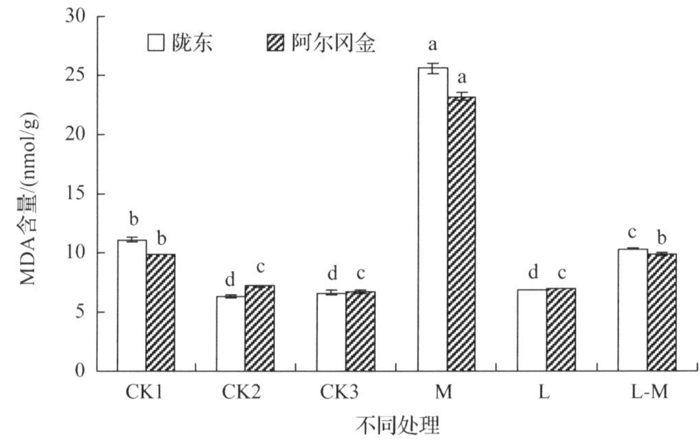

图 7-7　接种根瘤菌 *R*. LH3436f 及苦参碱对苜蓿叶片 MDA 含量的影响

同形柱上不同小写字母表示差异显著（P<0.05）

由图 7-8 可知，根瘤菌的回接处理对苜蓿两个品种的根系长度生长并无明显促进作用，所有根瘤菌株回接处理的根系长度与未回接根瘤菌的对照比较均无显著差异（P>0.05），

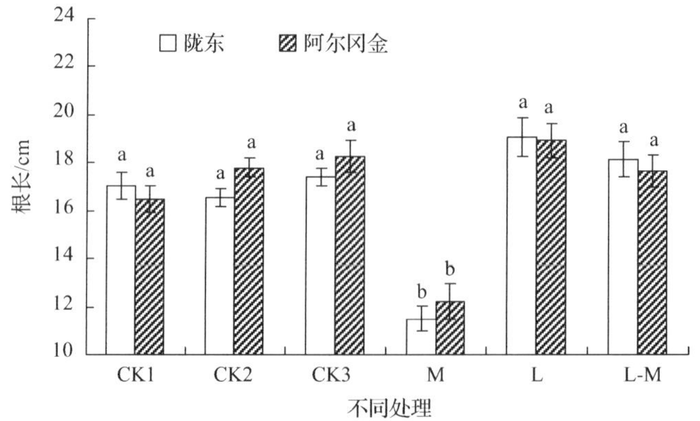

图 7-8　接种根瘤菌 *R*. LH3436f 及苦参碱对苜蓿根长的影响

同形柱上不同小写字母表示差异显著（P<0.05）

但仅添加抑菌剂的处理(M)显著降低了苜蓿两个品种的根系长度($P<0.05$)，对苜蓿植株根系的生长产生了不利影响，表明仅添加抑菌剂伤害了植株根系的健康，抑制了植株根系的伸长生长，然而回接含有 0.6mg/ml 抑菌剂的 *R*. LH3436 菌液处理，虽有抑菌剂的存在，但抑菌剂并未对植株根系生长造成不良影响。

根瘤菌回接对苜蓿两个品种根系体积的影响同根系长度指标一样，并无明显促进作用(图 7-9)，所有根瘤菌株回接处理的根系体积与未回接根瘤菌的对照(CK1)无显著差异($P>0.05$)，但仅添加抑菌剂的处理(M)显著降低了苜蓿两个品种的根系体积($P<0.05$)，表明抑菌剂对两个苜蓿品种植株的根系损伤较大，但在添加抑菌剂的同时接种根瘤菌 *R*. LH3436f(L-M)可以减弱抑菌剂对植株根系造成的伤害。

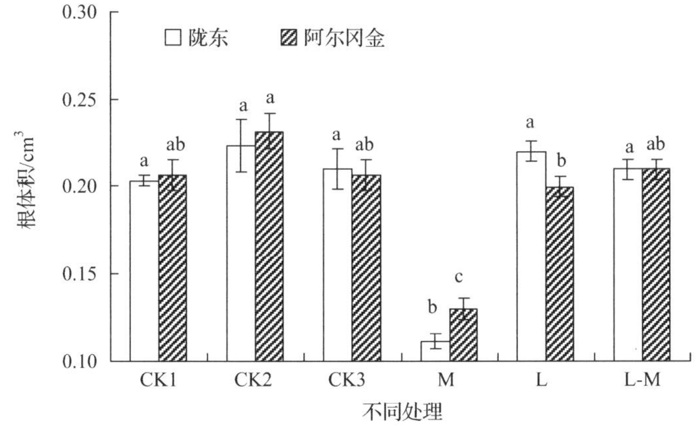

图 7-9　接种根瘤菌 *R*. LH3436f 及苦参碱对苜蓿根体积的影响

同形柱上不同小写字母表示差异显著($P<0.05$)

根系是植物的养分吸收、合成和转运的器官，其生长情况和活力水平直接影响植株地上部分的营养状况和产量水平，可通过根系活力大小判断植株的适应能力，因此，根系活力是试验中的主要观察指标。通过两个苜蓿品种植株回接根瘤菌及添加抑菌剂处理的根系活力观察可发现(图 7-10)，与不回接根瘤菌的对照植株(CK1)根系相比，所有回

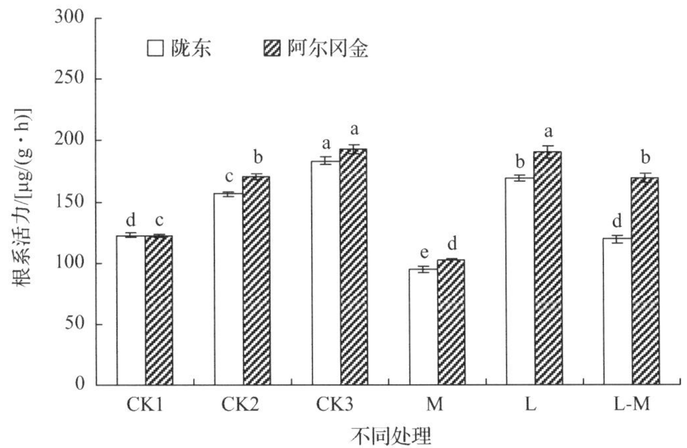

图 7-10　接种根瘤菌 *R*. LH3436f 及苦参碱对苜蓿根系活力的影响

同形柱上不同小写字母表示差异显著($P<0.05$)

接根瘤菌处理均显著提高了植株根系的活力水平($P<0.05$)，而仅添加抑菌剂的处理植株(M)根系活力水平显著低于未回接根瘤菌的对照植株(CK1)根系($P<0.05$)，表明仅添加抑菌剂直接伤害根系的活力水平，这也与植株叶片叶绿素含量、叶片可溶性糖含量、叶片 MDA 含量及株高等地上指标对各处理的反应情况相一致，表明各回接根瘤菌处理及添加抑菌剂处理首先通过影响根系活力而影响植株根系对养分的吸收、合成和运转，进而影响植株地上部分各指标的变化。

根瘤菌入侵植株根毛后，与植株共生形成具有固氮能力的根瘤，根瘤中的类菌体在固氮酶的作用下将空气中的游离氮转变为可为植物所吸收利用的形式，因此，固氮酶活性的强弱直接决定了根瘤固氮能力的大小，对植株的生长意义重大。而通过对各处理植株根瘤固氮酶活性的测定发现(图 7-11)，对于两个苜蓿品种而言，与未进行接种处理的CK1 相比，所有回接根瘤菌处理均显著提高了根瘤的固氮酶活性($P<0.05$)，而仅添加抑菌剂处理则显著降低了根瘤的固氮酶活性($P<0.05$)。对于接种了含有抑菌剂的根瘤菌液处理(L-M)，各苜蓿品种的根瘤固氮酶活性虽显著高于未回接根瘤菌的对照(CK1)，但同时也显著低于单纯的接菌处理(CK2、CK3)，表明固氮酶对抑菌剂较为敏感，但同时进行回接根瘤菌 *R.* LH3436f 消除了抑菌剂的部分毒性。

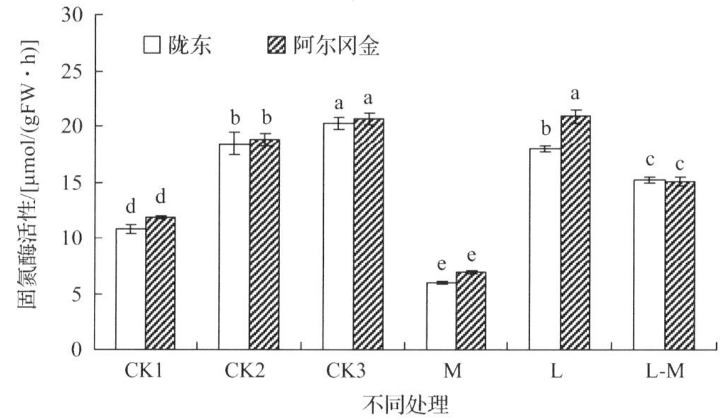

图 7-11　接种根瘤菌 *R.* LH3436f 及苦参碱对苜蓿根瘤固氮酶活性的影响

同形柱上不同小写字母表示差异显著($P<0.05$)

根瘤菌与植株共生形成根瘤后，可将空气中的分子态氮转化为氨态氮，使得每个根瘤就像是一座微型氮肥厂，将氮素源源不断地输送给植株利用。因此，通过植株全氮量的测定，也可以反映出根瘤的固氮情况。由图 7-12 可知，两个苜蓿品种处理的植株全氮百分含量与固氮酶活性指标变化趋势一致，即与未接种处理的 CK1 相比，两个苜蓿品种的所有接菌处理植株全氮百分含量均显著升高($P<0.05$)，而添加抑菌剂处理的植株全氮百分含量则显著低于未接菌的对照处理(CK1)($P<0.05$)。对于接种了含有抑菌剂的菌液(L-M)的处理，两个苜蓿品种的植株全氮百分含量虽显著高于未接菌的对照(CK1)，但同时也显著低于单纯的接菌处理(CK2、CK3)，这与固氮酶活性的变化完全一致，表明固氮酶活性的变化情况直接影响了根瘤的固氮水平，进而影响到根瘤向植株输送氮素的水平，并最终导致不同处理植株全氮百分含量的差异。

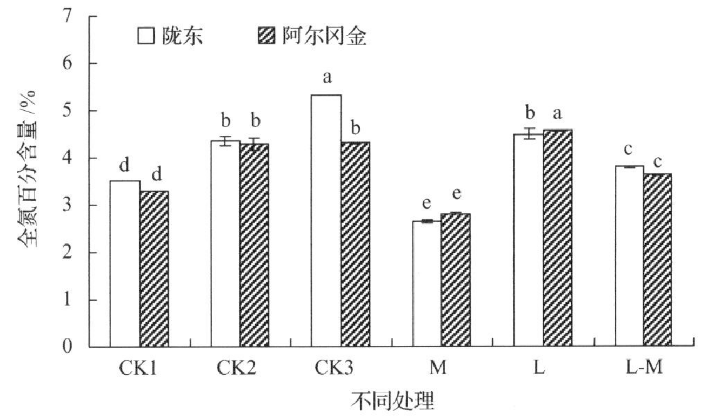

图 7-12 接种根瘤菌 *R.* LH3436f 及苦参碱对苜蓿全氮百分含量的影响

同形柱上不同小写字母表示差异显著($P<0.05$)

由表 7-9 可知，与未接菌的 CK1 相比，各接种根瘤菌处理对苜蓿两个品种植株单株根瘤数的影响并不明显，所有处理的单株结瘤数与 CK1 无差异($P>0.05$)。而添加抑菌剂的处理极大地降低了苜蓿两个品种植株的单株结瘤数，使其显著低于未接菌的对照(CK1)($P<0.05$)。所有处理对两个苜蓿品种植株根瘤等级及直径的影响较为一致。而所有添加抑菌剂处理的根瘤直径及等级却显著低于 CK1($P<0.05$)，表明 0.6mg/ml 苦参碱抑菌剂对苜蓿植株根瘤的生长损伤较大，但通过接种 *R.* LH3436f 根瘤菌处理，可以降低这种抑菌剂的不良影响。这一方面可能是由于添加了抑菌剂的根瘤菌液中，菌体的生长消除了部分抑菌剂的毒性，使其实际发挥作用的抑菌剂浓度小于 0.6mg/ml，另一方面可能是由于接种根瘤菌增加了植株的抗逆性。

表 7-9 接种根瘤菌 *R.* LH3436f 及抑菌剂苦参碱的苜蓿植株根瘤生长参数

处理	单株根瘤数		根瘤等级		根瘤直径/mm	
	陇东	阿尔冈金	陇东	阿尔冈金	陇东	阿尔冈金
CK1	16.00 ± 1.00a	15.67 ± 0.88a	3.67 ± 0.09b	3.70 ± 0.10b	1.63 ± 0.08b	1.55 ± 0.05b
CK2	18.00 ± 1.10a	19.33 ± 1.53a	4.40 ± 0.06a	4.57 ± 0.15a	1.90 ± 0.06a	1.87 ± 0.07a
CK3	18.00 ± 1.53a	19.67 ± 1.76a	4.50 ± 0.06a	4.43 ± 0.07a	1.80 ± 0ab	1.80 ± 0.06a
M	4.00 ± 0.58b	6.33 ± 0.88b	2.93 ± 0.07c	3.13 ± 0.07c	1.03 ± 0.07c	1.18 ± 0.03c
L	16.67 ± 1.20a	18.67 ± 1.45a	4.43 ± 0.09a	4.60 ± 0.12a	1.90 ± 0.06a	1.83 ± 0.09a
L-M	17.33 ± 0.33a	19.00 ± 0.58a	4.33 ± 0.07a	4.57 ± 0.07a	1.77 ± 0.03ab	1.80 ± 0.06a

注：同列数值后不同小写字母表示差异显著($P<0.05$)

根瘤菌接种及添加抑菌剂的处理对植株结瘤率及目的菌占瘤率的影响较大(表 7-10)。所有接菌处理植株的结瘤率均达 100%，而苜蓿两个品种未接菌处理的结瘤率分别只有 79%和 84%。对于抑菌剂处理，由于抑菌剂的毒害作用，其结瘤率只有 54%和 62%，仅为未接菌对照(CK1)的 68.35%和 73.81%，表明抑菌剂的添加对植株结瘤影响较大，而对于能够耐受苦参碱抑菌剂的 *R.* LH3436 的接种，所添加的抑菌剂并未影响植株的结瘤效果。通过对目的根瘤菌占瘤率的测定发现，不同根瘤菌单纯接种处理的占瘤率仅为 66%～73%，而通过接种添加了苦参碱抑菌剂的菌液(L-M)后，植株根瘤中目的菌的占瘤率增加至 77%～79%，这可能是苦参碱抑制了自然环境中土著根瘤菌及种子内生根瘤菌的活性，增加了目的菌的竞争结瘤效果所致。

表 7-10　接种根瘤菌 *R*. LH3436f 及抑菌剂苦参碱的苜蓿植株结瘤参数　　（单位：%）

处理	结瘤率		占瘤率	
	陇东	阿尔冈金	陇东	阿尔冈金
CK1	79.00	84.00	—	—
CK2	100.00	100.00	67.00	71.00
CK3	100.00	100.00	73.00	72.00
M	54.00	62.00	—	—
L	100.00	100.00	66.00	68.00
L-M	100.00	100.00	77.00	79.00

注：“—”表示无观察值

7. 讨论与小结

以往研究发现，栽培地中氮素营养过多会降低根瘤菌的接种效果(朱巍巍等，2010)，而又有研究发现，在接种根瘤菌的环境中必须有一定浓度“起爆氮”的存在以保证植株生长的营养供给，并通过促进根系分泌物的增加从而为所接种根瘤菌的生长提供碳源及共生固氮所需要的信号物质(王浩等，2012；慈恩和高明，2005)。本研究盆栽试验开始时，每天以 1/4 Hoagland 营养液补充植株初期生长所需要的营养元素，待盆栽幼苗长出第一片真叶时进行第一次菌液回接及添加抑菌剂处理，为保证接种的质量，7d 后进行二次接种。播种 30d 后，用蒸馏水取代营养液补充盆栽中每日所耗水分，以防止氮素补充过多影响接菌的试验结果。

通过对播种 60d 时各盆栽幼苗形态指标及生理生化指标的测定发现，各接菌处理对盆栽幼苗的根体积、根系长度、株高、单株叶片数及单株结瘤数并无显著影响，而显著促进了其他指标如单叶面积和叶片叶绿素、可溶性糖、全氮百分含量的增加，并促进了根瘤等级、固氮酶活性和根系活力的提高及直径的增大，同时还降低了植株叶片 MDA 含量，表明接种根瘤菌处理对苜蓿植株有显著的促生效果。而对于单纯添加了苦参碱抑菌剂的处理，除各处理植株的单株叶片数及阿尔冈金苜蓿的单叶面积不受影响外，其他各指标均发生不利变化，主要表现为植株的生长受到抑制，各生理指标活性下降，MDA 含量的上升，以及根瘤等级和直径的降低等。表明 0.6mg/ml 的苦参碱处理对植株生长造成了极大的伤害，这主要和抑菌剂的添加时期有关，两次添加抑菌剂的时间分别为植株第一片真叶长出时及之后的第 7 天，该时期正处于苜蓿的出苗期，为植株生长的关键时期，是对各种环境胁迫的响应较为敏感、耐受性差的时期，于该时期向幼苗添加抑菌剂对植株的伤害较大。

值得注意的是，对于接种了含有苦参碱抑菌剂的 *R*. LH3436 根瘤菌液的处理，对叶片叶绿素含量、可溶性糖含量、根系活力、根体积、根长、株高、单株叶片数、单株结瘤数、根瘤等级、直径和单叶面积等指标的促进作用达到了与接种 *S*. 12531f 或 *R*. GN5f

相同的促生效果，部分植株全氮百分含量、固氮酶活性和单叶面积等指标的促进效果也优于不接菌对照，而该处理下叶片 MDA 含量较单纯接菌的处理高，表明所接种植株确实是受到了胁迫，但该胁迫尚在植株可耐受的范围内。这一方面是由于菌液中根瘤菌的繁殖生长消耗了部分抑菌剂的毒性，使之添加到植株上的实际浓度降低；另一方面可能是由于根瘤菌的接种促进了植株根系活力的提高，进而使根系吸收和同化的营养物质增多，增加了植株的抗逆性，以上现象及结果表明将 0.6mg/ml 的苦参碱用作抑菌剂制备根瘤菌剂是可行的。

试验发现，添加了含有 0.6mg/ml 苦参碱抑菌剂的 *R.* LH3436f 根瘤菌液接种对植株的促生效果与不接菌的对照相比无显著差异，而与单纯接种其他根瘤菌的处理相比，有部分指标也无显著差异，但总体上接种效果优于未接菌处理。对接种植株占瘤率的测定发现，添加抑菌剂极大提高了目的菌株的占瘤率，表明通过向耐苦参碱根瘤菌株中添加抑菌剂苦参碱，虽对部分植株指标有一定的影响，但总体上对接种植株仍有明显的促生效果，因此，将 0.6mg/ml 的苦参碱用作抑菌剂制备根瘤菌剂是可行的。

第三节　苦参碱根瘤菌剂制备及抑杂菌效果验证

人工选育的高效固氮根瘤菌株发酵繁殖后，将含有活体的菌液封装，或与草炭、蛭石等固体吸附剂混合，制成根瘤菌剂施用于豆科植物栽培地中，可达到促进生长的效果，在国内外久用不衰。

但菌剂中有着适宜微生物繁衍的营养和温度、湿度等条件，很难避免自然环境中由于杂菌的侵入而引起的污染。Olsen 等(1996)对根瘤菌剂的调查发现，超过 25%的产品中含有病原菌或其他抑制根瘤菌的微生物，且目前正规厂家生产的根瘤菌制剂在保质期内也面临着 8%～32%的高污染率，入侵的杂菌对根瘤菌多有不利影响。储藏时间是衡量菌剂质量的主要指标，污染状况则是影响菌剂储藏期限的主要因素之一(Rodriguez-Navarro et al.，1991；Sparrow and Ham，1983；Date and Roughley，1977)。我国豆科作物在应用根瘤菌接种的过程中也存在一些问题，如菌剂中活菌数目不足、污染率高、有效期短及竞争结瘤能力弱等。

Jung 等(1982)和 Sessitsch 等(1998)研究发现通过向微生物菌剂中添加抑菌剂类物质可以减少菌剂污染并增加目的菌株的竞争效果。本章第二节中研究发现，将苦参碱用作根瘤菌剂的添加剂并接种于宿主植株后，具有一定的促生效果。因此，本节拟通过向耐药高效固氮根瘤菌中添加适宜浓度苦参碱抑菌剂的方法，制备抗污染型根瘤菌剂，并测定其在储藏过程中的抗污染能力，以期为高竞争型抗污染根瘤菌剂的制备提供技术支持。

一、微生物菌剂研究现状

农业生产中，需要增施肥料以保证作物产量，而氮肥施用过多易导致硝酸盐的淋溶作用，这是当前世界范围内普遍存在的环境问题(Hallberg et al.，1985)。长久以来，农业微生物在维持植物养分平衡与增加土壤生物活性方面都显示出巨大的优势，是环境友好型农业发展的主要趋势，微生物菌剂的制备和生产也就势在必行。

商用微生物接种剂可以包含一种或多种菌株，多菌种接种剂一般可以施用到一种或不同种的宿主作物上，如三叶草和苜蓿(Keyser et al.，1993；Roughley，1970)。使用单菌种接种剂可以避免菌剂中不同类型菌株间的拮抗效应，也能更加有效地诊断菌株有效性降低的原因，有利于质量控制(Thompson，1980)。当前，澳大利亚、法国、新西兰、乌拉圭和南非等国更倾向于使用易于质量控制的单菌种接种剂(Date，2001)。

菌剂的制备首先是寻找促生效果良好的菌株，然后是设计适合目的植株的菌剂配方及施用方法。良好的菌剂配方应符合以下 5 点要求：①可进行灭菌处理；②易于加工；③使用方便，可快速控释菌种；④环境友好；⑤储藏期长。当然，没有哪种材料可以符合以上所有要求，但应尽量更多地符合这些标准。当前，延长菌剂中菌种存活时间的主要方法是将菌剂于低温下保存或对菌剂进行干燥处理。完全干燥状态下，菌种处于休眠状态，代谢速度较低甚至停止，对污染不敏感。目前所用的菌剂除冻干剂外，其他剂型菌剂在常温下运输和储藏时都容易引起目标菌短时间内的大量繁殖，造成菌株传代次数过多而致促生效果退化，甚至因营养耗尽而使菌种大量死亡。

微生物接种剂在生产过程中要考虑基质的选择与处理，菌种的培养与活力维持，以及终产品的性价比等。良好的菌剂基质需要符合以下几点要求：①容易获得、成分均一、价格低廉；②对目的菌无毒害；③高持水能力；④易于灭菌处理；⑤pH 易于调至 6.5～7.3；⑥目的菌株初始增长、繁殖良好；⑦储藏期内有效活菌数多等(Walter and Paau，1993)。泥炭符合上述所有要求，是最佳的菌剂载体。此外，泥炭还具有优良的吸附特性，可降低菌株在发酵过程中产生的毒素的影响(Loh et al.，2002)。对泥炭进行灭菌处理可以降低污染发生的概率，并减少动植物和人类病原菌的传播(Catroux et al.，2001)。在菌剂质量水平较高的国家，如法国、澳大利亚、捷克斯洛伐克、新西兰、加拿大、阿根廷、荷兰、南非和乌拉圭等，使用灭菌基质载体已成为基本规则，或已通过立法强制性执行(Werner and Newton，2010)。菌剂成品通常装在聚乙烯袋子里，为保持菌种活力，袋子应符合以下几点要求：①可进行灭菌处理，以保证菌剂的正常运输；②可密封，以防止污染；③既通风又保湿，以防止菌剂过度干燥(Keyser et al.，1993；Roughley，1970)。多数情况下，由于种种原因，可能没有天然泥炭或有的泥炭储藏在河流和小溪旁边、环境法规不允许开采等，这就需要使用其他一些具有优良基质特性的替代品用作菌剂载体。常用的菌剂基质替代品主要有植物油(Kremer and Peterson，1982)、矿物油(Chao and Alexander，1984)、蚕茧肥料(Kauhri et al.，1973)、植物材料如甘蔗渣(Marufu et al.，1995)、锯末、米糠(Khatri et al.，1973)、玉米芯(McLeod and Roughley，1961)、各种黏土如蛭石(Graham-Weiss et al.，1987)、珍珠岩-腐殖质混合物(Balatti and Freire，1996)、硅藻土(Sparrow and Ham，1983)、脱水污泥 (Rebah et al.，2002)；聚丙烯酰胺(Dommergues et al.，1979)或纤维素凝胶(Jawson et al.，1989)、褐煤及派生物、煤、滤泥及木炭-膨润土(Marufu et al.，1995；Keyser et al.，1993)。菌剂的载体介质很多，但大多数目前仅用于实验室。Stephens 和 Rask(2000)推荐使用一些其他营养成分相对较少，但仍能保证 10^9cfu/ml 菌体数的基质。部分工业副产品如玉米浆、蛋白质水解的豌豆皮、麦芽提取物、奶酪派生物、酵母提取物、糖蜜及酪蛋白水解产物等，也可以被用作碳源或氮源，但这类物质作为菌剂基质时应注意营养元素的持续供应及质量控制等问题(Stephens and Rask，2000；Keyser et al.，1993；Walter and Paau，1993)。实验室根瘤菌的培养一般采用甘露醇作为碳源(Stowers，1985)，但在大规模生产根瘤菌剂时，需要寻找其他较甘露醇廉价的碳源，在工业化生产中，更需寻找一些可以提供微生物生长所需要元素的廉价培养基质。Tittabutr 等(2005)以流木薯、糯米、鲜玉米、干玉米和高粱等作为淀粉源测定其产糖能力，发现流木薯在发酵后产生的还原糖量最高。但这类基质在制备菌剂时，通常不能使用单一碳源，因为不同菌种对不同碳源的利用水平并不一样。

菌剂在制备过程中应严格控制以下因素：培养基、温度、搅动、pH 及通气状况，且在生产同一批次的菌剂时，应自始至终严格检测菌剂污染率。在菌液注入灭菌基质之前，菌体细胞密度应稀释至 10^9～10^{10} cfu/ml(Balatti and Freire，1996；Keyser et al.，1993；Somasegaran，1985)，并对培养物进行 pH 变化及革兰氏染色反应测试，同时测定其活菌数和污染率(Balatti and Freire，1996)。

以泥炭基质为例，通常在加入菌液后，以湿重计算，使其含水量保持在 45%～60%(Roughley，1970)。菌液加入基质后应储藏一段时间用以成熟和固化。因为 Burton 和 Curley 等(1965)研究发现，能在基质中存活并增殖的根瘤菌，较刚被基质吸附的根瘤菌更易被种子吸附并存活。制备好的成品菌剂通常放置于温暖的室内，以促进菌株增殖。因为 Materon 和 Weaver(1985)研究发现，将制备好的根瘤菌剂储藏超过 4 个星期后施用在三叶草(*Trifolium repens*)上，可以使其生长量增加 10 倍。Hiltbold 等(1980)研究发现菌剂质量与菌剂中活菌数显著相关。Hume 和 Blaire(1992)在对商用大豆菌剂的研究中也得到了相似的结论。

对于微生物接种剂未来的发展方向，主要有以下几点：①对已知基质载体进行更深层次的评价分析；②微调菌剂配方的营养成分，以期获得最佳大田施用效果；③增加微生物在菌剂中的存活率，降低污染率；④延长菌剂储藏期限；⑤发展多菌种复合型菌剂；⑥根据需求向菌剂配方里添加额外物质；⑦发展聚合型菌剂；⑧降低菌剂成本；⑨探寻适合不同环境的植物促生菌；⑩制备最适环境下使用的菌剂配方。

根据以往经验，多数植物促生菌，包括根瘤菌，以菌液形式而不添加任何载体施入土壤中后，种群数量会在时间内迅速下降。土壤固有的异质性是主要干扰因素，由于新施入的菌无法在土壤中找到空余生态位，在无保护状态下必须与土壤中对环境适应良好的微生物群落进行竞争(Sessitsch et al.，1998)，并抵御土壤中其他微生物群的掠食。同时，植物促生菌的商业化产品(微生物菌剂)也拥有自身的不足：菌剂中适宜目的菌株(Bashan，1998)存活的微环境(Schwartz et al.，2006；Rodriguez-Navarro et al.，1991)同时也为杂菌的繁殖提供了有利条件(Jung et al.，1982)，这些杂菌主要是细菌、放线菌和真菌(Olsen et al.，1994a)。基于此情况，通过向菌剂中添加抑菌成分(刘保平和周俊初，2006；Wu et al.，2004)，以期增加菌剂的抗污染效果并增加目的菌株的竞争结瘤能力。

二、根瘤菌剂的种类、剂型及应用现状

古代，人们常将种植过豆科作物的土壤搬运到其他田块用于种植同种作物，以期获得较好的播种效果。豆科植物种子进行根瘤菌接种可以提高宿主植株的结瘤率，并提高

其固氮效率。自 1886 年 Hellriegel 作了关于豆科植物氮素营养的报告后，便开始了为豆科植物接种的历史，不久之后便出现了根瘤菌剂(Fred et al.，1932)。

优良根瘤菌株的筛选工作首先要坚持以下几点原则：①固氮效率高；②与土著根瘤菌株的竞争结瘤能力强；③对不利环境的耐受性强；④在土壤中存活的能力强(Lupwayi et al.，2000；Stephens and Rask，2000；Olsen et al.，1994a，1996)。其次还应该注意菌株在培养与储存过程中的表现、基因稳定性、浸染并定殖在种子中的能力(Lowther and Patrick，1995)。然而，在一个多世纪后的今天，绝大多数国家根瘤菌剂的质量水平仍未达到理想标准(Brockwell and Bottomley，1995)。

国际根瘤菌剂市场主要分为两个部分(Phillips，2004)：较成熟的南北美洲、欧洲和澳大利亚市场，菌剂的生产标准较为统一，生产商少而精；相对不成熟的亚洲、非洲市场，所生产的菌剂质量参差不齐(Lupwayi et al.，2000；Singleton et al.，1997)。当前，世界范围内都在生产和使用根瘤菌剂，其中又主要以发达国家为主(Deaker et al.，2004)，多数发展中国家施用菌肥的效果并不理想，主要原因是菌剂质量不高或生产不专业(Bashan，1998)。对基质进行灭菌处理可以严格控制菌剂中目的菌的数量，并防止未灭菌基质中其他微生物抑制目的菌等不可预测状况的发生，但基质灭菌环节同样也增加了菌剂制备的成本，尤其是在发展中国家。

菌剂的储藏时间和储藏条件也会影响到菌剂的接种效果。多数菌剂并非立即使用，一般要经历 3～12 个月的储藏期。而污染的菌剂中，杂菌对根瘤菌的抑制情况会随着时间的延长而加重(Date and Roughley，1977)。接种效果主要取决于菌剂质量，菌剂质量差时，接种效果差异较大。理论上说，在任何条件下，菌剂中都应有足够的目的菌株活菌数以保证接种的效果，而实际上，菌剂的质量是豆科植物对根瘤菌的需求与生产商的生产能力间相互中和的结果。

不同国家根瘤菌剂质量标准并不相同，对菌剂中活菌数和污染率的要求也不同，在澳大利亚、加拿大、捷克斯洛伐克、法国、印度、肯尼亚、新西兰、卢旺达、南非、俄罗斯、泰国、荷兰和津巴布韦等国家，菌剂在生产和储藏期间，活菌数要求应达 10^7～10^9 cfu/g(cfu/ml)，并且在 10^{-6} cfu 的稀释水平上不能有杂菌存在(Lupwayi et al.，2000；Stephens and Rask，2000；Smith，1992)。在南美洲南方共同市场国家中，菌剂在储藏期间活菌数若达不到 10^8 cfu/g，生产商将受到法律起诉，并且在 10^{-5} cfu 的稀释水平上，不得出现杂菌。我国的微生物肥料标准(2006)中要求将根瘤菌剂的杂菌率限制在 10%以下，目前正规厂家生产的根瘤菌制剂在保质期内也面临着 8%～32%的高污染率。在菌剂的生产、储藏和运输过程中，各种操作上的疏忽及包装的破损都易造成环境中杂菌的侵入，并引起整批次的菌剂污染(Jung et al.，1982)。Olsen 等(1994)对北美 40 种商用根瘤菌剂中根瘤菌活菌数和杂菌率的调查发现，储存 1～2 年后，仅有 1 种菌剂中的根瘤菌数多于杂菌数，而其他菌剂中的杂菌数高出根瘤菌数 1～1000 倍，其中主要的污染物数量为细菌 10^9～10^{10}cfu/g、放线菌 10^8～10^9cfu/g、真菌 10^5～10^7cfu/g。部分杂菌污染后无法凭肉眼识别，只有施用后才发现丧失增产效应甚至造成减产的后果，对农业生产造成巨大损失(Marufu et al.，1995)。

储藏时间是衡量菌剂质量的主要指标之一，当前菌剂的储藏期相对较短，一般以 2

年为佳，而污染则是菌剂储藏期限的主要影响因素之一(Rodriguez-Navarro et al.，1991；Sparrow and Ham，1983；Date and Roughley，1977)。将基质灭菌后可在一定程度上保证菌剂中根瘤菌的数量，并延长菌剂储藏期限。

根瘤菌剂中的杂菌污染情况为细菌＞放线菌＞真菌。三叶草和苜蓿根瘤菌剂在受到污染后，其根瘤菌的生长也会相应地受到抑制。Olsen 等(1996)对根瘤菌剂的调查发现，超过 25%的产品中含有病原菌或其他抑制根瘤菌的微生物。在阿根廷，Gomez 等(1997)对根瘤菌剂的调查也得到了同样的结论。灭菌基质制成的根瘤菌剂质量优越，但成本高、人员消耗大，同时也增加了生产环节的复杂度(Smith，1992)。因此，高竞争型抗污染菌剂的研制势在必行。

不能想当然地认为土壤中已有土著根瘤菌或已建立有根瘤菌群就不再需要接种根瘤菌。一般而言，根瘤菌剂在两种情况下接种效果较好：①土壤中无土著根瘤菌；②土壤中土著菌数量较少(Catroux et al.，2001)，如 Nazih 和 Weaver(1994)的研究发现，自然条件下土壤中根瘤菌数量低于 100cfu/g 时，无论土著菌的固氮效果多么优越，接种根瘤菌均能达到理想效果。但在巴西，土著根瘤菌丰富的土壤中种植的黄豆和菜豆重复接种目的根瘤菌并得到植物积极响应的例子也很多见，如根瘤数、占瘤率、植物干重、产量和含氮量的增加等(Hungria et al.，2002；Hungria et al.，2001；Hungria and Vargas，2000；Hungria et al.，2000；Hungria et al.，1998；Nishi et al.，1996；Peres et al.，1993；Vargas et al.，1992)。因此，Hungria 指出应该着力于寻找更加具有竞争力和适应当地土壤环境的高效根瘤菌株用作菌剂生产。

根瘤菌剂主要有 4 种剂型：①粉状制剂，根瘤菌与细磨的固体基质混合，于播种前拌种或配制成水悬浮液于条播前施入土壤中；②颗粒型制剂，根瘤菌与较粗固体颗粒混合，直接施入土壤；③液体剂型，直接拌种或施入土壤；④悬浮液(Dilworth et al.，2008；Bashan，1998)。在根瘤菌剂市场上，液体或硅胶制剂也占有相当一部分比例，它们的成分各有不同，如硅酸镁和羟乙基纤维素产品，但无一例外地都添加了特殊的可以保护根瘤菌的物质。向根瘤菌剂中添加特定的根瘤菌细胞保护物质，接种后立即播种，避免与杀菌剂等同时使用(Campo and Hungria，2000a；2000b)等措施都可以增加接种的成功率。保证目的菌株存活和防止其变异或突变对根瘤菌剂生产至关重要。同样，生产工艺对保证根瘤菌剂的生产也至关重要，主要包括细菌的增殖培养、菌种生长所必需的营养成分的注入及产品的包装等。

众所周知，通过加大接种量可以提高接种成功率，由于只有 5%～10%的根瘤菌可成功接入种子，联合国粮食及农业组织(FAO)(1991 年)曾推荐以每粒种子携带的根瘤菌数作为控制菌剂质量的标准。对于小型种子豆类，如三叶草和苜蓿，每粒种子携带的根瘤菌数应超过 10^3cfu；对于中型种子的豆类，如木豆，每粒种子携带的根瘤菌数应超过 10^4cfu；而对于大型种子豆类，如黄豆、豌豆等，每粒种子携带的根瘤菌数应超过 10^5cfu (Lupwayi et al.，2000；Keyser et al.，1993；Smith，1992；Thompson，1980)。

在亚洲、非洲、欧洲地区及澳大利亚，最常见的是以泥炭作为基质的菌剂，直接用于拌种(Bullard et al.，2005；Kannaiyan，2003；Catroux et al.，2001；Singleton et al.，1997)。总体而言，不同剂型的菌剂施用效果也不相同：对于种子接种，使用黏合剂将菌剂粘于种子外部较其制成的水悬浮液施用效果好(Deaker et al.，2004；Brockwell et al.，1988)。使用黏合法可将更多的根瘤菌粘于种子外并施入土壤中，同时，黏合剂还可保护根瘤菌过度脱水并抵御外来有毒物质的伤害(Deaker et al.，2004)。

三、根瘤菌竞争结瘤机理及高效结瘤根瘤菌筛选

通常情况下，所接种的根瘤菌株必须与固氮效率低的土著根瘤菌进行竞争(Segovia et al.，1991；Thies et al.，1991)。为达到较好的竞争结瘤效果，所接种根瘤菌数量必须高于土著根瘤菌数量数倍。Weaver 和 Frederick(1974)通过对大豆的研究发现，接种根瘤菌的数量应超过土著根瘤菌 1000 倍才能达到理想效果。Patrick 和 Lowther(1995)通过对大田三叶草的观察发现将每粒种子的根瘤菌接种量从 0.2×10^3cfu/ml 增加至 260×10^3cfu/ml，三叶草的结瘤率增加了 5%～66%。多项研究证实，在土著根瘤菌数量少、氮素水平低的土壤中施用菌肥可大大促进根瘤的形成、土壤氮素积累，以及植株生物量和作物产量的增加。然而，在土著菌较多或已建立有根瘤菌群的土壤中施用菌肥的效果并不是很理想。土壤中根瘤菌数量低至 20～100 个/g 干土时，就可显著限制黄豆和菜豆的结瘤反应(Nazih and Weaver，1994；Thies et al.，1991；Singleton and Tavares，1986；Dunigan et al.，1984)。由于菌株、环境和土壤特性的不同，菌剂中根瘤菌进入土壤后，可能出现菌株数量迅速下降的情况(Gibson et al.，1976)，还有部分菌株在施用后可能在土壤中休眠长达 5～15 年(Lindstrom et al.，1990；Brunel et al.，1988；Diatloff，1977)。

很多土壤微生物与根瘤菌间呈拮抗关系，这其中包括掠食性的无脊椎原生动物类、黏细菌、弧菌和噬菌体，以及其他一些可以产生次生代谢物质或通过改变环境因素从而对根瘤菌起到抑制作用的微生物，还有部分菌类只是单纯的与根瘤菌竞争一些限制性的代谢需求。所有这些对立性的关系都具有不确定性，而在它们的共同作用下，即使是较有利的环境中，土壤根瘤菌群体也只以少数形式存在(Danso and Alexander，1975；Danso et al.，1975；Keya and Alexander，1975)。当土壤中根瘤菌浓度较低时，土壤中的其他微生物会影响根瘤菌与宿主植株的共生结瘤(Roughley and Vincent，1967)。虽然根瘤菌只占土壤微生物群体中一个很小的比例，但它们的存在的确可以促进附近植株的生长。

若要在已存在能够结瘤但固氮效率低的根瘤菌的土壤中接种根瘤菌，菌种间的竞争结瘤则相当重要，这就需要目的菌株具有持久的竞争能力(Roughley et al.，1970)。结瘤竞争力是目的根瘤菌在有其他根瘤菌存在于根际周围时，对某一特定豆科植物的结瘤过程的控制能力(Dowling and Broughton，1986)，尤其是当两种或多种可使一种豆科作物结瘤的根瘤菌共存时，需要通过占瘤率来测定单一菌株的竞争结瘤能力(Beattie et al.，1989)。为获得出色的结瘤效果，所接种根瘤菌必须在高效固氮的同时竞争过土著根瘤菌并形成更多的根瘤(Beattie et al.，1989)。将菌剂施用到土壤中后，目的菌需要与土著菌竞争以占领结瘤位点。虽然一株植物可同时被许多株根瘤菌同时侵染结瘤，但对每一个根瘤来说，其内的根瘤菌基本上是由最先侵染的根瘤菌不断复制形成的克隆种群(Pobigaylo et al.，2008；Shimoda et al.，2008；Simms et al.，2006)，尽管提供了数量和位置优势，部分商用根瘤菌剂仍然无法竞争过土著根瘤菌并达到占瘤效果(Denton et al.，2003)。尽管某些情况下，根瘤菌数量优势与占瘤率间并无相关性，但所接种的根瘤菌数

量仍然是影响竞争结瘤效果的主要因素。竞争力低下的根瘤菌株在占有数量优势的情况下，有竞争力高的菌株存在，也同样能达到结瘤的效果(Velasquez et al.，1999；Hartmann et al.，1998；Bromfield et al.，1995)。土壤中存活的根瘤菌可利用从糖类到酚类复合物等多种物质作为能源，根际菌群可以受到宿主植株根系的刺激，并在这种情况下与外来根瘤菌竞争养分(Toro，1996)。在黄豆根瘤菌的接种过程中常遇到土著根瘤菌抑制之后接种的根瘤菌产生结瘤的现象(Payakapong et al.，2004)，这就要求所接种的高效根瘤菌必须具备和土壤中低效土著根瘤菌进行竞争的能力(Dowling and Broughton，1986)。竞争机理和每株菌与宿主植株间复杂的相互作用有关，多种生物和非生物胁迫均可影响接种根瘤菌株的竞争结瘤能力(Turco and Sadowsky，1995；Bottomley，1992)。

四、苦参碱根瘤菌剂的制备及抑杂菌效果

1. 菌株及培养基

菌株为本章第二节构建的荧光标记的 *S.* 12531f、*R.* GN5f 和 *R.* LH3436f 根瘤菌株。

YEM 培养基：甘露醇 10g/L，NaCl 0.1g/L，$MgSO_4\cdot 7H_2O$ 0.2g/L，酵母粉 1.0g/L，K_2HPO_4 0.5g/L；pH6.8～7.2，用于荧光标记根瘤菌的液体培养。YMA 固体培养基：在 YEM 培养基的基础上添加 0.5%刚果红溶液 10ml/L，琼脂 15g/L，主要用于根瘤菌的分离和纯化过程。

TY 培养基：胰蛋白胨 5g/L，酵母粉 5g/L，$CaCl_2\cdot 6H_2O$ 0.1g/L；pH 为 7.0，琼脂 15g/L(固体)，主要用于根瘤菌的活化及荧光根瘤菌的识别。

添加苦参碱抑菌剂液体培养基的制备：以 YEM 培养基或 TY 液体培养基为基本培养基，将 0.22μm 滤膜过滤灭菌的苦参碱母液按所需量加入高压灭菌并冷却的培养基中，使其终浓度为 0.6mg/ml。

添加苦参碱抑菌剂平板的制备：以 YMA 培养基或 TY 培养基为基本培养基，将 0.22μm 滤膜过滤灭菌的苦参碱母液按所需量加入高压灭菌并冷却至 40～50℃的培养基中迅速摇匀，使其终浓度为 0.6mg/ml。

2. 载体基质及加工处理

载体基质：①常规基质——泥炭，购自兰州本地花鸟市场；②常规基质——蛭石，购自兰州本地花鸟市场；③青玉米秸秆，取自甘肃农业大学校内试验地，所用节段为地上部顶端 2/3 处，弃除靠近地面的 1/3 部分。将青秸秆斩截成 10cm 左右小段后，在烘箱内 60℃条件下烘干至恒重。

由于泥炭沉积物和秸秆粉大多呈酸性，使用前以磨细的 $CaCO_3$ 缓慢掺入水加入基质中，将其 pH 调至 6.5～7.0(Cattelman and Hungria，1994)。蛭石多呈碱性，以 HCl 调节基质 pH 至 6.5～7.0(刘保平和周俊初，2006)。进行基质的加工处理前，将泥炭、蛭石和秸秆粉基质置于烘箱中，于 100℃条件下烘干，切忌温度过高，以防止有毒物质产生(Roughley and Vincent，1967)，使用粉碎机将基质原料粉碎，过 0.15mm 筛(Burton，1967)。将调节 pH 后的基质以聚丙烯袋分袋包装，蛭石和泥炭为 5g/袋，秸秆粉为 3g/袋，双层

密封后，121℃条件下高温灭菌 3h（Somasegaran and Hoben，1994；Somasegaran 1991），取出冷却并放置 2～3d，待基质内耐热芽胞杆菌停止休眠时，重复进行灭菌，连续 3 次。将彻底灭菌的基质置于无菌条件下保存备用。

3. 根瘤菌发酵液制备及抗污染效果检测

将 *S.* 12531f、*R.* GN5f 和 *R.* LH3436f 菌株分别划线接种于 TY 培养基上进行活化，其中，*R.* LH3436f 接种于含有 0.6mg/ml 苦参碱的 TY 平板上进行活化，培养 1～2d 后，挑选发光效果最好的单菌落转接至 YEM 培养基中，于 25℃，180r/min 条件下进行液体培养。接种 *R.* LH3436f 的 YEM 培养基为含有 0.6mg/ml 苦参碱的液体培养基。1～2d 后，吸取各菌株培养液 0.2ml 重新接入含有灭菌的 YEM 培养基的三角瓶中进行培养，其中，接种 *R.* LH3436f 的 YEM 培养基中也含有终浓度为 0.6mg/ml 的苦参碱抑菌剂。培养条件：25℃，180r/min。1～2d 后，待各菌液 OD_{600} 值约为 0.6 时，取出各处理菌液 50ml，转入灭菌的 200ml 三角瓶中，进行如下处理：①将三角瓶封口膜去掉，暴露于空气中 60min，之后用封口膜重新密封三角瓶；②制备土壤溶液，取甘肃农业大学兰州牧草试验站中 5 个不同位置的地表下 3～5cm 处土壤均匀混合后，称取土样 1g，装入已盛有 99ml 无菌水的锥形瓶中，振动 30min，而后静置 30min，得到土壤悬浮液。吸取 1ml 土壤悬浮液加入各处理菌液中。将各菌液进行空气污染和土壤溶液污染的处理后放入摇床，25℃，160r/min 条件下培养 2d 后，制备各处理菌液的稀释液，涂抹于 TY 固体平板上，28℃条件下培养 1～2d 待单菌落直径长至 1～2mm 时，在完全遮光条件下，以手提式紫外灯（336nm）照射平板，统计每处理发光平板中的菌落发光情况，将产生青绿色荧光的单菌落记为根瘤菌，而将不发光的菌落记为杂菌。以此统计受污染液体菌剂的有效根瘤菌数和杂菌数，每处理设 3 次重复。本试验中，以 *S.* 12531f 菌液为对照，记为 CK1，以 *R.* GN5f 菌液为参比，记为 CK2。

4. 添加抑菌剂的高竞争型固体根瘤菌剂的制备及抗污染效果检测

将所制备的未经污染处理的根瘤菌液继续培养，待根瘤菌液 OD_{600} 值约至 1.0 时，根瘤菌液中活菌含量为（2～3）×10^9 cfu/ml。此时，取各处理菌液 50ml，转移至灭菌的 50ml 离心管中，8000r/min 离心 10min，弃上清液留沉淀，而后加 50ml 无菌水置于漩涡振荡器上，将沉淀菌体打散摇匀，重复上述离心过程并弃去上清液。将各处理所有沉淀菌体在无菌条件下收集到一起，加入无菌水摇匀、打散，并制备成活菌数约为 2.0×10^9 cfu/ml 的菌悬液。在各处理菌悬液中加入 5%体积的磷酸缓冲液（pH=7.0）以维持菌液 pH 保持中性状态，并向 *R.* LH3436f 菌悬液中加入过滤灭菌的苦参碱母液，然后缓慢摇动，使其终浓度达 0.6mg/ml。

将上述制备的各处理菌悬液分别按照基质最高持水量 60%的比例，在无菌条件下用无菌注射器吸取各处理菌悬液分别加入泥炭、蛭石和秸秆粉基质中，并轻轻揉搓，使菌悬液和基质充分混合，各处理固体菌剂保存 20 袋作为重复。以不添加抑菌剂的 *S.* 12531f 和 *R.* GN5f 固体菌剂分别作对照和参比菌株，标明各菌剂封装日期后，制成固体抗污染根瘤菌剂，室温下（23～26℃）避光保存，并分别储藏 7d、30d、60d 和 150d 时，随机抽取 3 袋菌剂，以稀释平板法测定各固体菌剂的活菌数、杂菌数，统计杂菌率，并测定 pH 及含水量变化，同时观察储藏过程中菌剂的粒径、外观及气味变化。上述指标的测定参照《农用微生物菌剂》(中华人民共和国农业部，GB 20287—2006)国家标准中描述的方法进行。

载体基质饱和持水量测定：将固定量基质装入尼龙袋中，并浸入水中，待基质与水充分混匀后将尼龙袋提出控干至不再滴水为止，将其称重，记为 *W*，基质的饱和持水量(ml/kg)=(*W*–基质重–尼龙袋重)/基质重。

基质 pH 测定：取基质 10g 与 100ml 双蒸水混匀后，测定其水浸液 pH。

pH7.0 磷酸缓冲液的制备：K_2HPO_4 27.51g，KH_2PO_4 10.37g，分别加少量水溶解后混匀并定容至 200ml。

目的根瘤菌及杂菌数测定：采用平板计数法，将小袋固体菌剂称重，取出约 1g 菌剂加入含有 99ml 无菌水的三角瓶中，摇床中振荡 10min，称取菌剂小袋剩余重量以计算所使用菌剂量。将制备好的稀释菌剂再次制备成 10 倍梯度系列稀释液，取各系列稀释液 0.2ml 涂抹于 TY 平板，培养 1～2d 后，待平板中单菌落直径长至 1～2mm 时，计数。各载体基质的 pH 及最大持水量参考表 7-11。

表 7-11 各载体基质的最大持水量、pH、基质用量及菌悬液添加量

基质类型	基质用量/(g/袋)	最大持水量/(ml/kg)	pH	菌悬液添加量/ml	理论含菌量/(10^9cfu/g)
泥炭	5	520	5.6	1.6	0.64
蛭石	5	760	7.8	2.3	0.92
秸秆粉	3	1980	4.8	3.6	2.4

5. 液体根瘤菌剂对空气和土壤杂菌的抗污染效果

对所有培养至对数期的液体根瘤菌液进行空气污染和土壤溶液污染，之后继续之前的培养条件振荡培养 2d 后，将各污染根瘤菌液制备成 10 倍梯度系列稀释液，以稀释平板法涂抹于 TY 平板中，培养 24～36h 后，待所有单菌落直径长至 1～2mm 时，在黑暗条件下以紫外灯照射各平板，统计污染处理各菌剂的目的根瘤菌数及杂菌率。统计结果见表 7-12，对于空气污染处理，以 *R*. GN5f 菌液的活菌数最高，*S*. 12531f 菌液的活菌数次之，而以 *R*. LH3436f 菌液的活菌数最少，同样趋势也存在于土壤溶液污染的菌液中，这是因为 *S*. 12531f 本来为慢生型根瘤菌，传代速度较慢，而 *R*. LH3436f 虽然为快生型根瘤菌，但所添加的苦参碱抑菌剂在一定程度上抑制了菌株的自然生长，导致其传代速度延缓，而 *R*. GN5f 既是快生型根瘤菌，又不受到任何外界环境的抑制，菌株生长速度快，因而在同样的培养时间内传代的次数最多，所以有效菌数也多。而对于污染处理的各菌剂的杂菌数，空气污染处理的各菌剂杂菌数为 *R*. GN5f＞*S*. 12531f＞*R*. LH3436f，土壤溶液污染处理的各菌剂杂菌数为 *S*. 12531f＞*R*. GN5f＞*R*. LH3436f。可见添加了抑菌剂的菌液污染率较未添加抑菌剂的菌剂低，表明苦参碱抑菌剂可有效降低菌剂的受污染程度。而在含有 0.6mg/ml 苦参碱抑菌剂的 *R*. LH3436f 菌液中，污染率较该浓度抑菌剂平板对空气源杂菌和土壤源杂菌的抑制效果高许多，这可能是由于 *R.* LH3436f 在含有抑菌剂的菌液中生长的过程中消耗了部分抑菌剂的毒性，导致其抑菌活性成分含量降低，对杂菌的抑制效果减弱。

表 7-12　液体菌剂对空气和土壤杂菌的抗污染效果　（单位：10^9cfu/ml）

菌剂	空气污染处理		土壤溶液污染	
	目的根瘤菌数	杂菌数	目的根瘤菌数	杂菌数
S. 12531f	37.00 ± 2.08a	16.33 ± 1.76b	36.00 ± 2.08ab	40.33 ± 1.76a
R. GN5f	42.33 ± 3.06a	24.67 ± 3.21a	39.33 ± 3.06a	37.00 ± 1.15a
R. LH3436f	31.00 ± 1.15b	6.67 ± 0.88c	31.67 ± 1.20b	11.67 ± 1.45b

注：同列数值后不同小写字母表示差异显著(P<0.05)

6. 固体根瘤菌剂储藏不同时间后的活菌数及抗污染效果

通过各固体载体基质及接菌处理在不同储藏时间后菌剂中的活菌数量变化发现，在整个试验测定期间内(7～150d)，各接菌处理及载体基质处理中的有效菌数基本上呈一致的缓慢上升而后下降的情况，表明所接种菌株基本上可以在适应各载体基质中的存活环境后，开始缓慢增殖，而当基质中的营养耗尽，或是菌种代谢产物过多导致其周围环境不再利于其继续繁殖后，菌种的数量开始缓慢下降。但不同基质及接菌处理中，菌株的代谢速度并不一致(表 7-13)。在整个菌剂储藏期间，各菌剂在最初的 30d 均表现为增殖

表 7-13　储藏不同时间后各固体菌剂的有效菌数、杂菌数及杂菌率

接菌处理	储藏时间											
	7d			30d			60d			150d		
	泥炭	蛭石	秸秆粉	泥炭	蛭石	秸秆粉	泥炭	蛭石	秸秆粉	泥炭	蛭石	秸秆粉
有效菌数/(×10^9cfu/g)												
S. 12531f	0.50 ± 0.04b	1.17 ± 0.11a	2.92 ± 0.12b	1.84 ± 0.07a	2.00 ± 0.08b	7.22 ± 0.16b	1.55 ± 0.08b	1.76 ± 0.08b	2.95 ± 0.04c	0.76 ± 0.02a	1.19 ± 0.02a	1.59 ± 0.11b
R. GN5f	0.82 ± 0.07a	1.30 ± 0.11a	3.50 ± 0.23a	2.24 ± 0.29a	3.12 ± 0.16a	10.48 ± 0.93a	1.82 ± 0.07a	2.33 ± 0.11a	3.54 ± 0.18b	0.62 ± 0.03b	0.95 ± 0.05b	1.56 ± 0.09b
R. LH3436f	0.74 ± 0.02a	1.03 ± 0.02a	2.18 ± 0.11c	1.85 ± 0.06a	2.25 ± 0.10b	6.42 ± 0.09b	1.87 ± 0.04a	2.22 ± 0.04a	4.17 ± 0.14a	0.81 ± 0.02a	1.23 ± 0.07a	2.32 ± 0.16a
杂菌数/(×10^7cfu/g)												
S. 12531f	—	—	—	0.48 ± 0.08a	0.47 ± 0.04a	5.32 ± 0.50a	2.83 ± 0.20a	2.39 ± 0.21a	12.56 ± 0.49a	2.65 ± 0.15a	2.54 ± 0.01a	14.81 ± 0.72a
R .GN5f	—	—	—	0.28 ± 0.07b	0.58 ± 0.06a	5.38 ± 0.31a	1.00 ± 0.10b	1.55 ± 0.11b	6.81 ± 0.19b	0.89 ± 0.05b	2.52 ± 0.34a	11.50 ± 0.56b
R. LH3436f	—	—	—	0.01 ± 0.01c	0.02 ± 0.01b	0.17 ± 0.09b	0.27 ± 0.06c	0.25 ± 0.05c	1.13 ± 0.08c	0.20 ± 0.03c	0.28 ± 0.02b	1.24 ± 0.05c
杂菌率/%												
S. 12531f	0	0	0	0.26 ± 0.03a	0.23 ± 0.02a	0.73 ± 0.06a	1.79 ± 0.09a	1.34 ± 0.06a	4.09 ± 0.21a	3.35 ± 0.13a	2.09 ± 0.05b	8.57 ± 0.20a
R. GN5f	0	0	0	0.13 ± 0.04b	0.19 ± 0.02a	0.51 ± 0.04b	0.54 ± 0.04b	0.66 ± 0.06b	1.89 ± 0.06b	1.41 ± 0.07b	2.55 ± 0.22a	6.89 ± 0.18b
R. LH3436f	0	0	0	0.01 ± 0.01c	0.01 ± 0.01b	0.03 ± 0.01c	0.14 ± 0.04c	0.11 ± 0.02c	0.27 ± 0.02c	0.24 ± 0.04c	0.23 ± 0.01c	0.53 ± 0.02c

过程，而 60d 测定时，基本上开始呈现有效活菌数降低的趋势，各菌株在不同基质载体中的增殖速度也并不一致。但总体而言，以秸秆粉在各个储藏期间所承载的活菌数最多，蛭石次之，而以泥炭所承载的有效菌数最少，尤其是在秸秆粉基质中，菌种增殖快，但有效活菌数下降也快，储藏 30d 时，秸秆粉基质中接种 *S.* 12531f 、*R.* GN5f 和 *R.* LH3436f 的处理有效活菌数分别是同一时期内泥炭和蛭石基质中有效活菌数的 3.92 倍和 3.61 倍、4.68 倍和 3.36 倍、3.47 倍和 2.85 倍，而在储藏 150d 时，这一倍数关系仅为 2.09 倍和 1.34 倍、2.52 倍和 1.64 倍、2.86 倍和 1.89 倍，这可能和秸秆粉中营养物质丰富有关，致使菌株的大量繁殖和快速消亡。相比之下，蛭石和泥炭基质中因为营养物质相对较少，各菌株的增殖速度较慢，而消亡的速度也相对较慢。

通过对各载体基质及接菌处理杂菌数的测定发现，储藏 7d 时各处理菌剂中均未发现杂菌的存在，而随着时间的延迟，各处理菌剂中的杂菌数开始逐渐增多，但在同一储藏期和同一接菌处理内各基质中杂菌数的情况为秸秆粉＞蛭石或泥炭。接种 *S.* 12531f 的各处理中，各储藏期内杂菌情况为秸秆粉＞泥炭＞蛭石，而接种 *R.* GN5f 的各处理中，各储藏期内杂菌情况为秸秆粉＞蛭石＞泥炭，在接种 *R.* LH3436f 的各处理中，各储藏期内杂菌情况为秸秆粉＞蛭石或泥炭，但接种了 *R.* LH3436f 并添加了苦参碱抑菌剂的菌剂中污染率显著低于只接种了 *S.* 12531f 和 *R.* GN5f 根瘤菌的处理，表明秸秆粉基质易致菌剂污染，而在蛭石和泥炭菌剂中，根据所接种菌株的不同而稍有差异，但与添加了抑菌剂的处理相比，所有添加抑菌剂处理菌剂的杂菌数均显著低于同一基质同一储藏期内其他菌剂的杂菌数，说明通过向固体菌剂中添加抑菌剂可有效降低菌剂的污染情况，并达到较好的抗污染效果。

将各菌剂处理中的杂菌数情况反映到菌剂的杂菌率上，其基本情况可以表示为(*S.* 12531f 接菌处理)秸秆粉＞泥炭＞蛭石，(*R.* GN5f 接菌处理)秸秆粉＞蛭石＞泥炭，(*R.* LH3436f 接菌处理)泥炭＞泥炭＞蛭石。如以不同基质类型划分杂菌率，所有基质中不同类型接菌处理，在不同储藏时间内的杂菌率均为 *S.* 12531f＞*R.* GN5f＞*R.* LH3436f，表明同一菌株在不同基质中与杂菌的竞争力并不相同，不能一概而论，同时也表明通过向基质中添加抑菌剂可显著降低菌剂的抗污染效果，并降低菌剂的杂菌率，而各基质中接种 *S.* 12531f 的处理杂菌率较接种 *R.* GN5f 的高，这可能是由于 *S.* 12531f 的代谢速度较慢，而 *R.* GN5f 的代谢速度较快。

7. 储藏 150d 后固体根瘤菌剂 pH 的变化

各固体菌剂中 pH 的变化通过改变菌剂内部菌种的生存环境而影响菌株的存活、繁殖和代谢，对菌剂内目的菌株有效活菌数的维持意义重大。泥炭和秸秆粉基质本身 pH 呈弱酸状态，经 $CaCO_3$ 粉末调节后使其 pH 维持在 7 左右，而对于本身 pH 呈弱碱状态的蛭石基质而言，则需要通过 HCl 调节 pH 至中性状态。向调节至中性的各载体基质中添加目的菌时，还需同时添加一定量的中性磷酸缓冲液以维持菌剂内部 pH 的稳定性。

由表 7-14 可知，经过 150d 的储藏后各载体基质及不同接菌处理的 pH 变化较大。总体而言，泥炭和秸秆粉基质的 pH 呈偏酸变化，而蛭石基质的 pH 呈偏碱性变化，这可能和基质本身的 pH 属性有关。泥炭基质中各接菌处理的 pH 均呈酸性变化，但以接种

S. 12531f 的变化最小，*R.* LH3436f 次之，而以接种了 *R.* GN5f 菌株的处理 pH 变化最大，这可能是由于 *S.* 12531f 为产碱菌，所代谢的碱性物质中和了部分基质中的酸性物质，而 *R.* GN5f 为快生型的产酸菌，所分泌的酸性物质加剧了菌剂的酸化程度，而 *R.* LH3436f 虽然也为快生型的产酸菌株，但由于抑菌剂的添加，在一定程度上抑制了菌种的增殖和代谢过程，使之分泌的酸性物质减少，因而菌剂 pH 的变化相对较小。与泥炭基质相比，秸秆粉基质中 pH 的变化情况与之相似，即 *S.* 12531f＜*R.* LH3436f＜*R.* GN5f，究其原因，与泥炭基质中 pH 的变化原因相似，即基质本身属性和所接种菌株代谢情况的综合反映，但秸秆粉基质中 pH 的变化幅度较泥炭基质大，这可能与秸秆粉中丰富的营养物质和较好的缓冲性能有关，营养物质丰富时，储藏期内菌株的代谢更加活跃，酸/碱性物质的分泌更加旺盛，而菌株的繁殖也有所加快，并最终导致 pH 的大幅度变化。与泥炭和秸秆粉基质相比，本身 pH 偏碱的蛭石基质中，各接菌处理的 pH 呈偏碱性变化。其具体的 pH 变化情况为 *S.* 12531f＞*R.* LH3436f＞*R.* GN5f。这也可能与 *S.* 12531f 本身为产碱菌，与基质的 pH 变化趋势一致及 pH 的变化幅度较大有关系，而快生型的 *R.* LH3436f 因为添加了抑菌剂，菌株的代谢活性受到抑制，酸性代谢物质分泌较少，因此与同期快生型产酸菌的 *R.* GN5f 相比，pH 的变化幅度也较小。以上结果表明菌剂 pH 变化受基质本身属性和菌株代谢的双重影响，而以基质本身的酸碱属性占主导地位。

表 7-14　储藏 150d 后各固体菌剂的 pH

接菌处理	泥炭	蛭石	秸秆粉
S. 12531f	6.73 ± 0.033a	8.17 ± 0.088a	6.57 ± 0.067a
R. GN5f	6.30 ± 0.058c	7.60 ± 0.058b	5.67 ± 0.067b
R. LH3436f	6.47 ± 0.033b	7.63 ± 0.067b	6.43 ± 0.088a

注：同列数值后不同小写字母表示差异显著（$P<0.05$）

各基质类型及接菌处理的固体菌剂在储藏 150d 后，观察各菌剂中菌剂颗粒直径、外观、含水量及气味的变化情况。发现在各供试菌剂中，除秸秆粉菌剂的过筛剩余物有所降低外（降低幅度 3.9%），其他基质类型的载体颗粒直径变化不大，而所有菌剂除因封装不严密导致严重污染的处理外，外观的变化也不大。对于各基质中含水量的变化，通过烘干称重法进行测定发现，秸秆粉和泥炭的蒸发量较高，而蛭石的蒸发量较低，但降低幅度都低于 4.7%水平。

五、讨论

基质的选择与处理、菌种的培养与活力维持、菌剂污染程度的监测及终产品的性价比等都是微生物接种剂在生产过程中首要考虑的因素。菌剂中的目的菌株只有维持高活力水平才能抵御储藏期间外界杂菌的入侵并在施用到田间环境中与土壤中的土著根瘤菌群及其他拮抗性微生物进行强有力的竞争。Gomez 等（1997）和 Olsen 等（1994，1996）等的调查发现，阿根廷和北美洲市场上的商用根瘤菌剂均存在高污染率的状况。而污染程度高是导致商用菌剂储藏时间短的主要限制性因素，因此需要通过一些人为的手段和方法降低菌剂的抗污染效果并增加其施用后的竞争结瘤能力。Jung 等（1982）和 Sessitsch 等

(1998)研究发现通过向微生物菌剂中添加抑菌剂类物质可以减少菌剂的污染程度并增加目的菌株的竞争结瘤效果。

本章从添加抑菌剂的角度出发，研究了各液体菌剂抗空气源杂菌及抗土壤源杂菌污染的能力，并以蛭石、泥炭和秸秆粉作为载体基质，以及不同储藏期内各基质及接菌和添加抑菌剂处理的固体菌剂的有效菌数、杂菌数、杂菌率及 pH 等的变化情况，以明确不同接菌及添加抑菌剂处理对不同基质菌剂质量的影响。所选择的苦参碱抑菌剂为纯天然植物源活性抑菌成分，具有抑菌谱广，杀伤力大，而对人畜低毒，并且易降解、不污染环境、成本低廉、难引起微生物抗药性的优点。本章有关根瘤菌有抗污染菌剂制备的研究已证明添加抑菌剂具有可行性，根瘤菌剂中抑菌剂的添加可有效增强液体菌剂的抗污染能力并降低固体菌剂的杂菌率。

同时，本章试验还从基质选择的角度出发，比较了以蛭石、泥炭和秸秆粉作为载体基质的固体根瘤菌剂中各接种处理及抑菌剂添加后菌剂的抗污染效果和有效菌数。归纳理想菌剂载体基质一般应符合的要求条件。泥炭基质是最佳的菌剂载体，但作为有机质和土壤混合体，泥炭也有其自身的缺陷，如泥炭多形成于沼泽生境系统中，资源储备较少，地带分布不均匀，大量开采极易导致当地环境受到破坏，且不同地域的产品品质间存在差异，这都为同一质量根瘤菌剂的制备增加了难度。为提高菌剂品质，降低成本费用及对环境的破坏程度，需要使用一些具有优良基质特性的替代品用作菌剂载体。

本章测定了青玉米秸秆粉作为根瘤菌剂基质的潜力。秸秆在日常农业生产中常被当作农业废弃物燃烧而浪费掉，其成本低廉，却富含丰富的氮、磷、钾、钙、镁和有机质，以及粗纤维和木质素等，可以提供菌种培养时所需的营养环境。但在本试验中，以秸秆粉作为基质载体会导致菌株繁殖速度过快及菌剂的高污染率等问题，这可能与秸秆粉中营养成分过多，且浸提不充分所致，并不能完全否定秸秆粉作为菌剂载体基质的潜力，而关于具体浸提浓度的确定，还需进行更加深入和具体的研究予以确定。

六、结论

1) 将苦参碱抑菌剂用作固体根瘤菌剂的添加剂可有效降低各载体基质中菌剂在储藏期间的高污染率问题，并在一定程度上稳定各固体菌剂的 pH 变化，同时，添加了苦参碱抑菌剂的液体根瘤菌剂对空气源杂菌和土壤源杂菌的抗污染能力得到增强，表现为杂菌数的减少。因此，将苦参碱用作根瘤菌剂的抑杂菌剂具有可行性。

2) 不同根瘤菌株在不同载体基质中的存活及代谢状况不同，基质本身属性及所含元素的丰富程度是影响菌剂质量的关键。泥炭、蛭石是相对理想的基质。

第八章　间歇性干旱对苜蓿根瘤菌固氮的影响

生物固氮是生物学、农学、化学、物理学等多学科相互交叉的一个综合性的研究领域。近年来，生物固氮研究发展迅速，分别在分子、细胞、个体和生态等多层次水平上，从微观到宏观不断开展探索性研究。

苜蓿喜温暖半干旱气候，适宜种植范围广。苜蓿不仅具有很强的固氮能力，而且有很发达的根系，能起到很好地保护土壤的作用。然而，干旱一直是限制苜蓿-根瘤菌共生固氮体系没有在农业生产中充分发挥作用的重要原因之一。我国属于干旱多发区，不仅发生范围广，而且出现频率高，不仅少雨的北方地区常常发生，而且多雨的南方地区也时有发生。在我国华南和西南地区干旱频率高达 50%～60%甚至以上，西北地区作为我国最大的苜蓿栽培区，水资源状况更是不容乐观，西北地区的水资源总量和人口虽然都占全国的 10%左右，但与土地面积所占的比例相比差距巨大，加上可用水资源总量不足，空间分布不均匀，降雨量远远小于蒸发量且降水分布不均匀，作物经常处于“干湿交替”或“低水多变”的田间环境，西北荒漠灌区土壤是最为典型的间歇性干旱土壤。我国西北地区单位面积水资源量仅为 615 万 m^3/km^2，相当于全国平均值的 22.5%，气候资源总量、生态压力指数、区域抗逆水平在全国都处于极不利的地位，水土流失率很高，地表高蒸发量和低植被覆盖率，使得降水难以形成有效下渗而得到利用，地下水资源分布不均匀，或过度开采，或水质受到污染，或开发层位太深，地表径流中大流域的水质普遍差，内陆河、小河流虽然较多，但流程短，表现出春旱、夏洪、秋缺、冬枯的特征，从而造成苜蓿灌溉用水的普遍短缺，阻碍了苜蓿在农业生态系统中作用的发挥。

从国内外研究来看，水分因子对苜蓿-根瘤菌共生体系固氮的影响机理研究仍处于初级阶段，且在典型生态区，多梯度水分指标对苜蓿-根瘤菌共生固氮的影响未见报道，本章对我国西北荒漠灌区间歇性灌溉制度形成的间歇性干旱区，通过干湿交替的田间实际生境，探讨水分因子、干旱周期对苜蓿根瘤形成、根瘤菌固氮效率及接种根瘤菌苜蓿草地土壤养分的影响，揭示适宜苜蓿根瘤形成和提高固氮效率的灌溉量及灌溉周期，为提高苜蓿水分利用率，增大灌溉效益，充分发挥根瘤菌固氮能力和培肥地力提供了依据。

第一节　间歇性干旱条件下苜蓿根瘤的形成特点

氮素固定是维系生产力的重要生态反应(朱奇和陈彦，2003)。目前全球范围内每年输入生态系统的总氮量约为 2 亿 t，其中 75%来自生物固氮，而生物固氮量的 80%由土壤微生物 *Rhizobium*、*Bradyrhizobium*、*Sinorhizobium*、*Azorhizobium*-豆科植物共生固氮完成(刘永秀等，1999)。水分因子是影响豆科植物共生固氮的重要因素。我国西北干旱半干旱区，降雨量远远小于蒸发量且降水分布不均匀，豆科植物苜蓿经常处于“干湿交替”或“低水多变”的田间环境。水分含量是影响结瘤和固氮的重要指标，豆科植物-根瘤菌共生关系的形成及其活性均对干旱十分敏感，土壤干旱不仅影响植物生长、根系发育及物质分泌，也使根瘤菌处于一个较低的群体水平，从而影响氮素的积累(Serraj et al.，1999)。

一、间歇性干旱处理对苜蓿根瘤菌结瘤能力的影响

选择耐寒、耐旱、高产稳产的陇东苜蓿(*Medicago sativa* cv. Longdong)为供试品种。接种根瘤菌选用甘肃农业大学草业学院实验室分离自定西陇东苜蓿的高效固氮菌株DL-15。将催芽的种子用根瘤菌液浸泡 20min 后进行盆栽，并吸取根瘤菌液接种于种子周围。

采用二因素完全随机设计，供试土壤田间持水量为 32.7%，土壤水分处理设 80%和50%田间持水量两个水平，分别记作 HW、LW，干旱处理设 80%、50%田间持水量下分别间歇性干旱 20d、30d、40d、50d 4 个处理，记作 LRⅠ、LRⅡ、LRⅢ、LRⅣ(对照CKL：持续保持 80%田间持水量)和 MRⅠ、MRⅡ、MRⅢ、MRⅣ(对照 CKM：持续保持 50%田间持水量)。根据上述土壤含水量处理，对照每天对花盆称重 1 次，低于土壤含水量处理指标的进行补水，干湿交替处理在干旱周期末挖根测定苜蓿根瘤各项指标，然后复水至干旱前含水量水平，形成湿—干—湿—干循环过程(表 8-1)。

表 8-1　二因素完全随机试验实施方案

土壤水分/%	干旱周期/d	干旱次数/次	土壤水分/%	干旱周期/d	干旱次数/次
80%田间持水量(HW)	0(CKL)	0	50%田间持水量(LW)	0(CKM)	0
	20(LRⅠ)	6		20(MRⅠ)	6
	30(LRⅡ)	4		30(MRⅡ)	4
	40(LRⅢ)	3		40(MRⅢ)	3
	50(LRⅣ)	3		50(MRⅣ)	3

1. 间歇性干旱处理对苜蓿植株总根瘤数的影响

比较不同干旱周期下苜蓿的结瘤数量发现(表 8-2)，随干旱周期的增长，80%田间持水量 4 个处理的总根瘤数由 13.2 个/株下降至 7.8 个/株，土壤 50%田间持水水量 4 个处理的总根瘤数由 9.5 个/株下降至 6.8 个/株，其中除 80%田间持水量下间歇干旱 20d、30d和 50%田间持水量间歇干旱 20d 3 个处理的结瘤数量与对照差异不显著外($P>0.05$)，其他处理与对照均有显著性差异($P<0.05$)，说明上述 3 种干湿交替处理能保持根瘤菌较强的结瘤能力和稳定性。

进行相关分析发现，50%和 80%田间持水量下根瘤菌结瘤数量与干旱周期均成显著负相关关系，相关系数分别为–0.986 和–0.921，即干旱周期越长，根瘤菌-苜蓿共生结瘤数量越少；分析干湿交替过程中总根瘤数的变化动态可知，在苜蓿生长初期，根瘤数量不断增加，之后随着干旱次数的增加根瘤数又有所下降；比较土壤恒定湿度下(对照)的

结瘤情况发现，保持恒定80%田间持水量的总根瘤数(14.9～16.9个/株)明显高于保持恒定50%田间持水量的总根瘤数(11.3～12.8个/株)，表明土壤水分是影响结瘤数量的重要因素，在一定土壤湿度范围内，土壤湿度越大，根瘤菌结瘤能力越强。

表8-2 间歇性干旱处理的苜蓿植株总根瘤数 （单位：个/株）

土壤水分处理	干旱周期	干旱次数						平均	对照周期	对照次数						平均
		1	2	3	4	5	6			1	2	3	4	5	6	
80%田间持水量	20d	7.6	15.2	13.6	16.9	13.6	12.1	13.2aA	20d	10.2	18.9	15.6	18.7	17.3	13.2	15.7
	30d	8.1	9.2	11.5	12.3			10.3bAB	30d	12.8	15.6	17.9	13.2			14.9
	40d	7.4	9.4	6.7				7.8bcB	40d	18.9	18.7	13.2				16.9
	50d	7.8	9.1	7.3				8.1bcB	50d	17.1	17.3	13.2				15.9
50%田间持水量	20d	7.6	12.1	9.2	10.3	9.9	9.3	9.5bcAB	20d	10.4	13.3	9.8	14.1	11.7	10.9	11.7
	30d	7.2	8.6	8.3	7.1			8.2bcB	30d	12.4	9.8	11.9	10.9			11.3
	40d	6.9	9.1	6.6				7.5bcB	40d	13.3	14.1	10.9				12.8
	50d	6.1	8.1	6.2				6.8cB	50d	12.7	11.7	12.4				12.3

注：同列数值后不同小写字母表示差异显著($P<0.05$)，不同大写字母表示差异极显著($P<0.01$)

2. 间歇性干旱处理对苜蓿植株有效根瘤数的影响

比较不同干旱周期下苜蓿的有效根瘤数发现(表8-3)，80%田间持水量间歇干旱20d、30d和50%田间持水量间歇干旱20d 3个处理的有效根瘤数量最多，分别为9.2个/株、6.3个/株、6.9个/株，表明这3种干湿交替处理能保持根瘤菌较强的有效性，相关性分析表明，50%和80%田间持水量处理下有效根瘤数与干旱周期均呈显著强负相关关系，相关系数分别为–0.983和–0.995，即干旱周期越长有效根瘤数量越少；由干湿交替过程中有效根瘤数的变化动态可知，80%田间持水量间歇干旱20d、30d和50%田间持水量间歇干旱20d 3个处理在前两次干湿交替过程中有效根瘤数有所增加，但在第3次干旱过程中遭遇了35℃的高温天气，有效根瘤数大幅度下降，分别比前一次降低了33.8%、19.7%和41.5%，之后随气温的下降有效根瘤数缓慢上升，表明根瘤菌对温度有一定的敏感性(缪礼鸿和周俊初，2003；Olsen et al.，1983)，其他处理随干旱次数的增加有效根瘤数不断减少。在研究土壤恒定水分状况下有效根瘤的生长动态时发现，苜蓿在营养生长阶段有效根瘤数不断增加，转入生殖生长阶段有效根瘤数有下降的趋势，表明苜蓿生育时期的变化也能对根瘤菌的有效性造成影响，比较对照有效根瘤数可知，恒定80%田间持水量的有效根瘤数(13.6～16.1个/株)明显高于恒定50%田间持水量的有效根瘤数(9.5～10.2个/株)，表明土壤水分同样是影响根瘤菌有效性的重要因素，较大的土壤湿度有利于根瘤菌发挥有效性(曾昭海等，2003)。进行相关分析可知，总根瘤数与有效根瘤数呈强正相关，r=0.9327，有效根瘤数的变化受总根瘤数的直接影响。

表 8-3　间歇性干旱处理的苜蓿植株有效根瘤数　　(单位：个/株)

土壤水分处理	干旱周期	干湿交替次数						平均	对照周期	对照次数						平均
		1	2	3	4	5	6			1	2	3	4	5	6	
80%田间持水量	20d	6.9	13.3	8.8	10.4	8.3	7.5	9.2aA	20d	9.9	17.9	14.3	18.1	16.1	12.4	14.8
	30d	6.5	7.6	6.1	4.8			6.3abAB	30d	12.0	14.3	15.8	12.4			13.6
	40d	6.1	4.2	3.3				4.6bcdBCD	40d	17.9	18.1	12.4				16.1
	50d	2.6	2.0	1.6				2.1deD	50d	16.3	16.1	12..8				15.1
50%田间持水量	20d	7.5	10.6	6.2	6.9	5.7	4.5	6.9abAB	20d	8.5	11.1	9.3	10.6	9.4	9.0	9.7
	30d	7.4	3.7	2.6	2.4			4.0cdeBCD	30d	10.2	9.3	9.4	9.0			9.5
	40d	5.1	1.7	1.4				2.8deCD	40d	11.1	10.6	9.0				10.2
	50d	2.1	1.13	0.2				1.1eD	50d	10.4	9.4	10.9				10.2

注：同列数值后不同小写字母表示差异显著(P<0.05)，不同大写字母表示差异极显著(P<0.01)

3. 间歇性干旱处理对苜蓿植株有效根瘤重的影响

根瘤重量能够直接反映出根瘤的大小(Atkins，1984)，比较不同干旱周期的有效根瘤重时发现，80%田间持水量间歇干旱 20d、30d 和土壤 50%田间持水量间歇干旱 20d 3 个处理的有效根瘤重分别为 2.0mg/个、1.7mg/个和 1.6mg/个，与其他处理差异明显。由相关性分析可知，两种土壤含水量处理的有效根瘤重与干旱周期均成显著强负相关关系，相关系数分别为–0.995 和–0.927，即干旱周期越长，有效根瘤越轻，说明干旱周期过长不仅会影响根瘤菌感染宿主的结瘤数量，还会抑制根瘤个体的发育(Smith，1995；Rice and Olsen，1988)；分析有效根瘤重量随干湿交替次数增加的变化趋势可知(表 8-4)，除 80%田间持水量间歇干旱 20d、30d 和 50%田间持水量间歇干旱 20d 3 个处理在第 2 次干旱过程中有效根瘤重分别比第 1 次干旱增加了 19.0%、40.0%和 5.9%外，其他处理表现为随干旱次数增加，有效根瘤重不断下降；比较对照间平均值的大小不难发现，在恒定的土壤水分下有效根瘤的大小在植株的各生长阶段基本保持不变，但土壤含水量越高，根瘤个体越大，说明在稳定的土壤水分下含水量的多少是影响有效根瘤个体大小的关键因素。本结论与师尚礼(2005a)的研究结果基本一致。

表 8-4　间歇性干旱处理的苜蓿植株有效根瘤重　　(单位：mg/个)

土壤水分处理	干旱周期	干湿交替次数						平均	对照周期	对照次数						平均
		1	2	3	4	5	6			1	2	3	4	5	6	
80%田间持水量	20d	2.1	2.5	1.6	2.0	1.8	1.7	2.0aA	20d	2.1	2.1	2.2	1.9	2.1	2.0	2.1
	30d	1.5	2.1	1.8	1.4			1.7abAB	30d	2.0	2.2	2.0	2.0			2.1
	40d	1.5	1.4	1.3				1.4bcBCD	40d	2.1	1.9	2.0				2.0
	50d	1.3	1.2	1.1				1.2cdBCD	50d	2.1	2.0	2.0				2.0
50%田间持水量	20d	1.7	1.8	1.4	1.5	1.6	1.5	1.6bABC	20d	1.7	1.8	1.9	1.5	1.6	1.7	1.7
	30d	1.4	1.3	1.1	1.0			1.2cdBCD	30d	1.7	1.9	1.6	1.7			1.7
	40d	1.2	1.1	1.1				1.1cdCD	40d	1.8	1.5	1.7				1.7
	50d	1.1	1.0	0.9				1.0dD	50d	1.9	1.7	1.5				1.7

注：同列数值后不同小写字母表示差异显著(P<0.05)，不同大写字母表示差异极显著(P<0.01)

二、间歇性干旱对苜蓿根系根瘤分布的影响

由表 8-5 可知，主根上的根瘤占总根瘤数的百分率随干旱周期的增长不断下降，但各处理差异不显著（$P>0.05$）；比较根系根瘤分布随干旱次数增加的变化情况可知，主根上的根瘤占总根瘤数的百分率同样随干旱次数增加不断减少，下降幅度最大的是80%田间持水量下间歇干旱 20d 的处理，在 6 次干湿交替过程中百分率由 62.1%下降到26.1%，其次是 50%田间持水量下间歇干旱 20d 的处理，百分率由 59.5%下降到 29.7%，而 50%和 80%田间持水量间歇干旱 50d 的两个处理在整个过程中变化不大。以上分析表明，干湿交替周期的增长和干旱次数的增加能降低根瘤菌侵染主根的比率。值得注意的是：在土壤水分恒定的情况下，根系根瘤的分布同样随苜蓿生长期的增长由主根不断向侧根转移，但恒定 80%田间持水量的对照其根瘤侵染主根的比率与恒定 50%田间持水量的对照无差异，究其原因，苜蓿可能在 50%以上田间持水量的土壤湿润度下均能形成较多的侧根和毛根，根瘤菌容易侵染幼嫩的侧根和毛根，从而降低了根瘤菌侵染主根的比率。

表 8-5　间歇性干旱处理的苜蓿植株主根上的根瘤占根系总根瘤数的百分率　（单位：%）

土壤水分处理	干旱周期	干湿交替次数						平均	对照周期	对照次数						平均
		1	2	3	4	5	6			1	2	3	4	5	6	
80%田间持水量	20d	62.1	47.5	39.3	34.8	35.6	26.1	40.9aA	20d	36.1	23.3	23.7	17.2	16.5	14.5	21.9
	30d	57.3	37.2	31.7	29.4			38.9aA	30d	29.2	23.7	16.2	14.5			20.9
	40d	51.3	31.4	26.7				36.5aA	40d	23.3	17.2	14.5				18.3
	50d	39.1	29.2	23.6				30.6aA	50d	15.2	16.5	12.7				14.8
50%田间持水量	20d	59.5	54.3	47.2	42.1	38.4	29.7	45.2aA	20d	47.1	40.3	35.1	30.7	24.4	17.1	32.5
	30d	53.6	48.1	35.7	29.4			41.7aA	30d	39.9	35.1	26.3	17.1			29.6
	40d	47.2	42.6	27.4				39.1aA	40d	39.4	30.7	17.1				29.1
	50d	37.3	30.8	29.6				32.6aA	50d	27.7	24.4	13.3				21.8

注：同列数值后不同小写字母表示差异显著（$P<0.05$），不同大写字母表示差异极显著（$P<0.01$）

刁治民（1999）对青海野生及栽培豆科植物结瘤，以及固氮状况进行了调查研究，他指出：青海干旱、缺水的自然条件可以导致结瘤的豆科植物不能形成根瘤；野生豆科植物根在短时间湿润下所形成的小瘤，也因干旱而衰败、脱落。这种现象在本试验过程中也同样发生，造成这种结果的原因除了和土壤水分有关外，植物根系在污水状态下复杂的生理生化反应可能也是重要的影响因素之一，对此须作进一步的定性、定量专题研究。

Pena-Cabriales 和 Alexander（1979）指出，在干旱土壤中，根瘤的生长模式存在多样性：在土壤变干过程中，前期根瘤数量呈指数下降，后期下降速度非常缓慢，这种现象只与土壤失水快慢有关，而在干湿交替的土壤环境中，根瘤数量将会进一步下降。本研

究结果与其一致，当干湿交替处理超过一定限度后根瘤菌侵染根系能力下降，结瘤量减少，如 50%和 80%土壤含水量下分别间歇干旱 50d 的两个处理，在最后一次干旱过程中有效根瘤数只有 0.9 个/株和 1.1 个/株，因此在间歇性干旱区特定的生态条件下，依据水资源状况适度加大灌溉量，缩短土壤干湿交替的周期，是充分发挥根瘤菌共生固氮效率的必要措施。

根瘤菌对根系的侵染方向随着主根在干旱胁迫下的不断衰老而发生了转移，前期主根根皮幼嫩容易侵染，后期主根根皮变厚不易建立共生关系，根瘤菌转而侵染侧根和不断更新的毛根，因此增加苜蓿侧根和毛根数量，加大根瘤菌的侵染率将是苜蓿栽培区研究的重要内容。

第二节 间歇性干旱条件下苜蓿根瘤菌固氮效率及促生效果

我国近 45%的地区年降雨量在 400mm 以下，并且在时空上降水变幅较大。在北方干旱半干旱地区，作物的生长经常处在一个干湿不断交替的变化之中。作物在生长发育不同时期可能会遇到不同形式、不同程度和不同类型的缺水胁迫，作物在不同类型、不同程度与频率的缺水胁迫下可能会产生适应性变化，也会产生伤害性变化。在无灌溉条件的雨养农业地区，自然状态下的作物生长，不时处在干湿变化的水分环境中，并且具有一定的普遍性。在具备补充灌水能力的间歇性干旱区，干湿交替供水作为一种新的灌水模式，已被人们广泛采用(吕金印等，2004)。目前的研究多集中在不连续供水条件下苜蓿对干旱胁迫的应答机制及产量构成上，而对根瘤菌固氮效率影响的报道相对较少，并且水分胁迫方式单一，生态区域不够典型，姚新春和师尚礼(2006)以间歇性干旱区的气候及灌溉条件为背景，探讨了间歇性干旱下苜蓿根瘤菌共生固氮特性的变化及其与根瘤，植株地上、地下性状指标变化的关系，旨在为寒区旱区提高灌溉效率，充分挖掘根瘤菌固氮能力提供依据。

一、间歇性干旱处理对苜蓿根瘤菌固氮酶活性的影响

间歇性干旱对根瘤菌固氮酶活性的影响情况见表 8-6，固氮酶活性随干湿交替间隔周期的增长逐渐下降，80%田间持水量的对照(CK)根瘤菌固氮酶活性为 11.56μmol/(gFW · h)，显著高于 50%田间持水量的对照(CK)，其中 80%田间持水量的 4 个处理中固氮酶活性最高的是干湿交替间隔周期 20d 的处理，为 8.17μmol/(gFW · h)，最小的是干湿交替间隔周期 50d 的处理，固氮酶活性仅为 2.95μmol/(gFW ·h)；50%田间持水量的 4 个处理中固氮酶活性最大的是干湿交替间隔周期 20d 的处理，为 6.8μmol/(gFW · h)，最小的是干湿交替间隔周期 50d 的处理，固氮酶活性仅为 2.01μmol/(gFW · h)，并且当干湿交替间隔周期相同时，根瘤菌固氮酶活性，除 80%田间持水量干湿交替间隔周期 50d 处理与 50%田间持水量干湿交替间隔周期 50d 处理的差异不显著外($P>0.05$)，其他处理均达到了显著($P<0.05$)或极显著水平($P<0.01$)。

表 8-6 间歇性干旱对苜蓿根瘤菌固氮酶活性的影响 [单位：μmol/(gFW · h)]

土壤水分含量	对照	干湿交替周期			
		20d	30d	40d	50d
80%田间持水量	11.56*	8.17*	7.22**	4.55*	2.95
50%田间持水量	8.12	6.80	5.06	3.22	2.01

注：*表示 t 检验差异显著（$P<0.05$）；**表示 t 检验差异极显著（$P<0.01$）

相关分析表明，50%和 80%两种田间持水量下，固氮酶活性与干湿交替间隔周期均呈显著强负相关(图 8-1)，决定系数 R^2 分别为 0.9715($P<0.05$)和 0.9928($P<0.01$)；最佳拟合曲线呈直线关系，50%田间持水量处理下固氮酶活性与干湿交替间隔周期的相关系数和拟合方程为：$r=-0.986$($P<0.05$)，$y=-0.1834x+12.141$。80%田间持水量处理下固氮酶活性与干湿交替间隔周期的相关系数和拟合方程为：$r=-0.996$($P<0.01$)，$y=-1.622x+9.942$，表明根瘤菌固氮酶活性与干湿交替间隔周期呈直线负相关，即干湿交替间隔周期是影响根瘤菌固氮酶活性的重要因素，干湿交替间隔周期越长，根瘤菌固氮酶活性越小，并且当干湿交替处理达到一定限度后，根瘤菌基本失活，固氮酶活性很低，共生固氮意义不大。

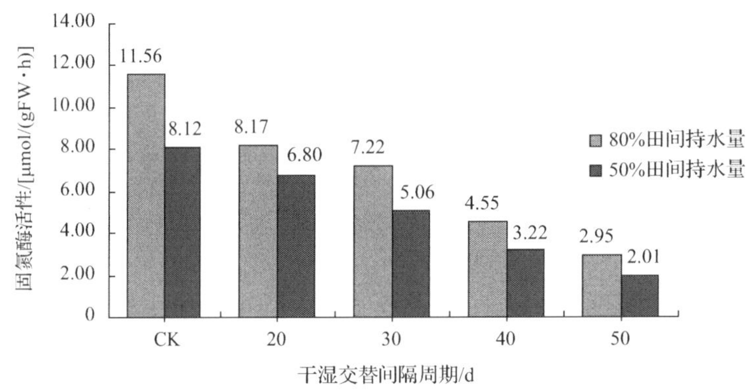

图 8-1 间歇性干旱对根瘤菌固氮酶活性的影响

二、间歇性干旱处理对苜蓿根瘤性状指标的影响

表 8-7 表明，苜蓿根瘤数量和重量随干湿交替间隔周期的增长，呈现逐渐下降的趋势。总根瘤数、有效根瘤数和有效根瘤重均为 80%田间持水量下干湿交替间隔 20d 处理的最高，30d 处理的次之，50%田间持水量下干湿交替间隔 50d 处理的最低。多重比较结果表明，总根瘤数，80%田间持水量下干湿交替间隔 20d 的处理显著高于其他处理($P<0.05$)，且其他处理间差异不显著($P>0.05$)。有效根瘤数和有效根瘤重，80%田间持水量下干湿交替间隔 20d、30d 和 50%田间持水量下干湿交替间隔周期 20d 的处理均显著高于其他处理($P<0.05$)，说明以上 3 种干湿交替处理能较好地保持根瘤菌的有效性和发挥固氮能力。比较对照(CK)的总根瘤数、有效根瘤数和有效根瘤重可知，80%田间持水量的对照(CK)总根瘤数、有效根瘤数和有效根瘤重显著($P<0.05$)或极显著($P<0.01$)高

于 50%田间持水量的对照(CK)，说明土壤水分恒定处理时，含水量越大越有利于根瘤数量和质量性状的保持和固氮能力的发挥。

表 8-7　间歇性干旱对苜蓿根瘤性状指标的影响

土壤水分处理	干湿交替间隔周期	总根瘤数/(个/株)		有效根瘤数/(个/株)		有效根瘤重/(mg/个)	
		对照	处理	对照	处理	对照	处理
80%田间持水量	20d	15.2*	13.2a	14.5**	9.2a	2.0*	2.0a
	30d		10.3b		6.3ab		1.7ab
	40d		7.8bc		4.6bcd		1.4bc
	50d		8.1bc		2.1de		1.2cd
50%田间持水量	20d	12.1	9.5bc	9.5	6.9ab	1.68	1.6b
	30d		8.2bc		4.0cde		1.2cd
	40d		7.5bc		2.8de		1.1cd
	50d		6.8c		1.1e		1.0d

注：同列数值后不同小写字母表示差异显著($P<0.05$)；*表示 80%田间持水量对照显著高于 50%田间持水量对照；** 表示 80%田间持水量对照极显著高于 50%田间持水量

根据表 8-7 中间歇性干旱对根瘤数量性状的影响作成图 8-2 和图 8-3。

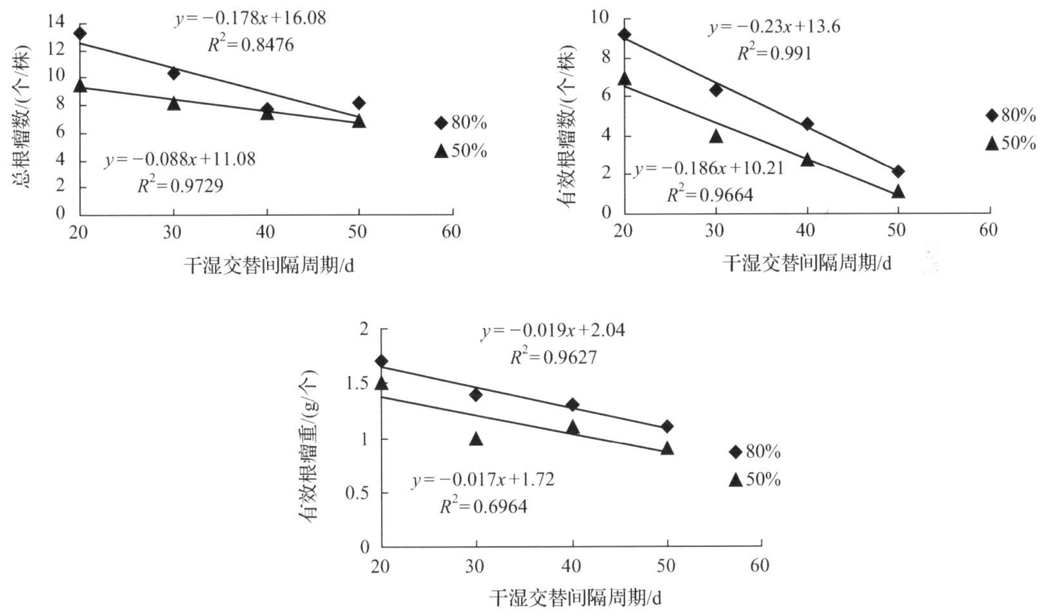

图 8-2　苜蓿根瘤性状指标的变化动态

由图 8-2 和图 8-3 可以看出，50%田间持水量的干湿交替处理，总根瘤数、有效根瘤数、有效根瘤重与干湿交替间隔周期的相关系数 r 分别为–0.9206($P>0.05$)、–0.9954($P<0.05$)和–0.9812($P<0.05$)，决定系数 R^2 分别为 0.8476、0.991 和 0.9627，表明总根瘤数、有效根瘤数和有效根瘤重与干湿交替间隔周期呈显著强负相关。80%田间持水量的干湿交替处理的总根瘤数、有效根瘤数、有效根瘤重与干湿交替间隔周期的相关系数 r

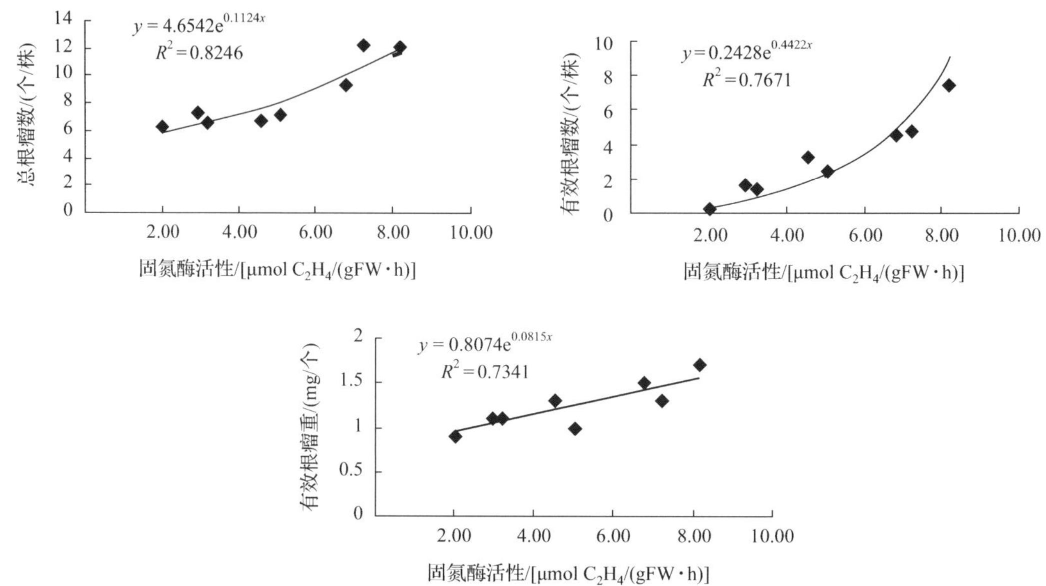

图 8-3 苜蓿根瘤性状指标与固氮酶活性的拟合曲线

分别为–0.9864（$P<0.05$）、–0.9831（$P<0.05$）、–0.8345（$P>0.05$），决定系数 R^2 分别为 0.9729、0.9664 和 0.6964，表明有效根瘤数与干湿交替间隔周期呈显著强负相关。由此可以看出，不同田间持水量下的干湿交替处理，有效根瘤数量变化是衡量干湿交替间隔周期的长短对根瘤形成影响的重要指标，也是较可靠的一个依据。

进一步分析可知，根瘤菌固氮酶活性与总根瘤数、有效根瘤数、有效根瘤重的相关系数和拟合方程如下：总根瘤数与根瘤菌固氮酶活性的相关系数 r=0.9243（$P<0.05$），拟合方程 $y=4.6542e^{0.1124x}$、有效根瘤数与根瘤菌固氮酶活性的相关系数 r=0.9535（$P<0.01$），拟合方程 $y=0.2428e^{0.4422x}$，有效根瘤重与根瘤菌固氮酶活性的相关系数 r=0.9547（$P<0.01$），拟合方程 $y=0.8074e^{0.0815x}$，表明根瘤菌固氮酶活性与总根瘤数、有效根瘤数、有效根瘤重存在显著（$P<0.05$）或极显著（$P<0.01$）指数正相关关系，即总根瘤数、有效根瘤数和有效根瘤重越大，根瘤菌固氮酶活性越高，在实际生产中可依据总根瘤数、有效根瘤数和有效根瘤重的变化预测苜蓿根瘤菌的变化趋势和变化量，进行合理灌溉，充分挖掘苜蓿根瘤菌固氮潜力。

三、间歇性干旱处理对接种根瘤菌苜蓿性状指标的影响

1. 间歇性干旱对接种根瘤菌苜蓿植株地上构成因子的影响

表 8-8 表明，苜蓿茎叶干重总体表现为随干湿交替间隔周期的增长而不断下降。80%田间持水量的 4 个处理以干湿交替 20d 处理的茎叶干物质最大，为 1.1752g，显著高于其他处理（$P<0.05$）。50%田间持水量的 4 个处理以干湿交替 20d 的处理茎叶干物质最大，为 0.6996g，除与干湿交替 30d 的处理差异不显著外（$P>0.05$），均显著高于其他处理（$P<0.05$）。比较对照（CK）的茎叶干重可知，80%田间持水量的对照（CK）茎叶干重（1.4946g）

显著高于 50%田间持水量的对照(CK)(1.3189g)(P<0.05)。表明在稳定的土壤水分状况下，土壤含水量的大小是影响苜蓿地上干物质的关键因素，土壤含水量越大，地上干物质积累越多。

表 8-8　间歇性干旱影响的苜蓿地上干物质构成

土壤水分处理	干湿交替周期	茎叶干重/g		茎干重/g		叶干重/g		茎叶比	
		对照	处理	对照	处理	对照	处理	对照	处理
80%田间持水量	20d	1.4946*	1.1752a	0.7786	0.6298a	0.7351*	0.5454a	1.0425	1.13c
	30d		0.9403b		0.5175b		0.4228ab		1.18c
	40d		0.5929cd		0.3300e		0.2628ab		1.3bc
	50d		0.5836cd		0.3641cd		0.2195b		1.83a
50%田间持水量	20d	1.3189	0.6996c	0.6813	0.3771c	0.6376	0.3225ab	1.0925	1.18c
	30d		0.6096cd		0.3478de		0.2618ab		1.39b
	40d		0.5110d		0.2981g		0.21287b		1.42b
	50d		0.4388d		0.3304ef		0.1084ab		1.96a

注：同列数值后不同小写字母表示差异显著(P<0.05)；*表示 80%田间持水量(CK)显著高于 50%田间持水量(CK)

分析间歇性干旱对苜蓿茎干重的影响可知，两种土壤含水量下各处理的茎干重以干湿交替间隔周期 20d 最大，分别为 0.6298g 和 0.3771g，以干湿交替间隔周期 40d 的最小，分别为 0.3300g 和 0.2981g，多重比较结果可知，当干湿交替间隔周期相同时，80%田间持水量的处理均显著(P<0.05)高于 50%田间持水量的处理。比较对照(CK)的茎干重可知，80%田间持水量的对照(CK)茎干重(0.7786g)与 50%田间持水量的对照(CK)(0.6813g)差异不显著(P>0.05)。

叶干重总体表现为随干湿交替间隔周期的增长而不断下降(表 8-8)。80%和 50%两种田间持水量的处理均以干湿交替 20d 的处理叶干重最大，分别为 0.5454g 和 0.3225g，但与其他处理差异不显著(P>0.05)。两种土壤水分含量下干湿交替间隔周期 30d、40d、50d 的处理相互间差异均不显著(P>0.05)，表明干湿交替间隔周期超过一定限度后，干旱对苜蓿叶生物量的影响较小。比较对照(CK)的叶干重可知，80%田间持水量的对照(CK)叶干重(0.7531g)显著高于 50%田间持水量的对照(CK)(0.6376g)(P<0.05)。

茎叶比通常是用来衡量苜蓿质量性状的指标。不同干湿交替处理下茎叶比总体表现为随干湿交替间隔周期的增长而不断上升的趋势，80%田间持水量的 4 个处理，以干湿交替 20d 的处理茎叶比最小为 1.13，50d 的处理最大，为 1.83，其中干湿交替间隔周期 20d、30d、40d 的处理均与 50d 的处理差异显著(P<0.05)，但相互间不存在差异性(P>0.05)，表明 80%土壤田间持水量下的间歇性干旱处理，只有干湿交替间隔周期达 50d 才会显著降低苜蓿的品质。50%土壤田间持水量的 4 个处理以干湿交替 20d 的处理茎叶比最小，为 1.18，显著低于其他处理(P<0.05)，说明 50%土壤含水量下的间歇性干旱处理，干湿交替间隔周期达 30d 就会显著降低苜蓿的品质。比较对照(CK)的茎叶比可知，80%和 50%田间持水量的对照茎叶比相差不大(P>0.05)，表明两种土壤水分含量对苜蓿质量指标的影响不明显。

由图 8-4 和图 8-5 可以看出，50%田间持水量的处理，苜蓿茎叶干重、茎干重、叶干重和茎叶比与干湿交替间隔周期的直线相关系数 r 分别为–0.9528（$P<0.05$）、–0.912（$P>0.05$）、–0.9793（$P<0.05$）和 0.9199（$P>0.05$），决定系数 R^2 分别为 0.9078、0.8317、0.9591、0.8462。表明 50%田间持水量下的干湿交替间隔处理，苜蓿茎叶干重、叶干重与干湿交替间隔周期呈显著直线强负相关关系，即干湿交替间隔周期越长苜蓿茎叶干重、叶干重越小。80%土壤含水量下苜蓿茎叶干重、茎干重、叶干重和茎叶比与干湿交替间隔周期的直线相关系数 r 分别为–0.9981（$P<0.01$）、–0.7417（$P>0.05$）、–0.9855（$P<0.05$）和 0.8918（$P>0.05$），决定系数 R^2 分别为 0.9964、0.5501、0.9713、0.7953。表明苜蓿茎叶干重、叶干重与干湿交替间隔周期呈显著直线强负相关关系，即干湿交替间隔周期是影响苜蓿茎叶生物量和叶生物量的重要因素，干湿交替间隔周期越长，苜蓿茎叶干重和叶干重越小。综合表明，缩短灌溉周期能明显增加苜蓿地上干物质的积累，采用 80%田间持水量干湿交替 20d、30d 两种灌溉方式能获得较高的苜蓿产量。

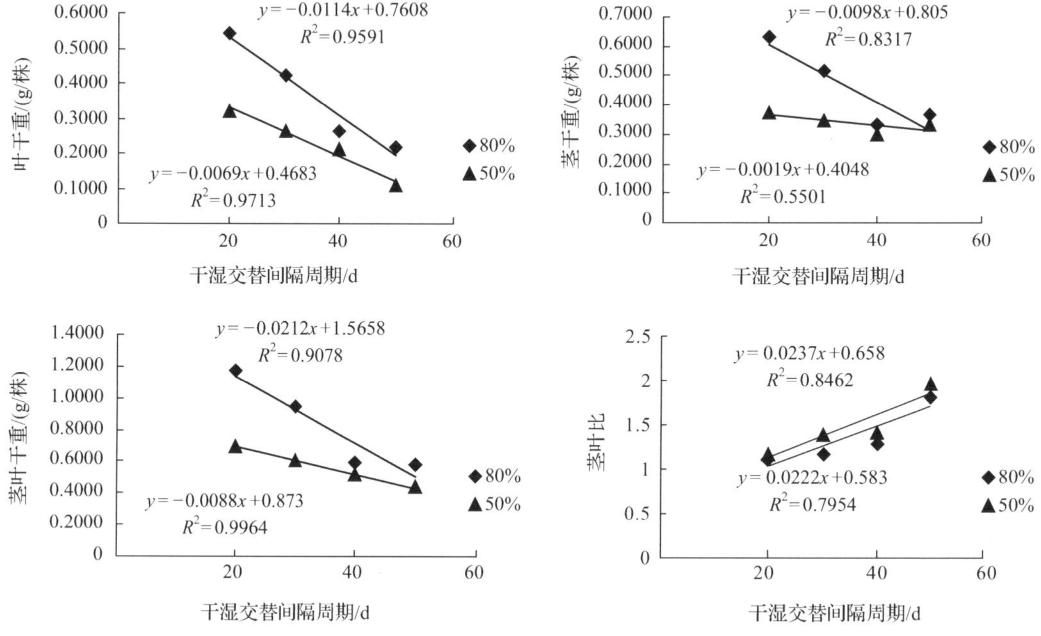

图 8-4　苜蓿地上性状指标与干湿交替间隔周期的拟合曲线

进一步分析可知，苜蓿茎叶干重、茎干重、叶干重和茎叶比与根瘤菌固氮酶活性的相关系数和拟合方程分别为：茎叶干重与根瘤菌固氮酶活性的相关系数 r=0.9338（$P<0.05$），拟合方程 $y=0.3367e^{0.1351x}$；茎干重与根瘤菌固氮酶活性的相关系数 r=0.8217（$P<0.05$），拟合方程 $y=0.2419e^{0.0941x}$；叶干重与根瘤菌固氮酶活性的相关系数 r=0.9390（$P<0.01$），拟合方程 $y=0.0958e^{0.2053x}$；茎叶比与根瘤菌固氮酶活性的相关系数 r= –0.9103（$P<0.01$），拟合方程 $y=2.1241e^{-0.0839x}$；其中苜蓿茎叶干重、茎干重、叶干重与根瘤菌固氮酶活性呈显著（$P<0.05$）或极显著（$P<0.01$）指数强正相关，茎叶比与干湿交替间隔周期呈显著指数强负相关（$P<0.05$），即根瘤菌固氮酶活性越大，苜蓿茎叶干重、茎干重、叶干重越大；根瘤菌固氮酶活性越小，苜蓿茎叶比越大。据此在实际生产中可依据苜蓿根瘤菌固氮酶活性的变化，预测苜蓿茎叶干重、茎干重、叶干重和茎叶比的变化趋势和变化量。

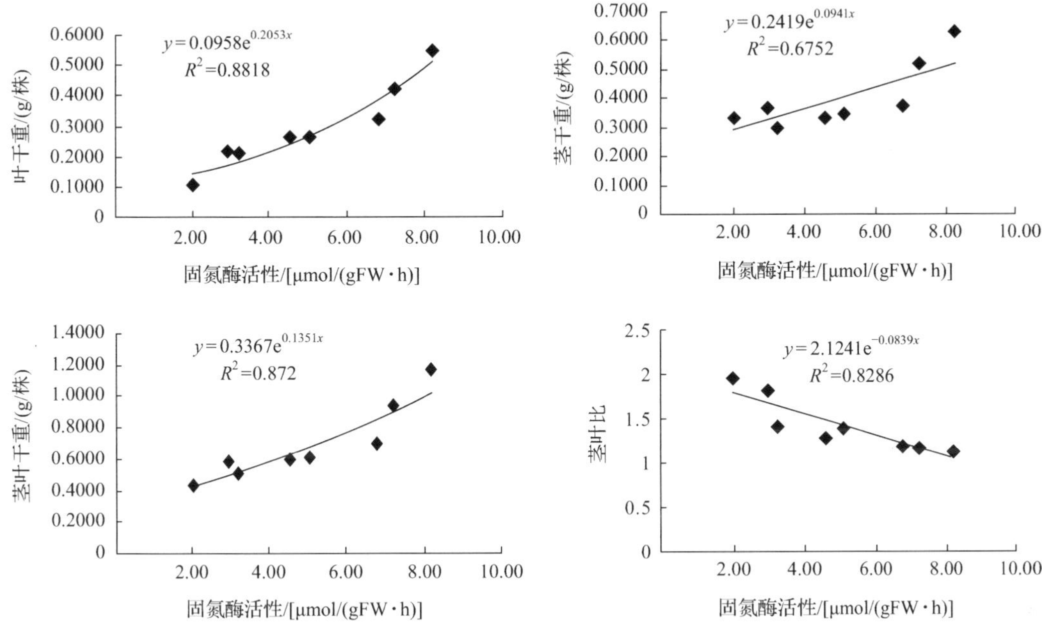

图 8-5 苜蓿地上性状指标的变化动态与固氮酶活性的拟合曲线

2. 间歇性干旱对接种根瘤菌苜蓿植株地下构成因子的影响

间歇性干旱处理下，苜蓿侧根总长、侧根数、平均侧根长和根干重总体表现为随干湿交替间隔周期的增长而不断下降(表 8-9)，其中 80%田间持水量处理的苜蓿侧根总长、侧根数、平均侧根长和根干重较 50%田间持水量的处理表现出更有规律的下降，说明 80%田间持水量的干湿交替处理下，苜蓿根系对干旱胁迫保持着敏感的应答机制，而 50%土壤含水量的处理打乱了苜蓿根系的生理反应，从而对干湿交替处理表现出无规律的变化。比较对照(CK)的侧根总长、侧根数、平均侧根长和根干重可知，80%田间持水量的对照(CK)，苜蓿侧根总长和平均侧根长均显著小于 50%田间持水量的对照(CK)($P<0.05$)，

表 8-9 间歇性干旱对接种根瘤菌苜蓿植株根系指标的影响

土壤水分处理	干湿交替周期	侧根总长/(cm/株)		侧根数/(条/株)		平均侧根长/cm		根干重/(g/株)	
		对照	处理	对照	处理	对照	处理	对照	处理
80%田间持水量	20d	202.5	133.3a	51.1	38.2a	3.95	3.49a	1.1668	1.0329a
	30d		129.8b		36.9ab		3.52a		0.9924a
	40d		94.6d		35.7b		2.65d		0.6997b
	50d		92.1e		30.4d		3.03c		0.7822b
50%田间持水量	20d	229.9*	90.1f	43.8	33.3c	5.47*	2.71d	1.2973	0.8167b
	30d		105.4c		32.6c		3.23b		0.6270b
	40d		89.9f		33.5c		2.68d		0.7494b
	50d		89.1f		29.5d		3.02c		0.6704b

注：同列数值后不同小写字母表示差异显著($P<0.05$)

说明在土壤水分恒定的环境中，水分含量越大，苜蓿侧根伸长生长越慢，水分抑制了侧根的伸长生长，而 80%田间持水量对照(CK)，苜蓿侧根数和根干重均高于土壤田间持水量的 50%的对照(CK)，说明土壤水分含量较高有利于苜蓿侧根的发育和生物量的积累。

刁治民(1999)对青海豆科植物根瘤及固氮特性进行了研究，他认为影响豆科植物固氮的因子是十分复杂的，除环境因子外，其固氮活性与豆科植物生育期及生活习性有密切关系，寒冷、干燥土壤使豆科植物根毛发育受阻从而使根瘤菌的感染受到抑制；同时缺水也严重限制根瘤菌固氮作用的发挥，天然降水不足不能满足豆科植物的生长，而灌溉条件无法保证豆科植物适时和及时的水分需要，可能是豆科植物根瘤菌固氮效能低的重要原因。王迈迈等(1997)认为豆科植物结瘤固氮及共生效能与其生态环境密切相关，干燥土壤使豆科植物根毛发育受阻而使感染受到限制，同时缺水也严重限制根瘤的固氮作用。师尚礼(2005a)认为苜蓿种植年限越短，侧根、毛根占有比例越大，且根皮幼嫩，根瘤菌易于侵染，结瘤率较高。随着种植年限的增加，毛根减少，根皮老化，根瘤菌难于侵染，根瘤较少，毛根的多少与幼嫩程度是苜蓿根系占瘤率高低的关键。

研究表明，干湿交替处理严重影响了植株地上和地下部分的正常发育，同时对根瘤的形成也有明显的抑制作用，进而显著降低了苜蓿根瘤菌的固氮效率，但干湿交替处理对苜蓿-根瘤菌总固氮量的影响如何，还须进一步作定量分析。

Albrecht 等(1984)研究指出，干旱使根瘤菌固氮酶活性降低，复水虽能迅速回升，但不会恢复到原来水平，遭受严重干旱时，即使复水也不能恢复其固氮酶活性。另外，长期干旱还会导致 NH_4^+ 的积累，从而抑制固氮酶的生物合成，降低根瘤的固氮量，此外，豆科植物根瘤的形成、根瘤形态和超微结构的变化，以及豆科植物的产量都明显受低土壤水势的影响；另外，土壤水分对根瘤固氮的影响，也与宿主植物的一些生理过程有关。本研究结论与上述结果相似，在经历不同梯度的干湿交替间隔后根瘤菌固氮酶活性有了显著性变化，总的趋势是间隔周期越长，固氮酶活性越小，但相对根瘤菌固氮酶活性在干旱复水前后的变化量还需进一步细化。

第三节　间歇性干旱条件下接种根瘤菌苜蓿草地土壤养分动态

苜蓿作为豆科植物中最为重要的栽培牧草，在我国种植面积已超过 130 万 hm^2，我国苜蓿栽培区多集中于西北干旱半干旱区，这些地区降雨量远远小于蒸发量，并且在时空上变幅较大(Jenny，1980)。随着生态环境的恶化和水资源的枯竭，苜蓿栽培区域将长期面临着土壤缺水的问题。然而，土壤肥力不足又会导致有限的水资源利用率下降，限制苜蓿生产的持续协调发展。因此在间歇性干旱区开展苜蓿栽培对土壤肥力的影响显得尤为重要。前人的研究多集中在常规栽培模式下苜蓿对土壤养分的影响上，郭玉泉和王金芬(2000)通过对 3 年龄的苜蓿干草产量和种植前后土壤有机质、速效磷、速效钾、全氮和速效氮 5 种主要养分含量的研究表明，种植后第三年土壤有机质、速效磷、速效钾、全氮 4 种养分含量降低，只有速效氮含量增加。马其东等(1999)研究表明苜蓿根系对降低表层土壤含盐量及增加土壤有机质和全氮量有明显效果，而且种植年限越长，改良效果越明显。樊铭京和卢兆增(1999)把种植苜蓿的土壤与未种植苜蓿的土壤进行比较，速效养分均有较大的增加，且种植龄期越长，增加幅度越大。姚新春和师尚礼(2006)通过苜蓿接种根瘤菌后田间土壤的干湿交替变化过程和强度，探讨该过程对土壤养分的影响情况，为间歇性干旱区土壤改良和提高苜蓿生产提供科学依据。

一、种植苜蓿对土壤养分变化的影响

1 年龄苜蓿不接种根瘤菌处理，对土壤有机质、全氮、全磷、速效氮、速效磷和速效钾含量的影响有明显的差异(表 8-10)。其中 1 年龄苜蓿草地土壤有机质、速效氮含量均高于对照，而 1 年龄苜蓿草地土壤 pH、全氮、全磷、速效钾和速效磷含量均低于对照。多重比较结果表明，1 年龄苜蓿草地土壤全氮含量与对照差异显著($P<0.05$)，土壤速效钾、速效磷含量与对照差异极显著($P<0.01$)，而土壤 pH、有机质、全磷和速效氮含量差异不显著($P>0.05$)。表明缺少苜蓿根瘤菌或土著根瘤菌与植株的共生作用，1 年龄苜蓿草地将显著降低土壤全氮、速效钾和速效磷含量，而对土壤 pH、有机质、全磷和速效氮含量影响不大。

表 8-10　1 年龄苜蓿对土壤养分变化的影响

处理	pH	全氮/(g/kg)	全磷/(g/kg)	有机质/(g/kg)	速效氮/(mg/kg)	速效钾/(mg/kg)	速效磷/(mg/kg)
初始土样(CK)	7.90	0.82*	0.67	7.18	43.05	208.80**	17.12**
1 年龄苜蓿草地土样	7.87	0.78	0.64	7.27	45.51	123.8	12.37

注：*表示 t 检验差异显著($P<0.05$)；**表示 t 检验差异极显著($P<0.01$)

二、苜蓿草地接种根瘤菌后土壤养分变化

1 年龄苜蓿草地接种根瘤菌后土壤有机质、全氮、全磷、速效氮、速效磷和速效钾含量的变化明显(表 8-11)。其中 1 年龄苜蓿草地接种根瘤菌处理的土壤全氮、有机质、速效氮、速效钾和速效磷含量明显高于不接种根瘤菌草地处理(对照)，而接种根瘤菌处理的土壤 pH 和全磷含量均低于不接种根瘤菌(对照)。多重比较结果表明，接种根瘤菌处理的土壤全氮、有机质含量与不接种根瘤菌(对照)差异显著($P<0.05$)，接种根瘤菌处理的土壤速效氮、速效钾和速效磷含量与不接种根瘤菌(对照)差异极显著($P<0.01$)，而对于土壤 pH 和全磷含量，接种根瘤菌处理与不接种根瘤菌处理差异不显著($P>0.05$)。表明 1 年龄苜蓿草地接种根瘤菌能显著提高土壤全氮、有机质、速效氮、速效钾和速效磷含量，而对土壤 pH 和全磷含量影响不大。

表 8-11　1 年龄苜蓿接种根瘤菌对土壤养分含量变化的影响

处理	pH	全氮/(g/kg)	全磷/(g/kg)	有机质/(g/kg)	速效氮/(mg/kg)	速效钾/(mg/kg)	速效磷/(mg/kg)
1 年龄苜蓿草地土样(CK)	7.87	0.78	0.64	7.27	45.51	123.80	12.37
1 年龄苜蓿+根瘤菌土样	7.83	0.84*	0.61	8.33*	90.10**	185.74**	18.26**

注：*表示 t 检验差异显著($P<0.05$)；**表示 t 检验差异极显著($P<0.01$)

三、间歇性干旱对接种根瘤菌苜蓿草地土壤养分变化的影响

1. 间歇性干旱处理对接种根瘤菌苜蓿草地土壤全氮、全磷、速效氮和有机质含量的影响

表 8-12 数据表明，间歇性干旱下，苜蓿草地土壤全氮和速效氮含量均有所下降，其中 50%田间持水量处理下，土壤全氮和速效氮分别下降 0.21～0.58g/kg、22.74～34.84mg/kg。80%田间持水量处理下，土壤全氮和速效氮分别下降 0.03～0.47g/kg、6.16～34.14mg/kg。土壤全磷，除 80%田间持水量下干湿交替间隔处理 20d 的处理增加 0.05g/kg 外，其他处理土壤全磷含量均下降。土壤有机质，除 80%田间持水量下干湿交替间隔 20d、30d 的处理增加 0.47g/kg 和 0.17g/kg 外，其他处理土壤有机质含量均下降。其中 50%田间持水量处理下土壤全磷、有机质含量分别下降 0.01～0.17mg/kg、0.13～1.03g/kg，80%田间持水量处理下土壤全磷、有机质含量分别下降 0.02～0.10g/kg、0.43～0.73g/kg。多重比较结果表明，干湿交替处理能显著($P<0.05$)或极显著($P<0.01$)降低接种根瘤菌苜蓿草地土壤全氮、全磷、速效氮和有机质含量。

表 8-12 间歇性干旱对接种根瘤菌苜蓿草地土壤养分变化的影响

土壤养分指标	对照（接根瘤菌）	50%土壤持水处理下的干旱周期				80%土壤持水处理下的干旱周期			
		20d	30d	40d	50d	20d	30d	40d	50d
pH	7.83a	7.82a	7.86a	7.87a	7.86a	7.77a	7.78a	7.85a	7.89a
全氮/(g/kg)	0.84aA	0.63bB	0.37dD	0.27fF	0.26fF	0.81aA	0.56cC	0.32eE	0.37dD
全磷/(g/kg)	0.61bB	0.60bB	0.53cdD	0.50dD	0.44eE	0.66aA	0.59bBC	0.55cCD	0.51dD
有机质/(g/kg)	8.33aABC	8.20bcBC	7.70deDE	7.50efDE	7.30fE	8.80aA	8.50abAB	7.90cdCD	7.60defDE
速效氮/(mg/kg)	90.1aA	67.36dD	56.66eE	56.03eE	55.26eE	83.94bB	70.34cdCD	72.75cC	55.96eE
速效钾/(mg/kg)	185.74aA	143.68eE	159.68dD	165.26cC	179.12bB	125.96gG	135.96fF	143.36eE	157.54dD
速效磷/(mg/kg)	18.26aA	13.46bA	15.19abA	16.19abA	16.91abA	13.09bA	13.67bA	16.03abA	16.66abA

注：同行数值后不同小写字母表示差异显著($P<0.05$)，不同大写字母表示差异极显著($P<0.01$)

2. 间歇性干旱处理的接种根瘤菌苜蓿草地土壤速效钾和速效磷含量变化的影响

表 8-13 数据表明，间歇性干旱下，苜蓿草地土壤速效钾和速效磷含量均有所下降，其中 50%田间持水量处理下，土壤速效钾和速效磷含量分别下降 42.06～6.62mg/kg、4.80～1.55mg/kg；80%田间持水量处理下，土壤速效钾和速效磷分别下降 59.78～28.2mg/kg、5.17～1.6mg/kg。多重比较结果表明，土壤速效钾含量，处理与 1 年龄苜蓿草地接种根瘤菌(对照)间差异均显著($P<0.05$)，而土壤速效磷含量，除 50%田间持水量下干湿交替 20d 和 80%田间持水量下干湿交替 20d 和 30d 的处理与 1 年龄苜蓿草地接种根瘤菌(对照)差异显著外($P<0.05$)，其他处理与 1 年龄苜蓿草地接种根瘤菌(对照)差异均不显著($P>0.05$)。表明干湿交替处理对接种根瘤菌苜蓿草地土壤速效钾的影响大于对

速效磷的影响。

表 8-13　间歇性干旱处理下对接种根瘤菌苜蓿草地土壤养分影响的增减量

土壤养分指标	土壤养分变化量							
	50%田间持水量处理				80%田间持水量处理			
	20d	30d	40d	50d	20d	30d	40d	50d
pH	−0.01	−0.03	+0.04	+0.03	−0.06	−0.05	+0.02	+0.06
全氮/(g/kg)	−0.21	−0.47	−0.57	−0.58	−0.03	−0.28	−0.52	−0.47
全磷/(g/kg)	−0.01	−0.08	−0.11	−0.17	+0.05	−0.02	−0.06	−0.10
有机质/(g/kg)	−0.13	−0.63	−0.83	−1.03	+0.47	+0.17	−0.43	−0.73
速效氮/(mg/kg)	−22.74	−33.44	−34.07	−34.84	−6.16	−19.76	−17.35	−34.14
速效钾/(mg/kg)	−42.06	−26.06	−20.48	−6.62	−59.78	−49.78	−42.38	−28.20
速效磷/(mg/kg)	−4.80	−3.07	−2.07	−1.55	−5.17	−4.59	−2.23	−1.60

注：“−”表示养分含量下降；“+”表示养分含量增加

土壤水分含量是影响结瘤和固氮的重要指标(Serraj et al.，1999)，豆科植物-根瘤共生关系的形成及根瘤菌固氮酶活性均对干旱十分敏感，土壤干旱不仅影响植物生长、根系发育及物质分泌，也使根瘤菌处于一个较低的群体水平，从而影响氮素的积累。此结论在本章中得到了验证，在接种根瘤菌苜蓿草地间歇性干旱处理下，干湿交替间隔周期越长，土壤含水量越少，根瘤菌固氮酶活性降低，植株从空气中固定的氮素量越少，反馈到土壤中的氮随之下降，全氮量随干旱周期的增长不断下降，表现为苜蓿草地的“干旱胁迫缺氮”。

赵美清等(1997)的研究发现苜蓿单播草地土壤全磷比对照降低了 3.8%，黄宝灵等(2004)指出盆栽马占相思苗木接种根瘤菌后，土壤全磷含量呈现明显的下降趋势，她将这种下降解释为根瘤在固氮过程中需要大量的磷素。姚新春和师尚礼(2006)的研究也发现苜蓿草地接种根瘤菌后土壤全磷含量有所下降，且下降量随干湿交替间隔的增长不断增加，分析原因有如下两方面：①由于氮和磷存在相互协同作用，氮缺乏导致了磷的不断下降；②苜蓿根瘤菌不断将土壤有机磷和无机磷转化为有效磷供给苜蓿生长，造成了磷亏缺。

朱咏莉等(2002)对黄土高原几种主要土壤进行了研究，她认为增加土壤干湿交替过程的强度能显著地降低土壤钾的有效性，郭玉泉和王金芬(2000)认为苜蓿地土壤速效钾、速效磷降低的原因是苜蓿在生长过程主要从土壤中吸收钾、磷元素，而缺乏外源钾、磷的有效补充。而樊利勤等(2004)的研究表明厚荚相思接种根瘤菌后，根瘤菌自身代谢能分泌有机酸等物质，有利于土壤中不可溶性磷转化为可溶性的形态，从而使土壤中速效磷含量有所上升。姚新春和师尚礼(2006)认为干湿交替处理引起了苜蓿地土壤速效钾、速效磷含量的下降。原因可能有如下两点：①干湿交替作用加速了土壤固钾和固磷；②苜蓿生长消耗了部分可溶性磷和钾，且灌溉频率越大，植株生物量越大，从土壤中带走的元素量也就越多。

四、讨论

（1）干旱胁迫对根瘤形成的影响

李颖等（1996）从特性分析及多位点酶电泳分析两方面对宁夏沙坡头地区根瘤菌的研究表明：在20株新分离的根瘤菌菌株中，有12株未知菌在80%的相似性水平上独立成群，并且有耐盐碱、耐60℃高温的特点。这表明在高温干旱区分离出耐高温耐盐碱的根瘤菌菌株存在着巨大的潜力。利用聚乙二醇6000（PEG6000）模拟干旱条件，研究金沙江干热河谷区花生土著根瘤菌耐旱性发现：干旱地区花生土著根瘤菌对干旱的耐受能力表现出多样性变化，且来自同一土壤的根瘤菌菌株的耐旱性也表现出多样性，这种同一地区土著根瘤菌间的多样性除了与当地的种植制度、土壤利用状况有关外，与当地的土壤类型及生态环境也有密切的关系。

Pena-Cabriales 和 Alexander（1979）指出，在干旱土壤中，根瘤菌的生长模式存在多样性：在土壤变干过程中，前期根瘤菌数量呈指数下降，后期下降速度非常缓慢，这种现象只与土壤失水快慢有关，而在干湿交替的土壤环境中，根瘤菌数量将会进一步下降。此外，Sprent（1988）、Fubramann 等（1986）、Vicent 等（1962）的研究还发现在土壤逐渐干旱的过程中，还存在一个对根瘤菌数量影响最大的中间致死相对湿度，这种中间致死相对湿度使细胞部分失水，从而对其功能酶造成损害，而在更低水势情况下，存活率提高是由于酶的正常功能受到保护。

李力等（2000）对花生根瘤菌抗旱性的研究发现：将供试菌株滴加在设定的土壤干旱条件下的花生根上（土壤水势为–115kJ/kg），于不同时间测定菌株的存活率，结果发现：随着时间的推移，菌株的数量有不同程度的下降，且在干旱处理20d后，大部分供试菌株的数量下降超过3个数量级，只有少数菌株能在20d后保持相对数量的活菌数，这显示存在有抗旱性较强的菌株。

Trotman 和 Weaver（1995）认为根瘤菌在土壤水势为–115kJ/kg 的干旱条件下，其存活的数量会显著下降，同样对干旱条件影响做出不同抗性反应的不仅表现在同种根瘤菌中，不同生长型的根瘤菌也有不同的反应，一般认为快生型根瘤菌对干旱条件的耐受性远低于慢生型根瘤菌，相差达两个数量级。

李春杰和南志标（2000a）指出：生长在土壤含水量适宜条件下的豆科植物的根瘤数要显著多于生长在水分含量较低或过高的土壤。随土壤干旱程度增加，根瘤的数量和重量都显著下降，这可能是由于在干旱土壤中，缺少正常的根毛，从而导致感染受到抑制。

关桂兰等（1986）认为豆科植物根瘤生态特征大致可以分为3类：生存于山地、草场的根瘤形态较规则；生存于沙地、沙丘和荒漠的豆科植物，根瘤形状多不规则，表层厚，多木质化；生存于荒丘和缺水地带的豆科植物生命周期短，根瘤形状小。

干旱缺水不仅对豆科植物根瘤的结瘤状况，如大小、多少、形态、生理特征造成影响，也对根瘤菌细胞内的渗透调节物质产生影响，高温、高盐都会影响细胞内渗透调节物质的存在，干旱或盐渍引起细胞内渗透势发生改变从而造成吸水困难。

韩善华等（1999）发现沙冬青根瘤菌与大豆和豌豆等常见的根瘤菌相比，它体积大，通常呈椭圆形，即使是杆形，长与宽之比也比一般较小，而且它们的细胞质染色很深。他认为，这些特征的出现与所处的生态环境有关。细胞含有的水分，大部分储藏在细胞质中。水分是细胞新陈代谢活动所必需的，一旦缺水细胞生长就会受阻，严重者还会很快死亡。细胞质浓度越大，渗透压就越高，细胞中的水分就越不容易丧失。沙冬青根瘤内的根瘤菌的这些特征是在适应当地干旱少雨环境中自然选择的结果，是生物体与生活环境相统一的反应。

(2) 干旱胁迫对根瘤菌固氮效率和固氮量的影响

由振国(1994)在研究干旱对根瘤菌固氮影响时发现，任何时期、任何种类的水分胁迫皆不利于大豆根瘤固氮，且旱害大于涝害，先涝后旱的危害大于先旱后涝的危害，旱、涝结合的危害大于单旱或单涝的危害，开花期渍涝的危害最大，鼓粒期渍涝的危害最轻；开花期至座荚期，大豆根瘤固氮对旱涝结合+稗草的交互危害最为敏感。

刁治民(1999)对青海野生及栽培豆科植物结瘤，以及固氮状况进行了调查研究，他指出：在青海，干旱、缺水的自然条件导致可以结瘤的豆科植物不能形成根瘤；干旱少雨也限制了根瘤菌对植物的侵染，导致不少野生豆科植物也不能形成根瘤；野生豆科植物根在短时间湿润下所形成的小瘤，也因干旱而衰败、脱落。在对青海 292 个根瘤样品进行测定时发现，40%为无效根瘤，125 种根瘤样品乙炔还原法测定的乙烯还原量小于 1μmol C_2H_4/(gFW · h)。乙烯还原量大于 10μmol C_2H_4/(gFW · h)的仅占 5%，寒冷和干旱使豆科植物侧根和根毛数目减少，并且常常形成不正常根毛，妨碍根瘤菌的侵染过程，影响了根瘤的形成。

何一等(2003)和贺学礼等(1996)对陕西黄土高原豆科植物资源的调查研究表明：豆科植物根瘤的形成及固氮活性与寄主生长的土壤条件及寄主特性密切相关，调查发现，绝大多数豆科植物在干旱条件下形成的根瘤少或固氮酶活性很低，这可能与植物长期生长于干旱胁迫条件下所产生的适应性有关。可以看出，根瘤菌的这种对干旱环境表现出来的不同反应，不仅与其本身对干旱条件的耐受力有关，与生活的环境也有很大的关系。

梁建生等(1998)在研究干旱对共生体系产生不良影响的同时，也在进一步探讨产生这些不良变化的内部机理。他指出：土壤干旱不但显著地抑制了根瘤固氮酶的活性，而且对根瘤的呼吸活性、ATP 的产生及相关的一些酶如蔗糖合成酶(sucrose synthase)等的活性也具有强烈的抑制作用，从而有人试图用根瘤呼吸活性及 ATP 产生受水分胁迫的影响来解释固氮酶活性的下降。

共生固氮对干旱比较敏感，它会导致氮素积累的减少和豆科植物产量的降低。干旱对固氮的影响是作用在固氮酶活性上的直接生理反应(包括碳短缺、氧气限制和氮素积累的反馈调节等)的结果，同时氮反馈可能在解释根瘤反应机理中有特别重要的意义。固氮体系的干旱敏感性同酰脲水平相关的假说也有试验对其进行了检验和证实。这些都表明干旱对固氮的影响与氮素的积累之间存在着密切的联系。

为没有种植过豆科植物田块上的花生接种根瘤菌，发现土壤水分紧张时显著降低根瘤菌的活性；20 世纪 60 年代澳大利亚西部地区接种的三叶草根瘤菌，第一年生长很好，第二年严重死亡，80%以上无瘤，可能是该地区夏季长期干旱和土壤表面温度过高所致。

干旱不仅影响根瘤菌在土壤中的生长和存活，而且对许多温带和热带豆科植物的结瘤和固氮过程也有不利影响(Venkateswarlu and Rao，1987)。一般认为土壤湿度达饱和持水量的60%～80%时最有利于根瘤固氮，良好的土壤水分状况可延长根瘤的寿命和共生固氮时间。

Albrecht 等(1984)研究表明干旱使根瘤固氮酶活性降低，复水虽能迅速回升，但不会恢复到原来水平，遭受严重干旱时，即使复水也不能恢复其固氮酶活性，另外，长期干旱还会导致NH_4^+的积累，从而抑制固氮酶的生物合成，降低根瘤的固氮量。本研究结论与之相似，在经历干湿交替处理后根瘤菌固氮酶活性有了显著变化，总的趋势是干旱次数越多、间隔周期越长，固氮酶活性越小，但对于每次干旱复水前后根瘤菌固氮酶活性变化动态及间歇性干旱处理对总固氮量的影响还缺乏定量研究。

本研究中，间歇性干旱处理均会对苜蓿根瘤的正常发育产生影响，总根瘤数、有效根瘤数、有效根瘤重及根瘤在主根的分布比率随干湿交替次数的增加和间隔周期的增长不断下降，该研究结果与李春杰和南志标(2000a)报道的结果一致，即生长在土壤含水量适宜条件下的豆科植物根瘤数要显著多于生长在水分含量较低或过高的土壤，随土壤干旱程度的增加，根瘤数量和重量都显著下降。这可能是由于在干旱土壤中，缺少正常的根毛，从而导致感染受到抑制。但产生这一结果的机理研究未见报道，因此对苜蓿-根瘤菌共生固氮体系在干湿交替环境下的生理生化反应需作进一步的研究。

师尚礼(2005a)研究发现苜蓿根系是根瘤形成的载体，不同土壤环境、不同种植地龄的苜蓿根系，直根、侧根、毛根比例变化较大，种植年限越短，侧根、毛根占有比例越大，且根皮幼嫩，根瘤菌易于侵染，结瘤率高。毛根的多少与幼嫩程度是苜蓿根系占瘤率高低的关键。本研究结论与之相似，根瘤菌在根系的侵染方向随着主根在干旱胁迫下的不断衰老而发生了转移，干旱处理前期主根根皮较嫩，容易侵染，干旱处理后期主根根皮变厚，不易建立共生关系，根瘤菌转而侵染侧根和不断更新的毛根。因此，研究侧根、毛根形成的诱导因子及其诱导机理，增加苜蓿侧根和毛根数量，提高根瘤菌的侵染率和固氮量将是苜蓿栽培区后续研究的重要内容。

马其东等(1999)研究表明苜蓿根系对降低表层土壤含盐量及增加土壤有机质和全氮量有明显效果，而且种植年限越长，改良效果越明显，但本研究的结果表明，间歇性干旱处理能显著降低土壤全氮含量，表现为接种根瘤菌苜蓿草地“干旱胁迫缺氮”，也显著降低了土壤全磷、有机质、速效氮、速效磷和速效钾含量。若扩大土壤水分含量和干湿交替间隔周期研究范围，或许能进一步明确苜蓿根瘤菌改土培肥的效果。

五、结论

本研究提出了间歇性干旱的概念，即土壤干—湿—干—湿水分含量剧烈动态变化的现象。西北荒漠灌溉区均存在土壤间歇性干旱现象。这一现象的存在对苜蓿根瘤菌结瘤和根瘤生长影响巨大。

1)间歇性干旱处理均会对苜蓿根瘤的正常发育产生影响，总根瘤数、有效根瘤数、有效根瘤重及根瘤在主根的分布比率均随干湿交替次数的增加和干湿交替间隔周期的增长不断减小，且有效根瘤数与干湿交替间隔周期呈显著负相关($P<0.05$)。

2) 土壤水分状态恒定时，含水量越高，根瘤在苜蓿侧根和毛根的侵染比例越大，且不论土壤是否缺水，根瘤在根系的分布均会随苜蓿生长期的增长不断向侧根和毛根转移。

3) 苜蓿总根瘤数、有效根瘤数和有效根瘤重，以 80%田间持水量间歇干旱 20d、30d 和 50%田间持水量间歇干旱 20d 3 个处理最高，即在这 3 种灌溉策略下根瘤菌能和苜蓿植株建立相对和谐的共生关系，具有较高的活性和有效性，但从经济生态适宜灌溉量的角度分析，采用 80%田间持水量间歇干旱 30d 和 50%田间持水量间歇干旱 20d 两种灌溉措施能起到节水灌溉和发挥根瘤菌固氮潜力的效果。

4) 苜蓿根瘤菌固氮酶活性随干湿交替间隔周期的增长而不断下降，且固氮酶活性与干湿交替间隔周期呈显著强负相关($P<0.05$)。当间歇性干旱周期超过临界值时，幼嫩根瘤不能成熟为有效瘤，半途死亡而不能固氮，且因结瘤和根瘤生长而耗散苜蓿植物提供的能量，表现为根瘤菌结瘤的负效应。当干湿交替间隔周期相同时，80%田间持水量处理的根瘤菌固氮酶活性明显高于 50%田间持水量处理。因此，适度提高灌溉量、缩短灌溉周期会提高苜蓿根瘤菌的固氮效率。

5) 苜蓿地上性状指标茎叶干重和叶干重与干湿交替间隔周期呈显著强负相关($P<0.05$)，而苜蓿地下性状指标侧根长、侧根数、平均侧根长和根干重与干湿交替间隔周期的相关性均不显著($P>0.05$)，干湿交替间隔周期的长短对接种根瘤菌苜蓿地上部分的影响大于地下部分。因此，增加灌溉频率是提高间歇性干旱区苜蓿产量的关键措施。

6) 根瘤菌固氮酶活性与茎叶干重、茎干重、叶干重、侧根长、侧根数、根干重、总根瘤数、有效根瘤数、有效根瘤重呈显著指数强正相关关系($P<0.05$)，与茎叶比呈显著指数强负相关关系($P<0.05$)。因此，旱区干湿交替灌溉制度下，苜蓿茎叶干重、茎干重、叶干重、侧根长、侧根数、根干重、总根瘤数、有效根瘤数和茎叶比的变化可以作为苜蓿根瘤菌固氮效率变化的直接衡量指标。这一结论为根瘤菌固氮酶活性的变化提供了有效的预测方法。

7) 间歇性干旱处理显著降低了土壤全氮含量，表现为根瘤菌苜蓿草地“干旱胁迫缺氮”，间歇性干旱同样显著降低了土壤全磷、有机质、速效氮、速效磷和速效钾含量，且土壤养分下降量总体表现为有机质＞全磷＞全氮＞速效钾＞速效氮＞速效磷。

8) 间歇性干旱条件下，土壤全磷和有机质含量的下降量随干湿交替间隔周期的增长不断增加，土壤速效钾和速效磷含量的下降量随干湿交替间隔周期的增长不断下降。干湿交替间隔周期相同时，土壤含水量越大，全氮、全磷、速效氮和有机质含量的下降量越少。因此，在间歇性干旱处理下适度增大土壤湿度能减缓土壤养分的下降速度。

9) 间歇性干旱处理下，土壤有机质与速效磷含量呈显著直线强负相关关系($P<0.05$)，因此，依据研究区域土壤肥力状况选择有机肥料和磷肥的合理配施是保证间歇性干旱区苜蓿高产的又一措施。

第九章　根瘤菌与一氧化氮共处理对苜蓿幼苗抗盐生理的影响

盐害是影响作物产量、品质和分布区的主要环境因素之一，全球大约 7%的土地受到盐渍化的影响(Zhu，2001)，特别在干旱与半干旱的地区，由于干旱及不合理的灌溉等措施，加剧了这一发展趋势(Mandhania et al.，2006)。高浓度的盐抑制了植物对养分的吸收，进而引起光合作用，以及物质代谢和运输受阻，严重影响植物的生长发育(刘一明等，2009；张艳艳等，2004；Jiang and Zhang，2001)。长期以来，育种家主要通过品种改良来提高植物对环境的适应，相关研究主要集中在植物对生物和非生物胁迫的反应机制(Sgherri et al.，2000)；近年来，通过添加外源调节物质[如 NO、丙烯酸十八酯(SA)等]及接种植物促生菌(固氮菌、根瘤菌等)来诱导植物的抗性，从而提高作物的生产能力被认为是一种行之有效的方法(樊怀福等，2007；Bai et al.，2003)。

一氧化氮(NO)是普遍存在于生物体的一种自由基气体，可作为信号分子和生长调节物质，参与植物种子萌发及光形态建成，细胞程序化死亡过程等生理过程(阮海华等，2001；Mata and Lamatina，2001)，NO 也参与各种生物和非生物胁迫反应的信息传递，提高植物的抗逆性(Shen，2003；Beligni et al.，2002)。植物促生菌是一类能够活跃地定殖于植物根际且促进植物生长的微生物，相关研究表明，其能够减少非生物胁迫因素对植物的不利影响，提高植物的抗逆性(Kohler et al.，2009)。根瘤菌是植物促生菌之一，它能够与豆科植物形成共生固氮系统，为豆科植物的生长提供一定量的氮素(Garg and Gupta，2000)，通常豆科植物对盐胁迫较为敏感，盐胁迫除影响植物的生长发育外，还会影响根瘤的定殖(Aydi et al.，2004；Ikeda，1994)、生长和共生固氮作用(Saadallah et al.，2001；Cordovilla et al.，1996)；许多研究表明，豆科植物在非生物胁迫(如干旱、盐渍等)下接种根瘤菌后，能提高植物的抗氧化能力，如提高超氧化物歧化酶(SOD)、过氧化氢酶(CAT)、谷胱苷肽还原酶(GR)等抗氧化酶类和抗氧化物质的含量，降低逆境对植物的胁迫效应(Salah et al.，2011，2009)。NO 也参与了豆科植物共生固氮系统的确立和调控。近年来，一些研究观察到苜蓿的幼嫩根瘤中存在 NO，而且 NOS(一氧化氮合成酶)参与根瘤中 NO 的合成(Cueto et al.，1996)；NO 可能在共生固氮的早期起关键作用，它的浓度能调控根系上的结瘤数(Hérouart et al.，2002)。有研究表明，NO 是大豆根瘤中固氮酶的抑制剂，因为 NO 与 Lb(豆血红蛋白)形成的复合物比 Lb-O_2 复合物更为稳定，因此 NO 能与 O_2 竞争结合位点，从而抑制 Lb 的功能(Lukat and Rodger，1997)，虽然 NO 对豆科植物的固氮作用的影响未被完全揭示，但由于 NO 能与 Lb 形成一种复合物(Mathieu et al.，1998)，因此，到目前为止，NO 也被认为是根瘤固氮的一种负向调节因子(Trinchant et al.，1982)，但在逆境胁迫下导致的固氮下降可能改变 NO 的负向作用，因此 NO 在共生固氮中的作用不能仅仅被限定在负向调控方面，相关机制仍不明确，特别是在逆境胁迫条件之下；因此，周万海、师尚礼采用 NO 和根瘤菌共处理 NaCl 胁迫下的苜蓿幼苗，探讨了盐胁迫下 NO 与根瘤菌共处理对苜蓿生长、结瘤和固氮，以及盐胁迫的缓解效果，为盐碱地栽培苜蓿提供理论依据。

1. 试验方案

试验材料：试验材料为甘农 4 号苜蓿（*Medicago sativa* L. cv. Gannong No.4），根瘤菌为苜蓿中华根瘤菌（*Sinorhizobium meliloti*），均由甘肃农业大学草业生态系统教育部重点实验室提供。

植物材料的培养与处理：将苜蓿种子表面消毒后，播种于灭菌的蛭石培养钵中，种子萌发后，浇 Hoagland 营养液，生长 10d 后，用 Heweit 无氮营养液（Salah et al., 2011）（1.60mmol/L KH_2PO_4，1.50mmol/L $MgSO_4$，1.50mmol/L K_2SO_4，3.50mmol/L $CaSO_4$，4μmol/L H_3BO_3，4μmol/L $MnSO_4$，1μmol/L $ZnSO_4$，1μmol/L $CuSO_4$，0.12μmol/L $CoCl_2$，0.12μmol/L $Na_6Mo_7O_{24}$）进行浇灌，并每钵接种 1ml（10^8cfu/ml）苜蓿中华根瘤菌液，生长期间每 3d 浇灌一次 Heweit 无氮营养液，生长 40d 后进行相关处理。试验设计有以下 7 种处理：①CK（Heweit 无氮营养液）；②Nod（单独接种根瘤菌）；③Nod+S_1（根瘤菌+50μmol SNP），SNP（亚硝基铁氰化钠，Sigama 公司，分析纯，为 NO 供体）；④ Nod+S_2（根瘤菌+100μmol SNP）；⑤NaCl + Nod（150mmol NaCl+根瘤菌）；⑥ NaCl+Nod +S_1（150mmol NaCl+50μmol SNP+根瘤菌）；⑦NaCl+Nod +S_2（150mmol NaCl+100μmol SNP+根瘤菌）。各处理浇灌相应浓度的处理液，每个处理设 3 次重复，20d 后进行各项指标测定。

2. 测定指标

(1) 生物量测定

处理 20d 后，将苜蓿植株从蛭石培养钵中轻轻取出，用蒸馏水冲洗干净，吸干表面水分，将植株分为根茎叶和根瘤，105℃杀青 10min，60℃烘至恒重，称干重。

(2) 固氮酶活性的测定

参考 Hardy 等（1968）的方法，采用乙炔还原法测定，将结瘤的植株转移到一个含 30%营养液的密封的容器中，内含 10% C_2H_2，室温反应 20min 后，用气相色谱检测 C_2H_4 的形成。

(3) 叶绿素含量和蔗糖磷酸合成酶活性的测定

参考邹琦（2000）的方法，采用乙醇浸提法测定叶绿素含量；蔗糖磷酸合成酶（SPS）活性测定参考 Hubbard 等（1989）的方法。

(4) 可溶性蛋白、游离脯氨酸、游离氨基酸、可溶性糖和淀粉含量测定

可溶性蛋白含量测定采用 Bradford（1976）的方法；游离脯氨酸含量测定参考邹琦

(2000)的方法；可溶性糖含量的测定采用张志良和瞿伟菁(2003)的方法。

(5)抗氧化系统指标测定

膜脂过氧化物和自由基含量测定：MDA含量参考Guo等(2003)的方法；H_2O_2含量的测定采用Velikova等(2000)的方法；超氧阴离子自由基产生速率的测定参考王爱国和罗广华(1990)的方法。

抗氧化酶活性测定：粗酶液的制备参考Azevedo Neto等(2005)的方法；SOD的测定参考Giannopolitis和Ries(1977)的方法；APX活性测定参考Nakano和Asada(1981)的方法；谷胱苷肽过氧化物酶(GPX)活性测定参考Urbanek等(1991)的方法；GR活性测定参考Foyer和Halliwell(1976)的方法；CAT活性测定参考Beers和Sizer(1952)的方法。

非酶抗氧化物含量的测定：AsA含量采用2, 6-二氯酚靛酚钠法测定，参考Parida等(2004)的方法；GSH含量测定参考Ellman(1959)的方法。

(6)离子含量测定

离子提取参照鲍士旦(2000)的方法。K^+、Na^+、Ca^{2+}和Mg^{2+}含量使用日立Z-2000型原子吸收分光光度计进行测定。

第一节　盐胁迫下根瘤菌与外源NO共处理对苜蓿结瘤固氮和生物量的影响

生长抑制、生物量降低是盐胁迫下植物最敏感的生理响应之一。由表9-1看出，与对照相比，单独接菌处理显著提高了苜蓿幼苗的干重和鲜重；与单独接菌(Nod)处理相比，Nod+NaCl处理下甘农4号苜蓿鲜重和干重分别降低16.3%和18.3%，单株结瘤数、根瘤干重和固氮酶活性则分别降低15.5%、20.2%和20.5%，表明盐胁迫抑制了苜蓿幼苗的生长($P<0.05$)。接种根瘤菌后分别添加不同浓度的SNP则对苜蓿幼苗的生长、结瘤和固氮产生不同的影响，添加50μmol/L SNP($Nod+S_1$)时，植株的鲜重、干重比单独接菌(Nod)显著降低，但单株结瘤数和根瘤干重则显著升高($P<0.05$)，固氮酶活性无变化；然而，添加100μmol/L SNP($Nod+S_2$)则显著抑制了苜蓿幼苗的生长及固氮特定，与Nod处理相比，甘农4号鲜重、干重、单株结瘤数、根瘤干重和固氮酶活性分别降低27.3%、30.7%、22.4%、27.6%和36.0%($P<0.05$)。盐胁迫条件下，根瘤菌和SNP共处理对苜蓿生长和固氮有不同的影响，与Nod+NaCl处理相比，$Nod+NaCl+S_1$处理下甘农4号鲜重、干重、单株结瘤数、根瘤干重和固氮酶活性分别升高4.5%、5.2%、14.3%、5.9%和10.2%($P<0.05$)；而$Nod+NaCl+S_2$处理下则显著抑制了苜蓿植株的生长、结瘤和固氮酶活性，表明NO和根瘤菌的共处理对苜蓿植株的影响存在浓度效应。

表 9-1　外源 NO 和根瘤菌共处理对苜蓿生物量、结瘤和固氮的影响

处理	鲜重/(mg/株)	干重/(mg/株)	单株结瘤数/(个/株)	根瘤干重/(mg/株)	固氮酶活性/(μg/株)
CK	256.7 ± 7.9g	29.7 ± 2.5f	—	—	—
Nod	741.8 ± 8.4a	124.5 ± 2.3a	58 ± 4b	25.7 ± 2.3b	322 ± 25a
Nod+S_1	706.2 ± 9.3b	118.2 ± 2.1b	63 ± 6a	26.6 ± 1.9a	318 ± 33a
Nod+S_2	539.2 ± 7.6e	86.9 ± 6.3d	45 ± 8e	18.6 ± 1.4e	206 ± 19d
Nod+NaCl	620.8 ± .10.3d	101.7 ± 5.4c	49 ± 4d	20.5 ± 1.6d	256 ± 26c
Nod+NaCl+S_1	649.0 ± 2.8c	107.1 ± 6.1c	56 ± 6c	21.7 ± 0.9c	282 ± 17b
Nod+ NaCl+S_2	421.1 ± 6.7f	67.6 ± 2.7e	33 ± 2f	16.8 ± 0.8f	156 ± 12e

注：同列数值后不同字母表示差异显著($P<0.05$)；“—”表示无观察值

第二节　盐胁迫下根瘤菌与外源 NO 共处理对苜蓿抗盐生理的影响

一、盐胁迫下根瘤菌与外源 NO 共处理对苜蓿叶绿素含量的影响

叶绿素是植物进行光合作用的重要物质，其含量的多少对光合速率有直接影响，是反映植物叶片光合能力的一个重要指标，能反映环境条件对植物产生的影响。图 9-1 显示，与对照相比，单独接种根瘤菌显著提高了苜蓿幼苗叶片的叶绿素和类胡萝卜素含量；接种根瘤菌后添加不同浓度的 SNP 对甘农 4 号苜蓿叶绿素含量有不同的影响，Nod+S_1 处理下苜蓿叶片 Chla 轻微下降，但 Chlb 含量与 Nod 处理相比无差异($P>0.05$)，而 Car 含量显著升高($P<0.05$)；Nod+S_2 处理下 Chla、Chlb 和 Car 含量分别比 Nod 处理降低 50.1%、46.2%和 18.9%($P<0.05$)。盐胁迫显著降低了苜蓿植株 Chla、Chlb 和 Car 含量，但叶绿素含量显著高于 Nod+S_2 处理。与 Nod+NaCl 处理相比，Nod+NaCl+S_1 复合处理下苜蓿叶片 Chla 和 Chlb 含量分别提高 27%和 22.3%，但 Car 含量降低 29.1%($P<0.05$)；而 Nod+NaCl+S_2 处理下，甘农 4 号苜蓿叶片 Chla 和 Car 含量均显著低于 Nod+NaCl($P<$

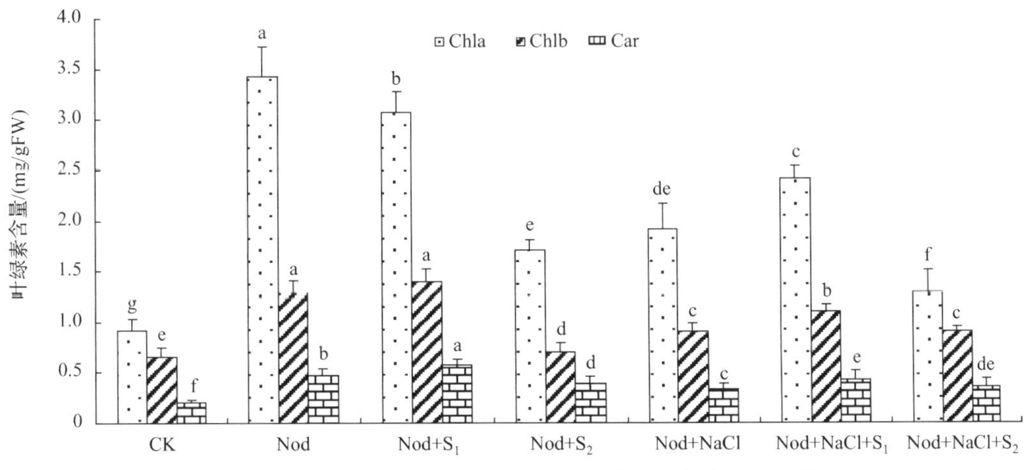

图 9-1　根瘤菌与外源 NO 共处理对苜蓿叶绿素含量的影响

0.05)，而 Chlb 无差异($P>0.05$)；由此表明，盐胁迫下 Nod 与低浓度 SNP 处理对苜蓿幼苗叶绿素含量有提高的作用。

二、盐胁迫下根瘤菌与外源 NO 共处理对苜蓿叶片渗透调节物质含量的影响

氨基酸、糖和蛋白质不仅是植物生长发育的主要营养成分，而且是植物体内的一种重要信号分子，能参与逆境条件下植物的信号转导和渗透调节。由图 9-2 可知，根瘤菌与 SNP 共处理对苜蓿植株可溶性蛋白、游离脯氨酸、游离氨基酸和可溶性糖含量有不同的影响。Nod+S_1 处理下的苜蓿叶片可溶性蛋白、游离脯氨酸和游离氨基酸含量与 Nod 处理无差异，但可溶性糖含量降低 13.6%($P<0.05$)；Nod+S_2 处理下，苜蓿叶片可溶性蛋白、游离氨基酸和可溶性糖含量比 Nod 处理降低 40.5%、46.3%和 40.9%，游离脯氨酸含量升高 1.8 倍($P<0.05$)；Nod+NaCl 处理下，可溶性蛋白和可溶性糖含量比 Nod 处理降低 21.2%和 18.2%，但显著高于 Nod+S_2 处理，而游离脯氨酸和游离氨基酸含量分别升高 2.5 倍和 1.7 倍($P<0.05$)。与 Nod+NaCl 处理相比，Nod+NaCl+S_1 处理下苜蓿叶片可

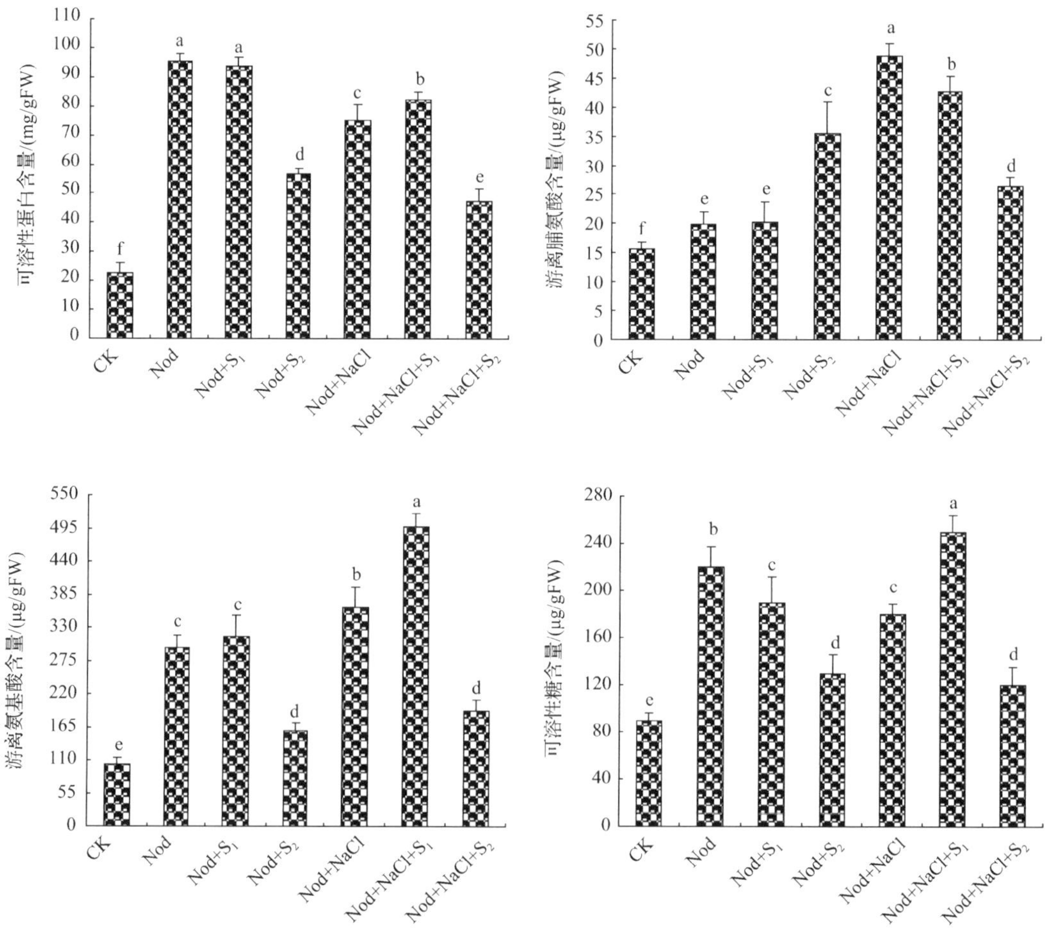

图 9-2　盐胁迫下根瘤菌与外源 NO 共处理对苜蓿可溶性蛋白、游离脯氨酸、可溶性糖和游离氨基酸含量的影响

溶性蛋白、游离氨基酸和可溶性糖含量分别提高 9.7%、26.9%和 38.9%，游离脯氨酸含量降低 12.9%(P<0.05)；Nod+NaCl+S_2 处理下，甘农 4 号苜蓿叶片可溶性蛋白、脯氨酸和游离脯氨酸含量均显著低于 Nod+NaCl 处理和 Nod+NaCl+S_1。表明盐胁迫下，不同浓度 SNP 与根瘤菌互作对苜蓿渗透调节有不同的影响。

三、盐胁迫下根瘤菌与外源 NO 共处理对苜蓿叶片淀粉含量和蔗糖磷酸合成酶活性的影响

淀粉是碳水化合物积累和储藏的主要形式，蔗糖磷酸合成酶(SPS)是植物能量代谢和生长中一种重要的酶类，逆境胁迫常常会影响淀粉的积累和 SPS 活性。由图 9-3 可知，接种根瘤菌后，添加低浓度 SNP 对苜蓿叶片中淀粉含量和 SPS 活性无影响，但添加高浓度 SNP 后，叶片中淀粉含量和 SPS 活性较 Nod 处理显著降低。与 Nod 处理相比，Nod+NaCl 处理下苜蓿叶片中淀粉含量升高 44.7%，SPS 活性降低 25.4%(P<0.05)；Nod+NaCl+S_1 处理下苜蓿叶片淀粉含量比 Nod+NaCl 处理降低 21.8%，SPS 活性则升高 15.9%(P<0.05)。Nod+NaCl+S_1 处理下苜蓿叶片淀粉含量和 SPS 活性高于 Nod+S_2 处理。Nod+NaCl+S_2 处理下苜蓿叶片淀粉含量高于 Nod+S_2 处理，SPS 活性低于 Nod+S_2 处理。

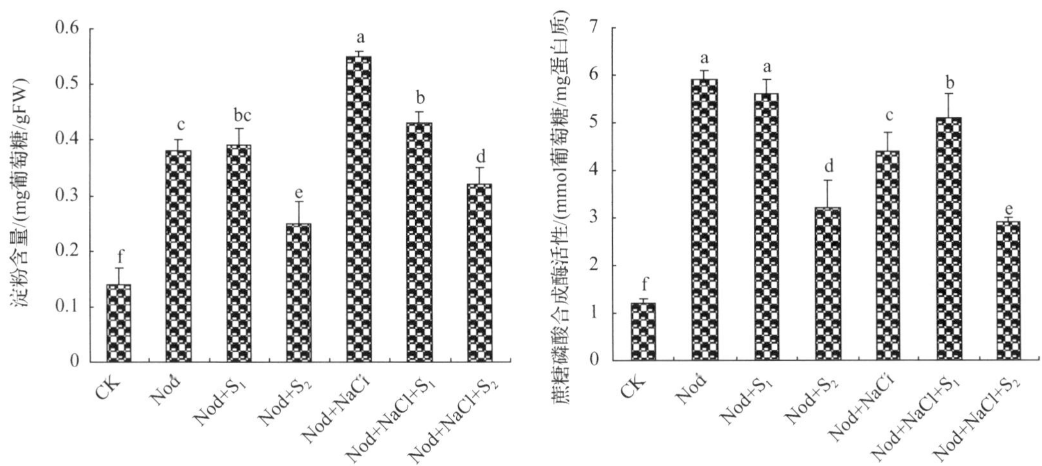

图 9-3　盐胁迫下根瘤菌与外源 NO 共处理对苜蓿淀粉含量和蔗糖磷酸合成酶活性的影响

四、盐胁迫下根瘤菌与外源 NO 共处理对苜蓿植株氧化损伤的影响

1. 膜脂过氧化产物和自由基含量的变化

MDA 是膜脂过氧化的产物，细胞中的 MDA 含量代表氧化损伤的程度；H_2O_2 含量和超氧阴离子自由基(O_2^{-})产生速率升高，MDA 积累也多。由图 9-4 可知，与 Nod 处理相比较，Nod+S_1 处理使苜蓿叶片中膜脂过氧化产物 MDA 含量和 H_2O_2 含量分别升高 30.4%和 21.5%(P<0.05)，但 O_2^{-} 产生速率与 Nod 处理无差异；Nod+S_2 处理下叶片 MDA、H_2O_2 含量和 O_2^{-} 产生速率分别比 Nod 处理升高 30.4%、21.9%和 6.4%(P<0.05)；

Nod+NaCl 处理下苜蓿叶片中 MDA、H_2O_2 含量和 $O_2^{\cdot-}$ 产生速率较 Nod 处理显著升高，但显著低于 Nod+S_2 处理。与 Nod+NaCl 处理相比，Nod+NaCl+S_1 处理显著降低了苜蓿叶片 MDA、H_2O_2 含量和 $O_2^{\cdot-}$ 产生速率；与之相反的是 Nod+NaCl+S_2 处理则提高了苜蓿叶片 MDA、H_2O_2 含量和 $O_2^{\cdot-}$ 产生速率，MDA、H_2O_2 含量和 $O_2^{\cdot-}$ 指标均显著高于 Nod+S_2 处理。由此可以得出，在盐渍逆境条件下，根瘤菌与一定浓度的 NO 共处理对苜蓿膜脂过氧化有明显的缓解作用。

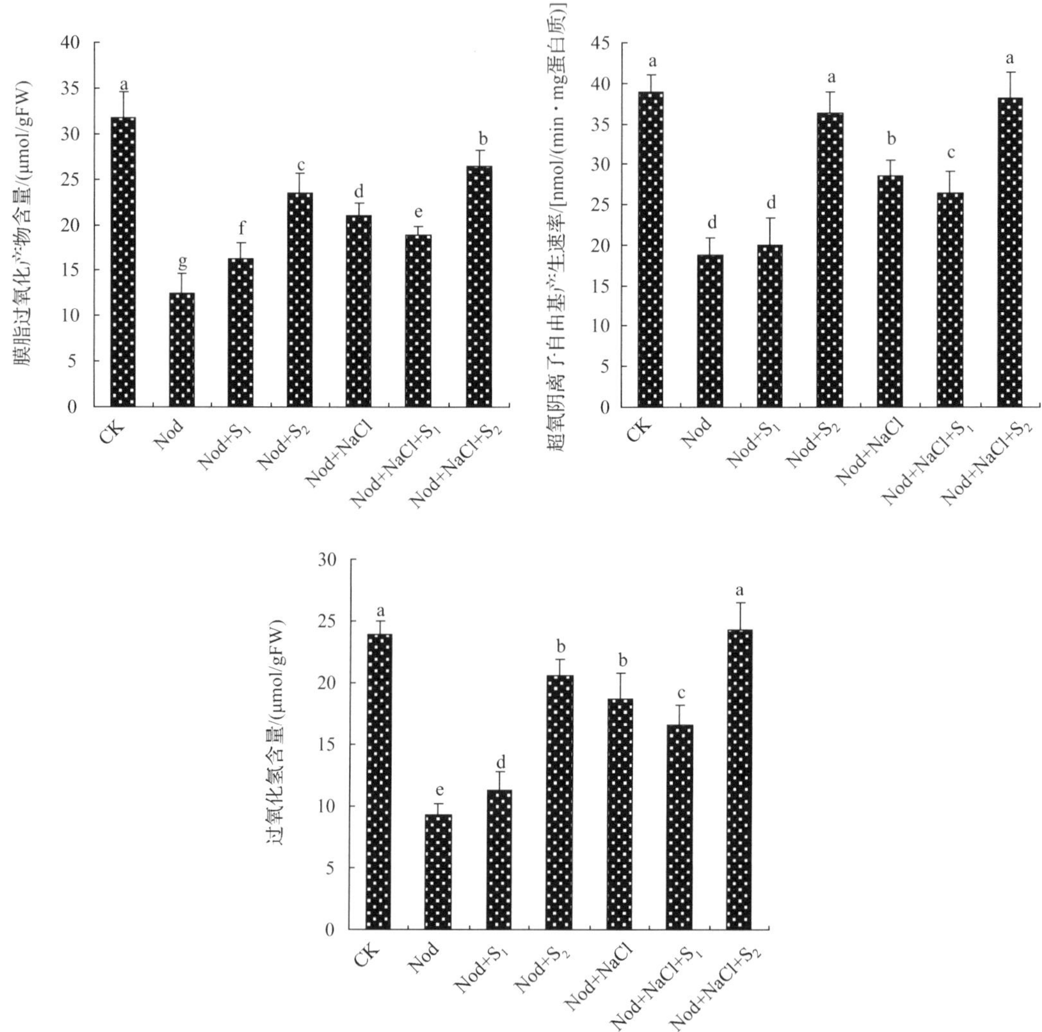

图 9-4 盐胁迫下根瘤菌与外源 NO 共处理对苜蓿膜脂过氧化产物和自由基含量的影响

2. 抗氧化酶活性的变化

SOD、GPX、APX、CAT 和 GR 是植物体内重要的抗氧化酶，其活性的高低反映植物清除活性氧能力的大小。由图 9-5 可知，与 Nod 处理相比较，Nod+S_1 处理使苜蓿叶片中 SOD、CAT 和 GPX 与 Nod 处理无差异，APX 和 GR 活性分别升高 39.6%和 36.4%

($P<0.05$)；Nod+S_2 处理下叶片中 SOD、CAT 和 GR 活性分别比 Nod 处理降低 14.8%、49.3%和 18.2%，GPX 和 APX 活性则分别比 Nod 处理升高 57.4%和 114.6%($P<0.05$)；Nod+NaCl 处理下苜蓿叶片中 CAT 活性较 Nod 处理降低 14.8%，SOD、GPX、APX 和

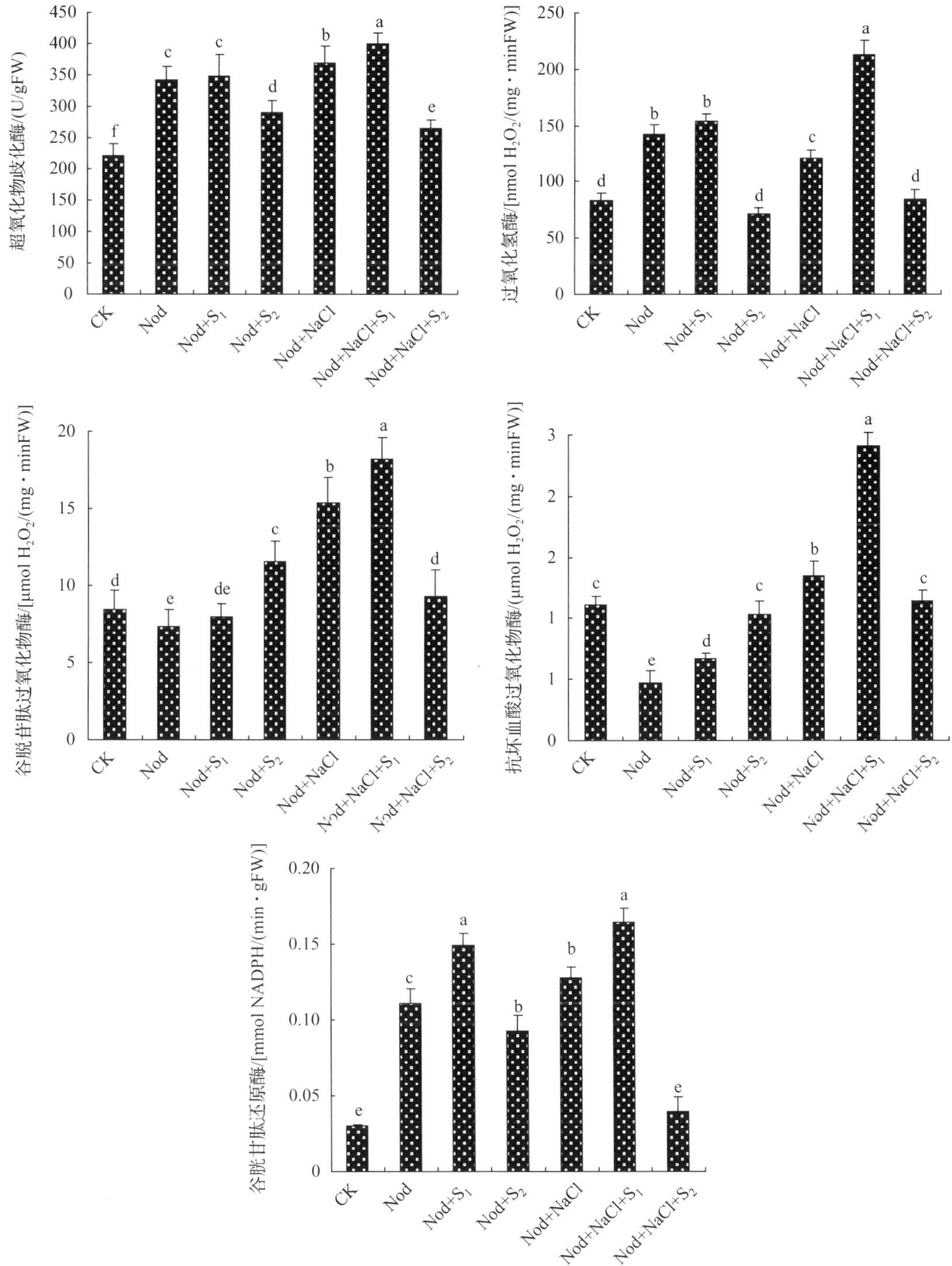

图 9-5　盐胁迫下根瘤菌与外源 NO 共处理对苜蓿抗氧化酶活性的影响

GR 活性则显著高于 Nod 处理和 Nod+S_2 处理(P<0.05)。与 Nod+NaCl 处理相比，苜蓿叶片中 SOD、CAT、GPX、APX 和 GR 活性在 Nod+NaCl+S_1 处理中进一步提高，显著高于其他 5 种处理；而 Nod+NaCl+S_2 处理则显著降低了苜蓿叶片中 SOD、CAT、GPX、APX 和 GR 活性。与 Nod 处理相比，SOD、CAT、和 GR 活性分别降低 22.3%、40.8% 和 63.6%。但 GPX 和 APX 分别升高 26.1%和 0.66%(P<0.05)；由此可以得出，在 NaCl 条件下，一定浓度的 NO 和根瘤菌共处理对苜蓿的膜脂过氧化有明显的缓解作用。

3. GSH 和 AsA 含量的变化

谷胱苷肽(GSH)和抗坏血酸(AsA)是一种小分子物质,能够通过 AsA-GSH 循环参与抗氧化反应，参与植物对逆境胁迫的反应及调控植物与微生物的互作。图 9-6 分析表明，接种根瘤菌后，低浓度 SNP 处理显著促进了叶片中 GSH 含量，虽然 AsA 含量也有一定程度增加,但与单一 Nod 处理差异不显著;高浓度 SNP 处理则显著抑制苜蓿叶片中 GSH 和 AsA 含量;Nod+NaCl 处理使苜蓿叶片中 GSH 和 AsA 含量分别比 Nod 处理增加 31.8% 和 24.3%(P<0.05)。与 Nod+NaCl 处理相比，Nod+NaCl+S_1 处理进一步提高了苜蓿叶片中 GSH 和 AsA 含量，GSH 增加 18.9%，AsA 增加 19.6%，但 Nod+NaCl+S_2 处理则显著降低了苜蓿叶片中 GSH 和 AsA 含量(P<0.05)。

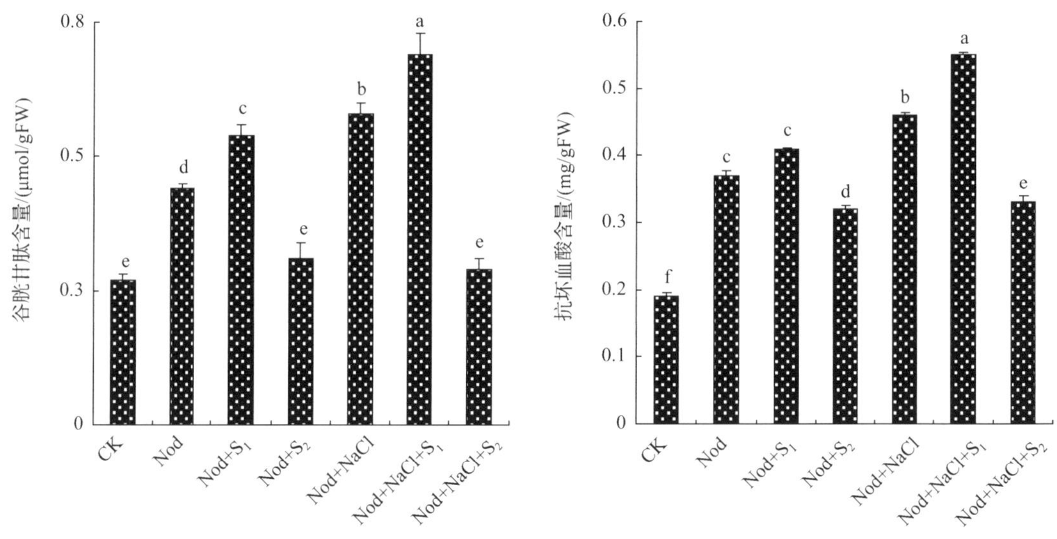

图 9-6　盐胁迫下根瘤菌与外源 NO 共处理对苜蓿抗氧化物含量的影响

第三节　盐胁迫下根瘤菌与外源 NO 共处理对苜蓿植株离子分配的影响

一、不同器官中 K^+、Na^+、Ca^{2+}和 Mg^{2+}含量的变化

K^+、Na^+、Ca^{2+}和 Mg^{2+}是植物在盐胁迫下变化最为敏感的 4 种离子，其含量变化能反

映植物不同的耐盐机制。从图 9-7 可以看出，与 Nod 处理相比较，不同浓度 SNP 处理对 K^+、Na^+、Ca^{2+}和 Mg^{2+}在不同器官中的分布有不同影响（$P>0.05$）。Nod+S_1 处理下，根茎叶中 K^+和 Na^+，Nod+S_1 处理与单一 Nod 处理差异不显著，但根瘤中 K^+含量显著降低，Na^+则升高；叶和茎中 Ca^{2+}和 Mg^{2+}含量，Nod+S_1 处理与 Nod 处理无差异，Ca^{2+}在根中升高 9.5%，在根瘤中降低 7.4%；Mg^{2+}在根中降低 4.5%，但在根瘤中未发生变化。Nod+S_2 处理下，不同器官中 K^+含量显著降低（$P<0.05$）；Na^+在叶和根瘤中显著升高，但在茎和根中显著降低；茎和根中 Ca^{2+}含量，Nod+S_2 处理与 Nod 处理无差异，但叶和根瘤中则显著降低；Mg^{2+}含量在苜蓿植株各器官中均显著降低。与 Nod 处理相比较，Nod+NaCl 处理下苜蓿不同器官中 K^+、Ca^{2+}和 Mg^{2+}含量显著降低，Na^+含量则显著增加，根瘤中 Mg^{2+}则显著升高（$P<0.05$）。与 Nod+NaCl 处理相比，苜蓿植株在 Nod+NaCl+S_1 处理下，各器官中 K^+、Ca^{2+}和 Mg^{2+}含量均显著升高，而 Na^+含量则显著降低（$P<0.05$）；Nod+NaCl+S_2 处理则使苜蓿不同器官中 K^+、Ca^{2+}和 Mg^{2+}含量显著降低，而 Na^+含量则显著升高。

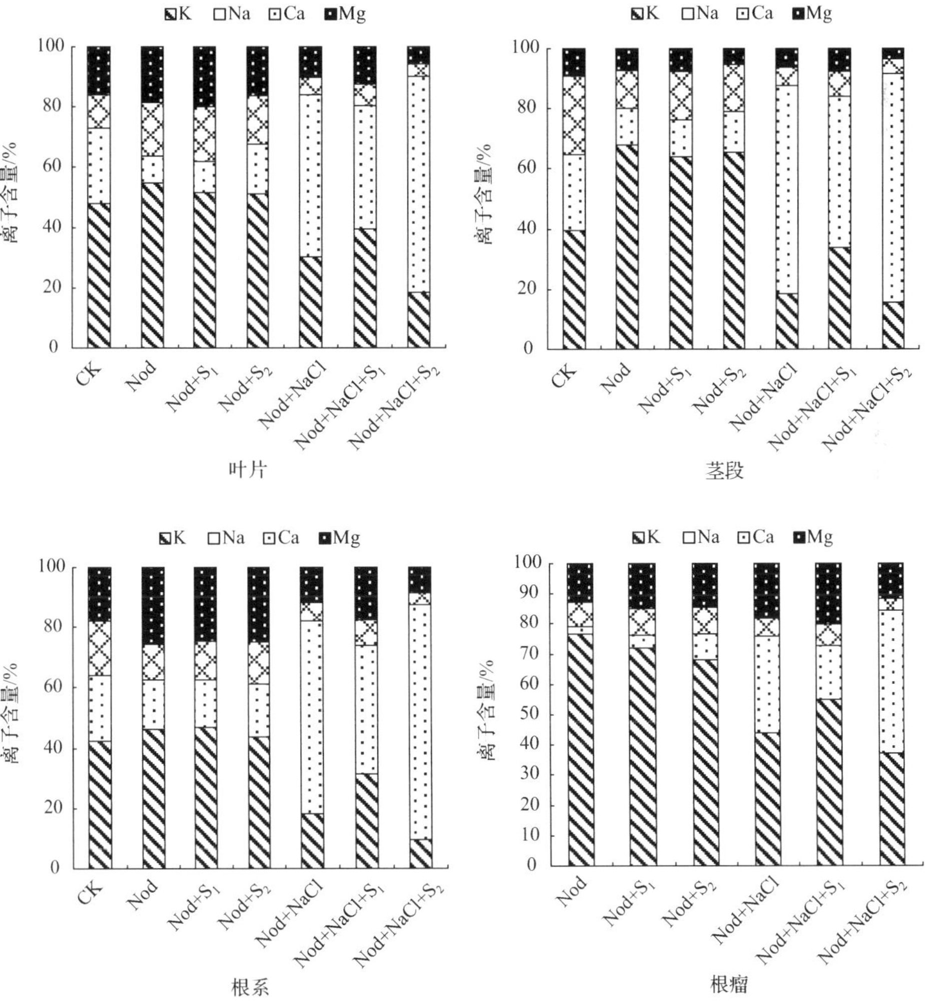

图 9-7　盐胁迫下根瘤菌与外源 NO 共处理对苜蓿不同器官 Na^+、K^+、Ca^{2+}和 Mg^{2+}含量的影响

二、不同器官中 Na^+/K^+、Na^+/Ca^{2+} 和 Na^+/Mg^{2+}值的变化

离子选择性吸收系数能够反映植物体对离子吸收或向地上部分运输的选择性。由表 9-2 可知，SNP 处理浓度对不同器官中 Na^+/K^+的影响表现为 Nod+S_2＞Nod+S_1＞Nod；Na^+/Ca^{2+}和 Na^+/Mg^{2+}在叶片、根系和根瘤中均表现为 Nod+S_2＞Nod+S_1＞Nod，但在茎中则表现为 Nod＞Nod+S_2＞Nod+S_1。与 Nod 处理相比，盐胁迫使苜蓿不同器官中的 Na^+/K^+、Na^+/Ca^{2+}和 Na^+/Mg^{2+}显著升高，且不同器官中 Na^+/K^+、Na^+/Ca^{2+}和 Na^+/Mg^{2+}均表现为茎＞根＞叶＞根瘤。与 Nod+NaCl 处理相比，Nod+NaCl+S_1 处理显著降低了苜蓿植株不同器官中 Na^+/K^+、Na^+/Ca^{2+}和 Na^+/Mg^{2+}值，与之相反的是 Nod+NaCl+S_2 处理则显著提高了苜蓿植株不同器官中 Na^+/K^+、Na^+/Ca^{2+}和 Na^+/Mg^{2+}值，且在所有处理中，各比值均显著高于其他处理；此外在 Nod+NaCl+S_1 下，不同器官中的 Na^+/K^+均表现为茎＞根＞叶＞根瘤，Na^+/Ca^{2+}和 Na^+/Mg^{2+}则表现为茎＞叶＞根＞根瘤；Nod+NaCl+S_2 处理下，不同器官中的 Na^+/K^+均表现为根＞茎＞叶＞根瘤，Na^+/Ca^{2+}表现为根＞叶＞茎＞根瘤，Na^+/Mg^{2+}则表现为茎＞叶＞根＞根瘤。

表 9-2　盐胁迫下根瘤菌与外源 NO 共处理对苜蓿不同器官 Na^+/K^+ 、Na^+/Ca^{2+} 和 Na^+/Mg^{2+}值的影响

处理		CK	Nod	Nod+S_1	Nod+S_2	Nod+NaCl	Nod+NaCl+S_1	Nod+NaCl+S_2
Na^+/K^+	叶片	0.51a	0.16f	0.20f	0.32c	1.77d	1.04e	3.90b
	茎段	0.23d	0.18e	0.19de	0.20d	3.69b	1.49c	4.83 a
	根系	0.42c	0.35d	0.34d	0.40d	3.57b	1.35c	8.02 a
	根瘤	—	0.04e	0.06e	0.12d	0.72b	0.32c	1.26 a
Na^+/Ca^{2+}	叶片	2.26d	0.49f	0.56f	1.04e	9.59b	5.70c	16.74 a
	茎段	0.36f	0.96d	0.78e	0.85de	11.58b	6.36c	15.83 a
	根系	0.82e	1.40d	1.24d	1.24d	10.58b	5.10c	19.48 a
	根瘤	—	0.33f	0.48e	0.90d	5.16b	2.57c	12.27a
Na^+/Mg^{2+}	叶片	1.53d	0.48f	0.51f	1.00e	5.20b	3.28c	12.37a
	茎段	0.35f	1.64e	1.55e	2.44d	10.69b	6.36c	20.86a
	根系	0.97d	0.63e	0.64e	0.71e	5.56b	2.43c	9.30a
	根瘤	—	0.21e	0.29e	0.58d	1.75b	0.87c	3.97a

注：同行数值后不同小写字母表示差异显著（$P < 0.05$）；“—”表示无观察值

第四节　盐胁迫下 NO 添加对苜蓿和根瘤各生理指标间相关性的影响

表 9-3 反映出，盐胁迫下添加 NO 处理，甘农 4 号苜蓿单株结瘤数（PNN）与根瘤干重（NDW）、固氮酶活性（ARA）、SPS、苜蓿干物质重（DM）呈强正相关关系（P＜0.01），单株结瘤数（PNN）与超氧化物歧化酶（SOD）、过氧化氢酶（CAT）、谷胱甘肽还原酶（GR）、

表 9-3　根瘤菌与外源 NO 共处理对盐胁迫下苜蓿结瘤、固氮、生物量及生理指标的相关分析

	PNN	NDW	ARA	MDA	$O_2^{\cdot-}$	H_2O_2	SOD	CAT	GR	GSH	ASA	TSS	AA	starch	SPS	L-Na
NDW	0.938**															
ARA	0.975**	0.958**														
MDA	–0.895*	–0.945**	–0.958**													
$O_2^{\cdot-}$	–0.926**	–0.997**	–0.979**	0.968**												
H_2O_2	–0.919**	–0.981**	–0.961**	0.988**	0.974**											
SOD	0.738*	0.547	0.743	–0.587	–0.659	–0.537										
CAT	0.717*	0.585	0.711	–0.601	–0.673	–0.564	0.879*									
GR	0.873*	0.676	0.816	–0.631	–0.712	–0.634	0.929**	0.821*								
GSH	0.673	0.482	0.661	–0.472	–0.537	–0.437	0.977**	0.893*	0.912*							
AsA	0.487	0.266	0.473	–0.288	–0.394	–0.232	0.924**	0.875*	0.803	0.965**						
TSS	0.786	0.675	0.824*	–0.769	–0.732	–0.706	0.902**	0.943**	0.816*	0.848*	0.797					
AA	0.437	0.334	0.505	–0.349	–0.575	–0.300	0.815*	0.541	0.670	0.818*	0.797	0.583				
starch	–0.747*	–0.776*	–0.833*	0.891*	0.827*	0.838*	0.753	0.503	0.578	0.771	0.723	0.532	0. 990**			
SPS	0.934**	0.951**	0.983**	–0.963**	–0.991**	–0.955**	0.733	0.758	0.762	0.663	0.492	0.859*	0.505	0.754*		
L-Na	–0.863*	–0.865*	–0.895*	0.847*	0.740*	0.904*	–0.075	–0.106	–0.340	0.048	0.223	–0.238	0.291	0.897*	–0.704*	
DM	0.961**	0.948**	0.996**	–0.970**	–0.973**	–0.965**	0.723	0.667	0.787	0.625	0.434	0.808	0.501	0.427	0.975**	–0.813*

注：DM 为干重；PNN 为单株结瘤数；NDW 为根瘤干重；ARA 为固氮酶活性；MDA 为丙二醛；$O_2^{\cdot-}$ 为超氧阴离子自由基；H_2O_2 为过氧化氢；SOD 为超氧化物歧化酶；CAT 为过氧化氢酶；GR 为谷胱甘肽还原酶；GSH 为谷胱甘肽；ASA 为抗坏血酸；TSS 为可溶性糖含量；AA 为游离氨基酸；starch 为淀粉；L-Na 为叶片 Na^+ 含量

谷胱甘肽(GSH)、可溶性糖含量(TSS)呈中正相关关系($P<0.05$)，但苜蓿单株结瘤数(PNN)与丙二醛(MDA)、超氧阴离子自由基($O_2^{\cdot-}$)、过氧化氢(H_2O_2)呈强负相关关系($P<0.01$)，与淀粉含量(starch)、叶片 Na^+含量(L-Na)呈中负相关关系($P<0.05$)；根瘤干重(NDW)与固氮酶活性(ARA)、SPS 和苜蓿干物质重(DM)呈强正相关($P<0.01$)，但与 MDA、$O_2^{\cdot-}$、H_2O_2 和 L-Na 呈强负相关($P<0.01$ 或 $P<0.05$)；固氮酶活性(ARA)则与 MDA、$O_2^{\cdot-}$、H_2O_2、淀粉、叶片 Na^+含量呈强或中强负相关关系($P<0.01$)，但与 SPS、TSS、DM 呈强或中强正相关关系($P<0.01$ 或 $P<0.05$)。植株干重与单株结瘤数、根瘤干重、固氮酶活性和 SPS 呈强正相关($P<0.01$)，而与 MDA、$O_2^{\cdot-}$、H_2O_2、淀粉、叶片 Na^+含量呈强负相关($P<0.01$)。

一、讨论

盐渍是影响植物生长发育的主要环境因子之一。相关研究表明，一些益生菌及外源调节物质在促进植物生长发育及提高植物抗性方面有较好的效果(Bai et al.，2003)。因此了解植物、微生物与外源调节物质的互作对植物生长和抗性的影响极为重要。本研究中，苜蓿植株在接种根瘤菌后，添加低浓度 SNP 对植株生长和固氮酶活性无影响，但显著提高了单株结瘤数和根瘤干重，而添加高浓度 SNP 则对苜蓿生长、结瘤和固氮有抑制作用，这可能是高浓度 NO 抑制豆血红蛋白活性，降低固氮量(SNF)从而导致植株生长受抑制。盐胁迫也显著抑制了苜蓿植株的生长、结瘤和固氮，Serraj 和 Drevon(1998)研究认为，盐可影响根瘤中 O_2 的扩散，从而抑制固氮酶的活性，此外盐胁迫下苜蓿植株光合能力的降低也会抑制碳水化合物向根瘤中转移(Locy et al.，1996)，这将扰乱根瘤中的氮同化代谢(Baier et al.，2007)，因此盐胁迫下碳氮代谢紊乱是导致植株生长降低的主要原因之一。

叶绿素是植物进行光合作用的主要色素，其含量可反映植株受害程度(Hura et al.，2007)。本研究中，接种根瘤菌后，添加低浓度 SNP 对叶绿素和类胡萝卜素含量无影响，但添加高浓度 SNP 则导致叶绿素和类胡萝卜素显著降低，Giorgi 等(2009)认为，氮亏缺能抑制植物体中叶绿素的合成，甘农 4 号苜蓿在添加高浓度 SNP 下叶绿素含量的降低可能与 NO 抑制 SNF 引起的氮亏缺有关，此外，添加高浓度 SNP 引起的营养亏缺进一步导致 ROS 代谢失调也可能影响植物叶绿体的结构和功能。盐胁迫下，苜蓿植株的叶绿素和类胡萝卜素含量也显著降低，这可能与盐抑制 SNF 有关。Balibrea 等(2000)认为盐胁迫下一些低分子质量的碳水化合物(如蔗糖)转变为淀粉能降低对 SPS 活性的抑制，这有助于植物适应盐胁迫，但在氮亏缺条件下，淀粉的积累会导致 ROS 大量暴发，进而破坏叶绿体的结构和功能(Bondada and Syvertsen，2005)，本研究中也得到类似结果。盐胁迫下根瘤菌与低浓度 SNP 共处理则显著提高了叶绿素的含量，这可能与逆境条件下 NO 促进 SNF 的提高及 NO 降低 ROS 积累有关，但根瘤菌与高浓度 SNP 共处理则显著降低苜蓿植株 SNF，促进 ROS 的积累，因此导致叶绿素和类胡萝卜素含量降低。以上结果说明，根瘤菌与 NO 互作存在浓度效应，此外苜蓿品种、根瘤菌株也可能对互作效应产生影响，但这仍需进行进一步的研究。

植物对逆境胁迫的反应是一个复杂的现象，涉及一系列的生理生化过程的变化(汤绍虎等，2007）。一些研究表明，逆境条件下植物能够积累一些无毒可溶性物质如氨基酸、蛋白质、糖类等，但该类物质对细胞的生理功能无影响（Türkan and Demiral，2009），本研究中，接种根瘤菌后，50μmol/L SNP 处理对植株蛋白、脯氨酸无影响，但降低了可溶性糖和提高了游离氨基酸的含量，这可能与 NO 和根瘤菌互作导致根瘤中氮同化有关，因为根瘤固氮产物同化需要植物光合产物提供碳骨架才能形成氨基酸，并被最终运输到植物体中，因此，叶片中可溶性糖的降低和游离氨基酸的升高可能与此有关。但 100μmol/L SNP 处理则极显著降低了蛋白质、氨基酸和糖的含量，这可能与高浓度 NO 和根瘤菌互作诱导营养亏缺和代谢失调有关。盐胁迫下，接种根瘤菌的苜蓿叶片中蛋白质含量降低与游离脯氨酸和氨基酸含量的升高相一致，可能与苜蓿植株在盐胁迫下通过蛋白质水解为氨基酸进行渗透调节有关，可溶性糖含量在该处理下降低则可能与碳水化合物向其他器官中运输有关，特别是向根瘤的运输（Salah et al.，2009；López et al.，2008）。根瘤菌与低浓度 SNP 共处理则显著提高了植株叶片可溶性蛋白和可溶性糖含量，这可能与互作条件下叶片光合和根瘤固氮功能恢复有关，而根瘤菌与高浓度 SNP 共处理下由于营养亏缺和代谢失调，显著抑制了叶片中蛋白质、氨基酸和可溶性糖的积累。

盐胁迫下，植物体内活性氧代谢平衡被破坏，造成活性氧积累而引起膜脂过氧化，MDA 是膜脂过氧化的主要产物之一，其积累是活性氧毒害作用的表现（Herńandez and Almansa，2002）。本研究中，接种根瘤菌的苜蓿植株添加 50μmol/L SNP，叶片 MDA、H_2O_2 和 $O_2^{\cdot-}$ 产生速率有轻微的增加。有研究发现，在豆科植物与根瘤菌的共生固氮系统建立及发育过程中，适度的 ROS 含量、抗氧化酶活性（特别是 SOD 和 CAT）及 GSH 含量有助于豆科植物结瘤（Santos et al.，2001；Vernoux et al.，2000；Puppo et al.，2000），本研究中 Nod+S_1 共处理下甘农 4 号苜蓿叶片的 SOD 和 CAT 活性无显著差异，GSH 和 ROS 含量增加，对应的植株结瘤数和根瘤干重也增加，这与前人的研究结果类似。而 100μmol/L SNP 处理则显著诱导了 ROS 的积累，抑制了抗氧化酶的活性，这可能与固氮降低引起的营养亏缺有关。与单一 Nod 处理相比，盐胁迫使苜蓿植株 MDA、H_2O_2 和 $O_2^{\cdot-}$ 产生速率显著增加，但低于未接菌处理，同时盐处理抑制了 CAT 活性，诱导 SOD、GPX、APX 和 GR 的活性升高，CAT 活性的降低可能与高浓度的 H_2O_2 含量有关。虽然该处理下 ROS、抗氧化酶和抗氧化物含量均显著增加，但植株的结瘤数和固氮酶活性急剧下降，说明在苜蓿根瘤定植及生长过程中，适度的 ROS、抗氧化酶和抗氧化物含量是必需的，但过高浓度则引起抑制。此外，盐胁迫下毒性离子也是引起结瘤数和固氮酶活性降低的原因之一。盐胁迫下，根瘤菌和低浓度 NO 共处理（Nod+NaCl+S_1）使抗氧化酶活性和抗氧化物含量显著升高，而 MDA、H_2O_2 和 $O_2^{\cdot-}$ 产生速率显著降低，但高浓度 NO 添加（Nod+NaCl+S_2）则抑制了抗氧化系统，诱导膜脂过氧化和 ROS 积累显著升高，这可能与高浓度 NO 引起的营养亏缺及盐诱导的氧化胁迫叠加有关。以上结果说明，逆境条件下一定浓度 NO 和根瘤菌互作能调控植物体的抗氧化系统和 ROS 代谢。

K^+、Na^+、Ca^{2+}和 Mg^{2+}是植物生长发育必需的 4 种矿质营养元素，在正常生理条件下，4 种离子处于动态平衡，环境胁迫则会影响各种离子的含量和比值。本研究中，接种根瘤菌后，添加 50μmol/L SNP 对 4 种离子含量和比值无影响，但添加 100μmol/L SNP

则抑制了植株对离子的吸收，表现为不同器官中 K^+、Ca^{2+}和 Mg^{2+}含量降低，Na^+含量升高，对应的 Na^+/K^+、Na^+/Ca^{2+}和 Na^+/Mg^{2+}值也升高，这可能与高浓度 NO 导致的代谢紊乱有关。盐胁迫处理也显著降低不同器官中 K^+、Ca^{2+}和 Mg^{2+}含量，提高 Na^+含量和离子比值，而 $Nod+NaCl+S_1$ 复合处理则促进植株对 K^+、Ca^{2+}和 Mg^{2+}的吸收，降低各器官中 Na^+含量和离子比，表明低浓度 NO 和根瘤菌互作能调控植物体对离子的吸收和分配。但与其相反的是 $Nod+NaCl+S_2$ 处理则进一步加剧离子代谢紊乱。此外，在不同处理中，根瘤组织中 Na^+含量和离子比值较其他组织相比最低，这可能也是接种根瘤菌后植物耐盐性提高的原因之一。

二、结论

接种根瘤菌后，添加低浓度 SNP 提高了单株结瘤数和根瘤干重，添加高浓度 SNP 或 NaCl 处理抑制了苜蓿植株根系结瘤、固氮酶活性和抗氧化系统活性，降低了光合色素、渗透调节物及不同器官中含量，加剧了 ROS 积累和膜脂过氧化，降低植株的生长；盐胁迫下根瘤菌和低浓度 SNP 共处理能调控苜蓿植株中光合色素、渗透调节物、抗氧化系统活性和离子分配，从而提高植株生长，但盐胁迫下高浓度 SNP 和根瘤菌共处理则对苜蓿植株产生抑制效应。因此，适宜浓度的 SNP 和根瘤菌共处理均可明显提高苜蓿幼苗的结瘤、固氮和耐盐性，并且根瘤菌和 SNP 在提高苜蓿幼苗耐盐性方面具有协同效应，这为今后苜蓿耐盐性技术研发提供了新的线索。

参考文献

鲍士旦. 2008. 土壤农化分析. 北京: 中国农业出版社: 264-268

蔡龙祥, 蓝谷, 黄维南. 1985. 银合欢和苏门答腊金合欢根瘤菌的分离和回接.亚热带植物通讯, (2): 4-10

曹理想, 周世宁. 2004. 植物内生放线菌研究. 微生物学通报, 31(4): 93-96

曹燕珍, 胡正嘉, 黄诚金, 等. 1986. 快生型根瘤菌的研究 I: 快生型大豆根瘤菌的分离及其生理生化性状. 华中农业大学学报, 5(2): 149-156

常玮, 王炜, 屈新兰. 2004. 苜蓿根瘤菌菌剂的研究. 新疆农业科学, 41(2): 102-104

陈宝书. 2010. 牧草饲料作物栽培学. 北京: 中国农业出版社: 214-216

陈昌斌, 戴小密, 俞冠翘, 等. 1999. 组成型 nifA 对大豆根瘤菌 (*Rhizobium fredii*) HN01lux 结瘤固氮效率的促进作用. 科学通报, 44(5): 529-533

陈丹明, 曾昭海, 隋新华, 等. 2002. 苜蓿高效共生根瘤菌的筛选. 草业科学, 19(6): 27-32

陈华癸, 樊庆笙. 1979. 微生物学. 北京: 中国农业出版社: 161-162

陈立军, 孙广宇, 张荣, 等. 2004. 油菜内生真菌的分离鉴定. 石河子大学学报(自然科学版) , 22(增刊): 66-68

陈利云, 张丽静, 周志宇. 2008. 耐盐根瘤菌对紫花苜蓿接种效果的研究. 草业学报, 17(5): 43-47

陈明, 张维, 林敏. 1999. 粪产碱菌耐铵工程菌与水稻联合共生固氮作用. 核农学报, 3(6): 373-376

陈强, 张小平, 李登煜, 等. 2002. 从豆科植物的根瘤中直接提取根瘤菌 DNA 的方法. 微生物学通报, 29(6): 63-67

陈文新. 2004. 中国豆科植物根瘤菌资源多样性与系统发育.中国农业大学学报, 9(2):6-7

陈熙. 1994. 西瓜叶枯病种子带菌及其传病作用的研究. 中国蔬菜, 4: 1-3

陈雪松, 张海瑜, 高为民, 等. 1999. 苜蓿中华根瘤菌与耐盐有关的 DNA 片段的克隆. 微生物学报, (6): 489-494

陈怡平, 崔瑛, 任兆玉. 2006. 微波处理菘蓝种子的子叶发育与生物光子辐射的相关性. 红外与毫米波学报, 25(4): 275-278

陈中义, 林敏, 黄大. 1998. 首例属间遗传工程微生物进入商品化生产. 生物技术通报, 6: 41-42

程志明, 梁力. 1995. 水稻内生真菌检测. 植物保护, 2: 14-16

迟峰. 2006. 根瘤菌在植物内的迁移运动及其与植物相互作用的蛋白质组学研究. 北京: 中国科学院植物研究所

慈恩, 高明. 2005. 环境因子对豆科共生固氮影响的研究进展. 西北植物学报, 25(6): 1269-1274

崔长征, 沈萍, 张甲耀, 等. 2011. 利用绿色荧光蛋白标记革兰氏阴性细菌的研究. 环境科学学报, 31(2): 276-282

刁治民. 1999. 青海豆科植物根瘤及固氮特性进研究.青海草业, 8(4): 10-12

丁武. 1992. 影响根瘤竞争结瘤的生态学因素分析. 生态学杂志, 11(4): 50-54

丁彦怀. 1993. 根瘤菌属生物学特性的研究. 辽宁大学学报, 20(1): 85-88

丁玉洁, 高建纲, 刘荣梅. 2010. 双(吡啶-2-甲醛)缩对苯二胺稀土配合物的合成及抑菌活性. 化学世界, (9): 513-515, 526

段灿星, 张青文, 徐静, 等. 2002. 抗虫内生工程菌对亚洲玉米螟的杀虫效果及其在植物体内的动态变化. 中国农业大学学报, 7: 75-79

樊怀福, 郭世荣, 焦彦生, 等. 2007. 外源一氧化氮对 NaCl 胁迫下黄瓜幼苗生长、活性氧代谢和光合特性的影响. 生态学报, 27 (2): 546-553

樊利勤, 庄培亮, 马兰珍, 等. 2004. 厚荚相思根瘤菌对盆栽苗木生长及土壤肥力的影响. 生态科学,

23(4): 289-291
樊妙姬, 陈丽梅, 马庆生. 1998. 根瘤菌共生结瘤基因的分子遗传学研究进展. 遗传(北京), (2): 43-48
樊妙姬, 李正文, 韦莉莉. 1999. 根瘤菌结瘤基因的表达调控研究概况. 广西农业生物科学, 18 (2): 225-228
樊铭京, 卢兆增. 1999. 花苜蓿根系对土壤结构及肥力影响的研究. 山东水利专科学校学报, 11(2): 42-45
冯瑞华. 2000. 用 AFLP 技术和 16S rDNA PCR-RFLP 分析毛苜蓿根瘤菌的遗传多样性. 微生物学报, (4): 339-345
冯小强, 李小芳, 杨声, 等. 2010. 壳聚糖镧配合物的制备表征及其抑菌性能. 食品工业科技, 31(2): 304-306
冯月红, 姚拓, 龙瑞军. 2003. 土壤解磷菌研究进展. 草原与草坪, (1): 3-7
高扬帆, 陈军, 张莉. 2006. 青霉素和 Ca^{2+} 对小白菜老化种子发芽及幼苗生长的影响. 北方园艺, 2: 9-11
高振生, 马其东, 牛志强, 等. 1996. 沿海滩涂地区苜蓿根瘤菌接种方法和效果研究. 草地学报, 4(4): 288-292
葛诚. 1990. 根瘤菌生态学研究及其技术进展. 土壤学进展, 18(3): 11-16
葛均青, 于贤昌, 王竹红. 2003. 微生物肥料效应及其应用展望. 中国生态农业学报, 11(3): 11-12
耿华珠, 吴永敷, 曹致中. 1995. 中国苜蓿. 北京: 中国农业出版社: 38-39
宫世勇. 2006. 高效重组苜蓿中华根瘤菌的构建及其耐盐性初探. 武汉: 华中农业大学: 硕士研究生学位论文
龚月娟, 李健强. 2004. 关于五种牧草及三种草坪草种子寄藏真菌的检测初探. 草业学报, (5): 116-120
关桂兰. 1991. 新疆干旱地区根瘤资源研究Ⅰ. 根瘤菌种类及其共生固氮作用. 微生物学报, 31: 396-404
关桂兰, 李仲元, 杨玉锁, 等. 1986. 新疆干旱区共生固氮资源研究. 植物生理学报, 12: 324-332
郭先武. 1999. 根瘤菌质粒研究进展. 微生物学通报, (4): 286-288
郭玉泉, 王金芬. 2000. 种植紫花苜蓿对土壤养分的影响. 四川草原, 4: 20-25
国家环境保护局. 1990. 化学农药环境安全评价实验准则(续). 农药科学与管理, 11(4): 429
国家技术监督局. 2001. 牧草种子检验规程. 北京: 中国标准出版社: 81-83
韩宝隆. 1999. 谈谈预防酵母菌种的退化. 酿酒科技, 2: 24-28
韩华君. 2007. 耐酸苜蓿根瘤菌的定殖研究. 重庆: 西南大学: 硕士研究生学位论文: 5
韩建国. 1997. 实用牧草种子学. 北京: 中国农业大学出版社
韩瑞宏, 毛凯. 2003. 我国牧草种带真菌做了初步的检测. 草业科学, 20(5): 23-25
韩善华, 张红, 王双. 1999. 沙冬青根瘤菌的电子显微镜结构. 中国微生态学杂志, 11(4): 27-29
何一, 蔡霞, 王卫卫. 2003. 陕西黄土高原 4 种豆科植物根瘤的比较形态解剖学研究. 陕西教育学院学报, 19(2): 88-921
贺学礼, 韦革宏, 赵丽莉, 等. 1996. 陕西豆科固氮植物资源调查及生态分布. 陕西农业科学, (1): 35-37
胡振宇, 黄怀琼, 刘世全. 1994. 快生型花生根瘤菌株与土著性根瘤菌竞争结瘤能力的探讨. 四川农业大学学报, 12(1): 42-48
花日茂, 朱有才. 2002. 植物源抗菌、杀菌活性物质研究进展. 安徽农业大学学报, 29(3): 245-249
华致甫, 袁美丽. 1994. 烟草种子带菌分析及种子处理. 中国烟草, 4: 40-42
黄宝灵, 吕成群, 韦原莲, 等. 2004. 不同根瘤菌对马占相思苗木的影响——苗木的结瘤状况、生物量、叶片和土壤中营养元素含量及其相关分析. 中南林学院学报, 24(2): 33-36
黄宝灵, 吕成群. 2002. 罗汉松根瘤内生细菌的分离和特性. 微生物学报, 42(5): 620-623
霍春芳, 张东艳, 刘进荣, 等. 2002. 稀土对芽孢菌的抑菌机理研究. 化学学报, 60(6): 1065-1071
霍平慧, 李剑峰, 师尚礼, 等. 2011. 盐胁迫对超干处理苜蓿种子萌发及幼苗生长的影响. 草原与草坪, 31(1): 13-18
贾佳, 李建波. 2011. 稀土肥料对草莓生长及产量品质的影响研究. 河南农业, (10): 52-53

姜怡, 杨颖, 陈华红, 等. 2005. 植物内生菌资源. 微生物学通报, 32(6): 146-147
靖元孝. 1997. 根瘤菌结瘤因子的研究进展. 生命的化学, (1): 17-19
阚凤玲, 陈文新. 2002. 西部某些根瘤的数值分类和 16S rDNA PCR-RFLP 分析. 微生物学通报, (3): 1-8
康金华, 关桂兰, 沈艳芳. 1996. 苜蓿根瘤菌耐盐碱性试验. 干旱区研究, 13(3): 13-15
柯玉琴, 潘廷国. 2002. NaCl 胁迫对甘薯苗期生长、IAA 代谢的影响及其与耐盐性的关系. 应用生态学报, 13(10): 1303-1306
黎裕, 贾继增, 王天宇, 等. 1999. 分子标记的种类及其发展. 生物技术通报, 15(4): 19-22
李爱江, 张敏, 辛莉. 2007. 发酵生产过程中发酵条件对微生物生长的影响. 农技服务, 24(4): 124-126
李承森. 1999. 植物科学进展. 北京: 中国高等教育出版社: 183-190
李春杰, 南志标. 2000a. 苜蓿种带真菌及其致病性测定. 草业学报, 1: 27-36
李春杰, 南志标. 2000b. 土坡湿度对蚕豆根病及其生长的影响. 植物生理学报, 30(3): 245-249
李风兰, 王宏, 董卫民, 等. 1998. 苜蓿根瘤菌接种菌种筛选试验. 草与畜杂志, (1): 17, 30
李福祥. 1995. 新疆小麦根腐病的种子带菌分析. 植物保护, 4: 21-22
李阜棣, 胡正嘉. 2000. 微生物学. 5 版. 北京: 中国农业出版社: 222-223
李海航, 潘瑞炽. 1987. 青霉素在高等植物中的作用. 植物生理学通讯, 5: 347-351
李宏宇, 鲁国东, 王明海. 2003. 稻瘟病菌微波诱发突变体的分析. 菌物系统, 22(4): 639-644
李剑峰, 师尚礼, 张淑卿, 等. 2009d. 酸性环境中亚铁离子对紫花苜蓿 WL525 早期生长和生理的影响. 草业学报, 18(5): 10-17
李剑峰, 师尚礼, 张淑卿. 2010b. 不同 $Ca_3(PO_4)_2$ 含量及菌种保存温度下 SL01 菌株的解磷及生长能力. 中国生态农业学报, 18(1): 94-97
李剑峰, 师尚礼, 张淑卿. 2010c. 环境酸度对紫花苜蓿早期生长和生理的影响. 草业学报, 19(2): 47-54
李剑峰, 张淑卿, 师尚礼. 2009b. 微波诱变选育高产生长素及耐药性根瘤菌株. 核农学报, 23(6): 981-985
李剑峰, 张淑卿, 师尚礼, 等. 2009a. 苜蓿内生根瘤菌分布部位与数量变化动态. 中国生态农业学报, 17(6): 1200-1205
李剑峰, 张淑卿, 师尚礼, 等. 2009c. 微波诱变选育耐药高效溶磷苜蓿根瘤菌. 原子能科学技术, 43(12): 1071-1076
李剑峰, 张淑卿, 师尚礼, 等. 2010a. 解磷根瘤菌液体培养基类型, 浓度及透气条件的比较. 草原与草坪, 30(1): 28-32
李杰, 陈丽华, 李希臣. 2003. 一种应用 *luxAB* 基因标记大豆根瘤菌的新方法. 大豆科学, 22(3): 172-175
李俊, 徐玲玫, 樊蕙, 等. 1999. 用 rep-PCR 技术研究中国花生根瘤菌的多样性. 微生物学报, 39(4):296-304
李力, 曹凤明, 徐玲玫, 等. 2000. 花生根瘤菌的抗逆性初步研究. 微生物学通报, 27(1): 42-471
李强, 刘军, 周东坡, 等. 2006. 植物内生菌的开发与研究进展. 生物技术通报, 3: 33-37
李香真, 陈清. 1997. ^{15}N 同位素稀释法测定生物固氮量. 核农学通报, (6): 291-293
李小芳, 冯小强, 杨声, 等. 2010. 壳聚糖稀土配合物的制备和抑菌性能及与牛血清白蛋白的相互作用. 功能高分子学报, 23(2): 197-201
李新民, 谷思玉, 窦新田, 等. 1998. 不同土壤大豆接种根瘤菌剂反应的研究. 黑龙江农业科学, 4:1-5
李颖, 阮小超, 陈文新. 1996. 宁夏沙坡头地区根瘤菌特性分析数值分类研究. 中国农业大学学报, 1(5): 15-20
李友国, 周俊初. 2002a. 影响根瘤菌共生固氮效率的主要因素及遗传改造. 微生物学通报, (6): 86-89
李友国, 周俊初. 2002b. 导入 *dctABD* 和 *nifA* 基因对费氏中华根瘤菌共生固氮的影响研究. 遗传学报, 29(2): 181-188
梁建生, Zhang J H, 曹显祖, 等. 1998. 呼吸活性的下降可解释水分亏缺对银合欢根瘤固氮酶活性的抑

制. 植物生理学报, 4(3): 285-292
梁新乐, 陈敏, 张虹. 2007. ^{60}Coγ 射线诱变筛选阿维拉霉素高产菌株及培养基优化. 核农学报, 21(5): 451-455
廖德聪, 罗明云, 张小平, 等. 2001. 分子标记技术在根瘤菌生态研究中的应用. 西南农业学报, 14: 117-119
林启美, 赵小蓉, 孙焱鑫, 等. 2000. 四种不同生态环境中解磷细菌的数量及种群分布. 土壤与环境, 9(1): 34-37
凌瑶. 2005. 用 *cfp* 标记基因法研究菜豆根瘤菌的竞争性和有效性. 雅安: 四川农业大学: 硕士研究生学位论文
刘安国. 1994. 芝麻茎点枯病种子带菌的研究. 江西植保, 2: 26-28
刘保平, 周俊初. 2006. 根瘤菌菌剂研究. 湖北农业科学, 45(1): 57-61
刘成运, 李广彦. 1989. 百合组织中细胞内生菌的分布与传播. 武汉植物学研究, 7(2): 101-105
刘锋, 应光国, 周启星, 等. 2009. 抗生素类药物对土壤微生物呼吸的影响. 环境科学, 30(5): 1280-1285
刘海英, 董月香, 周廷斌, 等. 2003. 食用菌菌种的退化及复壮. 食用菌, 6: 16-17
刘宏生. 2000. 辽宁省豆科结瘤植物及其根瘤菌资源调查. 生态学杂志, (6): 62-64
刘慧媛, 辛正, 王永明. 2006. 稀土元素抑菌喷剂抗菌效果观察. 中国消毒学杂志, 23(6): 528-529
刘建, 李俊, 葛诚. 2001. 微生物肥料作用机理的研究新进展. 微生物学杂志, 21(1): 33-36
刘进元. 2001. 英日汉生物工程学辞典. 北京: 清华大学出版社: 12-14
刘莉, 周俊初, 陈华癸. 1998. 不同化合态氮浓度对大豆根瘤菌结瘤和固氮作用的影响. 中国农业科学, 31(4): 87-89
刘西莉, 李健强. 2000. 不同水稻品种种子带菌检测及药剂消毒处理效果. 中国农业大学学报, 5(5): 42-47
刘晓芳, 黄晓东, 张芳. 2005. 一株溶磷黑曲霉的溶磷特性及溶磷机制初探. 河南农业科学, (6): 60-62
刘一明, 程凤枝, 王齐, 等. 2009. 四种暖季型草坪植物的盐胁迫反应及其耐盐阈值. 草业学报, 18(3): 192-199
刘永秀, 张福锁, 毛达如. 1999. 根际微生态系统中豆科植物-根瘤菌共生固氮及其在可持续农业发展中的作用. 中国农业科技导报, 1(4): 28-29
刘帧付. 2001. 费氏中华根瘤菌的基因标记与竞争结瘤的研究. 武汉: 华中农业大学: 硕士研究生学位论文
刘忠梅, 王霞, 赵金焕, 等. 2005. 有益内生细菌 B946 在小麦体内的定殖规律. 中国生物防治, 21(2): 113-116
龙良鲲, 肖崇刚. 2003. 内生细菌 01-144 在番茄茎内定殖的初步研究. 微生物学报, 30: 53-56
卢庆华, 卢俊, 张冬艳, 等. 2011. 7 种稀土小檗碱配合物对 4 种农作物病菌的抑菌性及急性毒理性的研究. 中国农学通报, 27(21): 276-281
卢镇岳, 杨新芳, 冯永君. 2006. 植物内生细菌的分离、分类、定殖与应用. 生命科学, 18(1): 90-94
吕成群. 2004. 相思树种根瘤菌的研究. 南京: 南京林业大学: 博士研究生学位论文: 59-60
吕金印, 山仑, 高俊凤. 2004. 土壤干湿交替对小麦花前碳同化物分配的影响. 西北植物学报, 24(9): 1565-1569
罗明云, 张小平. 2003. 用发光酶基因(*luxAB*)标记法研究慢生型花生根瘤菌的竞争结瘤能力. 生态学报, 23(2): 278-283
罗天琼, 刘正书. 1998. 12 种紫花苜蓿干草产量与土壤养分变化的关系分析. 中国草地, 2: 29-32
马其东, 高振生. 1999. 黄河三角洲地区苜蓿生态适应性研究.草地学报, 7(1): 28-38
马其东, 刘自学, 洪绂曾, 等. 1999. 不同根系发育能力的苜蓿品种接种根瘤菌的效果. 草业学报, 8(4): 36-45

马晓彤, 刘惠琴, 宁国赞. 2003. 我国苜蓿根瘤菌与苜蓿共生固氮优良组合研究进展及前景. 中国草学会, 第二届中国苜蓿大会论文集

马玉翔, 范玉华, 娇强, 等. 2004. 几种新型 Schiff 碱及其稀土配合物抑菌活性的研究. 稀土, 25(4): 29-31

马玉翔, 王党生. 2011. 稀土铈羧酸配合物抑菌性能研究. 山东科学, 24(6): 26-29

马占鸿. 1994. 宁夏部分牧草种子带菌检验初报. 宁夏农学院学报, 3: 15-17

缪礼鸿, 周俊初. 2003. 根瘤菌竞争结瘤的研究进展.华中农业大学学报, 22(1): 84-89

莫才清, 覃雅丽, 周俊初, 等. 1998. 应用发光酶基因对快生型大豆根瘤菌 HN01 结瘤作用进行检测. 微生物学报, 38(3): 213-218

南志标. 1994. 内生真菌对布顿大麦草生长的影响. 草业科学, 1: 13-17

倪嘉瓒. 1995. 稀土生物无机化学. 北京: 科学出版社: 298

宁国赞, 李元芳, 刘惠琴, 等. 1992. 紫花苜蓿接种根瘤菌的效果. 草业科学, 2: 50-51

宁国赞, 刘惠琴, 马小彤. 1999. 中国豆科牧草根瘤菌资源的采集保藏及利用. 草地学报, (2): 165-172

宁国赞, 刘惠琴, 马晓彤. 2001. 中国苜蓿根瘤菌大面积应用研究现状及展望. 首届中国苜蓿发展大会. 北京: 中国草原学会.

宁国赞. 1995. 苜蓿根瘤菌及其应用.见: 耿华珠. 中国苜蓿. 北京: 中国农业出版社: 144-156

宁国赞. 2001. 中国苜蓿根瘤菌大面积应用研究现状及展望. 首届中国苜蓿发展大会. 北京: 中国草原学会: 76-82

牛彦波, 吴皓琼, 李智. 2003. 载体、灭菌方式及 pH 对生物肥料产品活菌数及保存期的影响. 黑龙江八一农垦大学学报, 15(3): 36-39

潘明, 周永进. 2008. 微波技术选育啤酒酵母菌种的探讨. 中国酿造, 11: 78-80

蒲小明, 林壁润, 胡美英. 2008. 星形孢菌素产生菌的选育研究. 核农学报, 22(3): 276-279

祁娟, 师尚礼. 2006a. 不同品种紫花苜蓿种子内生根瘤菌溶磷和分泌生长素能力. 草原与草坪, 5: 18-25

祁娟, 师尚礼. 2006b. 苜蓿种子内生根瘤菌筛选及其促生能力研究. 兰州: 甘肃农业大学: 硕士研究生学位论文: 21-23

祁娟, 师尚礼. 2007. 苜蓿种子内生根瘤菌抗逆能力评价与筛选. 草地学报, 15(2): 137-141

屈宝香. 1994. 农业中的化肥使用与环境污染. 环境保护, 8: 41-44

饶晓娟. 2006. 施肥和接种根瘤菌对苜蓿氮磷钾吸收的影响. 乌鲁木齐: 新疆农业大学: 硕士研究生学位论文

任毓忠, 李晖. 2003. 哈密瓜种带细菌性果斑病菌检测技术的研究. 黑龙江八一农垦大学学报, 15(3): 30-33

阮海华, 沈文飚, 叶茂炳, 等. 2001. 一氧化氮对盐胁迫下小麦叶片氧化损伤的保护效应.科学通报, 46(23): 1993-1998

商鸿生, 崔铁军. 1996. 向日葵霜霉病种子带菌研究. 西北农业大学学报, 6: 12-15

师尚礼. 2005a. 甘肃寒旱区苜蓿根瘤菌促生能力影响因子分析及高效促生菌株筛选研究. 兰州: 甘肃农业大学: 博士研究生学位论文

师尚礼. 2005b. 苜蓿根瘤菌固氮研究进展及浅评. 中国草地, 27(5): 63-68

师尚礼, 曹致中, 刘建荣. 2007c. 苜蓿根瘤菌溶磷和分泌植物生长素能力研究. 草业学报, 16(1): 105-111

师尚礼, 刘建荣, 张勃. 2007b. 甘肃寒区旱区苜蓿根瘤菌抗逆性评价. 草地学报, 15(01): 1-6

师尚礼, 刘荣堂, 厚彦明. 2007a. 苜蓿根瘤菌有效性及其影响因子分析. 草地学报, 15(3): 221-226

施邑屏. 1982. 温度与微生物. 微生物学通报, 6: 291-294

史巧娟. 2000. 绿色荧光蛋白基因 *gfp* 在华癸中生根瘤菌与紫云英共生固氮体系研究中的应用. 武汉:华中农业大学: 博士研究生学位论文

宋迪生, 刘翊纶. 1995. 稀土硝酸盐甘氨酸固体配合物的合成及杀菌活性试验. 稀土, 16(3): 5-8, 35
苏风岩, 孙慧君, 李维光, 等. 1990. 生态环境对刺槐根瘤菌共生体系的影响. 生态学杂志, 9(1): 51-53
孙冬梅, 杨谦, 宋金柱. 2005. 铈对黄绿木霉菌拮抗大豆菌核病菌能力的影响. 稀土, 26(6): 65-69
孙羲, 郭鹏程, 陶勒南, 等. 1998. 植物营养与肥料. 北京: 中国农业出版社: 205-209
孙延忠, 曾洪梅, 石义萍, 等. 2003. 武夷菌素对番茄灰霉菌的作用方式. 植物病理学报, 33(5): 434-438
台莲梅, 郑雯. 2003. 水稻种子真菌种群研究. 黑龙江八一农垦大学学报, 15(1): 31-33
谭一波. 2008. 叶面积指数的主要测定方法. 林业调查规划, 3: 47-49
谭志远, 彭桂香, 徐培智, 等. 2009. 普通野生稻 (*Oryza rufipogen*) 内生固氮菌多样性及高固氮酶活性. 科学通报, 54: 1885-1893
汤菊香, 冯艳芳. 2001. KH_2PO_4 和青霉素对小麦老化种子发芽及幼苗生长的影响. 种子, 4: 19-21
汤绍虎, 周启贵, 孙敏, 等. 2007. 外源 NO 对渗透胁迫下黄瓜种子萌发、幼苗生长和生理特性的影响. 中国农业科学, 40 (2): 419-425
滕萌, 多立安, 赵树兰, 等. 2007. 铈浸种对两种草坪植物种子萌发及其初期生长的影响. 种子, 26(2): 17-21
万曦, Vleghels I, Franssen H, 等. 2001. 克隆植物早期结瘤素基因 *ENOD40* 的受体基因. 农业生物技术学报, 9(3): 293-296
万晓红, 韦革宏, 杨亚珍. 2004. 苜蓿品种根瘤菌表型多样性研究. 草地学报, 12 (4): 48-49
王爱国, 罗广华. 1990. 植物的超氧物自由基与经胺反应的定量关系. 植物生理学通讯, (6): 55-57
王浩, 刘伟, 姜妍, 等. 2012. 不同氮素水平下接种根瘤菌对大豆生长的影响.大豆科技, (1): 14-17
王浩, 绳志雅, 隋新华, 等. 2006. 用 gfp 基因标记法研究大豆根瘤菌在大豆根部定殖结瘤情况. 微生物学杂志, 26(2): 1-4
王和勇, 陈敏, 廖志华, 等. 1999. RFLP、RAPD、AFLP 分子标记及其在植物生物技术中的应用. 生物学杂志, 16(4): 24-25
王继佳, 王相晶, 向文胜. 2011. 生物源农药市场及应用. 世界农药, 33(2): 17-20, 33
王坚, 刁治民, 徐广, 等. 2008. 植物内生菌的研究概况及其应用. 青海草业, 17(1): 24-28
王静, 马玉珍, 史清亮, 等. 1999. 山西根瘤菌资源多样性与特异性研究. 应用与环境生物学报, (1): 79-84
王可美. 2003. 用 *gusA* 基因和 *celB* 基因检测慢生型花生根瘤菌竞争的可行性研究. 四川: 四川农业大学: 硕士研究生学位论文
王莉衡. 2011. 植物内生菌的研究进展. 化学与生物工程, 28(3): 5-11
王莲芬. 1990. 层次分析引论. 北京: 中国人民大学出版社
王迈迈, 关桂兰, 孙爱琴, 等. 1997. 河西走廊豆科植物结瘤固氮特性初步研究.西北植物学报, 17(4): 450-457
王鹏. 2010. 中慢生天山根瘤菌胞外多糖在共生过程中的功能研究. 南京: 南京农业大学: 博士研究生学位论文: 4-12
王素英. 1997. 根瘤菌分类的新进展. 微生物学通报, 24(1): 44-47
王素英. 2002. 林芝地区八一镇根瘤菌的表型多样性研究. 陕西师范大学学报(自然科学版), 30(4): 79-83
王素英, 蔡雪梅, 许晓东, 等. 2002b. 林芝地区八一镇根瘤菌的表型多样性研究. 陕西师范大学学报(自然科学版), (4): 4-5
王素英, 李润花, 刘新成, 等. 2002a. 西藏部分地区豆科植物根瘤菌资源的初步调查. 西北农林科技大学学报(自然科学版), (1): 33-37
王素英, 李新锁, 陈文新, 等. 2000. 河北豆科植物根瘤菌资源的初步调查研究. 天津师范大学学报(自然科学版), (3): 32-36
王卫卫. 2003. 陕甘黄土高原根瘤菌豆科植物共生体结构及固氮作用研究. 西北大学: 博士研究生学位

论文: 11
王卫卫, 胡正海, 关桂兰, 等. 2002. 甘肃, 宁夏部分地区根瘤菌资源及其共生固氮特性. 自然资源学报, (1): 48-54
王瑶瑶, 韩烈保, 曾会明. 2008. 禾本科植物内生菌研究进展. 生物技术通报, 3: 34-38
王逸群, 荆玉祥. 2000. 豆科植物凝集素及其对根瘤菌的识别作用. 植物学通报, (2): 127-132
王友保, 张莉, 刘惠. 2007. 铜对狗牙根生长及活性氧清除系统的影响. 草业学报, 16(1): 52-57
韦革宏, 陈文新, 朱铭莪. 1999a. 分离自鸡眼草和木蓝的根瘤菌分类研究. 微生物学报, 39（5）: 387-395
韦革宏, 陈文新, 朱铭莪. 1999b. 陕甘宁地区根瘤菌数值分类与 DNA 同源性分析. 应用与环境生物学报, (1): 73-78
韦革宏, 陈文新, 朱铭莪. 2000. 陕甘宁地区根瘤菌的 16S rDNA PCR-RFLP 分析. 农业生物技术学报, (4): 333-336
韦革宏, 朱铭莪. 1999. 分子生物学新方法在根瘤菌分类中的应用. 西北农业大学学报, 27(2): 85-89
文才艺, 吴元华, 田秀玲. 2004. 植物内生菌研究进展及其存在的问题. 生态学杂志, 23(2): 86-91
吴蔼民, 顾本康, 傅正擎, 等. 2001. 内生菌 73a 在不同抗性品种棉花体内的定殖和消长动态研究. 植物病理学报, 31: 289-294
吴皓琼, 牛彦波, 田洁萍, 等. 2004. 保护剂与抑菌剂对生物肥料保存期的影响. 微生物学杂志, 24(5): 50-53
吴红慧. 2003. 大豆根瘤菌培养基的优化和剂型的比较研究. 武汉: 华中农业大学: 硕士研究生学位论文
吴红慧, 周俊初. 2004. 根瘤菌培养基的优化和剂型的比较研究. 微生物学通报, 31(2): 14-19
吴新安, 花日茂, 岳永德, 等. 2002. 植物源抗菌、杀菌活性物质研究进展. 安徽农业大学学报, 29(3): 245-249
吴旭红, 冯晶, 常志敏. 2003. 青霉素对老化香瓜种子萌发和酶活性的影响. 生物技术, 13(1): 28-29
吴瑛, 席琳乔. 2007. 燕麦根际固氮菌分泌IAA的动态变化研究. 安徽农业科学, 35(15): 4424-4425, 4441
席琳乔, 姚拓, 韩文星, 等. 2005b. 联合固氮菌株分泌能力及对燕麦的促生效应测定. 草原与草坪, 111(4): 25-29
席琳乔, 张虎, 姚拓, 等. 2005a. 联合固氮菌固氮,分泌激素和溶磷能力的测定及对燕麦的促生效应. 草原与草坪, (3): 23-27
夏枫耿, 张玲华, 梁淑娃, 等. 2010. LuxAB 标记荧光假单胞菌的菜心根际定殖研究. 生物技术, 20(1): 25-27
谢从鸣. 2001. 580 株细菌对氨苄青霉素耐药性分析. 福建医药杂志, 23(4): 176-177
谢达平, 雷女孝, 彭道林, 等. 2002. 微生物菌肥的作用机理研究. 常德师范学院学报(自然科学版), 14(1): 48-50
谢关林. 2000. 中国长江三角洲地区及日本水稻种子细菌多样性研究. 中国水稻科学, 14(4): 233-236
谢秋宏, 相宏宇, 李惟. 1997. 苜蓿根瘤突变株 GH66 积累聚 β-羟基丁酸. 吉林大学自然科学学报, (4): 67-70
徐光宪. 1995. 稀土. 北京: 冶金工业出版社: 591
徐亚军, 赵龙飞. 2008. 根瘤菌胞外多糖的结构与功能研究进展. 饮料工业, 11(12): 7-9
徐幼平, 臧荣春, 陈卫良, 等. 2001. 阴沟肠杆菌 B8 发酵液对植物的促生作用和 IAA 分析. 浙江大学学报(农业与生命科学版), 27(3): 282-284
许建香. 2004. 芸豆高效根瘤菌的筛选及分子标记. 北京: 中国农业大学出版社: 27-28
许禔森. 2008. 内生固氮菌研究进展. 安徽农业科学, 36(12): 4828-4830
阎爱民, 陈立新. 2000. 三个根瘤菌新群的 DNA-DNA 杂交分析. 中国农业大学学报, (1): 14-20
颜贤存, 余莉莉, 张凤英. 2005. 微波对枯草芽孢杆菌诱变效应的研究. 江西农业大学学报, 27(6):

857-860
杨海莲, 孙晓璐, 宋未, 等. 1999. 水稻内生联合固氮细菌的筛选、鉴定及其分布特性. 植物学报, 41(9): 927-931
杨军, 王甲辰, 刘向生, 等. 2007. 有机稀土抑菌作用的研究现状. 中国稀土学报, 25: 77-81
杨军, 张赫, 王甲辰, 等. 2009. 稀土抑菌作用研究. 稀土, 30(1): 35-39
杨坤, 巩振辉, 李大伟. 2010. 大肠杆菌高效感受态细胞的制备及快捷转化体系的建立. 北方园艺, 14: 127-130
杨溧. 1998. 稀土硝酸盐与组氨酸固体配合物合成及杀菌活性试验. 宝鸡文理学院学报, 18(1): 32
杨楠, 张雪梅, 田莉瑛, 等. 2008. 稀土及其配合物抑菌机理的研究进展. 应用化工, 37(11): 1362-1367
杨苏生. 1997. 细菌分类学. 北京: 中国农业大学出版社: 72-74
杨雪云, 赵博光, 巨云为. 2008. 苦参碱和氧化苦参碱的抑菌活性及增效作用. 南京林业大学学报(自然科学版), 3: 70-82
杨一心, 赵天成, 张泉珍, 等. 1998. 稀土氯化物与咪唑配合物的合成、表征及抑菌作用. 西北农业大学学报, 26(1): 94
姚领爱, 胡之璧, 王莉莉, 等. 2010. 植物内生菌与宿主关系研究进展. 生态环境学报, 19(7): 1750-1754
姚禄. 2008. 稀土肥料在玉米上的增产效果试验研究. 土壤肥料, (19): 49-50
姚拓. 2002a. 饲用燕麦和小麦根际促生菌特性研究及其生物菌肥的初步研制: 兰州. 甘肃农业大学: 博士研究生学位论文
姚拓. 2002b. 促进植物生长菌的研究进展. 草原与草坪, 99(4): 3-5
姚拓. 2004. 高寒地区燕麦根际联合固氮菌研究Ⅱ固氮菌的溶磷性和分泌植物生长素特性测定. 草业学报, (3): 85-90
姚拓, 王刚, 陈本建, 等. 2004. 盐碱地小麦根际联合固氮菌数量分布研究. 土壤通报, (4): 479-482
姚拓, 张德罡, 胡自治. 2004. 高寒地区燕麦根际联合固氮菌研究 Ⅰ.固氮菌分离及鉴定. 草业学报, (2): 106-111
姚新春, 师尚礼. 2006. 间歇性干旱对苜蓿根瘤菌共生固氮体系及土壤养分影响的研究. 兰州: 甘肃农业大学: 硕士研究生学位论文
姚竹云, 陈文新. 1998a. 根瘤菌的现代分类及其系统发育. 微生物学杂志, 18(1): 38-43
姚竹云, 陈文新. 1998b. 多项分类技术在根瘤菌分类中的应用. 农业生物技术学报, 6(2): 161-165
叶海仁, 钟卫鸿. 2003. 绿色荧光标记在环境微生物学中的应用. 环境污染与防治, 25(6): 352-355
易婷, 缪煜轩, 冯永君. 2008. 内生菌与植物的相互作用: 促生与生物薄膜的形成. 微生物学通报, 35(11): 1774-1780
由振国. 1994. 稗草和水分胁迫对大豆植株根瘤固氮速率的交互影响. 中国农学通报, 10(2): 4-7
游志鹏, 廖玫江, 朱家璧. 1998. 结合态氮对根瘤菌生长液诱导的苜蓿根毛变形的抑制. 植物生理学报, (3): 215-219
喻文虎, 扬鹏冀, 贾德荣. 1995. 红豆草, 苜蓿根瘤菌接种研究. 草业科学, 8(4): 29-35
袁保红, 杜青平, 邓祖军. 2007. 小连翘内生真菌种群分布及其抗菌性研究. 广东药学院校报, 23(3): 307-311
袁文金, 马德英, 郭冬雪, 等. 2007. 我国植物源农药研究进展. 新疆农业科学, 44(6): 892-897
曾昭海, 隋新华, 胡跃高, 等. 2003. 苜蓿-根瘤菌高效共生体筛选及其田间作用效果研究. 第二届中国苜蓿大会论文集
张爱军, 张彩芳, 王秀青, 等. 2011. 苦参碱和氧化苦参碱体外抑菌浓度研究.宁夏医科大学学报, 33: 855-856
张海瑜, 张海予, 李小红, 等. 2001. 一株能在苜蓿上结瘤的费氏中华根瘤菌. 微生物学杂志, 41(2): 127-131

张昊, 杨清香, 朱孔方, 等. 2008. 抗生素对小麦根际优势微生物生长的影响. 河南师范大学学报(自然科学版), 36(5): 114-118

张红缨, 王书锦, 张宪武. 1987. 四株快生型大豆根瘤菌的形态特征和生理生化特性的研究. 微生物学报, 27(1): 92-94

张集慧, 王春兰, 郭顺星, 等. 1999. 兰科药用植物的5种内生菌产生的植物激素. 中国医学科学院学报, 2l(6): 460-465

张建新, 刘起丽, 张秀英, 等. 2010. 水杨酸类稀土配合物抑菌作用研究. 稀土, 31(5): 63-66

张淑卿, 李剑峰, 师尚礼, 等. 2009a. 内生根瘤菌在苜蓿种子内的数量及优势度. 中国草地学报, 31(5): 90-95

张淑卿, 李剑峰, 师尚礼, 等. 2009b. 内生根瘤菌在苜蓿芽苗与种子内的数量及优势度. 中国草地学报, 17(5): 90-95

张淑卿, 李剑峰, 师尚礼. 2009c. 苜蓿繁殖器官发育过程与内生根瘤菌侵染数量的关系. 江苏农业学报, 25(5): 997-1001

张淑卿, 师尚礼. 2009. 根瘤菌在苜蓿植株体内的数量分布及其运移动态. 兰州: 甘肃农业大学: 硕士研究生学位论文

张希涛, 康丽华, 马海宾. 2008. 具有解磷能力的相思根瘤菌的筛选. 林业科学研究, 21(5): 619-624

张小平, 李阜隶. 2002. 根瘤菌的遗传多样性与系统发育研究进展. 应用与环境生物学报, 8(3): 325-333

张晓霞, 王平. 2002. 从水稻种子表面分离的紫云英根瘤菌与不同水稻品种亲合性的研究应用. 环境生物学报, 8(2): 195-199

张晓勇, 林壁润, 高向阳. 2008. 氮离子束注入诱变筛选万隆霉素高产菌株的研究. 核农学报, 22(6): 766-769

张秀英, 李书静, 雷雪峰. 2006. 邻香草醛缩 5-氨基水杨酸 Schiff 碱稀土配合物的合成与表征. 稀土, 27(6): 16-18

张学贤, 马立新. 1996. 快生型大豆根瘤菌 3.7kb 增效片段的亚克隆与序列分析. 高技术通讯, 6(4): 4-7

张艳艳, 刘俊, 刘友良. 2004. 一氧化氮缓解盐分胁迫对玉米生长的抑制作用. 植物生理与分子生物学学报, 30 (4): 455-459

张勇, 熊丙全, 曾明, 等. 2003. 种子处理对西番莲活力及苗木生长的影响.西南农业大学学报, 25(2): 135-137

张志芳, 夏叔芳. 1994. 几种豆科牧草根瘤的分离与接种试验. 草业科学, (2): 26-28

张志良, 瞿伟菁. 2003. 植物生理学实验指导. 北京: 高等教育出版社

张志元, 罗永兰, 官春云. 2005. 油菜种子内生菌的检测及杀菌消毒处理方法. 湖北农业科学, 1: 52-55

赵华, 梁婉琪, 杨永华, 等. 2003. 绿色荧光蛋白及其在植物分子生物学研究中的应用. 植物生理学通讯, 39(2): 171-178

赵可夫, 王韶唐. 1990. 作物抗性生理. 北京: 农业出版社: 304

赵美清, 白原生, 刘宝莲, 等. 1997. 混播草地和草及土壤主要养分变化研究. 中国草地, 5: 45-48

赵小荣, 林启美. 2001. 微生物解磷的研究进展. 土壤肥料, 3: 7-11

赵小蓉, 林启美, 孙焱鑫, 等. 2001a. 小麦根际与非根际解磷细菌的分布. 华北农学报, 16(1): 111-115

赵小蓉, 林启美, 孙焱鑫, 等. 2001b. 细菌解磷能力测定方法. 微生物学通报, 28(1): 1-4

郑敏, 罗玉萍. 1999. 真核生物基因组多态性分析的 DNA 指纹技术. 生物技术, 9(3): 35-38

中国草原学会. 1998.中国草地科学进展. 北京: 中国农业大学出版社: 132-135

钟文文, 张小平. 2006. 高效苜蓿根瘤菌的筛选. 西北农业学报, 15(3): 69-74

周东坡, 平文祥, 孙剑秋, 等. 2001. 紫杉醇产生菌分离的研究. 微生物学杂志, 21(1): 18-19, 32

周强, 魏辉. 1997. 携带双拷贝 *nifA* 基因慢生性大豆根瘤菌田间应用的初步研究. 湖北农业科学, (3): 43-44

周湘泉,韩素芬. 1984. 豆科树种根瘤菌共生体系的研究 I: 结瘤观察, 分离, 回接和交叉接种. 南京林学院学报, (2) : 32-42

周肇蕙, 严进. 1996. 大豆种子带菌及检测. 植物检疫, (6): 5-7

朱传合, 贺亚男, 路福平, 等. 2006. 微波对阿维拉霉素产生菌诱变效应的研究. 现代生物医学进展, 6(4): 32-34

朱光富, 周俊初, 陈华癸. 1996. 外源质粒(基因)导入花生根瘤菌的行为分析. 遗传学报, 23(2): 131-141

朱建华, 富新华. 1995. 青霉素对几种作物种子发芽率和幼苗生长的影响. 植物生理学通讯, 31(5): 344-346

朱奇, 陈彦. 2003. 生物固氮在我国农业生产中的研究现状及发展对策. 微生物学杂志, 5(23): 40-41

朱巍巍, 韩晓增, 芦思佳, 等. 2010. 硝态氮对大豆根瘤性状的影响. 大豆科学, 29(5): 845-847

朱咏莉, 刘军, 王益权, 等. 2002. 干湿交替过程对黄土高原几种主要土壤钾有效性的影响. 土壤通报, 12(6): 33-36

邹琦. 2000. 植物生理学实验指导. 北京: 中国农业出版社

邹文欣, 谭仁祥. 2001. 植物内生菌研究新进展. 植物学报, 43(9): 881-892

左玉萍, 贾敬肖, 杨一心. 1996. 混合稀土抗菌活性测定及与抗生素联用效果. 稀土, 17(4): 34-36

Abd-Alla M H. 1994. Use of organic phosphorus by *Rhizobium leguminosarum* bv. *viciae* phosphatases. Biology and Fertility of Soils, 8: 216-218

Abou-Zeid A Z, Salem H M, Eissa A E. 1978. Production of gentamicins by *Micromonospora purpurea*. Zentralbl Bakteriol Naturwiss, 133: 261-275

Abril A, Zurdo-Pineiro J L, Peix A, et al. 2003. Solubilization of hosphate by a strain of *Rhizobium leguminosarum* bv. *trifolii* isolated from *Phaseolus* vulgaris in El Chaco Arido soil (Argentina). *In*: Velázquez E. First International Meeting on Microbial Phosphate Solubilization. Salamanca

Agarwal V K. 1981. Seed-borne fungi and of some important crops. Pontnagar (Nainital). India: University Press: 14-52

Ahlholm J U, Helander M, Henriksson J, et al. 2002b. Environmental conditions and host genotype direct genetic diversity of *Venturia ditricha*, a fungal endophyte of birch trees. Evolution, 56: 1566-1573

Ahlholm J, Helander M L, Elamo P, et al. 2002a. Micro-fungi and invertebrate herbivores on birch trees: fungal mediated plant-herbivore interactions or responses to host quality. Ecology Letters, 5: 648-655

Albrecht S L, Bennett J M, Boote K J. 1984. Relationship of nitrogenase activity to plant water stress in field-grown soybeans. Field Crops Research, 8: 61-71

Alikhani H A, Seleh-Rastin N, Antoun A. 2006. Phosphate solubilisation activity of rhizobia native to Iranian soils. Plant and Soil, 287: 35-41

Andrews J H. 1992. Biological control in the phyllosphere. Annual Review of Phytopathology, 30(1): 603-635

Anorld A E, Maynard Z, Gilbert G S, et al. 2000. Are tropical fungal endophytes hyperdiverse. Ecology Letter, 3: 267-274

Antoun H A, Beauchamp C J, Goussard N, et al. 1998. Potential of *Rhizobium* and *Bradyrhizobium* species as plant growth promoting rhizobacteria on non-legumes: effect on radishes (*Raphanus sativus* L.). Plant and Soil, 204: 57-67

Arun A B, Sridhar K R. 2005. Growth tolerance of rhizobia isolated from sand dune legumes of the southwest coast of India. Engineering in Life Sciences, 5: 134-138

Athawale V D, Nerkar S S. 2000. Stability constants of complexes of divalent and rare earth metals with substituted salicynals. Monatshefte für Chemie, 31: 267

Atkins C A. 1984. Efficiencies and inefficiencies in the legume-rhizobium symbiosis-a review. Plant and Soil, 82: 273-284

Aydi S, Drevon J J, Abdelly C. 2004. Effect of salinity on rootnodule conductance to the oxygen diffusion in the Medicago truncatula-*Sinorhizobium meliloti* symbiosis. Plant Physiology and Biochemistry, 42: 833-840

Azevedo Neto A D, Priscob J T, Enéas-Filho J, et al. 2005. Hydrogen peroxide pre-treatment induces salt stress acclimation in maize plants. Journal of Plant Physiology, 162: 1114-1122

Bai Y, Zhou X, Smith D L. 2003. Enhanced soybean plant growth resulting from co-inoculation of *Bacillus* strains with *Bradyrhizobium japonicum*. Crop Science, 43: 1774-1781

Baier M C, Barsch A, Küster H, et al. 2007. Antisense repression of the *Medicago truncatula* nodule-enhanced sucrose synthase leads to a handicapped nitrogen fixation mirrored by specific alterations in the symbiotic transcriptome and metabolome. Plant Physiology, 145: 1600-1618

Bal M A, Bal E B B. 2009. Interrelationship between nutrient and microbial constituents of ensiled whole-plant maize as affected by morphological parts. International Journal of Agriculture and Biology, 11: 631-634

Balatti A P, Freire J R J.1996 . Legume Inoculants: Selection and Characterization of Strains. Production, Use and Management. La Plata: Editorial Kingraf

Baldani J I, Olivares F, Hemerly F B, et al. 1997a. Nitrogen-fixing endophytes: recent advances in the association with graminaceous plants grown in the tropics. Netherlands: Kluwer Academic Publishers: 203-206

Baldani J I, Vera L C, Baldani L D, et al. 1997b. Recent advances in BNF with non-legume plants. Soil Biology and Biochemistry, 29(5): 911-922

Balibrea M E, Dell A J, Bolarin M C, et al. 2000. Carbon partitioning and sucrose metabolism in tomato plants growing under salinity. Plant Physiology, 110: 503-511

Barbara S, Christensen B. 2005. The endophytic continuum. Mycological Research, 109(6): 661-686

Barber L. 1978. Survival and plant nodulation at low pH by resistant *Rhizobium meliloti* strains. American Society of Microbiology: 167

Báscones E, Imperial J, Ruiz-Argüeso T, et al. 2000. Generation of new hydrogen-recycling rhizobiaceae strains by introduction of a novel hup minitransposon. Applied and Environmental Microbiology, 66(10): 4292-4299

Bashan Y. 1998. Inoculants of plant growth-promoting bacteria for use in agriculture. Biotechnology Advances, 16(4): 729-770

Beattie G A, Clayton M K, Handelsman J. 1989. Quantitative comparison of the laboratory and field competitiveness of *Rhizobium leguminosarum* biovar. *phaseoli*. Applied and Environmental Microbiology, 55: 2755-2761

Becker A, Puhler A. 1998. Production of exopolysaccharides, the Rhizobiaceae. *In*: Spaink H, Konodorosi A, Hooykaas P J J. Dordrecht. Boston: Kluwer Academic Publishers: 97-118

Beers R F, Sizer I W. 1952. A spectrophotometric method for measuring the breakdown of hydrogen peroxide by catalase. Journal of Biological Chemistry, 195: 133-140

Beligni M V, Fath A, Bethke P C, et al. 2002. Nitric oxide acts as an antioxidant and delays programmed cell death in barley aleurone layers. Plant Physiology, 129: 1642-1650

Bieleski R L. 1973. Phosphate pools, phosphate transport and phosphate availability. Annual Review of Plant Physiology, 24: 225-252

Bilal R. 1988. Associative biological nitrogen fixation in plants growing in saline. Lahore: Punjab University PHD. Paper

Biswas J C, Ladha J K, Dazzo F B. 2000. Rhizobia inoculation improves nutrient uptake and growth in

Lowland rice. Soil Science Society of America Journal, 64: 1644-1650

Blazquez J. 2003. Hypermutation as a factor contributing to the acquisition of antimicrobial resistance. Clinical Infectious Diseases, 37: 1201-1209

Bohlool B B, Schmidt E L. 1973. Persistence and competition aspects of *Rhizobium japonicum* observed in soil by immunofluorescence microscopy. Soil Science Society of America Proceedings, 37: 561-564

Bondada B R, Syvertsen J P. 2005. Current changes in CO_2 assimilation and chloroplast ultrastructure in nitrogen deficient citrus leaves. Environmental and Experimental Botany, 54: 41-48

Bosworth A H, Mark K W, Kenneth A A. 1994. Alfalfa yield response to inoculation with recombinant strains of *Rhizobium meliloti* with an extra copy of *dctABD* and/or modified *nifA* expression. Applied and Environmental Microbiology, 60: 3815-3832

Bottomley P J. 1992. Ecology of *Bradyrhizobium* and *Rhizobium*. *In*: Stacey G, Burris R H, Evans H J. Biological Nitrogen Fixation. London: Wiley & Sons:293-348

Bradford M M. 1976. A rapid and sensitive method for the quantification of microgram quantities of protein utilizing the principle of protein-dye binding. Anayticall Biochemistry, 72: 248-254

Breedveld M W, Cremers H C, Batley M, et al. 1993. Polysaccharide synthesis in relation to nodulation behavior of *Rhizobium leguminosarum*. Journal of Bacteriology, 175: 750-757

Brehm-Stecher B F, Johnson E A. 2003. Sensitization of *Staphylococcus aureus* and *Escherichia coli* to antibiotics by the sesquiterpenoids nerolidol, farnesol, bisabolol, and apritone. Antimicrobial Agents and Chemotherap, 47: 2257-3360

Brockwell J, Bottomley P J. 1995. Recent advances in inoculant technology and prospects for the future. Soil Biology and Biochemistry, 27: 683-697

Brockwell J, Gault R R, Herridge D F, et al. 1988. Studies on alternative means of legume inoculation: microbiological and agronomic appraisals of commercial producers for inoculating soybeans with *Bradyrhizobium japonicum*. Australian Journal of Agricultural and Resource Economics, 39: 965-972

Brockwell J, Gsult R R, Peoples M B, et al. 1995. N_2 fixation in irrigated Lucerne grown for hay. Soil Biology and Biochemistry, 27(4): 589-594

Brockwell J, Holliday R A, Pilka A. 1998. Evaluation of the symbiotic nitrogen-fixing potential of soils by direct microbiological means. Plant and Soil, 108: 163-170

Bromfield E S P, Barran L R, Wheatcroft R. 1995. Relative genetic structure of a population of *Rhizobium meliloti* isolated directly from soil and from nodules of alfalfa (*Medicago sativa*) and sweet clover (*Melilotus alba*). Molecular Ecology, 4: 183-188

Brundrett M, Bougher N, Dell B, et al. 1996. Working with Mycorrhizas in Forestry and Agriculture. Canberra: ACIAR Monograph Series: 374

Brunel B, Cleyet-Marel J C, Normand P, et al. 1988. Stability of *Bradyrhizobium japonicum* inoculants after introduction into soil. Applied and Environmental Microbiology, 54: 2636-2642

Bullard G K, Roughley R J, Pulsford D J. 2005. The legume inoculant industry and inoculant quality control in Australia: 1953-2003. Australian Journal of Agriculture, 45: 127-140

Burton J C, Curley R L. 1965. Comparative efficiency of liquid and peat-based inoculants on field-grown soybeans (*Glycine max*) . Agronomy Journal, 57: 379-381

Burton J C. 1967. Rhizobium culture and use. *In*: Peppler H J.Microbial Technology. New York: Van Nostrand-Reinhold: 1-33

Campanoni P, Blatt M R. 2007. Membrane trafficking and polar growth in root hairs and pollen tubes. Journal of Experimental Botany, 58: 65-74

Campo R J, Hungria M. 2000a. Compatibilidade do uso de Inoculantes e Fungicidas no Tratamento de

Sementes de Soja (Boletim de Pesquisa, 4). Londrina: Embrapa Soja

Campo R J, Hungria M. 2000b. Inoculação da soja em plantio direto. *In*: Anais do Simpósio sobre Fertilidade do Solo e Nutrição de Plantas no Sistema Plantio Direto. Ponta Grossa: Associação dos Engenheiros Agrônomos: 146-160

Casas-Campillo C. 1951. Rhizobacidin, an antibiotic especially active against the bacteria of the nodules of legumes. Ciencia (Mex.), 11: 21

Castillo U F, Strobel G A, Ford E J, et al. 2002. Munumbicins, wide-spectrum antibiotics produced by *Streptomyces* NRRL 30562, endophytic on *Kennedia nigriscans*. Microbiology, 148(9): 2675-2685

Catroux G, Hartmann A, Revellin C. 2001. Trends in rhizobial production and use. Plant and Soil, 230: 21-30

Cattelan A J, Hungria M. 1994. Nitrogen nutrition and inoculation. *In*: Tropical Soybean Improvement and Production. Rome: FAO: 201-215

Cavalcante V A, Döbereiner J. 1988. A new acid-tolerant nitrogen fixing bacterium associated with sugarcane. Plant and Soil, 108: 23-31

Chabot R, Antoun H, Cescas M P. 1996b. Growth promotion of maize and lettuce by phosphate-solubilizing *Rhizobium leguminosarum* biovar. *phaseoli*. Plant and Soil, 184: 311-321

Chabot R, Antoun H, Kloepper J W, et al. 1996a. Root colonization of maize and lettuce by bioluminescent *Rhizobium leguminosarum* biovar. *phaseoli*. Applied Environment and Microbiology, 62: 2767-2772

Chaiharn M, Lumyong S. 2011. Screening and optimization of indole-3-acetic acid production and phosphate solubilization from rhizobacteria aimed at improving plant growth. Current Microbiology, 62: 173-181

Chandra R, Pareek R P. 1985. Role of host genotype in effectiveness and competitiveness of chickpea (*Cicer arietenum* L.) *Rhizobium*. Tropical Agriculture, 62: 90-94

Chao W L, Alexander M. 1984. Mineral soils as carriers for rhizobium inoculants. Applied and Environmental Microbiology, 47: 94-97

Chi F, Shen S H, Liang Y, et al. 2004. Ascending traveling of rhizobial bacteria from colonized roots into stems. Ieaves and ovules within tobacco plants. *In*: Wang Y. Beijing. Proceedings of the 14th International Congress on Nitrogen Fixation: 43

Chi F, Sherk S H, Cheng H P. 2005. Ascending migration of endophytic rhizobia from roots to leaves inside rice plants and assessment of their benefits to the growth physiology of rice. Applied and Environmental Microbiology, 71: 7271-7278

Clay K, Holah J. 1999. Fungal endophyte symbiosis and plant diversity in successional fields. Science, 285: 1742-1744

Clemence C, Eric G, Yves P, et al. 2000. Phocosyntbetic bradyrhizobia are natural endophytes of the Africa wild rice oryza breviliguulata. Applied and Environmental Microbiology, 2: 5437-5447

Cocking E C, At-Mallah M K, Benson E, et al. 1990. Nodulation of non-legumes by rhizoid. *In*: Gresshoflr P M, Roth L E, Stacey G, et al. Nitrogen Fixation: Achievements and Objective. New York: Chapman and Hall: 8l3-823

Cook R, Evans K, Brown R H, et al. 1987. Resistance and tolerance. *In*: Brown R H, Kerry B R. Principles and Practice of Nematode Control in Crops: 179-231

Cordovilla M P, Ligero F, Lluch C. 1996. Effect of salinity on growth, nodulation and nitrogen assimilation in nodules of faba bean (*Vicia faba* L.). Applied Soil Ecology, 11:1-7

Couce A, Blazquez J. 2009. Side effects of antibiotics on genetic variability. FEMS Microbiology Reviews, 33: 531-538

Craig L A, Wiebold W J, Mclntosh M S. 1981. Nitrogen fixation rates of alfalfa and red clover grown in mixture with grasses. Agronomy Journal, 73: 996-998

Cregan P E, Keyser H H, Sadowsky M J. 1989. Soybean genotype restricting nodulation of previously unrestricted serocluster 123 bradyrhizobia. Crop Science, 29: 207-312

Cueto M, Hernandez P O, Martin R, et al. 1996. Presence of nitric oxide synthase activity in roots and nodules of *Lupinus albus*. FEBS Letters, 398: 15-164

Danso S K A, Alexander M. 1975. Regulation of predation by prey density: the Protozoan-*Rhizobium* relationship. Applied Microbiology, 29: 515-521

Danso S K A, Hardarson G, Zapata F. 1988. Dinitrogen fixation estimates in alfalfa-ryegrass swards using different nitrogen-15 labeling methods. Crop Science, 28: 106-110

Danso S K A, Keya S O, Alexander M. 1975. Protozoa and the decline of *Rhizobium* populations added to the soil. Canadian Journal of Microbiology, 21: 884-895

Date R A. 2001. Advances in inoculant technology: a brief review. Australian Journal of Experimental Agriculture, 41: 321-325

Date R A, Roughley R J. 1997. Preparation of legume inoculants. *In*: Section I V, Hardy R W F, Gibson A H. A Treatise on Dinitrogen Fixation. Chichester: John Wiley and Sons: 243-276

Davies J, Spiegelman G B, Yim G. 2006. The world of subinhibitory antibiotic concentrations. Current Opinion in Microbiology, 9: 445-453

Davies J. 1994. Inactivation of antibiotics and the dissemination of resistance genes. Science, 264: 375-382

Dazzo F B, Yanni Y G, Rizk R, et al. 2000. Progress in multinational collaborative studies on the beneficial association betweet *Rhizobium leguminosarum* bv. *trifolii* and rice. *In*: Ladha J K, Reddy P M. The Quest for Nitrogen Fixation in Rice. Los Banos: IRRI: 167-189

De Bruijn F J. 1992. Use of repetitive (repetitive extragenic element and enterobacterial repetitive intergenic consensus) sequences and the polymerase chain reaction to fingerprint the genomes of *Rhizobium meliloti* isolates and other soil bacteria. Applied and Environmental Microbiology, 58:2180-2187

De Felipe M R, Fernández-Pascual M M, Pozuelo J M. 1987. Effects of herbicides lindex and simazine on chloroplasts and nodule development, nodule activity and grain yield in *Lupinus albus* L. cv. *multolupa*. Plant and Soil, 101: 99-105

De Freitas J R, Banerjee M R, Germida J J. 1997. Phosphate-solubilizing rhizobacteria enhance the growth and yield but not phosphorus uptake of canola (*Brassica napus* L.). Biology and Fertility of Soils, 24: 358-364

De Lorenzo V, Herrero M, Jakubzik U, et al. 1990. Mini-Tn5 transposon derivatives for insertion mutagenesis, promotro probing, and chromosomal insertion of cloned DNA in gram-negative Eubacteria. Journal of Bacteriology, 172: 6568-6572

Deaker R, Roughley R J, Kennedy I R. 2004. Legume seed inoculation technology-a review. Soil Biology and Biochemistry, 36: 1275-1288

Delille D, Perret E. 1989. Influence of temperature on the growth potential of southern polar marine acteria. Microbiology Ecology, 18: 117-123

Denton M W, Reeve W G, Howieson J C, et al. 2003. Competitive abilities of common field isolates and a comercial strain of *Rhizobium leguminosarum* bv. *trifolii* for clover nodule occupancy. Soil Biology and Biochemistry, 35: 1039-1048

Diatloff A, Brockwell J. 1976. Ecological studies of root-nodule bacteria introduced into field environments. 4. symbiotic properties of *Rhizobium japonicum* and competitive success in nodulation of two *Glycine max* cultivars by effective and ineffective strains. Animal Production Science, 16: 514-521

Diatloff A. 1977. Ecological studies of root nodule bacteria introduced into field environments. 6. Antigenic and symbiotic stability in Lotononisrhizobia over a 12 year period. Soil Biology and Biochemistry, 9: 85-88

Dilworth M J, James E K, Sprent J I, et al 2008. Nitrogen-fixing Leguminous Symbioses. Dordrecht: Springer Publication

Dommergues Y R, Diem H G, Divies C. 1979. Polyacrylamide-entrapped *Rhizobium* as an inoculant for legumes. Applied and Environmental Microbiology, 37: 779-781

Douka C E, Doskaris J, Protopapadaki L, et al. 1995. Relationship between biological nitrogen fixation and herbicide degradation. *In*: Proceedings of the International Nitrogen Fixation Conference: 679

Dowling D N, Broughton W J. 1986. Competition for nodulation of legumes. Annual Review of Microbiology, 40: 131-157

Drefus B, Carcia J L, Gillis M. 1988. Characterization of *Azorhizobium caulinodans* gen. nov., sp. nov., a stem-nodulating nitrogen-fixing bacterium isolated from *Sesbania rostrata*. International Journal of Systematic Bacteriology, 38: 89-98

Drevon J J, Hartwig U A. 1997. Phosphorus deficiency increases the argon-induced decline of nodule nitrogenase activity in soybean and alfalfa. Planta, 201: 463-469

Dreyfuss M S, Chipley J R. 1980. Comparison of effects of sublethal microwave radiation and conventional heating on the metabolic activity of *Staphylococcus aureus*. Applied and Environmental Microbiology, 39: 13-16

Du Y J, Wang Q, Han L B. 2009. The effect of *Neotyphodium typhinum* infected on photosynthetic characteristics of tall fescue. Ecology and Environment, 18(2): 590-594

Duhigg P, Melton B, Baltensperger A. 1978. Selection for acetylene reduction rates in Mesilla alfalfa. Crop Science, 18: 813-816

Dunigan E P, Bollich P K, Huchinson R L, et al. 1984. Introduction and survival of an inoculant strain of *Rhizobium japonicum* in soil. Agronomy Journal, 76: 463-466

Edeoga H O, Okwu D E, Mbaebie B O. 2005. Phytochemical constituents of some Nigerian medicinal plants. African Journal of Biotechnology, 4: 685-688

Egener T, Martin D E, Sarkar A, et al. 2001. Role of a ferredoxin gene cotranscribed with the nif hdk operon in N_2 fixation and nitrogenase switch-off of *Azoarcus* sp. strain bh72. Journal of Bacteriology, 183(12): 3752-3760

Elhai J, Vepritskiy A, Muro-Pastor A M, et al. 1997. Reduction of conjugal transfer efficiency by three restriction activities of *Anabaena* sp. strain PCC 7120. Journal Bacteriology, 179(6): 1998-2005

Elhai J, Wolk C P. 1988. A versatile class of positive-selection vectors based on the nonviability of palindrome-containing plasmids that allows cloning into long polylinkers. Gene, 68(1): 119-138

Ellman G L. 1959. Tissue sulfhydryl groups. Archives of Biochemistry and Biophysics, 82: 70-77

Eric G, Yves D. 1995. A critical examination of the specificity of the salkowski reagent for indolic compounds produced by phytopathogenic bacteria. Applied and Environmental Microbiology, 2: 793-796

Evtushenko L I, Akimov V N, Dobrista S V, et al. 1989. A new species of actinomycete, *Amycolata alni*. International Journal of Systematic and Evolutionary Microbiology, 29: 72-77

Faeth S H, Helander M L, Saikkonen K T. 2004. *Asexual neotyphodium* endophytes in a native grass reduces competitive abilities. Ecology Letters, 7: 304-313

Fages J. 1990. An optimized process for manufactering an *Azospirillum* inoculant for crops. Applied and Environmental Microbiology, 32: 473-478

Fages J. 1992. An industrial view of *Azospirillum* inoculants: formulation and application technology. Symbiosis, 13: 15-26

Fernandez L A, Zalba P, Gomez M A, et al. 2007. Phosphate-solubilization activity of bacterial strains in soil and their effect on soybean growth under greenhouse conditions. Biology and Fertility of Soils, 43: 805-809

Ferris I G, Pederson R N, Schwinghamer M W, et al. 1992. Sulfonylurea herbicides in cereal farming systems-detection, persistence, and impact. In Proceedings of the 7th Agronomy Conference: 407

Fincham J R S, Day P, Radford A, et al. 1979. Mechanism of mutation in fungal genetics. Blackwell Scientific Publications: 254-281

Fonseca C E L, Viands D R, Hanse J L, et al. 1999. Association among forage equality traits. Crop Science: 1271-1276

Fox J E, Gulledge J, Engelhaupt E, et al. 2007. Pesticides reduce symbiotic efficiency of nitrogen-fixing rhizobia and host plants. Proceedings of the National Academy of Sciences of United States of America (PNAS), 104(24): 10282-10287

Foyer C H, Halliwell B. 1976. The presence of glutathione and glutathione reductase in chloroplasts: a proposed role in ascorbic acid metabolism. Planta, 133: 21-25

Fred E B, Baldwin I L, McCoy E. 1932. Root nodule bacteria and leguminous plants. Madison: University of Wisconsin Press

Freeman S, Rodriguez R J. 1993. Genetic conversion of a fungal plant pathogen to a nonpathogenic, entophytic mutualist. Science, 260: 75-78

Fried M, Danso S K A, Zapata F. 1983. The methodology of measurement of N_2 fixation by nonlegumes as inferred from field experiments with legumes. Canadian Journal of Microbiology, 29(8): 1053-1062

Fried M, Middelboe V. 1977. Measurement of amount of nitrogen fixed by a legume crop. Plant and Soil, 47: 713-715

Fubramann J, Davey C B, Wolum A G. 1986. Dessication tolerance of clover rhizobia in sterile soils. Soil Science Society of America Journal, 10: 639-644

Fuentes-Ramirez L E, Jimenez-Salgado T, Abarca-Ocampo I R, et al. 1993. Acetobacter diazotrophicus, an indoleacetic acid producing bacterium isolated from sugar cane cultivates of Mexico. Plant and Soil, 154: 145-150

Fujikawa H, Ushioda H, Kudo Y. 1992. Kinetics of *Escherichia coli* destruction by microwave irradiation. Applied and Environmental Microbiology, 58: 920-924

Fukuhara H, Minakawa Y, Akao S, et al. 1994. The involvement of indole-3-acetic acid produced by *Bradyrhizobium elkanii* in nodule formation. Plant Cell Physiology, 35: 1261-1265

Funk C R, White R H, Breen J P. 1993. Importance of Acremonium endophytes in turf-grass breeding and management. Agriculture Ecosystems and Environment, 44: 215-232

Gao W M, Yang S S. 1995. A Rhizobium strain that nodulates and fixes nitrogen in association with alfalfa and soybean plants. Microbiology, 141(8): 1957-1962

Garbaye J. 1990. Use of Mycorhizas in Forestry. *In*: Strullu D G. Les Mycorhizes des Arbres et Plantes Cultivées. Paris: 197-248 (in French)

Garg B K, Gupta I C. 2000. Nodulation and symbiotic nitrogen fixation under salt stress. Current Agriculture, 24: 23-35

Garwal V K, Singh O V. 1974. Relative percentage incidence of seed-borne fungi associate with different varieties of rice seeds. Seed Research, 2: 23-25

Gasser H P, Guy M O, Sikora I. 1972. Efficiency of *Rhizobium meliloti* strains and their effects on alfalfa cultivars. Canadian Journal of Plant Science, 52: 444-448

George M G, Julia A B, Timothy G L. 1986. Bergey’s Manual of Determinative Bacteriology. New York：Springer: 355-397

Giannopolitis C N, Ries S K. 1977. *Superoxide dismutases*. I. Occurrence in higher plants. Plant Physiology, 59: 309-314

Gibson A H, Date R A, Ireland J A, et al. 1976. A comparison of competitiveness and persistence amongst five strains of *Rhizobium trifolii*. Soil Biology and Biochemistry, 8: 395-401

Gibson A H. 1962. Genetic variation in the effectiveness of nodulation of lucerne varieties. Crop and Pastrue Science, 13(3): 388-399

Gilson E, Clement I M, Brutlag D, et al. 1984. A family of dispersed repetitive extragenic palindromic DNA sequences in *E. coli*. EMBO, 3:1417-1421

Giorgi A, Mingozzi M, Madeo M, et al. 2009. Effect of nitrogen starvation on the phenolic metabolism and antioxidant properties of yarrow (*Achillea collina* Becker ex Rchb.). Food Chemistry, 114: 204-211

Glickmann E, Dessaux Y. 1995. A critical examination of the specificity of the Salkowski reagent for indolic compounds produced by phytopathogenic bacteria. Applied and Environmental Microbiology, 2: 793-796

Goh E B, Yim G, Tsui W, et al. 2002. Transcriptional modulation of bacterial gene expression by subinhibitory concentrations of antibiotics. Proceedings of the National Academy of Sciences, 99: 17025-17030

Goldstein A H. 1995. Recent progress in understanding the molecular genetics and biochemistry of calcium phosphate solubilization by Gram negative bacteria. Biological Agriculture and Horticulture, 12: 185-193

Gomez M, Silva N, Hartmann A, et al. 1997. Evaluation of commercial soybean inoculants from Argentina . World Journal of Microbiology and Biotechnology,13: 167-173

Gos P, Eicher B, Kohli J, et al. 1997. Extremely high frequency electromagnetic fields at low power density do not affect the division of exponential phase cerevisiae cells. Bioelectro Magnetics, 18: 142-155

Gottlieb D, Siminoff P, Martin M M. 1952. The production and role of antibiotics in soil. IV. Actidione and clavacin. Phytopathology, 42: 493-496

Graham-Weiss L, Bennett M L, Paau A S. 1987. Production of bacterial inoculants by direct fermentation on nutrient-supplemented vermiculite. Applied and Environmental Microbiology, 53: 2138-2140

Graner G, Pesson P, Meijer J, et al. 2003. A study on microbial diversity in different cultivars of *Brassica napus* in relation to its wilt pathogen *Verticillium longisporum*. FEMS Microbiology Letters, 224: 269-276

Gudasi K B, Goudar T R. 2000. Synthesis and characterization of lanthanide (III) complexes with salicylidene-2-amin-opyridine. Synthesis and Reactivity in Inorganic and Metal-organic Chemistry, 30(10): 1859-1869

Guo F Q, Okamoto M, Crawford N M. 2003. Identification of a plant nitric oxide synthase gene involved in hormonal signaling. Science, 302: 100-103

Gyaneshwar P, Kumar G N, Parekh L J, et al. 2002. Role of soil microorganisms in improving P nutrient of plants. Plant and Soil, 245: 83-93

Hgh-Jensen H, Schjoerring J, Soussana J F, et al. 2002. The influence of phosphorus deficiency on growth and nitrogen fixation of white clover plants. Annals of Botany, 90: 745-753

Hagen M, Puhler A, Selbitschka W. 1997. The persistence of bioluminescent *Rhizobium meliloti* strains L1 (RecA$^+$)and L33 (RecA$^+$) in non-sterile microcosms depends on the soil type, on the co-cultivation of the host legume alfalfa and on the presence of an indigenous *R. meliloti* population. Plant and Soil, 188:257-266

Halda-Alija L. 2003. Identification of indole-3-acetic acid producing freshwater wetland rhizosphere bacteria associated with Juncus effusus. Canadian Journal of Microbiology, 49: 781-787

Halder A K, Chakrabartty P K. 1993. Solubilization of inorganic phosphate by Rhizobium. Folia Microbiologica, 38: 325-330

Halder A K, Mishra A K, Bhattacharya P, et al. 1990. Solubilization of inorganic phosphate by *Rhizobium*. Indian Journal of Microbiology, 30: 311-314

Hallberg G, Libra R D, Hoyer B E. 1985 Nonpoint source contamination of groundwater in karst carbonate aquifers in Iowa, perspectives on nonpoint source pollution. Washington DC: Proceeding of a National Conference of Environmental Protection Agency

Hallman J. 2001. Plant interactions with endophytic bacteria. *In*: Eger M J, Spence N J. Biotic Interactions in Plant-Pathogen Associations. CAB interactional: 87-119

Hallmann A Q, Hallmann J, Kloepper J W. 1997a. Bacterial endophytes in cotton: location and interaction with other plant-associated bacteria. Canadian Journal of Microbiology, 43: 254-259

Hallmann J, Quadt-Hallmann A, Mahaffee W F, et al. 1997b. Bacterial endophytes in agricultural crops. Canadian Journal of Microbiology, 43: 895-914

Hara S, Hashidoko Y, Desyatkin R V, et al. 2009. High rate of N_2 fixation by East Siberian cryophilic soil bacteria as determined by measuring acetylene reduction in nitrogen-poor medium solidified with gellan gum. Applied and Environmental Microbiology, 75: 2811-2819

Hardarson G, Danso S K A. 1993. Methods for measuring biological nitrogen fixation in grain legumes. Plant and Soil, 152(1): 19-23

Hardarson G, Gelchel G H, 1982. *Rhizobium* strain preference of alfalfa populations selected for characterstics associated with N_2 fixation. Crop Science, 22: 54-58

Hardoim P R, Leo S, Van Overbeek, et al. 2008. Properties of bacterial endophytes and their proposed role in plant growth. Trends in Microbiology, 16 (10): 463-471

Hardy R W F, Holsten R D, Jackson E K, et al. 1968. The acetylene-ethylene assay for N_2 fixation: laboratory and field evaluation. Plant Physiology, 43: 1185-1207

Hartmann A, Giraud J J, Catroux G. 1998. Genotypic diversity of *Sinorhizobium* (formerly *Rhizobium*) melilotistrains isolated directly from a soil and from nodules of alfalfa (*Medicago sativa*) grown in the same soil. FEMS Microbiology Ecology, 25: 107-116

Hayat R, Ali S, Amara U, et al. 2010. Soil beneficial bacteria and their role in plant growth promotion: a review. Annals of Microbiology, 60: 579-598

Heichel G H, Barnes D K, Vance C P, et al. 1984. N_2 fixation and N and dry matter partitioning during a 4-year alfalfa stand. Crop Science, 24: 811-815

Hein R, Tsien R T. 1996. Engineering green fluorescent protein for improved brightness, longer Wavelengths and fluorescence resonance energy transfer. Current Biology, 6:178-182

Hendry G S, Jordan D C. 1983. In effectiveness of viomycin-persistant mutant of *Rhizobium*. Canadian Journal of Microbiology, 15: 671-675

Hernandez B S, Focht D D. 1984. Invalidity of the concept of slow growth and alkali production in cowpea rhizobia. Applied and Environmental Microbiology, 48: 206-210

Herńandez J A, Almansa M S. 2002. Short-term effects of salt stress on antioxidant systems and leaf water relations of pea leaves. Physiologia Plantarum, 115(2): 251-257

Hérouart D, Baudouin E, Frendo P, et al. 2002. Reactive oxygen species, nitric oxide and glutathione: a key role in the establishment of the legume-*Rhizobium* symbiosis. Plant Physiology and Biochemistry, 40: 619-624

Herridge D F, Danso S K A. 1995. Enhancing crop legume N_2 fixation through selection and breeding. Plant and Soil, 174: 51-82

Hilali A, Prevost D, Broughton W, et al. 2001. Effets de I'inoculation a Vecdes souches de *Rhizobium leguminosarum* biovar trifolii surla croissance der ble dans deux sols der Maroc. Canadian Journal of Microbiology, 4l: 590-593

Hilda R, Fraga R. 1999. Phosphate solubilising bacteria and their role in plant growth promotion. Biotechnological Advances, 17: 319-359

Hoagland D, Arnon D I. 1938. The water culture method for growing plants without soil. California Agricultural Experiment Station Bulletin, 347: 1-39

Hoch M, Kirchman D L. 1993. Seasonal and inter-annual variability in bacterial production and biomass in a temperate estuary. Marine Ecology Progress Series, 98: 283-295

Huang B R, Gao H W. 2000. Root physiological characteristics associated with drought resistance in tall fescue cultivars. Crop Science, (40): 196-203

Hubbard N L, Huber S C, Pharr D M. 1989. Sucrose phosphate synthase and acid invertase as determinants of sucrose concentration in developing muskmelon (*Cucumis melo* L.) fruits. Plant Physiology, 91: 1527-1534

Huber D M, El-Nasshar L, Moore H W, et al. 1989. Interaction between a peat carrier and bacterial seed treatments evaluated for biological control of the take all diseases of wheat (*Triticum aestivum* L.). Biology and Fertility of Soils, 8: 166-171

Hume D J, Blair D H. 1992. Effect of numbers of *Bradyrhizobium japonicum* applied in commercial inoculants on soybean yield in Ontario. Canadian Journal of Microbiology, 38: 588-593

Hungria M, Andrade D S, Chueire L M, et al. 2000. Isolation and characterization of new efficient and competitive bean (*Phaseolus vulgaris* L.) rhizobia from Brazil. Soil Biology and Biochemistry, 32: 1515-1528

Hungria M, Boddey L H, Santos M A, et al. 1998. Nitrogen fixation capacity and nodule occupancy by *Bradyrhizobium japonicum* and *B. elkaniistrains*. Biology and Fertility of Soils, 27: 393-399

Hungria M, Campo R J, Mendes I C. 2001. Fixação Biológica do Nitrogênio na Cultura da Soja (Circular Técnica, 13). Londrina: Embrapa Soja/Embrapa Cerrados

Hungria M, Campo R J, Mendes I C. 2002. Aspectos básicos e aplicados da fixação simbiótica do nitrogênio. *In*: Saraiva O F, Hoffman-Campo C B. Perspectives do Agronegócio da Soja. Londrina: Embrapa-Soja: 258-268

Hungria M, Vargas M A T. 2000. Environmental factors affecting N_2 fixation in grain legumes in the tropics, with an emphasis on Brazil. Field Crops Research, 65: 151-164

Hunt S T, Gaito D B, Layzell. 1988. Model of gas exchange and diffusion in legume nodules(Ⅱ).Planta, 173:128-141

Hura T, Hura K, Grzesiak M, et al. 2007. Effect of long-term drought stress on leaf gas exchange and fluorescence parameters in C_3 and C_4 plants. Acta Physiologiae Plantarum, 29: 103-113

Hurek T, Reinhold-Hurek B, Montagu M V, et al. 1994. Root colonization and systemic spreading of *Azoarcus* sp. strain BH72 in grasses. Journal of Bacteriology, 176(7): 1913-1923

Hurek T, Reinhold-Hurek B. 2003. *Azoarcus spstrain* BH72 as a model for nitrogen-fixing grass endophytes. Journal of Biotechnology, 106 (2-3): 169-178

Hurse L S, Date R A. 1992. Competitiveness of indigenous strains of bradyrhizobium on *Desmodium intortum* CV greenleaf in three soils of South East Queensland. Soil Biology and Biochemistry, 24: 41-50

Hurtado M D, Carmona S, Delgado A. 2008. Automated modification of the molybdenum blue colorimetric method for phosphorus determination in soil extracts. Communications in Soil Science and Plant Analysis, 39: 2250-2257

Ikeda J. 1994. The effect of short term with drawal of NaCl stress on nodulation of white clover. Plant and Soil, 158: 23-27

Illmer P, Schinner F. 1992. Solubilization of inorganic phosphates by microorganisms isolated from forest soils. Soil Biology and Biochemistry, 24: 389-395

Islam M S, Kawasaki H, Nakagawa Y, et al. 2007. *Labrys okinawensis* sp. nov. and *Labrys miyagiensis* sp. nov., budding bacteria isolated from rhizosphere habitats in Japan, emended descriptions of the genus

Labrys and Labrys monachus. International Journal of Systematic and Evolutionary Microbiology, 57: 552-557

Jawson M D, Franzluebbers A J, Berg R K. 1989. *Bradyrhizobium japonicum* survival in and soybean inoculation with fluid gels. Applied and Environmental Microbiology, 55: 617-622

Jean-Jacques D, Ueli A H. 1997. Phosphorus deficiency increases the argon-induced decline of nodule nitrogenase activity in soybean and alfalfa. Planta, 201(4): 463-469

Jefferys E G. 1952. The stability of antibiotics in soils. Journal of General Microbiology, 7: 295-312

Jennifer L F, Jac J V. 2004 . Dependency of cotton leaf nitrogen, chlorophyll, and reflectance on nitrogen and potassium availability. Agronomy Journal, 96: 63-69

Jennifer M P, Gilbert R J. 1980. Studies on the heat resistance of *Bacillus cereus* spores and growth of the organism in boiled rice. Journal of Hygiene, 84: 77-82

Jenny H. 1980. The Soil Resource: Origin and Behavior. New York: Springer-Verlag

Jiang J P, Xiong Y C, Jia Y, et al. 2007. Soil quality dynamics under successional alfalfa field in the semi-arid Loess Plateau of Northwestern China. Arid Land Research and Management, 21: 287-303

Jiang M, Zhang J. 2001. Effect of abscisic acid on active oxygen species, antioxidative defense system and oxidative damage in leaves of maize seedling. Plant Cell Physiology, 42: 1265-1273

Jiang Y W, Huang B R. 2001. Drought and heat stress injury to two cool-season turfgrasses in relation to antioxidant metabolism and lipid peroxidation. Crop Science, (41): 436-442

Jiao R Z, Peng Y H. 2010. Preliminary study on phosphate solubilizing and L-releasing abilities of Rhizobium tropici Martinez-Romero. strains from woody legumes. *In*: Proceedings of the 19th World Congress of Soil Science, 'Solutions for a Changing World', 1-6 August, Brisbane, Australia

Jordan D C, Genus I. 1984. Rhizobium. *In*: Holt J G, Krieg N R. Bergey's Manual of Systematic Bacteriology. London: Williams & Wilkins Co. 1: 235-242

Josey D P, Beynon J L, Johnston A W B, et al. 1979. Strain identification in Rhizobium using intrinsic antibiotic resistance. Journal of Applied Bacteriology, 46: 343-350

Judd A K, Schneider M, Sadowsky M J, et al. 1993. Use of repetitivesequences and the polymerase chain reaction technique to classify genetically related *Bradyrhizobium japonicum* serocluster 123 strains. Applied and Environmental Microbiology, 59: 1702-1708

Jung G, Mugnier J, Diem H G, et al. 1982. Polymer-entrapped *Rhizobium* as an inoculant for legumes. Plant and Soil, 65: 219-231

Kaneshiro T, Nicholson J. 1989. Catabolism by tan variants Isolated from enrhichment cultures of *Bradyrhizobia*. Current Microbiology, 18:57-60

Kannaiyan S. 2003. Inoculant production in developing countries-problems, potentials and success. *In*: Hardarson G, Broughton W J. Maximising the use of biological nitrogen fixation in agriculture. Dordrecht: Kluwer Academic Publishers: 187-198

Kannenberg E L, Brewin N J. 1994. Host-plant invasion by Rhizobium: the role of cell-surface components. Trends in Microbiology, 2: 277-283

Kannenberg E L, Reuhs B L, Forsberg L S, et al. 1998. Lipopolysaccharides and K-antigens: their structures, biosynthesis, and functions. The Rhizobiaceae, 160: 120-154

Karlowsky J A, Hoban D J, Zelenitsky S A, et al. 1997. Altered *denA* and *anr* gene expression in aminoglycoside adaptive resistance in Pseudomonas aeruginosa. Journal of Antimicrobial Chemotherapy, 40(4): 71-79

Katznelson H, Sutton M D. 1951. Inhibition of plant pathogenic bacteria *in vitro* by antibiotics and quiaternary ammonium compounds. Canadian Journal of Botany, 29: 270-278

Kaur S, Vohra R M, Kapoor M, et al. 2001. Enhanced production and characterization of highly thermostable alkaline protease from *Bacillus* sp. P-2. World Journal of Microbiology and Biotechnology, 17: 125-129

Kenney D S. 1997. Commercialization of biological control products in the chemical pesticide world. *In*: Ogoshi A, Kobayashi K, Homma Y, et al. Plant Growth-Promoting *Rhizobacteria*-Present Status and Future Prospects. Sapporo: Faculty of Agriculture University: 120-127

Keya S O, Alexander M. 1975. Regulation of parasitism by host density: the *Bdellovibrio-Rhizobium* interrelationship. Soil Biology and Biochemistry, 7: 231-237

Keyser H H, Somasegaran P, Bohlool B B. 1993. Rhizobial ecology and technology. *In*: Metting F B Jr. Applications in Agricultural and Environmental Management. New York: Marcel Dekker: 205-226

Khatri A A, Choksey M, D'Silva E. 1973. Rice husk as the medium for legume inoculants. Science and Culture, 39: 194-196

Khush G S, Bennett J. 1992. Nodulation and nitrogen fixation in rice: potential and prospects. Manila: Intemational Rice Research Institute: 36

Kingsley M T, Bohlool B B. 1983. Characterization of *Rhizobium* spp. (*Cicer arietinum* L.) by immunodiffusion and intrinsic antibiotic resistance. Canadian Journal of Microbiology, 29: 518-526

Kirsschvink J. 1996. Microwave absorption by magnetite: a possible mecbanism for coupling nonthermal levels of radiation to biological systems. Bioelectromagnetic, 17(3): 187-194

Klopper J W, Van Vuurde, et al. 1997. Endophytic colonization of *Phaseilus vulgaris* by Pseudomonas fluorescens strain 89B-27 and Enderobscter asburiae strain JM22. *In*: Ryder M H, Stephens R M, Bowen D. Improving Plant Productivity in Rhizosphere Bacteria. Melbourne: CSIRO: 180

Knoblauch C, Jirgensen B B. 1999. Effect of temperature on sulphate reduction, growth rate and growth yield in five psychrophilic sulphate-reducing bacteria from Arctic sediments. Environmental Microbiology, 1(5): 457-467

Kohler J, Hernandez J A, Caravaca F, et al. 2009. Induction of antioxidant enzymes is involved in the greater effectiveness of a PGPR versus AM fungi with respect to increasing the tolerance of lettuces to severe salt stress. Environmental and Experimental Botany, 64:207-216

Kremer R J, Peterson H L. 1982. Effect of inoculant carrier on survival of *Rhizobium* on inoculated seed. Soil Science, 134: 177-125

Kulkarni S, Surange S, Nautiyal C S. 2000. Crossing the limits of Rhizobium existence in extreme conditions. Current Microbiology, 41: 402-409

Kumar R, Chandra R. 2008. Influence of PGPR and PSB on *Rhizobium leguminosarum* bv. *viciae* strain competition and symbiotic performance in Lentil. World Journal of Agricultural Sciences, 4(3): 297-301

Kunkel B A, Grewal P S. 2004. A mechanism of acquired resistance against an entomopathogenic nematode by *Agrotis ipsilon* feeding on perennial ryegrass harboring a fungal endophyte. Biological Control, 29: 100-108

Lambert G R, Harker A R, Cantrell M A, et al. 1987. Symbiotic expression of cosmid-borne *Bradyrhizobium japonicum* hydrogenase genes. Applied and Environmental Microbiology 53: 422-428

Lappalainen J H, Yli-Mattila T. 1999. Genetic diversity in Finland of the birch endophyte *Gnomonia setacea* as determined by RAPD-PCR markers. Mycological Research, 103: 328-332

Lethbridge G. 1989. An industrial view of microbial inoculants for crop plants. *In*: Campbell R, Macdonald R M. Microbial Inoculation of Crop Plants. Special Publication of the Society of General Microbiology. Oxford: IRL Press: 11-28

Lewis K, Ausubel F M. 2006. Prospects for plant-derived antibacterials. Nature Biotechnology, 24: 1504-1507

Li J F, Zhang S Q, Shi S L, et al. 2011a. Effect of Ampicillin as bacteriostats on the performance of P dissolving *Rhizobium* sp. inoculants. Advanced Materials Research, 201-203: 1023-1032

Li J F, Zhang S Q, Shi S L, et al. 2011b. Four materials as carriers for phosphate dissolving *Rhizobium* sp. inoculants. Advanced Materials Research, 156-157: 919-928

Li J F, Zhang S Q, Shi S L, et al. 2011c. Mutational approach for N_2-fixing and P-solubilizing mutant strains of *Klebsiella pneumoniae* RSN19 by microwave mutagenesis. World Journal of Microbiology and Biotechnology, 27(6): 1481-1489

Li M, Alexander M. 1998. Co-inoculation with antibiotic producing bacteria to increase colonization and nodulation by *Rhizobia*. Plant and Soil, 108: 211-219

Li R, Volenec J J, Joern B C, et al. 1996. Seasonal changes in nonstructural carbohydrates, protein, and macronutrients in roots of alfalfa, red clover, sweetciover, and birdsfoot trefoil. Crop Science, 36: 617-623

Li X L, Su D R, Yuan Q H. 2007. Ridge-furrow planting of alfalfa (*Medicago sativa* L.) for improved rainwater harvest in rain fed semiarid areas. Soil and Tillage Research, 93: 117-125

Lindstrom K, Lipsanen P, Kaijalainen S. 1990. Stability of markers used for identification of two *Rhizobium galegae* inoculant strains after five years in the field. Applied and Environmental Microbiology, 56: 444-450

Liu J, Zhang M L, Zhang Y, et al. 2008a. Effects of stimulated salt and alkali conditions on seed germination and seedling growth of sunflower (*Helianthus annuus* L.). Acta Agronomica Sinica, 34(10): 1818-1825

Liu P, Liu Y, Lu Z X, et al. 2004. Study on biological effect of La^{3+} on *Escherichia coli* by atomic force microscopy. Journal of Inorganic Biochemistry, 98: 868-872

Liu Y P, Zheng P, Sun Z H, et al. 2008b. Economical succinic acid production from cane molasses by *Actinobacillus succinogenes*. Bioresource Technology, 99(6): 1736-1742

Locy R D, Chang C C, Nielsen B L, et al. 1996. Photosynthesis in salt-adapted heterotrophic tobacco cells and regenerated plants. Plant Physiology, 110: 321-328

Loh J, Carlson R W, York W S, et al. 2002. Bradyoxetin, a unique chemical signal involved in symbiotic gene regulation. Proceedings of National Academy of Science, USA, 99: 14446-14451

Long S R. 1996. Rhizobium symbiosis: nod factors in perspective. Plant Cell, 8: 1885-1898

López M, Herrera-Cervera J A, Iribarne C, et al. 2008. Growth and nitrogen fixation in *Lotus japonicus* and *Medicago truncatula* under NaCl stress: nodule carbon metabolism. Journal of Plant Physiology, 165: 641-650

Lopez-Bucio J, Hemandez-Abreu E, Sánchez-Calderón L, et al. 2002. Phosphate availability alters architecture and causes changes in hormone sensitivity in the arabidopsis root system. Plant Physiology, 129: 244-256

Lopez-Garcia S L, Vazouez T E, Favelukes G, et al. 2001. Improved soybean root association of N-starved *Bradyrhizobium japonicum*. Journal of Bacteriology, 183: 7241-7254

Lorian V. 1975. Some effects of subinhibitory concentrations of antibiotics on bacteria. Journal of Urban Health-Bulletin of the New York Academy of Medicine, 51: 1046-1055

Louws F J, Fulbright D W, Stephens C T, et al. 1994. Specific genomic fingerprints of phytopathogenic *Xanthomonas* and *Pseudomonas* pathovars and strains generated with repetitive sequences and PCR. Applied and Environmental Microbiology, 60:7

Lowther W, Patrick H N. 1995. Rhizobium strain requirements for improved nodulation of *Lotus corniculatus*. Soil Biology and Biochemistry, 27: 721-724

Ltaief B, Sifi B, Gtari M, et al. 2007. Phenotypic and molecular characterization of chickpea rhizobia isolated from different areas of Tunisia. Canadian Journal of Microbiology, 53(3): 427-434

Lu Y, Zhao Y P, Wang Z C, et al. 2007. Composition and antimicrobial activity of the essential oil of

Actinidia macrosperma from China. National Journal of Production Research, 21: 227-233

Lukat R G S, Rodgers K R. 1997. Characterization of ferrous FixL-nitric oxide adducts by resonance Raman spectroscopy. Biochemistry, 36: 4178-4187

Lupway N, Clayton Q, Hanson K, et al. 2004. Endophytic rhizobia in barley, wheat, and canola roots. Canadian Journal of Plant Science, 84: 37-45

Lupwayi N Z, Clayton G W, Rice W A. 2006. Rhizobial inoculants for legume crops. Journal of Crop Improvement, 15: 289-321

Lupwayi N Z, Olsen P E, Sande E S, et al. 2000. Inoculant quality and its evaluation. Field Crops Research, 65: 259-270

Lyons P C, Evans J J, Bacon C W. 1990. Effects of the fungal endophytes *Acremonium coeno-phialum* on nitrogen accumulation and metabolism in tall fescue. Plant Physiologyogy, 92: 726-732

Lyons R M. 1990. Transforming growth factors and the regulation of cell proliferation. European Journal of Biochemistry, 187: 467-673

Maccio D, Fabra A, Castro S. 2001. Acidity and calcium interaction affect the growth of *Bradyrhizobium* sp., and the attachment to peanut roots. Soil Biology and Biochemistry, 34: 201

Mahaffee W E, Klopper J W, Van Vuurde, et al. 1997. Endophytic colonization of paseilus vulgaris by Pseudomonas fluorescens strain 89B-27 and *Enderobscter asburiae* strain JM22. *In*: Ryder M H, Stephens R M, Bowen G D. Improving Plant Productivity in Rhizosphere Bacteria. Melbourne: CSIRO: 180

Malik K A, Bilal R. 1997. Association of Nitrogen-Fixing Plant Growth Promoting Rhizobateria (PGPR) with Kallar Grass and Rice. Plant and Soil, 194: 37-44

Malik K A, Zafar Y, Bilal R, et al. 1987. Use of ^{15}N-isotope dilution for quantification of N_2 fixation associated with roots of kallar grass (*Loptochloa fusall.*). Biology and Fertility of Soils, (4): 103-108

Malinowski D P, Brauer D K, Belesky D P. 1999. The endophyte *Neotyphodium coenophialum* affects root morphology of tall fescue grown under phosphorus deficiency. Journal of Agronomy and Crop Science, 183: 53-60

Mandhania S, Madan S, Sawhney V. 2006. Antioxidant defense mechanism under salt stress in wheat seedling. Plant Biology, 50: 227-231

Marschner P, Solaiman Z, Rengel Z. 2007. Brassica genotypes differ in growth, phosphorus uptake and rhizosphere properties under P-limiting conditions. Soil Biology and Biochemistry, 39: 87-98

Marshall K J, Roberts F J. 1963. Influence of fine particle materials on survival of *Rizobium trifoli* in sandy soil. Nature, 98: 410-411

Marufu L, Karanja N, Ryder M. 1995. Legume inoculant production and use in East and Southern Africa. Soil Biology and Biochemistry, 27: 735-738

Marx D H, Kenney D S. 1982. Production of ectomycorrhizal fungus inoculum. *In:* Schenck N C. Methods and Principles of Mycorrhizal Research. The American Phytopathological Society, St. Paul, Minn: 131-146

Mary P, Ochin D, Tailliez R. 1985. Rates of drying and survival of *Rhizobium meliloti* during storage at different relative humidities. Applied and Environmental Microbiology, 50: 207-211

Masoero F, Rossi F, Pulimeno A M. 2006. Chemical composition and *in vitro* digestibility of stalks, leaves and cobs of four corn hybrids at different phenological stages. Italian Journal of Animal Science, 5: 215-227

Mata C G, Lamatina L. 2001. Nitric oxide induces stomatic closure and enhances the adaptive plant responses against drought stress. Plant Physiology, 126: 1196-1204

Materon L A, Weaver R W. 1985. Inoculant maturity influences survival of rhizobia on seed. Applied and Environmental Microbiology, 49: 465-467

Mathieu C, Moreau S, Frendo P, et al. 1998. Direct detection of radicals in intact soybean nodules: presence of nitric oxide-leghemoglobin complexes. Free Radical Biology and Medicine, 24: 1242-1249

McCully M E. 2001. Niches for bacterial endophytes in crop plants: a plant biologist's view. Australian Journal of Plant Physiology, 28(9): 983-990

Mccutcheon T L, Carroll G C, Schwab S. 1993. Genotypic diversity in populations of a fungal endophyte from Douglas fir. Mycologia, 85:180-186

Mcinroy J A, Kloepper J W. 1995. Survey of indigenous bacterial endophytes from cotton and sweet corn. Plant and Soil, 173(2): 337-342

McLeod R W, Roughley R J. 1961. Freeze-dried cultures as commercial legume inoculants. Australian Journal of Experimental Agriculture, 1: 29-33

Michael C, Duke S H. 1981. Influence if potassium-fertilization rate and form on photosynthesis and N_2 fixation of alfalfa. Crop Science, 21: 481-485

Miles A A, Misra S S. 1938. The estimation of the bacterial power of the blood. Journal of Hygiene, 38: 732-749

Miller K J, Kennedy E P, Reinhold V N. 1986. Osmotic adaptation by Gram-negative bacteria: possible role for periplasmic oligosaccharides. Science, 231: 48-51

Morgan B S, Goodman R N. 1955. *In vitro* sensitivity of plant bacterial pathogens to antibiotics and antibacterial substances. Plant Disease Reporter, 39: 487-490

Muller J C, Skipper H D, Shipe E R, et al. 1988. Intrinsic antibiotic resistance in *Bradyrhizobium japonicum*. Soil Biology and Biochemistry, 20: 879-882

Mundt J O, Hinkle N F. 1976. Bacteria within ovules and seeds. Applied and Environmental Microbiology: 694-698

Nakano Y, Asada K. 1981. Hydrogen peroxide is scavenged by ascorbate-specific peroxidases in spinach chloroplasts. Plant Cell Physiology, 22: 867-880

Nameem F I, Ashraf M M, Malik K A, et al. 2004. Competitiveness of introduced *Rhizobium* strains for nodulation in forage legumes. Pakistan Journal of Botany, 36: 159-166

Nautiyal C S, Bhadauria S, Kumar P, et al. 2000. Stress induced phosphate solubilization in bacteria isolated from alkaline soils. FEMS Microbiology Letters, 182: 291-296

Nawrot R, Lesniewicz K; Pienkowska J, et al. 2007. A novel extracellular peroxidase and nucleases from a milky sap of *Chelidonium majus*. Fitoterapia, 78: 496-501

Nazih N, Weaver R W. 1994. Numbers of clover rhizobia needed for crown nodulation and early growth of clover in soil. Biology and Fertility of Soils, 23: 110-112

Nishi C Y M, Boddey L H, Vargas M A T, et al. 1996. Morphological, physiological and genetic characterization of two new *Bradyrhizobium* strains recently recommended as Brazilian commercial inoculants for soybean. Symbiosis, 20: 147-162

Nishijima F, Evans W R, Vesper S J. 1988. Enhanced nodulation of soybean by *Bradyhizobium* in the presence of *Pseudomonas* fluorescens. Plant and Soil, 111: 149-150

Nutman P S. 1967. Varietal differences in the nodulation of subterranean clover. Australian Journal of Agriculture Research, 18: 381-425

O'Callaghan K J, Davey M R, Cocking E C. 1997. Xylem colonization of the legume *Sesbania rostrata* by *Azorhizobium caulinodans*. Proceedings of the Royal Society of London. Series B: Biological Sciences, 264(1389): 1821-1826

Okeny. 1997. Root associative Azosprillum species can stimulate plants. ASM news, 63(7): 366-370

Okon Y, Kapulnik Y. 1986. Development and function of *Azospirillum*-inoculated roots. Plant and Soil, 90: 1-6

Olsen P E, Rice W A, Bordeleau L M, et al. 1994b. Analysis and regulation of legume inoculants in Canada: the need for an increase in standards. Plant and Soil, 161: 127-134

Olsen P E, Rice W A, Bordeleau L M, et al. 1996. Levels and identities of non-rhizobial microorganisms found in commercial legume inoculant made with nonsterile peat carrier. Canadian Journal of Microbiology, 42: 72-75

Olsen P E, Rice W A, Collins M M. 1994a. Biological contaminants in north American legume inoculants. Soil Biology and Biochemistry, 27: 699-701

Olsen, P E, Rice W A , Stemke W, et al. 1983. Strain-specific serological techniques for the identification of *Rhizobium meliloti* in commercial alfalfa inoculants. Canadian Journal of Microbiology, 29: 225-230

Paau A S. 1988. Formulations useful in applying beneficial microorganisms to seeds. Trends in Biotechnology, 6: 276-279

Paduch R, Matysik G, Wojciak-Kosior M, et al. 2008. *Lamium album* extracts express free radical scavenging and cytotoxic activities. Polish Journal of Environmental Studies, 17: 569-580

Pan F, Jackson M, Ma Y, et al. 2001. Cell wall core galactofucan synthesis is essential for growth of mycobacteria. Journal of Bacteriology, 183(13): 3991-3998

Pang X, Li D C, Peng A. 2001. Application of rare-earth elements in the agriculture of china and its environmental behavior in soil. Journal of Soils and Sediments, 1(2): 124-129

Parida A K, Das A B, Mohanty P. 2004. Defense potentials to NaCl in a mangrove, Bruguiera parviflora: differential changes of isoforms of some antioxidative enzymes. Plant Physiology, 161: 531-542

Patrick H N, Lowther W. 1995. Influence of the number of rhizobia on the nodulation and establishment of *Trifolium ambiguum*. Soil Biology and Biochemistry, 27: 717-720

Paul E, Fages J, Blanc P, et al. 1993. Survival of alginate-entrapped cells of *Azospirillum lipoferum* during dehydration and storage in relation to water properties. Applied and Environmental Microbiology, 40: 34-39

Payakapong W, Tittabutr P, Teaumroong N, et al. 1986. Soybean cultivars affect nodulation competition of *Bradyrhizobium japonicum* strains. *In*: Dowling D N, Broughton W J. Competition for nodulation of legumes. Annual Review of Microbiology, 40: 131-157

Pena-Cabriales J J, Alexander M. 1979. Survival of Rhizobium in soil undergoing drying. Soil Science Society of America Journal, 43: 962-966

Peoples M B, Palmer B, Lilley D M, et al. 1996. Application of ^{15}N and xylem ureide methods for assessing N_2 fixation of three shrub legumes periodically pruned for forage. Plant and Soil, 182(1): 125-137

Peres J R R, Mendes I C, Suhet A R, et al. 1993. Eficiência e competitividade de estirpes de rizóbio para a soja em solos de Cerrados. Revista Brasileira de Ciencia do Solo, 17: 357-363

Perotti R. 1926. On the limits of biological enquiry in soil science. Proceedings of International Society of Soil Science, 2: 146-161

Peters S, Draeger S, Aust H J, et al. 1998. Interactions in dual cultures of endophytic fungi with host and nonhost plant calli. Mycologia, 90: 360-367

Phillips P W B. 2005. An economic assessment of the global inoculant industry. http://www.plantmanagemen-tnetwork.org/pub/cm/review /2004/

Pii Y, Crimi R, Cremonese G, et al. 2007. Auxin and nitric oxide control indeterminate nodule formation. BMC Plant Biology, 7: 21-32

Pilet P E, Chollet R. 1970. Sur le dosage colorimetrique de l'acide indolylacetique. CR Acad Sci Ser D, 271: 1675-1678

Pleban S, Ingel F, Chet I. 1995. Control of *Rhizoctonia solani* and *Sclerotium rolfsii* in the greenhouse using endo-phytic *Bacillus* spp. European Journal of Plant Pathology, 101: 665-672

Pobigaylo N, Szymczak S, Nattkemper T W, et al. 2008. Identification of genes relevant to symbiosis and competitiveness in *Sinorhizobium meliloti* using signature-tagged mutants. Molecular Plant-Microbe Interactions, 21: 219-231

Polsenski M J, Leavitt R I. 2006. Coatings with enhanced microbial performance: USA: 10, 617, 177

Pramer D, Starkey R L. 1952. Influence of streptomycin on microbial development in soil. Bacteriological Proceedings: 15

Porsser J I. 1994. Molecular maker systems for detection of genetical]y engineered microorganisms in the environment. Microbiology, 140: 5-17

Pramer D. 1958. Microbiological process report: the persistence and biological effects of antibiotics in soil. Antibiotic Effect in Soil, 6: 221-224

Prayitno J, Stefaniak J, Mclver J, et al. 1999. Interactions of rice seedlings with nitrogen-fixing bacteria isolated from rice roots. Australian Journal of Plant Physiology, 26: 52-535

Puppo A, Santos R, Touati D, et al. 2000. Critical protective role of bacterial superoxide dismutase in Rhizobium-legume symbiosis. Molecular Microbiology, 38: 750-759

Raghothama K G. 1999. Phosphate acquisition. Annuual Review of Plant Physiology, 50: 665-693

Ravel F, Courty C, Coret A, et al. 1997. Beneficial effects of *Neotyphodium lolii* on the growth and the water status in perennial ryegrass cultivated under nitrogen deficienty or drought stress. Agronomie, 17:173-181

Rebah F B, Tyagi R D, Prevost D. 2002. Wastewater sludge as a substrate for growth and carrier for rhizobia: The effect of storage conditions on survival of *Sinorhizobium meliloti*. Bioresource Technology, 83: 145-151

Reddy R M, Ladha R S R, Hemandez F B, et al. 1997. Rhizobial communication with rice: induction of phenotypic changes, mode of invasion and extent of colonization in roots. Plant and Soil, 94: 81-99

Redondo F J, De La Peña T C, Morcillo C N, et al. 2009. Overexpression of flavodoxin in bacteroids induces changes in antioxidant metabolism leading to delayed senescence and starch accumulation in alfalfa root nodules. American Society of Plant Biologists, 149: 1166-1178

Redondo-Gómez S, Mateos-Naranjo E, Cambrollé J, et al. 2008. Carry-over of differential salt tolerance in plants grown from dimorphic seeds of *Suaeda splendens*. Annals of Botany, 102: 103-112

Reis V M, Baldani J I, Baldani V L D, et al. 2000. Biological dinitrogen fixation in Graminesa and palm trees. Critical Reviews in Plant Sciences, 19: 227-247

Remans R, Ramaekers L, Schelkens S, et al. 2008. Effect of *Rhizobium-Azospirillum* coinoculation on nitrogen fixation and yield of two contrasting *Phaseolus vulgaris* L. genotypes cultivated across different environments in Cuba. Plant and Soil, 312: 25-37

Remirez F. 1993. Acetobacter diazotrophicus, an IAA producing bacterium isolated from sugar cane cultivates of Mexico. Plant and Soil, 154: 145-150

Reyes I, Bernier L, Antoun H. 2002. Rock phosphate solubilization and colonization of maize rhizosphere by wild and genetically modified strains of *Penicillium rugulosum*. Microbial Ecology, 44(1): 39-48

Ribaudo C, Krumpholz E, Cassán F, et al. 2006. *Azospirillum* sp. promotes root hair development in tomato plants through a mechanism that involves ethylene. Journal of Plant Growth Regulation, 24: 175-185

Rice W A. 1982. Performance of *Rhezobium meliloti* strains selected for low-PH tolerance. Canadian Journal of Plant Science, 62: 941-948

Rice W A, Olsen P E. 1988. Root-temperature effects on competition for nodule occupancy between two *Rhizobium neliloti* strains. Biology and Fertility of Soils, 6: 137-140

Richardson A E. 2003. Making microorganisms mobilize soil phosphorus. Developments in plant and soil sciences. In First International Meeting on Microbial Phosphate Solubilization, 102: 85-90

Robleto E A, Kmiecik K, Oplinger E S, et al. 1998. Trifoli toxin production increases nodulation competitiveness of *Rhizobium etli* CE_3 under agricultural conditions. Applied and Environmental Microbiology, 65, 2833-2840

Robleto E A, Scupham A J, Triplett E W. 1997. Trifoli toxin production in *Rhizobium etli* strain CE3 increase competitiveness for rhizosphere growth and root nodulation of *Phaseolus vulgaris* in soil. Molecular Plant-Microbe Interacteractions, 10: 228-233

Rodriguez H, Fraga R. 1999. Phosphate solubilizing bacteria and their role in plant growth promotion. Biotechnology Advances, 17: 319-339

Rodriguez H, Fraga R, Gobzalez T, et al. 2006. Genetics of phosphate solubilization and its potential applications for improving plant growth-promoting bacteria. Plant and Soil, 287: 15-21

Rodriguez J, Freire J R, Schrank I. 1987. Isolation and characterization of variants of *Rhizobium leguminosarum* bv. *phaseoli*. MIRCEN Journal, 3: 289-295

Rodriguez-Navarro D N, Temprano F, Orive R. 1991. Survival of *Rhizobium* sp. (*Hedysarum coronarium* L.) on peat-based inoculants and inoculated seeds. Soil Biology and Biochemistry, 23: 375-379

Rome S, Fernandez M P, Brunel B, et al. 1996. International Journal of Systematic Bacteriology, 46: 972-980

Rosenblueth M, Martinez-Romero E. 2006. Bacterial endophytes and their interactions with hosts. Molecular Plant-Microbe interactions, 19: 827-837

Rossi M J, Agenor F J, Oliveira V L. 2007. Inoculant production of ectomycorrhizal fungi by solid and submerged fermentations. Food Technology and Biotechnology, 45(3): 277-286

Rossland E, Langsrud T, Sorhaug T. 2005. Influence of controlled lactic fermentation on growth and sporulation of *Bacillus cereus* in milk. International Journal of Food Microbiology, 103: 69-77

Roughley R J. 1970. The preparation and use of legume seed inoculants. Plant and Soil, 32: 675-701

Roughley R J, Vincent J M. 1967. Growth and survival of *Rhizobium* spp., in peat culture. Journal of Applied Bacteriology, 30: 362-376

Rudrappa T, Biedrzycki M L, Bsis H P. 2008. Causes and consequences of plant-associated biofilms. FEMS Microbiology Ecology, 64: 153-166

Rutter M, Nedwell D B. 1994. Influence of changing temperature on growth rate and competition between two psychrotolerant Antarctic bacteria: competition and survival in non-steadystate temperature environments. Applied and Environmental Microbiology, 60(6): 1993-2002

Saadallah K, Drevon J J, Abdelly C. 2001. Nodulation excroissance nodulaire chez le haricot (*Phaseolus vulgaris*) sous contrainte saline. Agronomie, 21: 627-634

Sadowsky M J, Keyser H H, Bohlool B B. 1983. Biochemical characterization of fast-and slow-growing Rhizobia that nodulate soybean. International Journal of Systematic Bacteriology, 33: 716-722

Safarnejad A. 2008. Morphological and biochemical response to osmotic stress in alfalfa (*Medicago sativa* L.). Pakistan Journal of Botany, 40(2): 735-746

Salah I B, Albacet A, Andűjar C M, et al. 2009. Response of nitrogen fixation in relation to nodule carbohydrate metabolism in Medicago ciliaris lines subjected to salt stress. Journal of Plant Physiology, 166: 477-488

Salah I B, Slatni T, Gruber M, et al. 2011. Relationship between symbiotic nitrogen fixation, sucrose synthesis and anti-oxidant activities in source leaves of two *Medicago ciliaris* lines cultivated under salt stress. Environmental and Experimental Botany, 70: 166-173

Santos R, Hérouart D, Sigaud S, et al. 2001. Oxidative burst in alfalfa *Sinorhizobium meliloti* symbiotic interaction. Molecular Plant-Microbe Interactions, 14: 86-89

Sarig S, Okon Y, Blum A. 1992. Effect of *Azospirillum brasilense* inoculation on growth dynamics and hydraulic conductivity of Sorghum bicolor roots. Plant Nutrition, 15: 805-819

Sawyer J, Creswell J. 2000. Integrated crop management. In Phosphorus basics. Ames: Iowa State University: 182-183

Schachtman D P, Reid R J, Ayling S M. 1998. Phosphorus uptake by plants: from soil to cell. Plant Physiologyogy, 116(2): 447-453

Schardl C L, Leuchtmann A, Spiering M J. 2004. Symbioses of grasses with seedborne fungal endophytes. Annual Review of Plant Biology, 55: 315-340

Schipper K. 1986. A comparison of equity carve-outs and seasoned equity offerings 1: share price effects and corporate restructuring. Journal of Financial Economics, 15(1-2): 153-186

Schulz B, Rommert A, Dammann U, et al. 1999. The endophyte-host interaction: a balanced antagonism. Mycological Research, 103: 1275-1283

Schwartz M W, Hoeksema J D, Gehring C A, et al. 2006. The promise and the potential consequences of the global transport of mycorrhizal fungal inoculant. Ecology Letters, 9: 501-515

Scupham A J, Bosworth A H, Ellis W R, et al. 1996. Inoculation with *Sinorhizobium meliloti* RMBPC-2 increases alfalfa yield compared with inoculation with a nonengineered wild-type strain. Applied and Environmental Microbiology, 62: 4260-4262

Seetin M W, Barens D K. 1977. Variation among alfalfa genotypes for rate of acetylene reduction. Crop Science, 17: 783-787

Segovia L, Pinero D, Palacios R, et al. 1991. Genetic structure of a soil population of nonsymbiotic *Rhizobium leguminosarum*. Applied and Environmental Microbiology, 57: 426-433

Selvakumar G, Kundu S, Gupta A D, et al. 2008. Isolation and characterization of non-rhizobial plant growth promoting bacteria from nodules of kudzu (*Pueraria thunbergiana*) and their effect on wheat seedling growth. Current Microbiology, 56 , 134-139

Serraj R, Drevon J J. 1998. Effects of salinity and nitrogen source on growth and nitrogen fixation in alfalfa. Journal of Plant Nutrition, 21, 1805-1818

Serraj R, Sinclair T R, Purcell L C. 1999. Symbiotic N_2 fixation response to drought. Journal of Experimental Botany, 50: 143-155

Sessitsch A, Jjempa P K, Hardarson G, et al. 1998. Measurement of the competitive index of *Rhizobium tropici* strain CIAT899 derivatives marked with the *gusA* gene. Soil Biochemistry, 39: 1099-1110

Sessitsch A, Wilson K J, Akkermans A D L, et al. 1996. Simultaneous detection of different *Rhizobium* strains marked with either the *Escherichia coli gusA* or the pyrococcus furiosus *celB* gene. Applied and Environmental Microbiology, 62: 4194

Sgherri C L M, Maffei M, Navari-Izzo F. 2000. Antioxidative enzymes in wheat subjected to increasing water deficit and rewatering. Journal of Plant Physiology, 157: 273-279

Sharma P B, Ajit S, Rangil S. 1973. Symbiotic nitrogen fixation by winter legumes. IA comparative efficiency between an Indian and an Australian variety of legume, *Medicago sativa*. Indian Journal of Agriculture Research, 7: 159-163

Shen W B. 2003. Nitrate reductase is also a nitric oxide synthesis enzyme in plants. Plant Physiologyogy Commun, 39 (2):168-170

Shi D C, Zhao K F. 1997. Effects of sodium chloride and carbonate on growth of *Puccinellia tunuiflora* and on present state of mineral elements in nutrient solution. Acta Prataculturae, 6: 51-61

Shimoda Y, Mitsui H, Kamimatsuse H, et al. 2008. Construction of signature-tagged mutant library in *Mesorhizobium lotias* a powerful tool for functional genomics. DNA Research, 15: 297-308

Sieber T N, Sieber-Canavesi F, Dorworth C E. 1990. Simultaneous stimulation of endophytic *Cryptodiaporthe hystrix* and inhibition of *Acer macrophyllum* callus in dual culture. Mycologia, 82: 569-575

Siegel M R, Johnson M C, Varney D R, et al. 1984. A fungal endophyte in tall fescue: incidence and dissemination. Phytopathology, 74: 932-937

Simms E L, Taylor D L, Povich J, et al. 2006. An empirical test of partner choice mechanisms in a wild legume-rhizobium interaction. Proceedings of the Royal Society of London series B, 273: 77-81

Singh J, Vohra R M, Sahoo D K. 2004. Enhanced production of alkaline protease by *Bacillus* sp. *haericus* using fed batch culture. Process Biochemistry, 39: 1093-1101

Singleton P W, Boonkerd N, Carr T J, et al. 1997. Technical and market constraints limiting legume inoculant use in Asia. *In*: Rupela O P, Johansen C, Herridge D F. Extending nitrogen fixation research to farmers' fields. Patancheru: ICRISAT: 17-38

Singleton P W, Tavares J W. 1986. Inoculation response of legumes in relation to the number and effectiveness of indigenous Rhizobium populations. Applied and Environmental Microbiology, 51: 1013-1018

Singleton P, Keyser H, Sande E. 2002. Development and evaluation of liquid inoculants. *In*: Herridge D. Inoculants and nitrogen fixation of legumes in Vietnam, ACIAR Proceeding 109e. Canberra: Australian Centre for International Agricultural Research: 52-66

Singleton P, Keyser H, Shade E. 2002. Development and evaluation of liquid inoculants, inoculants a nitrogen fixation of legumes in Vietnam edited by Herridge. ACIAR Proceedings, 35(1): 104-109

Slattery J F, Pearce D J, Slattery W J. 2004. Effects of resident *Rhizobium* communities and soil type on the effective nodulation of pulse legumes. Soil Biology and Biochemistry, 36: 1339-1346

Sledge M K, Pechter P, Payton M E. 2005. Aluminum tolerance in *Medicago truncatula* germplasm. Crop Science, 45: 2001-2004

Smith C W. 1995. Soybean, crop production evaluation, history and technology, New York: Wiley: 351-357

Smith R S. 1992. Legume inoculant formulation and application. Canadian Journal of Microbiology, 38: 485-492

Somasegaran P, Hoben H J. 1994. Handbook for Rhizobia: Methods in Legume Rhizobia Technology. New York: Springer Verlag: 6

Somasegaran P. 1985. Inoculant production with diluted liquid cultures of *Rhizobium* spp. and autoclaved peat: evaluation of diluents, *Rhizobium* spp., peats, sterility requirements, storage, and plant effectiveness. Applied and Environmental Microbiology, 50: 398-405

Somasegaran P. 1991. Inoculant Production with Emphasis on Choice of Carriers. Methods of Production and Reliability Testing/Quality Assurance Guidelines. Rome: FAO: 87-105

Spaink H P. 2000. Root nodulation and infection factors produced by rhizobial bacteria. Annual Review of Microbiology, 54: 257-288

Sparrow S D, Ham G E. 1983. Survival of *Rhizobium phaseoli* in six carrier materials. Agronomy Journal, 75: 181-184

Starkey R L, Pramer D. 1953. The significance of streptomycin in soil. Report of the Proceedings of the Sixth International Congress for Microbiology, 6: 344-345

Stephen P. 1992. Characterisation of Rhizobium isolates by amplification of DNA polymorphisms using random primers. Canadian Journal of Microbiology, 38: 1009-1015

Stephens J H G, Rask H M. 2000. Inoculant production and formulation. Field Crops Research, 65: 249-258

Stieger P A, Feller U. 1994. Senescence and protein remobilization in leaves of maturing wheat plants grown on waterlogged soil. Plant and Soil, 166: 173-179

Stone E J, Callaghan O, Davey K J, et al. 2001a. *Azorhizobium caulmodans* ORS571 Colonizes the Xylem of

Arabidopsis thaliana. MPMI, 14(1): 93-97

Stone J K, Bacon C W, White J F. 2000b. An overview of endophytic microbes: endophyphytes defined. *In*: Bacon C W, White J F Jr. Microbial Endophytes. New York: Marcel Dekker: 3-29

Stone J M, Heard J E, Asai T, et al. 2000a. Simulation of fungal-mediated cell death by fumonisin B1 and selection of fumonisin B1-resistant (fbr) Arabidopsis mutants. The Plant Cell Online, 12: 1811-1822

Stowers M D. 1985. Carbon metabolism in rhizobium species. Annual Review of Microbiology, 39: 89-108

Streit W, Botero L, Werner D, et al. 1995. Competition for nodule occupancy on *Phaseolus vulgaris* by *Rhizobium etli* and *Rhizobium tropici* strains can be effectively monitored in an utisol during the early stages of growth using a constitutive GUS gene fusion. Soil Biology and Biochemisty, 28(8): 1075-1081

Strobel G A, Hess W M. 1997. Glucosylation of the peptide leucinostatin A, produced by an endophytic fungus of European yew, may protect the host from leucinostatin toxicity. Chemistry and Biology, 4(7): 529-536

Strobel G, Stierle A, Stierle D. 1993. Taxomyces andreana a proposed new taxon for a bulbillifera by hyphomycete associated with pacific yew (*Taxus brevifolia*). Mycotoxon, 47: 71-80

Sturz A V, Christie B R, Matheson B G, et al. 1997. Biodiversity of endophytic bacteria which colonize red clover nodules, roots, stems and foliage and their influence on host growth. Biology and Fertility of Soils, 25: 13-19

Sturz A V, Christie B R. 1996b. Endophytic bacteria of red clover as agents of allelopathic clover-maize syndromes. Soil Biology and Biochemistry, 28(4-5): 583-588

Sturz A V, Matheson B G. 1996a. Population of endophytic bacteria which influence host-resistance to *Erwinio*-induced bacterical softrot in potato. Plant and Soil, 184: 256-271

Stuurman N, Bras C P, Helmi R M, et al. 2000. Use of green fluorescent protein color variants expressed on stable road-host-range vectors to visualize Rhizobia interacting with plants. The American Phytopatho-logical society, 13(11): 1163-1169

Taechowisan T, Peberdy J F, Lumyyong S. 2003. Isolation of endophytic actinomycetes from selected plants and their antifungal activity. World Journal of Microbiology and Biotechnology, 19: 381-385

Tan G Y. 1981. Genetic variation for acetylene reduction rate and other character in alfalfa. Crop Science, 21: 485-488

Tan G Y, Tan W K. 1986. Interaction between alfalfa cultivars and *Rhizobium* strains for nitrogen fixation. Theoretical and Applied Genetics, 71: 724-729

Tan Z Y, Kan F L, Peng G X, et al. 2001. *Rhizobium yanglingense* sp. nov., isolated from arid and semi-arid regions in China. International Journal of Systematic and Evolutionary Microbiology, 51(3): 909-914

Thies J E, Singleton P W, Bohlool B B. 1991. Influence of the size of indigenous rhizobial population on establishment and symbiotic performance of introduced rhizobia on field-grown legumes. Applied and Environmental Microbiology, 57: 19-28

Thompson J A. 1980. Production and quality control of legume inoculants. *In*: Bergersen F J. Methods for Evaluating Nitrogen Fixation. New York: John Wiley & Sons Inc: 489-533

Tilman D, Cassman K G, Matson P A, et al. 2002. Agricultural sustainability and intensive production practice. Nature, 418: 671-677

Tittabutr P, Payakapong W, Teaumroong N, et al. 2005. Cassava as a cheap source of carbon for rhizobial inoculant production using an amylase-producing fungus and a glycerol -producing yeast . World Journal of Microbiology and Biotechnology, 21: 823-829

Toro N. 1996. Nodulation competitiveness in the *Rhizobium*-legume symbiosis. World Journal of Microbiology and Biotechnology, 12: 157-162

Trinick, M J, Elkan G H, Kuyendull L D. 1982. Rhizobium. *In*: Broghton W J. Nitrogen Fixation. Volume 2. Oxford:Clarendon Press: 147-166

Trotman A P, Weaver R W. 1995. Tolerance of clover rhizobia to heat and desiccation stresses in soil. Soil Science Society of America Journal, 59(2): 466-4701

Trussell P C, Sarles W B. 1943. Effect of antibiotic substances upon rhizobia. Journal of Bacteriology: 29

Turan M, Ataoğlu N, Sahin F. 2006. Evaluation of the capacity of phosphate solubilizing bacteria and fungi on different forms of phosphorus in liquid culture. Journal of Sustainable Agriculture, 28: 99-108

Turco R F, Sadowsky M J. 1995. The microflora of micromediation. *In*: Bioremediation: Science and Applications, Soil Science Special Publication No. 43 eds. Madison: Soil Science Society of America: 87-102

Türkan I, Demiral T. 2009. Recent developments in understanding salinity tolerance. Environmental and Experimental Botany, 67: 2-6

Tyler G. 2004. Rare earth elements in soil and plant systems-a review. Plant and Soil, 267: 191-206

Unkovich M J, Pate J S, Sandford P. 1997. Nitrogen fixation by annual legumes in Australian Mediteranean agriculture. Australian Journal of Agricultural Research, 48: 267-293

Urbanek H, Kuzniak-Gebarowska E, Herka K. 1991. Elicitation of defense responses in bean leaves by Botrytis cinerea polygalacturonase. Acta Physiologiae Plantarum, 13: 43-50

Urquiaga S, Cruz K H S. Boddey R M. 1992. Contribution of nitrogen fixation to sugar cane: nitrogen-15 and nitrogen balance estimates. Soil Science Society of America Journal, 56(1): 105-114

Valdivia B, Dughri M H, Bottomley P J. 1988. Antigenic and symbiotic characterization of indigenous *Rhizobium leguminosarum* bv.*trifolii* recovered from root nodules of *Trifolium pratense* L. sowe into subterranean clover pasture soils. Soil Biology and Biochemistry, 20(3): 267-274

Van Elsas J D, Heijnen C E. 1990. Methods for the introduction of bacteria into soil: a review. Biology and Fertility of Soils, 10: 127-133

Vargas M A T, Mendes I C, Suhet A R, et al. 1992. Duas Novas Estirpes de Rizóbio para a Inoculação da Soja (Comunicado Técnico, 62). Planaltina: Embrapa-CPAC

Vedder-Weiss D, Jurkevitch E, Burdman S, et al. 1999. Root growth, respiration and beta-glucosidase activity in maize (*Zea mays*) and common bean (*Phaseolus vulgaris*) inoculated with *Azospirillum brasilense*. Symbiosis, 26: 363-377

Velasquez E, Mateos P F, Velasco N, et al. 1999. Symbiotic characteristics and selection of autochthonous strains of *Sinorhizobium meliloti* populations in different soils. Soil Biology and Biochemistry, 31: 1039-1047

Velikova V, Yordanov I, Edreva A. 2000. Oxidative stress and some antioxidant systems in acid rain-treated bean plants. Plant Science, 151: 59-66

Venkateswarlu B, Rao A V. 1987. Quantitative effects of field water deficits on N_2 (C_2H_2) fixation in selected legumes grown in the Indian desert. Biology and Fertility of Soils, 5: 18-22

Vernoux T, Wilson R C, Seeley K A, et al. 2000. The root MERISTEMLESS1 /CADMIUM SENSITIVE2 gene defines a glutathione-dependent pathway involved in initiation and maintenance of cell division during postembryonic root development. Plant Cell, 12: 97-109

Versalovic J, Koeuth T, Lupski J R. 1991. Distribution of repetitive DNA sequences in eubacteria and application to fingerprinting of bacterial genomes. Nucleic Acids Res, 19:6823-6831

Versalovic J, Schneider M, De Bruijn FJ, et al.1994. Genomic fingerprinting of bacteria using repetitive sequence-based polymerase chain reaction.Methods in Molecular and Cellular Biology, 5:25-40

Vertucci C W, Roos E E, Crane J. 1994. Theoretical Basis of Protocols foe Seed StorageIII. Optimum

Moisture Contents for Pea Seeds Stored at Different Temperatures. Annals of Botany, 74: 531-540

Vessey J K, Heisinger K G. 2001. Effect of *Penicillium bilaii* inoculation and phosphorus fertilization on root and shoot parameters of field-grown pea. Canadian Journal of Plant Science, 3: 361-366

Vicent J M, Thompson J A, Donovan K O. 1962. Death of root nodule bacteria on drying. Australian Journal of Agriculture Research, 13: 258-270

Vincent J M. 1970. A manual for the practical study of root-nodule bacteria. Oxford: IBP Handbook 15, Blackwell: 164

Vincent J M. 1974. Root-Nudule Symbiosis with Rhizobium. *In*: Ouispel A. The Biology of Nitrogen Fixation. Amsterdam: North Holland Publishing Co: 266-341

Vincent J M. 1974. 根瘤菌实用研究手册. 上海: 上海人民出版社: 72-73

Wagner G H, Zapata F. 1982. Field evaluation of reference crops in the study of nitrogen fixation by legumes using isotope techniques. Agronomy Journal, 74(4): 607-612

Wakelin S A, Gupta V V S R, Harvey P R, et al. 2007. The effect of *Penicillium fungi* on plant growth and phosphorus mobilization in neutral to alkaline soils from southern Australia. Candian Journal of Microbiology, 53: 106-117

Waksman S A, Woodruff H B. 1941. Actinomyces antibioticus, a new soil organism antagonistic to pathogenic and non-pathogenic bacteria. Journal of Bacteriology, 42: 231-249

Walter R W, Paau A S. 1993. Microbial inoculant production and formulation. *In*: Metting F B Jr. Soil Microbial Ecology. New York: Marcel Dekker Inc: 579-594

Wang D. 2002. Dynamics of soil water and temperature in aboveground sand cultures used for screening plant salt tolerance. Soil Science Society of America Journal, 66: 1484-1491

Weaver R W, Frederick L R. 1974. Effect of inoculum rate on competitive nodulation of *Glycine max* L. Merrill. I-Greenhouse studies. Agronomy Journal, 66: 229-232

Wei BY, He L Z, Gong S Q, et al. 2010. A new method to selecting dye-decolorizing bacteria-decolorizing circle. Hunan Agricultural Science, 1: 10-12

Welt B A, Tong C H, Rossen J L, et al. 1994. Effect of microwave radiation on inactivation of *Clostridium sporogenes* (PA 3679) spores. Applied and Environmental Microbiology, 60: 482-488

Werner D, Newton W E. 2010. Nitrogen fixation in agriculture. Forestry, Ecology and the Environment: 223-253

Wettje L. 1997. Uptake and bio-concentration of lanthanides in higher plants: linking terrestrial and aquatic studies. Delft: Proceeding of the 2nd Sino-Dutch Workshop on the Environmental Behavior and Ecotoxicology of REEs and Heavy Metals: 1-12

Williams P M. 1984. Current use of inoculant technology. *In*: Alexander M. Biological nitrogen fixation ecology, technology and physiology. London: Plenum Press: 173-200

Witty J F. 1983. Estimating N-fixation in the field using ^{15}N-labelled fertilizer: some problems and solutions. Soil Biology and Biochemistry, 15(6): 631-639

Woodmansee R G, Duncan D A. 1980. Nitrogen and phosphorus dynamics and budgets in annual grasslands. Ecology, 61: 893-904

Wright J M, Grove J F. 1957. The production of antibiotics in soil. Breakdown of griseofulvin in soil. Annals of Applied Biology, 45: 3-43

Wu H Q, Niu Y B, Tian J P, et al. 2004. The effect of nutritious substance and bacteriostatic agent on the shelf-life of biofertilizer. Journal of Microbiology, 25: 50-53

Wu M M B. 1999. Simulation of nitrogen uptake, fixation and leaching in a grass/white clover mixture. Grass and Forage Science, 54(1): 30-41

Xie J. 2008. Screening for calcium phosphate solubilizing *Rhizobium Leguminosarum*. Department of Soil Science: 16-19

Yang W D, Wang T, Lei H Y, et al. 2000. Progress in studies on biological effect of rare earth. Chinese Rare Earths, 21(3): 62-70

Yanni Y G, Rizk R Y, Corich V. 1997. Natural endoph qic association between *Rhizobium legwninosarwn* bv. *trifolii* and rice roots and assessment of its potential to promote rice growth. Plant and Soil, 194: 99-114

Yanni Y G, Rizk R Y, El-Fattah F A, et al. 2001. Beneficial plant growth-promoting association of *Rhizobium leguminosarum biovar trifolii* with rice roots. Australian Journal of Plant Physiology, 62: 845-870

Yi X H, Wang Z H, Hu L F, et al. 2008. Isolation of endophytic fungi in *Pyrehtrum cineraria* Trev. and the screening of their antifungal activity. Acta Botanica, 28: 0317-0323

Younis M A M, Hezayen F F, Nour-Eldein M A, et al. 2010. Optimization of cultivation medium and growth conditions for *Bacillus subtilis* KO strain isolated from sugar cane molasses. American Eurasian Journal of Agricultural and Environmental Science, 7(1): 31-37

Zaied K A, Kosba Z A, Nassef M A, et al. 2009. Induction of rhizobium inoculants harboring salicylic acid gene. Australian Journal of Basic and Applied Sciences, 3(2): 1386-1411

Zan N J. 1995. Rare earth bioinorganic chemistry. Beijing: Science Press: 298

Zhang F, Smith D L. 1996. Genistein accumulation in soybean [*Glycine max* (L.) Merr.] root systems under suboptimal root zone temperatures. Journal of Experimental Botany, 47: 785-792

Zhang W F, Ma W Q, Ji Y X, et al. 2008. Efficiency, economics and environmental implications of phosphorus resource use and the fertilizer industry in China. Nutrient Cycling in Agroecosystems, 80: 131-144

Zhu J K. 2001. Plant salt tolerance. Trends Plant Science, 6: 66-71

Zimmer M. 2002. Green fluorescent protein (GFP): applications, structure, and related photophysical behavior. Chemical Reviews, 102 (3):759-781

Zong H, Liu E E, Guo Z F, et al. 2000. Preliminary report on relationship between Ca^{2+}, CaM messenger system and stress resistance of rice seedling. Journal of South China Agricultural University, 21 (1): 64-67

Zou W X, Tan R X. 1999. Biological and chemical diversity of endophytes and their potential applications. Beijing: China Higher Education Press: 183-190

Zsbrau H H. 1999. Rhizobium legume symbiosis and nitrogen fixation under sever conditions and arid climate. Microbiology and Molecular Biology Reviews, 63: 968-989